KB042390

우리 국방의 논리

한용섭

박영사

책을 펴내면서

현재 한국 국방은 정체성 위기를 몇 번이나 겪고, 이제야 정체성을 제대로 확립하기 위해 열심히 노력 중이다. 정체성을 제대로 확립하기 위해서는 국방에 대한 튼튼한 논리가 필요하다.

국방은 안보와 군사의 중간지대에 있다. 흔히들 민군 관계라고 말할 때에, 국민과 군대밖에 존재하지 않은 것으로 보기 쉽지만, 국민과 군대 사이에 국방이 존재하고 있다는 것을 확실하게 아는 사람은 많지 않다. 국가와 국민의 안보 목표를 이루기 위해 국방이 존재하며, 국방은 군대에서 작성하는 군사전략과 군사정책을 정부 차원에서 이루기 위해 노력한다. 국방정책을 담당한 국방부는 결정한 국방정책을 국회와 국민에게 알리고, 국회와 국민의 동의를 받아 정책을 집행함으로써 군대를 육성하고 경영한다.

이를 조직의 차원에서 설명하면, 국가 및 국민안보를 다루는 대통령과 정치권이 있고, 군사를 다루는 군대의 중간지역에 국방을 다루는 정부조직인 국방부가 존재한다. 국방은 국가와 국민으로부터 안보의 지침을 받아서 군사력과 군대를 양성하며, 우리의 군사력만으로 국가와 국민안보를 달성할 수 없을 때 동맹의 군대까지 활용하는 방법을 강구한다.

이 책은 필자가 국방 현상의 전체성을 깨닫고 국방부에서 13년을 정책실무자로 근무하고, 연이어 국방대학에서 국방정책을 교육한 지 20여 년이 지나 2012년에 첫 출판한 『국방정책론』에 근거를 두고 있다. 『국방정책론』이 한국 국방의 이론화 작업에 몰두한 것이었다면, 이번에 출판하는 『우리 국방의 논리』는, 첫째 국방을 국민과 정치권 및 군대라는 두 진영의 중간에 위치시키고, 둘째 국민 모두의 국방이라는 모델을 정립하기 위해 국민과 정치권, 국방부, 군대가 우리 국방의 모든 측면을 들여다보고, 셋째 자기 자신의 국방이라고 생각할 수 있는 계기를 제공하고자 쓰여졌다.

오늘날 한국 사회는 협치(governance)의 시대가 되었다. 모든 국민은 정도의 차이는 있지만 국방과 관련되어 있다. 국방에 관련 있는 이해상관자(stakeholders)인 국민, 정치인, 공무원, 군인, 시민사회가 정책결정 과정에 참여하여 원활한 소통을 통해 큰 타협을 이루고, 정책의 집행 결과에도 공동의 책임을 지는 거버넌스, 즉 협치의 시대가 된 것이다. 그러므로 각자의 고유 영역을 인정하고, 양심을 바탕으로 법과 질서를 지키면서 공동으로 참여하고 공동으로 책임지는 국방이 되도록 해야 할 것이다. 국방전문가와 국방 공무원들은 국민과 국방과 군대의 고유영역을 정립하고, 3자간의 소통의 장을 만들며, 3자간의 상호관계를 연결하고 활용함으로써 우리 모두의 국방이 되도록 해야 한다. 이 사명을 잘 감당하기 위하여, 이제 우리는 과거를 돌아보고 미래의 우리 국방모델을 함께 모색해 나아가야 한다.

해방 후 한국의 73년 역사를 회고해 보면, 국가가 독립하고 난 후 일단 국군을 창설해야 했고, 군 조직을 완성해야 했기 때문에 국가안보와 군사는 거의 같은 수준에 있었다. 5.16 이후 1987년까지 군사정권이 국가안보를 담당했으며, 대통령이 주도하여 자주국방을 추구했고, 군대는 정권의 최선봉에 서서 정권안보 위주로 국가안보를 생각했다. 국민과 정부와 군대의 상호관계를 생각할 때에, 군이 우선하고, 정부가 뒤따르며, 국민을 최후에 놓는 군-관-민의 시대라고 불리기도 했다. 직업군인 중에 우수한 이들은 정부뿐만 아니라 각종 경제 사회 조직의 장이 되기도 했다. 또한 6.25전쟁 이후 1970년대 말까지, 끊임없는 북한의 군사적 도발 앞에서 국가의 생존 보장인 군사가 우선시될 수밖에 없는 안보 환경이었기에, 군사가 국민 혹은 정부보다 앞서 있었다고 볼 수도 있다.

그러나 1980년대 초의 신군부는 국민의 생명과 재산을 보호해야 하는 국방의 속에서 살았다.

학문을 하는 도중에 1987년 민주화의 열기가 전국을 휩쓴 뒤, 노태우 정부는 박정희/전두환 시대에 줄기차게 외쳐왔던 군-관-민 사회질서를 민주화의 시대에 걸맞게 민-관-군으로 바꾸어야 한다고 역설했다. 하지만 민-관-군으로 실질적으로 바뀌게 된 것은 김영삼 정부가 "군부통치에서 문민정부로"라는 기치를 내걸고 정권을 잡으면서부터였다.

1993년 10월 2일, 국방부에서 역사적인 사건이 일어났다. 국방부장관이 재경지역에 근무하는 모든 장성을 국방부 회의실에 집합시키고 "군의 정치적 중립 선언문"을 발표한 것이다. 필자는 민간 공무원 출신 최초의 국방장관 정무비서관을 맡고 있었는데, 군의 정치 개입 중지 결의문을 낭독하는 장면을 놓치지 않기 위해 국방부 회의실 2층에 있는 영사실에 올라가서 그 감격적인 장면을 보았다. 군이 민-관-군 중에서 제일 하위로 물러나겠다는 각오를 말하고 있었다. 이제 민주주의가 제대로 되고 국민이 제일 앞에 서고, 관인 국방부가 군정의 책임부처로서 정책부서로 자리 잡고, 군은 국방에서 정해준 영역에서 전문집단으로 변화되어 국민의 이익을 위해 제대로 봉사하려는 것인가?

김영삼 정부부터 문재인 정부에 이르기까지 국방개혁이 정권마다 제기되었다. 국방개혁이 논의된 지 여섯 번째, 26년을 맞고 있다. 권력 엘리트만 바뀐다고 해서 정치 발전이 저절로 되는 것이 아닌 것과 마찬가지로, 군대 간부들이 바뀐다고 해서 국방과 군대 발전이 저절로 이루어지는 것이 아니다. 정부마다 군의 상층부 인물을 쇄신하는 작업을 했고 국방개혁을 들고 나왔다. 그러나 국방과 군을 변화시킬 전문성에 입각한 방법과 전략, 정책, 인물이 제대로 뒷받침되지는 못했다.

민주주의 정치체제하에서도 군문화는 지시-복종의 문화이기 때문에, 정치권의 국방개혁 요구를 몇 개만 수용하고 군 내부에서는 자기 이익을 보호하기 위한 각종 기제를 개발하는 한편, 군 내부의 상명하복 문화를 관철했기 때문에 토론을 제대로 거친 국방개혁이 없었다. 진보정권과 보수정권 간에 군 개혁의 범위에서 차이가 있기는 하지만, 임기 말에 가 보면 국방개혁이 최초의 목표를 제대로 달성한 적이 많지 않다는 사실은 무엇을 말해주는지에 대한 전문적이고 객관적인 분석이 필요하게 되었다.

세계를 여행하다가 선진국 상공에서 내려다보면 동네, 들판, 산의 구획 정리가 확실하게 되어서 유휴지와 여백이 없는 것을 발견하게 된다. 즉 세 단위 사이가 빈틈이 없이 정리되어 있고, 이 세 단위가 상호관계를 잘 맺고 소통하고, 서로 이용하면서 국민경제를 발전시키고 있는 것이다.

민-관-군 3자를 동네, 들판, 산으로 비유한다면 3자가 고유 영역을 확실하게 정립하고 저마다 잘 발전할 뿐만 아니라, 3자 사이의 상호관계가 잘 정리되고 연결되며, 상호 이용하며 발전해 나아가야 국가가 발전하는 것이다. 국가 전체적으로 발전하기 위해서는 민과 군 사이의 중계 역할을 하는 관, 즉 국방정책을 담당한 국방부가 민간 국방전문가로 채워져야 한다. 민간 국방전문가들이 튼튼한 국방의 논리로 무장되어 있어야 한다. 정치권과 국민의 요구를 수렴하고 국가와 국민의 입장을 반영하며, 중장기적인 입장에서 일관성과 계속성을 갖고 군대를 양성하는 정책을 잘 수립하여, 양쪽을 소통시키고, 국방을 운영해야 한다. 우리나라는 아직도 민과 군 사이에 불신이 많고, 국방에 대한 올바른 이해보다는 편견이 많다.

사람들은 국방을 두 가지 측면에서 너무 쉽게 생각하고 있다. 하나는 자기의 좁은 경험과 인식으로 국방을 해석하고 주관적인 처방을 내놓는다. 이 집단은 오래된 자기의 군 경험에 비추어 국방은 군인이 담당해야 하며, 민간인은 군을 모른다고 생각한다. 특히 장군들이 그런 생각을 갖고 있다. 세상은 인터넷 속도보다 더 빠르게 변하는데 자기 경험만 부하에게 주입하면서 국방의 방향을 얘기한다는 것은 수동적이고, 전근대적인 자세이다. 과거의 경험에 의존해서는 국방을 민주화, 첨단화, 최신화, 정보화, 자동화할 수가 없다. 또 다른 하나는 거대한 국방예산을 금전적으로만 보아 군을 비생산적이고 비효율적이고 낭비적인 집단으로 보는 시각이다. 국방예산은 너무 크고 군은 경제를 생각하지 않은 집단이기 때문에 국방예산이 불합리하게 낭비된다. 따라서 국방예산은 무조건 줄여야 하며 국방은 부단한 개혁 대상이 되어야 한다고 주장한다. 이러한 경제 위주의 생각만으로는 전쟁과 위기가 닥치기 전에 국가와 국민의 안전을 보장하려는 국방이 성립하기 힘들다.

국방 현상은 방대하고, 복잡하며, 불확실하기 때문에 어느 한 집단의 경험과 편견에 의존하면 국가의 국방이 왜곡되고, 국민과 정치권, 국방, 군대와의 상호관계를 제대로 정립할 수 없게 된다. 국방정책은 불확실하고 복잡한 국방 현상을 최대한 확실하게 예견하고 합리적인 정책대안을 내놓기 위해 노력한다는 사실을 잊기 쉽다.

국방 현상은 불확실성을 전제로 한다. 첫째, 적대국을 포함한 안보환경이 불확실하고, 둘째 국내에서 국방에 필요한 인적 물적 자원이 불확실하며, 셋째 국방에 필요한 과학기술이 제대로 작동할지 불확실하다. 이런 제약조건에서 국방정책은 세 가지 불확실성을 최대한 예견하고, 국가의 주권과 영토, 국민의 생명과 재산을 보호할 효과적인 방책을 연구하여 제시하고자 한다.

군정 종식과 함께 정치군인의 시대가 끝났다. 2019년 한국군에는 1980년 5.18 민주화 운동 이후에 군에 들어온 군인이 거의 전부다. 선배들의 정치 개입 원죄를 적용하여 군대를 무조건 불신하면 곤란하다. 이들은 새로 태어나기를 몇 번이나 다짐하였고, 정보전·전자전·자동전 시대에 맞게 탈바꿈하고 있다. 국방은 매우 복잡하고 거대하며 전문화되고 있다. 군대도 민주화, 투명화되고, 공개되었다. 한국의 사회과학 분야가 토착화된 한국적인 사회과학 이론을 모색하는 것과 마찬가지로, 국방분야에서 한국적인 국방의 정체성을 모색하기 위해 노력하고 있다.

민주화와 시민사회 발달로 국정의 모든 분야에 대한 참여가 폭발적으로 증가하면서 폐쇄 조직인 군대에도 시민사회의 참여가 증가하였다. 과거 친국방적인 정치사회문화에서 특권을 누리던 군대는 오늘날 타의반 자의반 국정의 우선순위에서 복지, 교육, 경제 다음으로 물러나게 되었다. 예산 면에서도 복지, 교육, 경제, 국방 순으로 밀려났다. 국방이 국정의 최우선 순위였던 때에 국방에 대한 논리적 접근과 국리민복을 위한 참 연구가 병행되었더라면 오늘날 같은 불신은 없었을 것이다.

민주화 시대의 흐름을 먼저 감지하고, 국민과 정치권, 군대 사이에 중간자 역할을 제대로 하는 국방부, 국방정책 전문가 그룹이 반드시 나와야 되고, 나올 것이라고 생각하고 준비를 철저히 해 온 그룹이 있다. 국방대학, 국방연구원, 국방과학연구소의 민간 학자와 전문가들, 1980년대부터 20-30년 간 국방부를 출입하며 국방전문가가 된 기자들, 군대에서 장성이 되지 못했으나 대령이나 중령으로 예편하여 국방분야를 공부하여 학자가 된 사람들이 국방전문가공동체를 형성하게 되었다. 소위 '노무현 키즈'로 불리는 행시 출신 공무원들이 성장하여 문재인 정부의 고위직에 많이 진출했다. 정부부처의 세종시 이전 후 서울에 남은 국방부가 정부부처 중 가장 인기 부처가 되어 공무원이 많이 근무하게 되었다. 이 민간인 전문가들을 국방 전 분야에서 많이 활용해야 할 때가 되었다.

이러한 취지에서 이 책은 모두 15개의 장으로 구성되어 있다.

제1장은 국가안보 전략에 대해서 다룬다. 국가안보 전략이 경제발전 위주의 전략으로 생각되던 때가 있었다. 이러한 불균형 전략을 시정하기 위해, 국가안보를 정치, 경제, 사회, 군사, 과학기술을 포괄하는 개념으로 설정하고, 국가이익을 보호하고 확장할 수 있는 국가안보 전략이 필요하다는 관점에서 국정의 각 분야를 연결하는 안보전략을 제시하면서, 해방 이후 각 정부의 안보전략을 평가하고 바람직한 대안을 생각해 보는 장이다.

제2장은 안보와 국방, 군사의 개념적 상호관계를 다룬다. 왜 안보와 국방, 군사가 3개의 동심원 관계인가와 3개의 개념이 논리적 순서대로 정립되는지에 대해 설명한다. 안보개념의 광역화와 심층화 현상을 설명하고, 전통적 안보 개념과 초국가적 안보 개념까지 망라하며, 양자안보와 다자안보 개념도 다룬다. 우리 국방정책의 영역에서 안보와 국방, 군사 개념의 상호관계가 어떻게 변화하는지 설명한다.

제3장은 국방정책 결정 과정을 다룬다. 국방정책의 범위를 설정하고, 국방과 정치, 외교, 경제, 사회, 군비통제 간의 상호관계에 대해 설명한다. 국방정책의 결정 과정을 분석하며, 한국의 국방정책 결정 과정의 특징을 다룬다.

제4장은 한반도 군사력 균형분석 방법을 다루며, 남북한 군사력 균형분석을 시도해 본다. 국방정책의 출발점이 위협을 과학적이고 체계적으로 분석하는 것이기 때문에, 각종 군사력 균형분석 방법의 의미와 결과를 비교한다. 이 장은 재래식 군사력 균형분석에 국한된다.

제5장은 북한의 핵무기 위협을 분석하고, 억제방법에 대해 설명한다. 북한 핵 위협의 의미와 전쟁 가능성에 대한 각종 시나리오를 개발하고, 북한 핵 위협을 억제하기 위한 각종 전략을 생각하면서 미국의 대한반도 억제전략의 변천 과정과 북

한 핵 위협을 해소하기 위한 효과적인 전략과 정책을 생각해 본다.

제6장은 자주국방과 한미동맹의 상호관계와 이 두 개념이 한국국방에서 상호 보완적인 방향으로 발전해 오는 과정을 설명한다. 자주국방과 한미동맹은 상호 대립되는 개념이기 때문에 둘 중 하나를 선택해야 하며, 민족주의의 관점에서 한미동맹을 벗어나 자주국방으로 가야 한다고 생각하는 경향이 있다. 현대 국제정치에서는 자주국방과 동맹이 상호 양립 가능하며 상호 보완적인 관계로 널리 나타나고 있음을 감안하고, 한국이 이 두 개념을 어떻게 상호보완적으로 발전시켜 왔는지 설명하며, 한미동맹 관계를 성공적으로 발전시키면서 한국의 자주성을 증대시킬 방법을 제시한다.

제7장은 한반도 위기사태 유형과 효과적 위기관리 방안에 대해 다룬다. 위기는 전쟁으로 확전되느냐 혹은 평화로 복귀하느냐의 갈림길이라는 점을 감안하고, 한반도에서 일촉즉발의 위기가 많이 발생했는데, 그동안 한국의 위기대응과 위기관리의 특징을 분석하고 교훈을 얻어 위기를 효과적으로 관리하기 위한 방안을 제시하는 데에 중점을 둔다.

제8장은 군사전략기획과 전력기획에 대해서 다룬다. 국방정책은 국방목표를 달성하기 위해 군사전략을 기획하고, 군사전략을 제대로 집행하기 위해 필요한 군사력을 건설한다. 이런 과정은 매우 과학적이며 체계적이다. 한국 국방은 여기에 대한 방법론이 부족하다. 미국의 전략기획과 전력기획 방법을 적용하여 한국적 군사전략과 전력기획의 특징을 분석하고, 대안적인 기획방법을 제시한다.

제9장은 국방기획관리제도에 대해서 다룬다. 국방 현상의 불확실성과 복잡성을 감안하고, 논리적으로 국방을 건설하기 위한 제도적 운영방법으로 국방기획관리제도(PPBS)가 1960년대에 개발되었으며 한국은 1980년에 도입하였다. 현재 36개국이 이 제도를 채택하고 있다. 우리 국방부가 5년 단위로 중기계획을 해 온 역사를 회고하면서 문제점과 개선 방향을 제시한다.

제10장은 국방인력제도에 대해서 다룬다. 국민과 군대 간의 상호관계에서 가장 중요한 제도가 병역제도이다. 병역제도의 이론을 설명하고, 한국이 채택한 징병제와 다른 국가들이 채택하고 있는 모병제의 장단점을 비교하면서 한국 병역제도의 발전 과정과 향후 병역제도 발전 과제를 모색해 본다. 또한 '양심적 병역거부

자'의 인권보장을 반영한 대체복무제도에 대해서도 다루고 있다.

제11장은 국방과 국민경제의 상호관계에 대해 다룬다. 국방과 경제는 반비례한다는 잘못된 믿음이 팽배해 있다. 상호 관계가 긍정적인지 부정적인지는 계량경제학적 분석과 산업연관효과 분석을 거쳐야 한다. 이 장은 두 가지 학문적 연구방법을 적용하여 한국의 국방경제를 분석한 결과를 제시함으로써 국방과 경제에 관한 보다 생산적인 국민적 토론을 도모하고자 한다.

제12장은 무기체계의 획득 정책에 대해 다룬다. 한국의 방위산업의 발전 과정을 이론화하고, 무기체계 연구개발과 획득 정책의 사례연구와 한국무기의 해외수출 증대 현상을 설명함으로써 한국의 획득정책에 대한 토론의 활성화를 다룬다. 아울러 방산비리 현상에 대한 분석과 시대별 개선 노력을 소개한다.

제13장은 한반도 재래식 군비통제에 대해서 다룬다. 국방이 상대방의 군사적 위협에 대해 억제용 군사력을 건설함으로써 국방 목표를 달성하려고 하는 것인 데 비해, 군비통제는 상대방의 군사적 위협 약화 또는 감소를 목표로 하는 점을 감안하여 남북한 사이에 재래식 군비통제 이슈의 전개 과정을 설명한다. 나아가 2018년 9.19 남북군사합의의 안보 면에서의 효과를 군비통제 관점에서 설명하고, 한반도의 평화와 안보를 달성하기 위한 보완방안을 제시한다.

제14장은 국방개혁과 군사혁신의 전략적 방향을 다룬다. 국방개혁의 용어 정의, 이유와 범위, 비전에 대해서 설명하고, 1993년부터 지금까지 이루어진 각 정부의 국방개혁을 비교 분석한다. 양적인 국방개혁을 넘어 질적인 국방개혁을 성공적으로 이루기 위한 각종 전략적 이슈와 접근방안에 대해서 설명한다.

제15장은 우리의 국방 73년사를 통찰한다. 2019년에 한국 국방은 병력 규모로는 세계 7위, 예산규모로는 세계 10위를 달성하였다. 자주국방과 한미동맹의 발전 과정, 세계에서의 국군의 역할 증대, 국방개혁 등 주요 분야의 발전 과정을 우리 국민의 시각에서 통찰하고, 각 이슈 영역별로 발전된 양상을 기록하고, 더욱 발전시킬 과제를 도출함으로써 미래의 국방발전 지침으로 삼고자 한다.

이 책은 군대의 국방을 벗어나 국민의 국방이 되고, 정치권의 불신을 받는 국방이 아니라 정치권과 국방과 군대가 서로 믿는 상호관계를 건설하기 위해 어떻게 해야 하는지, 국방 고유의 논리를 전달하면서도 새로운 국방을 모색하기 위한 시도라는 점을 분명하게 하고 싶다. 이 책의 내용은 전적으로 필자의 책임이며, 독자들의 질책과 권고를 경청하려고 한다.

이 책이 나올 수 있도록 도와주신 박영사의 안종만 회장과 관계자들에게 감사하고, 이 책의 내용과 편집을 도와준 이준상(박사과정생), 이동찬(석사, 육군대위), 권민석(석사, 육군대위)에게 고마움을 표한다. 지금까지 필자가 국방이라는 한 길을 걷도록 이끌어 주고 도와주신 서울대학교 은사님들, 국방부 군인과 공무원들, 학계의 선후배님과 동료들 그리고 국방 연구와 교육의 길을 격려해준 가족에게 감사를 표한다.

2019년 8월 15일
논산 학구재에서
한 용 섭

차 례

CHAPTER 01 한국의 국가안보전략

CHAPTER 02 안보개념의 변화와 국방정책

CHAPTER 03

국방정책 결정 과정

CHAPTER 04

한반도 군사력 균형 분석

CHAPTER 05 북한의 핵위협 억제

CHAPTER 06 자주국방과 한미동맹

CHAPTER 07 한반도 위기사태 유형과 효과적 위기관리

CHAPTER 08 전략기획과 전력기획

CHAPTER 09 국방기획관리제도

CHAPTER 10 국방인력제도

CHAPTER
11 국방과 국민경제

CHAPTER
12 무기체계의 획득정책

CHAPTER 13 남북한 재래식 군비통제

CHAPTER 14 국방개혁과 군사혁신

CHAPTER
15 우리의 국방: 73년 역사

CHAPTER 01

한국의 국가안보전략

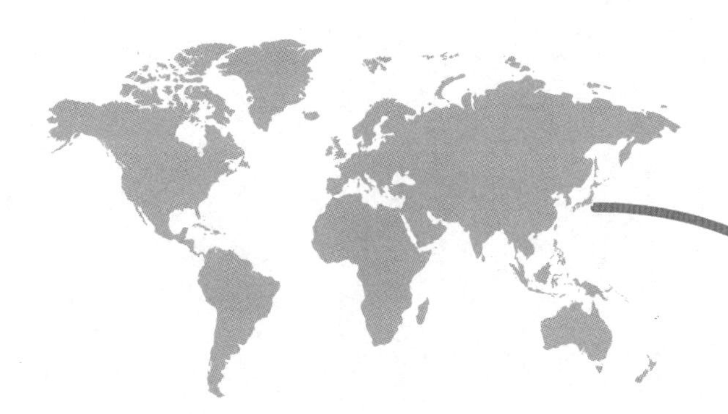

I. 서론

II. 국가이익과 국가전략

III. 한국의 국가안보전략의 상호관계

IV. 국가전략의 우선순위

V. 한국의 국가안보 전략의 현주소와 개선책

VI. 결론

한국의 국가안보전략

Ⅰ. 서론

2030년을 향해 한국은 무엇을 위해 살아가며 어떻게 그것을 달성하고자 하는가? 이것은 바로 한국의 국가목표와 국가전략에 대한 물음이다. 국가목표는 국가가 추구하는 가치에서 구체화되며, 국가전략은 국가목표를 달성하기 위한 방법으로서 국가지도자의 비전과 보좌진의 전략기획의 결과로 만들어진다.

한국의 국가전략을 회고해 보면, 1945년 분단된 한반도 남쪽에서 현대국가로 출발한 이후 70여 년 동안 국가의 생존과 경제적 번영, 민주화와 평화통일의 기반 조성에 총력을 기울여왔다. '뭉치면 살고 흩어지면 죽는다'는 구호는 국가의 생존이 얼마나 절실했으며, '잘 살아보세'라는 구호는 우리의 가난이 얼마나 절박했는지를 보여준다. 또한 1987년 이후 민주화 요구가 전국을 휩쓸고 난 후 1990년대 초반부터 민주화를 달성하고자 문민정부가 출범하였다. 2018년 현재 6개의 문민정부를 경험하고 있다. 민주화가 어느 정도 달성되자 탈냉전 이후 남북관계를 개선하고 한반도의 평화통일이라는 과제를 달성하는 데 필요한 한반도 평화 구축 작업이 시도되고 있다.

한국의 국가전략은 국가지도자가 미래에 대한 비전을 제시하고 국력을 총동원하여 사용함으로써 국가목표를 달성하기 위한 방법이다. 국가전략을 시행한 결과 한국의 국내총생산(GDP)은 세계 10~15위, 교역규모는 세계 7위로 경제적인 면에서 부국의 목표를 달성하였으며, 경제력을 바탕으로 한 군사력 건설과 확고한 한미안보동맹으로 생존과 안보의 문제도 어느 정도 해결되었다. 남한은 핵무기 등을 포함한 대량살상무기와 비대칭 군사력을 제외한 북한과의 경쟁에서 이기게 된 반면에, 남한의 생존을 위협하여 온 북한은 장래가 불투명한 지경에 처하게 되었다. 21세기 북한은 핵무기와 미사일 개발에 올인함으로써 한국과 세계의 안보와 평화를 위협하는 국가가 되었으며, 2018년과 2019년에는 핵무기를 카드로 활용하여 북미회담과 남북한 회담을 추진하고 있다.

한국이 1945년부터 1990년까지 생존과 경제적 번영을 확보할 동안 다른 국가이익은 어떻게 되었는가? 국정의 주요 분야가 정치, 외교, 경제, 국방, 통일이라고 할 때 경제발전 우선전략에 의해서 민주와 통일이라는 국가이익이 경시되었으며, 경제와 다른 국정분야의 상호관련성은 적절한 주목을 받지 못하였다. 물량 위주의 경제 분야 고속 발전이 가져온 폐해는 경제 분야 자체에도 문제점을 초래하고 있지만, 경제와 다른 국정분야의 연결고리를 경시함으로써 경제력 발전이 다른 분야의 발전에 만족할 만한 정도로 확산되지 못하였던 것이 사실이다. 이러한 경제 위주의 국가전략이 많은 모순을 낳게 되어, 1980년대 후반부터 민주화에 매진한 결과 민주화라는 목표도 달성되었다. 하지만 압축적인 민주화 과정으로 인해 정치, 외교, 안보, 사회 모든 면에서 법치와 갈등 해결 측면의 성숙함을 보이지 못하고 있다. 그럼에도 한국은 지구상에서 경제성장과 민주화라는 두 마리 토끼를 다 잡은 경이적인 나라로 기록되고 있다.

만국의 만국에 대한 경쟁이 국제질서의 특징이 된 국제사회는 주어진 환경에서 국가목표를 가장 효과적으로 달성하기 위한 전략을 저마다 구사하고 있다. 따라서 국제사회는 국가전략의 경쟁장이 되었다. 더 나아가 국가들은 자국의 국가목표를 남보다 빨리 달성하기 위해서 적극적으로 국제환경을 조성해 나아가는 전략을 개발·적용하고 있다. 한국도 선진 일류국가를 바라보며 질주하고 있다. 그러나 국정의 모든 부분이 균형적으로 발전된 국가다운 국가가 되기 위해서는 지금까지의 국가전략에 대해서 회고하고 반성해 보아야 할 때가 되었다. 특히 1990년대 북한 핵 문제를 처리해 나아간 과정을 둘러싸고 국내외에서 한국에 과연 국가전략이 존재하는가에 대한 근본적인 의문이 발생하기도 하였다. 또한 21세기에 이르러 한국에게 유리한 국제환경의 전개에도 불구하고 한국은 주변 4강국과의 외교나 남북한 관계에서 주도적인 역할을 다하지 못하고, 2010년대 후반기에는 북한이 사실상의 핵보유국이 됨과 함께 주변 4강과의 관계 악화에 직면하고 있다.

따라서 이 장에서는 앞으로 대안적 국가전략 개발에 필요한 지침을 제공하고 국가전략 자체에 대한 연구를 촉진하고자 국가이익의 개념과 국가전략의 체계를 설명하고, 국가의 각 부문별 전략 간의 상호관계를 분석해 보며, 국가의 부문별 전략의 우선순위 결정 요인과 변화 요인을 살펴본다. 아울러 한국 국가전략의 현주소를 점검해 보고, 앞으로 20년을 내다보는 한국의 국가안보 전략 수립에 필요한 정책 처방을 제시하고자 한다.

Ⅱ. 국가이익과 국가전략

국가전략은 주어진 환경에서 국가이익을 극대화하기 위해 가용한 인적, 물적, 정신적 자원을 동원·조직화하고, 조정·통제하며 사용하는 방법이라고 정의할 수 있다. 여기서 국가전략의 세 가지 요소인 국가이익, 환경, 자원을 간추려 낼 수 있다. 이 절에서는 국가이익과 국가전략의 상호관계, 국가전략의 구성 체계에 관해서 설명하기로 한다.

1. 국가이익

구영록 교수는 국가이익을 "한 국가의 최고 정책결정과정을 통하여 표현되는 국민의 정치적, 경제적 및 문화적 욕구와 갈망"으로 정의하고 있다.[1] 뉴치털린(Nuechterlein) 교수는 "국가이익은 한 주권국가가 다른 주권국가들과의 관계에서 인지하는 필요와 갈망"으로 정의하고 있는데, 그는 국제관계에서 주권국가가 모

1) 구영록, 『한국의 국가이익』(서울: 법문사, 1995), p. 25.

든 국민을 대표하여 최종적으로 행하는 행위에서 국가이익을 발견할 수 있다고 본다.[2)]

위의 두 정의로부터 국가이익은 주권국가가 대내외적으로 인지하고 추구하는 "가치(Values)"라고 정의해 볼 수 있다. 그러나 이러한 개념은 추상적이기 때문에 현실국가들이 어떤 가치를 추구하고 있는가를 살펴보면 국가이익의 개념을 더욱 구체적으로 볼 수 있다. 한국에서 국가이익을 정확하게 규정한 문서는 존재하지 않으나 '헌법의 전문'과 1973년에 국무회의에서 의결된 '대한민국 국가목표'에서 유추해 볼 수 있다.[3)]

- 자유민주주의 이념 하에 국가를 보위하고 조국을 평화적으로 통일하여 영구적인 독립을 보전한다.
- 국민의 자유와 권리를 보장하고 국민생활의 균등한 향상을 기하여 사회 복지를 실현한다.
- 국제적 지위를 향상시켜 국위를 선양하고 항구적인 세계평화에 이바지한다.

위 세 가지 조항의 국가목표에서 한국의 국가이익을 유추해 보면 국가의 생존보장, 경제의 번영과 복지의 실현, 민주주의의 발전, 통일의 실현, 세계평화에 기여하는 것 등을 들 수 있다. 더욱 간단하게 정의하면 생존, 번영, 민주, 통일, 세계평화라고 축약해 볼 수 있다.

그런데 2004년 3월에 노무현 정부가 한국 역사상 처음으로 발간한 국가안보전략서에는 한국의 국가이익이 '국가의 안전보장, 자유민주주의와 인권보장, 경제발전과 복리증진, 한반도의 평화적 통일, 세계평화와 인류공영에 기여'라고 함으로써 한 단계 더 나아간 정의를 하고 있다.[4)] 1945년부터 1987년까지의 한국 현대사의 전개를 보면 생존과 번영은 중요한 국가이익이자 추구해야 할 목표로 추구되어 왔으나 민주와 통일은 중요성이 보다 덜한 것으로서 생존과 번영을 위해 희생되거

2) Donald E. Nuechterlein, "The Concept of "National Interest": A Time For New Approaches," *Orbis*, Spring 1979, pp. 75-77.

3) 국가안보회의 사무국, "공문,"(정지 911-18, 1973. 3. 26.), 임동원, "한국의 국가전략," 「국가전략」 제1권 1호(1995), p. 18에서 재인용.

4) 국가안전보장회의(NSC) 상임위원회, 『평화번영과 국가안보: 참여정부의 안보정책구상』, 2004. 3.

나 유보되어야 할 것으로 간주된 것을 발견할 수 있다. 민주는 1993년에 와서야 국가의 최고 가치로 인정되고 추구되었으며, 통일은 아직도 북한이라는 위협적인 존재로 인해 먼 장래의 일로 간주되고 있으며, 오히려 평화가 더 시급히 요구되고 있는 실정이다.

여기서 알 수 있는 것은 국가이익의 모든 구성요소들이 똑같은 정도의 중요성과 비중을 가지고 추구된 것이 아니며, 당시 국가 최고지도자와 정부의 우선순위에 의하여 차별이 생기게 마련이라는 것이다. 그리고 국가이익의 구성요소들이 항상 상호보완적이거나 상호비례관계에 놓여 있지 않다는 것이다. 1970년대와 1980년대에 민주화 가치를 추구한 정치집단은 경제의 지속적 발전과 국가생존, 즉 경제와 안보의 논리 속에서 희생을 당하였다고 볼 수 있다.

한편 국가이익을 구체적인 국가목표로 바꾸어 달성하기 위해서는 생존, 번영, 민주, 통일이라는 추상적 국가이익을 부문별 전략인 정치발전전략, 외교전략, 군사전략, 경제발전전략, 통일전략 등으로 세부전략을 구상하고 발표해야 하는바,[5] 이들 각 부문별 전략을 논리적이고 체계적으로 통합하는 작업이 바로 국가전략 수립 과정이라고 볼 수 있다.

위에서 한국의 국가이익을 생존과 번영, 민주와 평화통일이라고 더욱 구체화하였음에도 어떤 특정정책을 결정할 때에 국가이익 개념을 어떻게 적용해야 하는가가 문제로 되지 않을 수 없다. 왜냐하면 정부의 어느 한 부처는 그 부처의 정책을 입안, 결정, 집행함에서 보통 국가이익 중에서 어느 한 부분만을 고려하고 그 정책을 선택하기 때문이다. 예를 들면 경제부처는 경제정책 결정에서 생존, 민주, 평화통일이라는 국가이익보다는 어떻게 하면 경제적 번영을 극대화할 수 있는가에 대해서만 고려한다는 것이다.

선진 민주주의 국가에서는 부문별 국정의 이익과 비용에 대한 논쟁이 국민의 대표로 구성된 의회에서 활발하게 전개되고 있고 결국은 피해를 최소화하고 이익을 최대화한다는 측면을 염두에 두고, 행정부는 의회의 논의를 수용하여 최종 법안을 결정하고 있다. 행정부에서 정책이 최초로 입안될 때 그 정책이 여러 가지

5) 하정열, 『국가전략론』(서울: 박영사, 2009), p. 24.

국가이익에 미칠 효과에 대해서 다각적인 검토가 이루어지지만, 미국을 비롯한 선진국들은 국민의 대의기관인 의회에서 그 정책이 집행되었을 때 생길 수 있는 여러 가지 문제점과 국가이익에 대한 영향을 실질적으로 검토하게 된다. 의회의 토론 과정에서는 정부가 미처 예상할 수 없었던 문제점도 발견되고, 부처이기주의 때문에 국가이익을 도외시한 것도 발견되며, 무엇보다도 사회의 각계각층이 그 정책에 대해 어떻게 생각하고 있고 어떤 반응을 보일 것인가에 대한 모의실험(simulation)이 이루어진다. 물론 의회 내 토론 과정에 사회 각 방면의 전문가와 관련 이해집단의 대표들이 청문회를 통해 참가한다. 그러므로 어느 한 정책이나 한 국가전략이 총체적인 국가이익에 어떤 영향을 미칠지에 대한 종합적인 토론과 분석이 이루어지게 된다.

따라서 민주주의 정체 하에서 의회가 제 기능을 하지 못한다면 어느 한 정책이나 전략이 국가이익의 모든 세부 요소에 어떤 영향을 미치게 될지 제대로 분석해 낼 수 없다. 또한 국가이익의 어느 한 분야만 전공하는 전문가들이 모인 연구소에서 국가이익 전체를 제대로 추구하는 국가전략이 나올 수도 없다. 선진국의 국가전략연구소에서 일하는 전문가들은 그 전공분야가 정치, 경제, 군사, 사회 등 사회과학분야뿐 아니라 환경, 법학, 역사, 인구, 행동과학, 지역전문가를 비롯하여 물리학, 화학, 공학 등 자연과학과 기술분야의 거의 모든 학문의 전문가들이 같이 일하고 있다. 그만큼 국가이익이라는 것이 다양하며 복합적임을 의미한다. 어느 한 분야만의 관심과 평가기준으로는 국가이익 전체를 충분하고도 체계적으로 분석하지 못한다는 것을 반증한다.

표 1-1 국가이익 비교표(개념적임)

국가이익	이익(B)	비용(C)	순이익(B-C)
생존	B1	C1	B1-C1
경제적 번영	B2	C2	B2-C2
민주	B3	C3	B3-C3
통일	B4	C4	B4-C4
합계	B1~4	C1~4	총 순이익(B1~4-C1~4)

그러므로 어느 한 정책이나 전략이 각 분야의 국가이익을 어떻게 달성하며 결국 총체적인 국가이익을 어떻게 달성할 수 있는가에 대해서 분석할 수 있는 틀을 〈표 1-1〉과 같이 제시하고자 한다. 즉 국가이익을 부문별로 정의하고, 어느 한 정책이 각 부문별로 이익을 얼마나 가져올지, 부문별로 소요되는 비용은 어떠한지 평가하고 총이익과 총비용의 차이를 계산하여 총 국가순이익을 극대화하는 정책을 선택하도록 하는 것이 국가이익의 모든 부문을 고려하게 만든다는 것이다. 물론 지도자는 국가목표에 비추어 각 부문별로 합리적인 가중치를 줄 수 있어야 할 것이다.

2. 국가전략의 체계

전략과 정책을 혼동하는 사례가 있는바, 여기에서 전략은 '목표와 자원을 연결시키는 방법' 즉 국가목표를 달성하기 위해 국가의 자원을 동원, 조직화, 조정·통제, 사용하는 방법을 의미하며, 정책은 '문제해결과 변화 유도를 위한 활동' 또는 '정부기관에 의해 결정된 미래의 행동지침 또는 계획'이라고 정의한다. 따라서 전략은 대개 몇 개 분야의 정책으로 뒷받침된다고 볼 수 있다.

전략의 체계는 대전략, 국가전략, 세부전략 등으로 나누어 볼 수 있다. 대전략은 대개 20-50년 앞을 내다보는 장기 전략으로서 '국력의 모든 요소(정치, 경제, 이념, 기술, 군사력)를 동원, 조직화, 조정·통제, 사용함으로써 국가의 목표를 달성하는 방법'으로 정의된다.[6] 대전략은 국가의 모든 정책을 인도하는 최상위의 전략이며 정치지도자가 규정하는 국가목적 달성을 위해 자신의 국가뿐만 아니라 동맹국과 우방국의 지원을 동원, 조직화, 조정·통제, 사용하는 것을 포함한다. 구체적으로 대전략은 한 국가가 국제정치에서 추구해야 할 목표를 제시하며, 그 목표 달성을 위해 국가의 수단인 정치력, 군사력, 외교력, 경제력, 이념적 힘을 어떻게 통합하고 사용해야 할 것인가를 결정하는 것이다.[7]

예를 들면 제2차 세계대전 이후 미국의 트루먼 대통령은 미국 국민에게 미래

---

6) B. H. Liddel Hart, *Strategy* (New York: Fredrick A. Prager Publishers, 1967), pp. 335-336.
7) Rovert J. Art, *A Grand strategy for America* (Ithaca, NY: Cornell University Press, 2003).

세계의 비전을 제시하면서 유럽과 일본의 재건과 민주주의의 확산을 통해 소련에 대항하는 동맹을 형성하고 소련을 봉쇄하는 대전략을 제시하였다. 이 봉쇄전략은 전후 45년간 미국 국가전략의 핵심이 되었으며 미국의 정치, 경제, 군사, 외교 모든 분야를 인도하는 전략이 되었다.

대전략이란 국가 수준의 장기적 전략이란 의미에서 국가전략이라고도 한다. 국가는 국가의 목표를 달성하기 위하여 전쟁과 평화 중 어느 하나를 선택할 최종 권한이 있으며 국가목표 달성을 위해서 민간경제와 군사 두 영역에서 적절한 힘의 배분을 도모하고 국력을 최대화하기 위하여 경제력, 군사력, 정치력, 외교력을 사용할 뿐만 아니라, 국민의 정신적인 힘까지도 극대화한다. 여기서 클라인(Ray S. Cline)의 국력의 정의가 연관되는바, 클라인은 국력을 모든 가시적인 힘의 총화(인구·국토의 크기 + 경제력 + 군사력 + …)에 전략적 목표(strategic purpose)와 국가의 의지(national will)를 곱하였다.[8)]

국가의 의지는 구체적으로 정치지도자의 리더십, 정치 엘리트의 조정 능력, 국민의 도덕적·정신적 힘을 포괄하여 국가전략을 추구하려는 의지라고 할 수 있다. 여기서 전략적 목표는 구체적으로 지도자들의 전략기획(strategic planning) 능력을 의미한다. 어느 국가든 부존자원과 인적능력이 제한되어 있으므로 모든 국가이익과 목표를 동시에 달성할 수 없다. 따라서 모든 국민의 주의를 집중시키고 몇 가지 제한된 목표 달성을 위하여 자원을 동원, 조직화, 통제, 조정, 사용하는 계획을 세우는 것을 전략기획이라고 한다.

그런데 전략기획은 몇 가지 속성을 지니고 있는바, 국가의 목표를 더욱 발전시키고 명료하게 만드는 작용을 한다. 국가의 대안적 미래(alternative futures)를 인지하게 하고 비교하게 하는 기능을 한다. 국가의 미래에 큰 영향을 미치게 될 중요한 변수를 미리 발견하게 하고 그 변수의 영향력을 이해하게 한다. 미래의 창조를 가능하게 하며 미래에 대처해 나아가는 적절한 능력과 행동계획을 발견하게 한다. 그래서 미래에 국가에게 주어질 기회를 십분 활용하게 하고 국가의 취약성을 최소화하며, 어느 경우에도 적절한 대응을 가능하게 한다. 그리고 중요한 점은 시간이

8) Ray S. Cline, *The power of Nations in the 1990s* (Lanham, MD: University Press of America, 1993), p. 29.

흐름에 따라 어느 시기에 구체적인 결정을 해야 하는가 하는 정확한 판단을 가능하게 하며 각 시기마다 적절한 지침과 독트린, 정책 개발을 가능하게 한다.

어떤 경우에 전략기획이 실패하는가? 미래의 환경을 예측하지 못하고 대비하지 못했을 때, 발생할 가능성이 있는 위기와 분쟁을 예견하지 못했을 때, 미래의 불확실성을 다루는 것에 실패했을 때, 가장 중요한 것을 맨 처음 해야 하는데 부수적이거나 지엽적인 것을 먼저하고 그것을 고집하고 있을 때, 일어날 사건 모두에 대해서 포괄적인 고려를 하지 못했을 때, 전략기획의 목적을 잘못 인지하고 있을 때, 일관성만 유지한 채 유연한(flexible) 대응을 하지 못했을 때, 상대방의 의도를 잘못 읽었을 때 등에서 전략기획의 실패가 일어난다.

한편 국가전략은 정치, 외교, 경제, 군사 등 분야별 전략으로 구성된다. 그리고 국가전략은 국가목표를 정의하고 국가의 자원을 파악하며, 그것을 동원하고 조직화하며, 조정할 뿐 아니라 통제하여 사용하는 기술이므로 다양한 국가목표의 성격상 목표 간의 우선순위가 있기 마련이다. 그리고 자원 중에서도 인적자원을 동원하느냐, 물적자원을 동원하느냐, 정치력, 외교력, 경제력, 군사력 중 어느 것을 동원하느냐, 자국의 자원을 동원하느냐, 동맹국과 우방국의 자원을 동원하느냐 아니면 두 분야 이상의 힘을 종합하여 사용하느냐에 따라 우선순위가 생기기 마련이다.

미국의 대전략은 앞에서 말한 바와 같이 냉전시대에는 대소련 봉쇄전략이었으며, 이를 위해 정치, 경제, 외교, 군사 측면에서 자국의 국력을 동원, 사용하고 필요시에는 타국의 국력까지도 모두 합하여 사용하였다. 따라서 미국의 대전략은 미국의 생존과 번영을 보장하기 위하여 필연적으로 소련과의 경쟁을 밑바탕에 깔고 있었으므로 국가안보전략이라고도 불렸으며 그것의 구성요소로서 외교전략, 경제전략 특히 국제경제전략, 군사전략, 군비통제전략 네 가지를 포함하고 있었다.[9]

여기서 안보의 개념은 정치(외교)적, 경제적, 군사적, 군비통제적인 측면을 모두 포함하는 포괄적인 개념으로서 국가의 국가이익을 보호하고 확장(promote)하는

9) The U.S. White House, *National Security Strategy of the United States,* August 1991. 미국의 국가안보전략은 정치(외교), 경제, 국방 그리고 군비통제 분야에서 국가의 수단을 목표와 연결하는 방법을 서술하고 있다.

것을 지칭한다. 물론 국가의 크기에 따라 국가전략의 범위나 속성에 차이가 나겠지만 근본적으로 국가전략의 세부전략이 다 갖추어지지 않는 한 독립적이고 완전한 국가전략이라고 보기 힘들다.

3. 한국의 국가전략에 영향을 주는 기본요소

한국의 국가전략에 영향을 미치는 기본요소는 매우 많지만 그중 중요한 요소를 몇 가지 들면 다음과 같다.[10)]

첫째, 전략에 가장 중요한 영향요소는 한반도의 지정학적(geopolitics) 위치이다. 지정학적 요소는 우리의 의지로 바꿀 수 없는 국가전략의 가장 중요한 결정요인이다. 한반도는 대륙세력과 해양세력이 교차하는 반도이므로 역사적으로 정치적으로 두 세력의 이해가 충돌해온 지역이다. 대륙세력 중 중국, 몽골 등의 세력이 강했을 때 한반도는 그들의 영향을 많이 받았으며 때로는 침략을 당하기도 했다. 해양세력 중 일본의 세력이 강했을 때 한반도는 일본의 식민 지배를 받기도 했다. 한국은 1945년 이후 해양세력 중 미국과 동맹관계를 맺고 한국의 안전보장을 달성해오고 있다. 따라서 한반도의 지정학적 위치를 고려할 때 해양세력과 대륙세력의 균형을 적절하게 유지하고, 세계 유일 초강대국인 미국과의 동맹을 통해 안보를 확보하면서 중국, 일본, 러시아 등과 균형적인 외교협력을 달성해 나아가는 것이 중요하다.

둘째, 한국의 국가전략에 영향을 미치는 중요한 요인으로 남북분단을 들 수 있다. 남북분단은 우리 민족의 의지와는 다르게 제2차 세계대전의 종결 과정에서 미국과 소련 간의 합의로 이루어졌다. 남한은 민주주의와 시장경제체제를 채택했고 북한은 공산주의와 계획경제체제를 선택했다. 분단의 결과 남북한은 체제 경쟁에서 이기려고 전력을 기울였으며, 특히 군사적 우위에 서고자 군비 경쟁을 전개했다.

한국의 국가전략의 가장 중요한 부분은 북한의 전쟁 위협을 방지하고 분단

---

10) 임동원, "한국의 국가전략," 「국가전략」 제1권 1호(1995).

상태를 평화적으로 관리하면서 통일을 달성하는 것이다. 군사전략의 거의 모든 부분이 북한의 위협에 대처하는 데 집중하고 있으며, 외교 전략의 70~80%가 북한과 관련되어 있다. 따라서 남북분단은 한국의 국가전략에 영향이 가장 큰 변수이다.

셋째, 한국의 국가전략에 영향을 미치는 중요한 요인은 부존자원 부족의 문제이다. 북한지역에는 천연자원이 많이 있으나 남한지역에는 경제성 있는 지하자원이 거의 없다. 따라서 한국은 대외 지향적 경제발전 전략을 채택할 수밖에 없었으며, 그 전략의 성공으로 경제적 부국을 달성했으나 대외의존도가 심해져서 세계경제의 부침에 따라 큰 영향을 받고 있다. 자원부족문제는 우리의 국가전략에 큰 제약요소로도 작용하고 있다. 경제발전을 가속화하기 위해서 필요한 에너지는 원자력 발전으로 하기로 하였다. 그 결과 세계 제5위의 원자력 발전 국가가 되었으나, 2017년 등장한 문재인 정부는 원자력을 점차 퇴진시키고 대체에너지를 추구하기로 했기 때문에 원자력 분야와 갈등을 빚고 있다.

넷째, 한국의 국가전략에 영향을 미치는 중요한 요인으로 정치문화에서 타협하는 정신의 부족이다. 민주정치의 발달로 인하여 유교식 권위주의 정치문화의 문제는 극복되었으나, 지연·혈연·학연에 얽힌 정치문화와 여야 간 혹은 보수와 진보 사이에 타협과 양보가 없는 대결로 말미암아 조성되는 한국 내의 뿌리 깊은 갈등 때문에 국력 낭비와 분쟁이 일어나는 실정이다. 특히 국가안보에 관련된 사항은 선진국에서는 여당과 야당을 초월한 초당적(bipartisan) 합의에 근거하여 외교안보 정책이 결정되고 추진되는 예가 많다. 그러나 한국에서는 대조적으로 진보와 보수 사이에 뿌리 깊은 갈등으로 인해 외교안보 사안에 대해서 초당적인 합의가 부재하며, 대부분의 외교안보 문제는 전 정권 세력의 탓으로 돌리고 있으며, 새로운 외교안보 문제의 해결 방법을 둘러싸고 그 해결책의 내용보다는 그것을 보는 시각이나 접근방법에 대해서 서로 논쟁을 벌이는 경향이 많아 궁극적인 해결책에 대한 합의나 지지가 없는 실정이다. 이것은 국력 손실의 큰 원인이 되고 있다.

이상의 네 가지 요인은 한국의 국가전략기획에 중요한 영향요인인 동시에 제약요인이기도 한다. 하지만 우리의 국력이 강하고 국민적 단결력이 높을 때에는 제약요인이 기회요인으로 전환되기도 한다. 예를 들면 반도라는 지정학적 요인은 대륙문화를 해양세력에게 전달하는 전달자로서 역할을 하기도 하며, 대륙과 해양의 요소를 혼합시켜 발전하는 동력이 되기도 한다. 그러나 국력이 약하고 국민적 단결력이 약할 때에는 제약요인이 결정적 취약요소로 작용하여 한반도가 주변세력의 희생물이 되기도 하고, 내부가 분열되어 국가안보가 총체적으로 작동하지 못하는 경우도 있었다.

Ⅲ. 한국의 국가안보전략의 상호관계

1. 경제와 군사

예를 들면 미국은 경제와 군사 두 분야를 처음부터 구분해서 발전시켰다. 제2차 세계대전 이후 미국의 GNP는 세계 GNP의 약 50%선을 차지하게 되었고, 자유세계의 지도국인 초강대국이자 소련에 유일하게 맞선 경쟁국으로서 공산주의 확산을 막기 위해 대소 봉쇄전략을 택하는 한편 군비확장을 시작하였다. 군비경쟁에서 이기기 위해 GNP의 6% 이상을 계속 투자했으며 민간기업과는 엄격히 구분된 군수산업에 국방비의 10% 이상을 투입하여 첨단 과학기술의 연구개발을 시도하였다. 그리고 냉전이 종식된 후 첨단 과학기술을 민군 겸용기술로 전환할 때까지 군수산업분야는 국가의 철저한 보호와 지도 아래 육성되어 왔다. 따라서 군수산업에서 민간기술로 스핀오프(spin-off: 군사기술의 민간기술로의 파급효과로 후방연관효과라고도 함)라는 말이 먼저 나타났으며, 스핀온(spin-on: 민간기술의 군사기술로의 파급효과로 전방연관효과라고도 함)이 등장한 것은 한참 뒤인 최근이었다. 군사력과 경제력의 두 측면에서 세계 최강이 되어 자국의 안전과 번영은 물론 자유진영을 미국의 세력권 안에 두는 대신 그들의 안정과 번영을 지원했다. 그리고 소련과 핵무기 경쟁에서 우위를 차지하고자 핵무기 개발에 몰두하여 억제전략을 만들어 내고 상호확증파괴에서 상호생존으로 전환시킬 정도로 군사기술면에서 앞서 나갔다. 그러나 탈냉전 이후 엄청난 규모의 군사력이 소용없게 된 시점에 종래의 거대한 군사비 투자는 국내경제의 발전을 저해하고 대일본, 대독일 기술경쟁력에서 뒤지는 결과를 초래하였다는 비판을 받기도 했다.

한국의 경우는 경제발전 제일주의 전략에 몰두했다. 반면 군사는 철저하게 미국에게 의존해 왔다. 물론 경제발전의 결과 국방에 필요한 재원을 제공할 수 있게 되어 1970년부터 자주국방이 시작되고 주요 무기의 국산화를 이룰 수 있었다. 그러나 미국에 대한 기술 의존을 벗어날 지속적인 민군 겸용기술의 발전계획이 당초 없었고, 경제 성장으로 인해 GNP의 6%를 국방에 투자한다는 측면에서 경제와 군사는 연계되어 왔다. 1971년 일방적인 주한미군 일부 철수 이후 한국은 주요 무기의 국산화란 기치 아래 1973년부터 미국의 국방기술을 도입하여 방위산업 자립화의 길을 걸었다. 하지만 정부 주도의 방위산업 육성정책으로 인해 기업체가 스스로 자립적인 첨단기술을 개발함으로써 국방에 기여해야겠다는 가치관과 의지가 결여되어 있었기 때문에 1980년대 제5공화국은 방위산업 자립화와 군수산업육성을 포기하고 미국으로부터 주요 첨단무기 수입을 결정하였으며, 국방과학연구소도 이전의 1/3 규모로 축소함에 따라 방산업체는 군사과학기술을 지속적으로 발전시킬 수도 없었다. 경제발전 전략도 노동의 생산성 제고, 즉 싼 임금에 기초하는 수출주도전략에 근거하고 있었으므로 기술 진보로써 경제성장과 군수산업의 첨단화를 동시에 달성한다는 일본의 민군겸용 발전전략과 처음부터 차이가 날 수밖에 없었다. 따라서 경제의 발전으로부터 군수산업이 육성된다는 연계성도 가지지 못한 채 자주국방의 꿈은 유보되었다. 1993년에 이르러 정부는 민군 겸용기술의 개발에 중점을 두고 발전한 경제로부터 스핀온 효과를 거두기 위해서 민군 협동을 통한 방위산업지원을 도모하기 시작했다.

여기서 문제는 1961년부터 30년 동안 물량적인 경제성장과 그에 근거한 자원의 국방비 지원능력 배양에만 신경을 쓴 나머지 전략적인 차원에서 경제와 군사를 연결시키려는 노력이 결여되었다는 점이다. 따라서 경제가 성장함으로써 부국의 목표는 달성했으나 강병의 목표는 아직도 달성하지 못하고 있다. 더욱이 군사기술의 자립을 통해 강병을 달성할 수 있다는 경제계의 인식이 강한 일본과는 달리 한국 경제계는 경제와 군사의 연결고리에 대한 인식이 부족하다. 그 후 주요 첨단 무기의 대외의존이 심화되면서 전략산업을 우리 스스로 개발해야 한다는 자각이 일어났고 21세기에 이르러 각종 무기를 국산화하려는 움직임이 나타났다.

또한 해방 이후 50년간 정부가 경제발전전략에 치중한 결과 국가자원이 한 방면에만 집중되었다. 정부의 고급인력 중 상당수가 경제관련 부처에 종사하기를 선호하고 쏠림현상이 나타났던 것이다. 따라서 국방 분야에서는 정부의 고급인력이 근무를 기피하는 현상이 초래되어 오랫동안 국방선진화가 지체될 수밖에 없었다.

2. 경제와 외교

국가의 경제발전과 외교는 어떤 관계인가? 외교는 국가이익을 확보하기 위해서 국가 간의 관계를 어떻게 유지, 관리, 발전시켜야 하는지를 다루고 경제발전은 국민의 생활수준을 향상시키기 위해 주로 내부 문제를 다룬다. 하지만 국가는 무역을 통해서 비교우위 생산품을 외국에 수출하고 또한 수입함으로써 경제적 발전을 기한다. 여기서 경제와 외교를 연결 짓는 경제외교라는 개념이 등장한다.

그러나 사실상 냉전기에는 무역은 공산진영은 공산진영끼리 자유진영은 자유진영끼리 이루어짐으로써, 국가전략 차원에서는 한 진영 내에서 국가의 생존과 지속적인 번영을 보장하고, 또한 이를 보장받기 위해서 안보외교를 뒷받침하는 수단으로 경제력을 어떻게 사용할 것인가 하는 문제에 초점을 맞추게 되었다.

즉 외교의 목적을 달성하기 위해서 경제를 정책수단으로 사용하게 되었는바, 경제협력과 경제제재라는 두 개념이 사용되었다. 경제협력은 서로 우호적인 국가 간에 상호 이익을 증진시키기 위해서 사용된 정책수단일 뿐만 아니라 상호 적대적인 국가 간이더라도 경제협력과 인적·물적 교류 증진을 통한 기능적 통합을 촉진하기 위한 가장 기초적인 정책수단으로 사용되었다. 가장 직접적인 경제협력은 경제원조의 형태로 출발했다. 미국은 제2차 세계대전 후 마셜 플랜이라는 정책에 근거하여 서방에 대한 경제 원조를 통해 자유진영을 자국의 영향력 아래 두려고 하였다.

한편 경제제재나 봉쇄는 적대국의 경제능력을 전반적으로 제한하고 봉쇄하기 위해서 또는 어느 특정한 안보외교 사안에 대해서 상대국의 양보와 순응을 받아내기 위해서 사용되었다. 미국은 대소 봉쇄전략을 성공으로 이끌어내기 위해서 또는 어느 특정한 안보외교 사안에 대해서 상대국의 양보와 순응을 받아내기 위해서 경제제재나 봉쇄를 사용하였다. 미국은 대소 봉쇄전략을 성공으로 이끌어내기 위해서 제2차 세계대전 이후 1990년까지 경제봉쇄정책을 추진했다. 경제봉쇄의 주요내용으로는 대공산권 다자수출통제기구(COCOM: Coordinating Committee for Multilateral Export Controls)를 만들어서 공산국가의 군사력과 경제력을 강화시킬 수 있는 전략물자와 첨단기술의 수출을 금지하고 사전승인 제도를 강화하였는데 서방진영 대부분이 이 기구의 통제를 받았다. COCOM은 1970년대 이후 전략기술의 이전 통제로 그 중점을 변경시켰다. 그러나 COCOM은 냉전의 종식과 구 소련을 포함한 동구 공산권의 몰락으로 그 존재 의의가 없어지고 1993년 단일 유럽공동시장의 탄생과 모든 유럽국가 간 무역장벽이 제거됨으로써 그 효력이 끝나게 되었다. 그 뒤 1996년에 네덜란드의 바세나르에 모여 바세나르 협약(Wassenaar Agreements)을 의결했다.

공산권에 대한 수출통제와 별도로 경제제재는 미국의 외교·안보정책에 순응하지 않는 국가에 대한 압력수단으로 많이 사용되었다. 제재는 세 가지 의미가 있다. 첫째, 상대국가가 자국이 원하지 않는 행위를 하게 될 경우 이를 용납하지 않겠다는 의지의 표현이다. 둘째, 우방국에게는 자국의 정책에 순응하는 경우 지원을 받을 것이라는 신뢰성의 표현이다. 셋째, 자국민에게는 국가의 사활적 이익을 위해 정부가 반드시 행동한다는 의지의 표현이다.[11)]

경제제재에는 수출통제, 수입통제, 금융통제가 있는데, 수출통제는 1979년 미국이 소련의 아프가니스탄 침공에 항의하여 곡물 수출을 중단한 예에서 보듯 피제재국에 대한 수출을 금지하는 것으로 첨단기술의 수출규제, 무기수출 금지, 상품수출금지 등이 포함된다. 수입통제는 1980년 미국의 소련에 대한 무수 암모늄 수입 금지 등의 사례가 있으나 별로 효과가 없었다. 왜냐하면 피제재국이 대체시장을 쉽게 찾을 수 있고 제3국을 통한 수입이 가능하기 때문이다. 금융통제는 자국이 가진 타국의 금융자산을 동결하거나 원조를 중단하는 것이다.

미국의 경제제재는 시기는 다르지만 남북한 모두에게 적용된 사례가 있다.

---

11) Grat Clyde Hufbauer and Jeffrey J. Schott, *Economic Sanctions in Support of Foreign Policy Goals* (Washington, D.C.: U.S. Institute for International Economics, 1983), pp. 1-12.

북한은 1950년 6.25전쟁 때부터 미국 내 자산을 동결 당했다. 1994년 10월 미·북한 제네바 합의 시에 북한의 핵시설 동결과 해체를 조건으로 자산동결 해제를 포함한 대북경제제재의 해제를 합의했다. 그러나 북한의 미사일 실험으로 중단되었고 북한의 핵실험 이후 경제제재는 더욱 강화되었다. 한국은 1975년 박정희 대통령의 주한미군 철수에 따른 핵무기 개발 계획 천명 이후 프랑스로부터 재처리 시설을 도입하려고 했으나 미국과 캐나다가 합동으로 금융제재를 시작하였다. 그 결과 한국 정부는 핵 개발 계획을 공식적으로 포기했다.[12] 남북한이 공히 핵문제 때문에 미국의 경제제재에 관련되게 되었는데 안보외교 목적을 달성하기 위한 경제전략, 경제정책은 그 정책목표가 분명할 때 그리고 피제재국의 크기가 작고 제재국과 동맹관계가 있을 때 성공 가능성이 크다.

한국이 안보외교 목적을 달성하기 위하여 경제적 수단을 사용하는 것이 가능한가? 사실 1990년대에 들어와 대소련 수교 정상화와 대중국 외교를 가능하게 한 것은 한국의 경제발전과 경제지원 능력이다. 그러나 대러시아, 대중국 외교의 자산을 대북한 관계에 사용할 만한 지렛대는 개발되지 못했다. 대북정책에서 구체적인 목적의 달성을 위해서 대중국, 대러시아 경제협력 중단을 카드로 쓸 만한 지렛대는 없는 실정이다. 한편 우리의 직접적인 대북관계에서는 북한의 군사적 위협을 군비통제 협상을 통해 감소시키기 위해 경제적 수단을 협력적으로 사용할 가능성은 점점 증가하고 있다. 북한이 경제적 위기에 처할수록 한국의 안보외교 목적을 위해 한국과 우방국의 경제력을 북한에 대해서 활용할 수 있는 가능성은 점점 커진다고 할 수 있다. 다만 전략적인 고려 하에서 대북 안보외교 목적을 분명하게 구체화하고 우리가 가진 경제력을 전략적으로 연결할 때에 가능해질 것이다.

3. 군사와 군비통제

사실 서구에서 군비통제가 국가전략의 한 부문으로 등장한 역사는 오래되지 않았다. 동양에서는 『손자병법』의 모공(謀攻)편에 "적과 싸우지 않고 승리하는 것

---

12) Young-sun Ha, *Nuclear Prolification, World Order, and Korea* (Seoul: Seoul National University Press, 1983), pp. 127-128.

이 최선의 승리요, 그 다음 바람직한 승리란 적의 싸우려는 의지를 분쇄하는 것" 이라고 하고 있다. 전쟁을 통하지 않고 적의 군사적 능력과 의도를 약화시키는 것이 바로 군비통제라고 볼 수 있다. 국가와 국가 간에 협상을 통해서 신뢰를 구축하고 군비를 감축시킨 제도를 만든 것은 1970년대 유럽의 헬싱키 프로세스가 시초이다.

미국은 제2차 세계대전 이후 소련과 군비경쟁에서 이기기 위해 제로섬 게임 법칙에 따라 절대적인 안보를 추구했다. 소련도 마찬가지였다. 핵무기뿐만 아니라 재래식 무기 경쟁에서도 마찬가지였다. 그러나 핵무기의 무한경쟁은 상호 공멸을 초래할 수 있다는 자각을 불러왔고 냉전이 한창이던 1970년대에 본격적인 핵무기 감축을 목표로 한 군비통제 협상을 시작했다. 따라서 군비통제 전략이 군사전략과 대등하게 국가전략의 일부로 등장한 것은 핵무기 경쟁의 폐해를 자각한 때부터이다.

1985년 3월 소련의 고르바초프 등장은 핵무기 감축을 위한 군비통제 회담의 결실을 가져왔다. 그리고 냉전이 거의 끝나가던 1980년대 말에 미국의 국가안보 전략문서는 군비통제전략을 국가 안보전략의 4대축 중의 하나로 인정하였다.

외관상으로 볼 때 군사력의 건설을 근간으로 하는 군사전략과 궁극적으로 군사력의 감축을 목표로 하는 군비통제 전략은 상호 양립할 수 없는 정책으로 보일 수 있다. 그러나 이것은 형식적인 논리이며 깊이 관찰해 보면 군비통제와 군비건설 및 증강을 연결하는 매개변수는 바로 '적의 위협'이다. 적의 위협이 있기 때문에 군사력 건설을 계속하는 것이며, 적의 위협이 있기 때문에 협상을 통해서 그것을 감소시키려고 하는 것이다. 따라서 군비통제든 증강이든 적의 위협을 중심으로 생각해 본다면 두 개념은 밀접하게 연관되어 있음을 알 수 있다.

군사전략을 달성하는 수단으로 군사력 건설의 정당성은 적의 위협과 미래에 예상되는 위협에서 나온다. 특히 군사력 건설에는 시일이 많이 소요되므로 예상되는 위협도 중요한 변수가 된다. 그런데 군사전략의 기본 가정은 적의 군사적 위협이 계속 증가하고 있다는 것이다. 특히 북한의 군사적 위협은 선군정치와 북한체제의 대남 적화 전략의 산물이므로 이 전략은 대내외 정세 변화에 상관없이 독립적으로 증가하고 있다고 가정한다. 이러한 기본 가정 위에서 우리의 국방정책은 군사력에 대한 소요가 매년 증가하는 점을 감안하여 해마다 군사력 건설을 증대시키고 있다.

그러나 군비통제 입장에서 보면 북한의 군사위협은 항상 독립적으로 증가하는 독립변수가 아니라 주변 안보정세나 남한의 정책, 미국의 대북정책, 북한 내부의 정세변화 또는 북한의 동맹국의 정책변화 등에 의하여 영향을 받는 종속변수라고 가정한다. 남북한의 군사력 증강 추세가 상호의 정책변수에 의하여 영향을 받는다는 가설이 몇몇 연구에 의하여 입증된 바 있듯이,[13] 남북한 간의 군비경쟁은 상호 의존관계이며, 북한의 군사력 증강 결정 자체도 주변 전략 환경의 변화, 남한의 군비증강 및 군비통제정책, 북한 내부의 경제사정, 미국의 대북정책, 국제적인 군비통제 추세 및 압력 등의 영향을 받고 있다.

따라서 군비통제는 북한의 군비증강 결정이 남한의 정책선택 여하에 많은 영향을 받을 수밖에 없는 현실을 감안하고, 국제적인 안보환경 변화와 국제적인 군비통제 추세, 한반도 내의 분단구조의 건설적인 청산 요구, 북한 내부정치, 경제사정을 총체적으로 고려하여 대화를 통해 북한의 군사적 위협을 감소시키려는 군사전략과는 다른 측면에서 군사전략의 목표를 달성하려고 하는 국가안보의 일환이라고 볼 수 있다.

4. 외교와 군사

한 국가가 다른 국가를 평화적으로 설득하거나, 다른 국가와 협상을 통해서 자국의 국가목표를 달성하면, 즉 외교에 의해서 국가목표를 달성하게 된다면, 군사력이 외교에 개입될 여지는 없다. 그러나 이 경우에도 다른 국가와 비교해서 군사력이 월등히 차이 나면 평시 외교에서 군사력이 약한 국가는 상대적으로 위축되기 마련이다.

한 국가가 군사적 목적을 달성하기 위해서 타국과 관계를 유지·발전시키는 행위를 안보외교라고 말할 수 있다. 여기서 군사적 목적이란 적대적인 국가의 군

13) Tong Whan Park, "The Korean Arms Race: Implications in the International Politics of Northeast Asia," *Asian Survey*, Vol. 20, No. 6(June 1990), p. 654.

사위협에 대응하여 국가의 생존을 보장하기 위해서 타국과의 관계를 유지 발전시켜 나아간다는 것이다. 한편 한 국가가 다른 국가에게 자국이 원하는 행위를 하도록 군사력 사용을 위협하거나 실제로 사용함으로써 국가의 의지를 관철하는 행위를 강압외교라고 한다.

실제로 전쟁을 통해서 국가목표를 달성하려는 경우에는 전쟁 도발 위협에 대해 적의 군사력 사용을 거부하면서 우리의 막대한 군사력을 구축하고 신속하게 사용함으로써 국가목표를 달성하게 된다. 예를 들면 미국은 제2차 세계대전 이후 공산주의에 대항하기 위해 전 세계적으로 동맹을 형성하고 소련과 지리적으로 근접한 중요 국가에 군대를 전진 배치함으로써 국가의 군사목표를 달성하려고 했다. 미국의 국익인 민주주의 확산과 시장경제 전파를 위해서 군사력이 뒷받침 된 미국의 세력권을 형성한 것이다.

한국과 서독은 그 최전선이었으며 두 국가는 미국과 동맹을 결성하고 미군 주둔을 수용하였으며 상호방위조약을 체결하였다. 미국은 동맹 국가에게는 안보외교를, 미국과 우방의 이익을 군사적으로 위협하는 측에게는 군사력 우위에 근거한 억제정책을, 미국의 국익에 반한 분쟁을 조장하는 국가에게는 강압외교를 구사했다. 소련을 비롯한 군사적 위협국가에는 핵 억제와 재래식 억제, 전진배치에 의한 인계철선(tripwire)정책을 사용했다. 그리고 1949년 베를린 위기 때에는 소련의 위협 중지를, 1990년 쿠웨이트를 침공한 이라크에 대해서는 원상회복을 요구하면서 강압외교를 전개하였다.

한국은 1953년 종전 이후 북한의 군사위협에 대처하기 위해서 1953년 한미안보동맹을 결성했으며 전쟁 기간 중인 1950년 군사력 부족을 이유로 한국군에 대한 작전통제권을 UN군 사령관에게 이양했다. 그 이후 경제력에서나 군사력에서 열세를 면치 못한 한국은 '선 경제발전 후 군사력 건설' 전략 아래 안보는 미국에 의존하면서 경제발전에 전념했다.

안보외교는 한미동맹을 유지 발전시키기 위한 목적 아래 전개되었다. 주한미군의 계속 주둔을 확보하는 데 급급한 대미 안보외교를 전개해 왔다. 따라서 독립국가라면 마땅히 갖추어야 할 군사부문의 자율적인 결정권이 결여되었던 것이다. 구체적인 예를 들면 북한의 위협에 효과적으로 대응하는 데 필요한 적정 병력 규모, 북한의 기습공격 전략에 대응한 공격의 시기와 규모의 결정, 현존하는 북한의 위협과 미래 지역 국가들로부터 오는 군사적 위협에 충분하게 대응할 무기체계의 개발, 자국의 국가목표를 달성하기 위해 전쟁이냐 평화냐를 결정할 권한이 부족한 실정이었다.

이는 한국에게 두 가지 안보 딜레마를 갖게 했다.[14)]

첫째, 군사 모험주의를 정책수단으로 택한 북한에 대해 우리의 억제정책이 신뢰성이 있는가 하는 점이다. 북한 지도자들은 1.21사태, 아웅산 사태, 천안함 사태 등의 도발에 대한 응징을 받아본 적이 없으므로 앞으로도 '남한으로부터의 응징·보복 면제론'을 믿고 있을지도 모른다(실제로 북한은 1994년 6월 핵 위기 때에 제재에는 '서울 불바다' 전쟁 위협 발언을 하였고 그 후에도 UN의 제재에 대해 군사적으로 대응하겠다는 협박을 함으로써 한국과 미국, 국제사회에 대하여 협상의 지렛대로 활용했다.).

둘째, 국민의 우유부단한 전쟁관을 배태하게 했다. 외부의 군사위협이나 테러에 단호하게 대처하는 선례를 만들지 못함으로써 패배주의와 수동주의를 국민에게 만연시켰다. 그 결과 위기라는 말만 들어도 크게 우려하는 국민이 생겼다. 결국 국가목표를 위한 군사력의 자율적 사용을 의미하는 순수한 의미의 군사전략을 유보한 한미동맹의 유지만을 목표로 하는 한국의 대미 안보외교는 군사전략에 대한 활발한 토론과 정책개발을 저해했다고 할 수 있다. 따라서 국가이익과 국가목표 달성을 위한 외교와 군사의 관계 재정립이 필요한 실정이다.

5. 소결

국가전략을 구성하는 부문별 전략은 정치, 외교, 경제, 군사, 군비통제 등이 있는데 이들 부문별 전략은 국가이익 및 국가목표와 상호관련성이 있다. 경제와 군사는 예부터 국가의 이상적인 목표를 상징하는 부국강병(富國强兵)을 떠받치는 두 지주였다. 오늘날 경제와 군사의 연결을 더욱 강하게 해주는 전략적인 분야는 바로 기술진보이다. 군사와 군비통제는 외견상 상호 모순처럼 보이지만 상대국가의

14) 황병무, 『문민시대의 안보론』(서울: 공보처, 1993), pp. 12-13.

군사적 위협을 해소하기 위한 한 방편이다. 외교와 경제는 크게는 국가이익을 위해 상호 협력하는 관계이며 경제력이 커질 때에 외교 목표를 위해서 수많은 경제정책 수단이 사용될 수 있다. 그리고 외교와 군사는 국가의 생존과 번영의 조건을 마련하기 위해 상호 협력해야 하지만 선택 여하에 따라 외교, 군사외교, 강압외교, 전쟁 등의 수단을 가질 수 있다. 21세기 초 미국의 일방적인 군사력 사용 이후 외교·민주적 가치·문화를 중시하는 연성권력(soft power) 개념이 등장했으므로 외교의 기술과 능력이 더욱 중시되게 되었다.

결론적으로 중요한 것은 시대와 전략 상황에 따라 변천하는 국가이익과 목표를 효과적으로 달성하기 위해서는 그 시대 그 상황에 가장 효과적인 부문별 전략이 있을 수 있고, 부문별 전략의 우선순위를 바꿀 수 있어야 한다는 것이다. 또한 한 부문의 전략이 다른 부문의 전략보다 우위를 계속 필요하게 될 경우 부작용이 생김을 관찰하였다. 따라서 어느 시기, 어느 상황에 어떤 부문의 전략을 우선시하며, 어떤 부문의 전략과 결합하여 사용할지가 대단히 중요한 문제가 되고 있다.

Ⅳ. 국가전략의 우선순위

국가전략의 부문별 전략의 우선순위는 어떻게 결정되며 왜 변화하는가? 이 절에서는 더욱 구체적으로 국가의 부문별 전략 간 우선순위를 결정짓는 요인과 전략의 변화요인을 설명한다.

1. 부문별 전략의 우선순위 결정요인

(1) 국가 최고지도자의 비전

기업의 회장이 회사의 목표와 가치관을 기업 내 전 직원과 적절하게 소통하고 목표달성을 위해 기업의 자원을 동원, 조직화, 조정·통제하며 사용하도록 지시하는 것처럼 국가의 대통령도 국가목표를 달성하기 위해 국가에 대한 비전을 국민

과 소통하고 국가의 인적·물적 자원을 동원, 조직화, 조정·통제, 사용하는 방법을 제시한다.15)

국가의 대통령은 적어도 몇 십 년 앞을 내다보는 장기 전략을 제시한다. 물론 장기 전략 속에는 정치, 경제, 군사, 외교, 군비통제에 관한 부문별 전략의 우선순위가 매겨져 있고 대통령의 국가에 대한 비전을 실현할 수 있도록 부문별 전략은 통합적이고 체계적인 국가전략 속에 논리적으로 배열된다.

각부 장관은 대통령이 제시한 국가전략을 집행할 수 있도록 보좌하는바, 대통령의 임기 중에 달성할 수 있는 사항에 관해서는 각 부처에서 중기계획(3~5년)을 수립할 수 있고, 대통령의 임기를 벗어난 장기적인 목표에 대해서는 각 부처에 맞는 연구개발 계획을 세울 수 있다. 그리고 각 부처의 실무 책임부서는 중기계획을 달성하기 위한 구체적인 정책을 개발하며, 하위부서는 1년에 걸친 행동계획과 집행, 당면한 문제 해결을 위해 노력한다. 그러나 각부 장관의 임기가 너무 짧을 경우 대통령의 부문별 전략을 달성할 수 있는 중기계획을 일관성 있게 수립·추진할 수 없으며, 다만 단기계획과 정책집행에 몰두할 수 있을 뿐이다.

대통령 중심제에서는 각 부처의 부문별 전략의 일관성이나 전체적 통일성을 유지하는 책임은 최종적으로 대통령에게 있지만 한국은 대통령의 전략기획 단계에서는 대통령을 보좌하는 정책실장, 국가안보실장 등에게 대전략 개발의 책임이 지워지고, 각 부문별 국정의 일차적 조정 책임은 국무총리에게 있다. 따라서 대통령이 국가의 당면문제를 파악하고 그것을 해결하면서 미래의 국가방향을 제시할 때 부문별 전략의 우선순위는 이미 결정되기 때문에, 대통령 비서실과 정책실, 국가안보실 등이 매우 중요한 위치에 있다고 하겠다.

(2) 국회와 국민의 요구

국가는 다양한 계층과 이익단체로 구성되기 때문에 대통령이 국가전략을 제시하고, 이를 집행하기 위한 부문별 전략은 각 부처에서 제시한다고 하더라도 국민의 대표가 모인 국회에서 부문별 전략의 우선순위와 정책이 논의되고 재조정된

---

15) Paul Bracken, *Strategic Planning for National Security: Lessons from Business Experience* (Santa Monica, CA: RAND, 1990), pp. 1-5.

다. 물론 국회는 논의 과정에서 국민의 요구를 수렴한다. 국회가 국민의 각양각색의 요구를 수렴하여 국정을 논의하는 중에 대통령과 정부가 정한 부문별 국가전략과 정책의 우선순위가 바뀔 수 있다.

국회의 기능이 정상화되지 않으면 아무리 민주국가라고 할지라도 대통령이 정한 국가전략을 견제하고 수정할 기회가 없다. 사실상 국가전략의 집행 이후 몇 년이 경과된 후 누적된 문제에 대한 국민의 불만이 선거를 통해서 나타날 뿐이다. 특히 국정의 이슈에 대해서 여야가 사사건건 대립하고 국론을 양분시키면 국민의 다양한 의견을 반영하거나 국론을 통합할 수 없다. 이럴 경우 국민의 여론을 국가전략의 우선순위 매김에 제대로 반영할 수 없게 될 것이다.

(3) 다른 나라의 요구

강대국이 약소국에 대한 영향력을 행사함에 있어 다양한 전략과 정책수단을 사용함을 앞에서 설명하였다. 사실 한국 같은 지정학적 위치에 있는 국가들은 강대국의 영향력이 너무 크기 때문에 정부가 합리적 의사결정이나 관료정치 모형을 거친 안보정책 결정을 하였다고 하더라도 한미 양국의 안보관계상 미국의 전략과 정책 변화에 크게 영향을 받지 않을 수 없다. 따라서 미국의 한국에 대한 요구는 전략의 우선순위 결정에 큰 영향을 미침을 부인할 수 없다.

(4) 자원의 가용성

대전략이 국가의 인적·물적 자원을 사용하여 국가목표를 달성하는 것이라면, 국가의 인적·물적 자원이 얼마나 가용한가는 국가의 부문별 전략의 우선순위 결정에 크게 영향을 미친다. 전략수립에서 가용한 자원이 얼마나 있는지를 파악하는 것은 최우선 과제이다. 그리고 전략은 국가가 제일 자신 있는 것을 더 잘 하려고 하며 제일 중요한 것을 먼저 하는 속성이 있으므로 부문별 전략의 우선순위 결정에서는 인적·물적 자원이 풍부한 부문의 전략이 우선적으로 주목을 받게 된다.

앞에서 설명한 바와 같이 한국은 과거 50여 년 동안 경제발전 우선 전략에 치중한 결과 국가의 우수한 인재와 자원이 경제부문에 집중되게 되었다. 경제부문이 국가전략상 최고 우선순위를 점하게 되면서 그 전략을 이용하는 이익집단이 생겼으므로 대통령이라고 할지라도 전략의 우선순위를 쉽게 바꿀 수 없다. 경제우선전략은 1997년 외환위기 이후 계속되었으며, 2008년 세계적 금융위기 이후 다시 주목을 받게 되었다.

(5) 환경적 요인

전략은 국가목표와 환경의 변증법적 대화 과정에서 생기므로 국가가 처한 국제환경과 국내환경은 전략의 우선순위 결정에 큰 영향을 미친다. 북한의 군사위협이 실재하는 한반도에서는 군사전략이 경제발전 전략과 똑같이 그 중요성을 지녀왔다. 미국도 냉전시대에는 경제와 함께 군사의 중요성을 강조했다. 탈냉전 이후 미국은 경제력 성장을 위한 과학기술의 경쟁력 배양과 해외시장 확대에 국가전략의 최우선순위를 두었다.

탈냉전 이후 세계에서는 종래의 억제와 절대 안보에 바탕한 군사전략보다는 협력과 대화를 통한 군비통제 전략이 우선시 되고 있다. 한반도에서는 북한의 위협이 증가할 때에는 군사전략이 군비통제 전략보다 우선시 되지만, 북-미 관계가 개선되고 북한이 비핵화에 합의하면 군비통제 전략이 군사전략보다 우위에 놓일 것이다.

2. 전략의 변화 요인

전략의 변화 요인은 크게 보아 국제적 요인, 국내적 요인, 전략의 수행결과 등으로 구분할 수 있다.

(1) 국제적 요인

1) 전략 환경의 변화

전략은 국가이익과 환경을 상호 관련시키는 데서 결정된다. 환경을 무시하면 전략이 생길 수 없다. 주어진 환경을 최대한 활용하여 국가목표를 달성하는 것이

그림 1-1 전략의 변화요인

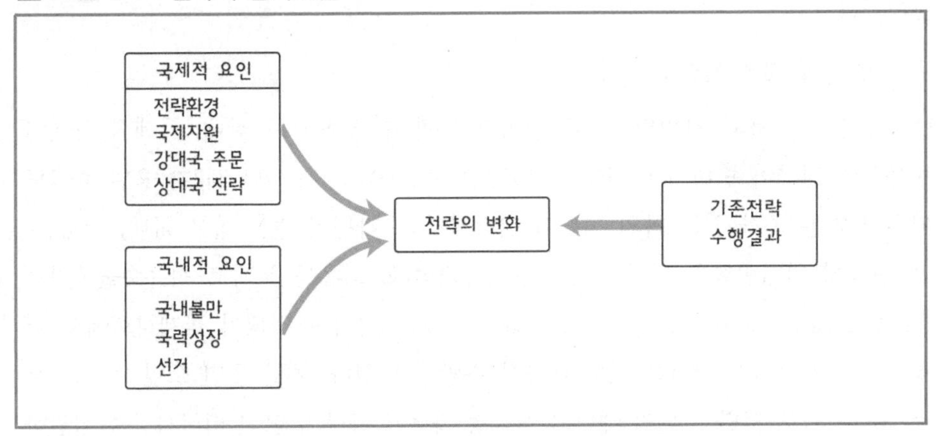

전략이지만, 전략은 환경 자체를 변화시키는 것을 목표로 할 수도 있다.[16] 주어진 환경이 우리의 국익 추구에 불리할 때 환경의 변화를 도모할 수밖에 없다

아무래도 국제질서에서 한 국가의 역할이 중심적이고 지도적이냐 또는 주변적이고 추종적이냐에 따라 국가전략도 영향을 받을 수밖에 없다. 즉 중심적 국가의 국가전략은 대외 팽창적이며 독립적이고 공세적인 반면, 주변적 국가의 국가전략은 대외 의존적이며 대내 지향적이고 수세적인 성격을 띠기 마련이다.[17]

따라서 전략의 취약성은 중심적인 국가의 경우 대개 국내적인 문제에서 비롯되며, 주변적 국가의 경우 중심국가의 전략과 정책 변화에 의한 환경변화에 민감한 영향을 받는다. 중심국가는 국가능력의 쇠퇴, 중심국가가 구성한 동맹체로부터 소속국가가 이탈하는 경우 국가전략의 변화가 불가피하다. 주변국가는 중심국가의 전략과 정책 변화의 정도가 클수록 전략을 변화시킬 필요성을 느낀다. 1970년대 초반 미국과 중국의 관계가 개선될 때 남북한 공히 환경 변화에 적응하기 위해서 7.4남북공동성명을 합의하고 남한은 경제와 걸맞은 자주국방 전략을 채택하였고

16) 청와대, "이명박 정부 외교안보의 비전과 전략: 성숙한 세계국가," 2009년 3월. 이명박 정부는 한국의 국가전략목표를 성숙한 세계국가로 정하고 세계화시대에 한국의 국격과 위상을 제고함으로써 국제환경을 한국에 유리하게 조성하고자 노력한 바 있다.

17) 노무현 대통령은 한국이 지금까지 동북아의 변방에 있었으나 이제는 중심이 되어야 한다고 역설한 바 있다. 노무현 대통령 취임연설. 2003. 2. 25.

북한도 대중국 의존에서 독자적인 주체노선을 걷는 등 전략의 우선순위 변화를 도모하였다.

2) 국내, 국제 자원의 변화

전략은 목표와 자원의 연결방법이라고 할 수 있으므로 국내, 국제적 자원이 변동하면 전략이 변하기 마련이다. 1973년 오일 쇼크, 1979년 제2차 오일 쇼크로 자원이 없는 쪽과 있는 쪽의 대결이 심각해지고, 자원이 없는 쪽은 국내, 국제 경제 전략에 일대변화를 가하지 않으면 안 되었다. 석유를 무기로 석유수출국기구(OPEC: Organization of the Petroleum Exporting Countries)가 조직되어 국제사회에서 영향력을 증가시키자 각국은 이에 대응할 수밖에 없었다. 예를 들면 오일 쇼크는 부존자원이 별로 없던 일본의 에너지 절약형 자동차 제품이 단연 미국시장을 석권하게 되는 계기가 되었다. 미국 같은 에너지 자원이 풍부하고 면적도 거대한 국가에서조차 일반 소비자들이 에너지 소모형인 미국산 대형 자동차보다는 에너지 절약형 일본제 자동차를 선호하게 된 것이다. 따라서 미국 자동차 회사는 도산 위기에서 대형 자동차보다는 에너지 절약형 자동차 생산을 시작했다. 자원의 변화는 기존 정책의 우선순위와 전략을 변경시킬 뿐 아니라 국력과 영향력의 상대적 크기에 큰 영향을 미친다.

3) 강대국의 주문

강대국과 동맹을 맺고 있는 약소국은 강대국의 주문에 의해서 특히 안보외교 전략을 갑자기 수정해야 할 경우가 발생한다. 1992년 남북기본합의서 채택 이후 남북관계의 개선이 전망되었으나 미국이 북한 핵문제가 우선 해결되지 않으면 남북관계를 개선하지 말 것을 주문하여 한국정부는 부득이 북핵과 남북관계 개선을 연계시켜야 했다. 대북정책보다는 대미정책이 우선순위를 갖게 된 것이다. 그러나 노무현 정부에서는 남북관계 개선을 중점적으로 추진함에 따라 대북정책이 대미정책보다 우선시된 적이 있다. 김대중 정부와 노무현 정부의 대북정책 우선이 바람직한 결과를 낳지 못함에 따라 이명박 정부는 다시 대미정책을 대북정책보다 우선시하게 되었다. 문재인 정부에서는 다시 대북정책을 대미정책보다 우선시하는 경향을 보이고 있다.

4) 상대국가의 전략과 정책의 변화

1980년대 누적되는 쌍둥이 적자로 경제·재정난에 봉착하자 미국은 국내 산업을 회생시키고 일본과 한국의 전자제품 수출을 제한하기 위해 덤핑 제소와 관세 인상을 시도했다. 일본은 발 빠르게 수출 전략을 전환하여 미국 내 직접투자를 증가시키고, 동남아 각국에 대한 투자를 증대함으로써 동남아 제품으로 하여금 미국의 시장에 접근하는 우회 전략을 채택했으며, 일본 내 기업체 간 생산쿼터를 재조정함으로써 과다생산을 저지함은 물론 경제통산성이 시장에 개입함으로써 오히려 제한조치를 취한 미국이 이익을 보기보다는 일본의 산업이 독점적인 이익을 누리도록 전략을 전환하였다. 그리고 미국 시장에서 반덤핑 제소된 일본의 기업을 살리기 위해서 일본은 미국 내 연구소의 유명 경제학자들에게 연구기금을 제공하여 일본의 상품이 우수하고 가격 면에서 저렴할 수밖에 없다는 이유를 개발하여 미국 기업과 정부의 논리에 정면공격을 개시하였다. 이는 한국의 국내 기업이 미국의 덤핑제소에 아무런 전략의 변화 없이 정부에 의존하여 정부로 하여금 미국정부를 설득하는 것 외에 별다른 대응을 하지 못한 것과 너무나 대조되는 일이다. 따라서 상대국의 전략과 정책의 변화는 자국의 전략의 변화에 큰 영향을 미친다.

(2) 국내적 요인

1) 국내 문제점의 누적으로 인해 국민의 요구가 폭발할 때

국가전략의 우선순위가 오랫동안 고정되었을 때 상대적으로 경시된 국정분야에 문제점이 누적되기 시작한다. 특히 독재정권 하에서는 기존 전략의 추구가 성과보다는 문제점을 누적시킨다고 인지되더라도 집권층은 기존 전략을 고수하기 십상이다. 하지만 기존 전략이 문제점을 누적시키고 악영향만 나타낼 때 다른 대체세력이 혁명, 쿠데타를 통해 지도자를 교체하고 새로운 지도자가 등장하여 새로운 전략을 제시한다. 한국에서 1960년의 4.19와 1961년의 5.16은 이에 해당한다.

2) 국력의 성장

아무래도 국력이 성장함에 따라 국가가 선택할 수 있는 전략의 폭은 커진다. 한국이 세계 10위권 경제대국으로 성장함에 따라 경시되어 왔던 정치민주화, 사회적 복지, 군사주권의 회복 등을 추구할 여유가 생겼다. 따라서 국력이 부강해지면 국가전략은 변하게 된다.

3) 선거에 의한 정권교체

위에서 국가전략의 우선순위를 결정하는 요인 중에서 가장 중요한 것이 국가 최고지도자의 국가의 미래에 대한 비전이라고 하였다. 민주국가에서는 지도자의 비전과 문제해결 능력을 보고 선거로 지도자를 선출한다. 선출된 지도자가 임기 동안에 국가전략을 설정하고 국가목표 달성을 위해 노력했지만 국가목표 설정을 잘못했거나 국가전략을 잘못 세워서 인적·물적 자원을 낭비할 뿐 아니라 국가목표의 달성을 잘못했을 경우, 또는 국가목표와 국가전략이 옳았다 할지라도 국가이익을 증진시키는 데 실패하면 다음 선거에서 패배한다. 그러면 선거에서 이긴 새 지도자는 새로운 국가목표와 국가전략을 제시하게 되는 것이다.

(3) 기존전략의 수행 결과

1) 기존전략이 목표달성에 실패할 때

기존전략이 목표하는 바가 달성되지 않거나 목표달성의 정도가 만족스럽지 못할 때 전략의 수정문제가 발생하게 된다. 미국의 대북한 정책 추진에서 클린턴 행정부와 조지 W. 부시 행정부의 급격한 정책전환과 대북한 전략의 변경은 이를 극명하게 보여준다. 핵문제와 북미 관계개선의 연계를 주장한 북한의 주장을 대폭 수용한 클린턴 행정부의 전략과, 북한 핵의 검증 가능하고 불가역적이며 완전한 폐기를 추구한 부시 행정부의 전략은 너무나 달랐다. 클린턴 행정부는 미국의 대북한 봉쇄전략을 개입전략으로 수정하였다. 클린턴 행정부의 대북전략이 북한의 핵무기 개발을 중지시키지 못했기 때문에 부시 행정부는 대북한 전략을 수정하였으며 이는 한국의 대북전략에도 큰 영향을 미쳤다.

(4) 소결론

국제적 요인, 국내적 요인은 국가전략의 형성요인이면서 동시에 전략수행 결과의 환류와 함께 국가전략의 변화요인으로도 작용한다. 따라서 이러한 요인들은 다른 국가의 전략이 어떻게 변화할지에 대한 예측의 기준으로 적용될 수 있을 뿐만 아니라 한 국가의 대전략이 올바로 수립되었는지에 대한 평가 기준으로도 적용될 수 있다.

Ⅴ. 한국의 국가안보 전략의 현주소와 개선책

1. 한국 국가전략의 현주소

(1) 국가전략의 불균형성(imbalance)

6.25전쟁 이후 60년간 안보는 미국에 의존하고 경제발전만 이룩하면 된다는 국가전략이 국가지도자들의 생각을 대체로 지배했다. 즉 정치, 외교, 군사, 군비통제 등 많은 부문의 전략목표를 희생하면서 국가 자원의 대부분을 경제발전 전략에 사용하였다. 불균형 국가성장의 결과 군사 분야의 소프트웨어 개발과 첨단무기의 자립화에 기여하지 못했다. 경제성장 과정에서 인권과 소득분배 문제가 도외시되었다. 외교도 경제의 안정적 성장을 위한 대미 안보외교와 대북한 경쟁외교에 치중하였다. 대부분의 국가들이 탈냉전과 세계화로 가는 국제환경에서 불균형적인 국가전략을 재검토해야 할 필요가 있다. 김대중 정부와 노무현 정부는 남북관계 개선을 국정의 최고 우선순위에 놓고 국가전략의 불균형성을 극복하고자 하였다. 그러나 세계경제 위기와 북한의 핵실험 이후 많은 문제점이 노정되어 이명박 정부에서 다시 경제 중시와 대미 안보전략으로 회귀하였다. 박근혜 정부에서는 경제 중시와 대미정책을 우선시하였다. 반면에 문재인 정부에서는 소득 불균형 해소와 대북정책을 우선시 하고 있다. 이제 장기적인 안목에서 국가전략의 균형성을 생각해 볼 필요가 있다.

(2) 국가전략의 수동성(passivity)

강대국 사이에 놓인 지정학적 위치와 남북분단의 상황에서 냉전기 미국을 주도로 하는 자유진영에 소속되어 있음으로써 한국의 전략기획은 강대국의 전략과 북한의 전략을 먼저 분석한 후에 그에 대응하는 방법을 찾는다는 특징을 보였다. 즉 강대국과 북한은 항상 우리의 입지를 좁히는 제약조건이었으며 그들의 전략은 독립변수로 주어져 있고 그 범위 내에서 우리의 국익을 최대화하는 방법을 모색하는 국가전략 추진방식을 취해왔다. 그래서 한국의 전략은 상대국가가 먼저 움직여야 그에 대응하여 움직이는 대응적이며 수동적인(responsive and reactive) 특성을 지녔다. 거의 모든 국가전략 문서나 정책연구 보고서는 주변 강대국의 정세변화, 북한의 정세변화를 먼저 분석하고 그에 대응하는 방법을 기술하여 왔음을 발견할 수 있다. 실제로 어떤 외교관은 "강대국 사이에서 한국이 해야 하고 할 수 있는 일은 강대국들의 전략과 정책에 잘 맞춰(fine-tuning) 살아가는 길밖에 없다"고 했다.

국제정치와 경제 질서가 만국의 만국에 대한 경쟁관계로 특징지어지고 경제와 정보기술 우위가 국력의 가장 중요한 요소로 등장함에 따라 이제 주변국의 전략과 정책에 수동적으로 움직이기만 한다면 영원한 2등을 면할 수 없다. 이러한 수동적 자세는 다른 나라의 전략과 정책을 바꾸어서라도 국익을 확보해야 하는 현대에 맞지 않는 전략적 자세이다.

(3) 고정 불변성

전략은 고정불변해야 한다는 인식이 있다. 한국인의 국익관에도 '어찌 국가를 위기로부터 구해준 미국이 싫어하는 것을 우리가 할 수 있겠느냐' 하는 의리관이나 은혜관이 크게 영향을 미치고 있음을 구영록 교수는 지적했지만, 유교적 지조론이 영향을 미쳐서 그런지 국가가 전략의 방향을 자주 바꿀 수 있는가 하고 의문을 가진 국민이 많다. 정부가 기존 정책을 조금만 변경시키려고 하여도 일관성이 없다는 비판을 받기 일쑤다. 국가 전체적으로 볼 때 북한의 위협이 불변하는 한 안보는 미국에 의존하면서 경제발전에만 전념한다는 전략적 사고가 지배적이다.

오늘날과 같이 전략 환경의 변화가 신속하고 변화의 규모가 질적인 면에서나 양적인 면에서 거대함에도 불구하고 전략의 수정 여부를 검토하는 것이 금기시되는 것이 현실이다. 이처럼 전략은 고정불변해야 한다는 생각도 금물이지만 전략이 없어서 가만히 있는 것은 더욱더 안 될 일이다. 환경이 급변하고 국가이익도 시대적 환경과 공간의 변화에 따라 변하기 때문에 과거에 잘 세운 전략이더라도 다시

한 번 문제점을 분석하고 현 시대에 맞는지 재검토해서 수정의 필요성이 있으면 즉각 수정하여야 한다. 또한 하나의 전략을 수립했을지라도 그 전략이 목표를 달성하지 못할 경우에는 신축성 있게 수정을 도모해야 한다.

(4) 내부 지향성

외국의 전문가 중에 "한국은 자기발전, 즉 경제성장에만 관심이 있어 국제사회에 대해서는 관심도 없고 타 국가에 대해서 영향력도 없는 나라"라는 비판이 있다.[18] 영국의 부잔(Barry Buzan) 교수는 한국이 19세기에는 은둔의 나라였으며, 20세기 초반에는 중국과 일본의 패권경쟁에 샌드위치가 되어 희생당한 나라였으며, 제2차 세계대전 이후에는 미국의 동맹국과 피보호자로서 생존해 왔으면서도 자국의 경제발전 외에 외부에 대한 관심과 정책, 영향력이 없는 나라라는 인상(image)이 지배적이 되었다고 한다. 한국인은 일본인을 보고 경제적 동물, 국가이익만을 추구하는 나라이며, 식민주의에 대한 반성도 하지 않고 국제적인 영향력만 강화하려고 한다고 일본을 비판하곤 하는데, 정작 한국은 수출증대, 경제성장에만 관심이 있지 그 외의 국제적 문제에는 관심이 없는 나라라고 인식되고 있다는 것이다. 1988년 서울올림픽, 그 후 북방외교, 1995년 덴마크 사회개발정상회담, APEC 정상회담, 2011년 G20 정상회의, 2012년 핵안보정상회의 등에서 지역적, 세계적 문제에 관심을 갖고 비로소 글로벌 참여가 시작되고 있다.

이러한 현실은 한국의 대외전략 수행과 성공적 수행에 차질을 야기한다. 이제 국제사회로 눈을 돌릴 때가 되었다. 이러한 내부지향성을 극복하고 2007년에는 UN 사무총장에 한국인 최초로 반기문 씨가 선출됐으며, 글로벌 국가를 지향하고 있다. 하지만 아직도 정치인과 국민은 국내 문제에 너무 경도되어 있다는 인상이 짙다.

---

18) Barry Buzan, "New World Order and Changing Concepts of National Security: Implications for the Security Planning of Middle Powers," A Paper presented in the International Seminar on *Fifty Years of National Independence of Korea* sponsored by the Korean Association of international Studies, June 16-17, 1995, pp. 20-23.

(5) 부문별 국가전략 상호간의 무연계성

앞에서 부문별 국가전략의 상호연관성에 대해서 설명하였듯이 한국의 국가전략은 부문별 전략 간 상호연계성이 부족하다. 대외관계에서 정치적 측면의 국가이익, 즉 민주화를 촉진하고 확산시키기 위해서 군사적 또는 경제적 전략이나 정책을 사용해 본 경험이 거의 없다. 또한 군사적 측면의 국가이익을 성취하기 위해서 경제 또는 외교적 전략과 정책을 다양하게 사용해 본 경험이 일천하다. 평화통일이라는 국가이익을 실현하기 위해서 외교, 군사, 군비통제, 경제적 측면에서 전략과 정책을 치밀하게 구성하여 구사해 본 경험도 희귀하다.

분야별 국가전략 간 상호협력은 물론이거니와 각 분야별 긴밀한 연계를 활용하는 정책대안의 개발도 부족하였다. 경제발전전략에 치중하였으나 첨단기술 산업의 민군 겸용 목적을 위한 연구개발의 제도화가 부족하였고 이 부분에 대한 지도자의 비전이나 기업가의 헌신적인 노력도 부족하다. 대북관계에서도 우리의 탁월한 경제력과 외교력을 충분히 발휘하여 궁극적으로 평화통일에 이르게 할 일관성 있고 체계적인 정책대안 개발이 부족했다. 그래서 경제력은 북한의 40배나 되면서도 왜 북한에 대해서 힘을 제대로 못쓰는가 하는 의문도 생기게 되었다. 대북한 군사관계에서도 뛰어난 경제력을 군사력으로 전환시킴으로써 전략에서나 전투력에서 북한을 능가할 상황임인데도 그러지 못하고 있다. 그 이유는 특정 정책의 선택이 국익을 확보하기 위한 장기적인 전략 구상 아래 나온 것이 아니고 즉흥적으로 나왔다는 반증이기도 하다. 따라서 한국의 국가전략에서 부문별 국가전략 상호간에 긴밀한 연계성을 향상시켜야 할 것이다.

2. 한국적 국가전략의 발전 방향

(1) 잘하던 것을 더 잘하자

지금까지 경제발전 우선 전략이 다른 분야 전략을 희생하면서 달성되었음을 지적하였다. 따라서 그러한 전략적 착오는 시정하면서 지속적인 경제성장이 가능하게 경제 각 분야에 적합한 전문 인재를 육성하고 무엇보다도 첨단 과학기술의 국산화 노력을 계속해야 할 것이다. 국방이나 외교, 정치적 측면의 국가이익을 무시한 경제발전이 아니라 대기업에서는 첨단 군사기술의 자립화를 위해 민군 겸용 기술 개발을 지원하고, 외국의 무역규제에 대해서 정부에 의존하지 않고 기업체 간 공동노력을 통해 효과적인 대응전략을 개발함으로써 잘 대처해야 한다. 한 가지 경제정책을 채택하더라도 장기적인 관점에서 총체적인 국가이익을 확보할 수 있도록 그것이 국가이익의 제 분야에 미치는 영향을 다각적으로 분석하고 활용하기 위한 활발한 국정토론을 전개해야 한다. 예를 들면 해외 파병 때 국가의 경제적 이익도 확보할 방안을 처음부터 고려해야 한다는 점이다.

이제 경제부문에서도 경제와 군사, 경제와 외교, 경제와 군비통제, 경제와 민주화, 경제와 평화통일의 상호연계성에 정통한 전문가를 육성하고 관련 분야로 진출할 수 있도록 노력을 기울여야 한다. 그리고 우리의 성공적인 경제발전의 경험을 개발도상국과 후진국에게 전파함으로써 우리가 외교적 자산으로 삼을 수 있도록 해야 한다.

(2) 외교안보분야의 통합된 국가전략을 만들자

1960년대부터 경제 분야에서 각 부처의 이해를 조정하여 국가의 경제발전을 지속적으로 달성할 통일된 전략문서가 나온 적이 있음을 지적하였다. 그러나 2003년까지 외교안보 분야에서는 미국의 백악관에서 발간하는 통일된 안보전략 문서와 같은 전략문서가 출간된 적이 없었다. 4강에 둘러싸여 있고, 북한의 위협에 직면하여 국가의 생존과 안보가 최고의 국가이익인 한국에서, 대통령의 안보분야 비전을 반영할 수 있도록 외교안보 분야의 경우 정부 각 부처의 이해를 조정하고 정책을 집행할 안보전략문서가 없다는 것은 문제다.

저자를 비롯한 적지 않은 전문가들이 이것이 문제임을 지적한 결과 2004년 3월 노무현 정부에서 『참여정부의 안보정책구상』이 출간되었다. 이것은 외교와 국방, 남북관계 등에 대해서 정책구상을 나열하고 있을 뿐 통일된 국가안보 전략으로 보기에는 부족하다. 안보보좌관실은 외교, 경제, 국방, 정보, 통일 등 관련 부처의 업무를 조정, 주도해 나아갈 통일된 국가안보 전략 문서를 계속 발간해야 할 것이다. 아울러 안보실장의 지휘 아래 군비통제업무, 대북한 업무를 전담할 비서관실을 각각 증편해야 할 것이다.

(3) 적극적 환경조성전략을 수립하자

동북아에서 10년 후 전략 환경을 염두에 두면서 우리의 국가이익을 지속적으로 확보하기 위해 주변 국가를 어떤 식으로 유도해 나아갈 것인가? 지금까지 너무 내부문제에만 집착했던 전략적 사고를 외부로 돌리면서 각 국가에 대해서 적극적으로 개입, 설득, 조장하는 전략을 제시하고 구사해야 한다. 앞으로 10년 내에 평화통일을 달성하기 위해서 주변국에 대한 외교안보 전략은 무엇이어야 하며 주변국의 태도와 정책을 어떻게 바꾸어 나아갈지에 대하여 중지를 모아야 한다.

한반도 통일 이후 미국의 한반도에서의 역할을 인정하면서 그 대가로 한반도의 한국중심통일에 대한 미국의 지지를 확보하고 중국과 일본 간의 지역 헤게모니 경쟁을 지양시키고, 역내 군비경쟁 드라이브를 군비감소로 바꾸는 작업을 지금부터 해야 한다. 그러한 테두리 내에서 남북한 군비통제도 접근해야 한다. 한반도 비핵화가 부분최적화(sub-optimization)가 되지 않도록 한반도의 비핵화를 지역비핵화로 발전시키면서 핵분야에서 투명성 증대, 신뢰증진, 위기방지 등을 통해서 동북아 핵군축으로 확산시키고, 재래식 분야에서도 동북아의 안정과 평화조건의 창출을 위한 안보외교를 확대해야 한다.

(4) 국가의 부문별 전략 간 불균형을 시정하자

국가의 대전략은 대통령의 비전과 지도력에 크게 좌우된다고 설명하였다. 대통령이 '21세기 선진 일류 통일한국'을 비전으로 제시한다면 우선 지금까지 경제발전우선전략 하에서 경시되었던 민주, 군사, 군비통제, 외교, 통일에 대해서 경제와 같은 수준으로 끌어올릴 수 있도록 균형 잡힌 국가전략을 제시하여야 한다. 부국이 되면 착수하려고 미루어 놓았던 과제들을 하나씩 챙길 때가 되었다. 우리 군이 작전통제권을 가짐으로써 군사적 주권의 완전을 기할 수 있도록 해야 하며 국가생존과 번영을 위해서 한국 주도의 군사전략 소프트웨어 개발과 전문가 육성에 박차를 가할 때이다. 국회에서 정책토의를 활성화함으로써 민주정치의 전통을 확립하며 어느 한 정책도 다른 분야의 국가이익을 경시하거나 저해하는 일이 없도록 각계각층의 이해를 제대로 반영하는 국회가 되도록 각 방면의 전문 엘리트로 국회의 구성을 유도해야 될 것이다. 세계화 시대에 걸맞게 외교 분야에서도 각국에 대한 전문 인력을 양성할 뿐 아니라, 통상, 안보, 군축 전문외교관도 육성해야 한다. 그리고 집중되어 있는 경제부처의 엘리트 관료를 다른 국정분야로 전환할 수 있도록 해야 하며 세칭 비인기 부처에 고급 전문 인력을 유치할 수 있도록 획기적으로 제도개선을 해야 한다.

(5) 체계적이고 통합된(integrated) 평화 통일전략을 수립하자

산발적이고 단기적인 대응 중심의 대북전략을 지양하고, 국정의 모든 분야가 통합된 체계적인 대북전략에 바탕한 평화 통일전략을 수립해야 한다. 외교안보는 안보실장 주관으로 통합하되, 통일부문은 통일부 주관으로 통일전략을 수립, 집행해 나아가는 것이 바람직하다. 다시 말해서 김영삼 정부 때의 통일안보정책조정회의, 김대중 정부 때의 국가안보회의 상임위원회, 노무현 정부의 국가안보회의 상임위원회가 안보보좌관을 중심으로 운영되지 못하고 대통령의 신임을 받는 코드 중심, 사람 중심으로 운용된 것은 바람직하지 못했다. 여러 가지 시행착오를 거쳐 문재인 정부에서 안보실장과 제1차장, 제2차장 직제를 두고 안보실장 중심으로 통합된 평화통일 전략을 세우기 시작하였다.

장기적인 통일 전략은 북한체제의 변화 전망에 관한 몇 가지 시나리오를 작성하고 그 시나리오별로 효과적으로 대응할 수 있도록 국내외의 역량뿐만 아니라 우방국(미국, 일본)의 역량까지도 동원하여 평화통일을 실현할 전략이 되어야 할 것이다. 평화통일에서 한반도 자체의 역할이 어느 때보다도 증대된 시점에서 평화통일전략을 제대로 구사하지도 못하고 지나간다면 역사적 책임을 다하지 못한 것이 된다. 사실 미국을 포함한 한반도 주변 4강국은 북한에 대한 장기적 전략도 없을 뿐만 아니라 한반도의 평화통일에 대한 장기 전략도 없는 실정이다. 우리가 분명한 목표를 가지고 장기 전략을 올바르게 수립하여 4강을 설득한다면 우리가 주도권을 쥐고 북한 문제를 해결할 여지가 많아질 것이다. 국력과 전문가의 지혜를 총동원하여 평화통일 전략을 대전략 차원으로 승화시켜야 할 때이다.

Ⅵ. 결론

국가전략은 한 시대의 전략 환경 속에서 국가이익을 최대한 확보하고 증대하기 위하여 국가 최고지도자가 국내 또는 국제적으로 가용한 자원을 동원, 조직화, 조정·통제, 사용해 가는 방책이다. 또한 국가전략은 국가이익 확보에 가장 유리한 환경을 적극적으로 조성하는 것이다. 다차원적인 국가이익을 제대로 달성하기 위해서는 각 부문별 목표를 제대로 구체화해야 하고 그를 성취하기 위한 부문별 국가전략이 나와야 한다.

현 시점에서 한국의 국가이익은 민주, 생존, 번영, 평화통일, 세계평화라고 할 수 있다. 해방 후 지금까지 한국의 국가전략은 번영을 우선적으로 달성하기 위한 경제발전제일전략이 대종을 이루었다. 이 전략은 성공을 거두었다. 경제성장의 성취는 번영을 가능하게 했고, 생존과 민주의 바탕을 마련해 주었다. 경제력은 군사력의 증강을 뒷받침해 줄 수 있었다.

그러나 자세히 들여다보면 경제발전제일전략의 결과 경제부문에 인재와 국가자원이 집중된 반면, 정치, 외교, 군사, 군비통제 분야에 인재와 국가자원의 지원이 부족했음을 알 수 있다. 경제부문에서는 경제발전 5개년계획 같은 중기계획도 뒷받침되고 경제분야 각 부처의 정책을 통합하여 경제 전략으로 발전시키는 체계적인 노력이 있었으나 다른 국정분야에서는 그러한 전략적 기획이 부족했을 뿐 아니라 경제와 다른 국정부문에 대한 연계성의 인식도 부족하였다. 21세기에 들어와서는 북한의 핵개발로 인해 안보위기가 고조되었을 때에 이를 억제하고 군비경쟁을 극복하고 군비통제를 통해 남북한뿐만 아니라 미국도 포함하여 평화공존의 길로 인도할 평화의 전략이 부족하였다.

재삼 강조하거니와 국가가 국가목표를 달성하려고 할 때 정치와 경제, 경제와 안보, 안보와 외교, 군사와 군비통제, 경제와 외교 등의 상호연계성을 철저하게 인식하고 그 연결고리를 강화하지 않으면 어느 한 분야의 성공을 가지고 다른 분야의 국가목표를 달성하는 데 직접적 도움이 되지 못한다. 반면에 국가의 부문별 전략 간 상호 연결고리를 잘 활용하면 특정 정책으로 두 개 이상의 부문별 전략의 목표를 동시에 달성할 수 있다.

만국의 만국에 대한 경쟁으로 특징짓는 현대 국제사회는 가히 국가전략의 경쟁장이자 전쟁터가 되었다. 따라서 국가전략에 대한 경험적이고 분석적인 연구와 더불어 심층적인 연구개발이 더욱 필요하다. 국가전략과 정책을 연구하고 개발하는 연구소들이 학제간 연구를 할 수 있도록 사회과학 일변도의 인적 구성을 탈피해야 하며, 정부 출연 연구기관을 과감하게 민영화할 필요가 있다. 정부 각 부처는 타 부처와 연관성을 중시하면서 전략 및 정책전문가들을 육성하고 우대해야 한다. 무엇보다도 대통령과 국회가 당리당략이 아닌 장기적이고도 진정한 국가 이익을 달성하기 위한 대전략의 개발과 관리에 관심을 돌려야 할 것이다.

토론주제

■ **다음의 주제에 대해서 토론해 보자.**

1. 우리나라 정부별 국가안보전략을 평가해 보자.
2. 2030년을 바라보는 한국의 바람직한 국가안보전략은 무엇일까?

CHAPTER 02

안보개념의 변화와 국방정책

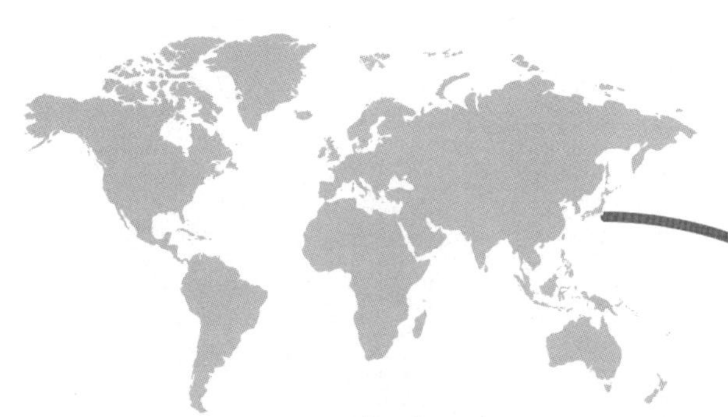

Ⅰ. 안보와 국방

Ⅱ. 국가안보, 국방, 군사의 개념체계

Ⅲ. 국가안보를 위한 국제정치적 접근

Ⅳ. 안보개념의 광역화와 국방정책

Ⅴ. 안보개념의 심층화와 국방정책

Ⅵ. 양자안보와 다자안보

Ⅶ. 결론

CHAPTER 02

안보개념의 변화와 국방정책

Ⅰ. 안보와 국방

국가안보 개념은 시대환경과 국가들의 행동양식이 변화함에 따라 변천해 왔다. 19세기까지 국가안보는 주로 군사적 수단을 사용하여 외부의 침략을 저지하거나 침략국과 전쟁을 수행하는 군사안보에 중점을 두었다. 한편 무정부 상태인 국제사회에서 각국은 안보를 유지하는 방법의 하나로 세력균형과 동맹형성 방법을 이용했다. 20세기에 들어와 두 차례의 세계대전을 겪고 난 후 인류는 집단안보를 도입하기 시작했으며, 양극체제로 분할된 국제사회는 전통적 군사안보와 더불어 정치·경제·사회·환경 등의 분야에서 국가안보를 강화하고 보완하려는 움직임을 보였다. 따라서 안보개념은 그 범위가 다양해지고 광역화되었다.

20세기 중반 미·소 두 초강대국이 핵무기에 의한 공포의 균형을 이루고 억제이론을 개발하면서, 상대 국가를 희생시켜 자국의 안보를 달성하려던 절대안보 개념에 일대 변화가 일어났다. 핵무기 개발로 인해 달성된 전반적인 전략적 균형은 어느 한편의 절대적 승리를 불가능하게 했다. 하지만 양극체제 아래 가속화된 군비경쟁은 어느 편도 안전할 수 없다는 안보 딜레마 현상을 드러냈다. 이러한 안보환경 변화에 부응해서 평화공존과 안보를 확보하기 위해 전통적 의미의 군사안보 개념은 수정을 요하게 되었다. 여기서 상호안보, 공동안보, 협력안보, 포괄적 안보개념이 탄생했다. 이른바 군사안보 개념이 중층화되고 심층화되었다.

탈냉전 이후 세계화와 더불어 시작된 비국가 행위자 증가와 9.11테러는 초국가적 안보 위협이란 새로운 현상을 초래했다. 초국가적 행위자들의 핵공격과 사이버 공격의 가능성 같은 비대칭 위협은 국제 안보질서를 변화시키고 주권국가 중심의 안보와 국방정책에 큰 도전을 제기하는 것이다. 초국가적 안보 위협에 대처하기 위해서 국가 간의 안보협력뿐 아니라 비국가 행위자, 시민사회, 개인적 네트워크 등과 광범위한 협조관계를 필요로 하게 되었다.

안보개념의 광역화와 심층화가 거의 동시에 이루어짐에 따라 국가들의 국방정책도 새로운 도전을 받게 되었다. 또한 위협의 주체와 종류의 다양화가 제기한 문제에 대한 새로운 대응도 필요하게 되었다. 이 장에서는 인류 역사상 변천을 거듭해 온 안보개념과 국가안보의 확보 방안을 살펴보고, 이러한 안보개념과 위협의 변화가 국방정책에 미친 영향과 함의를 분석함으로써 현대 국방정책에 주는 의미를 도출하고자 한다.

Ⅱ. 국가안보, 국방, 군사의 개념체계

국가안보와 국방정책, 군사의 개념은 상호 동심원적 관계인 것으로 알려지고 있다. 제일 작은 동심원은 군사이며, 중간의 동심원은 국방을, 제일 큰 동심원은 국가안보를 나타낸다. 이 장에서는 국가안보와 국방정책, 군사의 개념을 살펴봄으로써 다음 절에서 설명할 각종 국가안보 개념과 국방정책의 상호관계를 설명하는 배경지식으로 삼고자 한다.

1. 국가안보

군사적 관점에서 보면, 국가안보란 외부로부터 군사적 침략을 물리칠 능력을 보유하는 것을 의미하기도 하며, 보다 적극적인 국력의 관점에서 보면 한 국가가 국가이익을 보호할 뿐만 아니라, 국가이익을 적극적으로 추구할 능력을 보유하는

그림 2-1 안보, 국방, 군사의 상호관계

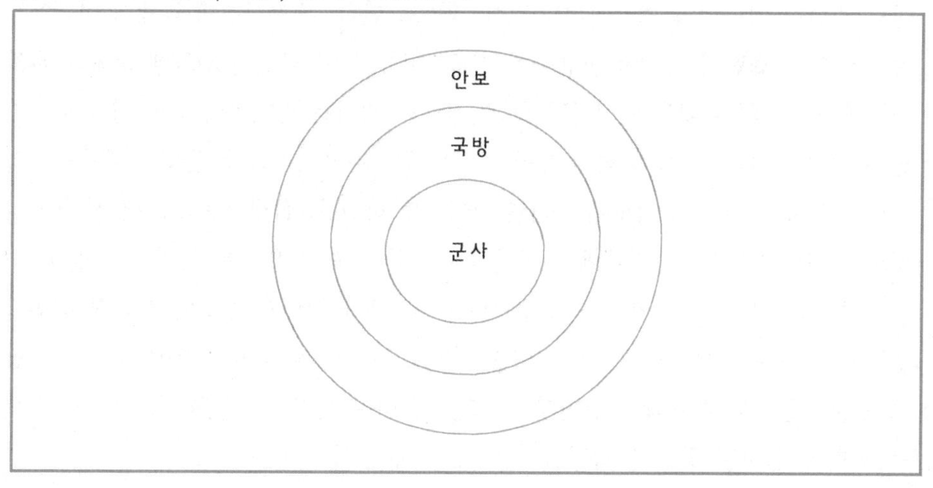

것을 의미한다.

국가안보란 "외부로부터 군사적인 공격이나 강압, 국가 내부에서 반란 및 소요가 없는 상태를 의미하며 아울러 한 국가가 추구하는 정치, 경제, 사회적 가치가 방해받거나 훼손되지 않는 상태"를 의미한다. 이렇듯 국가안보란 협의의 관점에서는 군사적 측면에서 대외적 위협을 억제하고 격퇴할 능력을 의미할 뿐 아니라, 광의의 관점에서 보면 국가가 획득하고 보존하며 확장시키고자 하는 가치를 지키고 꾸준히 확대하는 것을 의미한다.

울퍼스(Arnold Wolfers)는 국가 가치(nation's values) 대 위협(threat)의 관계에서 국가안보를 정의한다.[1] 즉 국가안보란 "객관적인 관점에서는 국가가 이미 획득한 가치에 대한 위협(threat)이 없는 상태이며, 주관적인 관점에서는 이러한 가치가 공격당할 것이라는 두려움(fear)이 없는 상태"를 의미한다. 이러한 개념 정의는 두 가지 문제를 야기한다. 첫째는 국가에 대한 위협 정도를 어떻게 객관적으로 측정할 수 있는가 하는 문제이고, 둘째는 공격당할 것이라는 공포에 대한 주관적 인식을 어떻게 객관화할 수 있는가 하는 문제이다.

1) Arnold Wolfers, *Discord and Collaboration: Essays on International Politics* (Baltimore: Johns Hopkins Press, 1962), p. 150.

위협의 측정 방법은 측정 수단에 따라 달라지기도 하며, 위협을 규정하는 국가들의 권력과 영향력의 크기에 따라 달라지기도 한다. 냉전시대 양극체제 아래에서는 미국이나 소련이 상대국가의 위협 정도를 평가하여 각각의 진영에 소속한 국가들에게 상대측의 위협을 인식시켰으므로 중소 국가들은 강대국의 위협 평가에 의존할 수밖에 없었다. 또한 공격에 대한 공포는 한 국가의 역사적 경험, 이데올로기적 대립의 정도, 적대성의 정도에 따라 달라지기도 하였다. 실제적으로 보면 전쟁이 일상화되었던 시대나 냉전시대에는 객관적 위협과 인지된 위협은 차이가 있었다.

즉 인지된 위협이 객관적 위협보다 큰 경우가 다반사였으며, 객관적 위협과 인지된 공포는 항상 차이가 있기 마련이었다. 그러나 탈냉전 이후에는 인지된 공포가 줄어들면서 객관적 위협마저 과소평가하려는 경향도 발생했다. 따라서 객관적 위협과 인지된 공포를 측정한다는 것은 매우 어려워졌다.

국가안보 개념을 체계화한 미국의 경우를 보아도 국가안보의 개념은 시대에 따라 변화했음을 볼 수 있다. 19세기 초 미국은 유럽 열강의 침략과 침략위협으로부터 미국 본토를 보호하는 것을 국가안보라고 불렀다. 그 후 미국이 강국으로 부상하자 이웃 국가들을 희생시켜서 미국을 더욱 강하게 만드는 것을 국가안보라고 부르기 시작했다. 이것은 필연적으로 미국의 대외 팽창과 군사능력의 확대를 요구했다.

키신저(Henry Kissinger)가 미국은 역사상 처음으로 영토적 야심이 없는 강대국이라고 규정했으나, 사실상 미국은 패권적 지배를 공고히 하면서 소련제국을 봉쇄하고자 해외의 많은 국가들과 동맹을 맺어 팽창을 시도했다. 한편 미국과 소련의 핵무기 개발 경쟁과 잠재적 공멸 가능성은 미·소 양국의 팽창 경쟁에 제한을 가했다. 여기서 억제이론이 나오고 국가안보를 달성하기 위해서는 어느 정도 군사력에 제한을 가해야 한다는 이론이 나오기 시작했다.

1980년대 초반 브라운(Harold Brown) 전 미국 국방장관은 "국가안보란 한 국가의 물리적 통합성과 영토를 보존하는 것, 다른 국가들과 경제적 관계를 유지하는 것, 국가의 속성과 기관, 통치를 외부의 방해로부터 보호하는 것, 국경선을 통제하는 것"이라고 갈파했다.[2] 국가안보에 대한 경제적 고려가 가미되기 시작했음을

2) Harold Brown, *Thinking About National Security: Defense and Foreign Policy In a Dangerous World* (Boulder CO: Westview Press, 1983), p. 4.

보여준다. 1990년대 탈냉전 이후 미국은 더욱 적극적인 관점에서 국가안보를 정의했다. 국가안보란 국가이익을 보호하고 추구할 뿐 아니라 국가에 이익이 되는 환경을 조성하는 능력까지도 포함한다고 함으로써 더욱 적극적인 안보개념을 추구하고 있다.

결론적으로 국가안보란 "대내외로부터 오는 현재적 또는 잠재적 위협으로부터 국가의 생존을 보장하고 국가의 이익을 보호하며 확장시킬 뿐 아니라 국가 이익을 실현하기 위한 국내적·국제적 조건을 조성하는 국가의 정책과 그 실천을 의미한다."라고 할 수 있다. 이러한 국가안보 개념은 두 가지 측면에서 설명 가능하다. 국가이익의 보호(protection) 측면과 국가이익을 확장(promotion)하는 측면이다. 무한경쟁으로 특징지어지는 국제사회에서 국가이익을 수동적으로 보호만 하면 경쟁에 뒤지게 된다. 지속적으로 국가이익을 촉진하고 확장할 뿐 아니라 환경을 적극적으로 조성하는 것이 안보개념이 되고 있다.

2. 국방

국방은 "외부의 물리적 공격으로부터 국가의 국민과 영토를 군사적 수단으로 보호하는 것"이라고 할 수 있다. 법적인 의미에서 개념 규정을 한다면, 국방이란 "외부의 군사위협으로부터 국가의 주권과 영토, 국민의 생명과 재산을 군사적 수단으로 보호하는 것"이라 할 수 있다. 대한민국 헌법에서 대통령의 임무를 "헌법을 준수하고 국가를 보위하며"라고 함으로써 국가를 보위하는 것을 국방이라고 하고, 국군통수권을 대통령에게 맡기고 있다.

여기서 국가란 일정한 지역을 지배하는 최고 권력에 의하여 결합된 인류의 집단이라고 부른다. 국가주권은 대내주권과 대외주권으로 나누어지는데 대내주권은 대내적으로 다른 어떤 권력보다 우월적인 최고의 권력이며, 대외적으로는 다른 국가의 의사에 독립하여 활동할 수 있는 독립성을 가진다.[3] 따라서 국방은 군사적 수단으로서 대내주권과 대외주권을 보호하는 임무를 가진다.

---

3) 김철수, 『헌법학개론』(서울: 박영사, 1982), pp. 81-87. 국가와 주권, 영토에 관한 법적 개념은 본서에서 인용한 것임.

영토란 "국제법상 제한이 없는 한 국가가 원칙적으로 배타적 지배를 할 수 있는 장소적 한계인 공간"을 의미하는데, 이 영역에 대한 국가권력을 영역권 또는 영토고권(領土高權)이라고 한다. 국가 영토의 범위는 지상뿐 아니라 영해와 영공 등을 포함한다. 대한민국 헌법은 제3조에서 "대한민국의 영토는 한반도와 그 부속도서로 한다"고 규정하고 있으므로 북한지역은 당연히 대한민국의 영토로 인정하고 있다고 볼 수 있다. 그러므로 국방이란 군사적 수단으로 영토를 지키는 것을 의미한다. 또한 국방은 군사적 수단으로 국민의 생명과 재산을 지키는 것을 의미한다.

그러면 국방정책이란 무엇인가?

앞에서 설명한 바와 같이 국가안보란 매우 광범위한 개념이다. 국방은 "외부의 군사위협에 대하여 군사적 수단으로 국가의 주권과 영토, 국민의 생명과 재산을 보호하는 것"이기 때문에 국가안보보다 개념이 좁다. 국방정책은 국가의 주권과 영토, 국민의 생명과 재산을 보호하기 위해 국가가 권위적으로 결정한 행동지침이라고 할 수 있다. 물론 국방정책의 핵심수단이 군사력이므로 국가는 군사력을 건설하고, 보유하며, 사용하는 것에 대해 권위적인 결정을 하게 되는데 이와 관련된 모든 정책을 국방정책이라고 할 수 있다.

그러므로 국방정책의 출발점은 국가와 국민에게 군사적 위협이 되는 요소가 무엇인지를 분석하는 데서 출발한다. 위협을 평가하고 그 위협에 대응할 군사력이 충분히 있는지 소요와 공급의 측면에서 분석을 한다.[4] 또 그 위협에 대해 어떤 방법을 써서 억제하고, 침략을 받을 경우 그 침략국을 어떻게 격퇴할지에 대한 대책을 세운다. 이 과정에서 현존 군사력을 어떻게 사용하여 전쟁을 수행할지에 대한 방법을 강구하게 되는데 이를 군사전략이라고 한다. 오늘날 한 국가가 주변의 많은 위협에 단독으로 대처할 수 없으므로 어떤 강한 국가와 동맹을 결성하고 이를 유지 발전시킬 것인가에 대한 동맹정책을 고려한다. 따라서 국방정책은 동맹의 결성과 유지, 동맹국 군대의 유치와 연합훈련의 시행 등에 대한 정책을 포함한다. 아울러 국방은 민군관계를 잘 정립하여 국민으로부터 국방에 대한 지지와 성원을 받으며, 조성된 국방력으로 국민에게 봉사하게 되는 것이다.

---

4) 경제와 시장에서는 수요(demand)와 공급(supply)이라는 용어를 사용하지만, 국방과 군사에서는 수요 대신 소요(requirement)와 공급(supply)이라는 용어를 사용한다.

3. 군사

군사는 국방과 비슷한 개념으로 사용되고 있다. 그러나 엄밀하게 군사를 정의한다면 군사는 국방의 일부분이다. 군사는 군사력의 유지, 운용, 사용에 관해 다룬다. 그러므로 군사정책은 "국방정책의 일부로서 군사력의 유지, 운용, 사용에 관련된 정부의 제반 활동 또는 지침"이라고 정의하고자 한다. 왜냐하면 군사정책은 국방정책에서 위임받은 권한 내에서 군사력을 유지·운용·사용하는 것을 의미하기 때문이다. 여기에서 국방정책은 군 인력과 무기와 장비를 건설하여 군사력을 조성하지만, 군사정책은 국방정책에서 조성한 군사력을 받아 유지·운용·사용하는 역할을 한다고 할 수 있다. 군사전략은 군사력을 국가목표와 국방목표에 맞게 사용하는 방법을 말한다. 실제적으로 세계 각국에서는 군사정책은 각 군이 주도하며, 군사력의 사용자의 입장에 선 합참은 군사력의 건설을 책임진 국방부에 실제 사용자로서 소요를 제기하고 자문을 할 권한이 있다.

Ⅲ. 국가안보를 위한 국제정치적 접근

국제사회에서 국가들은 자체의 안보를 확보하기 위해, 국가 자체의 자구 노력으로서 국방, 세력균형과 동맹결성, 집단안보를 발전시켰다. 여기서는 세력균형, 동맹, 집단안보의 개념을 살펴본 다음, 이 개념들이 현대의 국방정책에 미친 영향을 살펴보고자 한다.

1. 세력균형

초국가적 권위체인 세계정부가 없고 국가 간에 군사적인 경쟁과 침략이 일상적인 국제사회에서 각 국가들이 안보를 유지하는 방법은 다른 국가와 우호적인 관계를 맺는 데에 있다. 현실주의적 입장에서 보면 국가들은 외부의 침략이나 공격으로부터 안전하기 위해 힘을 추구하게 된다. 국가들이 다른 국가의 의도를 신뢰

할 수 없고, 다른 국가들이 공격적 군사력을 보유하고 있는 이상, 그 국가들보다 힘이 약할 때는 공격당하거나 위협을 받을 수 있기 때문에, 국가들은 현실적인 생존전략으로서 세력균형을 추구한다고 본다.

세력균형은 어느 한 국가가 다른 국가를 위협할 정도로 힘이 강해지는 것을 방지하기 위하여 국가들 사이에 힘을 분배하자고 묵시적인 합의가 있을 때 이루어진다. 대결하고 있는 국가군 간에 국가들의 힘이 균등하게 분포되어 균형(equilibrium)을 이루고 있는 상태가 이루어지면 세력균형이 이루어졌다고 볼 수 있다.

18세기와 19세기에 국가들이 어느 한 국가가 너무 강해지는 것을 막기 위해 끊임없이 그들 사이에 파트너를 바꾸어 가며, 동맹을 결성하려는 노력을 보임으로써 세력균형을 유지했으며, 20세기에는 미국과 소련 간에 끊임없는 군비경쟁과 동맹확대를 통해 상호간에 느끼는 위협을 비슷하게 만듦으로써 양극체제를 안정화하고 세력균형을 유지했다.

그러나 세력균형이 전쟁을 막는 데 성공적이었는지 실패했는지에 대해서는 많은 논쟁이 있다. 세력균형은 끊임없이 움직이는 세력의 상대적 우위를 가지고 예방전쟁을 일으키는 원인이 되기도 하며, 세력균형을 파괴하려는 입장과 균형을 지키려는 입장의 충돌 때문에 전쟁이 발생되기도 했다는 사실을 부인할 수 없다.

세력균형은 끊임없이 변화해 왔다. 과거 수백 년 동안 유럽의 동맹은 급속하게 변화되었으며, 영국 이외에도 많은 국가들이 유럽에서 균형자 역할을 추구한 것을 볼 수 있다. 제2차 세계대전 이후 양극체제는 양극 간의 세력균형을 만들었고, 두 초강대국은 경쟁적으로 동맹 블록을 구축하려고 제3세계에 강한 관심을 보였다. 탈냉전 직후 세계는 다극체제가 되었다. 1990년대 후반부터 다극체제는 미국 중심의 일초 다강체제로 바뀌었으며, 21세기에 들어서면서 다극시대로 진행되고 있다.

세력균형 측면에서 현재의 균형을 바꾸려는 도전국가 및 지도자가 있다면 전쟁 가능성이 증가한다. 패권국가 혹은 현상유지선호국가는 도전국가 또는 현상타파선호국가의 도전으로 인해 힘의 균형상태가 역전된다는 인식을 할 때마다 그 도전국가를 공격하려는 유인이 생겨나게 된다. 세력균형은 상대적인 의미이며, 정적이기보다는 동적인 개념이어서 명확한 판단이 어렵기 때문에 불안정성을 조장할 수 있다. 세력 불균형 자체가 전쟁을 유발하는 필수적 요인은 아니지만, 만약 전쟁이 나면 더욱 많은 국가들이 전쟁에 참여하게 된다.

세력균형은 국가의 외교정책의 지침이 되기도 했다. 한 국가는 다른 국가와 동맹을 맺거나 적대세력의 힘을 약화시키는 등의 방법으로 세력균형을 달성하고자 했다. 또한 한 주도세력권에 편입된 중소 국가들은 주도국가와 다방면에서 긴밀한 군사협력을 전개해 온 점에서 세력균형은 국방정책과 군사외교의 지침이 되기도 했다.

그러나 제2차 세계대전 이후 양극체제 하에서 세력균형은 매우 독특한 형태를 취했다. 즉 미국과 소련은 자기 진영에 속한 국가들의 정치·외교·경제·군사 모든 면에서 동맹을 결성하고 동맹을 상당히 오랜 기간 동안 지속시키는 정책을 취함으로써 유럽에서 관찰되었던 세력균형체제와 다른 면들을 보여주었다. 탈냉전 후에도 미국의 동맹이 지속되거나 더욱 확장되고 있다는 사실은 끊임없이 상대를 바꾸어 가면서 동맹을 형성함으로써 세력균형을 유지했던 과거의 유럽과 판이하게 다른 것이다. 따라서 과거에 세력균형을 유지함으로써 안보를 달성하던 국가들은 오늘날 세력균형 중에서도 응집력, 결속력, 그리고 지속성이 가장 강한 군사동맹을 선호하게 되었다.

세력균형이 국방정책에 미친 영향은 다음과 같다. 첫째, 같은 세력권 내의 국가들은 외교와 군사사절단을 교환하여 전쟁 시 같이 싸울 준비를 갖추었다. 오늘날 군사동맹과 다른 점은 국가 간의 군사관계가 매우 한시적이고 제한적이었다는 것이다. 둘째, 동일한 세력권에 있을지라도 항상 개별국가들은 상대편 세력권이 움직이는 것에 대해 주의를 기울이고 있었고 같은 세력권 내에서도 서로 감시하는 활동을 게을리 하지 않았다. 그 이유는 세력권이 재편될 가능성이 항상 있었기 때문이다. 이런 경우 강자를 너무 믿는 쪽은 허를 찔리기 마련이었다. 이런 약점들이 국가들로 하여금 더욱 영속적이고 응집력이 강한 동맹을 추구하게 했을 것이다.

2. 동맹

동맹은 안보 문제에 대해 공동으로 노력하기 위해 둘 이상의 국가 간에 맺는 공식적인 연대관계이며, 국력과 군사력을 증강시키는 수단이자 국가 간의 상호 관계를 증진시키는 방법이기도 하다. 국가들은 보다 확실하고 견고하고 지속적인 세력균형의 한 형태로서 동맹을 결성한다.

한스 모겐소(Hans J. Morgenthau)는 "동맹은 국제 체제 안에서 작용하는 세력균형의 기능이며, 국가들이 타국의 힘을 보태어 국력을 증가시키거나 상대적으로 권력 지위를 유지 및 개선할 수 있는 선택"이라고 하고 있다.[5] 동맹 정책은 타국의 힘을 자국의 국력에 보태는 방식과 상대 세력권에 속한 다른 나라의 힘을 제거하는 방식이 있다.

신현실주의자인 왈츠(Kenneth N. Waltz)는 동맹을 균형동맹(balancing)과 편승동맹(bandwagoning)으로 나누어 설명한다.[6] 균형동맹은 강한 위협에 대항하여 작은 국가들이 동맹을 형성하여 안보를 추구하면서 동맹 내부에서의 영향력 증가를 추구한다. 편승동맹은 강대국과 대결하기보다는 오히려 강대국과 동맹을 통하여 강대국에 순응함으로써 안보를 추구하고, 동시에 강대국이 향유하는 이익을 공유할 목적으로 이루어진다. 그런데 위협에 대한 대응방식 측면에서 동맹을 설명한 왈트(Stephen M. Walt)는 가장 위협이 큰 국가에 균형을 맞추기 위해 동맹이 형성되기 때문에 균형동맹이 편승동맹보다 일반적인 현상이라고 주장한다.[7] 미어샤이머(John J. Mearsheimer)는 강대국들이 힘을 극대화하기 위해 취하는 전략으로서 전쟁, 협박, 지구전을 통한 피 흘리기, 균형, 책임전가, 유화정책, 편승정책 등을 들고 있다.[8]

---

5) Hans J. Morgenthau, *Politics Among Nations: The Struggle for Power and Peace* (New York: Alfred A Knop Inc., 1985), p. 201.

6) Kenneth N. Waltz, *Theory of International Politics* (Reading, MA: Addison-Wesley, 1979).

7) Stephen M. Walt, *The Origins of Alliances* (Ithaca, NY: Cornell University Press, 1987), pp. 18-21.

8) John J. Mearsheimer, *The Tragedy of Great Power Politics* (New York and London: W.W. Norton and Company, 2001), pp. 138-140.

역사적으로 보면, 동맹은 매우 오래된 형태의 안보 추구 방식이었음을 알 수 있다. 고대 그리스의 동맹은 펠로폰네소스 전쟁을 중심으로 그 성격이 잘 나타나고 있는데, 전체적인 특징은 군사적 공수 동맹이었고 동맹의 영역은 고정되지 않았고, 새로운 동맹국들이 들어오거나 떨어져 나갈 때마다 그 규모가 달라졌다. 중세 이후 유럽 동맹의 성격은 1660년 이후 1815년까지 유럽 국가들은 다극체제 속에서 초국가적인 종교적 명분보다 국가이익을 바탕으로 전쟁과 평화를 결정했다.[9] 따라서 나폴레옹 전쟁 이후 유럽 대륙에서는 전쟁은 빈도는 줄었지만 식민지에서의 갈등은 높았고 그러한 갈등을 중심으로 동맹체제의 변화 빈도 역시 높았다. 제2차 세계대전 이후 국제체제 변화에 따라 동맹의 성격도 큰 변화를 겪게 된다. 이기택은 전후 국제체제는 강대국에 의한 지도체제(directoire), 집단안보, 방위동맹의 복합으로 형성되었다고 했듯이 방위동맹이 그 주종을 이루었다.[10] 특히 탈냉전 이후 소련이 붕괴함에 따라 미국이 유일 초강대국으로 등장하여 동맹은 더욱 위계적(hierarchical)이 되었고, 미국의 주도 하에 나토와 같은 동맹의 크기가 커지고, 견고하게 되는 결과를 가져왔다.

동맹은 동맹 구성국들의 국방정책에 많은 영향을 미쳤다. 미국의 동맹국들은 민주주의, 자본주의 시장경제 제도를 채택하고, 미국의 주도로 군사전략, 국방정책, 무기체계, 전술과 교리를 개발 유지해 왔다. 군 인력을 미국에서 주로 교육시켰으며, 미국의 군사제도를 도입했다. 즉 미국과 동맹국들은 공식적·비공식적 군사협력을 증대시켜 왔다. 일반적 군사교류 외에 정보 교환, 방산 협력, 군사 기지 제공, 연합 훈련 등이 포함되는 다층적 군사관계를 발전시켰다. 정도의 차이는 있지만 소련의 동맹국들도 마찬가지였다.

3. 집단안보

집단안보란 국제체제 내에서 어느 한 국가가 다른 국가에 의해 공격을 당할

9) Paul Kennedy, 이백수 외(역), 『강대국의 흥망』(서울: 한국경제신문사, 1996), pp. 116-117, p. 204.

10) 이기택, 『국제정치사』(서울: 일신사, 1983), p. 441.

때 공격자 이외의 다른 모든 국가들이 공격당하는 국가를 구하기 위해 노력할 것이라고 가정하는 안보체제를 말한다.[11] 이것은 각 국가들이 국가이익에 근거하여 집단행동에 수반되는 이익과 손해를 계산해서 행동하는 것이 아니고, 침략 자체를 무조건 부도덕적, 부정당한 것으로 보고 인류의 이상에 비추어볼 때 도저히 용납할 수 없는 행위이므로 다른 모든 국가들이 피침략 국가를 방위할 것을 합의한 안보체제라고 본다.

집단안보의 현실화는 부전조약 같은 국제법이나 국제연맹과 국제연합 같은 국제기구에 나타났다. 역사적인 관점에서 볼 때, 집단안보체제는 제1차 세계대전 이전의 세력균형 체제를 대체하면서 강대국과 약소국이 동일하게 정치적 독립과 영토 보전을 보장받아야 하며, 공격 행동은 악하다는 도덕성을 국제정치적으로 제도화함으로써 나타났다. 제1차 세계대전이 불안정한 세력균형의 결과 발생했다고 생각한 미국의 우드로 윌슨 대통령이 좀 더 안정되고 도덕적인 평화보장체제로서 집단안보를 제시하고 국제연맹의 창설을 주창했다.[12] 하지만 국제연맹은 처음부터 미국의 불참으로 치명적인 문제점이 있었다. 1931년 일본의 만주국 건설을 효과적으로 대처하지 못했고, 그 후 이탈리아의 주변국 침략, 독일의 제2차 세계대전 도발을 효과적으로 제어하지 못해 실패했다.

반면 제2차 세계대전의 종결과 함께 탄생한 UN은 헌장 제7장에서 평화에 대한 위협, 평화의 파괴 및 침략행위에 관한 행동에서 구체적으로 집단안보를 규정하고 있다. 현재 UN은 192개국이 회원국인 보편적 국제기구이며, 국제연맹의 규약과 달리 회원국이 UN안보리의 결정을 실행할 의무가 있고, 그 결정 실행을 위해 군사력 사용이 가능하다는 것을 헌장에 명시하고 있다. UN에서는 집단안보 기능을 강화하기 위해 국제 핵확산금지체제 위반 행위를 하는 국가를 국제원자력기구가 UN안보리에 보고하고 UN안보리가 대응조치를 결정하도록 하고 있다. UN안보리에서는 침략 국가들을 응징하는 결의안을 통과시키고 그에 대한 제재조치

11) Peter J. Stoett and Allen G. Sens, *Global Politics: Origins, Currents, Directions* (Toronto: ITP Nelson, 1998), p. 52.

12) 이상우, 『국제관계이론: 국가간의 갈등원인과 질서유지』(서울: 박영사, 1999), pp. 519-537. 이하 집단안보와 관련된 몇 개의 문단은 본서에서 간추려 요약한 것임.

를 결정, 이행하고 있다. UN에서는 핵, 화생무기, 미사일의 확산을 방지하는 국제체제를 강화하고 있다. 그러나 UN의 노력이 모두 성공한 것은 아니었으며 회원국, 특히 강대국의 의지에 의존해야 한다는 기본적인 제약은 국제연맹의 경우와 유사했다. UN의 분쟁 해결 시도가 실패한 경험도 많으며 강대국의 이익이 첨예하게 연결된 일부 분쟁 지역에는 개입조차 하지 못하기도 했다. 이러한 상황에서 볼 때 UN의 집단안보 기능이 강화되는 것도 바람직한 일이기는 하지만, 각 국가의 안보는 집단안보보다 결속력과 대응속도가 더 신속한 세력균형이나 동맹에 안보를 의존하려는 경향이 여전히 강하게 남아 있음을 간과할 수 없다.

집단안보와 개별국가들의 국방정책은 어떤 관련성이 있는가? 각 국가들은 국제평화를 유지하려는 UN의 활동에 적극 참여하는 정책을 추구하고 있다. 한국도 UN평화유지 활동과 군축활동을 적극 지지하고 참여하고 있다. 소형무기의 불법거래를 통제하고 있으며, 테러와 대량살상무기 확산 방지를 위해 노력하고 있으므로 이에 대한 적극 참여가 필요함은 물론, 평화 유지군에 대한 적극 참여와 UN분담금 증액이 필요하다. 그러나 개별국가들의 방위는 최종 책임이 그 국가에 있는 만큼 자체적 국방 노력과 동맹 결성과 유지, 세력균형 정책의 추구가 병행되어야 할 것이다.

Ⅳ. 안보개념의 광역화와 국방정책

20세기 후반에 들어서면서 국가안보의 범위가 넓어지기 시작했다. 이것은 수평적인 측면에서 군사와 대등하거나 군사보다 더 중요한 국가의 다른 분야, 즉 정치, 경제, 환경, 사회 분야와 국가안보 간의 상호관련성이 중요함을 인식하게 된 결과다. 저자는 이를 군사안보 이외의 안보개념이 등장하고 발전되었기 때문에 '안보개념의 광역화'라고 부른다. 특히 제2차 세계대전 이후 강대국 간 또는 유럽대륙의 국가 간에 전쟁이 사라지고 제법 긴 평화의 시기를 맞게 되자, 국가들은 군사적 건설 이외에 경제적 경쟁을 통해 국가의 우위와 안보를 확보하려는 노력을 하게 되었다. 한편 자본주의와 공산주의 간 이념 경쟁을 하면서 국가의 생존과 번영 그리고 경쟁적 우위를 달성하기 위해서는 정치, 경제, 사회적으로 안정되고 발전된 국가건설을 도모해야 한다는 자각 아래 국가안보와 정치, 경제, 사회문화에 대한 연계를 튼튼히 하려는 노력을 기울였다.

한편 국가들의 이기적인 산업화와 경제발전은 인류공동의 삶의 터전인 환경을 파괴하여 터전 자체를 말살할지도 모른다는 위기의식에서 환경을 보호해야 하겠다는 자각을 불러일으켰다. 최근에는 세계화의 진행과 더불어 국제화, 지방화가 진행되고, 종족분쟁과 인종청소가 중요한 국제안보문제로 등장하면서, 국가의 합법적 폭력독점이 그 구성원인 개인들의 안보를 증진시키는가에 대한 회의가 생겨났고, 이에 따라 인간안보에 대한 관심이 증대되고 있다. 이로써 정치안보, 경제안보, 사회안보, 환경안보, 인간안보의 개념과 그 중요성에 대한 인식이 싹텄다. 21세기에 들어와 세계화의 진행과 더불어 초국가적안보 혹은 비전통적안보 개념이 생겨났다. 이 절에서는 군사안보 이외에 정치, 경제, 사회, 환경안보, 인간안보, 초국가적안보에 대한 개념과 그것이 현대 국방정책에 주는 함의를 살펴본다.

표 2-1 안보개념의 수평적 구분

구분	안보 위협 요인	내용
정치안보	• 국내정치의 불안	• 국가안보의 보장을 위해 민주주의 추구
경제안보	• 오일 쇼크, 금융위기 등	• 국가의 경제적 이익을 지키거나 촉진
환경(생태)안보	• 인구폭발, 환경오염, 지구온난화 등	• 인류 공동의 위협에 국제사회 공동 대응
사회안보	• 마약, 조직적 범죄 등	• 사회불안 요소에 국제적 공동 대응
인간안보	• 가난과 저개발, 종족분쟁, 비인도적 폭력 등	• 개인의 안보를 확보하기 위한 국제적 협력
초국가적안보 (비전통적안보)	• 비국가 행위자의 네트워크를 통한 대량살상무기 확산, 테러, 해적, 마약, 조직범죄, 인신매매, 기후변화, 사이버 테러	• 비국가행위자의 도전에 대한 세계적, 지역적 협력

1. 정치안보

국가의 안보를 성공적으로 달성하는 데 필요한 국내 정치적 조건들이 존재한다. 국가안보가 대내외 위협으로부터 국가체제와 국가이익을 보호하고 확장하는 기능이 있다고 할 때, 국가의 안전에 대한 내적 위협을 정치 분야에서 해결해 주어야 한다. 여기에는 국민의 기본권과 행복을 보장하는 민주주의 정치제도의 확립, 높은 도덕성을 갖춘 정치적 리더십의 확보와 효과적인 지도력의 발휘, 국가안보에 대한 초당적 협력 여건의 조성, 법의 공정한 집행, 빈부 격차를 해소할 정책의 집행 등이 있어야 한다.[13)]

20세기 후반에 "민주주의 국가들은 분쟁보다는 평화적 방식으로 국가 간의 문제를 해결하기를 선호한다."는 민주주의적 평화이론이 나오게 되었다. 이에 근거하여 빌 클린턴 전 미국 대통령은 민주주의의 확산을 위한 개입과 협력전략을 내놓기도 했다. 민주주의란 국민들이 국가체제에 대해 가장 많은 신뢰와 지지를 가진 정치체제이므로, 국가가 외부적으로 위협을 받을 경우 일치단결하여 국가를 수호한다는 것이다. 또한 정부가 민주주의 원리에 따라 국민의 정치 참여와 기본권 보장을 확실하게 하면 국가에 대한 내부적 불만이나 소요가 최소화되어 정치안정을 이루어 국가체제에 대한 내부 위협이 없어진다는 가정을 바탕으로 하고 있다. 결국 민주주의 국가들은 폭력보다는 대화와 협력을 통해 국제사회의 안전을 도모하게 되는 것이다. 민주주의 국가 중에서도 다른 국가들보다 더 대외 팽창 지향적이며 국가이익을 위해 무력의 행사도 불사하는 국가도 있기 때문에 민주주의적 평화가 보편적 진리라고 받아들이는 데 한계가 있는 것도 사실이다. 하지만 적어도 국가안보에 대한 국내적 위협요소를 방지하고 제거하는 데에 민주주의 정치체제는 가장 발전된 정치체제이므로 정치안보에서 민주주의의 발전은 필수요소라고 할 것이다.

여기서 한국의 정치사를 회고해 보면, 독재정치 시기에 국가안보가 정권안보용으로 이용되었던 시기도 있었다.[14)] 진정한 안보는 몇 년 안에 끝나는 정권을 지

---

13) 김석용, "국가안보와 정치," 『안보기초이론』(서울: 국방대학원, 1994), pp. 8-64.
14) 구영록, "한국의 안보전략," 「국가전략」 제1권 1호(1995년 봄), pp. 49-50.

키고자 하는 것이 아니고, 유구한 역사를 가진 민족과 국가를 지키기 위한 국가안보가 되어야 안보가 지속적인 초당적 지지를 받을 수 있기 때문에 정권안보와 국가안보를 구분하는 지혜가 필요하다.

2. 경제안보

경제가 국가안보에 미치는 영향을 중시하여 '국가안보의 경제적 차원'이라는 화두를 처음 던진 사람은 헬무트 슈미트 전 서독 수상이었다. 그의 발언은 1970년대 세계에 충격을 준 오일 쇼크 이후에 나왔는데, 국가안보의 경제적 차원이란 안정적 에너지 공급과 자원에 대한 자유로운 접근을 보장하고, 경제적 활동의 자유를 보장하는 금융제도를 확립하는 것이 바로 국가안보를 경제적으로 보장하는 방법이라고 하였다. 미·소 대결 시대에 군비경쟁은 악순환을 거듭하면서도 교착상태에 빠졌으나, 대결에서 이기는 방법은 상대방보다 더 강한 경제력을 보유하는 방법 외에 다른 길이 없다고 자각한 끝에 경제력을 안보전략의 수단으로 사용하는 정책이 많이 개발되었다.

한편 공산주의의 위협에 대응하여 자유진영 국가 간에 자유무역을 진흥시키고 국제경제 협력을 진행함으로써 자유진영의 복지와 국부를 증대시켜 왔다. 자유진영의 경제 질서를 안정시키기 위해 오일 쇼크의 재발 방지, 국제 금융질서의 안정화, 시장경제의 발전, 자유진영 국가들의 경제발전 지원을 통해 경제적 안정과 발전을 꾀해 왔는데 이는 시장경제에 기초한 자유진영 국가들이 공산진영과 대결에서 이기기 위한 방법으로 적극적으로 추진되었다.

공산주의와 소련제국이 붕괴한 이후 안보전문가들은 군사적으로 아무리 강한 국가라고 하더라도 경제력이 밑받침되지 않을 경우 그 국가가 붕괴되고 만다는 사실에 착안하여 경제안보에 대한 관심이 커졌다. 미국 랜드 연구소는 "경제안보란 미국의 경제적 이익을 위협하거나 차단할지 모르는 사건, 상황, 행위에 직면해서 그 이익을 지키거나 또는 촉진시키는 능력"으로 정의하고 있다.[15] 경제안보는 국

15) 김덕영, "국가안보의 경제적 쟁점: 경제안보 이론체계의 구상,"「국방연구」 제43권 제1호 (2000. 6), p. 25.

제경제 관계를 지배하는 규칙 확립에 주도적 역할을 수행하고 경제적 수단을 사용하여 국제경제 환경을 미국에 유리하게 조성해 나아가는 능력에 좌우되며 이를 위해 적정 군사력을 뒷받침하는 경제력을 중시한다.

그런데 미국의 경제안보 전략은 자국의 경제적 번영을 보장하는 해외시장 접근 보장, 해상교통로의 안전보장뿐 아니라 이제는 미국의 첨단 군사과학기술의 우위를 유지하기 위해 다른 국가들이 미국의 군사과학기술에 필적하는 능력을 가지지 못하도록 설득하며, 이를 거부할 경우 그것을 봉쇄하는 적극적 전략까지도 포함하는 것으로 되어 있다. 또한 미국과 같은 민주주의와 시장경제인 나라들 가운데 특히 전략적 거점인 동맹국들의 안전을 보장하며, 이들을 거점으로 하여 민주주의와 시장경제를 확산시키는 전략까지도 포함하는 적극적 경제안보전략을 구사하고 있다고 할 것이다.[16]

3. 환경(생태)안보

20세기에 이르러 인구폭발, 식량부족과 에너지 자원의 고갈, 환경오염, 지구온난화 현상, AIDS와 같은 치명적인 전염병 등과 같은 인류공동의 위협은 군사적 침략 이외에 국가의 안보를 위협하는 요소가 되고 있다. 이에 대한 해결은 개별국가의 노력만으로 달성되는 것이 아니기 때문에 국제적인 공동 해결 방안이 필요하다.

안보적 측면에서는 이를 환경안보 내지 생태안보(ecological security)라고 지칭하면서 국가뿐 아니라 시민, 사회, 국제사회가 공동으로 이 문제 해결을 시도하고 있다. 국방 분야에서는 환경의 대규모 파괴를 금지하는 환경무기금지협약 체제를 운영하고 있다.

16) U.S. Department of Defense, *Quadrennial Defense Review* 2001.

4. 사회안보

마약, 조직적 범죄, 종족 간 갈등, 인신매매, 난민 및 불법 이민의 증가 등으로 인해 사회불안이 조성되고 있다. 이러한 불안요소는 한 국가의 국경을 넘어 국제적인 규모로 국가들의 안보를 위협하기 때문에 국제적으로, 국내적으로 사회안보를 확보할 필요성이 증대하고 있다.

사회안보를 확보하기 위해서는 범죄예방과 대응능력 향상, 사회통합 능력의 증대, 군의 관심 범위의 확대, 국제적 협력체의 구성과 운영 등이 필요하다. 아울러, 전쟁급 규모의 테러 방지와 테러 발생 시 대응을 위한 군의 역할도 필요로 한다.

5. 인간안보(human security)

탈냉전 이후 국제관계에서 양극체제가 붕괴되고 미국과 러시아, 유럽에서 군비경쟁을 중지함에 따라 세계적 규모의 안보딜레마 현상이 없어졌다. 이제 국가안보에서 국가생존이 어느 정도 확보되고, 국가 간 힘의 맹목적 추구현상에 제동이 걸리면서 전통적인 국가중심의 안보 추구가 국가의 구성원인 개인들에게 실제로 안전과 자유를 보장해 왔는가에 대한 반성이 일어났다. 그것은 국제사회에서 빈부의 불평등, 저발전 국가의 정치 불안정과 빈번한 종족 분쟁으로 인해 국가 폭력이 개인과 종족을 무자비하게 말살하게 되자 안보개념도 국가중심에서 국내문제와 개인의 인권 차원에서 접근하게 되었다.

한편 국가 간의 국경이 무의미해지는 세계화 현상이 전개되고, 국가경제는 자유화되었으며, 국가 간, 지방 간에 복잡한 상호 의존관계가 심화되면서 국가 간 외교관계에서도 정부보다는 비정부 단체, 시민단체, 개인 들까지 안보의 관심이 확대되었다. 이에 따라 국가 법체계와 정치적 담론에 국제적 기준의 적용문제, 정부형태, 인권, 성적 평등 및 발전과 교육에 대한 인간 개인의 권리가 국제적 이슈가 되었다.

인간안보란 인간 개인에 대한 위협을 감소시키거나 제거하고자 하는 움직임에서 출발했다. 개인을 결핍과 공포, 억압으로부터 자유를 보장하자는 것이 인간

안보이며, 21세기에 이르러 인간안보의 문제를 범위를 넓혀서 혹자는 초국가적 안보위협이라고 부르기도 한다. 인간안보 문제를 해결하기 위해 국가들은 안보 협력을 추구하고 있다. UN과 국제기구, 범세계적 NGO 연대운동에서 인간안보 문제를 다루고 있다. 이것은 어떤 형태의 정치적·경제적·사회적 조직이 다른 형태보다 더 평화와 안정성에 도움이 된다고 가정하고 그러한 조건을 만들어 내도록 노력한다. UN개발프로그램은 인간의 기본적 필요를 충족시켜주는 것을 목표로 한다. 이제 저개발국과 종족분쟁이 빈번한 국가에 대해서는 안보와 개발을 동시에 촉진시키는 프로그램을 적용한다. 국가안보가 인종청소를 막지 못하므로 UN과 선진국들은 인종청소를 막는 지원활동과 군사개입을 공동으로 실시한다. 또한 국제형사재판소를 설치하여 인권을 침해한 국가를 심판하는 제도를 만들고 있다.

6. 초국가적안보(transnational security) 또는 비전통적안보(non-traditional security)

탈냉전 이후 국제화와 세계화가 진행되면서 국경을 마주한 국가 간의 전쟁은 감소하였다. 반면에 국가 간의 전쟁이 아닌 국민과 인류를 위협하는 다른 안보위협이 증가하였다. 예를 들면 테러, 대량살상무기 확산, 전염병, 해적, 마약, 인신매매, 조직범죄, 자연재해, 환경파괴, 사이버 위협 등이 증가하여 인류의 지속적인 발전과 번영에 많은 피해를 주고 있다.

이러한 초국가적 안보위협의 공통된 특징은 위협행위자들이 비국가적 행위자라는 점이고, 군사적이 아닌 비군사적인 위협의 성격을 지닌다는 점이다. 따라서 안보전문가들은 이러한 위협을 초국가적(transnational) 위협, 혹은 비전통적(non-traditional) 위협이라고 부르고, 혹자는 비군사적(non-military) 위협이라고 하고 있으며, 국경을 초월한 위협에 대처하기 위해서는 종래의 군사위협에 대해 국가중심, 정부중심으로 대처해 온 방식이 아닌 세계적, 국제적 공조와 모든 이익상관자들이 참여하는 거버넌스(governance: 협치) 식 대처방식을 건의하고 있다. 단 특정 국가가 테러, 대량살상무기 확산, 사이버 공격 등을 주도하거나 지원한다면 이것을 전통적 군사위협으로 분류할 수도 있다.

7. 소결론

안보개념이 광역화되고 포괄적이 된다고 해서 군이 전통적 의미의 군사안보 의무를 소홀히 하고 정치, 경제, 사회, 환경, 인간안보, 초국가적 안보 문제에만 신경을 써서는 곤란하다. 군사안보상의 위협을 소홀히 한다면 국가의 존립이 위태로워진다. '천하가 태평하더라도 전쟁을 망각하면 반드시 위태롭다(天下雖安忘戰必危)'라는 말이 있듯이 군사안보는 국가의 생존에 필수적이기 때문이다.

한편 오늘날 안보 이슈는 한 국가의 국경 내에 머물러 있기보다 초국가적 안보 이슈로서 국제적·범세계적 문제로 되고 있다는 점도 간과해선 안 된다. 세계화의 진전에 따라 초국가적 안보 또는 비전통적안보가 국제적·범세계적 이슈가 되고 있는데, 이의 해결을 위해서는 각 국가와 군대가 국제적인 협력을 도모하고 모든 이해상관자(stake-holders)의 협치 속에서 해결하겠다는 태도를 갖는 것이 중요하다. 이를 위해서 각 국가와 각종 사회단체의 담당자들의 역량 강화, 국제적인 정보 공유, 국제적인 공조와 협력 조직의 제도화, 각종 조직 간의 협력 활성화, 전문가와 시민사회 조직의 네트워크 형성 및 활용이 요구된다.[17]

Ⅴ. 안보개념의 심층화와 국방정책

군사적인 측면에서 안보는 1970년대 초반까지 한 국가나 한 진영의 안보는 다른 국가나 다른 진영의 안보를 희생시켜야 달성되는 것으로 인식되었다. 그러나 이러한 절대안보 개념은 국가 간 진영 간에 과도한 군비경쟁의 악순환을 낳았다. 핵무기의 개발로 인한 공포의 균형은 세계적 규모의 전쟁을 억제하게 되면서 군비경쟁을 지양하고, 적대 세력권 내지 적대 국가 간에 평화공존을 하려는 의식이 싹텄는데 상호안보, 공동안보, 협력안보, 포괄적 안보의 개념을 살펴보면서 이들이 국방정책에 주는 함의를 분석해 보고자 한다.

---

17) 한용섭·이신화·박균열·조홍제, 『마약·조직범죄·해적 등 동남아의 초국가적 위협에 대한 지역적 협력방안』(서울: 대외경제정책 연구원, 2010).

1. 절대안보

전통적으로 군사안보는 절대안보 개념에 기초했다. 절대안보 개념은 가장 고전적이며 과거 냉전시대에 주류를 이루어 온 안보개념[18]으로 정치적 현실주의(political realism)에 바탕을 둔 세계관에서 출발한다. 개별 국가는 적대국을 희생시켜야 안보를 달성할 수 있다는 가정 아래 절대적 안전을 추구한다는 것이다. 개별 국가들은 적국보다 절대적으로 우월한 군사력 수준을 유지하기 위해 노력하고 이에 따라 국제사회는 과도한 군비경쟁에 돌입할 수밖에 없다. 한편 강대국들은 상호 억제와 균형을 통해 안보를 달성하면서도 상대편보다 양적으로나 질적으로 우세한 군사력과 동맹을 유지하려고 한다. 강대국은 동맹권을 형성하여 자국보다 열등한 동맹국에게 국방정책, 군사전략, 교리와 무기체계 등을 전수받도록 영향력을 행사한다.

국가 간의 무한한 군비경쟁은 어느 쪽도 원하지 않았던 안보딜레마(security dilemma) 현상을 낳았다.[19] 한 국가는 자국의 안보를 증진하려는 매우 합리적 동기에서 군사력 건설을 시작하지만, 다른 국가도 안보 불안을 없애기 위해 군사력 건설을 계속한다. 작용-반작용적인 군비경쟁의 결과 어느 국가도 군비경쟁 시작 전보다 안전하지 못하다는 결론에 이르게 된다. 이것을 안보딜레마라고 한다.

따라서 절대안보에 기초한 군사력 증강만으로는 개별 국가의 안보 증진에 한계가 있다는 점이 노정되었다. 과도한 군비지출은 경제체제를 악화시키고 결국은 체제의 붕괴도 초래하였다. 이러한 역사적 경험의 여파는 남북한 관계에도 적용되고 있다. 남북한 간 과도한 군비경쟁은 선군정치를 앞세운 북한에게 더 큰 타격을 주었고 핵무기 개발로 이어졌으며, 그 결과 경제 파탄으로 인해 체제 유지에 곤란을 겪는 실정이다.

---

18) 황진환, 『협력안보시대에 한국의 안보와 군비통제: 남북한, 동북아, 국제군비통제를 중심으로』(서울: 도서출판 봉명, 1998), pp. 33-34.

19) John H. Herz, *International Politics in the Atomic Age* (New York: Columbia University Press, 1959), pp. 231-235.

2. 상호안보

1980년대에 이르러 세계의 정세는 변화하고, 특히 옛 소련이 미국 적대관계를 수정하면서 안보 연구에 대한 경향도 냉전시대와 다른 양상을 보였다. 고르바초프의 소련 국방정책 수정과 1986년 유럽안보협력회의의 '스톡홀름 선언' 채택 등은 명실공히 종래 적대적인 두 진영 간의 안보전략과 개념의 수정을 요구하는 시대적 상황을 만들어 내었다.

이와 병행하여 미·소 간에는 상호안보를 증진시키고자 하는 연구 작업이 개시되었는데 그 대표적 작업은 1987년에 시작되어 1989년에 끝난 브라운대학의 외교정책발전연구소와 옛 소련의 과학아카데미 산하 미국 및 캐나다 연구소가 공동 집필한 『상호안보(Mutual Security)』가 그것이다.[20]

이들에 의하면 1990년대는 국가의 진정한 이익과 군사력이 상호 직접적인 관계를 상실하는 시대가 도래한다는 것이었는데 적어도 미소 간 또는 유럽에서는 그런 시대가 왔고 이는 다른 지역에도 큰 충격파를 던졌다. 이러한 세계적 변화를 이끌 새로운 안보 개념이 필요하게 되자 상호안보론자들은 상호안보라는 개념을 제시했다. "상호안보란 각자가 상대방의 안보를 감소시키거나 저해함으로써 자국의 안보를 증진시킨다는 개념에 반대되는 개념으로서, 결국 자국이나 자기 진영의 안보는 타국이나 타 진영의 안보를 똑같이 인정하는 바탕 위에서 공동으로 추구되어야만 한다는 것"이다.

3. 공동안보(common security)

상호안보에 대한 접근과 아울러서 1982년부터 UN은 군축과 안보문제에 관한 독립적 위원회(일명 Palme Commission)를 발족하고 새로운 시대에 걸맞은 안보 개념 연구를 시켜 왔는데, 스웨덴 SIPRI의 Olof Palme, 함부르크의 평화 및 안보정책연구소의 Egon Bahr 등이 주동이 되어 미래 국제체제에서 국가의 안보를 달성하는

20) Richard Smoke and Andrei Kortunov eds., *Mutual Security: A New Approach to Soviet-American Relations* (New York: St. Martin's Press, 1991).

개념으로서 전통적 안보 개념과는 다른 공동안보 개념을 제시하게 되었다.

공동안보라는 개념은 어떤 한 국가도 자신의 군사력에 따른 일방적 결정, 즉 군비증강에 의한 억제만으로 국가의 안보와 평화를 달성할 수 없으며, 오직 상대 국가들과의 공존(joint survival)과 공영을 통해서만 국가안보를 달성할 수 있다는 것이다.[21)]

공동안보 원칙의 채택은 이타적인 동기에서가 아니라 자국의 국가이익을 신중하게 추진하자는 것이며, 자국의 이익이 중요한 만큼 상대국가의 이익도 신중하게 배려해야 한다는 인식을 가지고 있다. 공동안보론자들은 국가 간의 경계는 군사력에 의해서만 방어될 수 있는 더이상 침투 불가능한 방패가 아니라는 현실을 인식하고 있으며, 궁극적으로 세계의 안보는 상호 의존적이라는 점을 인정한다. 따라서 안보딜레마나 증대하는 상호의존성은 종래 한 국가가 견지해온 합리성이라는 개념에 좀더 수정이 가해져야 함을 의미한다. 즉 과거 한 국가 중심의 역사와 정치의 한계 또는 경계를 뛰어 넘어야만 가능하다. 국가들은 다른 국가의 안보 우려를 좀더 개방된 자세로 합리적으로 고려해야 한다. 각 국가는 안보동반자 또는 안보공동체의 일원이며 한편으로는 자제하고 한편으로는 공동안보를 위해 협력해야 한다는 것이다.

공동안보에 의한 국방정책은 억제이론을 대체하고자 한다. 억제이론은 적을 늘 고정적인 이미지로 보지만 공동안보론자들은 적의 이미지 변화를 시도하는 더욱 적극적인 안보정책을 시도한다.

구체적으로 보면 반드시 상호주의에 따른 일대일의 전환이 아니라 어느 한 편이 군사태세를 비공격적 방어태세로 전환시킴으로써 일방적으로 시도할 수도 있다. 그러면 늘 적이라고 생각하던 상대국가가 처음에는 인식상의 혼란에 빠지지만 차츰 적대관이 달라질 것이고 종국에는 공격적인 군사 배치를 방어적으로 전환한다는 것이다. 근본적으로 공동안보론자들은 군축을 적극적으로 지지하며 국제관계에서 상호 대결보다는 협력을 중시한다.

공동안보의 내용은 비단 군사적인 면에 한정되는 것이 아니라 종래의 동서

21) Bjørn Møller, *Common Security and Nonoffensive Defense: A Nonrealist Perspective* (Boulder, Colorado: Lynne Rienner Publishers, Inc., 1992), pp. 28-30.

진영 간의 무역증대를 추진하여 경제안보를 통한 공동번영을 추구함으로써 두 진영 간의 상호의존도를 증대시키고 또한 생태계에서 지구환경 재앙을 예견하고 이를 예방하기 위해 공동 작업을 제안하기도 하며 지구적 안전과 안정에 저해되는 요소를 지적하고 이의 해결을 주장한다.

4. 협력안보(cooperative security)

독일의 통일과 동구의 몰락, 옛 소련의 해체와 더불어 시작된 탈냉전시대에 걸맞은 새로운 안보 개념이 1990년대에 등장하였는데 이를 협력안보라고 한다. 냉전의 종식과 더불어 소련의 해체는 종래의 국제안보 개념과 내용을 완전히 변화시켰다. 대규모 지상전과 핵공격의 가능성은 더이상 국방기획의 주요 이슈가 될 수 없는 상황이 되었다. 국가 간의 정치적, 경제적 상호의존성이 증대함에 따라 상호의존성을 더욱 증대시키는 것이 국가의 목표이자 현실이 되었다는 인식이 협력적 안보를 추구하는 배경이다.

협력안보 개념은 각 국의 군사체제 간 대립관계를 청산하고 협력적 관계 설정을 추구함으로써 근본적으로 상호 양립 가능한 안보목적을 달성하는 것을 의미한다.[22] 이 개념에 의하면 상대국의 군사체제를 인정하고 상대국의 안보이익과 동기를 존중하면서 상호 공존을 추구한다는 면에서 공동안보와 유사하나, 전쟁 예방을 위하여 더욱 적극적으로 양자 간 또는 다자간 합의된 조치를 추구하고 침략수단을 총동원하기 어렵게 만드는 조치를 적극 추구한다는 면에서 공동안보와 차이점이 있다. 협력안보는 조직적인 침략이 발생할 수 없도록 방지하며, 만약 피침 시는 다국적군(multinational forces)에 의한 대규모 보복을 통하여 침략국을 철저하게 파괴하는 것을 목적으로 삼기로 한다. 그러나 완전한 협력안보 체제는 무력 침략의 경우 그 참여국가의 안보를 보장하는 여분의 요소로서 집단안보의 규정을 포함한다고 볼 수 있다.

협력적 안보를 달성할 수단은 더이상 물리적 위협이나 강요가 아니라 제도화

---

22) Joanna E. Nolan ed., *Global Engagement: Cooperation and Security in the 21st Century* (Washington DC: The Brookings Institution, 1994), pp. 3-18.

된 동의를 통해서 관련국의 협력적 개입을 유도하는 데에 그 기본 정신이 있다. 국가의 안보는 세계적 차원의 운명과 직결된다고 인식하며, 이를 위해서 국제안보의 개념을 중시한다. 국제적인 규제, 중재, 평화유지 활동, 다국적군을 통한 집단적 개입 등의 새로운 정책 수단을 강구한다. UN을 통해서나 냉전시대 양극화된 안보체제에서 계속 발전되어온 정책적 조치, 즉 핵확산금지조약(NPT), 비핵화 및 비핵지대화 노력, 화학 및 생물무기 금지 협약, 미사일기술통제체제(MTCR), 환경무기금지협약(ENMOD), 재래식 무기 감축(CFE) 신뢰 및 안보구축조치(CSBM), 검증조치 등을 모두 계승 발전시키려고 하며, 각 국가가 국제적인 안보를 강화하기 위해서 스스로 노력해야 할 조치 등을 첨가시킨다.

5. 포괄적 안보(comprehensive security)

전통적으로 적과 우방 간의 구별이 분명한 국제관계에서 전면전 가능성 못지않게 중요한 것이 정치·경제·사회 등 제 분야에서 적의 간접침략으로 인한 중대한 안보문제 발생 가능성에 대처하는 안보 개념도 군사 이외의 분야에서 국가안보를 고려하는 것이기에 포괄적 안보라고 할 수도 있다.[23] 하지만 안보전문가들은 이를 포괄적 안보라고 하지 않고 비군사 분야의 안보라고 불렀다. 포괄적 안보가 안보 연구의 구체적 관심사로 대두된 것은 역사적으로 유럽과 동남아시아에서였다. 유럽에서는 앞에서 설명한 공동안보의 개념으로 정의했으며, 탈냉전 이후 포괄적 안보가 유행함에 따라 역으로 유럽의 안보협력을 포괄적 안보라고 부르게 되었다.

실제로 포괄적 안보 개념을 사용한 이들은 동남아시아국가연합(ASEAN)이었다. 1990년대 아세안에서 시작한 아시아 지역의 다자간 안보 협력을 주도하는 안보 개념은 포괄적 안보이다. 포괄적 안보에 의하면 안보는 경제적 협력과 지역적 노력 그리고 평화적 수단을 통해 국가 간의 문제를 해결하려는 공약을 통하여 상호의존성과 신뢰를 증진시킬 수 있으며, 결국 국가들은 안보를 증진시킬 수 있다고 본다. 따라서 이들은 군사적 수단보다 비군사적 수단을 통한 안보 증진이 더욱

---

23) 정준호, "국가안보개념의 변천에 관한 연구," 「국방연구」 제35권 제2호, 1992. 12, p. 19.

중요하다고 생각한다. 아세안 국가들은 포괄적 안보 개념을 세 가지 차원에서 적용해 왔다.

우선 국가 내부의 힘을 기르는 차원이다. 국가 건설과 훌륭한 통치력을 육성하며 국가의 정치적 안정을 도모하는 차원에서 안보를 활용한다. 이러한 과정에서 군사적 역할보다는 정치·사회·경제정책이 더 중요하다. 다음으로 포괄적인 안보는 아세안 국가 간 안보를 증진하는 차원에서 활용된다. 여기서도 지역 국가 간에 민감한 군사 문제는 뒤로 미루고 정치적·경제적 협력을 증진하는 차원에서 안보를 활용된다. 이것은 북대서양조약기구(NATO)에서 군사지도자나 국방기획가들이 동구의 바르샤바조약기구 국가들의 군사지도자들과 마주 앉아 군사적 문제를 우선 다루었던 경험과는 정반대의 경우에 해당한다.

아세안은 국가들의 포괄적인 협력을 토대로 1994년부터 아시아 태평양 지역에 아세안지역안보포럼(ARF: ASEAN Regional Forum)을 시작했다. ARF는 포괄적인 지역 안보협력 대화체 기구로 발전을 도모하고 있다. 의제도 신뢰 구축, 예방외교, 북한 핵문제, 동남아 비핵지대화, UN무기 이전 등록제도 구현, UN이나 지역의 군축 이슈, 영토문제 등으로 확대되고 있다. 참여를 거부하던 북한도 2000년부터 정회원 국가로 참여하고 있다.

ARF 참가국은 협력을 바탕으로 안보를 증진시키기 위해 다자회담 지지와 참가, 신뢰 구축 원칙에 폭넓은 지지, 포괄적 안보에 공감, 미국의 군사적 주둔은 아시아 태평양 지역의 안정과 평화에 바람직, 다각적 안보협력과 예방외교의 필요성에 공감하고 있다. 이러한 광범위한 안보협력은 아직도 각국의 군사정책과 국방기획에 큰 영향을 주지는 못하고 있으나, 군 인사 및 정보의 교류 협력의 활성화와 군 교육교류 활성화에 이바지함으로써 간접적인 영향은 주고 있다고 할 것이다. 이에 바탕을 두고, 아세안은 계속 발전하여 ASEAN+3, ASEAN+3+3뿐만 아니라, 아세안 확대국방장관회의(ADMM-Plus)를 발전시켜 참가국 간에 대테러 협력 및 공조 활성화, 인도적 지원 및 재난구호를 위해 긴밀하게 협조하고 있다.

그러나 ARF의 한계는 분명하다. 참가국의 군사안보정책을 합의에 의해 규제하는 구체적 조치가 논의되지 못하고 있다. 참가국의 군사문제는 ARF의 내정 불간섭 원칙에 따라 깊숙이 논의되지 못하고 있다. 다만 국가들의 자제를 촉구하는 공동선언 정도를 채택하고 있다. 따라서 포괄적 안보의 한계가 있음을 인식할 필요가 있다.

Ⅵ. 양자안보와 다자안보

안보 개념이 광역화·심층화되면서 안보를 확보하기 위한 방법도 동맹, 집단안보에서 나아가 다자안보협력의 형태로 다양화되었다. 양자안보의 대표적인 형태로 한미동맹이나 미일동맹 같은 양자동맹(alliance)을 들 수 있다. 무정부 상태인 국제사회에서 자국의 안보를 지키기 위해서는 자주국방이 가장 이상적이지만 안보능력의 부족 문제를 해결하기 위해서 공동의 위협을 가진 국가들은 동맹을 체결한다. 동맹을 통해서 전쟁을 억제하고 전쟁 발발 시 동맹국으로부터 군사력을 제공받을 수 있다. 동맹에 참여한 모든 국가는 자주국방에 비해서 주권의 자율성이 제약받을 수 있다는 문제점이 있다.[24] 비대칭동맹에서 약소국은 군사, 외교적인 결정뿐만 아니라 경제적인 문제를 결정하는 경우에 강대국으로부터 자율성을 제한받을 수 있다.

다자주의란 최소한 3개국 이상의 국가가 특정 원칙에 따라 관련국 간의 관계를 조정하기 위해 형성된 협력적인 구조를 의미한다.[25] 다자주의 원칙에 동의한 국가들은 집단적이며 장기적인 이익을 지향한 포괄적 상호성을 전제로 한다. 이러한 다자안보협력은 1994년 유럽안보협력기구(OSCE: Organization for Security and Cooperation in Europe), 아세안지역안보포럼(ARF) 등이 탄생한 20세기 후반에 등장했다.

동맹, 집단안보, 다자안보협력을 비교하면 〈표 2-2〉와 같다. 다자안보협력의 안보 개념은 공동안보, 협력안보, 포괄안보를 포함하며,[26] 절대안보를 기반으로

---

24) James D. Morrow, "Alliance and Asymmetry: An Alternative to the Capability Aggregation Model of Alliance," *American Journal of Political Science*, Vol. 79, No. 3(Autumn 1991), p. 904.

25) Robert Keohane, "Multilateralism: An Agenda for Research," *International Journal*, Vol. 14, No. 4(1990), p. 731.

26) 김열수, 『국가안보: 위협과 취약성의 딜레마』(서울: 법문사, 2010), p. 384.

표 2-2 동맹, 집단안보, 다자안보협력 비교

구분	동맹	집단안보	다자안보협력
목표	전쟁억제와 승리	전쟁억제 피침 시 응징	전쟁예방
위협에 대한 가정	공동위협의 존재	국가적 위협 침략위협의 존재	공동위협 상정 불가 초국가적 위협
법적 근거	동맹조약	UN헌장	합의문, 선언문 비공식적, 비구속적 관계
안보개념	절대안보	집단안보	공동안보, 협력안보, 포괄적 안보
제도	군사동맹	UN국제기구	대화, 협의, 회의체
무력사용에 대한 대응	보복	무력사용으로 보복	대응방법 없음, 비난 성명
관계구조	수직적 구조	보편적 구조	수평적 구조 개방적 구조
응집력과 구속력	강	중	약
군사문제의 중요성	대	중	중 또는 소
주권에 대한 간섭	있음	없음	없음
협력내용	공동방어, 연합훈련, 상호운용성에 의한 방산기술협력	국가 간 협력	신뢰구축, 예방외교, 본격적 군사협력 회피, 경제 사회문화협력 중시, 재난구조훈련

하는 동맹과 구분된다. 동맹은 공동의 위협에 대한 억제와 승리가 목표인 데 비해 다자안보협력은 공동의 위협을 상정하지 않고 초국가적인 위협에 대응하기 위해 신뢰구축, 예방외교, 경제사회문화적 협력, 공동 재난 구조 등을 시행한다.[27] 동맹이나 집단안보와 달리 다자안보협력은 무력 사용에 대한 군사적 대응방법을 가지고 있지 않고, 대화, 협의 또는 회의를 통해 비난성명을 할 뿐이다. 다자안보협력의 법적 근거는 합의문, 선언문 같은 구속력 없는 비공식적 속성이 있어서 국가의 주권에 대한 개입이 없다. 따라서 집단안보보다 응집력과 구속력이 약하다. ARF

27) 윤현근, "동북아 다자안보협력체 구축의 영향요소와 방안 검토," 「21세기 국제안보환경과 협력적 안보레짐 구축」 안보연구시리즈 제3집, 2호(서울: 국방대학교 안보문제연구소, 2002), p. 10.

의 경우 참여국의 내부문제 불간섭과 합의 사항에 강제성이 없기 때문에 제도의 효율성을 높이는 데 한계가 있다. 그러므로 다자안보협력은 국제사회의 안보 보장에 한계가 있다. 또한 동맹은 수직적 구조가 특징이고, 집단안보는 UN같이 보편적 구조이나 다자안보협력은 수평적, 개방적 구조이다.

국제사회의 힘 분포가 양극체제에서 다극체제로 변하고, 안보문제도 지역적 범위를 넘어 세계화함에 따라 안보 추구 방식도 동맹과 집단안보에 국한되지 않고 다양한 형태의 다자안보협력을 추구하게 되었다. 따라서 국방정책의 범위도 동맹, 집단안보를 넘어 세계화되었으며, 중층적 다자안보협력을 지향하고 있다.

Ⅶ. 결론

20세기 후반부터 안보환경이 급속하게 변하고, 안보 개념도 광역화, 심층화되었다. 국가들은 안보 개념의 광역화와 심층화에 적응하며, 안보를 확보하는 수단도 동맹과 집단안보에서 다자안보협력으로 넓어졌다. 냉전기 군사 중심의 군사안보에서 정치·경제·사회·환경·인간안보·초국가적 안보를 중시하는 안보의 광역화가 나타났다. 군사적 차원에서도 국가 간의 끊임없는 군비경쟁과 불신의 악순환에서 벗어나기 위해 절대안보 개념에서 상호, 공동, 협력, 포괄적 안보개념으로 전환을 시도했다. 안보 개념이 심층화되는 것이다. 탈냉전 이후에는 초국가적 안보위협이 대두됨에 따라 초국가적인 안보협력이 필요하게 되었다.

한국의 국방정책도 북한의 군사 위협과 주변국 그리고 초국가적 위협에 동시에 대비하기 위해 억제력 중심의 군사안보와 더불어, 광역화되고 심층화된 새로운 안보개념을 창의적으로 반영할 수 있도록 노력해야 할 때이다. 국가안보의 영역이 넓어지고 심화되는 만큼 국방정책이 다루어야 할 부분도 넓어지고 심화되고 있다. 군사적 위협도 대량살상무기로부터 재래식 무기, 전쟁규모의 테러, 초국가적 행위자의 비전통적 위협, 군사작전 이외의 작전 소요에 이르기까지 다양한 대처를 요구하고 있다.

마지막 남은 냉전의 장인 북한을 다룸에서도 억제력 중심의 군사안보뿐만 아니라 남북한 평화공존을 만들어 내기 위해 상호·공동·협력·포괄적 안보 개념을 도입할 필요가 있다. 한국이 통일을 지향하면서 국가이익 보호와 추구에 유리하도록 동북아의 안보환경과 국제질서를 적극적으로 조성해야 한다. 이러한 관점에서 동북아의 세력 균형, 한미동맹의 성공적 관리뿐 아니라 안보정책이 유사한 국가들 간에 중층적인 포괄적 다자안보협력도 적극적으로 구상하고 실천할 때가 되었다.

토론주제

■ 다음의 주제에 대해서 토론해 보자.

1. 현대 안보개념의 광역화 현상과 심층화 현상에 대해 토론하고, 각 안보 개념이 국방정책과 어떤 관련성이 있는지 토론해 보자.
2. 안보-국방-군사 개념이 한국에서는 어떻게 사용되고 있으며, 정권별로 어떻게 구체적으로 나타나고 있는지 알아보기로 하자.

CHAPTER 03

국방정책 결정 과정

Ⅰ. 서론

Ⅱ. 국방정책의 정의와 다른 정책과의 비교

Ⅲ. 국방정책의 범위

Ⅳ. 국방과 다른 분야의 상호관련성

Ⅴ. 국방정책 결정 과정

Ⅵ. 한국 국방정책 결정 과정의 특징

Ⅶ. 결론

CHAPTER 03

국방정책 결정 과정

Ⅰ. 서론

『손자병법』에서 ‘전쟁은 국가의 가장 큰 일’이라고 했듯이, 전쟁에 빈틈없이 대비하고 전쟁을 억제함으로써 국민에게 지속적인 평화를 제공하는 것은 국가가 담당해야 할 가장 중요한 임무라고 할 수 있다. 근대국가의 출범과 더불어 국가들은 정부 관료제와 상비군 제도의 설치를 국가의 가장 중요한 기능이라고 보았다. 여기서 근대국가가 가장 중요시해야 하는 임무가 바로 국가의 생존을 보장하기 위한 국방이라고 본 것이다.

그런데 경제와 군사과학기술의 발전 덕분에 국가들은 만인의 만인에 대한 투쟁과 약육강식으로 특징지어지는 국제사회에서 자국의 군사력을 상대 국가들보다 더 강하게 만들려는 정책을 전개해 왔다. 19세기와 20세기 전반기에 국가들은 자국의 군사력을 이용해서 약소국의 영토와 재산을 빼앗기 위한 제국주의 전쟁을 전개했다.

두 차례의 세계대전을 겪은 인류는 전쟁 억제가 국방의 첫째 임무라고 보았으며, 만약 전쟁이 발생했을 경우 이기는 것이 국방의 둘째 임무라고 보았다. 세계 각국은 평소에 국가이익을 힘으로 뒷받침하고, 유사시 해외에 투사할 수 있는 현대화되고 최신화된 군사력을 갖추기 위한 국방정책을 경쟁적으로 추진해 왔다.

20세기 후반부터 핵무기의 개발, 첨단 재래식 무기의 발전, 정보통신기술의 발달 등으로 인해 국방정책은 한층 첨단화, 과학화, 정보화되었다. 또한 경제 발전과 기술 발달로 인해 국방은 인적 혹은 물적인 면에서 거대규모로 발전하게 되었다. 복잡한 국방현상을 과학화하고, 체계화하기 위해 국방체계분석이라는 새로운 국방정책 연구 방법이 등장하였다. 특히 냉전시대 미국과 소련을 중심으로 한 양극체제에서는 초강대국의 국방정책과 군대를 모방함으로써 자국의 국방정책을 선진화하려는 경향이 지배적이었다.

본질적으로 한 나라의 국방은 다른 나라보다 더 큰 규모의 군대와 효능이 더 좋은 무기를 유지하고 발전시키며 이를 활용하려고 하는 경향을 보이기 때문에 국방정책은 경쟁적이며 갈등적일 수밖에 없다. 다른 나라의 국방을 분석함으로써 그보다 나은 국방을 추구하려는 속성상 국방은 불확실성을 헤쳐 나아가야 하는 부담을 갖게 된다. 전쟁에서는 이와 같은 불확실성을 마찰(friction)이라고 하지만 평화시에는 이를 불확실성이라고 말한다. 국방은 국가 간의 관계에서 오는 불확실성뿐만 아니라 국방에 가용한 인적·물적 자원을 필요시에 동원하여 사용할 수 있는지에 대해 불확실성을 가질 수밖에 없다. 그래서 다른 정책 분야와 달리 유독 국방분야에서는 불확실성을 잘 예측하고, 이에 대비하려는 노력을 많이 기울여 왔다.

여기에서는 국방정책에 대한 올바른 이해를 돕기 위해서 다음과 같은 질문을 가지고 차례로 답하기로 한다. 국방정책이란 무엇인가? 국방과 정부의 다른 분야의 정책과는 어떤 유사성과 차이점이 있는가? 국방과 다른 분야, 즉 정치, 외교, 경제, 사회, 군비통제 분야와의 상호관련성은 어떠한가? 국방정책의 범위는 무엇인가? 국방정책 결정은 어떻게 이루어지는가? 한국의 국방정책 결정 과정의 특징은 무엇인가?

Ⅱ. 국방정책의 정의와 다른 정책과의 비교

1. 국방정책의 정의

제2장에서 살펴본 바와 같이 국방은 "외부의 물리적 공격 위협으로부터 국가의 주권과 영토, 국민의 생명과 재산을 군사적 수단으로 보호하는 것"이다. 따라서 국방정책은 "국가의 주권과 영토, 국민의 생명과 재산을 보호하기 위해 국가가 권위적으로 결정한 행동지침"이라고 규정할 수 있다. 물론 국방정책의 핵심 수단이 군사력이므로 국가는 군사력을 건설하고, 보유하며, 사용하는 것에 대해 권위적인 결정을 하게 되는데 이와 관련된 모든 정책을 국방정책이라고 할 수 있다.

2. 국방정책과 다른 정책의 비교

국방정책은 정부의 다른 분야 정책과 유사점과 차이점이 있다. 먼저 다른 분야의 정부정책과 국방정책의 유사점을 보면 다음과 같다.

첫째, 국방정책은 다른 국가정책과 마찬가지로 국가가 정한 권위적인 행동방침이다. 국방정책은 정부의 한 기관인 국방부가 추구하고, 경제정책은 기획재정부가 추구하며, 외교정책은 외교부가 추구하고 있다. 따라서 국방정책도 정부의 한 부처가 추진하는 권위적인 행동방침이란 점에서 다른 정책과 유사하다고 할 수 있다.

둘째, 국방정책은 공공재(public goods)라는 점이다. 자본주의 시장경제는 거의 모든 것을 시장의 논리에 맡기는데, 국방이나 외교는 시장에 맡겨 기업이나 시민단체 혹은 개인이 자발적으로 추진하도록 할 수 없기 때문에 국가가 맡아 할 수밖에 없다. 이것은 시장의 실패를 정부가 세금을 걷어서 서비스를 제공한다는 측면에서 공공재라고 한다.

예를 들면 국가안보를 '공기 중의 산소와 같다'고 비유하기도 한다. 평소에는 산소의 고마움을 못 느끼나 산소가 없어지면 그 고마움을 알게 되는 것과 같이 전쟁을 당해보면 평소에 국방을 튼튼히 했어야 한다고 국방의 고마움을 알게 된다. 조선 선조 때 율곡 이이 선생이 유비무환의 방책으로 '십만양병설'을 주장했는데,

당시 집권층을 포함한 조선 사회는 그 중요성을 깨닫지 못하여 군사력을 준비하지 못하다가 10년 후에 임진왜란이 발발하여 전 국토가 왜군의 말발굽 아래에 짓밟히자 국방의 고마움을 뒤늦게 알게 되었다. 따라서 국방이나 외교는 공공재로서 국가가 담당하여 추진하는 것이다. 광의의 관점에서 보면 정부가 제공하는 것은 모두 공공재라고 할 수 있다. 이러한 측면에서 국방정책은 다른 국가정책과 유사한 것이다.

셋째, 국방정책은 추출정책(extraction policy)이라는 점이다. 정부의 기능 중에서 국민으로부터 거두어들이는 것을 의미한다. 즉 국민으로부터 세금과 인력을 거두어 국방이라는 정책서비스를 제공하는 것이다. 예를 들면 성년 남성을 징집해서 군대를 만들어 국방이라는 서비스를 제공하게 된다. 또 세금을 사용하여 무기와 장비를 구입해서 국방 서비스를 제공한다. 따라서 국방정책은 추출정책이다.

넷째, 국방정책은 배분정책(distribution policy)이라는 점이다. 배분정책은 정부가 국민에게 무엇인가를 나누어 준다는 의미다. 예를 들면 국방정책은 국민에게 편안하게 생업에 종사할 수 있도록 안보라는 서비스를 제공한다. '진짜 사나이'라는 군가에 '부모형제 나를 믿고 단잠을 이룬다'라는 구절이 있는데, 이는 국민에게 국방이라는 안보서비스를 제공하여 국민이 편안하게 생업에 종사할 수 있도록 한다는 뜻이다. 또한 국방정책은 국가의 세금 중 군사비에 할당된 예산을 가지고 국방부 본부, 합참, 각 군에게 할당해 주는 배분역할을 담당하고 있다. 또한 직업군인을 포함한 군대의 모든 구성원에게 월급을 배분하는 역할을 수행한다. 이와 같이 국방정책은 국민과 군대에 재화와 용역을 배분하는 기능을 하고 있다는 측면에서 다른 정부의 정책과 유사하다.

그렇다면 국방정책과 다른 국가정책의 차이점에 대하여 살펴보도록 하자. 국방정책과 다른 분야의 정부정책과의 차이점은 국방정책의 고유성에서 나온다.

첫째, 국방정책은 국가의 존망의 문제를 다룬다는 측면에서 다른 정책과 구분된다. 국방정책은 물리적 폭력, 즉 사람을 살상할 수 있는 군대와 무기체계를 국가가 독점하여 취급하도록 한다는 점에서 다른 국가정책과 다르다. 특히 국방정책은 물리적 폭력인 전쟁을 다룬다. 다른 정부정책은 전쟁을 직접적으로 다루지 않지만 국방정책은 국가와 국민의 생존을 다루기 때문에 국가의 사활이 걸린 정책이라고 말할 수 있다. 국방정책의 궁극적 실패는 전쟁에서 패배하여 국가의 주권과 영토, 국민의 생명과 재산을 잃어버리는 것이기에 다른 정책과의 궁극적 차이가 있다.

둘째, 국방정책은 국제수준의 정책이다. 국가안보는 외부의 위협이나 침략으로부터 국가이익을 보호하고 증진하는 역할을 수행한다. 국방정책은 다른 국가로부터의 군사위협을 다루고 다른 국가와 연합하여 위협을 물리치는 것이기 때문에 국제적 수준의 정책이라고 한다. 물론 외교정책도 국제적 수준의 정책이다. 국방정책은 외부의 위협과 비교하여 한 국가의 군사력이 부족할 때 자체의 군사력을 증강할 뿐만 아니라 다른 강한 국가와 동맹을 맺어 동맹국의 군사력을 활용하고자 한다는 측면에서 국제수준의 정책이 분명하다.

셋째, 국방정책은 전략을 다룬다. 여기서 전략이란 한 국가가 상대 국가의 대응을 항상 고려하면서 정책을 수립한다는 측면에서 국가 간의 상호작용을 다룬다는 것을 뜻한다. 특히 국가 간의 관계가 적대 관계일 때 국방정책의 전략적 고려는 분명해진다. 한 국가의 정책에 대해서 다른 적대국가가 어떤 행동으로 나올지를 예측하고, 적의 행동을 능가할 정책을 수립한다는 측면에서 국방정책은 항상 전략적인 성격을 지닌다. 여기서 말하는 전략은 한 국가가 목표를 달성하기 위해서 자국의 자원을 어떻게 사용하는가 하는 고전적인 의미에서의 전략을 의미하지는 않는다.

넷째, 국방정책은 정책 결과의 측정이 곤란하다는 점이다. 국방정책은 무형이기 때문이다. 실제 전쟁이 발발할 경우 그에 대비해서 건설하고 훈련시킨 군사력이 전투력을 제대로 발휘하여 전쟁에 승리했을 때 국방정책은 성공했다고 할 수 있다. 그러나 평화 시에는 전쟁을 억제하여 전쟁이 발생하지 않게 하는 것이 국방의 목표인데, 전쟁이 없었을 경우 국방정책의 성공 때문이라고 하기에는 논리적 설명력이 떨어진다. 또한 여론조사나 안보의식조사에서 "한국의 안보가 작년보다 더 향상되었다고 느끼고 계십니까?"라고 질문한다면 그것을 통해서 정책 결과를 측정해 볼 수는 있다. 그러나 이에 대하여 주관적인 판단은 가능하지만 그 결과를 수치로 나타내어 증명할 수 있을 정도로 국방정책의 결과를 계량화하기는 곤란하다.

다섯째, 국방정책은 중장기적인 정책이라는 것이다. 예를 들어 다른 국가가 우리나라를 침략하기 위해서 군사력을 증강시키고 있다면, 우리는 그 국가를 식별하여 위협을 평가하고 대책을 세우는 데에 상당한 시간이 소요된다. 또한 그 대책을 이행하기 위해 어떤 무기체계를 연구개발하는 경우 5-10년 정도가 걸리고 다른 국가로부터 무기를 구매할 경우에도 그 무기로 훈련하고 실제로 사용하기까지는 많은 시간이 소요된다. 따라서 국방정책은 중장기적인 정책이다. 그렇기 때문에 국방정책은 대부분 5년을 단위로 하고 있는 중기계획이 핵심이다.

여섯째, 국방정책은 고도의 비밀성을 요구하는 정책이다. 국방정책은 다른 국가정책보다 Ⅰ급 비밀, Ⅱ급 비밀, Ⅲ급 비밀, 대외비 등이 많다. 왜냐하면 다른 국가가 미리 알면 국방정책의 효과가 없기 때문이다. 물론 민주주의 정치제도에서 국민의 알 권리를 존중하고, 국방의 세계화와 더불어 투명성과 공개성이 증대되어 국방예산이나 정책의 방향은 공개하고 있으나 전쟁수행 방법과 적대국을 다루는 전략은 비밀로 할 수밖에 없다. 왜냐하면 적대국이 아군의 군사전략과 무기체계, 작전계획을 미리 파악하고 있으면 적군이 이길 수밖에 없고, 아군이 개발한 전략과 무기체계는 전쟁에서 소용이 없을 것이기 때문이다. 예를 들면 제2차 세계대전 때에 독일이 전차를 많이 개발·배치하여 기습·전격전을 수행하려고 계획하였는데, 이를 미국, 영국, 프랑스 등이 미리 알고 있었다면 독일의 전차를 파괴할 대전차무기를 개발하고 훈련시켜 독일의 작전계획을 수포로 돌리고 조기에 승리할 수 있었을 것이다. 국방정책이 비밀을 유지하지 않고 모두 다 공개할 경우에는 정책 추진의 효과가 없을 것이다. 따라서 국방정책은 다른 국가정책보다 고도의 비밀성과 보안이 요구된다.

일곱째, 국방정책은 다른 정책과 달리 강제적인 성격이 강하다. 물론 정부의 정책은 일반사회와 달리 강제적이고 규제적인 성격의 정책이 많다. 특히 최근 정책의 추세는 탈규제화로서 경제정책이 탈규제 쪽으로 추진되고 있으나 국방정책은 본질상 강제적이고 규제적인 성격을 계속 유지하고 있다. 예를 들어 만 20세 이상의 남성 중에서 군대에 자발적으로 입대하고 싶은 사람이 많지 않기 때문에 병역정책을 탈규제화한다면 국방이 정상적으로 이루어질 수 없다. 특히 전쟁이 발발했을 경우에는 전쟁에 필요한 것을 강제적으로 동원하여야 한다. 따라서 국방정책은 다른 국가정책보다 강제적인 성격이 짙다고 볼 수 있다.

표 3-1 국방정책과 다른 국가정책의 비교

국방정책과 다른 국가정책의 유사점	국방정책과 다른 국가정책의 차이점
• 정부의 권위적인 행동방침 • 시장의 실패를 보완하는 공공재 • 추출정책 • 배분정책	• 국가의 존망에 관한 사활적 정책 • 물리적 폭력의 독점 • 국제적 수준의 정책 • 전략을 취급 • 정책결과 측정 곤란 • 중장기성 • 고도의 비밀성 • 강제성

Ⅲ. 국방정책의 범위

국방정책은 크게 일곱 가지를 포함하고 있다.

첫째, 국방은 외부의 위협으로부터 국가의 주권과 영토를 지키고 국민의 생명과 재산을 보호하는 것이기 때문에 국가에 대한 위협, 특히 군사적 위협이 무엇인가와 그에 대응할 군사력이 있는지를 분석하는 것이 중요하다. 한국의 경우 북한의 군사적 위협이 어떻게 변화되며 그 크기는 어느 정도인지와 한국의 군사력이 북한의 위협에 상응하는 만큼 큰지 여부를 따지는 위협분석이 국방정책의 출발점이다.

둘째, 동맹의 결성과 유지·강화이다. 어느 국가도 독자적인 힘으로 국방을 수행할 수 없기 때문에 경쟁적으로 동맹을 결성하고 이를 유지·발전시키려고 한다. 유럽에서는 북대서양조약기구(NATO), 바르샤바조약기구(WTO) 등이 있었고, 아시아에서는 한미동맹, 미일동맹, 조중동맹, 동남아조약, 앤저스조약(ANZUS Treaty) 등이 결성되었다. 예를 들면 미국의 국가안보 전략 중 중요한 요소 하나가 동맹의 유지와 관리이다. 따라서 미국의 동맹파트너 국가의 국방정책 중 중요한 요소가 동맹을 유지 발전시키는 것이다. 약소국은 강대국에 비해 동맹의 유지와 발전을 국방정책의 더 중요한 부분으로 다루고 있다.

셋째, 군 구조의 결정이 국방정책의 중요한 부분이다. 얼마나 큰 규모의 군대를 유지할 것인가? 그중 지상군, 해군, 공군, 해병대를 각각 얼마나 크게 구성할 것인가? 각 군의 관계는 어떻게 조직할 것인가? 즉 합동군제인가, 3군 병립제인가? 등이 주요 과제이다. 군대는 인력 중심으로 만들 것인가 또는 기술 중심으로 만들 것인가? 군대는 징병제로 할 것인가 또는 모병제로 할 것인가? 상비군과 예비군은 어떤 규모로 할 것인가? 등이 군 구조와 관련된 국방정책의 고려요소이다.

넷째, 군사력의 지속적인 현대화와 첨단화의 문제이다. 군사력 중 인력을 제외한 무기와 장비를 국내 연구개발을 통해 갖출 것인가? 해외구매를 통해 갖출 것인가? 어떤 무기체계를 선정할 것인가? 어떤 수준의 무기를 만들 것인가? 하는 문제를 다룬다.

다섯째, 군대의 전쟁지속능력과 동원능력, 동맹국의 군수지원 문제를 다룬다. 얼마나 오랫동안 전쟁을 수행할 수 있는 능력을 가질 것인가? 지속적인 군수지원은 어떻게 할 것인가? 동맹국으로부터 군수지원은 어떻게 확보할 것인가? 하는 문제를 다룬다.

여섯째, 군대의 준비태세(readiness)를 다룬다. 평시에 교육과 훈련을 어떻게 수행하며, 어떤 정도의 준비태세를 가진 군대로 육성할 것인가? 국내 혹은 해외 교육훈련을 시킬 것인가? 계급마다 어떤 교육과 훈련을 시킬 것인가? 문제를 다룬다.

일곱째, 군대는 국민의 군대이므로 민군관계를 어떻게 설정할 것인가? 하는 문제를 다룬다.

아울러 위에서 설명한 일곱 분야의 정책을 수행하는 데 필요한 적정한 군 규모와 국방예산을 산정하고, 국회와 국민을 어떻게 설득하여 적정 군 규모와 예산을 확보할지를 다루게 된다. 또한 적대적 군사위협이 현존하는 국가들은 군 규모와 국방예산의 규모가 국정의 다른 분야보다 훨씬 크므로 이를 국가예산에서 확보하기 위해서는 더욱 논리적이고 체계적으로 국회와 국민을 설득해야 하는데 이에 대한 방법도 국방정책이 담당하게 된다.

한편 무기가 첨단화되고 전쟁의 피해 범위가 천문학적 규모가 됨에 따라서 적대적 위협국가와 공멸을 피하기 위해 적대국가와 대화를 통해 평화공존을 달성하는 정책도 국방정책의 한 분야이다. 여기에는 미국과 소련, 또는 유럽에서 자유진영과 공산진영 간 협상의 결과 채택된 상호위협 감소정책, 즉 군사적 신뢰 구축과 군축이 포함된다. 따라서 오늘날 국방정책은 군비통제정책도 포함하게 되었다.

Ⅳ. 국방과 다른 분야의 상호관련성

위에서 설명한 바와 같이 국방정책의 영역은 광범위하다. 국방은 정치, 외교, 경제, 사회, 군비통제 등과 밀접한 상관관계가 있다. 국방은 국가안보의 하위개념이지만, 국가안보의 필수요소이므로 국방과 국가안보는 상호 긴밀한 관계이다.

국가안보가 튼튼하면 국방 분야에 억제력을 제공하여 다른 나라의 침략을 방지한다. 다른 나라가 감히 우리나라를 침략하지 못하도록 억제력을 제공하고, 만약 침략을 받으면 성공적으로 격퇴하는 데 도움을 준다. 우리나라의 경우 한미동맹을 유지 발전시킴으로써 한미연합방위체제를 통해 국방을 강화한다. 국방 분야에서는 강군(strong army)을 육성하여 국가안보를 튼튼하게 한다. 우리 국방력이 튼튼해지면 독자적인 대북 작전능력을 구비할 뿐만 아니라, 주변국 위협 대비 군사력을 육성해 준다. 21세기 주변국 군사위협에 대비해서 군사력을 육성함으로써 국가안보의 튼튼한 기반을 제공할 수 있다.

국방은 정치, 외교, 경제, 사회, 군비통제 같은 다른 분야와도 긴밀한 관계를 유지하고 있다. 〈그림 3-1〉은 중심에 국방이 있고, 주위에 정치, 외교, 경제, 사회, 군비통제를 배치하여 상호관계를 보여준다.

국방과 정치의 관계를 살펴보면, 먼저 정치는 국방에 대한 국민적 지지와 요구사항을 제공하고, 국방에 필요한 인력과 자원을 제공하는 병역제도와 예산을 관할하며, 각종 법률과 제도를 만들고 군에 대한 문민통제 역할을 하고 있다. 국방은 정치의 기반이 되는 정치체제를 수호하고 정치적 중립을 유지함으로써 국내정치의 안정에 기여하고 있다.

국방과 외교의 상호관계를 살펴보면, 외교 분야에서 우리나라에 우호적인 국제관계를 만들고 다자안보협력을 증진함으로써 국방에 유리한 환경을 조성한다.

그림 3-1 국방과 다른 분야와의 관계

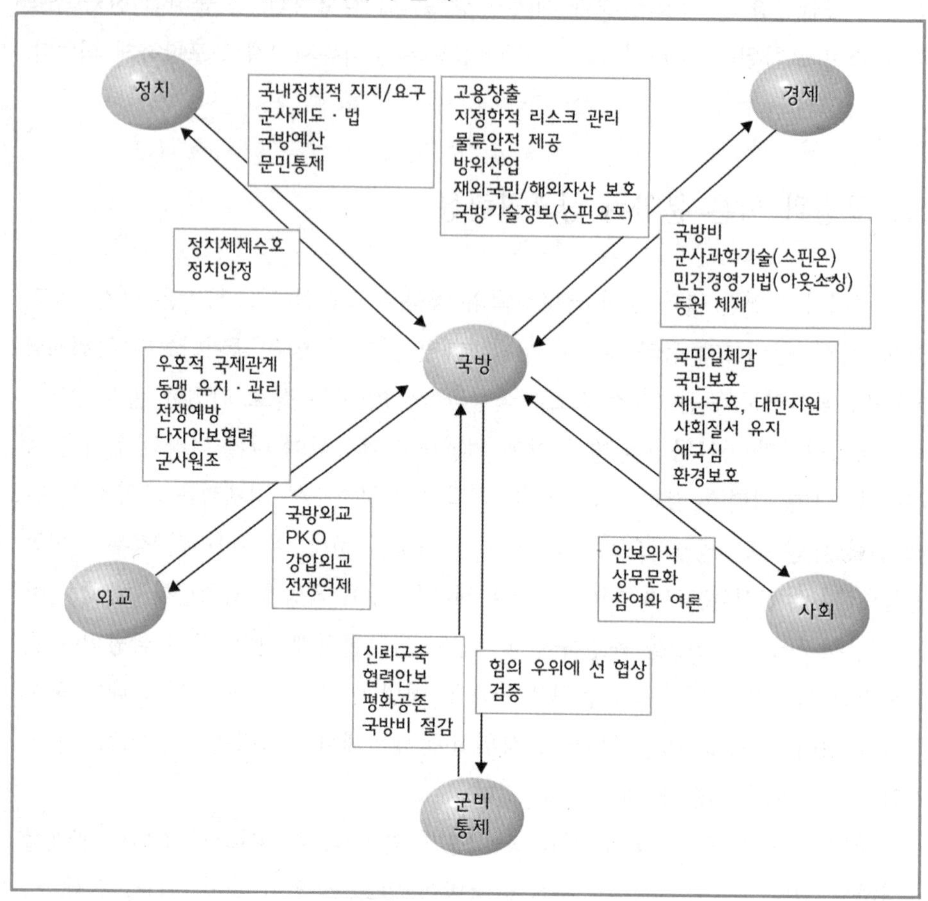

한미동맹관계를 유지하고 발전시킴으로써 국방에 기여한다. 전쟁을 예방하고 한국의 국방에 유리한 군사협력과 원조를 획득함으로써 국방에 기여하게 된다. 국방에서는 외교 분야에 어떤 도움을 주는가? 국방 분야에서 각국에 파견된 국방무관부를 통해 군사외교를 함으로써 외교에 도움을 준다. 군사력을 보유함으로써 외교를 힘으로 뒷받침해서 협상력을 제고하고, 위기 시 강압외교를 가능하게 하며 전쟁을 억제함으로써 외교가 활성화되도록 한다. 또한 UN 평화유지활동에 참여함으로써 국가의 평화이미지를 향상시킨다.

국방과 경제는 어떤 관련이 있는가? 경제가 성장하면 국방비를 잘 공급할 수 있고 민간분야의 과학기술 발전이 군사 분야에 '스핀온' 됨으로써 군사과학기술 발전에 도움을 줄 수 있다. 또한 경제 분야에서 발전된 경영과 관리기법을 군이 도입하는 데 도움을 준다. 이것을 아웃소싱이라고 한다. 유사시 동원체제의 기반을 제공한다.

그러면 국방 분야에서 경제 분야에 어떤 도움을 주는가? 방산품 생산과 군사과학기술의 발전이 국민소득 향상과 경제기술 발전에 도움을 주게 된다. 군사 분야의 기술이 민간경제에 도움을 주는 것을 '스핀오프'라고 한다. 국방이 경제 분야에 도움을 주는 것으로서 고용창출, 방산품 수출, 지정학적 리스크 관리, 대내외 물류의 안전 제공, 군대에서 교육 훈련시킨 양질의 인력자원 등을 제공하게 되어 국가경제에 이바지한다. 또한 재외 동포와 해외자산을 보호함으로써 국가경제를 돕는다.

국방과 사회분야의 상호관계는 어떠한가? 국방에서 사회분야에 기여하는 것으로서 국민의 생활터전을 지키고 국민들의 애국심을 고취함으로써 국민적 일체감 형성에 기여한다. 재난 시 국민에 대한 구호를 제공하고 대민지원을 한다. 군이 환경을 보호함으로써 사회의 난개발을 막아 환경보호에 기여한다. 사회분야에서는 국방에 어떤 기여를 하고 있는가? 성숙한 사회는 국민의 상무의식을 고취하고 안보 공감대를 확산시킴으로써 국방의 사회문화적 기반을 튼튼하게 한다. 국민의 국방에 대한 지지와 참여를 촉진한다. 사회분야에서 가난과 범죄, 문맹률이 낮으면 국방의 기반을 공고하게 만들고, 출산율이 높으면 병역 인구자원을 풍부하게 하며, 교육 정도가 높으면 군대의 과학화, 첨단화에 필요한 양질의 인원을 제공하게 된다.

국방과 군비통제의 상관관계를 살펴보자. 군비통제 분야에서 국방에 도움을 주는 것으로 상대국가와 신뢰 구축을 추진함으로써 적대관계를 해소하게 만들고, 지역 국가들과 협력안보를 지향하게 만듦으로써 국방의 부담을 덜어준다. 상대국가와 군비통제 협상을 통해 평화공존의 토대를 만들어내며, 군축 협상을 통해서 국방비가 절감되도록 도와준다. 그러면 국방 분야에서는 군비통제에 어떤 도움을 주는가? 적대국 대비 국방 분야의 우위는 우리 측의 군비통제 협상력을 높이며, 우수한 국방기술은 군비통제의 검증능력을 제공한다.

요약하면 국방은 정치, 외교, 경제, 사회, 군비통제 등 국정의 다른 분야와 밀접한 상관관계가 있다. 국방은 국가안보의 핵심요소이며, 정치, 외교, 경제, 사회, 군비통제와 상호 긴밀한 관계를 갖고 있다. 위에서 설명한 것은 상호 긍정적인 관계만을 설명했으나, 상호 부정적인 관계도 있기 마련이다. 국방정책은 다른 분야와 윈-윈 하는 관계를 발전시킬 수 있도록 시도하고 있다. 국방정책에 대한 올바른 이해를 갖기 위해서는 국방과 다른 분야와 상호 관련성을 더욱 깊이 연구해야 할 필요가 있다.

Ⅴ. 국방정책 결정 과정

국방정책의 결정은 일련의 연속된 과정을 거쳐서 이루어진다. 정책결정 과정은 정부의제 설정단계-정책분석단계-정책결정단계-정책집행단계-정책평가단계-환류단계 등 6단계를 거쳐 새로운 정부 의제 설정단계로 순환하게 되는데 이를 정책결정과정이라고 부른다. 정책과정은 〈그림 3-2〉와 같이 나타낼 수 있다.

1. 정책의제 설정 단계

정책의제의 설정과정은 대개 네 개의 작은 단계를 거친다. 사회문제-쟁점화-공중의제-정부의제가 그것이다. 사회가 민주화되고 다양한 행위자가 정책결정 과정에 참여하기 전에는 정부가 여러 가지 사회문제 중에서 그 문제를 해결해야겠다고 일방적으로 선택한 문제가 정부의제가 되었다. 이는 정부에 의해서 사회문제가 곧바로 정부의제로 선택되는 경우로 동원형 의제결정형태라고 부른다.[1)]

민주주의가 발전하고 정책 과정에 다양한 행위자 특히 비정부단체(NGO: Non-governmental Organizations)가 참여함에 따라 사회문제를 비정부 주도세력이 사회적 쟁점(issue)으로 점화하여 이를 여론화하면 국민이 광범위하게 관심을 가지게 되는

---

1) 정정길 외, 『정책학원론』(서울: 대명출판사, 2010), pp. 285-294.

그림 3-2 정책과정(Policy Process)

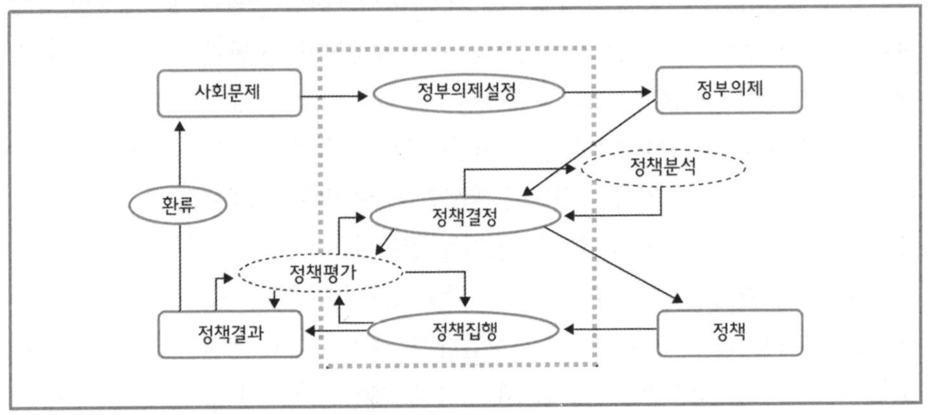

공중의제로 바뀌게 된다. 그러면 정부는 공중의제를 정부의제로 채택할 수밖에 없다. 이렇게 정책의제가 결정되는 경우를 외부주도형 의제결정형태라고 부른다.

동원형 의제결정형태와 외부주도형 의제결정형태의 중간에 내부접근형 의제결정형태가 있는데, 내부접근형의 의제 선택 주체는 정부 내의 고위관료집단 혹은 최고결정권자에게 접근 가능한 전문가 집단이 될 수 있다.

여기서 어떤 세력이 주도적으로 사회문제를 쟁점화하여 공중의제로 전환시키고자 노력하는가를 미리 파악하고 대비책을 세워두는 것이 중요해진다. 이를 쟁점관리라고 부르는데, 현대 민주사회에서 정부가 쟁점의 사전 파악과 쟁점제기 주도세력의 움직임에 적절하게 대응하지 못하면 정책 문제가 관리할 수 없는 방향으로 전이될 가능성이 항상 존재하기 때문이다.

어떤 사회문제가 마침내 정책의제로 선정될 것인가? 이 질문에 대해 킹던(John Kingdon)은 정책의제로 선정되기 위해서는 문제의 흐름(problem stream), 정치의 흐름(political stream), 정책의 흐름(policy stream) 등 세 가지 흐름이 서로 동시에 만났을 때 가능하다고 하였다.[2)]

문제의 흐름은 문제가 커지는 경우에 형성된다. 문제가 작다면 정부나 사회

---

2) John W. Kingdon, *Agenda, Alternatives, and Public Policies* 2nd ed. (New York: Longman, 2003).

단체의 관심을 끌기 어렵다. 문제가 커지면 그 징후가 나타난다. 수요와 공급의 불일치가 계속될 경우 문제는 커진다. 문제가 심각해지면 사회적 병리현상이 발생한다. 국방의 문제가 커지면 평시에는 사고가 발생하고, 자원의 낭비가 발생하며 전시에는 전쟁에 승리하지 못하게 된다.

정치의 흐름은 정치인이나 각종 시민단체와 사회단체에서 문제를 해결해 달라고 집단적 요구를 제기하는 경우에 발생한다. 국회에서 정치가들이 대응방안을 내놓고자 노력할 때 정치의 흐름이 생기는 것이다.

정책의 흐름은 정부 내부의 관료나 각종 연구소의 관련 전문가들이 사회문제에 대한 해답을 내놓기 시작할 때 형성된다. 문제의 흐름과 정치의 흐름이 있더라도 정책의 흐름이 없으면 그 사회문제는 정책의제로 선택되지 않을 수도 있다. 예를 들면 1997년 한국이 당면했던 외환위기 사례는 1990년대 중반에 한국계 은행의 해외 지점에서 단기 외화부채가 증가하고 국내업체들이 도산하는 등 문제의 흐름이 있었고, 정치의 흐름은 합의에 실패했으며, 정책 공동체에서는 이 문제를 예견하지 못하고 해답도 제시되지 못해서 정책의 흐름이 존재하지 않았다. 따라서 외환위기 예견과 대응은 정책의제로 선정되지 않았다고 할 수 있다. 정책의제가 선정되면 정책의제에 대한 최선의 대안을 찾기 위한 정책분석단계로 진입하게 된다.

2. 정책분석 단계

정책의 분석 절차는 〈그림 3-3〉에서 보는 바와 같이 다섯 가지 세부단계로 구성되어 있다. 정책분석 단계는 정책문제의 파악-정책목표의 설정-대안의 광범위한 탐색 및 개발-대안의 비교 및 평가-최선의 정책대안 선택 등의 순서를 거친다. 국방 분야의 정책분석 방법을 체계분석(systems analysis)이라고 부르는데 이 체계분석기법은 1950년대 미국의 랜드 연구소(RAND Corporation)에서 개발되었다.

(1) 정책문제의 파악

정책대안을 모색하여 최선의 대안을 선정하는 것보다 더 중요한 것은 "무엇

그림 3-3 정책분석의 단계

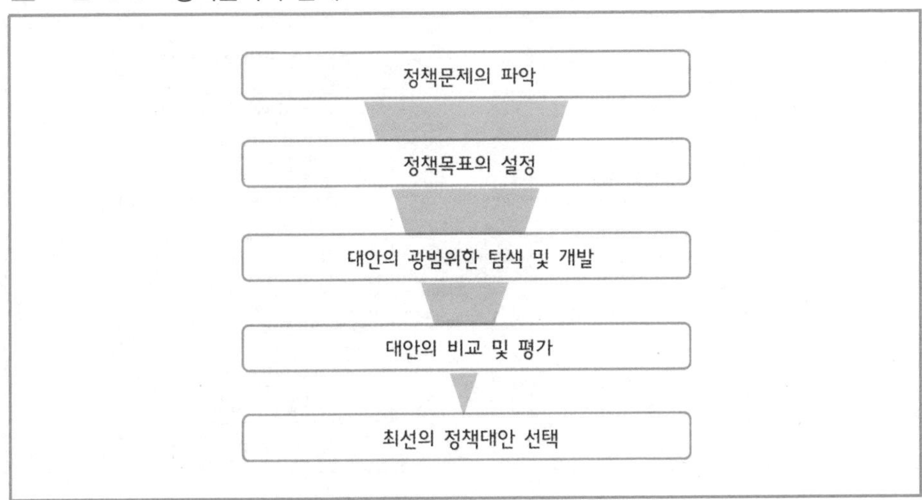

이 정책문제인가?"를 파악하는 것이다. 입학시험을 치러 가는 자녀에게 부모가 "문제를 잘 읽어보라"고 충고하면서 "어려운 문제는 몇 번이고 읽어보면 문제 속에 답이 있다"고 하는 것처럼, 정부의제로 선정된 정책문제를 그 해결책을 찾기 이전에 무엇이 문제인지 정확하게 파악하는 것이 제일 중요하다.

국방체계분석방법론을 완성한 미국의 랜드 연구소에서는 "정확한 문제파악이 최선의 대안 선정보다 중요하다"고 가르친다. 왜냐하면 문제를 제대로 파악하지 않은 채 가장 좋아 보이는 대안을 선정하면 그 문제의 해결책이 되지 않기 때문이다. 예를 들어 의사가 환자의 발병 원인을 잘 파악하지 못하고 자기가 가진 최선의 약을 처방하면 그 병이 낫게 될 것인가 생각해 보면 문제의 정확한 파악이 얼마나 중요한지 깨닫게 되는 것이다. 그리고 정책문제를 심사숙고하여 분석해 보면 정책목표를 올바르게 설정할 수 있다. 정책문제의 근본적 원인과 지엽적 원인을 잘 구별해야 한다. 근본적 원인을 알면 그것이 정책목표 중에서 근본적 목표 혹은 장기적 목표를 잘 설정할 수 있게 된다. 정책문제의 심각성을 잘 파악하면 정책목표의 달성효과가 매우 커진다.

그 정책문제로부터 피해를 보는 집단을 파악하고 피해의 크기를 제대로 분석

그림 3-4 정책문제와 목표와의 상호관계

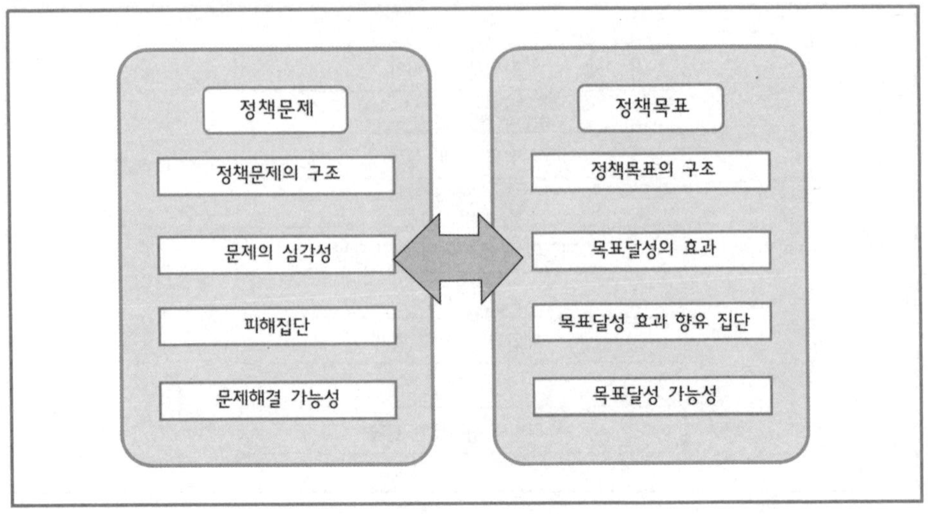

출처: 정정길 외(2010), 『정책학원론』, p. 350의 표를 저자가 수정함.

하면, 정책목표를 달성할 때 그 피해 집단은 목표달성 효과를 향유하는 집단으로 바뀌게 된다. 또한 문제해결 가능성을 제대로 파악하면 목표달성 가능성도 자연히 알게 된다. 따라서 정책문제의 파악과 정책목표의 설정은 동전의 양면처럼 일대일의 대응관계라고 할 수 있다.

랜드 연구소에서 국방체계 분석 방법을 사용하여 문제를 잘 파악했다고 주장하는 첫 사례를 보면 다음과 같다. 1952년 미국 국방부는 공군 비행장 건설비용으로 35억 달러의 예산을 책정하고 반은 해외기지 건설에, 나머지 반은 국내기지 건설에 사용하기로 하였다. 그래서 국방정책 결정자는 랜드 연구소에 공군의 해외기지 건설에 대하여 비용 대 효과 면에서 최선의 대안을 제시하라고 연구 프로젝트를 주었다. 이 연구 프로젝트를 받은 연구자는 처음에는 이 문제가 기지 건설 문제라고 보았다. 그러나 몇 달 동안 연구를 어떻게 수행할지를 고민하다가 정책 담당자가 준 문제를 공군 전체와 관련시켜 다시 생각하였다. 즉 해외 기지를 가장 적은 비용으로 가장 빨리 건설하는 것이 문제가 아니라, 근본적인 문제는 미국 공군이 전략공군의 전투력을 어디에 배치하는 것이 공군 전투력을 가장 효율적으로 발휘할 수 있는가 하는 문제로 보았다. 그는 기지 선택에서 공군 기지의 크기와 숫자, 생존성, 위치를 경제적 관점에서만 다루는 것은 잘못된 것이라고 보았다. 그는 전략공군을 미국 본토에 주둔시키는 것이 소련이나 다른 나라의 침공으로부터 생존성을 높게 보장하며 전투력을 제대로 발휘할 수 있다고 보고, 해외 기지는 최소한 유지하되 재급유나 활주로에 왔다가 재이륙하는 시설로 짓는 것이 비용도 절감된다고 생각하여 그 결과를 정책담당자에게 건의했다. 그 대안을 채택한 결과 미국 공군은 해외 공군 기지 건설에 드는 비용을 10억 달러나 절감하였으며, 전략공군의 생존성을 증가시켜 전투력 제고에도 크게 기여할 수 있었다. 이렇듯이 국방 체계분석가는 정책결정자가 준 문제를 다시 생각해 보고 올바른 질문을 설정함으로써 정책결정자의 목표를 더 좋은 대안으로 달성하게 해주는 역할을 하는 것이다. 따라서 국방정책의 문제를 올바르게 설정하는 작업이 정책대안의 선정보다 더 중요함을 알 수 있다.

(2) 정책목표의 설정

정책문제를 제대로 파악한 다음의 절차는 정책목표를 제대로 설정하고 구체화하는 것이다. 정책목표에는 상위, 중위, 하위 목표가 있다. 안보전략이나 안보정책에서 국방정책이 나오고, 국방정책에서 군사정책과 군사전략이 나온다. 목표를 구체화하려면 국가가 추구하는 전체적인 안보전략의 목표를 제일 먼저 설정하고 그 다음으로 안보전략을 뒷받침하는 국방정책 목표를 설정한다. 안보전략 목표가 상위목표라고 하면 국방정책 목표는 안보전략을 뒷받침하는 중위목표가 된다. 이 국방정책을 뒷받침하는 것으로 군사전략 목표가 있는데 이를 하위목표라고 할 수 있다. 이런 목표의 체계화가 중요하다.

우리나라는 1993년 민간정부 이후 장관의 임기가 1년에서 1년 6개월 등으로 짧아서 국방 목표를 일관성 있게 추진할 수가 없다. 우리나라의 국방정책의 특징은 후임자가 오면 전임자, 즉 전임 장관이나 전임 지휘관이 설정했던 목표를 변경시킨다. 그렇기 때문에 한 정권에서도 정책목표가 자주 바뀐다.

저자가 양안(兩岸) 사이의 최전방에 있는 타이완의 진먼다오(金門島)를 방문했을 때 지역사령관의 방에 갔었다. 그 지역사령관의 복무방침에 '1/3'이라는 것이 있었다. “복무방침을 왜 1/3이라고 설정했는가?” 하고 묻자, 그는 장제스(蔣介石) 총통 시절에 장관이나 각급 지휘관이 부임하면 전임자의 지휘방침과 정책목표를 다 바꾸기 때문에 총통이 “전임자가 정한 목표나 사업의 1/3 이상을 바꾸지 말라. 즉 2/3는 그대로 계승하고, 1/3만 바꿔라.” 하고 지시해서 모든 지휘관의 복무방침에 1/3이 들어 있다는 것이었다. 전임자가 목표한 바나 계획한 사업을 자주 바꾸지 말라는 의미이다.

아울러 목표는 상황과의 적합성이 있어야 한다. 환경이 너무 많이 바뀌어 목표를 그대로 두기 힘든 경우가 이에 해당된다. 환경과 자원이 변화되어 목표 달성이 어려울 때에는 중간에 목표를 수정해야 한다. 어떤 목표를 설정하여 이루기 위해 노력해 보고 새로운 문제가 발생하면 목표를 수정하는 것은 무방하다. 그러나 목표를 너무 자주 변경하면 안 된다.

(3) 대안의 탐색과 개발

목표를 설정하고 나면, 목표를 달성하기 위한 각종 대안의 탐색과 개발에 착수한다. 그러면 어디서 대안을 찾을 수 있을까? 예를 들어 국방목표 중에 선진 정예국군의 건설 혹은 첨단 정보과학군의 건설이라는 목표를 세웠다고 가정하자. 첨단 정보과학군을 달성하기 위한 대안은 무엇인가? 선진국의 첨단 정보과학군을 선례로 참고할 수 있다. 국내의 다른 부처에서 혁신을 잘하고 있다면 그것을 선례로 삼을 수도 있다. 우리나라의 장관이나 고위관리의 경우 정책대안을 개발할 때 ‘선례가 있느냐’고 질문한다. 선례가 없다고 하면 새로운 대안 선택을 상당히 꺼리는 경향이 있다. 명심할 점은 선례는 대안을 찾는 방법 중 한 가지에 불과하다는 것이다. 경험과 선례의 경우, 상급자가 하급자에게 자신의 과거 경험이나 선례를 말하면서 자기가 제시한 대안이 최고라고 강요하는 경우가 있는데 이것은 참고는 될 수 있어도 강요하는 것은 좋지 않다.

대안을 찾는 데는 모델과 기법도 중요하다. 예를 들면 지상전과 공중전을 결합한 공지전 같은 교리가 나왔는데 그것을 분석할 수 있는 모델이 개발되어 있다. 그런 모델을 가지고 우리나라에서 공지전을 수행할 무기체계의 조합 방법에 대한 대안 개발에 활용할 수 있다.

또한 시범사업(pilot project)을 해 볼 수도 있다. 정부가 한 가지 정책대안을 선택하여 일시에 전국에 적용하면 위험성이 매우 클 수 있다. 과거 새마을 사업의 경우 전 국토에서 두세 개 지방을 선택하여 새마을 사업을 시범적으로 해보고 나서 효과가 좋으면 전국에 확산시키고, 또한 문제점이 발생하면 수정해서 전국에 확산시키는 시범사업을 실시한 적이 있었다. 또한 실험도 해볼 수 있다. 통제된 실험은 대안 개발에 널리 사용되고 있다.

(4) 대안의 비교와 선택

대안 1, 2, 3이 있다면, 대안들을 상호 비교해 보는 순서이다. 각 대안을 시행했을 때 발생할 결과를 예측해야 한다. 결과를 미리 생각해 보지 않고 탁상공론식으로 대안을 선택했을 때, 우리가 예측하지 못한 상황이 발생할 수 있다. 따라서 결과를 예측하는 것이 매우 중요하다. 결과를 예측하지도 않고 대안을 선택하면 집행 과정에서 발생할 문제점을 예견할 수 없다.

또한 대안을 비교할 때 많은 평가기준(criteria)을 사용한다. 그 정책이 바람직한지 여부를 알아보는 소망성(desirability) 그리고 그 대안이 실현 가능한지 여부를 알아보는 실현가능성(feasibility)이 대안비교 방법으로 널리 사용되고 있다.

대안을 평가하는 기준(criteria)으로서 널리 사용되는 기준은 소망성과 실현가능성이다. 그러나 실제로는 바람직하고 실현 가능한 대안 중에서 몇 개의 대안을 한층 더 심층적으로 비교 평가해야 할 필요가 생긴다. 특히 국방정책 분야에서는 장기간이 걸리는 대형프로젝트가 많으므로 미래에 소요되는 비용을 현재의 가치로 환산하는 할인율(discount rate)을 적용해 보아야 한다. 또한 육·해·공군 무기의 효과를 평면적으로 비교할 수 없기 때문에 각 군의 무기를 혼합한 몇 가지 대안을 가지고 비용 대 효과 분석을 시행해야 한다. 아울러 일개 군의 무기체계와 다른 군의 무기체계가 어떤 대체효과가 있는지도 알아보는 대체분석(tradeoff analysis)도 병행될 필요가 있다. 바람직하고 실현 가능한 대안을 상호 비교할 때에 각 대안의 변수 값을 약간 변경시킴으로써 목표의 달성효과가 어떻게 민감하게 변화하는지 알아보는 민감도분석(sensitivity analysis)도 시행해 볼 수 있다. 결론적으로 각종 대안의 결과를 계량화하여 대안을 종합적으로 비교해 봄으로써 최선의 대안 선정에 도움을 주어야 한다.

다음은 그 대안을 집행했을 때 생기는 이익집단과 피해집단을 비교하는 것이다. 그 대안을 집행했을 경우에 어떤 이익집단이 생기고, 어떤 피해집단이 생길지 그리고 어떤 이익과 피해 정도가 있을지 혹은 피해집단이 어떻게 반발할지 행동을 예측하는 것도 중요하다. 예측하지 않음으로써 엄청난 결과가 발생할 때 사실상 사업을 집행하지 못하는 경우도 많다. 따라서 우리는 대안을 비교하고 선택할 때 결과를 예측해야 하고, 대안을 집행했을 경우 이익집단과 피해집단이 누구인지 또한 피해집단을 어떻게 설득할지 등을 예상하고 대안을 선정해야 한다.

3. 정책결정 단계

각종 대안에 대한 비교평가가 끝나면 정책결정자가 모여서 최종적으로 하나의 대안을 선정하는 정책결정을 하게 된다. 어떤 모형으로 정책결정을 하는가에 대하여[3] 국방정책 분야에서는 네 가지 정책결정 모형이 있는데, 합리모형(rational actor model), 조직과정모형(organizational process model), 관료정치모형(bureaucratic politics model), 집단사고증후군(groupthink syndrome model) 등이다.[4]

① **합리모형**: 합리모형은 인간이 합리적 동물이란 가정을 국가에까지 연장한 것이다. 합리모형에 따르면 국가는 개인과 같이 설정한 목표를 달성하기 위해 가장 저비용으로 이익을 극대화할 수 있는 대안을 합리적으로 선택한다고 가정한다.

② **조직과정모형**: 정부는 조직체들의 집합이며, 각 조직은 준독립성을 가지고 표준운영절차(SOP: standard operating procedure)를 준수한다. 최종대안 선택은 가장 영향력 있는 조직이 선호하는 프로그램과 SOP를 따라 결정된다고 가정한다.

③ **관료정치모형**: 정책결정 과정에 다양한 관심과 우선순위를 가진 고위정책결정자가 참가하며, 흥정과 타협을 통해 참가한 고위정책결정자의 과반수가 지지하는 대안을 선택한다고 가정한다. 의사결정 주체는 개인이며 정부 내에 개인과

---

3) 권기헌, 『정책학 강의』 개정판(서울: 박영사, 2018). pp. 213-220.

4) Graham T. Allison, *Essence of Decision* (Boston: Little, Brown and Company, 1971), p. 256.

집단 간의 협상의 결과 흥정과 타협을 통해 최종안이 결정된다고 설명한다.

④ **집단사고증후군(groupthink syndrome)**: 국방정책이나 안보정책 결정 과정에서 생기는 일종의 병리현상을 가리킨다. 이 용어는 의사결정자가 사고를 쳤다는 의미가 아니라 의사결정 과정에 모두가 집단적으로 사고함으로써 문제가 발생했다는 것이다.[5] 의사결정에 참가한 행위자들이 위에서 시키는 대로 한다든지, 혹은 한 가지 대안에 대해서 모든 사람이 아무런 이의도 제기하지 않고 예스함으로써 생기는 현상이다. 어떤 안에 대해 '이의 없습니까?'라고 물으면 '예' 하고 지나가는 경우를 말한다.

위기 시 안보·국방정책 결정이 이와 같이 결정되는 경우가 많다. 예를 들면 1961년 존 F. 케네디가 43세에 대통령에 당선되었던 시절, 케네디 정권이 출범하자마자 미국 중앙정보국(CIA)이 중심이 되어 쿠바난민을 교육하여 카스트로(Fidel Castro) 정권을 붕괴시키고자 침공하러 갔다. 이를 '피그만 사건(The Bay of Pigs)'이라 하는데, CIA가 케네디 대통령에게 건의했을 때 모두 찬성했다. 어떤 질문도 없었다. 왜냐하면 젊은 케네디 대통령이 데리고 온 참모진이 모두 경험이 부족하고, 전문성이 없어 토론 없이 모두 동의했던 것이다. 피그만 침공의 결과는 대 참패였다. 정책결정 과정에서 무엇이 문제였는가를 분석해 본 결과 이의제기 없이 전부 동조 혹은 부화뇌동했다는 점을 알게 되었다. CIA가 건의한 피그만 침공 계획에 이의를 제기한 사람이 없었다는 것이 정책결정의 문제점으로 지적됐다.

그로부터 2년 후 1962년 10월 소련이 쿠바에 미사일 기지를 건설하기 위해 소련에서 미사일을 싣고 쿠바로 올 때, 미국이 어떤 대책을 내놔야 하는가를 두고 케네디 대통령과 동생인 로버트 케네디 법무장관, 참모진이 모여서 2년 전에 범한 집단사고증후군을 되풀이해서는 안 되겠다고 생각하게 되었다. 그래서 정책결정 과정에서 로버트 케네디가 계속 질문하게 하였다. 즉 의도적으로 계속 질문하게 만드는 '선의의 질문 제기자(devil's advocate)'를 선정하여 충분하게 토론하고 정책 대안을 이끌어냄으로써 쿠바미사일 위기는 성공적으로 해결되었다.

국방정책 결정은 어느 한 가지 모형을 따라 결정되는 것이 아니고 위에서 설

5) Irving L. Janis, *Victims of Groupthink* (Boston: Houghton Mifflin, 1972).

그림 3-5 국방정책 결정 모형

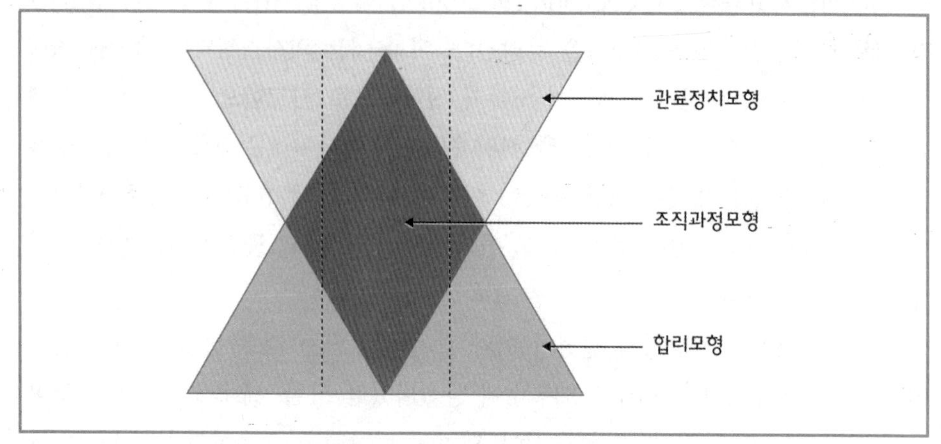

출처: 정정길 외(2010), 『정책학원론』, p. 350의 표를 저자가 수정함.

명한 합리모형, 조직과정모형, 관료정치모형이 혼합되어 이루어진다. 〈그림 3-5〉에서 보여주듯이 정부조직이 피라미드 같다면 아래에서 위로 정책결정이 전개되면서 조직과정모형은 상대적으로 중간 정도에서 많이 나타나고, 합리모형은 정부조직의 아래·위 상관없이 시종일관 나타나며, 관료정치모형은 조직의 장들이 참여하는 국가안보회의나 국무회의 등에서 많이 나타난다.

Ⅵ. 한국 국방정책 결정 과정의 특징

한국의 국방정책 결정 과정의 특징을 살펴보면서 국방정책 결정 과정상의 개선과제를 도출해 보기로 한다. 한국의 국방정책 목표는 북한 공산주의 집단의 침략을 억제하고, 전쟁 발발 시 승리하는 것을 목표로 삼아왔다. 그러나 국가의 생존 기반이 확고해지기도 전에 당한 북한의 6.25남침과 그 후 지속되는 군사적 위협과 도발로 말미암아 한국의 안보와 국방목표는 세계 제일의 군대를 가진 미국과 동맹을 맺음으로써 국가의 생존을 확보하는 것이 제일 중요한 목표가 되었다. 한미동맹이라는 큰 틀에서 미국의 대한반도 안보전략과 국방정책이 주어졌고, 한국의 국방정책은 그 틀 안에서 운영되었기 때문에 범위에 일정한 한계가 있었다. 또한 1987년 민주화 이후에는 민과 군의 관계 재정립에 따라, 국방이 누려왔던 국정의 최우선순위가 하향 조정되는 과정을 경험하였다. 특히 민주화 이후 시민사회와 정치권의 국방에 대한 참여가 폭증하면서 국방의 고유성과 존재 이유에 대해서조차 많은 논란이 제기됨으로써 국방이 자체의 방어 논리를 개발해야 되는 위기에 처하기도 하였다. 여기에서는 한국의 국방정책 결정 과정에서 발견되는 특징 몇 가지를 설명하고, 앞으로 국방정책 결정 과정을 발전시키기 위한 과제를 자연스럽게 도출하기로 한다.

첫째, 국방정책의 의제 설정 단계에서 보이는 특징은 대통령 혹은 국방장관이 정책의제의 설정을 거의 독점해 왔다는 점이다. 이승만 시대의 한미동맹 결성과 군대의 규모 결정, 박정희 시대의 자주국방 실현과 방위산업의 국산화 결정, 노태우 시대부터 지속적으로 제기되어 온 국방개혁, 주한미군 기지 이전, 작전통제권 전환 등의 의제는 대통령이 직접 의제를 제기하고 국방부에 고려를 지시할 수밖에 없는 중요한 사안이다. 그 외의 대부분의 중요한 국방정책은 하향식으로 제기되어 왔다. 물론 국가 지도자와 국방장관이 국민보다 먼저 국가안보에 대한 위협과 국방문제를 식별하기 때문에 그렇다고 볼 수도 있다. 이러한 하향식(top-down) 의제 선정과 정부 주도의 국방의제 제시 방식은 국방정책 실무 담당자의 수동적인 업무 자세를 체질화했고, 국민과 시민사회의 국방문제 제기에 대해 국방종사자가 수동적 혹은 방어적으로 대응하는 자세를 초래하기도 했다.

하지만 안보상황이 급속하게 변하고 국내정치가 민주화됨에 따라 시민사회와 NGO가 사회운동을 통해 국방문제를 쟁점화하고 정부의제로 채택되도록 압력을 행사하거나, 기존의 정부의제를 변경 내지 폐지하려고 하는 현상이 증대하고 있다. 따라서 국방정책에 종사하는 사람은 사회의 쟁점주도세력들의 의제 제기와 사회운동의 방향을 사전에 식별하고 그중에서 합당한 의제를 정부 의제로 선제적으로 선정하고, 효율적으로 관리하지 않으면 안 되게 되었다. 21세기에 들어와 정치권, 특히 야당 정치인은 물론 여당 내에서도 정부의 국방정책 의제 제기에 대해서 미온적이거나 반대하는 모습이 종종 발견되고 있다. 또한 국방 관련 입법에서도 국방부보다는 국회의원이 발의한 입법이 많아지는 현상을 보였다. 그러므로 국방부는 국방정책 의제 선정 단계에서부터 다양한 행위자들의 참여를 유도하고, 그 의제를 선제적, 주도적, 통합적, 민주적으로 수렴하고 다양한 사회세력 등과 소통하여 정책을 결정해야 될 필요성이 증대하고 있다.[6]

둘째, 국방정책의 목표설정 단계에서 보이는 특징은 문제를 제대로 파악하기 이전에 목표와 대안을 제시하려고 서두르는 경향이 보인다는 점이다. 따라서 문제의 파악 과정에서 우왕좌왕하게 되고, 제시된 목표를 자주 바꾸며, 목표를 달성하기 위한 대안도 자주 바꾸는 현상을 노정해 왔다.

국민 여론과 시민사회에서 국방에 대한 문제점을 지적하고 비판의 논조가 확산되면, 국방 분야에서 너무 신속하게 대응하기 위해 서두른 나머지 문제를 너무 단순하게 파악하고, 그에 대한 극복 대안을 임기응변식으로 제시하려는 경향을 보였다. 예를 들면 군대의 각종 사고가 신문과 방송에 보도되어 비판여론과 비난이 비등할 때에 국방부와 군대가 너무 서두른 나머지 문제를 피상적 혹은 지엽적으로 파악하고, 그에 대한 해결책을 너무 성급하게 제시하는 경우가 있었는데, 다음날 언론과 방송에서 그 문제의 다른 측면을 제기하고 국방의 졸속행정에 비판을 가하면 허둥지둥 문제의 성격을 바꾸고 대책을 바꾸어 발표하는 경우가 있었다. 이 경우 국민은 국방정책 담당자를 근본적으로 불신하게 되고, 국방정책 담당자는 국민에게 신뢰와 설득력을 잃게 된다.

또 다른 예를 들면 획득과 관련된 비리가 발견될 때마다 개혁위원회를 만들고 연구 결과를 3-4개월 이내에 신속하게 발표하는 사례가 있었다. 그렇다고 획득 비리 문제가 근본적으로 해결된 것은 아니었다. 이러한 악순환의 고리를 끊기 위해 2005년에 방위사업청을 신설하여 획득사업의 투명성과 공정성을 도모하게 되었는데, 그 후에도 방위사업청의 독립 여부가 시험대에 오르기도 했다. 따라서 국방 문제에 대한 철저한 분석과 문제의 올바른 파악을 위해서 집중적인 노력을 기울일 필요가 있다. 국방 문제를 먼저 크게 관찰하고 세부적인 부분을 철저하게 분석해 들어가는 접근방식, 즉 대관소찰(大觀小察)이 필요하다. 여기서 기억할 것은

6) 김병조, "선진국에 적합한 민군관계 발전 방향 모색: 정치, 군대, 시민사회의 3자 관계를 중심으로," 「전략연구」, 제15권 3호. (2008). p. 51.

문제의 올바른 파악이 최선의 대안을 찾는 것보다 더 중요하다는 인식을 국방 분야의 모든 담당자들이 가져야 한다는 점이다.

셋째, 국방문제의 분석에서 체계적인 접근이 부족하다는 것이다. 위에서 설명한 바와 같이 미국에서는 국방 분야와 관련된 경제학, 경영학, 국제정치학, 과학, 공학, 역사학, 심리학, 전략학, 교육학, 법학 등 세부전공 분야의 박사학위를 받은 우수한 인재가 국방부뿐만 아니라 방위산업과 연구소 등에 근무하면서, 국방 문제에 체계분석적인 방법을 사용하여 종합적인 연구를 통해 정책 대안을 개발하여 국방정책 결정 과정에 반영하고 있다. 그런데 한국에서는 아직도 국방과 연계된 광범위한 전공분야의 학위를 가진 전문가가 부족하며, 현존하는 전문 인력조차 제대로 골고루 활용되지 못하고 있다. 어떤 분야에는 전문 인력이 아예 없는 경우도 있다. 따라서 국방정책의 발전을 위해서 체계분석가가 더 배양되어야 하고, 이런 전문가를 개방직으로 많이 채용하여 활용할 필요가 있다.

넷째, 국방정책 결정 과정을 보면 논리적인 일관성과 계속성이 부족함을 발견할 수 있다. 물론 논리적인 일관성과 계속성이 보장된 정책 사례가 많이 존재함을 부인할 수 없다. 하지만 1980년대 국민적인 논란을 불러 일으켰던 F-16과 F-18 가운데 어느 한 기종을 차기 전투기의 기종으로 선정하는 과정을 회고하면, 정책 결정 과정에서 일관성과 계속성이 부족함을 실감할 수 있다. 1980년대에 차기 전투기를 도입하기로 결정하고 실제 도입까지 13년이 걸렸는데, 전두환 정권이 F-18 도입을 결정했으나 노태우 정권으로 바뀌면서 F-16으로 번복하는 사례가 발생하였다. 이는 정책의 계속성이 없으며, 논리적인 일관성도 없음을 보여주는 대표적인 예다. 따라서 국방정책 결정 과정에서 논리적 일관성과 계속성을 보이려는 노력이 필요한 것이다.

다섯째, 정책 결정 과정에 수많은 집단이 참여하는 참여 폭발현상으로 인해 갈등이 많이 발생하나, 전문성과 권위를 가진 정책결정자들이 중앙집권적으로 갈등을 통제하고 관리할 수 있는 역량과 기능이 부족하다고 볼 수 있다. 민주화 이후, 특히 시민단체에 대한 정부의 지원이 활성화된 21세기에 이르러 특정 국방정책에 반대하는 정치인, NGO, 언론, 방송, 시민단체 등이 조직적으로 반대활동을 전개함으로써 국방사업을 지연하거나 폐지하려는 운동이 발생하였다. 국방부와 군은 이런 조직적 반대활동에 지혜롭게 대응하지 못했다. 그리하여 반대세력이 목소리를 높이고 심지어 폭력까지 행사하면서 국방사업을 방해하기도 했다.

정부가 용산 기지를 평택으로 이전하기로 결정하고 집행하는 과정에서 각종 시민단체와 정치인이 조직적인 반대 운동을 전개하여 기지 이전이 많이 지체되었을 뿐만 아니라 백지화 위기로까지 몰렸다. 정부와 국방부가 종합적 대책을 세우고, 기지 이전 시에 주민이 향유할 이익을 수치화하여 보여주고 체계적으로 주민들을 설득함으로써 결국 주민이 단합하여 외부 반대 세력의 평택으로부터의 철수를 요구하고, 경찰이 물리력을 사용한 결과 평택으로 이전이 집행될 수 있었다.

'제주 민군복합형 관광 미항(美港)'의 건설 과정에서 보듯이 시민단체와 야권이 주도하여 반대주민을 조직화함으로써 제주해군기지 건설 사업을 지연하고 백지화하려고 조직적으로 반발하였다. 시민단체와 주민이 반대한 이유는 군이 일방적으로 결정하여 지역주민에게 통보하고 반대가 발생하면 방어하는 형태, 즉 전형적인 결정-통보-방어(Decide-Announce-Defend) 방식을 보였기 때문이다.[7] 몇 년이 지체되고 나서 정부와 국방부, 제주도청, 제주해군기지에 찬성하는 주민이 반대 단체의 의견을 수렴하고 수용 불가능한 요구는 무시하면서 사법절차를 거치고, 강정마을 주민과 제주도민, 해군, 정부와 국방부 삼자가 윈·윈·윈 할 수 있는 새로운 콘셉트인 '민군 복합형 관광 미항' 개념을 개발하고 주민을 설득하여 공사가 진척되었고 기지가 마침내 완공되었다. 이 과정에서 보듯이 국방사업의 주체인 국방부가 자신감, 전문성, 중앙집권적 통제력을 보유하고 관련 이해상관자(stakeholder)를 정책결정 과정에 모두 참여시켜서 소통하며 설득하고 입장의 갈등을 지속적으로 조정하는 작업을 주도적으로 할 수 있어야 할 것이다. 이 과정에서 지지자 간의 강한 네트워크를 구성하고, 소통채널을 통해 반대자를 설득하며, 필요한 사항은 주민투표로 결정할 뿐 아니라, 지지와 반대의 동태적인 전 과정을 총괄적 입장에서 관리할 컨트롤 타워를 국방부에 미리 구축하는 것 또한 중요할 것이다.

여섯째, 한국에서 관찰되는 가장 주도적인 국방정책 결정 방식은 관료정치모델(bureaucratic politics model)이다. 합리적인 결정 방식은 실무담당자들이 국방정책

7) 오상준, "국방정책의 갈등요인에 관한 연구: 제주해군기지 추진 사례를 중심으로," 제주대학교 박사학위논문, 2011.

목표 달성에 가장 합리적인 대안을 건의하면 그것이 선택되는 것인 반면, 관료정치모델은 정책결정 과정에 참여하는 고위 정책결정자 간에 흥정과 타협, 합리성보다는 정치적인 논리에 따라 최종 대안이 선택되는 것을 말한다. 관료정치모델이 흔한 이유는 다른 분야와 비교해서 국방 분야의 정책결정의 권한이 최고 상층부에 집중되어 있기 때문이기도 하다.

위에서 예를 든 바와 같이, 1980년대에 F-16과 F-18 중에서 기종을 선택하는 과정을 보면, 전두환 정부에서 F-18이 선정된 것은 공군 조직이 원하는 기종이 선택되었기 때문에 조직과정모형이 나타났다고 볼 수 있다. 그러나 노태우 정부에서 F-16으로 뒤집은 것은 정책결정 과정에서 관료정치모형이 나타났다고 볼 수 있다. 상대적인 차이는 있지만 F-15K와 라팔 중에서 최종적으로 F-15K 기종을 선택하는 과정을 보면, 조직과정모형보다는 합리모형과 관료정치모형의 혼합형태가 정책결정 과정의 특징이었다고 볼 수 있다.

일곱째, 국방정책 결정자와 집행자의 유기적인 연대와 소통이 부족하고, 정책집행 과정에서 부딪칠 문제점을 예견하지 못해 집행 과정에서 정책이 의도했던 바를 달성하지 못하는 경우도 있다. 국방 분야에서는 정부의 다른 정책분야보다 '일단 정책결정을 하면 그대로 정책이 집행될 것'이라는 일종의 믿음 같은 것이 존재하는 현상을 발견할 수 있다. 정책이 결정되고 난 후 상부에서 정책의 집행을 지시하면 그대로 실행될 수 있다고 생각하는 것은 민주화시대에 맞지 않은 시대착오적인 행태이다. 오늘날 정책집행을 제대로 하려면 집행 단계마다 현장 점검이 필요하고, 집행에 따른 상과 벌을 유인책으로 제시하지 않으면 의도한 대로 집행이 곤란하다는 주장이 설득력을 얻고 있다. 정책결정자는 정책의 목표와 비전, 대안의 선정 이유와 선정된 대안이 거둘 효과 등을 집행자에게 상세하게 설명하고, 집행 과정에서 원래 의도한 목표를 달성하는지를 보고받을 수 있어야 한다. 그리고 정책집행자는 현장 점검을 수시로 함으로써 정책의도가 그대로 나타나는지, 혹은 왜 의도를 달성하지 못하는지를 자세하게 파악하고 평가해야 한다. 정책결정-집행-평가와 같은 절차를 거쳐서 다시 의제설정단계로 순환하는 온전한 정책과정을 달성할 수 있도록 사전·사후 평가기능을 강화해야 한다.

Ⅶ. 결론

이 장에서는 국방과 국정의 다른 분야와 상호 비교를 통해 상호간의 관련성을 알아보았다. 국방정책은 '국가의 축소판'이라고 할 만큼 국정의 모든 분야와 양방향의 상호관계가 있음을 알 수 있었다. 또한 냉전시대와 민주화 이전 시기의 한국에서는 국방이 다른 정책분야보다 중요도와 재정의 배분 면에서 최우선 순위였고, 국방정책은 대통령과 국방장관이 주도하는 행태를 보였기 때문에 큰 도전이 없었다.

그러나 탈냉전 시대와 민주화 시대에는 국방이 복지, 교육, 경제보다 우선순위가 낮아졌으며, 국방정책 결정 과정에 각종 이익단체, 여론, NGO, 정치인의 참여가 폭발적으로 증가했다. 이에 따라 국방정책 종사자는 좀더 선제적이고 적극적인 여론 수렴을 통해 의제를 설정하고, 국방문제에 다각적이고 심층적인 분석과 평가를 가하며, 다양하고 창의적인 대안을 개발하고 민주적 토론 절차를 거쳐 정책을 결정하도록 요구받고 있다. 또한 결정한 정책이 제대로 집행되는지 정책결정자와 집행자 간에 끊임없이 소통하고 협의함으로써 정책목표가 제대로 달성되고 있는지 평가하고 파생된 문제점을 적기에 시정하도록 요구받는 것이다.

국방정책 결정 과정을 개선하기 위해서는 상명하복 위주의 국방행정에서 벗어나서 국방문화를 민주적이고 횡적인 네트워크 중심으로 바꿀 필요가 있다. 예를 들면 노태우 정부 당시 '보통사람의 시대'라는 캐치 프레이즈 아래 모든 정책 회의장을 라운드 테이블 형태로 바꾼 적이 있는데, 그때에 보고-지시형의 정책회의에서 상하가 동등하게 토론하는 회의로 바뀌기도 했다. 군사작전은 지시-복종을 특징으로 하지만, 국방정책은 다양한 이해상관자의 이해가 걸려 있으므로 다양한 형태의 토론을 거쳐야 한다. 그래야 정책의 토론과정에서 더 나은 국방정책 대안을 선택할 수 있고, 다양한 이해상관자의 미래행동을 예측할 수 있다. 민주화된 지식정보사회에서는 다양한 이해상관자가 참여하여 활발한 토론을 거쳐서 정책을 결정하면, 다양한 지식과 정보를 반영할 수 있을 뿐만 아니라 국방과 사회의 관련성을 이해한 바탕 위에서 합리적인 국방정책을 결정할 수 있으며, 정책집행도 다양한 행위자들과 협치(governance)해서 성공적으로 할 수 있을 것이다. 따라서 국방정책의 결정 과정에 관한 모든 이론을 이해하고 숙지하는 것은 더 나은 정책결정을 위해서 필수적인 일이다.

토론주제

■ **다음의 주제에 대해서 토론해 보자.**

1. 국방은 정치, 외교, 경제, 사회, 군비통제와 어떤 상관관계가 있는가?
2. 최근의 국방정책 사례(예: 제주해군기지 건설)를 하나 들고, 그 정책 결정 과정을 평가하고, 어떻게 했으면 정책 결정 과정을 더 잘할 수 있었는지에 대해 토론해 보자.

CHAPTER 04

한반도 군사력 균형 분석

CHAPTER 04

한반도 군사력 균형 분석

Ⅰ. 위협분석의 의의

현재 한국 사회에는 서로 반대되는 주장이 공존하고 있다. "남한의 재래식 군사력이 북한의 군사력보다 강한데, 왜 국방비를 더 투자하여 군사력을 건설하느냐?", "남한의 군사력이 아직도 북한보다 약한데, 군사력을 더 건설해야 되지 않겠는가?" 라는 주장이 바로 그것이다. 여기서 북한의 군사위협에 대한 평가가 한국의 군사력 건설의 주된 이유임을 알 수 있다.

국방정책의 출발점은 실제적국(real enemy)과 잠재적국(potential enemy)의 위협에 대한 분석(threat assessment)이다. 국방정책의 목표가 외부의 군사위협으로부터 군사적 수단으로 국가의 안보를 지키는 것이기 때문에, 위협을 현실에 가장 가깝게 객관적으로 분석하는 것은 올바른 국방정책의 출발점이 된다. 그 위협과 비교해서 우리의 군사능력이 크면 안심이고, 그렇지 않으면 불안하다. 그래서 세계 각국의 국방부는 국방정책의 목표를 바로 세우기 위해 매년 위협을 평가해서 국방정책 수립의 기초로 삼고 있다.

위협평가는 국방목표의 설정에 필요할 뿐만 아니라, '그 위협에 어떻게 대응할 것인가,' 즉 '어떻게 싸울 것인가'를 다루는 군사전략을 수립하는 데 필수적인 요소이다. 또한 위협에 대응하여 어떤 군사력을 건설할 것인가를 결정하는 데도 핵심적인 논리적 근거이다. 위협평가는 군사교육과 훈련의 목표와 방법을 결정하는 데도 유용한 지침을 제공한다.

군사위협 평가가 국방정책, 군사전략, 군사력 건설, 교육훈련의 방향 결정에 필수적인 과정이기 때문에 얼마나 정확하게 위협을 평가하는가는 국방정책에서 가장 중요한 요소이다. 위협을 평가하는 방법은 수없이 많이 개발되었다. 어떤 방법은 상대적으로 높은 객관성을 지녔으나 어떤 방법은 주관적이다. 그러나 어떤 방법을 통해서도 객관적이고 정확하게 위협을 평가하는 것은 매우 힘들며, 평가방법의 객관성 여부와 평가결과의 정책적 효용성 여부가 반드시 일치하는 것도 아니다. 이런 한계를 극복하고자 최근에는 실제의 전장요소를 반영한 컴퓨터 시뮬레이션 모델이 많이 개발되어 사용된다.

한반도에서 군사적 위협평가가 시작된 지는 매우 오래되었다. 한국전쟁 이후 전쟁의 재발을 막고 북한의 위협에 대한 억제력을 확보하기 위해 북한의 군사적 위협을 분석하는 노력을 해왔다. 그러나 한국의 정부와 학계에서는 1980년대 중반까지 남북한 군사력 균형 평가에서 남북한의 주요 무기수 및 병력 수를 위주로 비교했다. 이러한 단순 수량 비교는 영국 국제전략문제연구소(IISS: Institute of International Strategic Studies)가 매년 발간하는 군사력 균형(Military Balance)의 자료를 이용하는 방법이 대종을 이루었다. 이러한 방법론에 논쟁을 불러일으킨 것은 한양대 리영희 교수가 효시이다.[1)] 이후 남북한의 군사력 균형 평가는 국방부의 비밀 영역에서 학문의 세계로 나오게 되었다.

한국에서 정태적 위협평가를 벗어나 동태적 위협평가가 시작된 것은 1990년대 초반부터이다. 1980년대에 미국에서 유럽 전구(theater)를 중심으로 컴퓨터를 이용한 군사력 균형평가를 시도한 결과, 다른 지역에 적용 가능한 모델이 많이 나왔고, 1990년대 초반 한반도 전구에 이 모델을 응용하기 시작했다. 뒤에 설명하겠지만, 저자도 1990년에 한반도 전역전쟁시뮬레이션모델(COSMOKT: Combat Simulation Model for the Korean Theater)을 개발했다.[2)] 미국의 연구기관이 개발한 몇 개의 모델

---

1) 리영희, "남북한 전쟁능력 비교연구," 「사회와 사상」 창간호, 1988, 9, pp. 140-166.

2) Yong-Sup Han, *Designing and Evaluating Conventional Arms Control Measures: The Case of the Korean Peninsula* (Santa Monica, CA: RAND N-3411, 1993). 본서는 한반도의 군사력

이 한미연합사에 소개되었고, 한국 국방연구원에서 1990년대 중반부터 이러한 모델을 적용하기 시작했다. 미국이나 유럽의 학계에서는 동태적 모델을 많이 사용해서 전구급 군사력 균형을 평가했으나, 한국의 학계에 전구급의 동태적 위협 평가 모델이 도입된 것은 1990년대이다.

탈냉전 이후 한반도에서는 북한의 경제난, 외교적 고립, 식량난으로 인해 북한의 재래식 군사위협이 매년 감소하고 있다고 주장하는 사람이 느는 반면, 주한미군은 2001년에 북한의 위협이 '더욱 강해지고, 질이 향상되었으며, 더 근접 배치되고, 더 치명적이 되었다'고 평가함으로써 북한의 군사위협을 둘러싸고 한미간에 이견이 존재하기도 했고, 2003년 이후 국내에서는 남북한 군사력 균형비교가 정치적인 논쟁으로 비화되기도 하였다.

따라서 북한의 군사위협을 어떻게 평가할지 지금까지 알려진 방법론을 알아보고, 그 방법론을 적용해서 북한의 군사위협을 평가하고, 아울러 한반도의 군사적 균형을 평가하기로 한다. 이를 위해 기존의 방법론을 비판적으로 정리하고, 새로운 대안인 동태적 균형분석 모델을 통해서 북한의 군사위협과 한반도 군사적 균형을 새로운 시각에서 평가할 것이다. 그리고 다양한 군사적 균형분석 모델이 정치·군사적으로 어떤 의미가 있으며, 앞으로 한국의 군사력 건설이 어떤 방향으로 추진되는 것이 가장 비용 대 효과적인지 정책적 함의를 제시하고자 한다.

다만 21세기에 들어와 북한이 핵무장 국가가 됨으로써 핵무기와 대량살상무기를 제외한 재래식 군사력 균형분석이 큰 의미가 없다고 평가절하 할 수도 있다. 하지만 핵무기로 상호 핵 균형을 이룬 인도와 파키스탄 간에도 재래식 분쟁은 계속 발생하고 있음을 볼 때 재래식 균형분석은 정책적 상관성이 존재하고 있다고 볼 수 있다. 또한 북한의 핵 위협은 제5장에서 다루기 때문에 이 장에서는 한반도에서 재래식 군사력 균형에 국한해서 분석하기로 한다.

균형을 분석하고 북한의 군사위협 중 어느 부분이 한국에 가장 큰 위협이 되는지를 분석했으며, 각종 군비통제 방안이 합의될 경우 한반도에서 군사력 균형에 어떤 영향을 미치는지를 평가했다.

Ⅱ. 1980년대 유럽의 재래식 군사력 균형에 대한 논쟁

한반도에서는 아직도 냉전이 진행 중이다. 북한 대 한미 양국 간에는 군비 경쟁이 계속되고 있다. 따라서 한반도에서 북한의 군사위협을 여러 가지 관점에서 분석하기 위해서 1980년대 유럽에서 북대서양조약기구(NATO)와 바르샤바조약기구(WTO: Warsaw Treaty Organization) 국가들 간에 재래식 군사력 균형 분석에 낙관론자와 비관론자가 벌였던 격렬한 논쟁 중에서 한반도의 군사력 균형 분석에 적용 가능한 기준을 살펴볼 필요가 있다.

바르샤바조약기구 군이 나토 군보다 우세하다는 비관론자는 바르샤바조약기구 군이 지상군 숫자, 야포, 전차, 장갑차의 수에서 우위를 점하며, 공격적 전략과 공격적 태세로 기습공격의 우위를 점한다고 보았다. 따라서 바르샤바조약기구 군이 재래식 기습공격을 감행하면 나토 군은 패배한다고 생각했다. 이에 반해 나토 군이 상대적으로 우세하다는 낙관론자는 바르샤바조약기구 군과 비교해서 수적인 열세를 만회할 질적인 우위가 있으며, 공격용 헬기, 공군의 질적 우세, 해군력, 방산시설, 인구, 지휘통제자동화시스템(C4I)의 면에서 우세하다고 보았다. 그래서 전쟁이 일어나더라도 소련과 바르샤바조약기구는 서독과 서유럽을 점령하지 못할 뿐 아니라 장기 소모전이 되면 나토가 승리한다고 보았다. 양측의 논쟁에서 어느 편도 들지 않은 중립론자는 유럽에서 양측은 군사적 균형을 이루고 있다고 보았다.

미어샤이머(John Mearsheimer)와 포젠(Barry Posen)은 1980년대 소련을 비롯한 바르샤바조약기구 군대가 재래식 전쟁에서 나토 군을 이길 수 없다고 본 대표적인 낙관론자이다. 이들은 바르샤바조약기구 군이 나토 군을 순식간에 기습으로 이길 수 있다는 주장은 신화에 불과하지 현실이 아니라고 주장했다.[3] 왜냐하면 유럽에서 미소 양국은 전략핵무기 면에서 상호 균형을 이루고 있으며 재래식 전력에서 소련이 신속하고 공격적인 군사력을 이용하여 기습전을 시도하더라도 나토 군은 이를 장기 소모전으로 전환시킬 능력이 있다고 보았기 때문이었다. 그리고 바르샤

3) John Mearsheimer, "Why the Soviets Can't Win Quickly in Central Europe?" *International Security*, Vol. 7, No. 1 (Summer 1982), pp. 3-39.

바조약기구 군이 수적 우세를 활용하여 전방에 많은 병력을 동시에 집중시킬 수는 없다고 보았다. 이를 '병목현상(crossing the "T" problem)'이라고 부른다. 이 병목현상 때문에 나토 군은 아주 위급한 상황에서도 바르샤바조약기구 군의 기습공격을 막을 수 있다고 보았다.[4]

사실 서독의 전방에 소련이 진격 축선으로 삼을 수 있는 공격축선은 총 8개의 공격축선 가운데 2개로 제한되어 있으며, 나토 군이 바르샤바조약기구 군보다 질적으로 훨씬 우세하다는 것이다. 그리고 동구의 공산권을 위협으로 본 전문가들은 동원 없이 현 상태에서 공격할 수 있다고 말하나, 공격에 연이어 동원을 하지 않으면 전쟁지속능력이 떨어지므로 바르샤바조약기구 군이 동원하면 나토군도 바로 연이어 동원하게 되어 바르샤바조약기구 군의 수적 우세는 시간이 지남에 따라 별문제가 되지 않는다고 하였다.

비관론자는 현 상태에서 바르샤바조약기구 군의 공격을 주장하나, 낙관론자는 미국의 조기경보체제를 통해 바르샤바조약기구 군이 언제 공격할지 전략적 경고가 가능한 것으로 판단하였다. 즉 바르샤바조약기구 군이 준비태세를 강화하거나, 동원하는 정보를 사전 입수하여 사전 경보가 가능한 것으로 보았다. 그리고 나토 16개 국가들은 교리에서 우수하며, 총 동원된 병력을 이용하여 반격하기가 용이하다고 보았다.

또한 낙관론자는 바르샤바조약기구 군이 선공하지 않는 이유에 대해서 전쟁에서 승리의 가능성을 믿는 것과 어렵고 고달픈 전쟁을 실제로 시작하는 것은 별개라고 하면서 소련이 공격하지 않을 것으로 보았다. 나토 군의 바르샤바조약기구 군에 대한 억제가 실현되고 있으며, 바르샤바조약기구의 수뇌부는 군사력 사용에 보수적으로 사고한다는 것이다. 소련이 나토에 대해 커다란 피해를 가할 결정적 우세가 없다는 것이다. 소련의 전략가는 유럽의 전쟁에서 재래식 무기 사용만을 생각지 않고 핵전쟁도 고려하며, 핵전쟁으로 확산되면 결국 질 수밖에 없다고 생각한다는 것이다. 또한 전쟁을 통해 소련이 서독지역의 영토를 획득하는 데에 지불해야 할 비용이 너무 크다는 것을 인식하고 있다. 즉 소련이 승리의 가능성과

---

4) Barry Posen, "Is NATO Decisively Outnumbered?" *International Security*, Vol. 12, No. 4 (Spring 1988), p. 200.

미국의 보복공격에 의한 피해 정도를 비교 평가하여 전쟁을 자제한다는 것이다. 전쟁은 한 번에 끝나지 않고 계속하여 일어날 수 있기 때문에 소련은 보복전쟁을 두려워한다는 것이다. 소련의 지휘관은 엄격한 군대조직에서 훈련되고 교조적인 훈련을 받았으므로 융통성이 결여되었고 바르샤바조약기구 군대의 단결력이 낮은 것으로 보며, 나토는 준비된 방어를 통해 방어우위 달성이 가능하다는 것이다.

낙관론에 대한 비관론자의 비판도 만만치 않았다. 사실 비관론자가 대다수를 차지했다. 바르샤바조약기구의 군이 재래식 전력 면에 있어 우세할 뿐만 아니라 나토 군이 준비된 방어 등 몇 가지 유리한 점이 있지만, 바르샤바조약기구 군이 공격자로서 가진 많은 유리한 점이 이를 상쇄하고도 남음이 있다는 것이다.[5] 대다수의 나토 관계자는 바르샤바조약기구 군이 나토에 대한 단기 경고 또는 무경고하의 공격능력이 있음을 인지하고 있었다. 특히 갤빈(Galvin) 장군은 지난 20여 년 동안 바르샤바조약기구 군이 소련의 기습공격작전 수행능력 향상을 위해 교리, 편제, 장비 등을 발전시켜 왔다고 주장했다.[6]

코헨(Eliot Cohen)은 비관론자의 대표 격이었는데 "나토가 일단 공격을 당하면 핵전쟁으로 확전하거나 아니면 패배를 자인할 수밖에 없다."고 했다.[7] 왜냐하면 나토 군은 전차, 야포, 헬리콥터 수에서 열세이며, 1986년 당시 나토군 사령관 버나드 로저스 대장도 그것을 시인했다고 한다. 소련의 교리는 공세적인 작전을 중시하며, 중무장한 바르샤바조약기구 군대는 소련의 전략에 맞춰 조직되고 훈련되었다는 것이다. 독일 국경 부근의 엄청난 탄약과 연료 재고량 및 기타 지원 장비는 바르샤바조약기구 군의 공세 작전을 지원하는 능력이며 불안정을 야기하는 요소로 간주된 것이다.

비관론자는 낙관론자의 결정적인 실수 여섯 가지를 지적하면서 비판하고 있

---

5) Raymond Barre, "1987 Alsatia Buckman Memorial Lecture: Foundations for European Security and Cooperation," *Survival*, Vol. 29, No. 4(July/August 1987), p. 297.

6) John R. Galvin, "NATO After Zero INF," *Armed Forces Journal International*, Vol. 125, No. 8(March 1988), pp. 54-60.

7) Eliot A. Cohen, "Toward Better Net Assessment: Rethinking the European Conventional Balance," *International Security*, Vol. 13, No. 1 (Summer 1988), pp. 50-89.

다. 첫째, 정치적 분석과 군사력 균형 분석을 연결하는 데 실패했으며, 바르샤바조약기구 군은 힘의 상관관계를 이용하여 정치-군사를 연결시켜 나토 군을 압도할 것이라고 보았다. 둘째, 병력이나 무기의 숫자에 있어 바르샤바조약기구 군이 나토 군보다 훨씬 많으므로 몇 개 지역 중 전력 대 공간의 비율에서 3대1의 비율 달성이 가능하여 소련을 중심으로 한 바르샤바조약기구의 군이 선제공격을 하면 서독 지역이 돌파 당한다는 것이었다. 낙관론자는 전쟁을 직선적으로 수행하는 것으로 가정하는데 이는 실제 전쟁의 특징을 반영하지 않은 결과라고 하였다. 즉 수적 우세는 우회기동과 포위를 가능하게 한다는 것이었다. 셋째, 소련군의 공세적 전략과 전격전에서 오는 위협, 즉 선제기습의 우세와 '공격은 최상의 방어'라는 믿음에서 오는 위험이 커서 나토가 경보능력이 뛰어나고 준비된 방어를 하고 있다고 해도 기습공격을 못 당한다는 것이었다. 특히 낙관론자는 나토 군이 가진 바르샤바조약기구 군의 전투서열에 대한 완벽한 첩보와 정보, 조기경보의 완벽성을 가정하는데 실제로 그렇지 않다는 것이다. 그리고 나토 군의 질적 우세가 바르샤바조약기구 군의 수적 우세를 상쇄할 만큼 크지 않다고 보았다. 넷째, 바르샤바조약기구 군은 기계화·기동화되어 있고 신속한 이동을 위주로 하므로, 군수나 보급이 잘 되어 있지만 부대 크기가 너무 큰 나토의 군대에 비해 신속한 이동이 가능하다는 것이었다. 다섯째, 나토 군의 주 방어 축선 중 일부 축선이 붕괴될 때 나토 군은 각 축선별로 서로 다른 군대가 주둔(layer of cake)하기 때문에 연합작전이 곤란하다는 것이었다. 여섯째, 낙관론자가 사용한 동태적 위협평가모델이 모델들의 완벽성을 자랑하지만 그 가정에서 문제가 있다고 지적했다.

낙관론자와 비관론자의 중간에 쿠글러(Richard Kugler) 같은 신중론자 또는 중간론자가 있었다. "바르샤바조약기구 군의 전력 건설은 나토 군의 노력을 훨씬 앞지르고 있다. 그렇지만 이것 때문에 곧 나토 군이 방어 전략을 수행할 수 없는 것은 아니며, 소련이 전쟁에서 반드시 승리할 수 있다고 확신할 수는 없다."고 하였다. 이들은 바르샤바조약기구 군이 기습적으로 공격을 했건 혹은 나토 군의 방어를 위한 결정이 신속하지 못했건 간에 나토 군에 시간적 여유가 없는 상황이 아니라면 나토 군의 방어 전망이 그리 비관적이지 않다는 견해를 나타내었다.

유럽의 재래식 균형평가 논쟁을 살펴보면, 실제 전쟁 상황에 가깝게 재래식 균형평가 모델을 만드는 것이 매우 중요함을 알 수 있다. 그리고 전쟁 결과에 큰 영향을 미치는 중요한 변수를 도출할 수가 있는데, 논쟁에 참여한 전문가가 분석을 위해 사용한 주요 변수는 많은 부분에서 일치했기 때문이었다. 이러한 변수는 한 국가나 군사동맹 체제가 전쟁을 결행할 정치적 조건, 무기의 양과 질, 군의 훈련과 준비태세, 전쟁지속능력과 증원군의 속도와 규모, 군수지원, C_4I, 기습 전략과 전격전 교리, 지형과 지물, 준비된 방어, 국민의 지지도와 후속 국가동원 능력, 무기의 총체적 효과, 공군의 근접 지원과 공지전 교리, 전쟁지휘 및 기획능력, 정보와 경보능력 등이었다.

또한 유럽의 재래식 균형이 불안정적인가 안정적인가에 대한 논쟁은 불안정성을 최대한 줄이기 위한 정책적 처방도 가능하게 만들었다. 그것은 군사력 건설 경쟁에서도 다양한 무기의 조합으로 총체적 전력에 어떤 효과를 미치는지 분석한 뒤 비용 대 효과 면에서 조금이라도 전력을 더 상승시킬 분야에 투자를 가능하게 했다. 한편 상대방의 군사적 위협을 감소시키는 측면에서 추진된 양 진영 간 군축회담에서 나토가 가장 우려하는 바르샤바조약기구의 기습공격 가능성 또는 단기 경고하의 공격 가능성을 감소시키는 방향으로 군축회담을 진행시킬 판단의 기준이 되었다. 나토와 바르샤바조약기구에 대한 재래식 전력 평가를 기초로 나토의 안보전문가들은 기회가 있을 때마다 바르샤바조약기구 군의 기습공격능력 또는 단기 경고하의 공격능력을 감소시키는 것을 군비통제의 목표로 주장했다.

Ⅲ. 재래식 군사력 균형평가 방법

유럽의 재래식 군사력 균형을 평가하기 위해 개발된 방법은 크게 정태적(static) 평가방법과 동태적(dynamic) 평가방법 두 가지가 있다. 정태적 평가방법은 국방비의 비교, 현재 보유한 병력과 무기의 숫자를 그대로 비교하는 단순 정태적 평가, 또 병력, 무기의 효과와 가중치를 통해 질적인 요소를 고려한 가중치를 적용한 정태적 평가방법이 있다. 동태적 평가는 전투에 대한 여러 가지 사정과 입력 값을 사용하여 시간의 변화에 따른 전투 결과를 예측하는 방법을 가리킨다. 동태적 평가방법에는 동원율 평가, 간단한 수학 방정식에 의한 모델, 컴퓨터에 의한 전투시뮬레이션, 인간이 직접 참여하는 워 게임(war game) 등이 있다. 이 절에서는 각 방법의 불확실성, 장점, 단점 순으로 설명하고 마지막에 각 방법을 상호비교 및 평가하려고 한다.

1. 국방비(defense expenditure) 비교

국방비 혹은 군사비 지출 규모 비교는 군사력 비교에서 일반적으로 사용되는 방법이다. 각국이 매년 발표하는 명목상의 국방비를 단순하게 비교하면 많은 문제점이 있음에도 불구하고, 국방비의 비교는 대상 국가의 군 규모 비교에 가장 기초적인 방법이다.

그리고 국가 간의 군비경쟁 양상을 분석할 때에나 상대국가의 군사위협을 분석할 때에 국방비의 규모는 가장 쉽게 획득할 수 있는 자료이기에 가장 널리 사용된다. 여기에서 자유민주주의 국가는 국방비의 예산 결정과정에서 의회를 통과해야 하므로 국방비가 투명하게 공개되어 신뢰성 있는 자료를 획득하기가 용이하나, 공산주의 국가는 국방비를 군사기밀로 취급할 뿐만 아니라 공개하는 국방비 자료는 국가의 검열을 거치고 여러 군데에 국방비를 은폐하고 있으므로 공개된 자료만 가지고는 신뢰성 있게 비교하기 힘들다.

또한 자유민주주의 국가의 국방비는 시장경제 체제에서 상대적으로 높은 물가, 인건비, 방산 및 군수품 원가를 반영하는 반면, 공산주의 국가의 국방비는 계획경제 체제에서 상대적으로 낮은 물가, 인건비, 방산 및 군수품 원가를 반영하므로 일반적으로 낮게 책정되는 경향이 있다. 따라서 이러한 실정을 감안하여 국방비를 비교할 때에 명목상의 국방비보다는 그 돈으로 실질적으로 물건을 얼마나 구매할 수 있는지를 반영한, 즉 실질구매력(purchasing power parity)을 반영한 실질국방비를 비교하는 방법이 개발되었다.

예를 들면 2017년 중국의 명목상 국방비는 1,505억 달러로 공표되었으나, 미국에서는 중국의 구매력 지수를 반영한 실질국방비는 2,910억 달러로 추정하였다.

북한의 국방비를 구매력 지수를 반영한 실질국방비로 환산한 자료는 매우 희귀하다. 게다가 북한 돈으로 발표한 북한의 국방비를 미국 달러로 환산하기는 더욱 어렵다. 따라서 남북한 간 명목상 국방비를 그대로 비교하는 것은 상당한 무리가 수반된다.

(1) 불확실성

단순히 명목상 국방비 숫자를 비교하는 분석은 어느 국가가 어느 국가에 비해 국방비를 몇 배 더 지출하는가에 대한 비교는 가능하나, 그 실제적 내용은 분석하기가 곤란하다. 공식적으로 발표된 국방비 외에 많은 부분이 공개되지 않는 국가의 국방비 측정에는 더 많은 불확실성이 존재한다.

(2) 장점

비교 방법의 많은 불확실성에도 불구하고 국방비의 비교나 국방비의 변화 추세에 대한 비교로 그 국가의 국방정책과 군사전략의 대략의 방향을 알 수 있다. 관련 국가 간의 군비경쟁 양상을 대강 분석할 기초자료로도 활용될 수 있다.

(3) 단점

명목상 국방비의 규모 비교로는 이 모델이 알려고 하는 실제 군사력 균형을 제대로 측정할 수 없다. 더욱이 국방비 지출의 궁극적 목적이 전쟁 수행 능력을 향상시킴으로써 전쟁에서 승리하거나 전쟁을 억제하는 데에 있으므로 국방비가 결과적으로 전쟁 수행 능력을 얼마나 향상시키는지, 실제 전쟁이 발발했을 때에 전쟁 결과를 예측할 수 없다. 따라서 국방비 비교는 그야말로 가장 간단한 군사력 규모의 비교에 사용될 뿐이다.

2. 단순 정태적 평가(static counts)

'콩알 세기(bean counting)'로 알려진 단순 정태적 평가는 재래식 균형을 평가하는 가장 보편적인 방법으로 '누가 더 많이 가지고 있느냐?' 하는 문제를 다룬다. 정태적 평가 방법은 동일한 무기체계를 비교하는 방법과 상반된 무기체계를 비교하는 방법이 있다. 동일한 무기체계 비교는 북한과 남한의 전차 수를 비교하는 것과 같고, 상반된 무기체계 비교는 바르샤바조약기구 군대의 전차 수와 나토의 대전차 무기 수를 비교한다든지, 한쪽의 비행기 수와 다른 한쪽의 대공무기 수의 비교에서 예를 찾을 수 있다. 같은 무기체계를 비교하는 것이 항상 유용한 것은 아니다. 양쪽이 보유한 대공무기 숫자가 얼마인가 분석하는 것보다도 한쪽이 전투기를 몇 대 보유하고 있으며 다른 쪽은 대공무기를 얼마나 보유하고 있는지 비교해 보는 것이 더 유용한 평가가 될 경우도 있다.

위협평가 방법은 어떤 방법이든지 불확실성을 수반한다. 즉 정보의 불확실성과 무기체계의 비대칭성 때문에 100% 정확한 방법은 존재하지 않는다고 할 수 있다. 그리고 비교적 정확한 평가방법이더라도 평가 결과를 사용하는 정책결정자의 의도와 목표에 따라 평가방법의 효용성이 다르게 간주될 수 있다.

(1) 불확실성

단순 숫자를 비교하는 분석가는 측정하여야 할 요소가 무엇인지 결정하여야 한다. 즉 무엇이 전차인가? 이에 대한 대답이 항상 간단한 것은 아니다. 포와 장갑을 가진 것은 모두 전차인가? 전차와 장갑차는 어떻게 다른가? 재래식과 핵 두 가지를 다 발사할 수 있는 야포는 재래식 무기로 분류해야 하는가 아니면 핵무기로 분류해야 하는가 하는 문제도 간단하지 않다.

또한 어느 국가의 군사력을 계산에 포함할지 결정해야 한다. 나토는 프랑스군을 포함할 것인가? 나토에 미국 본토의 미군도 포함할 것인가? 주일 미군의 군사력과 태평양 지구의 미국의 군사력도 남한의 군사력에 포함할 것인가 등은 어려운 문제다. 한편 어떤 종류의 군을 계산할 것인가도 어려운 문제다. 예를 들면 모든 사단이 동등하게 싸울 준비가 되어 있는 것은 아니기 때문이다. 전쟁 준비에 장기간이 걸리는 부대도 포함하는 것이 유용한가? 따라서 평가가 이루어지기 전에 이러한 의문점에 명확한 답변이 선행되어야만 한다.

(2) 장점

계산하려는 범주의 불확실성에도 불구하고 정태적인 단순 수량 비교는 실행하기 제일 쉽다는 장점이 있다. 병력 숫자와 무기 보유량은 일반 시중에서 얻기 쉬운 정보이다. 영국의 IISS에서 매년 발간되는 Military Balance, 미국 국방부에서 발간되는 발간물, 스웨덴 SIPRI에서 발간되는 SIPRI 연감, 각국의 국방백서, 세계 각국의 전문가가 발간하는 연구서적 등에서 정보를 얻기 수월하다. 이것은 가공되지 않은 1차 자료이기 때문에 어느 누구나 이해하기 쉽다. 한 국가가 다른 국가보다 전차 수가 두 배나 된다면 군사전문가가 아니더라도 이해하기 쉽다. 또한 이는 좀더 심도 깊은 분석에 공통적으로 사용되는 기초자료이다. 이러한 평가는 1차적으로 자원을 어디에 할당할 것인가 생각하는 데 유용하며, 대략적인 군사력 균형이 어떤가를 보는 데 유용하다.

(3) 단점

단순 수량 비교는 전투에 투입될 병력을 측정하지만, 투입된 병력 규모와 전투 결과가 일치하지 않는 데 문제가 있다. 한쪽이 다른 쪽보다 전차를 두 배나 많이 가졌다고 해서 전쟁이 실제로 일어난다고 설명할 수 없으며, 전쟁이 일어나더라도 전차를 많이 가진 쪽이 반드시 이긴다고 말할 수 없다. 역사적으로 볼 때 군사력을 많이 가진 측이 항상 승리한 것은 아니기 때문이다.

무기 보유량과 전쟁 결과가 직접적으로 일치하지 않기 때문에, 보유량을 변경할 경우 전투 결과가 어떻게 변할지 판단할 수 없다. 단순 수량 비교는 무기의 양적인 것을 설명할 뿐 무기의 질을 설명하지 않는다. 노후 무기를 많이 가지고 있는 국가와 숫자는 적지만 고도 정밀 타격 무기를 갖고 있는 국가는 비교의 차원이 다르다. 무기의 생산연도, 생존성, 기술적 선진성, 정확성, 기동성이 무기체계의 질과 관계있는데, 단순 수량 비교는 이것을 고려하지 못한다는 단점이 있다.

단순 수량 비교는 전쟁을 고려하지 않는다. 전쟁의 결과에 영향을 미치는 다른 많은 요인이 단순 수량 비교에서는 설명되지 않는다. 즉 지휘, 통제, 통신, 컴퓨터, 그리고 정보와 군수지원, 전략과 전술, 군대의 훈련 정도와 사기 등은 이 평가에서는 고려되지 않는다. 증원군과 증원 무기 고려도 물론 하지 않고 있다. 전쟁 시간이 경과함에 따라 이 모든 것은 변할 것인데 단순 수량 비교는 전쟁 개시 전의 보유량만 계산하기 때문에 이 모든 것을 빠뜨린다.

결론적으로 정태적 평가는 정확한 판단을 그르치기 쉽다. 예컨대 남북한 사이의 병력 및 무기 보유량 비교는 군사적 능력 설명에 반드시 유용한 지수는 아니다. 국방예산이 많은 국가가 반드시 돈을 효율적으로 사용한다고 볼 수도 없다. 병력 숫자 비교도 쉽지 않다. 그러므로 단순 수량 비교도 만만한 작업은 아니다.

3. 가중치를 적용한 정태적 평가

가중치를 적용한 정태적 평가, 즉 가중치 수량 비교가 단순 수량 비교와 다른 점은 무기의 보유량을 계산할 때 양적인 측면뿐 아니라 질적인 측면을 고려한다는 것이다. 가중치를 적용한 정태적 평가에는 화력지수 계산 방법(Firepower Scoring Methodologies)과 표준기갑사단지수 방법(ADE: Armored Division Equivalent Methodoloy), 듀푸이 계량화 판단기법, 클라인 모델, 개선된 전력지수체계 등이 있다.

(1) 종류

1) 화력지수 계산 방법

화력에 기초해서 무기(전차, 야포, 장갑차 등) 체계를 개별적으로 채점하는 방법이다. 무기에 주어진 지수는 일반적으로 무기를 발사했을 때 명중시키는 부위와 무기가 목표물을 명중시킬 확률을 나타낸다. 한 부대의 종합 화력을 계산할 때는 모든 무기의 수량에 그 무기 고유의 지수를 곱하여 총 점수를 계산한다.

2) 기갑사단 등가 방법(ADE Methodology)

부대가 보유한 무기에 대한 가중된 점수를 통합하려는 시도이며, 무가효과지수/부대가중지수(WEI/WUV: Weapon Effectiveness Index/Weighted Unit Value)로 불리기도 한다. 이러한 점수를 결정하기 위해 우선적으로 무기효과지수 선정이 중요한데 무기의 질적인 측면이 강조된다. 즉 전문가들이 무기의 신뢰성, 속도 및 기동성,

사거리, 생존능력, 치명성 등을 계량하여 점수를 매긴다. 특정 전차가 표준으로 선택되면 무기효과지수는 1.0으로 주어진다. 다른 종류의 전차는 그 표준 전차보다 상대적으로 강한지 혹은 약한지에 따라 다른 지수가 주어진다. 지수가 결정되면 그 부대에 있는 각종 전차의 숫자를 곱하여 그 부대에 있는 전차들의 총점수가 나온다. 그 후에 각종 무기들에 대한 가중치가 주어진다. 그 가중치는 그 부대가 보유하고 있는 각종 무기가 다른 무기보다 유용성에서 어떻게 다른가를 측정한다. 1974년도 WEI/WUV 체계는 소총에 1.1의 가중치를 주었고, 전차에게는 60점의 가중치를 주었다.[8] 각종 무기는 각자의 가중치에 WEI를 곱해서 점수가 나오며, 모든 무기의 점수를 합해서 그 전체의 최종점수가 나오고, 군 전체가 갖고 있는 최종점수의 합계에 미국의 표준 기갑사단의 최종점수를 나눈 것이 각국이 갖고 있는 표준 사단지수가 되는 것이다. 1985년에 나토는 35개 표준사단을, 바르샤바조약기구 군대는 60개의 표준사단을 가졌다고 평가된 바 있다.[9]

3) 듀푸이 계량화 판단 기법[10]

미국의 전사학자 듀푸이(Trevor N. Dupuy)는 군사력 평가기법으로 계량화 판단 기법(QJM: Quantified Judgement Method)을 제시했다. 그는 전사 연구에서 얻은 경험을 토대로 전투분석방법을 개발했는데, QJM의 일차적인 목표는 적대적 관계인 양측의 전투력 비를 산출하는 데 있다. 듀푸이는

$$\text{전투력}(P) = \text{무기효과지수}(S) \times \text{전투상황계수}(V) \times \text{전투효과도}(CEV)$$

라는 공식을 써서 전투력을 평가했다. 무기효과지수는 개별무기의 효과지수에 무기범주별 환경가중치를 곱하여 계산하며, 전투상황계수는 자연상황계수(지형, 기후, 계절 등 자연적 여건), 작전적 변수(전투태세, 방어물 구조, 공중우세도, 기습효과 등) 및 인간행태적 변수(지휘통솔, 교육훈련, 사기 등)를 곱하여 나온다. 전투효과도(CEV: Relative Combat

8) William P. Mako, *U.S. Ground Forces and the Defense of Central Europe* (Washington, DC: The Brookings Institution, 1983), p. 108.

9) Laurinda L. Rohn, *Conventional Forces in Europe: A New Approach to the Balance, Stability, and Arms Control* (Santa Monica, CA: RAND, 1990), p. 19. 이 장은 론 박사의 유럽군 균형 평가방법을 많이 원용하였다.

10) 부형욱, "군사력 비교평가 방법론 소개," 「국방정책연구」 제45호, 1999, 여름, pp. 280-283.

Effectiveness Value)는 C_4I, 군수지원능력 및 무형적 전력요소 등에 0에서 1 사이의 승수를 부여하여 산출된다.

4) 클라인 모델[11]

클라인은 국력 비교평가 모델 중에서 군사적 능력(military capability)을 평가한다. 군사력 비교평가의 요소로서 병력과 장비의 보유 수량과 같은 가시적인 전력뿐만 아니라 병력의 질, 조직의 질과 같은 비가시적인 전력도 고려한다. 군사적 능력을 핵전력과 재래식 군사력으로 나누어 평가한다.

- 군사적 능력 = 전략핵 능력 × 재래식 군사력
- 재래식 군사력 = (기본전투능력 × 전략적 유효범위) + (군사적 노력의 척도: 국방비 규모)
- 기본전투능력 = 상비병력의 수 × 1/4(병력의 자질 + 무기효과도 + 사회저변능력 및 군수지원 능력 + 조직의 질)

위의 식에 의거하여 클라인은 각국의 재래식 군사력을 비교하는데 1977년에 미국은 94점, 북한은 12점, 남한은 6점으로서 2 : 1 정도로 남한의 열세라고 보았다. 병력의 자질은 부대훈련 정도, 집단적 사기, 장교의 신뢰성, 지휘통솔력을 주요 변수로 보았고, 무기효과도는 전력지수와 비슷하다. 사회저변능력 및 군수지원능력은 조기경보, 정비보급, 저장시설, 항공기 기지시설, 항만시설을 포함하고, 조직의 질은 준비태세의 정도, 새로운 환경에 대한 적응성 정도인데, 매우 주관적인 변수이다. 이것은 각 국가의 군사력을 상대적으로 비교한 것으로 절대적인 평가로 활용할 수 없다는 단점이 있다.

5) 개선된 전력지수체계

미국의 랜드 연구소는 기존 무기효과지수/부대가중지수(WEI/WUV) 체계가 지닌 문제점을 파악하고, 이를 대체할 새로운 전력지수 체계인 상황전력지수체계(SFS: Situational Force Scoring System)를 개발하여 워 게임 모형인 JICM(Joint Incorporated

11) 원은상, 『전력평가의 이론과 실제』(서울: 한국국방연구원, 1999), pp. 92-94 요약.

Contingency Model)에 활용하고 있다.

지상군 전력지수체계로서 SFS는 무기체계를 기갑, 보병, 포병, 기타의 4개 범주로 분류하는데, 구체적으로 기갑무기 범주에는 전차, 보병전투차량, 대기갑장갑차, 인원수송차량, 무장정찰차량 등이, 보병무기 범주에는 장거리 대기갑, 단거리 대기갑, 박격포, 소화기 등이, 야포 범주에는 자주포, 견인포 등이, 기타 범주에는 공격헬기, 레이더 방식의 방공무기, 광학/적외선 방식의 방공무기 등이 포함된다. 여기에서 특이한 것은 기존의 전력지수와는 다르게 상황전력지수체계는 구체적인 상황요인을 점수체계에 반영하였다는 것이다. 즉 상황전력지수체계는 지상전투의 역할을 근거로 무기체계를 구분하고, 특정 전투상황에 따른 상대적인 효과점수를 산출하는데, 먼저 기본 전력지수로 범주별 전투력을 판단한 후 지형과 전투유형을 고려하여 전투력을 수정한다.

(2) 불확실성

WEI/WUV와 개선된 정태적 모델도 불확실성이 많다. 어떤 군사력을 계산할지와 준비태세를 어떻게 처리할지를 결정해야 한다. 만약 한 부대가 다른 부대와 기갑사단 등가나 화력 점수가 동일하지만 준비태세 수준이 낮다면 어떻게 처리할지가 문제다. 예를 들어 준비태세가 아주 높으면 1을 곱하고, 준비태세가 아주 낮으면 0.3 정도를 곱한다. 이 가중치가 자의적일 수 있다는 점이다. 채점체계와 관련된 불확실성이 존재한다. 비록 화력지수 결정에 사용되는 방법은 무기체계를 실험실에서 시험평가한 후 획득한 자료를 사용한다 할지라도, 무기의 상대적인 가치와 질에 대해서 많은 가정이 만들어져야 하고 이러한 가정은 의문의 대상이 될 수 있다는 것이다. 또한 한 전차가 다른 전차보다 무거우면 기동성 면에서는 떨어지지만 방호적 측면에서는 더 나을 수 있다는 점을 무시하게 된다는 것이다.

(3) 장점

이 방법의 장점은 무기체계의 양뿐만 아니라 질까지도 고려의 대상으로 삼을 수 있다. 각종 무기체계의 다른 기동성, 생존성, 정확성, 치사율뿐만 아니라 듀푸이, 클라인, 랜드의 JICM모델은 C_4I, 군수지원, 준비태세, 환경적 변수 등도 고려하여 무기지수를 계산할 수 있다는 장점이 있다. 만약 적대적인 관계인 국가들이 같은 종류의 무기체계를 갖고 있다면 계산에 아무런 문제가 없다. 또한 국가 간에 완전히 상이한 부대를 비교하는 데에 공통적인 기초를 제공한다는 결정적 장점이 있다. 유럽에서 프랑스 기갑사단과 미국 기갑사단을 비교할 수 있었고, 미국의 보병사단과 소련의 자동화 소총사단을 비교할 수 있었다.

(4) 단점

화력지수 계산방법이나 기갑사단 등가방법 같은 초기의 가중치 비교는 무기체계의 질을 고려했지만, 전략과 전술, 군수, 그리고 C_4I 등과 같은 요소를 간과했다. 따라서 듀푸이, 클라인, 랜드 연구소에서는 이런 점을 고려했으나, 결국 시간의 변화에 따른 전투 결과를 예측할 수 없다는 단점이 결정적으로 존재한다. 전투 투입요소는 비교 가능하지만, 그 투입요소가 전쟁 결과에 어떤 영향을 미치는지 알 수가 없다. 또한 똑같은 점수를 가진 부대들이 산악에서 전투하느냐 평야에서 전투하느냐에 따라 달라질 수 있는데 이에 대해 설명할 수 없으며, 경보병 부대와 전차 부대가 싸울 경우 따로따로 싸울 때를 차별하여 설명할 수 없다. 점수가 같으면 똑같은 결과가 나온다고 가정하기 때문이다.

4. 동원율 평가

본질적으로 시간 경과에 따라 현존 전투력과 동원된 전투력의 총계가 어떻게 변하는지를 설명하는 모델로서, 전쟁이 총력전이라고 볼 때 국가의 총 동원력이 전투력에 어떤 영향을 미치는지 평가하기 위한 모델이다. 대부분의 전문가는 이 모델을 정태적 모델로 분류한다. 시간의 경과에 따라 총 전력은 제시해도 전투에 따른 소모율을 고려하지 않았기 때문이다. 하지만 이 모델은 시간의 변화에 따라 전력의 총계가 어떻게 변할 수 있는가를 보여주기 때문에 저자는 가장 원시적인 동태적 모델이라고 부른다. 현존 군사력은 상대적으로 작을지라도 국가들이 동원 후에 얼마나 많은 병력, 기갑사단, 무기, 군수지원 능력 등을 보유할지를 분석하는 데에 유용한 모델이다.

(1) 불확실성

평시에 한 국가의 군사력이 얼마나 준비되어 있는지에 대한 가정이 필요하다. 상비사단과 예비사단의 준비태세가 다르기 때문이다. 또한 예비사단과 예비군이 얼마나 빨리 준비태세를 향상시킬 수 있느냐에 대한 가정이 필요하다. 냉전기 소련의 제2부대는 준비태세를 50-75%로 보았으며, 미국의 국가경비대와 예비군은 소련의 제2부대보다 낮게 평가되었다.

부대들이 기지에서 전선으로 도달하는 데 요구되는 시간에 대한 가정도 필요하다. 냉전기 독일전선에서 위협평가를 할 때 소련에서 기동해 오는 부대와 동독 내부에 있는 부대 간에 차이를 주었으며, 수송수단별로 동원율을 다르게 평가했다. 미국 본토로부터 오는 증원군도 육·해·공군에 따라 다르게 반영해야 한다. 제2의 6.25 전쟁이 발발할 경우 미국의 지상군 증원은 공군보다 꽤 시간이 많이 소요될 것으로 보아도 무방하다. 비행장이나 부두가 선제공격을 받아 파괴된다면 증원과 동원은 더 힘들 것이기 때문에 이러한 요소도 감안해야 한다.

(2) 장점

정태적 분석이나 가중치 비교보다 더 유용한 점은 시간경과에 따라 가용한 전투력의 총계를 볼 수 있다는 점이다. 예를 들면 냉전기에 바르샤바조약국의 '기습'이나 '장기간 경고된 공격' 등과 같은 다양한 시나리오에 대응하여 나토의 총 군사력이 어떻게 변하는가를 볼 수 있었다는 점이다. 북한의 기습공격 시나리오에 대비하여 국내 예비군의 동원과 훈련, 전투에의 투입 정도와 미국 증원군의 전투에 투입 결과를 반영할 수 있다는 장점이 있다.

동원율은 병력과 각종 무기 체계 어느 것에나 적용될 수 있으며, 한 국가의 총 군사력 분석에도 적용 가능하다. 이러한 분석은 한두 개의 가정을 바꾸었을 때 그것이 관련국의 동원율을 어떻게 변화시키는지를 결정하는 민감도 분석에 매우 유용하다는 점이다. 예를 들면 미국이 항공 및 해상 수송능력을 증가시킬 경우 동원속도가 얼마나 빨라질 수 있는가 또는 북한이 비행장과 항구를 파괴했을 경우 동원에 어떤 영향을 미치는가 하는 문제도 감안할 수 있다는 이점이 있다.

(3) 단점

다른 정태적 평가모델과 마찬가지로 전쟁 투입요소와는 무관하게 전쟁 결과가 나올 수 있다는 점이다. 시간을 고려하고 병력의 질을 고려할 수 있다고 할지라도 이는 아직까지 C_4I와 전략·전술 같은 것을 반영하지 못한다. 앞서 말한 바와 같이 시간경과에 따라 전투손실이 발생하는 것을 반영할 방법이 없다는 것이다.

5. 간단한 수학방정식 모델

수학적 방정식을 이용하여 전쟁 결과를 결정짓는 것이다. 방정식의 입력 값은 전쟁을 치르는 양국 군사의 양적·질적 요소를 모두 망라해서 나타낸다. 어떤 입력 값은 사단의 숫자, 소모율, 이동률, 표준사단지수 등을 나타내기도 한다. 방정식을 계산한 결과는 공격 측이 점령한 지역, 전쟁 직후 양측의 전력 비율 또는 한쪽이 패배할 때까지의 소요시간 등으로 나타낼 수 있다. 간단한 수학방정식 모델의 대표적인 사례는 란체스터(Lanchester) 방정식, 엡스타인의 비란체스터 모델(Epstein's non-Lanchesterian Model)인 신축성 모델(Adaptive Model of War)과 소모-최전선확장모델(Attrition-FEBA Expansion Model) 등이 있다.

(1) 불확실성

수학 방정식 모델이 지닌 가장 큰 불확실성은 방정식과 현실 사이에 괴리가 있다는 점이다. 몇 개의 등식이 전쟁현상을 설명한다고 가정하고, 많은 가정이 전투 결과 산출을 위해 입력되며, 이러한 가정은 결과 산출에 지대한 영향을 미치는 것이다. 이때 사용되는 가정의 수가 많고 복잡할수록 모델도 복잡해진다. 이 수학방정식 모델은 전략, 전술, 기습, 기타 비계량적인 효과를 무시하고 있다.

(2) 장점

수학방정식은 전투 입력요소와 전투 결과를 연결시키려고 노력하며, 전력의 양적 측면뿐만 아니라 질적 측면과 시간 요소도 고려한다는 이점이 있다. 물론 전투의 진행에 따라 소모율, 이동률, 전투지역 등의 변화도 반영 가능하다. 민감도 분석이 가능하며, 컴퓨터를 이용해 계산할 경우 계산이 매우 쉽다는 이점도 있다.

(3) 단점

수학 방정식이 몇 개의 등식으로 되어 있기 때문에 실제 전투에서 중요한 영향을 미치는 요소를 다 설명하지 못한다는 문제점이 있다. 예를 들면 기동현상, 전략적 기습과 기만작전, 불완전한 상황판단과 행동, 전투준비태세, 동원, 전투지속능력 등에 대한 중요한 요소, 동맹군 상호 간 협조의 곤란, 계속되는 전투를 가정(방어측이 시간을 벌기 위해 공간을 주는 것을 계산하기 곤란), 공격의 이점 및 방어의 문제점 등을 반영하기 어렵다는 것이다.

전쟁결과 도출에서 전력과 화력 이외에 중요한 영향을 주는 C_4I, 군수, 지형의 이용, 통솔력 및 군대의 훈련 상태와 사기 등도 간과하는 경향이 있다. 사용되는 가정이 무엇인지 결정하기 곤란하기 때문에 단순한 모델을 사용할 경우에만 유용하다는 단점이 있다.

6. 컴퓨터 시뮬레이션

컴퓨터 시뮬레이션은 실제 전투 양상의 광범위하고 복잡한 현상을 나타내는 중요한 변수를 컴퓨터에 입력해서 한 달 또는 두 달 간의 전쟁 결과를 예측하기 위한 것이다. 하나의 시뮬레이션에서 공중전, 각기 다른 지역에서의 지상전투, 공대지 전투 및 C_4I 등을 다루는 각각의 다른 모델을 사용할 수 있다. 기상조건, 지형의 차이, 방어준비태세, 군대의 훈련 정도, 기습공격, 기술적 복잡성 및 기타 요소를 고려하는 것도 가능하다. 상당히 많은 변수를 사전에 컴퓨터 시뮬레이션에 입력할 필요가 있으며, 통상적인 입력사항으로는 무기재고를 포함한 공군 및 지상군 전투서열, 항공기 및 헬기의 출격률과 무기효과율, 동원율과 훈련율, 무기 재보급률, 운반 능력과 속도, 소모율 등이 포함된다.

(1) 불확실성

시뮬레이션 모델에 상당히 많은 가정이 필요하다는 점에서 불확실성이 존재한다. 예를 들면 전력산출률, 무기채점 및 효과성, 교전율, 지상전에서의 공군전력의 효과성, 지형조건, 차단작전의 효과, 부대의 이동률, 항공기 출격률 등에 대한 가정이 필요하다. 한 가지 문제해결에 집중하기 위해 만들어진 시뮬레이션은 다른 문제해결에는 취약하다. 예를 들면 소모율과 영토의 점령을 계산하는 모델은 군수 문제 예측에 유용하지 못한 것과 마찬가지다.

(2) 장점

컴퓨터 시뮬레이션을 이용해 전투 결과를 평가하는 것은 변수의 입력 값의 변화에 따라 달라지는 전투 결과를 시험할 수 있다는 장점이 있다. 따라서 군사력 균형을 다양하게 평가할 수 있으며, 군사력 건설과 전력구조, 준비태세의 변화에 따른 전투 능력 변화를 예측하고, 재래식 군비통제 합의가 군사력 균형에 미치는 효과를 분석하는 데 유용하다. 컴퓨터 시뮬레이션은 다른 예측 모델이 고려할 수 없는 요소, 특히 시간의 흐름에 따른 전투 결과 예측이 가능하다는 것이다.

가정의 변경이 전쟁 결과에 얼마나 민감하게 영향을 미치는지를 분석할 수 있기 때문에 민감도 분석에 많이 이용된다. 예를 들면 적의 동원율 추정에 어려움이 있는 경우 합리적인 범위 내에서 동원율을 변경하면서 각기 다른 동원율이 전쟁의 결과에 어떤 영향을 미치는지 평가할 수 있도록 되어 있다.

가장 발달한 컴퓨터 시뮬레이션 모델 몇 개는 지형의 차이, 준비된 방어, 방어장벽의 배치, 차단작전, 기동, 이동, 돌파, 포위 및 그 외 전투 현상 등을 적용할 수 있기 때문에 한층 더 현실에 가까운 전투 결과를 예측할 수 있게 한다. 랜드연구소가 개발한 컴퓨터 시뮬레이션 모델 중 전략평가체계(Strategy Assessment System)는 컴퓨터 시뮬레이션 모델에 인간적인 융통성과 의사결정의 반영이 가능하도록 만들었다.

(3) 단점

모델이 매우 크고 복잡하기 때문에 어떤 가정이 잘 설정되었는지 또는 잘못 설정되었는지 알아내기 힘들다. 또한 고려 요소의 부정확성 또는 적절하지 않은 고려 요소의 적용으로 결과의 왜곡이 발생할 수 있다. 전투의 상호작용을 잘못 나타내었다든지, 중요한 요소를 빠뜨렸다든지, 지형과 날씨, 우연 등을 잘못 반영했다든지 하면 전투의 결과가 전혀 다르게 나타날 수 있기 때문이다. 또 하나의 단점은 비전문가에게 설명하기 어렵다는 점이다. 또한 전쟁에서 중요한 요소인 인간의 영역을 컴퓨터가 다룰 수 없다는 한계점이다.

7. 워 게임(War Game)

인간에 의한 모의 전쟁게임으로 팀 구성에 제한은 없으나, 통상 3개 팀으로 구성된다. 한미연합사의 경우 3개 팀으로 구성되는데, 통제반, 청군(주로 한국군 역할, 어떤 경우에는 한미 연합군 역할), 홍군(주로 북한군 역할)으로 구성된다. 워 게임은 방에서 이루어진다. 수학 방정식 모델이나 컴퓨터 시뮬레이션은 가상 전투에 대한 결과 도출에 이용되지만, 워 게임은 보다 소규모의 전투뿐만 아니라 전구 차원의 전쟁에까지 확대 적용하기 가능한 모델로서 어느 차원에서도 활용 가능하다. 워 게임은 수학방정식 모델이나 컴퓨터 시뮬레이션 모델이 무시하였던 인간적인 요소, 특히 실제 전장상황에서 지휘관 사이에 있을 수 있는 역동적 상호작용을 관찰할 수 있는 모델이다. 아군과 대항군이 각각 사령부와 작전계획을 만들어서 전쟁 모의연습을 할 수도 있다.

(1) 불확실성

워 게임 시작 전 또는 게임 진행 중에 몇 가지 명확한 가정을 설정해야 한다. 그리고 게임의 시나리오가 주어져야 한다. 시나리오를 결정하기 위해 다수의 고려사항이 입력되어야 한다. 예를 들면 교전국 상호간의 정치적인 상황, 타국과의 적대적인 정도, 해외에서 파견되는 부대의 피격 가능성 여부, 상호간의 경보 시간,

각자의 전력 현황, 중립적 위치의 국가들의 행동, 적에 대해 가용한 정보 그리고 다른 변수에 대한 가정이 주어져야 한다는 것이다. 그리고 어떻게 전쟁의 승패를 판단할지를 결정해야 한다. 즉 통제팀은 단순한 모델, 컴퓨터 시뮬레이션, 인간적 판단 중 어느 것을 사용하여 전쟁 결과를 판단할지 결정해 놓아야 한다.

(2) 장점

워 게임의 장점은 통제반에 의해 조성되는 불확실성(또는 모호함)이다. 사람 사이에 하는 워 게임은 군사력 균형평가를 하는 데 비계량적인 요소를 활용할 수 있도록 한다. 즉 워 게임 실행자는 자국의 C4I 능력, 군수, 작전술 및 방정식으로 설명할 수 없는 다른 중요한 요소에 대한 지식을 적용하며, 이러한 전투력을 그들의 전략체계 및 전술, 운용능력에 따라 적절히 구사할 수 있다. 특히 전술적 기습을 시행할 수도 있고, 다른 전력승수효과를 발휘할 수도 있다. 워 게임의 가장 큰 장점은 정책결정에서 핵심 요소를 발견할 수 있다는 점이다.

워 게임은 시간을 명시적으로 다룬다. 즉 대부분의 게임은 시간이 변함에 따라 전투상황이 어떻게 진행되는가의 형식으로 구성되었으며, 따라서 실행자는 처음 행동의 결과에 대해 적이 어떻게 반응하는가에 따라 다음 행동을 결정한다. 상황이 변하면 전략을 고수할 수도 있고 변경할 수도 있다.

(3) 단점

워 게임을 실행하는 것은 인간이며, 또한 워 게임은 반복 불가능하기 때문에 동일한 시나리오가 주어지더라도 결과는 매번 상이할 수밖에 없다. 워 게임은 민감도 분석에는 그리 효율적이지 못하다. 즉 하나의 가변요소에 의한 게임 결과에 대해 민감도 분석을 시험하기 위해서는 최소한 3-4회의 게임을 실행해야 하는데 이는 시간 낭비이며, 결과 또한 신뢰성이 떨어진다고 할 수 있다.

실행자들이 이것이 게임이지 실제 전쟁이 아니라고 생각할 가능성이 많다는 점이다. 그럴 경우 실제 전쟁에서와 다른 결정을 내릴 가능성이 많다. 그러면 워 게임의 실효성이 반감된다. 인간이 하는 워 게임은 의사결정에서 투명성이 결여되어 있다. 왜 그런 결정을 내렸으며, 어떤 요소가 그 결정에 영향을 미쳤는지 모를

표 4-1 재래식 군사력균형 평가방법 비교

<table>
<tr><th colspan="2">분석방법</th><th>장점</th><th>단점</th></tr>
<tr><td colspan="2">단순 정태적 평가
(Static Counts)</td><td>• 실행 용이
• 민감도 분석에 용이
• 투명성
• 가장 자주 사용되는 방법
• 군비통제협상을 위한 기초자료 제공
• 자원의 할당을 위한 의사결정에 유용</td><td>• 전투결과 예측 불가
• 무기체계의 질적 판단 불가
• 전투현상 무시
• 시간의 경과에 따른 동원과 소모율 미반영
• 오판 유도 가능성</td></tr>
<tr><td colspan="2">가중치를 적용한
정태적 평가
(Weighted Static Counts)</td><td>• 양적 및 질적 평가가능
• 상이한 부대를 비교하기 위한 일반적 측정수단 제공
• 민감도 분석에 용이</td><td>• 전투결과 예측 곤란
• 전투현상 무시
• 시간의 경과에 따른 동원과 소모율 미반영
• 정태적 평가보다 복잡
• 무기의 가중치와 질에 관한 가정이 의문시 됨
• 통합화력의 효과와 다른 환경 하에서 부대의 효용성 무시</td></tr>
<tr><td colspan="2">동원율 평가
(Buildup Rate Techniques)</td><td>• 동원에 따른 부대수의 변화 고려
• 민감도 분석에 적절
• 무기, 부대, 병력에 대해서도 평가가능</td><td>• 전투 결과 예측 불가
• 전투현상 무시
• 시간의 경과에 따른 동원과 소모율 불 고려
• 동원율에 대한 가정 불명확</td></tr>
<tr><td rowspan="3">동태적 평가
(Dynamics Techniques)</td><td>간단한
수학방정식 모델
(Equation-based models)</td><td>• 전투 결과 예측 가능
• 시간 경과에 따른 전투력의 변화 고려
• 민감도 분석에 적합</td><td>• 종종 중요한 전투현상 무시
• 역사적인 사실과 일치하지 않은 전투 결과 산출
• 결정하기 곤란한 가정 포함</td></tr>
<tr><td>컴퓨터
시뮬레이션
(Computer simulation)</td><td>• 많은 유형의 전투결과 예측 가능
• 시간경과에 따른 전투력의 변화 고려
• 민감도 분석에 효과적
• 많은 전투현상의 평가 가능
• 상황에 맞는 기법 사용 가능</td><td>• 수많은 가정과 매개변수의 사용으로 매우 복잡
• 가정에 따라 많은 편차와 오차 발생
• 설명이 곤란한 결과 산출 가능
• 즉각적인 인간반응과 지휘의 반영 불가능</td></tr>
<tr><td>워 게임
(Human Played war game)</td><td>• 전장의 고유한 불확실성 묘사 가능
• 인간행동 묘사 가능
• 수량화할 수 없는 전투현상의 효과 포함
• 시간경과에 따른 전투력의 변화 고려</td><td>• 동일한 게임 결과 산출 불가
• 민감도 분석에 부적절
• 게임과 실전의 차이(참여자는 게임으로 인식)
• 의사결정과정의 투명성 결여</td></tr>
</table>

출처: Laurinda L. Rohn, *Conventional Forces in Europe: A New Approach to the Balance, Stability and Arms Control* (Santa Monica, CA: RAND, 1991), pp. 34-35.

경우가 많다는 점이다. 기억력에는 한계가 있으며, 특정 결정을 내릴 때 어떤 생각을 했는지 다시 살펴보기 힘들다는 문제점이 있다. 따라서 워 게임에서는 사후 강평시간에 질의 시간을 충분히 가져야 한다.

Ⅳ. 한국 전구전쟁 시뮬레이션 모델

이 모델은 한반도 전구의 전투시뮬레이션 모델에서 지상전투와 공군전투가 공지전(air-land battle) 교리에 의해 동시에 진행됨을 설명하고 있다. 유럽의 재래식 균형 논쟁에서 추출한 전쟁 결과에 영향을 미치는 모든 중요한 변수와 정태적·동태적 균형 분석 모델에서 전쟁 결과에 영향을 미치는 많은 변수 중에서 군의 사기와 같은 매우 주관적인 요소를 제외한 뒤에 한반도 전투의 현실적 상황을 반영한 모델이다. 아래에 일련의 입력변수와 그들의 관계를 나타낸 전쟁수행 흐름도를 제시한다.

이 모델을 만든 목적은 남북한의 군사력을 정태적 평가방법이 아닌 동태적 평가모델을 사용해서 평가하기 위해서이다. 한반도에서 전쟁의 승패에 영향을 미치는 주요 변수를 고려하고, 전쟁 시나리오를 만들어 각각의 시나리오에서 전쟁 결과가 어떻게 나오는가를 평가함으로써 북한의 위협을 다양한 각도에서 분석하고자 하는 것이다.

이 모델에서 고려한 변수는 다음과 같다. 우선 남북한의 군사력을 지상군과 공군으로 나누고, 모든 지상군 무기체계와 공군의 무기체계를 가중치를 적용한 정태적 평가에서와 같이 표준사단지수로 전환하였다. 아울러 시간, 기습전 및 소모전 시나리오, 기습의 우위, 방어자의 준비된 방어, 한반도의 지형, 미군의 증원속도와 규모, 공지전 교리, 동원율, 이동과 기동, 포위, 통솔력, C_4I, 군수지원 등 실제 전쟁에 영향을 미치는 주요 변수를 고려하였다.

그림 4-1 지상군 전투 흐름도

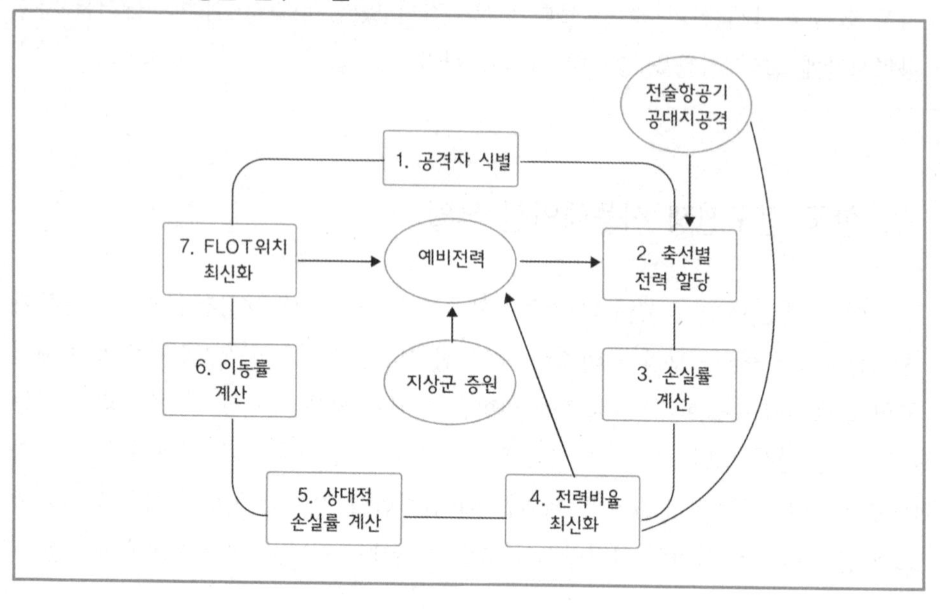

(1) 지상전 교전 모델

지상전 교전 모델은 〈그림 4-1〉에서 보는 것처럼 매일매일 구분된 7단계를 따른다. 모델은 사용자가 한정한 시간에 도달할 때까지 매일매일 진행된다. 지상전 단계는 다음과 같다.

1) 공격자 식별

전쟁 시뮬레이션 첫날 사용자에 의해 공격편이 지정된다. 물론 북한의 기습공격을 가정하므로 첫날 공격자는 북한이다. 다음 날의 공격과 방어의 결정은 전날의 전투 결과에 달려 있다.

2) 축선별 전력 할당

공격자의 전역사령관은 자기편의 교리에 따라 7개 축선에 각각 전력을 할당한다. 소모전을 위해 방어자는 공격자의 집중지점을 알고 이에 따라 예비 병력을 할당한다. 개전 첫날 방어자는 공격자의 집중지점을 알지 못하고 전 전선에 걸쳐 대략적으로 균등하게 병력을 할당한다.

3) 손실률 계산

전력의 손실률은 우선 공격자의 기습, 지형, 그리고 방어자의 준비된 방어와 요새화의 정도와 같은 병력수준에 영향을 미치는 승수를 곱하여 계산한다. 그런 후 계산된 손실률 수준은 최초 전력을 감축하는 데 사용된다.

4) 전력비율의 최신화

각 일자의 마지막에 축선별 전력 수준은 조정된다. 각 일자의 마지막 전력비율은 다음날 전투를 위한 전력 할당 결정을 하는 데 사용된다. 공격자는 각 축선에 있는 전력 비율이 전진하는 데 필요한 필수전력비율보다 크다면 공격을 계속할 것이다. 계산된 최신 전력비율이 필수전력비율보다 작아지면, 공격자는 전진을 멈추고 그 축선에서 대기한다. 방어자는 만약 전력비율수치가 방어자에게 유리하게 바뀌면 반격을 시작할 것이다. 또한 이러한 최신화된 전력비율은 각 축선의 예비전력할당을 변화시키는 데 사용된다. 다른 축선보다 전력비율이 좀더 작은 축선에는 좀더 많은 예비전력이 할당된다. 추가적으로 이 모델은 증원군이 얼마간의 훈련 후에 예비전력으로 합류되는 것을 허용한다.

다음으로 이 예비전력은 전력비율에 맞추어 필요로 하는 각 축선에 할당된다. 예컨대 모델에 두 축선이 있다고 가정하자. 축선 1의 공격 대 방어의 전력비율이 2 : 1이고 축선 2의 공격 대 방어의 전력비율이 3 : 1이라면, 방어자의 예비전력 60%는 축선 2에 할당될 것이고 나머지 예비전력은 축선 1에 할당될 것이다.

5) 상대적인 손실률 계산

양측의 상대적인 손실률은 그날의 마지막에 축선별로 계산된다. 이러한 손실률은 각 축선에서 이동비율을 계산하기 위해 사용된다.

6) 이동률의 계산

이동의 속도는 수학적 계산을 통해서 산출한 상대적인 손실률을 각 축선에 반영함으로써 계산된다.

7) FLOT 위치 최신화

양측의 최전선(FLOT: Front Line of Troops) 위치는 그날의 마지막에 최신화된다. FLOT 위치는 추가 또는 새로운 기동의 추적 또는 그 전일의 기동 등에 의해 계산된다. 이때 만약 방어자의 전력이 전선을 방어하기 위해 요구되는 최소한의 수준(최소전력밀도: break density)보다 낮다면 공격자에게 한 번에 20km를 그냥 진격할 수 있는 보상이 주어진다. 신속히 전진하는 축을 따라 측면이 노출되는 위험성을 최소화하기 위해 조건이 설정된다. 만약 전진하는 축선과 인접축선에서 전진하는 병력의 최전선과 차이가 60km보다 크다면 공격자는 가장 많이 진격한 축선에서 일단 멈추고 좀더 많은 예비전력을 인접축선에 할당하여 그 축선에서 공격하게 된다. 이것은 자기편 군사들이 전 전선에 걸쳐 좀더 보조를 맞춘 전진을 가능하게 한다.

7개 단계는 매일 반복되는데, 모델 운영자가 지정한 전쟁 말기까지 되풀이된다. 또는 공격자가 400km의 종심에 해당하는 최대 침투 목표를 달성하면 전쟁은 멈추도록 설계되었다. 왜냐하면 남한의 전선은 최장 길이가 약 400km이기 때문이다. 예컨대 이 모델에서는 전쟁을 개시한 지 30일째에 전쟁이 멈추게 한다. 하지만 이 모델로 이보다 더 긴 기간의 전쟁을 계산하는 것도 가능하다.

(2) 지상전 모델의 다른 측면

1) 지형적 요소

이 요소는 전장의 지형적 성질을 설명하는 데 사용되고 한국전쟁의 실제적인 기록에 근거하여 조정되었다. 이러한 역사적인 예는 공산주의자와 UN군의 전투조건이 지형에 따라 영향을 받았는지 여부를 반영하고 있다. 지형은 양측의 전투효과와 공격자의 기동속도에 영향을 미친다. 공격자의 전투효과는 지형에 따른 축선 기동으로 인해 불리한 영향을 받는다. 특정 축선에서 공격자의 실질적인 전력은 그 축선에서의 지형요소를 반영하여 조정한 전력이다. 예컨대 공격자가 지형점수가 1.5인 축선에 4ED(표준사단 지수)를 할당한다면, 그것의 효과적인 전력은 4/1.5=2.67표준사단이 된다. 지형점수의 범위는 1부터(트인 지형) 1.5(높은 산악지역)까지이다. 이 지형점수는 한국전쟁의 전투 결과를 부분적으로 반영하여 지형적 차이에 근접한 한반도의 지형점수를 나타내고 있다.

2) 준비된 방어와 요새화

방어자는 전방의 전장을 지뢰, 참호, 콘크리트 블록으로 보강하여 준비된 방어를 한다. 적이 이미 침투한 후에는 방어자는 준비된 방어의 이점이 없다. 이때에 그들은 준비된 방어의 유리한 점이 없이 기동전을 수행한다. 준비된 방어의 유리함을 반영하기 위해 공격자에게 불리한 점수를 준다. 이는 공격자의 전투효과를 1/1.2씩 감소시킴으로써 이루어진다.

3) 전력밀도

전선범위가 최소전력밀도 아래로 떨어진다면 방어자는 공격에 대해 더이상 응집력 있는 방어를 유지할 수 없는 것으로 가정된다. 만약 상대편의 공격이 가능하다면 돌파가 일어난다. 돌파가 일어났을 때 방어자에게는 일회의 손실을 부과하며, 방어자는 충분한 증원군이 방어자의 전력비율을 나은 수준으로 만들기 위해 도착할 때까지 계속 후퇴해야 한다. 방어자의 전력비율이 최소전력밀도 수준 아래로 떨어지면 방어자에 대한 한 번의 불리한 조건은 20km 후퇴이다. 이 모델에서 응집력 있는 방어를 유지하기 위해 요구되는 최소한의 전력은 다음과 같다.

- 트인 지형에서는 1.5 EDs(남쪽으로 1,2,3,4축선: 북쪽으로 1,2,3축선)
- 산악지형에서는 1 ED(남쪽으로 5,6,7축선, 북쪽으로 4,5,6,7축선)

(3) 공중전투 교전규칙

공군전력은 〈그림 4-2〉에서 나타난 것처럼 세 개의 구별된 임무에 할당된다. 임무형태(공대공, 공군기지 공격, 공대지 임무)는 개별적인 항공기 특성에 근거한다. 각 임무에 할당된 항공기는 매일 사용자가 입력한 결정명령에 의해 임무별로 활동한다. 지상공격기(폭격기)의 할당은 적 지상군의 각 축선을 따라 임무를 배분하는 자동화된 절차에 의해 조절된다. 그래서 방어자는 위협이 가장 큰 축선에서 적의 지상군 진격을 차단하거나 제2제대의 투입을 막기 위해 공대지 공격을 할 수 있고, 공격

그림 4-2 공군교전 모델 흐름도

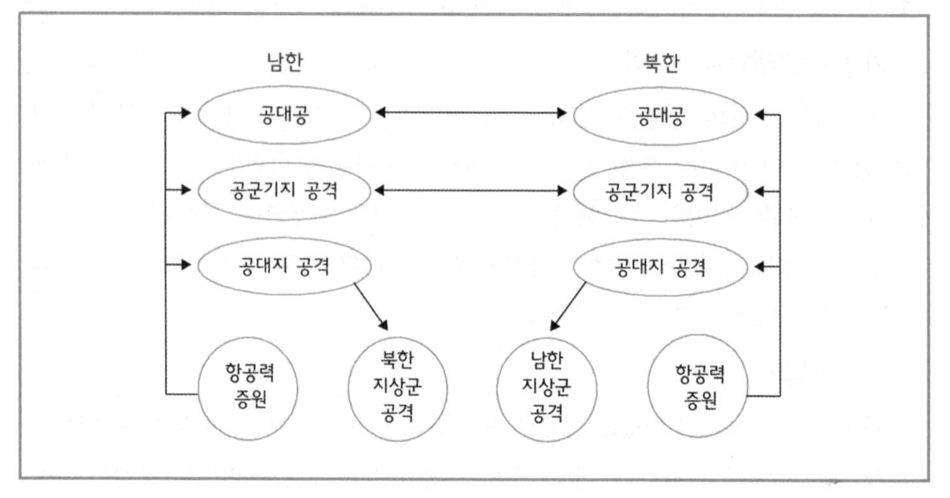

자는 그의 가장 성공적인 축선을 위해 근접지원을 할 수 있다.

〈그림 4-2〉에서 화살표는 다양한 임무 간의 상호작용을 나타낸다. 예컨대 남한의 공대공 전투기는 북한의 체공 공대공 전투기, 공군기지 공격기, 공대지 폭격기 등을 파괴한다. 마찬가지로 북한의 공대공 전투기는 남한의 모든 종류의 비행하는 항공기를 파괴한다. 또한 공군기지 공격기는 직접적으로 공군기지를 공격하거나 항공기의 비행을 금지시킴으로써 모든 종류의 적 항공기를 표적으로 삼는다. 그러나 공대지 공격기는 공대공이나 공군기지 공격기를 표적으로 삼지 않고 단지 적의 지상 전력을 파괴한다. 증원 공군기들은 양측의 증원 계획에 의존하는 각 임무에 할당된다.

1) 공대공 전투에서 손실률은 각 시간 동안 개입된 항공기의 능력과 수에 기초하여 평가된다. 이 모델에서 이러한 임무를 부여받은 상대편의 항공기는 공중에서 모든 종류의 적기와 교전한다.

2) 공군기지 공격은 제압과 공군기지 항공기의 파괴로 나누어진다. 제압은 오랫동안 지속되지는 않으나 좀더 쉬운 임무이다. 파괴는 좀더 어려우나 상대적으로 큰 성과를 얻는다. 공군기지 공격기는 공대공, 공군기지 공격, 공대지 공격 임

무에 가용한 적 항공기를 감축시킨다. 공군기지 공격에서 소모율은 수학적 계산에 의해 평가된다.

3) 공대지 공격기의 손실률은 양측의 방어 체계(공대공 미사일, 지대공 미사일)와 공군기지 공격에 의해 결정된다. 공대지 공격기는 공대지 공격기의 격추와 무관한 공격 중인 지상군 전력의 전진을 느리게 하는 부수효과를 지니고 있다. 공대지 공격에서 손실률은 수학적 계산에 의해 평가된다.

4) 다른 쪽의 공대지 공격으로 파괴된 적의 지상 전력은 수학적 공식에 의해 계산된다.

5) 항공기의 증원은 증원계획에 따라 이루어질 것이다. 그리고 중국과 러시아의 중립으로 인해 북한에 대한 공군지원은 존재하지 않을 것으로 가정된다.

(4) 입력 변수

한반도 전구전쟁 시뮬레이션 모델(COSMOKT: Combat Simulation Model for the Korean Theater)의 입력 변수는 이 모델에서 전투를 수행하는데 사용되었다. 입력변수의 예를 들면 방어 시 지상군 손실률, 공격 시 지상군 손실률, 공군기지 공격/제압 효과, 공군기지 공격 살상 효과, 공대지 공격 효과, 공대공 공격 효과, 공대지 공격임무 시 항공기 손실률, 일일 출격비율, 최대 기동속도, 초기 전선 지상전력, 초기 후방 예비전력, 공군기지 공격기 수, 공대공 전투기 수, 공대지 공격기 수 기동소요, 치명적 전력 비율, 증원계획, 미 지상군 증원, 미 공군 증원 등이 있다.

입력 변수에 몇 가지 점을 강조할 필요가 있다. 북한의 공대지 공격기의 효과는 한국의 전투기에 비해 열세하다고 가정된다. 북한의 전력 70%를 전방에 전개하였고 나머지는 후방에 보유하고 있다. 남북한 항공기의 동일한 비율이 공군기지 공격임무를 추가한 공대공 임무와 공대지 공격 임무에 할당되었다. 자료들은 양측이 이러한 두 범주에서 대략 동일한 수의 항공기를 가지고 있음을 보여주기 때문이다. 개전 3주 동안 북한의 증원 계획은 남한의 증원전력보다 3일 빠르다고 가정한다. 이는 기습공격을 가정한 것이다.

V. 한반도의 군사력 균형 분석

남북한 간의 군사력 균형을 단순 수량 비교, 즉 단순 정태적 평가를 해보면 다음과 같다. 2009년도 IISS에서 발간한 「The Military Balance 2009-2010」을 참고하여 남북한의 주요 군사력 보유 현황을 비교해 보면 〈표 4-2〉와 같다. 남한은 총 병력에서 북한의 62%, 전차 수에서 57%, 장갑차에서 99%, 야포에서 60%, 잠수함에서 19%, 전투함에서 35%, 지원함에서 104%, 전투기에서 104%, 수송기에서 11%에 달하고 있다. 한국의 국방부에서도 매년 이러한 방법을 사용해서 남북한 군사력 비교표를 만들어 국방백서에 발표해 왔다. 이 단순 수량 비교는 각종 무기 보유량이 북한에 모자라거나 북한보다 많다는 것을 보여줄 뿐 현 상태에서 전쟁이 발생했을 때 어떤 결과가 나올지 전혀 예측 불가능하다. 그리고 남한의 무기가 대체로 북한보다 최신의 것이며 질적으로 북한보다 우세함을 보여줄 수가 없다.

다만 북한이 남한보다 훨씬 많은 무기, 즉 전차, 야포, 잠수함, 전투함, 수송기 등을 보유하고 있으므로 앞으로 군사력 개선 사업에서 이 분야에 우선순위를 두면 좋겠다는 지침 정도밖에 제시하지 못한다. 만약 단순한 수량 비교에 근거하여 방위력 개선사업을 결정한다고 가정하면, 그 정책결정자는 전투력은 무기의 숫

표 4-2 남북한 군사력에 관한 단순 정태적 평가

구분	남한	북한	비율(남한/북한)
총 병력(육해공군)	687,000명	1,106,000명	.62
전차	2,330대	4,060대	.57
장갑차	2,480대	2,500대	.99
야포	10,774문	17,900문	.60
잠수함(정)	12	63	.19
전투함	119	343	.35
지원함	24	23	1.04
전투기	532	510	1.04
수송기	34	318	.11

출처: IISS, *The Military Balance 2009-2010* (London, UK: Oxford University Press, 2009).

자에 비례한다는 가정을 하고 있음을 알게 된다. 따라서 단순 수량 비교는 많은 문제가 있음을 알 수 있다. 그런데도 이러한 단순 정태적 평가는 자료를 얻기 용이하고, 비교하기 쉽다는 점 때문에 널리 이용되어 왔다.

또한 단순 수량 비교는 미래에 남북한이 군비통제 협상을 하게 된다면 상호 위협 감소의 근거 자료로 사용될 수 있을 것이다. 유럽에서도 재래식 무기 폐기 협정을 맺을 때 단순 수량 비교표를 만들어 상호 제시하고 협상했던 것에서 단순 수량 비교의 유용성을 짐작할 수 있다.

다음으로 가중치를 활용한 정태적 평가 방법은 1990년대에 국내외 몇몇 학자가 사용한 방법이다. 이영호는 1994년 국방백서를 이용하여 남북한의 군사력 가중치를 계산하여 비교하였는바, 한국 지상군의 화력은 북한 지상군 화력의 59.7%, 한국 해군의 전력은 북한 해군의 91%, 한국 공군의 전력은 북한 공군의 109 내지 120%라고 분석하였다.[12] 이영호의 연구는 1997년에 이루어졌지만, 1994년도 국방백서를 인용했으므로 지금부터 25년 전의 자료라고 할 수 있다. 2002년에 전문가들은 대개 한국 지상군은 북한 지상군에 비해 각종 무기수에서 엄청난 열세를 질적으로 만회하여 북한군의 75~80% 정도에 달한다고 평가하고 있다. 한국 해군과 공군은 지상군보다는 수적으로 크게 열세는 아니고, 또 북한보다 상대적 질적 우세를 감안하여 전력지수를 계산하면, 한국 해군은 북한 해군과 비슷하며, 한국 공군은 북한 공군에 비해 우세하다고 평가하고 있다.

2000-2001년간에 가용한 남북한 군사력 보유 현황에 관한 공개된 자료를 활용하여 WEI/WUV모델과 몇 가지 변수를 더 고려하여 남북한의 군사력 균형을 평가하면 〈표 4-3〉과 같다.[13] 전체적으로 보면 남한의 군사력은 북한의 77.7%에 달하고 있다. 이것은 랜드 연구소의 브루스 베넷 박사가 계산한 화력 점수로 남북한 군사력 균형을 평가해 본 것이다. 더 구체적으로 보면 남한 지상군은 북한의 64.4%, 남한의 공군은 북한의 130%, 남한의 해군은 북한의 163%에 달하고 있다.

---

12) 이영호, "북한 군사력의 해부: 위협의 정도와 수준," 「전략연구」 제4권 3호(1997), pp. 135-183.

13) Bruce Bennett, "North Korea: A Changing Military Force: A Threat Now and in the Future," A Conference Paper for the Council on U.S. Korean Security Studies, October 27, 2000.

표 4-3 가중치를 계산한 남북한의 군사력 평가

	남한	북한	비고
기갑	19,730	16,674	
대기갑	4,050	11,900	
화력지원	16,736	28,560	
보병	16,000	30,600	남한 지상군은 북한의 64.4%
전투기	11,305	5,100	
공격용헬기	2,567	900	
경 대공 무기	585	6,000	
중 대공 무기	3,375	1,650	남한 공군은 북한의 130%
잠수함	1,105	3,150	
수상함	5,255	1,997	
대잠 항공기	2,193	113	남한 해군은 북한의 163%
총 점수합계	82,901	106,644	총 전력비교에서 남한은 북한의 77.7%

출처: Bruce Bennett, "North Korea: A Changing Military Force: A Threat Now and in the future," A Conference Paper for the Council on U.S. Korean Security Studies, October 27, 2000.

이 값들을 계산함에 베넷 박사는 남한군이 북한군보다 우세한 C_4I, 정보와 정밀 타격능력, 무기의 질(치사율, 명중률, 기동속도 등), 공군의 차단능력, 해군의 기동속도와 해양통제력 등을 적용했다고 설명하고 있다.

저자는 1990년에 랜드 연구소에서 IISS의 Military Balance 자료를 이용하여 표준사단지수를 계산하였는데 남한 대 북한은 28개 대 43개의 결과를 얻었다.[14] 1990년 당시 남한군은 북한군에 비해 총 표준사단지수가 65%에 불과했다. 주한미군을 합하면 북한군의 70%가 되었다. 그때 전력수준에서 COSMOKT 모델을 적용한 결과는 북한이 남한을 기습 공격할 경우 개전 후 1개월 이내에 남한 영토의 60-70km 점령이 가능하다고 결론을 내렸다.

그러나 2004년에 국방연구원에서 그동안의 남북한 군사력 변화를 반영한 군사력 비교를 실시한 결과 남한의 육군은 북한의 80%, 해군은 북한의 90%, 공군은

14) Yong-Sup Han, *Designing and Evaluating Conventional Arms Control Measures: The Case of the Korean Peninsula* (Santa Monica, CA: RAND N-3411, 1993), p. 159.

북한의 103%라고 발표했다.[15] 이 숫자를 가지고 현재의 군사력을 표준사단 지수로 바꾸어 COSMOKT 모델을 적용하면 개전 후 30일 내에 북한군은 남한의 영토를 점령할 수 없다는 결론이 도출된다. 그것은 장기소모전에서는 한반도의 군사적 안정성이 확보되고 있다고 말할 수 있다. 만약 한미연합군의 조기경보능력이 확실하여 북한의 병력 집중 지역을 미리 파악하고 그 지역에 방어병력을 집중 배치하여 북한의 기습 공격을 장기 소모전으로 신속하게 전환시킬 수 있다면, 북한군은 남한을 공격하여 영토를 획득하지 못할 정도로 한반도의 군사적 안정성은 달성될 수 있다고 분석할 수 있다. 이것은 많은 군사전문가들이 말하는 군사적 안정성이 방어적 측면에서 달성되어 있음을 의미한다.

그러나 북한군의 기습 공격이 성공한다면 어떻게 될까? 예를 들어 북한군이 기습 공격 한 후 한미연합군이 어떤 사정에 의해 즉각 대처하지 못하고 이틀 정도 우왕좌왕한다면 개전 후 한 달 내에 북한군의 남한 영토 진격이 수십 km 정도 가능할 것이다. 이것은 최악의 시나리오에 해당한다. 탈냉전 이후 미군의 정밀타격능력은 급속도로 제고되었고, 표적식별능력과 타격능력이 엄청나게 증대되었으며, 북한 경제의 파탄으로 전쟁지속능력이 감소해 온 것을 고려한다면 전쟁 결과는 북한에게 더 비관적일 것이다. 따라서 북한에게 성공 가능성이 가장 높은 전략은 기습 공격뿐이라는 결론이 나온다.

이러한 점을 고려할 때 남한의 군사력 건설은 조기경보능력을 향상시키고, 북한의 기습 공격을 막는 방향으로 추진되어야 할 것이다. 그리고 한미연합군의 조기경보능력, 초기 대응능력을 향상시키는 방향으로 한미동맹 정책이 전개되어야 할 것으로 보인다. 한편 남북한 간의 군사력 격차가 급속하게 줄어들면서 북한이 핵과 같은 대량살상무기 개발을 통한 비대칭 전력 강화를 오래전부터 추진하는 점을 고려하여 이에 대한 대응책도 마련해야 한다.

또한 남북한 군비통제에서도 북한의 기습 공격 가능성을 막을 조치를 제안해야 군사력 균형분석에서 나온 의미 있는 결과를 제대로 활용하는 길이 될 것이다. 따라서 전방에 추진 배치한 북한군의 공세적 군사능력을 후방으로 재배치하는 문

15) 「중앙일보」, 2004년 8월 30일.

제는 한반도에서 군사적 균형과 안정성을 제고할 최선의 방안이기 때문에 북한과 군사회담에서 집중적으로 요구해야 할 것이다. 추진 배치된 북한의 군사력은 현 상태에서 동원 없이도 단기 및 무경고 하에서 기습 공격을 감행할 수 있고 이 시나리오에서 전쟁의 피해가 가장 많다고 계산되기 때문이다.

그리고 북한이 전투 초기에 많은 핵무기와 미사일과 화생무기를 사용한다면 COSMOKT모델은 더 비관적인 전쟁결과를 예측하게 될 것이다. 북한이 핵미사일과 대량살상무기를 개전 초기에 사용할 경우도 본 모델을 몇 가지 수정하여 고려할 여지가 충분하다. 전투 수행 전과 그 중간 중간에 이를 반영하는 컴퓨터 명령어를 만들어 모델에 반영하면 된다.

Ⅵ. 결론

지금까지 한국 국내에서는 남북한 군사력을 평가함에 있어 단순 수량 비교나 가중치를 고려한 정태적 분석이 많이 사용되었다. 그 결과 북한보다 보유량이 부족한 분야부터 무기의 구매 소요 제기를 하고 그 분야의 군사력을 조기에 건설하는 데 정책의 초점이 주어져 왔다. 그런데 냉전 시 유럽 전구와 한반도에서 전개된 군사력 균형 평가에 대한 논쟁을 통해서 정태적 분석만으로 해결될 수 없는 문제가 너무나 많음을 알 수 있었다. 그리고 정태적 분석에 근거한 정책대응이 너무 근시안적이고 일차원적이라는 것을 알 수 있었다.

미국과 나토가 소련과 바르샤바조약기구 군의 수적 우세를 따라잡기 위해서는 엄청난 군사비가 필요하고, 어쩌면 양적인 군비경쟁에서 영원히 뒤질 수밖에 없다는 자각 아래 미국과 나토는 공산권보다 우수한 군사과학 기술에 바탕을 둔 질적 군비경쟁을 선택했다. 군사력 균형분석에서 서방세계의 질적인 우세와 전장의 실제상황을 최대한 반영한 동태적 분석모델을 많이 개발하여 과학적으로 전쟁결과를 예측하려고 노력하였다.

이러한 과학적인 분석 모델은 국방정책을 둘러싼 논쟁을 정책적으로 의미 있고, 실질적으로 군사적 안정을 증진하는 방향으로 한 차원 고양하는 데 큰 기여를 했다. 군사력 건설에서도 비용 대 효과 측면에서 효율적인 국방투자를 유도하는 데 크게 기여했다. 한편 군비통제 협상에서도 정치적 선언적 조치보다는 실질적으로 군사적 안정과 안보를 증진시킬 조치를 제안하고 상대방 진영에 관철시키는 데 큰 역할을 했다.

전쟁의 결과를 올바로 예측하려면 국가적 차원의 전략과 군사전략, 리더십, 총체적 동원능력, C_4I, 무기의 총체적 능력 발휘, 군수지원, 전장별 특이한 지형지물 등을 반영한 전구 차원의 전쟁을 분석하는 모델을 개발해야 한다. 따라서 우리나라에서는 전구 차원의 전쟁모델을 더욱 많이 발전시키고, 첨단화하고 개선하기 위한 연구에 투자와 지원을 많이 해야 할 것이다. 기존의 모델을 종합하는 정부기관을 선정하고 미국 펜타곤의 계획분석평가 차관보실처럼 군사운영분석과 전구모델에 대한 연구를 하는 각 연구소에 연구를 적극 지원하는 활동을 체계적으로 전개해야 할 것이다.

체계적이고 분석적인 연구에 근거한 국방정책의 개발은 국방예산 사용의 효율성을 제고할 뿐만 아니라 국방의 과학적 발전에 크게 기여할 것이다. 따라서 한반도 군사력 균형 분석을 위한 동태적 모델 개발에 정부의 적극적인 지원과 함께 관련 전문가를 체계적으로 양성할 방안이 마련되어야 할 것이다.

토론주제

■ 다음의 주제에 대해서 토론해 보자.

1. 다양한 군사력 균형분석방법을 사용하여 현재 남북한 간 재래식 군사력 균형을 비교해 보자.
2. 군사력 균형분석방법을 한 개 선택하여 남북한 군사력 균형을 비교하고, 그 불균형을 시정할 정책 대안을 만들어 발표하고, 정책적 의미가 무엇인지 토론해 보자.

CHAPTER 05

북한의 핵위협 억제

Ⅰ. 북한의 핵실험과 억제이론의 재성찰

Ⅱ. 핵억제 이론의 변천과 미국의 맞춤형 억제전략

Ⅲ. 북한 핵위협 관련 각종 시나리오와 전략적 함의

Ⅵ. 북한의 핵위협을 해소하기 위한 방안

Ⅴ. 결론

CHAPTER 05

북한의 핵위협 억제

Ⅰ. 북한의 핵실험과 억제이론의 재성찰

2006년 10월부터 2017년 9월 3일까지 북한은 핵실험을 여섯 차례 감행하였다. 예견된 일이기는 했지만 한국을 비롯한 국제사회는 북한의 핵실험으로 말미암아 분노와 충격에 휩싸였다. 북한 핵실험의 파장에 대해서 대다수의 군사전문가들은 한반도에서 전략적 균형이 깨어졌다고 생각했다. 그리고 미국, 영국, 프랑스, 중국, 러시아 등 UN안보리 상임이사국은 북한의 핵실험이 동북아와 세계의 안보에 위협을 노정했다고 비난하면서, UN안보리에서 대북 제재 결의안 제1718호와 제1874호, 제2087호, 제2094호, 제2270호, 제2321호, 제2371호, 제2375호, 제2397호를 각각 만장일치로 통과시켰다. 이로써 한반도에서 북한의 핵위협은 현실로 등장했으며, 동북아에 핵도미노 현상을 불러일으킬 것이라는 불길한 전망이 나오기도 한다.

그동안 6자회담에도 불구하고 북한이 핵을 보유하게 된 것은 한국의 국가안보에 엄청난 도전과 위협을 던지는 것이 사실이다. 나아가 북한의 핵보유는 탈냉전 이후 국제비확산 체제에 대한 제일 큰 도전이자 기존의 비확산체제로 감당할 수 없는 문제이다. 북핵문제가 21세기에 한국이 직면한 가장 큰 군사안보문제임에도 불구하고, 북한의 핵실험 이후 한국 국내에서는 대북정책의 효용성 여부와 지속 여부, 미국 책임론, 북한 핵 무용론 등 정치적 논쟁이 더 많아 북핵에 대한 군사안보 차원의 함의와 실질적 대처방안에 대한 논의가 충분하게 이루어지지 못했었다.

이런 가운데 한미 양국은 "미국이 한국에게 핵우산을 포함한 확장억제를 제공한다"고 지속적으로 천명함으로써 북한의 핵위협에 대처하고자 했다. 그리고 오바마 미국대통령은 '핵무기 없는 세계'를 표방하면서 동맹국에 대한 지속적인 확장억제력 제공을 공약했으며, 2010년 10월 제42차 한미안보협의회에서 한미양국은 확장억제정책위원회의 설치에 합의했다. 그러나 미국의 확장억제의 내용에 새로운 것이 있는지에 대해 적지 않은 논란이 전개되었으며, 그 논란은 구체적인 보완책을 강구하게 만들었다.

그러나 2017년에 이르러 북한의 핵위협은 전혀 새로운 차원으로 나타났다. 제6차 핵실험이 수소탄 실험으로 나타났고, 연이어 북한이 미국의 본토 전역을 타격할 수 있는 '화성-15'호 대륙간탄도탄 실험을 성공했다고 발표했기 때문이다. 이후에 미국이 북한에 대한 공격 가능성을 시사했고 북한이 군사적 보복타격을 하겠다고 함에 따라 북미 간에는 군사적 충돌가능성이 높아졌다. 급기야 한반도 정세는 "누구의 핵 공격 단추가 더 크고 강력하나?" 하는 논쟁에 휘말리게 되었다.

이 전쟁위기를 해소하기 위해 남북정상회담이 전개되었고, 연이어 북미 정상회담이 두 차례 개최되었다. 하지만 여전히 북한의 비핵화문제는 해결되지 않고 북한 핵을 둘러싼 긴장은 유지되고 있으며 북한의 핵무기와 미사일 위협은 지속되는 실정이다.

그러면 북한 핵에 대해서 한국은 군사안보 차원에서 어떤 대응을 해야 할까? 북한의 핵위협을 근원적으로 해소하는 방안은 있는가? 한국이 핵무기를 개발하지 않고 북한 핵에 대응하는 방법이 있을까? 한미동맹의 한 축인 미국의 억제전략을 활용하는 방안에는 어떤 것이 있는가? 북한은 실제로 핵을 사용할 것인가? 한반도판 핵억제 전략과 북한의 핵위협 해소 방안은 어떤 것이 있는가? 이런 여러 가지 질문이 생기는 것은 당연하다.

따라서 이 장에서는 북한의 핵위협을 근원적으로 해소하고, 이에 대처하는 방법을 찾아보기 위해서, 첫째 미국의 억제전략의 변천 과정과 최근의 맞춤형 억제전략이 대두된 이유와 그 효용성 논쟁을 살펴보기로 한다. 둘째, 북한이 군사안보 차원에서 핵을 어디에, 무엇을 위해 사용할 것인가? 혹은 핵을 어떻게 활용할 것인가?에 대해 여러 가지 시나리오를 상정해 보고 이 시나리오들이 가지는 전략적 함의를 분석하려고 한다. 셋째, 북한의 핵위협을 해소하기 위한 한국의 정책대안을 모색해 보기로 한다.

Ⅱ. 핵억제 이론의 변천과 미국의 맞춤형 억제전략

북한의 핵장치(nuclear device) 실험 이전에는 한반도에서 북한의 재래식 전쟁 가능성을 억제하는 데에 한국의 국방정책의 모든 초점이 모아졌었다. 한미동맹의 목적도 한반도에서 북한의 재래식 침략 전쟁을 억제하고 피침 시 이를 성공적으로 격퇴하는 데 중점이 있었다. 물론 냉전기에는 북한의 침략에 대해 미국이 대량보복으로 이를 억제한다는 억제전략을 뒷받침하기 위해 주한 미군은 핵무기를 1957년부터 한반도에 배치했으며, 주한미군의 핵무기가 전쟁 억제의 중요한 수단이 되었다. 그러나 탈냉전 이후 1991년 말에 미국은 한반도로부터 핵무기를 철수했으며, 그 이후에는 미국의 재래식 억제전략이 대종을 이루었다.

북한의 핵실험 이후 한미동맹과 한국의 국방정책의 핵심은 북한의 핵사용을 억제할 뿐만 아니라, 북한이 재래식 전쟁과 핵전쟁을 역동적으로 연계하여 구사할 가능성에 대해서 이를 어떻게 억제하며, 침략을 받을 경우 어떻게 전쟁에서 승리할 것인가를 심각하게 생각하게 되었다. 따라서 북한 핵에 대한 억제방안을 찾기 위해서는 미국의 억제전략이 한반도와 어떤 관련이 있는지 살펴볼 필요가 있다.

1. 냉전기 미국의 억제전략

1946년 브로디(Bernard Brodie)는 그의 책에서 핵무기의 등장으로 인해 앞으로 미국 안보에서 가장 중요한 것은 핵무기의 사용을 방지(avert)하는 것이라고 언급함으로써 억제전략의 개념적 기반을 제공했다. 그 이후 냉전이 공고화되면서 미소 간의 전쟁과 자유·공산 양 진영 간의 전쟁을 억제하기 위해 억제(deterrence)라는 개념이 생겨났다. 억제란 "국제사회에서 어느 일방이 상대방을 공격하려는 경우, 보복으로 인한 피해가 공격으로 인한 이익보다 클 것이라고 위협함으로써 그 일방의 공격을 방지하는 것"이다.[1] 즉 한 국가가 침략활동을 하려고 마음먹는 경우, 보복으로 입게 될 피해가 공격으로 얻을 이익보다 훨씬 크다는 공포심을 가지게 만듦으로써 침략활동을 그만두게 만든다는 것이다. 억제이론은 핵무기가 등장하면서 실효성을 더 갖게 되었으며, 침략뿐 아니라 적의 강압(coercion)을 방지하는 것도 포함하게 되었다. 억제이론의 적용으로 냉전기간 동안 미국과 소련 사이에 핵전쟁은 발생하지 않았으며 핵무기는 사용되지 않았다.

그런데 보복으로 인한 피해가 무조건 크다고 위협하기만 하면 침략국이 침략을 멈출 것인가? 여기서 억제가 성공적이려면 다음 다섯 가지 조건이 충족되어야 한다고 널리 인식하게 되었다.

첫째, 보복국은 잠재적인 침략국을 응징할 수 있는 능력(capability)을 명확하게 갖추어야 하며, 잠재적인 침략국은 보복국의 응징 능력을 분명하게 인지해야 한다는 것이다. 둘째, 보복국이 반드시 보복하겠다는 의지(will)를 보유해야 하며, 이 의지가 반드시 객관적으로 분명해야 한다는 것이다. 셋째, 보복국이 보복 의지를 분명하게 침략국에게 전달(communicate)해야 한다는 것이다. 넷째, 억제력을 제공받는 동맹국들이 억제력을 제공하는 국가의 억제정책에 대해 신뢰(credibility)하고 또 확신(assurance)할 수 있어야 한다는 것이다. 이 이론은 침략국이든 보복국이든 양편의 정치지도자가 모두 냉철한 손익계산에 근거하여 국가의 행동을 결정한다는 합리적 결정론에 입각해 있다. 다섯째, 잠재적인 침략국이 억제력을 제공하는 국가의 억제정책을 신뢰해야 한다(credibility). 그런데 실제로 공산주의 국가들은 합리적 계산보다는 이데올로기적인 행동양식을 취하게 되므로 억제이론의 문제점이 제기되기도 했다. 하지만 역사적으로 볼 때 소련의 지도자는 핵전쟁을 선택하지 않았으므로 핵전쟁은 성공적으로 억제되어 왔다고 볼 수 있다.

냉전 시기 미소 간에 전개된 핵 군비경쟁 기간 중에 억제이론은 몇 가지 단

---

1) Glenn H. Snyder, *Deterrence and Defense: Toward a Theory of National Security* (Princeton University Press: 1961), pp. 14-16.

계를 거쳐서 발전하게 되었다. 미국이 소련에 비해 핵 우위(superiority)를 유지하던 기간에 미국은 소련의 핵전쟁 도발을 막기 위해 대량보복전략을 견지했다. 그러나 1960년대 이후 미소 간의 핵 우위가 바뀌면서부터 미국은 소련의 핵 공격으로부터 생존할 핵무기를 개발하기 시작했다. 여기서부터 제1격(first strike)능력과 제2격(second strike)능력이라는 개념이 파생되었다. 다시 말해 상대방이 핵무기로 제1격, 즉 선제공격을 할 경우 반격을 감행할 능력인 제2격 능력이 필요하게 된 것이다. 미국은 주로 태평양, 인도양, 대서양에 배치된 해군력과 공군력의 우세를 통해 제2격 능력의 우세를 유지해 왔다.

동시에 거부적 억제와 보복적 억제라는 개념이 생겨났다.[2] 첫째, 거부적 억제(deterrence by denial) 혹은 방위적 억제는 상대가 선제공격을 하더라도 패배당할 가능성이 클 뿐만 아니라 승리하려면 더 큰 손실을 입을 각오를 해야 한다고 방어측이 침략자에게 강요함으로써 억제를 달성하는 경우를 말한다. 거부적 억제력을 구성하는 군사적 수단은 침략국이 침략 목적을 달성할 확률이 높지 않도록 거부할 수 있는 핵 및 재래식 육·해·공군력을 포함한다.

둘째, 보복적 억제(deterrence by punishment)란 상대의 선제공격이 있을 경우 사후에 대규모의 보복을 강행하여 커다란 손실을 입힐 것이라는 것을 협박함으로써 공격을 자제하게 만드는 것이다. 보복적 억제는 공격 측보다 더 위력적이고 핵전력을 많이 보유해야 하며, 정책적 차원에서 반드시 반격할 의사가 존재해야 가능하다. 즉 보복능력이 부족하거나 보복의사가 없으면 보복적 억제가 성립될 수 없다는 점이다.

냉전 초기의 억제이론은 미국과 소련이라는 초강대국 간의 핵억제가 대종을 이루게 되었다. 그러나 미소간의 냉전이 핵 교착상태에 빠지는 한편, 다른 한편으로는 제3국, 특히 제3세계 지역에 대한 영향력 경쟁으로 나타나면서 제3국에 대한 확장억제, 그리고 재래식 군비에 의한 억제 등으로 영역이 확대되었다. 보복공격을 가하는 주체가 누구냐에 따라 직접억제와 확장억제가 구분되게 되었다. 공격을 직접 받은 국가가 직접 보복공격을 가함으로써 억제하는 것을 직접억제(direct de-

2) Glenn H. Snyder, *Deterrence and Defense: Toward a Theory of National Security* (Princeton, NJ: Princeton University Press, 1961), pp. 4, 14-16.

표 5-1 억제의 종류

		공격위험	
		잠재적	현재적
억제의 주체	자국	일반·직접억제	긴급·직접억제
	제3국	일반·확장억제	긴급·확장억제

terrence), 침략을 직접 받지 않은 국가가 침략당한 국가를 위해 보복공격하는 경우는 제3자 억제(third-party deterrence) 혹은 확장억제(extended deterrence)라고 한다.

핵무기에 대한 억제는 핵무기로 하는 것이 정석이다.[3] 여기서 핵의 실존적 억제(existential deterrence)라는 개념이 관련되는데, 실존적 억제란 핵무기만 보유하면 어떤 특별한 핵전략을 가지고 있느냐에 상관없이 핵무기의 고유한 성격 때문에 억제력이 생긴다는 것이다.

하지만 핵억제전략이 주로 냉전기간 미국의 핵전략인 대량보복전략(Massive Retaliation Strategy), 상호확증파괴전략(MAD: Mutual Assured Destruction), 유연반응전략(Flexible Response Strategy) 등을 논의하는 과정에서 비롯되었기 때문에 각각의 전략적 개념은 긴밀하게 연계되어 있다. 거부적 억제는 대군(counter-force) 1차 공격을 전제로 하고 있기 때문에 적극적 억제와 전략적 개념을 함께하며, 보복적 억제는 대민(counter-value) 2차 공격을 전제로 하기 때문에 소극적 억제와 전략적 개념을 함께한다.

억제이론은 적의 공격위험과 억제의 주체에 따라서 〈표 5-1〉에서 보는 바와 같이 네 가지로 구분할 수 있다. 일반·직접억제(general direct deterrence)는 평시에 자국이 적의 공격을 직접 억제하는 것으로 대부분의 국방태세가 이를 위한 것이다. 상호확증파괴(MAD) 개념에 의한 초강대국 간의 핵억제, 인도-파키스탄 간 핵억제, 남북한 간 재래식 억제 등이 여기에 속한다. 긴급·직접억제(immediate direct deterrence)는 적의 도발 징후가 농후한 위기상황에서 자국이 직접 억제하는 것이

3) Lewis Page and Rodric Braithwaite, “Should Britain Renew the Trident Nuclear Deterrence?” *Prospect* (August 2006), p. 22.

다. 긴급·직접억제의 사례는 1962년 10월 쿠바에 반입된 미사일의 사용 및 추가 반입을 막기 위해서 미국의 케네디 대통령이 전면적 핵전쟁을 협박했던 쿠바 미사일 위기에서 찾아볼 수 있다. 일반·확장억제(general extended deterrence)는 평시에 제3국이 동맹국에 대한 적의 공격을 억제하는 것을 말하는 것으로써 동맹의 형성, 방위공약, 동맹국 내 군대주둔 등을 통해 이루어진다. 미국이 동맹국인 한국에 대한 북한의 대남공격을 억제하기 위한 것으로는 한미동맹 유지, 미국의 대한국 방위공약 확인, 주한미군의 주둔 유지, 인계철선 개념에 따른 전진배치 등이 있었다. 미국의 한국에 대한 핵우산 제공 공약은 러시아, 중국, 북한 등이 한국을 핵으로 공격할 경우 그 나라에 직접적인 핵보복을 하겠다는 공약으로 한편으로는 한국을 보호하고 한편으로는 한국의 핵개발 의지를 통제하는 의미가 있다. 마지막으로 긴급·확장억제는 위기 시 제3국이 동맹국을 보호하기 위한 억제의 표현이다. 1996년 3월 타이완 총통 선거를 앞두고 중국은 대만독립주의자인 천수이볜 후보를 견제하기 위해 대만해협에 미사일을 발사하고 대규모 군사훈련을 시행했다. 이러한 위기상황에서 제3국인 미국은 항공모함을 파견함으로써 있을지 모를 중국의 대만 침공을 억제했다.

역사적으로 비핵보유국을 위한 핵보유국의 핵 억제력 제공은 두 가지 경우에 가능하게 되었다.

첫째는 핵보유국이 비핵보유국과의 안보동맹을 통해서 확장억제를 제공하게 된 것이다. 북대서양조약기구의 회원국에 대한 미국의 핵 억제력 제공, 한미상호방위조약에 근거한 한국에 대한 미국의 핵억제 보장, 미일상호방위조약에 의한 일본에 대한 핵 억제력 제공 등을 예를 들 수 있다. 동시에 핵보유국은 비핵국인 동시에 동맹국인 국가의 안보를 보장해 주는 조건으로 핵무기 개발을 하지 않도록 하는 방법으로서 핵우산(nuclear umbrella)을 보장하여 왔다. 특히 미국은 동맹국에게 핵우산 보장을 명시함으로써 핵무기를 사용해서라도 안보를 보장해주는 조건으로 동맹국의 핵확산을 막아 왔다. 미국이 한국과 일본에게 '핵우산'을 제공한다는 것은 곧 가상적국이 이들 국가에 대해 핵공격을 가할 경우 미국은 그 국가에 핵보복을 가한다고 위협함으로써 이들 동맹국가에 대해 핵공격을 하지 못하게 억제해 온 것이었다.

1960-1980년대 사이에는 미국이 나토동맹국에 대한 확장억제전략을 통해 유럽에서 핵전쟁을 성공적으로 억제했다. 냉전시기 미국은 소련이 재래식 전력의 우세를 활용해서 서독을 기습 공격할 경우에 초반의 열세를 만회하기 위해 태평양에서 우세한 해군력을 사용해서 소련의 극동지역에 핵 보복 공격을 가함으로써 제2의 전선을 열어 보복적 억제력을 구사한다는 전략이 있었던 것으로 알려졌다. 1960년대 미국의 케네디 행정부는 유럽에서 대량보복전략과 함께 재래식 억제를 강조하는 유연반응전략을 구사했던 것으로 알려지기도 했다.

미국을 비롯한 영국, 프랑스가 기여한 나토의 핵전력은 유럽-대서양 지역에서 전쟁의 비합리성을 부각함으로써 유럽의 평화와 안정에 공헌하였다. 나토의 핵전력은 나토 침략 시 보복공격으로 입을 위험과 피해가 엄청나서 나토 측이 결코 수용할 수 없음을 소련 측에 상기시키는 역할을 해왔다.

둘째는 핵확산금지조약(NPT) 출범 당시 UN안전보장이사회 상임이사국이자 핵보유국인 미·영·소 3개국이 NPT의 회원국인 동시에 비핵보유국으로서의 비핵의무를 지키는 국가에게 '핵보유국으로부터 핵공격을 받을 경우, 나머지 핵보유국이 피침략국을 위해 핵무기를 사용해서라도 안전을 보장하겠다'는 적극적 안전보장(positive security assurance)을 채택하게 되었는데 이것이 일반적인 핵억제의 역할을 하게 되었다. 이것은 핵확산을 막기 위한 조치로서 채택되었지만, 군사안보적 차원에서 전쟁 억제에는 큰 역할을 하지 못했던 것으로 알려졌으며, 핵확산 노력 국가의 핵무기 개발 프로그램을 막는 데에도 효과적인 역할을 제대로 하지 못한 것으로 볼 수 있다.

세계적 규모의 냉전 종식과 함께, 미국을 비롯한 핵보유국의 억제전략이 변화를 거듭해 왔다. 냉전 종식 후 유럽에서는 소련이 해체되고 미국과 러시아 간에 전략핵무기 감축이 획기적인 진전을 가져왔다. 소련과 바르샤바조약기구 국가들로부터 안보위협이 사라진 유럽에서는 미국의 핵전력에 의존할 필요성이 감소되었다. 또한 영국과 프랑스의 핵보유의 정당성이 감소되자 이 두 나라는 핵전력의 현대화 사업을 일방적으로 취소하였다.

한편 냉전기 미국이 남한의 영토에 전술핵무기를 배치함으로써 핵무기로써 북한의 침략을 억제하겠다는 정책의지도 있었다고 할 수 있지만, 한미동맹에 근거한 주한미군의 전방배치에 의한 재래식 억제를 통해서 이루어진 면도 있다. 한미 상호방위조약에는 "타 당사국에 대한 태평양지역에서의 무력공격을 자국의 평화와 안전을 위태롭게 하는 것이라고 인정하고 공통된 위협에 대처하기 위하여 각자의 헌법상의 절차에 따라 행동한다."라고 규정되어 있어 북한의 선제도발 시 미국이 한국안보를 보장하기 위해 즉각 개입하는지 여부가 문제시되었다.

즉 한반도 유사시에 미군이 즉각 대규모로 개입할 것인가가 북한에 대한 제일 중요한 억제요소였는데, 미국의 자동개입을 보장하기 위해 주한미군을 휴전선 가까운 최전방에 배치한 것이었다. 이것을 인계철선(tripwire)이라고 불렀다. 또한 한미 양국은 1968년부터 매년 한미 국방장관회담(한미연례안보협의회의, SCM: Security Consultative Meeting)을 개최하여 북한의 위협을 공동으로 평가하고 북한과의 군사력 균형을 유지하며 북한의 무력공격 시 즉각적이고 효율적인 지원을 제공함으로써 북한의 침략을 억제하고 한국의 안보를 보장하겠다는 공약을 재확인해 왔다. 그리고 1978년부터 한미 양국은 연합군사령부를 만들어서 한미연합군사령관으로 하여금 한국방어와 서울방어의 책임을 맡게 함으로써 북한의 남침을 억제하는 역할을 해왔다.

탈냉전 후 한미 양국은 변화하는 세계정세에 대비하여 한반도 유사시에 미국이 한반도에 증원할 수 있는 군의 규모를 한국의 국방백서에 명시함으로써 북한에 대한 재래식 억제전략을 분명하게 했다. 그 내용을 보면 "유사시 미국은 육·해·공군 및 해병대를 포함한 병력 약 69만 명, 함정 160여 척, 항공기 2,000여 대를 한반도에 전개하여 한국을 방위한다."고 되어 있는데 미국의 전시증원전략은 북한의 침략을 억제하는 중요한 수단이 되어왔다. 이것은 미국의 한반도 방위에 대한 공약이 분명한 것임을 말해주는 것이다.

2. 탈냉전기 미국의 억제전략과 맞춤형억제전략의 대두

탈냉전기에 미국의 핵전략은 변모를 겪는데, 미국의 부시 행정부는 2002년 1월에 과거의 삼각체제를 변경한 신3각체제에 따라 전쟁 억제력을 강화하겠다고 발표했다. 소련이 해체되고 난 후 미국 정부는 이란, 이라크, 북한을 악의 축이라고 규정짓는 동시에 이에 대한 새로운 핵태세보고서(NPR: Nuclear Posture Review)를 발표한 것이다. 지역적 수준에서 대량살상무기의 확산이 일어나자 이들 대량살상무기 확산 국가를 불량국가(rogue states)라고 규정짓고 불량국가는 미국이 보유한 기존의 핵무기로 억제하기 힘든 국가로 보았다. 불량국가들이 핵보유를 하면 실제 전쟁에서 위협과 사용 가능성이 높아져서 세계질서는 더욱 불안해질 것으로 본 것이다.

왈츠(Kenneth N. Waltz)를 비롯한 소수의 학자들은 작은 규모의 국가가 핵무기를 보유하게 되면 전쟁이 억제되어 오히려 평화와 안정을 가져올 것이라고 주장했다.[4] 하지만 다수설은 작은 규모의 국가, 특히 미국이 불량국가로 지칭하는 국가들이 핵무기를 보유하면 세계질서는 오히려 불안정해지고 전쟁의 발생가능성이 증대하게 된다고 보았다. 왜냐하면 불량국가의 지도자들은 독재자이며, 그들 내부의 군부조직은 군부만의 편협한 시각과 엄격한 통제로 특징지어지고, 독재자는 국민의 안전과 복지를 고려하지 않고 전쟁을 불사하기 때문에 보복국의 핵무기를 사용한 보복위협에도 불구하고 전쟁을 감행할 가능성이 높다는 것이다.

특히 2001년 9.11테러 이후 미국은 테러 세력이 핵무기를 손에 넣고 핵무기를 사용할 경우 억제가 불가능하기 때문에 세계는 대재앙을 겪게 될지도 모른다고 예상하였다. 그런데 테러 세력을 비롯한 비국가 행위자의 핵무기 사용은 불량국가의 핵무기 사용보다 더 억제하기 힘들다고 보는데 이에는 다섯 가지 이유가 있다. 첫째, 보복공격을 행할 대상이 누군지, 대상이 어디에 있는지 표적 식별이 곤란하다는 것이다. 둘째, 핵공격을 감행한 테러 세력이 어디에 있는지 식별하는 데 장시간이 소요되어 실제로 반격 결정을 했을 때 국제여론 등이 달라져서 핵으로 보복하기 어렵다는 것이다. 셋째, 테러 세력과 주권국가를 동일시하기 힘들기 때문에 어떤 국가에 대해 보복하기 곤란하다. 넷째, 민간인 피해가 극심해서 선뜻 보복결정을 못한다는 것이다. 다섯째, 테러 세력은 보복 국가가 핵 보복공격 위협을 하면 그들의 행동을 억제하기보다 오히려 핵전쟁으로의 확전을 더 바랄지 모른다는 것이다. 이것은 전통적인 억제논리가 전혀 작동하지 않음을 보여주기 때문에

4) Scott D. Sagan and Kenneth N. Waltz, *The Spread of Nuclear Weapons: A Debate* (New York and London: W.W. Norton & Company, 1995), pp. 1-46.

대처하기 더 힘들다. 아울러 미국은 기존의 핵억제전략을 신3각 체제(triad)로 보완하고 강화할 필요성을 강조하고 있다. 첫째, 미국은 핵 및 비핵을 사용한 핵공격능력을 강화하겠다고 발표했다. 이미 배치된 핵전력 중 전략핵탄두를 2/3 이상 감축하는 한편 불량국가를 포함한 테러 세력에 대한 소형 핵무기 개발을 추진하고, 벙커버스터 및 장거리 정밀폭격미사일, 토마호크 등 순항미사일을 개발·배치하는 등 재래식 공격 능력을 첨단화한다는 것이다. 아울러 1991년 걸프전 이후 대두된 이라크, 이란, 리비아, 북한 등의 화생무기 공격 가능성에 대해서 억제와 보복 수단으로써 핵무기 사용 옵션을 보유하겠다고 천명했다.

둘째, 미국은 불량국가와 테러 세력에 대해 적극방어(active defense) 능력을 강화하겠다고 했다. 소위 불량국가와 테러 세력의 핵무기 사용 가능성을 억제하기가 어려워짐에 따라 미사일 방어체제의 개발을 정당화하였다. 따라서 미국은 미사일 방어체제를 배치함으로써 적이 공격할 경우 손실을 최소화하겠다고 하고 있다. 아울러 제공권 장악을 위한 공중방어능력을 증강시킨다는 방침도 발표하였다.

셋째, 대량살상무기 사용 가능성에 대한 대응구조를 강화한다는 방침을 발표했다. 핵무기 이외에 MD, 비핵공격능력, C_4ISR 및 대응 군사인프라 구축을 통합함으로써 억제전략을 구사하는 수단을 강화한다는 것이다. 아울러 미국 방공사령부가 미사일 방어체제 및 세계적 공격능력에 대한 지휘통제를 하고 우주무기를 지속적으로 개발한다는 것이다.

실제로 미국 국방부는 2006년에 각각 발간한 4개년 국방검토보고서(QDR)에서 테러 세력을 비롯한 북한·이란·이라크 등 소위 '악의 축' 국가에 대해서 맞춤형억제전략(tailored deterrence strategy)개념을 제시하고 있다. 이 맞춤형억제개념은 과거에 소련의 핵위협에 대해 한 가지 억제전략을 가지고 억제하던 것에서 억제의 대상을 세 가지로 분류하고, 각각 그 대상에 맞춘 세부적인 억제전략개념을 제시한 것이다. 그 대상은 첫째, 러시아나 중국 같은 선진화된 군사적 경쟁국, 둘째 북한, 이라크, 이란 같은 지역 차원의 대량살상무기 확산 국가, 셋째 테러리스트 네트워크 등으로 분류된다. 그리고 맞춤형 억제전략의 내용으로서 위에서 설명한 세 가지 신3각 체제를 발표한 것이다. 그러나 맞춤형억제가 성공하기 위해서는 미국의 군사능력을 맞춤식으로 개발해야 하고, 미국의 보복의지를 명확하게 전달해야 하며, 잠재적 침략자들이 미국의 대량보복에 관한 메시지를 신뢰성 있게 받아들여야 하는 것이다. 여기에서 여러 가지 딜레마가 발생한다.

따라서 미국의 맞춤형 억제가 억제를 위한 만병통치약이 아니라 구체적인 전략상황에 비추어 어떻게 적용될지를 생각해야 한다. 한반도에서 맞춤형 억제전략이 적용되기 위해서는 북한의 핵개발 동기, 핵사용 가능성에 대한 시나리오, 그 대응방안 등을 종합적으로 검토할 필요가 있다.

Ⅲ. 북한 핵위협 관련 각종 시나리오와 전략적 함의

북한은 미국과 한국을 비롯한 국제사회의 반대에도 불구하고 왜 핵무기를 개발했는가? 북한은 미국의 군사위협을 억제할 목적으로 핵을 개발했다고 주장하는데, 북한이 핵무기를 실전에 사용할 가능성은 없는가? 북한이 핵을 선제 사용하지 않는다고 가정하더라도, 핵능력을 믿고 재래식 전쟁을 시도하거나, 비대칭 군사도발을 감행하거나, 재래식 전쟁과 핵전쟁을 혼합하여 구사할 가능성은 없을 것인가? 미국의 한국에 대한 확장억제 제공과 맞춤형 억제전략의 구사 약속에도 불구하고 한반도에서 미국의 핵억제가 실패할 경우는 전혀 없는가? 이러한 질문이 군사안보 차원에서 발생함은 당연하다. 이러한 질문에 확실한 대답과 대책이 있어야 한반도에서 평화와 안정, 대북한 전쟁 억제가 성공적으로 달성될 수 있기 때문에 북한 핵위협의 각종 시나리오와 전략적 함의를 알아본다.

1. 북한의 억제 논리 검토

북한은 소위 "미국의 대북한 적대시 정책, 전쟁책동, 특히 대북한 선제공격을 억제하기 위해 핵무기를 개발했다."고 주장해 왔다. 북한은 억제 목적으로만 핵무기를 개발했지 실제로 사용하거나 이를 가지고 남한을 위협하기 위해 만든 것이 아니라고 주장하는 것이다. 소위 '북한판 억제론'에 의하면 북한의 핵개발을 저지하기 위해 미국이 북한에 대해 군사적 공격을 감행하려 할 경우에 북한은 이를 억제하기 위해 핵무기를 만들었다는 것이다. 몇몇 전문가는 북한이 미국에 대한 실존적 억제정책의 일환으로 극소수의 핵무기를 만들었으며 이를 실전배치하지는 않을 것으로 보기도 했다.[5)]

이것은 논리적으로 보아도 자가당착이다. 북한의 핵개발은 미국의 선제공격 주장이 대두되기 훨씬 이전에 시작된 점을 감안하면 북한이 억제용으로만 핵무기를 만들었다는 논리는 자기모순에 빠진다고 볼 수 있다. 미국의 선제공격론은 북한이 핵무기 개발을 가속화하자 나온 미국의 대북한 압박 카드의 하나였고, 6자회담이 진전되면서 사라졌다가 북한이 미국에 대해 군사공격 협박을 함에 따라 미국의 대북공격론이 다시 나온 사실을 감안해야 할 것이다.

그러나 북한은 1994년 10월 제네바 핵합의에도 불구하고 핵무기 개발을 계속했으며, 1990년대 말에는 우라늄농축프로그램을 시작했다. 그것은 클린턴 행정부 말기 공화당이 주도한 '북한 핵에 관한 보고서'[6)]에서도 드러나고, 2001년 10월 북한의 언급에서도 시사되고 있다. 2001년 부시 행정부 등장 이후 북한은 "우리가 미국의 대북한 압살책동을 예견하고 미리 군사력을 튼튼히 해 온 것은 선견지명이 있었던 것임이 드러났다."고 하는 데서 보듯 억제력을 계속 발전시켜 왔다.

북한이 미국의 침략 가능성에 대한 억제력, 특히 핵 억제력을 공식적으로 시사한 것은 2003년 4월이다. 2003년 4월 북한의 외무성 대변인은 "이라크 전쟁은 전쟁을 막고 나라의 안전과 민족의 자주권을 수호하기 위해서는 오직 강력한 물리적 억제력이 있어야 한다는 교훈을 보여주고 있다."[7)]고 하면서 북한이 핵 억제력을 보유하고 있음을 은연중에 내비쳤다. 한 북한 전문가는 "북한의 핵보유 통보는 북한의 계산된 행동이며, 핵무기로 미국을 협박함으로써 미국의 선제공격 가능성을 억제하자는 의도"라고 주장했다.

2003년 6월 북한 외무성 대변인 성명에서 북한은 핵 억제력 강화를 공식화하였다. "우리는 날로 그 위험성이 현실화되고 있는 미국의 대조선 고립 압살전략에

5) 임수호, "북한의 대미실존적 억지 강제의 이론적 기반," 『전략연구』 제40호(2007).

6) North Korea Advisory Group, Report to the Speaker of the U.S. Hollce of Representative, November 1999.

7) 북한 외무성 대변인 성명, 2003. 4. 18.

대처한 정당방위 조치로서 우리의 자위적 핵 억제력을 강화하는 데 더욱 박차를 가할 것이다"라고 하고 있다. 핵 억제력 선언은 2005년 2월 북한이 핵보유를 공식적으로 선언하면서 밝힌 문건에 더 명백해졌다. "우리는 부시 행정부의 증대되는 대조선 고립 압살정책에 맞서 핵무기 전파방지 조약에서 단호히 탈퇴하였고, 자위를 위해 핵무기를 만들었다. 우리의 핵무기는 어디까지나 자위적 핵 억제력으로 남아 있을 것이다."[8]

비핵보유국이 핵무기를 보유하기 원하는 가장 첫 번째 이유는 자국의 안보를 보장하고 외부의 위협을 억제하기 위해 개발하는 것이다. 그러나 핵무기가 억제목적으로만 개발된다고 가정한다면 지역 차원의 소규모 국가들이 핵보유를 하면 할수록 국제질서는 안정된다는 가설을 인정하는 결과가 된다. 그러나 앞에서 본 바와 같이 세이건(Sagan)이 내세우는 주장에 따르면 북한 같은 불량국가 겸 독재국가는 국민의 복지와 인권을 무시하고 선군정치 아래 폐쇄적 군대집단이 득세하고 있으므로 일부 소수 군부 통치세력의 이익만을 위해 핵무기를 사용할 우려가 높다는 것이다. 북한의 핵무기 보유는 북한 지도부를 예전보다 더 호전적이게 만들 가능성이 크다. 또한 북한이 미국의 위협을 억제하기 위해 핵무기를 제조했다면, 미국의 위협을 더 완벽하게 억제하기 위해서 핵무기 제조를 더 지속할 것으로 예상할 수 있다. 따라서 북한이 미국의 위협을 억제하기 위해 핵을 개발한다는 논리는 설득력이 부족하다고 하겠다.

2. 북한의 핵사용 시나리오와 전략적 함의

북한이 핵무기를 보유한 것은 실전에 핵무기를 사용할 가능성을 염두에 두었을 가능성이 높다고 보는 전문가가 많다. 브루스 베넷(Bruce Bennett)은 북한의 핵무기 보유량이 많아질수록 핵무기를 실전에서 사용할 가능성이 높아진다고 보고 있다.[9] 북한이 2-3개의 핵무기를 갖고 있을 경우 핵무기를 선제 사용하고 나면

---

8) 북한외무성 대변인 성명, 2005. 2. 10.

9) Bruce Bennett, "Military Implications of North Korea's Nuclear Weapons," KNDU Review, Vol. 10, No. 2 (December 2005), pp. 75-98.

미국의 보복 공격을 억제하기 위한 목적에 사용할 여분의 핵무기가 없기 때문에, 소수의 핵무기는 사용하지 않고 계속 보유하고 있을 가능성이 높다. 그러나 북한이 10여 개 이상의 핵무기를 보유하고 있다면 실전에서 전쟁목적으로 사용할 가능성이 높아진다는 것이다. 몇 개의 핵무기를 실전에서 사용하고 나머지는 미군의 한반도 증원 가능성을 차단하거나 한미동맹군의 반격작전을 억제하기 위해 2차로 사용할 수 있다는 것이다.

북한이 실전에 핵무기의 사용을 고려한다면 어떤 경우에 가능할까? 실전에서 북한이 핵무기를 사용하거나 사용을 위협할 가능성은 다음과 같이 세 가지 경우로 구분해서 설명할 수 있다.

첫째, 북한이 남북한 체제 경쟁에서 도저히 이길 자신이 없으며, 현재 건설한 핵과 재래식 전력을 사용하여 무력으로 남북통일을 시도하는 길 외에는 북한체제의 미래가 없다고 판단할 때 핵무기 사용을 심각하게 고려할 가능성이 있다. 이 경우에는 한미 동맹이 억제력이 있다고 하더라도 실효적으로 북한을 억제할 수 없다.

제2차 세계대전 때, 시간을 끌면 끌수록 미국과의 국력과 군사력에서 차이가 더 벌어질 것이기 때문에 나중에 공격하기보다는 지금 공격하는 편이 낫다고 판단하여 일본이 미국을 기습 공격한 예에서 보듯, 객관적인 국력과 군사력의 차이가 전쟁도발을 억제하지 못하는 경우도 있다는 것이다. 북한은 선군정치의 기치 아래 모든 국력을 핵개발과 전쟁준비에 집중 투자해 왔다. 시간을 끌면 끌수록 핵과 재래식 전력은 무용지물이 될 가능성이 많고 경제는 피폐해져서 실패한 국가가 될 가능성이 많기 때문에 북한이 자포자기에 이르기 전에 핵전쟁을 개시하는 경우가 이에 해당된다.

둘째, 북한이 전쟁에서 이길 수 있다고 계산한 결과 핵무기를 사용하거나 위협하는 경우이다. 핵무기로 선제공격하여 기선을 제압한 후 전쟁 초기에 얻은 이익을 지키기 위해 한미동맹군의 반격을 제한할 목적으로 혹은 미군의 한반도 증원을 막기 위해서 핵전쟁으로의 확전을 각오하라고 위협하는 경우를 예로 들 수 있다. 이것은 재래식 기습전쟁으로 남한의 일부를 장악한 이후에 핵사용을 위협함으로써 주한미군과 한국군의 반격작전을 중단시키기 위한 경우도 포함된다.

셋째, 한반도 위기 시 핵전쟁으로의 확전 가능성이다. 남북한 간에 위기가 발생했을 때 북한이 위기를 핵전쟁으로 확전시킴으로써 북한에 유리하게 위기를 종결하려고 결심하는 경우이다. 북한이 핵을 보유한 상태에서 위기를 확대시키면 핵을 보유하지 않았을 경우보다 위기의 불안정성이 더 높아진다. 남한이 핵무기를 보유하고 있다면 위기의 불안정성은 재래식 충돌에 국한되겠지만, 북한만이 핵무기를 보유한 상태에서는 위기의 불안정성은 더 커지며 북한의 핵사용 위협 내지 실제 사용으로 이어질 가능성이 더 커진다.

결론적으로 북한의 지도부는 미국을 대상으로 미국이 선제공격하려고 할 경우 이를 억제하기 위해 핵무기를 만들었다고 주장하나, 세계적으로 안보전문가들은 북한이 핵을 보유함으로써 북한 지도부의 행동선택의 범위가 넓어졌음을 알고 있다. 평시에는 남한과 미국에 대한 핵 공갈(blackmail) 수단으로 핵보유 사실을 활용하면서 남한을 강제(compel)할 수 있고, 전시에는 전승을 보장하고 미군의 한반도 증원과 일본의 한반도 지원 그리고 한미동맹군의 북한 반격을 억제하기 위해서도 핵을 사용하거나 핵사용을 위협할 수 있다. 후자의 지적이 타당하게 생각되는 것은 김정은 시대에 북한이 핵무기 실험과 미사일 시험발사 때에 밝힌 각종 성명을 통해서 나타나고 있다. 북한은 남한 내 주요도시 선제타격훈련 및 청와대 타격훈련 사진을 보여준 적이 있고, "전략군 화성 포병 부대의 임무가 태평양지역의 미군 기지를 타격하는 것이다(2016. 9. 6. 로동신문)", "괌에 있는 미군 기지를 포위공격 할 수 있다(2017. 8. 30. 로동신문)", "미국의 어느 곳이라도 핵공격이 가능할 정도로 핵무력을 완성시켰다(2017. 11. 30. 로동신문)"라고 각종 협박언술을 구사하고 있다. 이것은 북한의 전략군이 한반도와 주일미군기지, 태평양상의 미군 기지를 포함하여 미국 본토까지 타격대상을 확장하고 훈련을 실시하여 왔음을 말해주는 것이다. 핵 선제공격을 한 후 남은 핵무기로 미국의 보복공격을 억제하기 위해 추가 핵사용을 위협할 수도 있다. 이러한 다양한 가능성에 대해 한국이 군사안보적 차원에서 억제전략을 갖추고 대비하지 않으면 평시에는 남북한 관계에서 남한이 끌려 다닐 가능성이 있고, 전쟁이 임박하거나 전시에는 남한의 전쟁목표가 크게 위축될 가능성이 존재한다.

Ⅵ. 북한의 핵위협을 해소하기 위한 방안

북한의 핵사용 가능성과 핵위협 가능성에 어떻게 대응해야 할 것인가? 북한의 핵사용 가능성과 핵위협 가능성을 사전 억제하려면 어떻게 해야 할 것인가? 이에 대한 적절한 대처방안은 어떤 것이 있는가?

앞에서 살펴본 바와 같이 잠재적 침략국의 핵사용을 억제하기 위해서는 억제전략이 필요하다. 핵무기 위협에 대해서는 핵무기로 보복을 위협하는 것이 억제의 가장 효과적인 방법이다. 그러나 한국은 북한의 핵위협에 대응할 핵무기가 없다. 따라서 한미동맹에 의존하여 미국의 핵억제전략에 기댈 수밖에 없다. 그렇다면 탈냉전 이후 대두된 미국의 맞춤형 억제전략 중에서 어느 것이 한반도에 유효하며 어느 것을 한반도에 적용할 수 있는지 분석할 필요가 있다.

첫째, 북한의 핵위협에 대응하기 위해서는 미국의 한국에 대한 억제전략을 강화하는 것이 필요하다. 보복적 억제뿐만 아니라 거부적 억제를 더욱 강화해야 할 것이다. 보복적 억제는 미국의 핵우산 보장을 보다 더 강화한 안전보장이 필요하다.

〈표 5-2〉에서 보듯이 북한의 핵위협이 계속 증가함에 따라 한미 양국은 대북한 억제력 강화조치를 취해 왔다. 그러나 북한의 핵위협이 가시화된 상황에서 미국의 재래식 억제력과 한반도에서 핵무기가 뒷받침되지 않은 핵우산 제공 약속만으로는 미국의 보복적 억제의지가 북한에게 경고로 작용하지 않을 수도 있다. 따라서 미국 정부가 핵우산을 통한 확장억제 제공을 약속한 것은 시의적절하다. 하지만 미국의 확장억제 약속을 더욱 심화할 방법 논의가 추가적으로 필요하다.

현재 한반도에서는 북한의 핵위협에 대해 한미 양국군 사이에서 공동으로 기획하고 대처할 필요성이 더욱 높아졌다. 한미 양국이 동맹체제를 변환시키고 한국군은 작전통제권을 이양받기 위해 노력하는 시기에 북한의 핵위협에 효과적으로 대처하고 억제하기 위해서 앞으로 한미 양국 간에 공동의 핵방위기획을 위한 기구를 설치하고 핵방위기획을 협의해 나아갈 필요가 있다.

둘째, 한미 양국은 북한이 핵무기 사용을 결정하지 않도록 한반도에서 북한

표 5-2 북한의 핵미사일 도발과 미국의 억제력 강화 조치에 관한 일정표

시기	북한의 도발 행동	미국의 억제력 강화 조치
1993. 1~ 1994. 10. 21	제1차 핵 위기~ 북미 제네바합의	• 미국이 북한에게 소극적 핵안보 보장 약속 • 한국에 대한 핵우산 보장
2006. 10. 9	북한 제1차 핵실험, 자위적 핵 억제력 보유 과시	• 2006년 11월 미국의 "핵우산을 포함한 확장 억제력 제공"을 한국에게 약속
2009. 5. 25	북한 제2차 핵실험	• 한국의 PSI 가입 • 2009년 10월, 미국의 "핵우산, 재래식 타격능력 및 MD 포함, 모든 범주의 군사능력을 운용하는 확장억제력을 한국에게 제공"약속 • 한미확장억제정책위원회 출범
2013. 2. 12	북한 제3차 핵 실험, 미국 본토 공격 위협	• 2013년 10월, 미국의 "핵우산, 재래식 타격능력 및 MD 포함, 모든 범주의 군사능력을 운용하는 확장억제력을 한국에게 제공"약속 • 북한의 미사일 위협에 대한 탐지, 방어, 교란, 파괴라는 대응 전략을 한미공동 발전 합의
2014	북한 미사일 시험	• 위와 동일 • 한국은 독자적 북핵 미사일 대응위해 Kill-Chain, KAMD 발전 약속
2016년 1월, 9월	북한, 제4,5차 핵 실험 북한, 공격적 핵 협박 시사	• 확장 억제 공약 동일 • 한미 억제전략공동위원회 출범 • 미국 전략자산 순환배치 • THAAD 필요성 합의
2017년 8월, 9월	북한, 괌 미군기지 공격협박 북한, 제6차 수소탄 실험	• 확장억제 공약 동일 • 2017 10월, 미국은 "북한의 핵개발 계속 시 북한 종말" 협박 • 한미 확장억제전략협의체(EDSCG)의 정례화

출처: 한용섭, 『북한 핵의 운명』(서울: 박영사, 2018). p. 155.

에 대해 거부적 억제력을 제고할 필요가 있다. 북한이 남한과 주한미군에 대해 핵위협과 핵공격을 통해서 원하는 목적을 달성할 수 없도록 거부적 억제능력을 조기에 확보하는 것이 필요하다. 이것은 한국군 혹은 한미동맹군이 북한의 핵위협과 핵사용 움직임을 조기에 경보하고, 북한이 핵을 포함한 대량파괴무기를 실제로 사용하려는 움직임에 대해 북한 내 핵관련 표적을 선제 타격할 수 있는 중장거리 정밀 폭격능력을 향상시켜야 함을 의미한다. 동시에 한국군이 지휘통제통신시스템을 첨단화하고, 독자적 감시정찰 전력을 조기에 확보해야 할 것이다.

여기서 유의할 점은 미국은 북한에 선제공격하기가 어렵다는 것이다. 여기서 미국의 억제전략의 한계가 있다. 한국과 일본, 중국과 러시아 모두 미국의 북한에 대한 선제공격을 지지하기 힘들고, 북한 또한 반드시 보복공격 및 확전을 시도할 것이므로 미국의 선제공격은 이루어지기 힘들다. 그렇다면 한국이 북한의 핵위협과 핵사용 동향을 조기 경보하고 이를 독자적으로 무력화할 수 있는 첨단 재래식 정밀타격 능력을 개발하는 것이 중요하다.

이러한 맥락에서 2011년 3월 국방부가 발표한 '적극적 억제' 개념이 관련성이 있다. 적극적 억제란 전력의 압도적 우위를 확보하고 공격 징후가 확실할 경우 먼저 북한의 전쟁 지휘체계와 공격 거점을 정밀 타격할 능력을 보유하는 등 능동적이고 적극적인 조치를 취한다는 것이다.

셋째, 한미 양국은 한미동맹을 더욱 더 강화해야 할 것이다. 북한의 핵 보유는 한반도에서 전략적 균형이 상실된 것을 의미한다. 이 새로운 위협상황에 대처하려면 핵무기가 없는 한국은 대북한 억제력을 보유한 미국과 동맹을 강화함으로써 미국의 확장억제력이 발휘되도록 여건을 조성해야 할 것이다.

미국이 확장억제전략을 구사하려면 미국의 대통령이 미국 본토를 희생하면서까지 한국을 사수하려고 결심해야 하는데 중간에 여러 가지 변수가 끼어들 가능성이 있다. 북한이 대륙간탄도미사일(ICBM)에 핵탄두를 장착하여 실전배치하면 미국이 뉴욕이나 로스앤젤레스를 희생하여 서울을 사수하려고 할 것인가에 회의가 생길 수 있다. 미국의 한국에 대한 억제력 제공은 미국의 대한국 신뢰도, 한미동맹의 강도, 주한미군의 지속주둔 여부 등과 밀접히 연관되어 있기 때문에 한미동맹을 지속적으로 강화하는 것은 북한의 핵위협을 억제하는 효과적인 방법이 될 수 있다.

넷째, 한미 양국은 미국과 일본 사이에 그러했듯이 미사일 방어체제와 방공능력을 강화하여 적극방어 능력을 향상할 필요가 있다. 북한의 대량살상무기와 미사일이 현실적인 위협으로 대두된 지금 미사일 방어체제 무용론 및 불가론은 재검토될 필요가 있다. 1999년 당시에 한국에서 전개되었던 미사일 방어체제 논쟁은 천문학적인 비용, 불확실한 기술개발, 휴전선에서 가까운 수도 서울, 지역 군비경쟁 촉발 가능성 등을 이유로 한국은 미사일 방어체제 구축에 불참하는 것으로 결론이 난 바 있다. 그러나 북한의 핵위협이 현실로 등장한 상황에서 미국의 맞춤형 억제전략에 부응하여 한국형 미사일 방어체제 구축을 고려할 필요가 있다. 이것은 북한의 핵 사용과 위협 가능성 억제에 가장 효과적인 방안이라고 할 수 있다.

다섯째, 한국 국민은 평시 민관군 합동으로 핵 대피와 방호훈련을 실시함으로써 소극적 방어(passive defense) 능력을 향상해야 할 것이다. 한국군은 대량살상무기 상황에서의 전쟁대비훈련을 실시할 필요가 있다. 이는 북한이 핵을 포함한 대량살상무기를 쓰더라도 피해를 최소화하는 훈련이 될 것이다.

여섯째, 북한과의 비핵화 회담에서 북한의 핵무기와 핵능력을 검증 가능한 방법으로 완전하게 폐기할 수 있도록 대북한 협상을 진행해야 할 것이다. 북한의 비핵화는 북한의 핵분열성 물질인 무기급 플루토늄과 고농축우라늄, 핵물질 연구개발시설, 핵무기 연구·제조시설 그리고 핵무기와 미사일에 대한 완전한 폐기가 이루어질 때까지 추진되어야 한다. 북한의 핵물질과 핵무기의 완전한 폐기가 이루어지기 전까지 미국의 대북한 핵 불사용·핵 불위협 보장은 미국의 대한반도 핵억제전략의 걸림돌이 될 수 있다. 왜냐하면 북한은 NPT를 탈퇴한 상태이며 사실상의 핵무기 보유국이기 때문이다. 비핵화회담에서 북한의 핵무기와 핵능력을 폐기하는 것은 협상을 통한 위협감소의 일환으로서 군비통제전략에 해당한다. 군비통제가 완전히 이루어지기 전까지는 위에서 언급한 북한 핵에 대한 억제전략과 적극적, 소극적 방어태세를 갖추는 수밖에 다른 억제방법이 없음을 깊이 인식해야 할 것이다.

V. 결론

북한의 핵실험 이후 북한의 핵위협이 가시화되었다. 이 핵위협에 대해서 여러 가지 시나리오를 가정하고 만반의 대비태세를 갖추어야 한반도의 평화와 안정이 보장될 수 있으며, 한국은 남북한 관계에서 북한의 핵 공갈 위협을 극복할 수 있을 것이다. 북한의 핵위협을 포기하게 하기 위해 다양한 회담이 진행되지만 핵무기와 핵물질에 대한 폐기에 이르려면 앞으로 더 많은 시간과 인내가 요구되고 있다.

북한의 핵무기와 핵물질이 완전하게 폐기되기 전에는 북한의 핵위협과 핵사용 가능성에 유의할 수밖에 없다. 왜냐하면 북한이 핵무기를 보유함으로써 북한의 지도부는 재래식 전쟁과 핵전쟁을 연계하여 여러 가지 전쟁 시나리오를 구상할 수 있는 전략적 융통성을 갖게 되었기 때문이다.

핵위협에 대한 억제방안은 핵무기로 하는 것이 효과적이나, 한국은 핵무기가 없으므로 동맹국인 미국의 확장억제전략에 의존하는 수밖에 다른 방법이 없다. 탈냉전과 9.11테러 이후 미국의 핵억제전략은 맞춤형 억제전략으로 변하고 있고 2010년에는 미국이 '핵 없는 세계'를 지향하면서 미국의 확장억제전략이 효과적으로 적용될 것인지에 관해 많은 논란이 발생한 바 있다. 2017년에 미국이 정책방향을 바꾸어 핵 억제전략 강화 방침을 밝혔다. 따라서 한국은 미국의 확장 억제전략에 의존하여 미국의 거부적·보복적 억제력을 활용하는 한편, 한국군의 C_4ISR능력과 장거리 정밀타격능력, 미사일 방어능력을 획기적으로 발전시켜서 한국군 자체가 북한의 핵위협을 거부적으로 억제하는 방법을 강구해야 할 필요가 있다.

한국은 그동안 부침이 심했던 한미동맹을 재정비함으로써 한미동맹을 신뢰에 기초한 동맹으로 발전시키고, 한국군에 알맞은 미사일 방어체제를 구축하는 한편, 북한의 핵위협에 대비한 방호 및 대피훈련을 평시에 실시해야 할 것이다. 아울러 북한과의 비핵화 회담에서 북한의 핵무기와 핵물질을 불가역적이며 검증 가능한 방법으로 완전하게 폐기하는 데에 전력을 기울이고, 동시에 군사안보 차원의 북핵억제방안을 발전시켜야 할 것이다. 군사안보 차원의 대책 없이는 협상 테이블에서 한국을 비롯한 미국의 대북한 협상카드는 힘을 발휘할 수가 없다. 북한 핵에 대한 억제전략이 유효해야 북한 핵의 완전한 폐기도 앞당겨질 수 있을 것이기 때문이다.

토론주제

■ 다음의 주제에 대해서 토론해 보자.

1. 북한의 핵위협에 대해 현실적인 평가를 해보자.
2. 북한의 핵위협을 억제하기 위한 방안은 어떤 것이 있는가?

CHAPTER 06

자주국방과 한미동맹

CHAPTER 06

자주국방과 한미동맹

Ⅰ. 자주국방을 다시 논하는 이유

2003년 8월 노무현 대통령은 향후 10년 내에 자주국방을 추진하겠다며 '국방개혁 2020'을 발표했다. 노무현 정부에서 제기된 자주국방 논의는 1970년대 박정희 대통령이 자주국방을 제창한 지 30여 년 만의 일이었다. 한국의 국방정책에서 어디까지 한국이 독자적인 자주국방을 할 것이며, 어디까지 한미동맹, 즉 미국의 안보제공에 의존해야 하는지에 대한 명확한 구분이 되어 있지 않다. 단지 한국의 정책 담당자들과 한국 국민의 대다수는 스스로 국방력을 키워야 하고, 한미동맹도 병행하는 것이 우리의 국방에 도움이 된다는 정도로만 인식하고 있는 것이다.

1970년대 한국의 자주국방 논의는 미국 정부가 주한미군 철수 결정을 한국 정부에게 일방적으로 통보함으로써 생겨난 국민적 안보 불안의 결과 박정희 대통령이 제기한 것이다. 1980년대에는 주한미군의 주둔정책이 오히려 강화되었는데도 12.12, 5.18 같은 사건을 미국이 방조 내지 묵인했다는 한국 사회의 의혹 때문에 미국은 불신을 받았으며, 그 과정에서 한미동맹에 회의가 일어났다. 전두환 정부는 미국 정부의 정치적 지지를 획득하기 위해 박정희 정부에서 추구하던 자주국방 정책에서 손을 뗐다. 1990년대 세계적 탈냉전 추세에 맞추어 미국이 주한미군을 일부 철수하자 한미 양국은 한국방위의 한국화 프로그램을 추진했다. 2000년 6월 남북정상회담과 2002년 11월 이후 대규모로 전개된 반미 촛불시위 이후 한국은 한미관계의 불평등성을 문제 삼으며 자주국방과 한미동맹의 상호 양립 가능성에 의문을 제기하기도 했다.

한미동맹 관계를 수정할 필요성이 제기될 때마다 한국의 정치지도자와 진보세력은 한미동맹 관계에서 미국이 한국의 자율성을 통제했고, 주한미군은 한국의 독자적 군사능력의 발전을 저해했으며, 미국은 남북관계의 발전을 저지해 온 것으로 인식하는 경향을 노출했다. 노무현 대통령은 8.15경축사에서 "앞으로 10년 이내에 우리 군이 자주국방의 역량을 갖출 수 있는 토대를 마련하고자 한다."고 선언했다. 그는 정부가 수립된 지 55년이 되었고, 세계 12위의 경제력도 갖춘 만큼 이제 스스로의 책임으로 나라를 지킬 때가 되었다고 강조했다. 자주국방론의 핵심은 한국군의 독자적 작전수행 능력 배양과 전시작전통제권 환수, 국군의 정보와 작전기획 능력 보강, 군비와 국방체계의 재편 등이다. 그는 "주한미군이 오늘날까지 이 땅의 자유와 평화를 지키고 있으나 그렇다고 해서 언제까지나 주한미군에 의존하려는 생각은 옳지 않다. 미국의 안보전략이 바뀔 때마다 국론이 소용돌이치는 혼란을 반복할 일도 아니며, 대책 없이 주한미군 철수만 외친다고 될 일도 아니다."라고 했다.

실제로 노무현 정부는 자주국방과 한미동맹의 상호보완성을 염두에 두고 '협력적 자주국방'을 내세우기도 했다. 하지만 자주국방을 극단적으로 추구하게 되면 한미동맹은 변화를 겪을 수밖에 없으며, 미국은 세계 전략 차원에서 한미 군사동맹의 변화를 추진하기 때문에 한미군사관계가 어떤 형태로든 변화할 수밖에 없는 것이 현실이다.

따라서 지금은 한국의 국방정책에서 한국의 독자적 국방능력 건설과 독자적 국방정책의 추진을 한미동맹과 어떤 식으로 병행시킬 것이며, 한국 국민에게 이를 어떻게 설득할지에 대한 폭넓은 연구가 필요한 때가 되었다. 즉 자주국방 능력이 무조건 큰 것이 좋고, 한미관계에 문제가 없는 것이 좋다는 식의 사고방식과 논리는 이제 한국 국민과 미국 국민에 대한 설득력이 부족하다.

그래서 이 장에서는 자주국방과 한미동맹을 개념적으로 정의하고, 역사적인 관점에서 자주국방과 한미동맹이 어떻게 병존해 왔는지, 앞으로 이 둘을 발전시킬 때 어떤 점을 고려해야 하는지를 살펴본다. 특히 자주국방과 한미동맹이 병존하면서 한국의 자주성과 자율성이 어떻게 변화했는지 분석하고자 한다. 이런 작업 속에서 자주국방과 한미동맹에 의존한 방위체제가 논리적으로 양립 가능한지, 어떤 대체효과(trade off)가 있는지, 상호보완 혹은 대체효과를 어떻게 활용할 수 있는지에 대한 시사점을 얻을 것이다.

Ⅱ. 자주국방과 동맹에 의한 방위의 이론적 검토

1. 자주국방의 개념과 구성요소

순수한 의미에서 자주국방이란 '한 국가가 자국의 의지와 능력만으로 국가 방위의 목표를 달성하는 것'이라고 정의할 수 있다. 자국의 의지로 국가방위의 목표를 달성한다는 것은 국가방위와 관련된 모든 행위를 그 국가가 다른 국가의 간섭을 받지 않고 독립적으로 결정하고, 집행하는 것을 의미한다. 자국의 능력으로 국가방위의 목표를 달성한다는 것은 다른 나라의 능력을 빌리지 않고 자국의 힘으로만 국가방위를 달성한다는 것이다. 또한 자국의 군사력을 자국의 결정만으로 사용한다는 뜻이 있다. 즉 자주국방의 가장 극단적인 형태는 '나 홀로 국방'이란 점이다.

이런 개념을 현대의 국방에 엄격하게 적용하면 자주국방을 실현하는 국가는 이상형(ideal type)에서만 존재할 뿐 현실적으로는 존재하지 않음을 알 수 있다. 자주를 내세우는 북한조차도 냉전시대에는 옛 소련 및 중국과 동맹을 유지함으로써 국가의 생존을 추구하였다. 일본은 국가의 안전을 확보하기 위해 방위력의 적절한 정비를 추진하고 방위력을 유지·운용함과 동시에 미·일 안보동맹을 견지하고 미·일 양국 간의 효율적인 협력태세를 구축함으로써 빈틈없는 방위태세를 유지하는 것을 국방정책의 근간으로 삼고 있다. 호주는 국가방위의 원칙으로서 타국에 의존함 없이 호주를 방어할 자체의 능력(self-reliant capabilities)을 구비하되 태평양안전보장조약(ANZUS) 동맹과 영연방 5개국과의 동맹 내에서 자위적 방위역량 확보를 목표로 설정하고 있다. 터키는 국방정책의 기본원칙으로서 고유의 국방을 지향하여 국가의 독립과 주권, 영토 및 국가이익을 수호하되 나토와 같은 집단방위체제 내에서 그 책임을 다하는 것으로 설정하고 있다.

제2장에서 설명한 바와 같이, 강력한 중앙정부가 없는 국제체제에서 국가들은 국방을 달성하는 방법으로 집단안보, 세력균형, 동맹정책 등을 고려한다. 평화시에는 '나 홀로 국방'을 채택하고 실천하는 국가가 있고, 어느 편에도 가담하지 않은 비동맹권과 중립국가도 존재하지만, 전시에는 이들 국가조차도 다른 국가와 연합하거나 동맹을 결성하여 전쟁을 치른 역사적 예가 더 많다는 사실은 국제사회에서 혼자의 힘만으로 자주국방을 달성하기 힘들다는 것을 보여준다.

세계 유일의 초강대국인 미국조차도 평시에 동맹을 통해 국가방위와 국익보호를 달성하며, 전시에는 연합군 또는 동맹군을 결성해서 전쟁을 수행한다. 하물며 미국보다 군사력이 약한 국가가 연합이나 동맹을 통해서 국가방위를 추구하는 것은 당연한 현상이라고 볼 수 있다. 따라서 순수한 개념적 자주국방과 현실적 자주국방을 구분하는 것이 냉엄한 국제정치에서 현실적인 자세라고 볼 수 있다.

자주국방은 어떤 구성요소를 갖고 있는가? 자주국방은 자주적 국방정책 결정권과 자주적 군사력 사용권, 자립적 방위능력의 육성 등으로 구분할 수 있다. 자주적 국방정책 결정권은 국가방위에 관한 정책결정을 한 국가가 다른 국가의 영향이나 강제에 의하지 않고 독자적으로 하는 것을 의미하며, 자주적 군사력 사용권은 한 국가가 독자적으로 군사력을 사용하는 권한을 의미하고, 자립적 방위능력의 육성은 한 국가가 독자적인 군사력을 보유하고 건설하는 것을 의미한다.

그런데 식민지 국가는 자주적 결정권, 자주적 사용권, 자립적 군사능력 육성을 위한 권한이 없다. 일제강점기 때 일본제국은 조선의 군대를 해산시키고 외교적 자주권도 탈취했으며, 조선을 국가로서 인정하지 않았다. 이것은 국가가 존재하지 않은 상황이므로 자주국방 자체를 논의할 수 없는 상황이다. 따라서 자주국방이 논의되려면 독립된 국가와 정부, 군대가 존재해야 한다.

하지만 독립된 국가와 정부, 군대가 존재하더라도 한 국가가 자주적으로 국가방위에 관한 의사결정과 집행, 군사력 사용을 할 수 없는 완전한 종속상태, 즉 동맹국인 강대국에 모든 권한을 다 맡긴 상태에서도 자국의 방위를 자주적으로 결정할 수 있다. 예를 들어 가장 극단적인 형태로 군대를 하나도 보유하고 있지 않은 독립국가인 아이슬란드는 자주적 국방결정권과 군사력사용권을 가지지 않을 것으로 생각하기 쉽지만, 그렇지 않다. 인구 28만여 명인 아이슬란드는 군대를 보유하지 않지만 국방예산은 2015년에 4,552만 달러를 책정하고, 자국의 방위는 미국과의 협정 아래 미국이 보호하는 것으로 되어 있다. 하지만 자국 방위는 자국의 결정으로 한다고 설명하고 있다. 또한 동맹을 결성하여 집단방위를 추구하는 국가들은 타율에 의하지 않고 자율적으로 동맹을 결성한 것이면 모두 방위에 대한 자율적 결정권을 행사할 수 있다고 보고 있다. 그래서 오늘날 현대 국가들이 자주국방의 원칙을 고수하면서 동맹을 통해 국가방위를 달성하는 것은 보편적 사례이다. 즉 자주국방과 동맹을 병행해서 추구한 경우가 그렇지 않은 경우보다 훨씬 많다.

2. 동맹에 의한 방위의 개념과 이론

제2장에서 본 바와 같이, 동맹은 "안보 위협에 대해 공동으로 대처하기 위해 둘 이상의 국가 간에 맺는 공식적인 군사적 연대관계"[1]이며, 국력과 군사력을 증강시키는 수단이자 국가 간의 상호관계를 강화하는 방법'이기도 하다. 국가들은 더욱 확실하고 견고하며 지속적인 세력균형의 한 형태로 동맹을 결성한다.

전통적으로 동맹 형성 연구에는 두 가지 접근방법이 있다. 하나는 권력이론이고 다른 하나는 이데올로기 이론이다.[2] "권력이론은 동맹에 참가하는 국가들이 힘의 증대를 목적으로 하며, 동맹체제 내에서 얻는 대가를 극대화하기 위해 행동한다"고 설명한다. 리스카(George Liska)는 국가들은 똑같은 목적 또는 유사한 목적을 추구하기 위해 동맹에 가입한다고 하면서 각 국가는 안보를 달성하기 위해 필요한 자원과 현존 자원을 비교하여 동맹 내에서 그 부족분의 보충을 시도한다고

1) Stephen M. Walt, *The Origins of Alliance* (Ithaca: Cornell University Press, 1987), p. 12.
2) John D. Sullivan, "International Alliance," in Michael Haas ed., *International Systems* (New York: Chandler Publishing Company, 1974), pp. 104-106.

하였다.

이데올로기 이론은 잠재적인 동맹 참가국의 특성에서 동맹 형성의 동기를 추출하는데, 이데올로기 또는 사회·문화적 면에서 유사성을 가진 국가가 동맹이 될 가능성이 높다는 것이다. 그런데 실제로는 사회문화적 유사성보다는 이데올로기의 동질성이 동맹 형성에 더 큰 역할을 했다고 볼 수 있다. 이데올로기 이론은 제2차 세계대전 이후 탄생한 양극체제에서 동맹체제의 출현을 설명하는 데 유용하다. 이것은 현대 미국의 동맹에서 볼 수 있듯이 민주주의와 시장경제의 제도와 가치를 공유한 국가 사이에 동맹관계가 더 강하고 지속적이며, 이는 동맹 형성 시 목적인 공동의 위협이 사라진 후에도 동맹이 더욱 확대되는 현상에서 타당성을 확인할 수 있다.

그러나 동맹이 반드시 세력균형의 한 형태가 아닐 때도 있다. 연합이론(coalition theory)에 근거한 동맹은 전쟁에서 승리하기 위해 필수적인 최소한의 국가와 동맹을 맺는 것을 설명한다. 이것은 억제를 추구하는 세력균형적 동맹과는 목적과 동맹 간의 전리품 분배 양식에서 큰 차이를 낳는다.

제2차 세계대전 이후의 동맹은 동맹 구성국들이 정치적·경제적 가치를 공유하고 상호의존이 지속적으로 확대됨에 따라 과거의 군사 위주 동맹보다 동맹의 견고성, 내구성, 협력의 범위가 증가하였다. 평화 시에 광범위한 군사적 준비를 해야 할 필요 때문에 평시 동맹국 간의 군사기획과 훈련, 협조가 과거보다 늘어나면서 동맹 내 통합성은 증가했다. 동맹체제 내의 국가 간에 동일한 이데올로기와 가치를 공유하게 되는 결과도 가져왔다. 과거 독재체제였던 후진국들도 미국의 영향 아래 민주주의적 발전을 기하게 되었고, 개발독재였던 경제체제도 시장경제체제로 전환하게 되었다. 강대국과 중소국가는 동맹을 통해 강한 억지력을 보유하게 되고 외교적 역량 발휘도 동맹에 의존하는 결과를 가져왔다.

탈냉전 이후 소련이 붕괴하고 미국이 유일 초강대국으로 등장함에 따라 미국의 동맹은 한편으로는 위계적이 되었고, 다른 한편으로 미국에 대한 동맹국의 목소리도 다양하게 나타났다. 탈냉전 이후 나토는 동구권으로 더욱 확대되었으며, 미국의 주도 아래 동맹의 크기가 커지고, 동맹의 결속력이 더욱 견고해졌다. 한편 프랑스와 독일 같은 강대국은 미국에 대해 평등을 부르짖기도 했다.

3. 자주국방과 동맹의 상호보완성과 대립성

한 국가가 자주적으로 국방을 추구할 경우와 동맹을 결성하여 국방을 추구할 경우에 상호보완성과 대립성은 어디에서 연유하는가?

동맹은 동맹국 간 자율성과 의존성의 정치문제를 초래했으며, 경제적인 관점에서는 비용과 책임의 분담과 관련된 무임승차(free ride)와 형평성의 문제를 낳았다. 모로(James D. Morrow)는 "국력의 비대칭적 조건에서 약소국가는 강대국이 보장하는 안보(security)와 그들이 보유한 자율성(autonomy)을 교환한다."[3]고 했다. 정치적인 관점에서는 강대국의 영향력과 안보 제공을 받아들이는 한편, 약소국은 강대국이 원하는 방향으로 외교와 국방정책을 추구하게 되며, 군사력의 사용권한도 제약 당한다는 것이다. 경제적인 관점에서 보면 약소국은 강대국의 안보 제공에 무임승차하려는 경향을 낳았고, 시간이 흐르면서 강대국은 약소국에게 정당한 비용부담을 요구하게 되었다.

그러나 안보와 자율성이 반드시 반비례적인 관계는 아니다. 동맹의 주니어 파트너가 항상 자율을 희생해야 안보를 더 잘 보장받는 것은 아니라는 말이다. 한국이 자주국방을 추구할 때마다 자율성은 증대된 반면 안보도 더 잘 보장받는 결과를 초래한 사례가 더 많았다. 즉 안보는 정해진 파이가 아니라 동맹의 주니어 파트너인 한국이 국력의 성장과 정치적 의지의 결과 자주국방을 추구할 때에 한국의 독자적인 능력이 커지면서 동시에 미국의 안보 공약도 확고했기 때문에 한미간의 안보의 합계는 더 커진 것이다. 따라서 한미동맹은 안보와 자율성이 반비례 관계가 아니라 비례적인 관계도 있다는 것을 보여준다.

강대국과 약소국 간의 동맹에서는 동맹국 간의 위계질서가 확고해지면서 동맹 내부의 불평등이 증가하고, 유연성이 약화되는 결과도 가져왔다. 초강대국과 중소 규모의 동맹국 간에는 초강대국의 핵 독점, 엄청난 국력 격차와 역할 격차로 인해 동맹 내부의 불균형이 문제가 되었다. 중소국가는 초강대국 군대에게 기지를

---

3) James D. Morrow, "Alliances and Asymmetry: An Alternative to the Capability Aggregation Model of Alliances," American Journal of Political Science, Vol. 35. No. 4 (November 1991). pp. 904-933.

제공하고, 전략 및 작전과 첨단 무기체계를 의존했으며 그 결과 초강대국의 군대와 본국 국민 간에 정치·군사적 불평등 문제, 군사주권의 문제, 무기의존 문제, 환경문제 등이 발생했다. 이러한 비대칭적이며 불평등한 동맹에서는 국방문제에 관해 약소국은 자주적인 국방정책 결정권과 사용권을 완전하게 행사할 수 없었다. 한편 피보호 동맹국의 경제가 발전함에 따라 무임승차를 벗어나 강대국에게 비용을 지불해야 하며, 극단적인 경우에는 강대국이 중소국가에게 책임을 전가하려는 현상도 생겼다.

또한 동맹국들은 위협에 대해 상이한 인식을 갖는 경우나 위협관은 같더라도 각자의 입장에 따라 다른 대응방식을 추구할 때 동맹국 간에 갈등을 겪게 되는데, 스나이더(Glenn H. Snyder)는 이를 동맹의 안보딜레마(alliance's security dilemma)라고 불렀다.[4] 동맹 딜레마는 두 가지 종류가 있는데 방기(放棄, abandonment)와 연루(連累, entrapment)가 그것이다. 방기의 개념은 한 동맹국이 다른 동맹국을 포기하는 것으로 강대국이 약소국을 용도 폐기할 위험을 주로 지적한 말이다. 그런데 약소국의 국력이 강해지면서 오히려 강대국을 방기할 가능성도 생기는데 이 경우도 동맹의 방기로 분류할 수 있다. 반대로 연루 개념은 동맹관계 안에서 약소국이 강대국을 너무 추종함으로써 강대국 정책의 희생물이 될 수 있는 가능성을 지적한 것에서 비롯되었다. 아울러 동맹관계 속에서 강대국이 약소국의 반대에 직면하여 강대국이 추구하는 정책을 제대로 구사하지 못하고 약소국을 따라가야 할 경우가 생기는 경우도 있는데, 이것도 강대국의 약소국에 대한 연루라고 볼 수 있다.

이상에서 자주국방과 한미동맹을 분석하는 데 유용한 개념을 살펴보았다. 아래에서는 이런 개념과 이론을 바탕으로 한국의 자주국방 정책과 동맹 정책이 어떻게 상호작용하면서 발전했는지를 자주국방의 관점에서 한국의 국방정책 결정권, 군사력 사용권, 군사력 건설 능력 측면에서 각각 분석한다.

---

4) Glenn H. Snyder, *Alliance Politics* (New York: Cornell University Press, 1997), pp. 180-199.

Ⅲ. 한국의 안보정책 결정에서 자주성과 대미 의존성

1. 1950년대: 한미동맹의 형성

한미동맹은 6.25전쟁 이후에 생겨났다. 이승만 대통령은 1948년 정부 수립 이후부터 한국에 대한 미국의 안보보장의 필요 때문에 한미상호방위조약 체결과 한미동맹의 결성을 주장했지만, 미국은 한국의 전략적 가치를 인정하지 않고 1949년 6월 주한미군의 철수를 발표했다. 미국은 1945년 한반도의 해방과 함께 한반도의 남쪽에 해방군과 점령군 형태로 왔다가 1948년 정부수립 이후 철수를 시작했으며 전쟁 직전에는 500여 명의 군사고문단만이 주둔하고 있었다.

전쟁이 발발하자 미국은 극동전략을 대폭 수정하고 한국에 대한 파병 결정을 신속하게 내렸으며, 휴전과 함께 한미 간에 상호방위조약을 체결하기로 합의했다. 한미상호방위조약은 1953년 10월 1일 조인되고 1954년 11월 발효된 것이다. 한미동맹은 이승만 외교의 산물이라고 할 수 있다. 미국은 극동지역의 약소국이면서 소련, 중공, 북한과 같은 공산권에 근접한 한국을 동맹의 파트너로 삼기를 회피했다. 이승만 대통령은 반공포로를 석방하고 북진통일을 주장함으로써 미국을 원하지 않은 상태로 빠뜨림으로써 협상력을 높여 미국으로 하여금 한미상호방위조약을 맺게 했다.

한미동맹이 결성된 주요 원인을 한국 측에서 보면, 첫째 한국은 북한의 재침략으로부터 한국의 안보를 보장하기 위해 동맹국인 미국의 억제력과 군사력을 필요로 했다. 즉 북한의 도발 억제와 방어가 가장 큰 이유였다. 둘째, 전쟁으로 인한 잿더미로부터 신속한 복구를 위해 미국으로부터 경제 및 군사지원이 필요했다. 셋째, 미국으로부터 안보를 보장받으면서 국가의 총력을 경제건설에 전력투구하고자 했다. 넷째, 한국 정치의 정통성 부족을 미국의 정치적 지원을 빌어 보완하고자 했다. 이러한 현상은 앞에서 설명한 바와 같이 약소국이 강대국과 동맹을 맺을 때 강대국의 힘을 빌어 위협으로부터 안전을 보장받는 군사적 이유 외에 국력의 부족분을 채우고자 하는 동기에서 동맹 결성을 했다고 보는 것과 일맥상통한다.

동맹 형성의 원인을 미국 측에서 찾아보면, 첫째 미국은 동북아에서 힘의 극대화를 위해 동맹을 맺었다고 볼 수 있다. 한국을 미국의 영향 아래에 놓을 뿐 아니라 일본의 공산화를 막기 위한 전진기지로서 한국과의 동맹이 필요했기 때문이다. 둘째, 미국은 한국을 통제하기를 원했다. 한국의 정치·경제·군사적인 행동을 통제함으로써 이승만 정부의 무모한 북진통일 주장을 막을 수 있었고, 한반도의 불안정 원인을 사전에 통제할 수 있다고 보았다. 셋째, 전략적 및 군사적 이유에서 미국은 싼 비용으로 최전선에 미군을 배치할 수 있었으며, 한반도나 동북아 지역에서 우세한 세력균형을 유지할 수 있었다는 것이다.

2. 1960-70년대: 자주국방의 등장과 한미연합사령부의 창설

한미동맹의 변천사를 보면 1960년대와 1970년대의 한국에서는 미국이 한국을 방기(abandonment)할지 모른다는 우려가 팽배했다고 볼 수 있다. 미국이 한국에 대해 군사원조와 경제원조를 꾸준히 제공했지만, 월남전에 대한 미국 내의 비판 여론 때문에 1969년 닉슨 대통령이 괌(Guam)에서 닉슨독트린을 선언하고 난 후 주한미군 1개 사단을 철수함으로써 미국이 한국을 방기한다는 우려가 극에 달했다. 이러한 우려를 해소하고자 박정희 정부는 자주국방이라는 용어를 사용하기 시작했다.

박 대통령은 1970년 연두기자회견에서 "북괴가 단독으로 무력침공을 해왔을 때에는 우리 대한민국 국군이 단독의 힘으로 충분히 이것을 억제하고 분쇄할 수 있을 정도의 힘을 빨리 갖추어야 되겠다."고 강조하고, 이것이 바로 자주국방이라고 개념을 정의했다. 이후 박 대통령은 남한 단독의 군사력 건설을 위한 정책을 추진하기 시작했다. 결국 박 대통령이 추구했던 자주국방은 북한이 소련이나 중국의 힘을 빌리지 않고 단독으로 침략했을 때 한국이 단독으로 북한의 침략을 억제하고 방어할 자주적 능력을 갖추는 것을 의미했다. 아울러 한미동맹과 같은 집단방위체제를 유지하면서 자주적 능력을 갖추고자 했는데, 그것은 한국의 국력이 완전한 독자적 능력을 갖출 만큼 되지 않았기 때문이고, 한반도 주변의 국제정세를 볼 때 미국 대 소련·중국의 대결이라는 냉전구조가 엄연히 존재하고 있었기 때문이다. 그래서 박정희 시대의 자주국방은 엄밀히 말해서 배타적 자주국방이 아니라 자주국방과 한미동맹의 병행이었다.

자주국방의 추구는 한국의 안보국방 정책의 정립을 가져왔다. 1972년 12월 29일 국방부는 정부 수립 이후 처음으로 국방목표를 제정하였다. 그 내용은, 첫째 국방력을 정비하고 강화하여 평화통일을 뒷받침하고 국토와 민족을 수호한다. 둘째, 적정 군사력을 유지하고 군의 정예화를 기한다. 셋째, 방위산업을 육성하여 자주국방 체제를 확립한다고 했다. 물론 자주국방 능력을 완전히 갖출 때까지는 한미 상호방위조약의 기조 위에서 자유 우방과 군사협력을 가일층 강화하여 강력한 군사력으로 전쟁을 억제하는 데 국가안보전략의 중점을 두었다.

한편 박 대통령은 자주국방을 달성하기 위해 1970년 4월에는 「민수산업을 최대한 활용하는 방위산업 육성」 구상을 밝히고, 8월에는 국방과학연구소(ADD: Agency for Defense Development)를 창설했다. 자주국방을 이론적으로 뒷받침하기 위해서는 민과 군이 협동해서 이론을 개발해야 한다고 생각하고 박 대통령은 민간인 전문가를 채용하여 1972년에 국방대학원 내에 안보문제연구소를 창설하였다. 그리고 국가의 민군 고위간부들이 교육을 받는 국방대학원 졸업식에 참석하여 자주국방을 항상 강조했다. 박 대통령의 자주국방에 대한 의지는 확고했다.

그리고 박 대통령은 자주국방의 목표를 무기의 자주적 생산에 두었다. 한편 전략무기의 개발에 중점을 두고 미사일과 핵무기 개발을 추구했다. "많은 병력보다는 압록강까지는 못가도 평양까지 도달할 수 있는 미사일을 개발하자."고 했으며, 1971년 말부터 미사일에 대한 연구가 시작되었다. 핵무기도 개발을 시도했으나 1975년에 미국의 압력을 받아 취소하고 1976년부터는 대미 협상카드로 사용했다. 만약 미군이 다 철수하거나 미군이 핵무기를 한반도에서 철수할 경우에 대북 억제력으로 사용하려고 핵무기 없는 핵능력을 건설하기를 원했다. 이 핵무기 개발 카드를 사용해서 미국의 대한국 안보보장을 확보하는 방안으로 삼았다. 또한 핵개발 카드와 월남 파병이란 두 개의 대미 협상 카드를 가지고 미국으로부터 주한미군 철수를 보완할 수 있는 한국군 현대화에 대한 지원과 미사일 개발에 대한 지원을 보장받았다.

1977년 1월 취임한 지미 카터 미국 대통령이 주한미군 철수를 공약했다. 이로 인해 한국 내에서는 또다시 미국이 한국을 방기할지 모른다는 우려가 팽배했으며, 한국정부와 미국정부 및 의회 내의 한국 안보 중시론자는 이를 막기 위해 다양한 시도를 했다. 그 결과 카터 대통령은 주한미군의 철수를 보류했다. 카터 행정부의 철군에 대비하여 한미 양국은 한미연례안보회의와 군사위원회 회의에서 한미연합사를 창설하기로 합의하고 1978년 발족시켰다. 이는 한미군사동맹에서 가장 중요한 사건의 하나로 기록될 수 있다. 즉 한미 양국의 군사지도자가 공동으로 참여하여 군사전략과 작전계획을 결정하는 것이 제도화되었다.

미국은 한미 동맹 출범 시부터 1970년대 말까지 한국의 안보를 보장해주고, 경제·군사원조를 해주는 조건으로 정치·군사에 대한 통제를 철저히 했다고 볼 수 있다. 한국 내에서는 한국 안보를 위한 주한미군의 절대적 필요성에 국민적 합의가 흔들리지 않았으며, 한국 안보의 통제자로서 미국과 주한미군의 역할에도 아무런 도전을 받지 않았다. 카터 행정부 당시 한국의 인권 개선과 주한미군 감축을 연계한 것을 보아도 미국이 한국의 정책에 대한 영향력의 도구로 동맹을 이용했음을 알 수 있다.

3. 1980년대: 국방정책의 내실화와 한미동맹의 변화

1980년대에는 자주국방과 한미 동맹의 상호관계에 어떤 변화가 있었는가? 12.12로 정권을 장악한 전두환 정부는 정권의 정통성 부족을 메우기 위해 온갖 채널을 통해 미국의 지지를 확보하려고 했다. 12.12와 광주 민주화 운동에 대한 유혈 진압사태에 대한 불만을 가진 카터 미국 정부는 1980년에 한미연례안보협의회의(SCM: Security Consultative Meeting)를 개최하지 않았다. 1968년부터 매년 개최되었던 SCM이 중단되었을 정도로 미국은 전두환 정부에 대해 불만이 높았다. 그러나 미국의 압력은 큰 효과를 내지 못했다. 전두환 정부는 새로 등장한 레이건 행정부로부터 한미정상회담의 개최 등 미국의 정치적, 군사적 지원을 확보하였다. 레이건 대통령은 동맹 내에서 강대국의 지위와 영향력을 행사하여 김대중의 구명과 한국의 민주화를 촉진하는 데 성공했다. 한국의 국내에서는 "한국군에 대한 작전통제권을 보유한 미군사령관이 왜 12.12와 광주 민주화 운동을 허용했는가?"라는 불만이 제기되면서 한미관계는 최악의 딜레마에 빠졌다. 한국의 안보를 위해서는 한미연합사 체제 내에서 미국군 사령관이 작전통제권을 보유하지만, 한국의 군대가 국내정치에 개입할 때 막을 수 없다는 것이 한미연합사령관의 딜레마였다. 한국군의 국내정치 개입을 막지 못한 것은 5.16 때에도 마찬가지였다. 작전통제권은 한반도의 군사작전 통제권이지 한국 국내정치에 대한 통제권이 아니었기 때문이다.

전두환 정부는 박정희 정부의 자주국방정책을 명시적으로 언급하지 않았다. 오히려 박정희 시대의 자주적 국방력 건설과 국내 방위산업 육성을 거의 포기하다시피하고 미국의 첨단무기를 직구매하는 방향으로 국방력의 건설정책을 전환하였다. 그러나 내부적으로는 국방정책의 내실화 작업을 계속했다.

국방정책 차원에서는 국방기획관리제도를 도입하고, 1983년에 장기적이고 종합적인 국방정책과 전략개념 그리고 군사력 건설 방향을 제시한 합동장기 군사전략기획서를 최초로 발간하였다. 1984년 3월에 장기적인 국가발전과 관련하여 국방의 미래목표, 군사전략, 군사력의 건설 및 유지를 위한 국방장기정책서와 중기전력증강계획과 국방5개년 계획이 포함된 국방중기계획서를 발간하였다.

1980년대 말 시작된 탈냉전에 직면하여 미국은 안보전략과 해외 주둔군 정책을 변화시키기 시작했다. 미·소 군축협상의 진전에 따른 세계적 긴장완화 분위기와 탈냉전 분위기, 유럽에서 재래식 군비통제의 성공, 독일 통일 이후 주독일 미군의 규모 축소 등에 부응하여 유럽 주둔 미군의 규모를 1/3로 줄이면서 한반도에서도 주한미군의 규모를 감축하는 정책을 추구했다. 미국 국내에서 제기된 해외주둔군 규모 축소 요구는 1980년대 쌍둥이 적자의 해소와 세계적 평화 도래에 따른 평화배당금 분배 요구에 따른 것이기도 하다.

이러한 배경에서 미 의회는 미국의 해외개입 전략을 대폭 수정할 뿐 아니라 유럽 주둔 미군 병력의 감축과 함께 아시아에 주둔하는 미군 병력의 규모를 재평가할 것을 미 국방부에 주문했으며, 특히 한국과 일본의 경제성장과 국민의식 성장에 따른 주한·주일 미군의 역할, 임무, 책임을 재고하도록 지시하였다. 이러한 미 의회 움직임은 구체적으로 1989년 8월 '넌·워너 법'의 통과로 나타났으며, 미 국방부는 1990년 4월에 '21세기를 향한 아시아 태평양 전략구상(A Strategic Framework for the Asia-Pacific Rim: Looking Toward the 21st Century)이라는 이름의 보고서를 작성하여

의회에 보고하였다.[5)]

동 전략구상은 주한미군의 3단계 감축을 담고 있었다. 즉 1990년부터 1991년까지 1단계로 7,000명을 철수하기로 결정하였으며 이는 실현되었다. 그리고 1993년부터 1995년까지 총 6,500명을 추가 철수하며, 1995년부터 2000년까지는 그때의 전략상황을 고려하여 추가 감축을 추진하는 것이었다. 흥미를 끄는 대목은 주한미군의 병력 감축의 단계와 휴전협정 관리체제의 변화, 한미연합지휘체제의 변화가 연동되었다는 것이다.

1993년부터 시작될 예정이던 2단계 추가 감축계획은 1992년 10월 제24차 한미 안보협의회의에서 북한이 핵문제에 대한 투명성을 보장하지 않는 것을 감안하여 팀 스피리트 연습 재개 문제와 '넌·워너 법'에 의한 주한미군 2단계 철수계획의 진행 여부를 북한의 핵사찰 수용 여부와 연계함으로써 무기한 연기되었다. 그 후 북미간 핵협상을 원만히 진행하기 위해 한미 양국은 1994년과 1995년의 팀 스피리트 연습을 취소하기로 결정했고, 북미 양측은 1994년 10월 제네바 합의로 북한 핵 문제를 해결할 틀을 만들었다. 1993년에 등장한 클린턴 행정부는 공화당의 정책을 계승하지 않고, 1995년 2월 27일 동아시아에 주둔하고 있는 미군의 규모를 10만 명으로 묶어둔다는 것을 골자로 하는 '신 동아시아·태평양 전략'을 발표했다. 이로써 미국은 아태지역에 대한 지속적인 개입을 당연시하며, 신속하고 신축적인 범세계적 위기 대응능력을 보장하고, 역내 패권국가의 등장을 저지함으로써 안정에 기여하며, 미국 내에 전력을 유지하기보다 동아시아에서 전력을 유지함으로써 부대 유지비용을 절감하는 한편, 전진배치 전력을 이용하여 실제적이고 가시적인 미국의 이익을 대변하고, 영향력 강화의 수단으로 활용한다는 계산을 가지고 있었다고 볼 수 있다.

한편 한국에서는 1988년 서울올림픽의 성공적인 개최와 세계적 차원의 탈냉전을 고려하여 소련, 중국과 국교를 정상화하기 위한 북방정책, 북한의 전략적 고립을 고려한 남북한 관계의 개선 등을 추진했다. 동시에 주한미군의 3단계 감축안을 보면서 그동안 성장한 민족의식과 경제를 바탕으로 작전통제권의 환수를 추진

---

5) U.S. Department of Defence, *United States Security Strategy for the East Asia-Pacific Region*, February 1995.

했다. 한미 간의 협상의 결과 용산에 있는 골프장의 교외 이전, 평시작전통제권 환수 등을 성사시킴으로써 한미관계를 성숙한 동반자관계로 전환하는 데 성공했다. 북방정책의 성공과 남북한 관계개선, 한미군사관계의 재조정 등은 한국이 미국의 허락을 받아서 한 게 아니라, 탈냉전 추세에 부응하여 한국이 미국과 상호협의하면서 자주적이며 적극적으로 안보국방정책을 추진한 결과였다.

4. 1990년대 이후: 상호 호혜적 한미관계의 형성

1980년대 말부터 현재까지 한국에서 자주국방은 어떤 변화과정을 겪었는가?[6] 1980년대에 한미동맹 체제는 북한을 적으로 규정하고, 침략을 억제하며 침략을 받을 경우 완전 격퇴하는 데 중점을 두었으나, 1990년대에는 한미 양국이 정책을 조정하면서 북한과의 대화를 통해 핵무기 개발 위협 등 군사적 위협요소를 제거하는 데 중점을 두게 되었다. 이로써 기존의 안보국방정책에 변화를 겪었다.

한미 안보동맹관계에서도 변화를 겪었는데, 주한미군의 역할, 규모, 임무가 변경되었다. 미국은 '동아태 전략 구상'을 시행했고, 한국은 '한국 방위의 한국화'를 시도하게 되었다. 즉 한국 방위에서 한국이 주도적 역할(leading role)을 미국은 지원적 역할(supporting role)을 한다는 합의가 그것이었다. 그보다 앞선 1987년에 한국은 미국의 대외군사판매 차관 대상에서 제외되었으며, 1989년부터는 한국정부가 주한미군의 발생 경비에 대한 방위비 분담을 하게 되었다. 더욱이 1994년 북미 제네바 핵합의 결과 한국은 북한이 영변 핵시설을 동결하는 조건으로 경수로 건설을 지원하는 경비의 70%를 부담하게 되었다. 미 행정부는 이것을 '평화비용부담'이라고 했다. 따라서 한미동맹관계는 한국이 미국으로부터 일방적인 수혜를 받던 관계에서 한국이 줄 것은 주고 받을 것은 받는 상호 호혜적·동반자적 관계로 전환하였다고 볼 수 있다.

---

6) 한용섭 편, 『자주냐? 동맹이냐?』(서울: 도서출판 오름, 2004). 이 책은 21세기 한국의 국내에서 자주와 동맹의 상호 보완성과 대립성에 대한 시대적 고뇌를 해결하기 위해 국내 저명학자 11명이 모여서 1년간 광범위한 토론을 거쳐 출판되었다.

모로의 안보-자율성 교환모델에 의하면 1953년 한미상호방위조약의 체결 때로부터 한국은 북한과의 군사력 균형에서 불리한 점을 극복하기 위해 미국으로부터 방위력을 제공받는 한편, 자율성을 미국에게 양보했다고 볼 수 있다. 1980년대 말까지는 이러한 자율성 양보에 대해 국민여론은 수용적이었다. 1990년대 후반 특히 김대중 정부의 햇볕정책 추진과 NGO의 활성화 이후 한국의 군사주권 회복과 한미관계의 대등성 회복에 대한 주장이 크게 증가했다. 이것의 주된 원인은 1990년대 한국의 정치가 민주화되고 문민정부가 등장하면서 그동안 금기시되었던 군사문제에 민간의 목소리와 참여가 증가함에 따라 자연스레 한미 군사관계에서도 주한미군에 대한 평등한 관계 정립과 한국의 자주성 확보 요구가 커진 것이다.

미군 범죄와 환경오염, 노근리 학살, 매향리 사격장에 대한 시정 요구가 거세어졌다. 그 결과 주한미군이 한국 안보에 기여한다는 긍정적 이미지보다는 주한미군이 범죄, 환경오염, 점령군적 태도, 기지촌 등과 관련되어 있다는 부정적 이미지가 더 커졌다. 미군 장성으로 보임된 한미연합군사령관의 작전통제권 보유 문제도 시민단체에서 많은 세미나를 통해 문제로 제기되었다.

2000년대 들어서는 한국 내 NGO들이 네트워크를 구성하여 주한미군 환경오염 문제 해결과 주한미군지위협정(SOFA) 개정, 주한미군 범죄 근절과 나아가서는 주한미군의 철수운동을 요구하는 활발한 활동을 전개했다. 이런 요구를 받아들여 2001년에 한미 양국 정부는 SOFA를 개정했다. 그런데 한미 간에 불평등을 시정해야 한다는 요구는 2002년 11월 주한미군의 훈련 중 발생한 여중생 사망사고의 책임자인 미군병사에 대한 무죄평결로 인해 반미감정으로 폭발하였다.

일부 전문가는 반미감정이나 반미운동은 적절한 용어가 아니고, 한미 간의 불평등의 시정을 요구하는 정당한 것이며, 주한미군과 그를 옹호하는 미국정부에 대한 규탄(American bashing)이지 일반적인 반미(anti-Americanism)가 아니라고 주장하고 있다. 노무현 대통령도 당선자 시절 촛불시위는 반미가 아니라 한미 간에 불평등한 SOFA 개정 요구라고 지적한 바 있다. 그러나 반미감정의 반사작용으로 인해 한미동맹은 필요 없고 자주국방을 해야 한다는 주장이 일어나게 되었다.

하지만 지금까지 자주국방과 한미동맹의 역사에서 보듯이 한국은 자주국방을 꾸준히 추진했고, 한미관계도 더이상 미국의 일방적인 보호와 한국의 일방적인 피

보호관계가 아니라 이제 상호의존적이면서도 호혜적인 관계가 되었음을 볼 때, 극단적인 반미와 주한미군 몰아내기 운동은 한미동맹의 장점보다는 한국의 자율성 훼손 측면만 부각시키기 때문에 그렇다. 약소국에게서 발견되던 안보와 자율성의 교환모델이 한국이 중진국을 넘어 선진국 문턱에 도달하면서 안보와 자율성은 상호보완적 관계가 되었다고 볼 수 있다.

특히 2000년대에는 한미관계에 두 가지 도전과 시련이 불어닥쳤다. 첫째, 2000년 6월 사상 초유의 남북정상회담 이후 남북관계가 화해와 협력시대에 진입함에 따라 한국은 북한을 협력의 당사이자 같은 민족으로 보는 시각이 넓게 퍼졌으며, 반면에 미국은 여전히 북한을 위협으로 보았다. 한국 정부는 북한의 붕괴는 불가능하며 북한의 점진적인 변화를 유도하는 전략만이 유일하게 효과적인 전략이라고 역설했다. 남북 간의 교류와 화해협력은 시대의 대세이며, 대북 지원은 한반도의 평화와 안보를 증진시킨다고 생각했다. 한국 내에서는 햇볕정책의 지속적 추진을 주장하는 진보 세력과 그와 반대되는 입장인 보수 세력으로 양분되었다. 진보 세력은 북한의 군사위협이 변하지 않고 오히려 심각해졌다고 주장하는 미국 정부를 불신하게 되었고, 게다가 미사일 방어체제(MD: Missile Defense) 구축을 시도하고 일방주의적 안보전략을 추진하는 미국이 6.15 공동선언에 입각해 교류협력의 활성화를 추구하는 한국에게 방해가 된다고 생각했다. 또한 미국이 한국에게 미국의 대북 강경정책을 강요한다고 생각했다. NGO들은 미국의 대북한 강경정책과 MD 추진에 강력하게 반대의사를 나타냈다.

미국과 한국 내 보수 세력은 북한의 핵문제는 실존하고, 북한의 대량살상무기 문제 해결을 위해서는 외교적 수단과 군사적 수단 모두를 고려해야 한다고 주장한 바 있다. 만약 북한이 핵시설을 폐기하지 않는다면 북한 체제 붕괴를 비롯한 모든 경우를 다 고려해야 한다고 보았다. 반면 한국 정부는 북한 핵무기는 용납할 수 없지만 북한에 대한 제재 시에는 한반도에서 전쟁을 초래할 가능성이 있기 때문에 반대하였다. 한국 정부는 북한 핵문제에 독자적 목소리를 내었는데, 이것은 미국의 정책을 무조건 추종할 경우 한반도에서 전쟁이 발생할 가능성이 높다고 판단한 데 따르는 것으로 강대국과 연루됨으로써 생길 폐해를 벗어나고자 하는 의도라고 볼 수 있다.

다음으로 한미 간의 미묘한 입장 차이는 동북아의 안보정세 전망과 중국에 대한 것이었다. 미국은 중국의 반테러 연합전선에 대한 기여는 인정하지만, 중국이 민주화되지 않는 한 미국에 대한 군사적 경쟁자가 될 가능성에 더 초점을 맞추고 있다. 미·일 동맹의 중요성을 더욱 강조하면서 일본을 지역적·세계적 지도자로서 역할을 인정하며, 일본의 지역 내 안보 역할을 증가하도록 유도하고 있다. 세계전략의 일환으로 동북아에서 미국 중심의 미사일 방어체제 구축을 추진하고 있으며, 대만의 자주적 방위능력 건설에 지원을 재확인하고 있다. 이러한 미국의 움직임은 동북아 안보질서의 변화보다는 현상 유지와 안정을 추구하는 것이라고 할 수 있다.

반면에 한국은 동북아에서 중국의 역할에 대해 미국보다는 더 긍정적으로 평가하는 경향을 보였다. 동북아에서 중국의 경제적 지위를 인정하며, 한중 간의 경제협력관계를 중시하고 있다. 그리고 한국의 대북정책에 중국의 지지를 높게 평가하며, 한반도의 안정과 북한에 대한 영향력 행사에서 중국의 역할에 큰 기대를 걸었다. 또한 미국의 미사일 방어체제 구축에 대해서도 미국의 편을 들기보다는 중국과 북한의 우려에 더 큰 관심을 보였다. 증대하는 일본의 지역적 안보 역할에 대해서도 지지보다는 우려를 더 많이 표명하였다. 또한 동북아 국가 간에 기존의 안보질서에 대한 현상유지보다는 경의선 및 동해선 연결을 통해 북한과 러시아로 이어지는 동북아 경제협력의 활성화를 통해 동북아 중심 국가로 도약할 것을 구상하고 있었다. 즉 군사 측면에서는 한미동맹과 북한 핵문제에 대한 한·미·일 간 공조를 유지하지만, 경제적·문화적 측면에서는 동북아 국가 간의 협력을 증대함으로써 동북아 평화와 번영의 시대를 추구하고자 한 것이다. 여기서 동북아전략에 대한 한미 간의 미묘한 시각차이가 존재하였다고 볼 수 있다.

미국 내에서도 한미동맹의 파기와 주한미군 철수를 주장하는 소수의 그룹이 존재하고 있다. 밴도(Doug Bandow)는 한국의 국력이 북한의 20배를 초과한 지금 한국이 독자적으로 북한과 싸울 수 있음에도 한국 국민의 자주적 결단과 자주국방을 저해하고 미국에 대한 영구적인 의존을 조장하고 있다는 것, 3만여 명에 달하는 주한미군의 생명을 잃을 가능성이 있다는 것, 남한의 전략적 가치는 미국 군대와 자원을 희생시킬 정도로 크지 않다는 것 등을 이유로 내세우면서 한미동맹의 파기와 주한미군의 철수를 주장했다.[7] 그런데 2002년 한국의 대규모 촛불 시위, 반미 데모와 주한미군에 대한 폭력행사 등을 경험한 미국 정치권에서도 주한미군 철수와 감축 논쟁이 거세게 일었다.

2002년 말과 2003년 초에 한미동맹의 신뢰관계에 위험신호가 켜졌고, 다시 한미관계를 대등한 관계, 수평적 관계로 만들어야 한다는 주장과 함께 자주국방이란 용어가 사용되기 시작했다. 물론 미국을 배척한 한국의 독자적 국방이 아닌 한미동맹을 인정한 가운데 한국의 독자적 정책결정권, 사용권, 자주국방 능력을 건설해야 한다는 요구이지만 장기적으로 보면 자주국방과 한미동맹의 상호대체효과, 즉 자주국방으로 한미동맹을 대체하자는 요구도 그 속에 들어 있음을 부인할 수 없다.

이러한 논란을 정리하기 위해 2003년 5월 노무현 대통령과 부시 대통령 간에 정상회담이 개최되었다. 정상회담 공동선언문에서는 한미 양국이 과거의 군사 위주의 동맹관계를 민주주의, 인권, 시장경제의 가치 증진, 한반도와 동북아의 평화와 번영을 위한 포괄적인 동맹과 동맹의 현대화를 통한 역동적인 동맹으로 바꾸어 나아가기로 합의했다. 이것은 미국의 군사변환 요구와 한국의 자율성의 증진, 자주국방의 추진 의지 등을 타협한 산물로서 한반도 안보는 오히려 강화하면서 한미간에 새로운 임무와 역할을 맡아서 이행하자는 약속이었다. 그러나 노무현 정부와 부시 행정부 사이에는 극복할 수 없는 넓은 간극이 존재했다. 자주의 목소리가 동맹의 목소리를 압도했던 것이다.

2008년 출범한 이명박 정부는 5대 국정지표 중 하나인 '성숙한 세계국가'를 달성하기 위해 한미동맹의 방향을 '21세기 전략동맹'으로 설정하였다. 이에 따라서 2009년 6월 16일 이명박 대통령은 오바마 대통령과 정상회담에서 '한미동맹을 위한 공동비전(Joint Vision for the Alliance of the Republic of Korea and the United States of America)'을 채택하였다. 이명박 정부는 국가비전인 '선진 인류국가' 달성을 위해 소원했던 한미관계를 복원하고 새로운 환경에 발맞추어 미래지향적인 포괄적 전략 동맹으로 정립하고자 시도하였다. 연이어서 박근혜 정부는 2013년 5월 워싱턴 DC에서 오바마 대통령과 한미정상회담을 갖고, 한미동맹 60주년을 기념하면서

---

7) Dong Bandow, *Tripwire: Korea and U.S. Foreign Policy in a Changing World* (Washington D.C.: CATO Institute, 1996).

“1953년 한미상호방위조약에 기초한 한미동맹이 안보협력을 넘어서 정치 경제 문화 인적교류 분야에서의 폭넓은 협력을 바탕으로 포괄적 전략동맹으로 진화해 왔다”고 공동평가하고, “굳건한 한미동맹을 기반으로 동북아에서 평화협력시대를 구축하기 위해 노력할 뿐만 아니라 범세계적 안보 도전 요소에 대한 공동 대응과 협력을 위해서 범세계적 동반자관계를 지향해 나아갈 것이다”라고 함으로써 한미동맹의 미래 발전 방향을 제시하였다. 2017년 6월 문재인 정부는 트럼프 대통령과 워싱턴 DC에서 정상회담을 갖고, “한미동맹은 상호 신뢰와 자유, 민주주의, 인권, 법치라는 공동의 가치에 기반한 굳건한 동반자 관계(partnership)임을 재확인하고, 한미동맹을 포괄적 전략동맹으로 지속적으로 발전시켜 나아가자”고 합의하였다.

넓게 보아서 한미동맹 관계는 시대에 따라 도전의 양상이 달랐다고 할 수 있다. 한미 양국은 때로는 한미동맹의 협력 내용과 형식을 확충하면서 이 도전을 잘 극복했으며, 한국은 안보국방정책에서 자주성과 자율성이 향상되는 방향으로 한미관계를 활용했다고 볼 수 있다.

물론 여러 가지 도전에 대해서 한미 양국이 잘 대처한 경우도 있고 잘못 대처함으로써 도전 요소가 한미관계를 악화시킨 경우도 있었다. 여기서 중요한 것은 한미동맹과 자주국방이 완전히 대체적인 개념이 아니라, 한국의 안보를 위해서 상호보완적인 개념인 동시에 한국의 자주국방 추구가 한국의 자율성을 제고했음은 물론 한국의 안보를 증진해 왔다는 것이다. 2018년 한미동맹 65주년을 기념하면서 한미 양국은 “한미동맹이 상호보완적이며, 미래지향적으로 발전해 나아가는 공동의 파트너십에 기반하고 있다”고 공동평가를 내리고 있다.

Ⅳ. 한국의 군사력 사용에 대한 딜레마

한미군사동맹체제에서 한국의 군대에 대한 작전통제권을 어느 국가가 보유하는가 하는 문제가 군사주권 내지 자주권을 침해하는 문제로 인식되는 경향이 있다. 특히 한국은 한미 군사동맹에서 미군 사령관이 한국군에 작전통제권을 행사하는 데 대해서 미국이 한국의 군사주권을 침해하고 있다고 생각하는 경향이 강하다. 반면 미국은 제1차 세계대전 이후 지금까지 동맹국과 연합군사령부를 구성한 이래 한 번도 외국군의 지휘 아래 자국 군대를 둔 적이 없으므로 만약 동맹국의 지휘관이 미국군을 지휘하게 된다면 미국의 주권이 침해당한다고 간주하고 있다. 따라서 작전통제권의 보유와 행사 여부는 한미동맹과 한국의 자주국방이 상충될 수 있는 민감한 이슈다.

1. 1950년대: 작전통제권의 이양

한국군에 대한 작전통제권이 역사적으로 어떻게 변천했는가? 1950년 전쟁이 발발하자 이승만 대통령은 남한 단독의 힘으로는 국가방위를 할 수 없음을 인식하고 UN군 사령관에게 일체의 지휘권을 이양(assign)하기로 결심했다. 1950년 7월 14일자 이 대통령이 UN군 사령관에게 보낸 서한에는 "… 귀하가 UN군 사령부의 최고사령관으로 임명되어 있음에 비추어 본인은 현 적대행위의 상태가 지속되는 동안, 대한민국의 육·해·공군의 모든 지휘권을 이양하게 된 것을 …"이라고 적고 있다. 당시 한국이 처한 비참한 상황, 즉 나라의 주권을 공산주의자에게 빼앗길지도 모르는 상황과 미국을 중심으로 한 UN군의 막대한 힘을 상정하여, 남한에서는 'assign'이라는 용어를 이양이라고 불렀다. 그러나 맥아더 UN군 사령관은 이승만 대통령의 지휘권 부여를 작전지휘권 인수라고 고쳐서 불렀다.[8] 즉 미국의 개념 해석은 광범위한 지휘권이 아니고 작전지휘라고 생각했던 것이다. 한국은 전쟁 중에서도 한국군에 대한 인사와 부대편제에 대한 권한을 행사하고 있었으며, UN군 사령관은 그것을 인정하였다는 데서 UN군 사령관은 한국군에 대한 작전지휘를 하고 있었지 총체적 지휘를 하던 것은 아님을 알 수 있다. 맥아더 UN군 사령관은 7월 17일 한국 지상군에 대한 작전 지휘권을 미 제8군 사령관에게, 한국 해·공군에 대한 작전 지휘권은 극동 해공군사령관에게 각각 이양함으로써 한국에서 공산

8) 1950. 7. 14. 이승만 대통령이 맥아더 UN군 사령관에게 보낸 한국군 지휘권 양도 공한에는 일체의 지휘권(all command authority)을 이양한다고 되어 있다. 그러나 무초 주한 미국 대사가 이 대통령에게 보낸 답장 서한은 이 대통령이 부여한 작전지휘권(operational command authority)이라고 고쳐서 부르고 있다.

군과 싸우는 모든 부대의 지휘통일을 이루었다.

한국은 왜 UN군 사령관에게 작전 지휘권을 주었던 것일까? 그것은 전쟁 상황이고, 한국의 주권과 영토를 상실할지도 모르는 상황에서 우선 국가의 생존을 보존하기 위해서라고 볼 수 있다. UN군이 작전을 주도하는 상황에서 다른 모든 참전국가의 군대도 UN군 사령관의 작전지휘 아래에 있었기 때문에 효율적인 작전을 위해서 한국군 작전 지휘권을 UN군 사령관에게 이양했다고 볼 수 있다. 그러나 이승만 대통령이 작전 지휘권을 UN군 사령관에게 이양한 서한과 한국이 정전협정 서명을 거부한 사건 등으로 말미암아 한국군이 스스로 작전지휘권이 없다는 비판에 직면하는 계기가 되었다. 북한도 이러한 상황을 이용하여 한국군은 작전통제권도 없는 군대라고 비판하고 있으며, 한반도 군사문제에 당사자 자격을 부인하고 있다.

미국 정부는 전쟁이 끝난 직후 한미동맹을 결성하고, 한미 간 군사작전 지휘관계에 대한 정리를 했다. 1950년 7월 작전지휘권을 이양했을 때의 사정이었던 '현 적대행위의 상태'인 전쟁이 종결되었으므로 한미 간에는 작전지휘 관계를 재정립할 필요가 생겼다. 미국 정부는 휴전협정 서명 당사자인 UN군 사령관이 계속 한국군을 통제할 수 있도록 1953년 8월 3일 이승만·덜레스 공동성명을 발표하고, "UN군 사령부가 한국의 방위를 책임지는 동안 한국군을 UN군 사령부의 작전통제하에 둔다."고 함으로써 작전 지휘권에 대한 잠정조치를 취했다. 이때부터 작전지휘라는 용어가 작전통제라는 용어로 바뀌었다. 그 후 1954년 11월 17일 한미상호방위조약의 부속 합의서 형태로 한국 외무부장관과 주한 미국대사 간에 한국에 대한 군사 및 경제원조에 관한 합의의사록 제2항에서 "UN군 사령부가 대한민국의 방위를 책임지는 동안 대한민국 국군을 UN군 사령부의 작전통제권(operational control)하에 둔다고 했다. 이 조항은 1978년 한미연합군사령부가 창설될 때까지 계속되었다.

이 변화의 의미는, 첫째 UN군 사령부가 행사하던 한국군 작전 지휘권을 작전통제권으로 바꾸고 그 내용은 군사작전을 위한 부대 운용에 대한 권한으로 축소한 것이다. 따라서 이를 제외한 부대의 운용과 평시의 군사력 건설 및 유지에서는 한국군이 독자적인 지휘권을 행사할 수 있었다. 둘째, 조약당사자가 UN에서 미국으로 바뀌었다는 것이다. UN군 사령부는 미국의 보장에 의해서만 한국군을 작전통제할 수 있게 되었다. 셋째, UN군 사령부가 한국군을 작전통제하면서도 연합작전을 지휘하고 통제하며 상호 협의하기 위한 정치 및 군사기구를 구성하지 않았다는 것이다. 1957년 7월에 UN군 사령부 본부가 도쿄에서 서울로 이동함과 동시에, UN군 사령관이 주한미군사령관, 제8군사령관, UN군 육군구성군사령관을 겸직하게 됨으로써 사실상 UN군 사령부와 주한미군이 통합하게 되었다. 이런 개편은 한국과 아무런 사전 협의 없이 일방적으로 추진되었다.

2. 1960-70년대: 작전통제권의 변화

UN군 사령관에게 이양되었던 한국군 작전통제권은 몇 가지 중요한 사건을 통해서 변화의 필요성에 직면하고 그때마다 작전통제권의 예외적인 적용과 그 자체에 대한 변화가 나타났다. 먼저 1965년 한국군의 월남 파병 이후 그 해 9월에 한미 양국 간에 주월한국군에 대한 작전통제권을 둘러싸고 새로운 협정이 맺어졌다. 그 내용은 "한국 정부가 파견한 한국군에 대한 지휘권은 한국 정부가 임명한 한국군 사령관에게 있다."는 것이었다. 파월 한국군 부대는 UN군 사령관의 작전통제에서 해제되었던 것이다.

둘째, 대간첩작전에 대한 통제권이 변화되었다. UN군 사령관이 한국군에 대한 작전통제를 하는 동안, 북한군 침투작전에 대한 한미의 대응작전도 유엔군사령관의 책임 하에 수행되어 왔다. 그러나 1968년 1월 21일 발생한 북한무장공비의 청와대 습격사건과 1월 23일 발생한 푸에블로 호 납북사건의 처리를 둘러싸고 한미 간에 마찰이 발생하였다. UN군 사령관이 청와대 습격 사건에는 아무런 대응도 하지 않다가 푸에블로 호 납북 사건에 대해서는 DEFCON-2를 발령하여 전쟁 직전 단계에까지 간 것이었다. 이에 대해 박 대통령은 미국에게 작전통제권의 환수를 요구하는 한편, 독자적인 대침투작전의 필요를 강조하고 미국 측에 항의했다. 한국 정부는 북한에 무력보복을 원했으나 미국 정부는 허락하지 않았다. 이것은 엄격한 의미에서 한국의 군사력 사용에 대한 통제였다. 이 사태의 수습과정에서 한미 양국은 대간첩작전 통제는 한국군이 행사하도록 합의했다. 그리고 한미 간에 고위급 정치군사회담을 개최하게 되었다. 1968년부터 매년 개최하기로 합의한 한·미 연례국방각료회의가 그것이다.

셋째, 1978년 11월 7일 한미연합군사령부의 창설로 한국군 및 주한미군에 대한 작전통제권이 UN군 사령부에서 한미연합군 사령부로 전환되었다. 이에 따라 6.25전쟁 이후 작전통제권을 행사해 오던 UN군 사령부는 정전협정의 관리자로서만 남게 되고, 그 밖의 모든 권한과 기능은 한미연합군 사령부로 이양되었다. 한국군은 한미연합군 사령관의 작전통제 하에 놓이게 되었다.

한미연합군 사령부는 연합방위체제의 실질적 운영주체로서 사령관과 부사령관을 포함한 사령부 구성요원을 한미 간 동수 보직원칙에 따라 편성하며, 그 예하에 지상군·해군·공군구성군 사령부를 두었다. 지상구성군 사령관은 최초에는 연합사령관이 겸직했으나 1992년에 한국군인 연합사 부사령관이 맡았고, 해군구성군 사령관은 1978년부터 한국 해군의 작전사령관이 맡았으며, 공군구성군 사령관은 미 7공군 사령관이 맡았다.

1978년 7월 28일 제11차 한미연례안보협의회의와 제1차 한미군사위원회회의에서는 한미연합군 사령부의 임무와 지휘 관계를 규정한 전략지시 제1호를 하달했다.[9] 이에 따르면 연합군 사령관은 서울 방어를 비롯한 한국 방어의 책임을 맡으며, 전·평시 연합사와 예하 구성군 간의 지휘 관계를 명시하고, 전·평시연합사 작전통제부대 목록을 하달하며, 군수지원은 자국의 책임임을 명시했다.

한미연합사가 이러한 복잡한 지휘통제구조를 갖게 된 이유는 다음과 같다. 박 대통령은 과거 미국이 월남에서 철수하게 된 것은 미국과 월남이 서로 분리된 지휘체제를 유지했기 때문에 주월미군이 쉽게 철수했다고 간주하고, 주한미군의 철수를 어렵게 하기 위해서 연합지휘체제를 구성할 것을 제안하도록 지시했다. 그리고 소수의 주한미군을 가진 미군 장성이 다수의 한국군을 일방적으로 작전통제함은 문제가 많다고 생각해서 작전계획의 작성 및 작전통제권 행사 과정에 한국군의 적극적인 참여를 보장하도록 했다. 미국 측에서 보면 지미 카터 전 대통령이 주한 미 지상군을 철수하기 위해 대북 억제력을 그대로 유지하는 방안으로 한미연

9) 한미연합군 사령부 관련 약정 및 전략지시 제1호(1978. 7. 28), 국방부 군사편찬연구소, 『한미군사관계사 1871-2002』(서울: 신오성기획인쇄사, 2002), p. 598.

합사를 창설했다.

3. 1980-90년대: 평시작전통제권 환수

1983년 8월 미얀마 양곤에서 발생한 고위각료 암살테러 사건에 직면한 한국 정부는 북한에게 무력보복을 하기를 강력하게 희망했다. 이때에 미국 정부는 이를 저지했다. 한국의 군사력 사용권에 또다시 제약이 가해졌다고 볼 수 있다.

1980년대 전반을 한미연합사의 작전통제체제 하에 지내온 한국은 1987년 대통령 선거에서 노태우 후보가 선거공약의 하나로 작전통제권 환수를 내걸었다. 노태우 후보가 대통령에 당선되자 작전통제권 환수를 위한 대미 협의를 개시했다. '한국 방위의 한국화' 논의는 한국 측이 1985년의 제17차 한미연례안보협의회의에서 연합지휘체제의 문제를 제기하면서 시작되었다. SCM공동성명에서는 한미정책검토위원회를 신규로 설치하여 한미 관계에 영향을 미치는 중장기적 안보정책의 과제를 검토하기로 합의했다. 한국 내에서 민주화에 대한 외침과 광주 민주화 항쟁에의 연합군사령관 연루 여부 등을 둘러싸고 반미감정이 깊어갔으며, 용산기지를 이전해야 한다는 요구가 증가했다.

한편 미국에서도 1980년대 말 냉전의 종식에 따른 해외주둔 미군 규모의 축소 요구, 안보환경의 급변에 따른 동아시아 및 한반도에 주둔하는 미군의 위치·전력구조·임무를 재평가하고 한국에게 경제력에 걸맞은 한국안보의 책임과 비용을 부담시켜야 한다는 요구가 일어나났다. 이는 1989년 7월 미국의회에서 민주당 샘 넌 의원과 공화당 존 워너 의원이 공동으로 제출한 '넌·워너 법안'에 의거하여 의회는 행정부에 미국의 동아시아 태평양 전략을 검토하고 주한미군의 역할, 임무, 기지, 한국의 방위비 분담, 한국민과 주한미군 간의 갈등 감소를 위한 미군 인원 및 시설과 위치 조정, 특정 군사임무 및 작전통제권을 한국에 이전하기 위한 조치 등을 검토하여 의회에 보고할 것을 결의했다.[10)]

앞에서 설명한 바와 같이 '아시아 태평양 전략구상'을 만들었으며, 제2단계인

---

10) 차영구·서주석, "미국의 해외군사력 주둔정책 전망과 한국안보," 한국국방연구원 연구보고서, 1989, pp. 81-82.

1993년부터 1995년까지 주한미군 2사단을 2개 여단 규모로, 7공군을 1개 전투 비행단 규모로 감축, 재편하고, 판문점 공동구역의 경비를 한국군이 인수하며, 한미연합사를 해체하고 작전통제권의 환원을 검토한다는 것이었다. 3단계는 1996년 이후로 북한의 위협 정도와 억제 개념, 미군의 지역적 역할에 따라 미군의 규모를 최소로 하며, 미 2사단의 책임지역을 한국군이 인수하고, 전시작전통제권을 한국군에게 환원하며 한미기획사령부를 정착시키고 지휘체제는 한미 간 병렬적 체제로 발전시킨다는 것이었다.

사실상 아태전략구상은 1990년대 후반에 가면 한국군은 전시작전통제권을 완전히 환수하고, 전시에는 한미가 새로운 연합 체제를 만들어서 전쟁을 수행한다는 개념이었다. 그러나 1993년 북한의 핵개발과 핵확산 금지조약(NPT: Nuclear Nonproliferation Treaty) 탈퇴로 빚어진 한반도 위기상황에서 위의 1단계는 이행되었으나 2단계부터는 중단되었다.

하지만 이 과정에서 평시 한국군에 대한 작전통제권은 한국군에게 이양되었다. 한미 양국 간의 협상 과정에서 작전통제권의 신속한 이양은 북한에 대한 전쟁억제와 억제 실패 시 전승을 보장할 수 없다는 현실론이 대두되어, 한국군에 대한 평시작전통제권과 전시작전통제권으로 나누어 우선 평시작전통제권만 환수하기로 합의했다. 그러나 한국군에 대한 평시작전통제권도 두 가지로 구분하여 평시 한국군에 대한 작전통제권은 한국의 합참의장에게 이양하되, 전시와 연관되어 있는 작전통제권은 평시작전통제권이라도 연합군사령관에게 그대로 둔다는 합의를 하게 되었다. 이것을 연합권한위임사항(CODA: Combined Delegated Authority)이라고 하는데, 연합군 사령관은 한미연합군을 위한 전시연합작전계획의 수립 및 발전, 한미 연합군사훈련의 준비 및 시행, 한미연합군에게 조기경보 제공을 위한 연합군사정보의 관리, 위기관리 및 정전협정 유지내용 등의 권한을 보유하게 되었다. 이것은 유사시 전쟁수행과 직결된 사항이기 때문에 전쟁억제와 억제 실패 시 전쟁수행능력을 보장하기 위해 연합군 사령관에게 이러한 임무가 주어졌다고 볼 수 있다. 또한 위기 발생 시 경계태세의 수준을 어떻게 할 것인가를 결정하는 최종 권한도 사실상 연합군 사령관에게 있다고 할 수 있다. 왜냐하면 그가 연합군사정보를 관리하기 때문이다.

그러면 한국 합참의장이 환수 받은 작전통제권은 무엇인가? 평시에 한국군의 군사대비 태세의 강화, 한국군 작전부대의 합동 전술훈련 주관, 한국군 전투준비 태세의 유지 및 검열, 한국군 작전부대의 이동, 평상시 경계임무 및 해·공군의 초계활동 등은 연합군 사령관에게 협조하지 않고 독자적으로 시행할 수 있게 되었다. 그러나 이러한 사항이라도 연합군 사령관에게 협조 차원에서 사전 통보를 할 수 있도록 하였다.

연합군사령관은 전쟁억제, 방어, 정전협정 준수를 위한 한미연합 위기관리에 대한 권한과 책임을 가지고 있으며, DEFCON-3단계부터는 양국의 합의 하에 전시 작전통제권을 행사하게 되어 있다. 2002년 6월 29일 서해교전 상황처럼 매우 단시간에 끝나는 위기인 경우 경계태세의 제고 없이 끝났기 때문에 한국의 합참 주관 하에 작전통제를 했다고 볼 수 있다. 그러나 위기의 기간이 긴 경우는 필히 경계수준이 제고될 것이므로 연합군 사령관에게 위기관리권한이 넘어간다고 볼 수 있다.

1994년 12월 1일 한국군이 평시 작전통제권을 환수함으로써 독자적인 작전 지휘체제를 확립하는 계기가 되었다. 이에 따라 1978년 11월 7일 한미 양국 정부 간에 체결된 한미연합군사령부 설치에 관한 교환 각서와 군사위원회 및 한미연합군사령부 권한위임 사항의 효력이 종료되었다.

그러면 전시에는 연합군 사령관이 마음대로 한국군에 대한 작전통제를 할 수 있는가 하는 의문이 생긴다. 사실은 그렇지 않다. 한미연합지휘체제는 양국의 국가통수 및 군사지휘기구 하에 있는 양국의 합참의장이 협의하여 연합군 사령관에게 작전지시를 한다. 전시에는 한국의 합참의장과 미국의 합참의장(때로는 한미연합군사령관)이 작전명령을 같이 협의하여 한미연합군 사령관에게 전략 지시를 하는 것이다. 그러면 한미연합군 사령관이 작전 지시를 하지만, 지상군은 한국군 대장인 연합사 부사령관이 지상 작전을 수행하는 지상군 사령관이므로 연합사 부사령관 예하에 한국군 1, 3군과 그 예하에 한국에 증원되는 미군 제1, 3군단이 예속되고, 미 2사단도 연합사 부사령관 예하에 들어와서 전투를 하게 되는 것이다. 이렇게 전시에는 지상군 작전은 연합군 사령관의 지시 범위 내에서 한미연합사 부사령관인 한국군 대장에 의해 한미연합 지상군의 작전통제가 이루어진다. 해군의 경우에는 평시에는 한국 해군의 작전사령관이 해군구성 사령관이 되지만, 전시에는 미 7함대 사령관이 한국 해군과 미국 해군을 지휘하는 것이다. 공군의 경우 전시에 미 7공군 사령관이 한미 양국의 공군을 작전통제하게 된다. 이렇듯 전시에도 연합군 사령관이 마음대로 한국군을 작전 지시하는 것이 아니라 한미 양국이 연합하여 전쟁을 수행하며, 전시에 구성군 사령관이 한국군 장성이면, 그 밑에는 미군 장성이 있고, 구성군 사령관이 미군이면 그 밑에 한국군이 있어 명실공히 연합군을 만들어 전투를 하는 것이다. 그래서 전시라고 해서 미국군이 마음대로 한국군을 지휘하는 것은 아니라는 점을 분명히 인식할 필요가 있다.

예를 들면 동맹국가 간에 연합작전을 할 경우 연합군 사령관 예하의 각 군 구성군 사령관은 자국 군에 대해서는 작전 지휘권을, 타국 군에 대해서는 작전 통제권을 행사한다. 이렇게 볼 때, 작전 통제권은 특정 조건에서 특정 임무를 수행하기 위해 일시적으로 할당된 자국 군 또는 자국 군이 아닌 부대에 대한 통제 권한이며, 임무 재부여를 할 수는 없다는 뜻이다.

이런 점을 감안하면 미국군이 한국군에 대한 지휘권을 가지고 마음대로 하고 있다는 것은 말이 성립되지 않음을 알 수 있다. 대통령의 국군통수권과 한국군에 대한 지휘권은 대한민국 건국 때부터 지금까지 한국의 대통령이 행사했다고 볼 수 있다. 특히 군의 인사와 군수 사항은 한국 대통령과 군 지휘관의 고유권한이었다고 할 수 있다. 다만 한미연합군 사령관이 한국군에 대한 작전 통제권을 보유해왔으며, 그것도 1994년 12월에 한국군이 한미연합군 사령관으로부터 평시작전통제권을 환수함에 따라, 한미연합군 사령관이 전시에 한해서 한국군에 대한 작전 통제권을 보유하게 되었다. 그러나 전시상황에서도 지상군에 대해서는 한국군 대장(연합사 부사령관)이 지상구성군 사령관으로 있기 때문에 그에게 배속되는 한국 지상군과 미국 지상군을 작전통제 할 수 있다.

4. 2000년대: 전시작전통제권 환수 합의

전시작전통제권을 환수 받는다는 것은 무엇을 의미하는가? 전쟁이 발발했을 때 한국군과 주한미군은 각각 다른 지휘체제 하에서 전쟁을 수행한다는 것을 의미한다. 그때까지도 군사동맹이 존재하고 있으면, 전쟁을 수행함에 한미 양국군이 물론 협조는 하겠지만 각자 다른 지휘체계 하에서 전쟁을 수행함을 의미한다. 전시를 대비한 훈련계획도 각자가 수립하고, 위기관리도 각자가 하며, 전쟁도 각자가 수행하는 것이 된다. 이렇게 되면 군사주권은 확립되지만, 한미 양국이 독자적으로 전쟁수행을 해야 하며 따라서 연합작전의 효율을 기할 수가 없다.

어떻게 보면 한미연합군 사령부는 한국군과 미국군이 일 대 일로 구성되어 있기 때문에 나토보다 더 나은 구성이라고 볼 수 있다. 한국군의 활용 여하에 따라 나토의 국가보다 더 자율성을 반영할 작전통제체제라고 볼 수 있다. 하지만 완전한 작전통제권을 한국군이 가지지 않았기 때문에 여전히 자율성 문제는 남아 있다.

전시작전통제권 환수 문제가 노무현 정부 때 한미 간 동맹조정 이슈로 대두되었다. 2006년 9월 한미 정상회담에서 양국 정상은 전시작전통제권을 전환한다는 기본 원칙에 합의하였다. 그리고 2007년 2월 개최된 한미 국방장관회담에서 양국 장관은 한미연합사령부를 해체하고 2012년 4월 17일 부로 전작권을 한국군에게 전환하는 데 합의하였다. 이에 따라 양국은 한미연합이행실무단(Combined Implementation Working Group)을 구성하고, 연합사로부터 한국 합동참모본부로 전작권을 이행하기 위한 전략적 전환계획(STP: Strategic Transition Plan)을 작성하여 전작권 전환을 본격적으로 추진해 왔다. 그러나 북한의 지속적인 핵무기 개발과 천안함 도발 그리고 북한 급변사태 등의 위기발생 가능성 등에 대한 우려의 목소리가 제기되는 것과 한미 양국의 정치 일정을 고려하여 2010년 6월 26일 이명박 대통령과 오바마 대통령은 전환 시기를 2015년 12월 1일로 연기하는 데 합의했다. 이에 따라 현재 한미연합사 중심의 단일 지휘체제는 해체되고, 신 연합방위체제에서는 전구작전수행기능을 갖춘 한미 양국의 독자적이고 상호보완적인 전구사령부가 각각 구성된다. 양국 전구사령부 간에는 한국 합참이 주도하고 주한 미군사령부(U.S. Korea Command)가 지원하는 지휘관계가 설정되고, 원활한 전구작전 수행을 위해 전략·전구급 군사협조기구 및 작전사급 군사협조기구가 구축된다고 양국은 협의를 지속하였다.

2014년 10월 박근혜 정부는 북한의 연이은 핵실험에 대응하여 전작권 전환 시기를 또 한 번 연기하였다. 이번에는 전작권 전환은 조건(conditions)에 기초한 전

그림 6-1 전작권 전환 이후 연합지휘구조(안)

출처: 국방부, 『국방백서 2018』(서울: 대한민국 국방부, 2018), p. 133.

환이라고 정의하고, 그 조건은 "첫째, 한반도 및 역내 안보환경이 안정적인가? 둘째, 한국군이 독자적으로 북한 핵에 대한 군사능력을 갖추었는가? 셋째, 한국군이 한미연합군을 주도할 핵심 군사 능력을 갖추었는가?"라고 규정했다. 이에 따라 한미 양국의 군사당국이 공동 점검을 통해 이 세 가지 조건이 충족되었다고 판단할 경우에 전작권을 전환한다는 것이다. 2017년에 문재인 정부는 "한미 간 협의를 통해 전작권 전환에 대한 준비상황을 주기적으로 평가하여, 전작권 전환 조건을 조기에 충족시키면서도 안정적인 전환 추진을 위해 긴밀히 협력하기로 합의하였다. 그리고 전작권이 한국군으로 전환된 이후에는 현재의 '미군 사령관, 한국군 부사령관' 체계를 '한국군 사령관, 미군 부사령관' 체계로 변경될 것이라고 하였다. 이렇게 되면 군사력 사용권 분야에서 자주권은 완전하게 갖추어지게 될 것이다.

여기서 전작권 전환을 안정적으로 추진한다는 뜻은 전작권의 전환에 따른 국민적 안보불안감 해소와 한국군의 작전지휘 능력의 보강을 위해 필수적인 사항을 빈틈없이 준비하고 시행하겠다는 것이다. 여기에는 한국군이 미군을 대상으로 전쟁지휘 능력을 갖추어야 함은 물론 미국의 전구급 전쟁수행 체계와 무기체계를 숙지하고, 한국군이 한미연합 C_4ISR체계에 대한 운영능력을 획기적으로 개선해야 함을 의미한다.

Ⅴ. 한국의 군사력 건설에서 자주권의 이슈

1. 1950년대: 미국 군사원조에 의존

한국의 군사력 건설에 대한 미국의 통제가 작용한 것은 휴전 후 이승만 정부가 60만 명 규모의 군을 건설하려고 하던 때이다. 이승만 정부는 6.25전쟁의 재발을 막기 위해서는 강력한 국군의 건설이 전제되어야 한다고 생각했다. 60만 명 이상의 병력 규모를 건설하고자 했으나 미국은 60만 명에 한정시켰다. 이렇게 병력 규모를 미국이 제한한 것은 이승만 정부의 북진통일을 위한 북한 공격을 우려했기 때문이라고 볼 수 있다. 이승만 정부와 장면 정부에서는 무기체계를 우리 손으로 건설할 경제력이 없었기 때문에 미국의 군사원조에 의해 군사력을 건설해야 했다. 1955년 한미합의의사록 부록 B에 의해 한국군의 병력이 처음으로 72만 명으로 한미 간에 합의되었고, 몇 차례 수정을 거쳐서 1960년에 60만 명으로 다시 환원되었다. 이 제한은 오늘날까지 계속되고 있다.

2. 1970년대: 자주적 방위산업 육성

무기와 장비의 건설을 우리 손으로 해야 한다는 주장은 박정희 정부 때의 자주국방에서 시작되었다. 주한미군에 의존하지 않는 독자적 대북한 방위력을 완비하기 위해 청와대에 중화학공업 및 방위산업을 담당하는 경제 제2비서실을 신설하고 독자적 국방연구개발을 지시했다. 방위비를 신설하고 방위산업에 특혜금융을 제공함으로써 장비 국산화를 앞당기는 유인책으로 활용했다. 1971년 1월에는 국방연구개발 및 방위산업 목표를 발표했다. 이에 의하면 제3차 경제개발5개년 계획이 끝나는 1976년까지는 이스라엘 정도의 자주국방 태세를 갖출 것을 목표로 총포, 탄약, 통신기, 차량 등 기본병기를 국산화하며, 제4차 경제개발5개년 계획이 종료되는 1980년 초까지는 전차, 항공기, 유도탄, 함정 등 정밀무기의 국산화 능력 보유를 목표로 설정했다.[11)]

박 대통령은 1973년 4월 19일 합동참모본부에 자주적 군사력 건설을 위한 지시를 내렸다. 첫째, 자주국방을 위한 군사전략 수립과 군사력 건설 착수, 둘째 작전지휘권 인수 시에 대비하여 장기 군사전략의 수립, 셋째 중화학공업 발전에 따라 고성능 전투기와 미사일 등을 제외한 주요 무기 장비 국산화, 넷째 장차 1980년대에는 이 땅에 미군이 한 사람도 없다고 가정하고 독자적인 군사전략, 전력증강계획을 발전시킬 것 등이다. 이 지시에 의거하여 합동참모본부는 '국방 7개년 계획 투자비 사업 계획위원회'를 설치하고 각 군에서 건의된 군 장비 현대화 계획을 조정 보완하여 대통령에게 건의할 안을 만들었다. 국방부는 이를 토대로 제1차 전력증강계획(일명 율곡계획)을 수립하여 1974년 2월 대통령의 재가를 얻어 확정하였다. 당초 이 계획은 1974년부터 1980년까지 7개년 계획이었으나 1981년까지 1년을 연장했다.

율곡계획의 재원을 뒷받침하고자 박 대통령은 1973년 12월부터 전 국민적인 방위성금 모금운동을 벌였다. 그래서 1년간 총 64억 4,957만 원을 모았으며, 1975년 월남이 패망하자 정부는 방위세를 신설하여 방위산업 육성에 더욱 박차를 가하였다. 제1차 율곡계획은 8년 동안 총 가용액 3조 6,076억 원(국고 2조 7,702억 원과 미국으로부터 FMS차관 8,374억 원)에서 차관원리금 상환액 4,674억 원을 제외한 실투자비 3조 1,402억 원이 소요되었다. 이는 동 기간 내 국방비 총액 대비 31.2%에 달하는 금액이었다.

제1차 율곡계획의 결과 다음과 같이 국제적으로 공인된 군사력을 가지게 되었다. M-60전차 60대, M-47/48 전차 800대, 105mm, 155mm, 203mm 등 야포 2,000문, 구축함 10대, F-4D/E 전폭기 및 F-5 전투기 280대 등 북한과 견줄 현대식 무기를 갖추게 되었다. 제1차 율곡사업 추진으로 각 군은 양적·질적으로 괄목할 만한 전력 증강을 이루기는 하였으나 북한군의 증강 속도에는 미치지 못하였

11) 조영길, 『자주국방의 길』(서울: 플래닛미디어, 2019), pp. 36-39.

다. 율곡사업의 결과 1978년 9월 26일 한국이 세계에서 일곱 번째로 미사일을 발사하는 국가가 되었다.

이상에서 볼 때 1970년대의 자주국방은 자주적 국방 능력의 배양, 자주적 군사 전략의 모색 등이 특징을 이루었다. 또한 자주적 국방능력 배양을 위해서 미국의 방위산업 기술이 필요했기 때문에 미사일 개발 카드, 월남 파병, 핵무기 개발 카드 등을 활용하여 미국의 방위산업 개발기술을 제공받았다. 이는 한국의 자주적 협상력이 효과를 발휘했다고 볼 수 있다. 또한 한미연합사도 창설함으로써 자주적 군사력 결정권과 사용권의 회복을 향해 진일보했다고 볼 수 있다. 하지만 한국적 군사전략은 현실화되지 못했고 자주적 국방 능력의 개발은 박 대통령의 서거와 함께 후퇴를 겪었다.

3. 1980년대: 방위산업 투자 감소와 주한미군 방위비 분담

1980년대는 어떠했는가? 1981년 공식 출범한 전두환 정부는 정권의 정치적 정통성 부족을 메우기 위해 한미관계를 더욱 강화하면서 박 대통령 때 강조하던 무기의 국산화 대신 미국의 무기를 구입하는 방향으로 군사력 건설정책을 전환했다. 사실상 방위산업을 합리적으로 육성한다는 명분 하에 방위산업과 국방과학연구소에 근무하던 연구 인력을 2/3 정도 퇴출시켰다. 이것은 박정희 대통령이 무기의 국산화를 위해 세계 각지로부터 채용해 왔던 고급두뇌를 유출한 결과를 가져왔다.

한편 전두환 정부는 국방 재원을 원활하게 조달하기 위해 1975년 만들었던 방위세법의 시한을 5년 더 연장하여 1985년 12월 말까지로 하였고, 1985년에 다시 2차로 1990년 12월 말까지 5년을 연장하여 시행한 후 폐지하였다. 국방부는 제2차 율곡계획을 1982년부터 1986년까지 5년간 추진했다. 제2차 율곡계획 기간 중 총 투자 규모 6조 3,438억 원(국고 5조 3,088억 원, FMS차관 1조 350억 원) 중 차관 원리금 상환액 1조 160억 원을 제외한 5조 3,280억 원이 실제 투자되었고 군별로는 육군이 2조 6,471억 원(49.7%), 해군이 1조 658억 원(20.2%), 공군이 1조 3,389억 원(24.9%), 통합시설에 2,761억 원(5.2%)을 사용했다.

연구개발 분야에서도 변화가 발생했다. 1976년부터 1980년까지는 국방예산 중에서 연구개발 투자비가 차지하는 비중이 3%를 능가하였으나, 1981년과 1982년에 이르면 연구개발비가 2.5%, 2.2%로 급격하게 감소했다. 한편 상대적으로 장비 구입비가 증가한 것으로 나타나는데, 이것은 대내적인 연구개발 투자비를 대외적인 장비구입비로 돌린 것으로 볼 수 있다.

한편 정부는 전력증강 투자비가 전체 국방비에서 차지하는 비율이 1981년도에 27.8%, 1982년도에 26.8%로 점점 낮아지는 추세를 감안하여, 1983년부터 전력증강에 대한 투자를 늘려 1983년도에 28%, 1984년도에 31.9%, 1985년도에 33.5%, 1986년도에 36%, 1987년도에 38.8%로 증가시켰다. 이로써 정부는 자체 연구개발 중점에서 고도병기의 수입 및 방위산업 발전으로 목표를 조정하였다.

이로써 1980년대에 이르러 한국의 대미 안보 의존도가 변화된 것을 알 수 있다. 1970년대 한국의 눈부신 경제발전에 따라 미국의 대한 무상 군사원조는 1982년도에 종결되고, 미국은 한국에 대한 무기 판매정책에서 1971년부터 적용하던 대외군사판매(FMS) 차관 제도를 시행하게 되었다. 그러나 이러한 FMS차관도 1987년도에 종결되었다. 오히려 1988년부터는 한국이 주한미군의 방위력 개선 사업에 지원하거나 비용 분담 형식으로 미국을 지원하는 것으로 변화가 시작되었다.

지금까지 미국의 군원을 받아오던 수혜자 지위에서 주한미군 및 미국 정부에 대한 지원자로 신분 전환을 한 것이다. 방위비 분담은 계속 증가하여 1991년부터 2003년 말까지 38억 7천만 달러를 주한미군에 지원하였다.[12)]

4. 1990년대 이후: 군사력 증강사업의 다변화

한편 1980년대 말부터는 1970년대에 사용하던 자주국방이란 용어는 사용되지 않고, '한국방위의 한국화'라는 용어가 한미 간에 사용되기 시작했다. 한국의 자주적 국방능력의 건설 측면에서 보면 탈냉전 이후 1991년부터는 군사력 건설에 필요한 재원조달에 문제가 발생하기 시작했다. 국방백서에서는 군사비 감소 압박

12) 국회정치행정조사실 외교안보팀, 『한미 방위비 분담의 현황과 문제점』(서울: 국회입법조사처, 2008), p. 2.

요인을 한국의 북방정책 추진, 소련 및 동구 정세의 변화, 세계적 긴장 완화 분위기에 편승한 군비축소 여론, 주한미군의 단계적 감축과 역할 변경 등으로 들고 있다.

군사력 증강사업을 율곡사업이라고 부르던 것을 노태우 정부에서부터 '전력 정비 사업'이라고 개칭하였다. 1996년부터는 이를 '방위력 개선사업'이라고 명칭을 변경하였다. 율곡사업이 시작된 1974년부터 1997년까지 자주적 군사력 건설을 위한 전력 정비비는 총 38조 948억 원이 투자되었다. 특히 1997년 말 외환위기는 한국의 국방비에서 군사투자비가 대폭 감소되게 만들었다. 따라서 자주국방 능력의 건설에 한계가 있었다.

또한 군사력 건설의 프로그램 면에서도 제약이 있었음을 알 수 있다. 지상군 중심의 전력 건설, 공군 군사력 건설에서 미국 무기도입 등이 한미 군사관계에서 생긴 제약이라면 제약으로 볼 수 있다. 박 대통령의 주요 무기 국산화 정책이 종말을 고한 1980년대부터 한국의 주요 무기 구입대상국은 미국이 되었다. 이를 두고 일부에서는 한국이 동맹국인 미국의 압력에 의해 미국 무기를 구매했다고 비판하고 있다. 그러나 한미연합군 체제하에서 무기의 상호운용성 보장은 실제 전장과 훈련에서 가장 중요한 고려 요소임을 고려할 때 불가피한 사정도 있다. 상호운용성에 문제가 없으면서도 품질과 가격에서 우수한 유럽 선진국의 무기체계가 있다면 그것을 구매하는 방안도 처음부터 고려했을 것이다. 또한 이 책의 제12장에서 설명하는 바와 같이 국내에서 연구개발할 수 있는 품목이 있다면 해외 직구매보다는 국내 연구개발을 하도록 하는 정책이 추진되기도 했다. 즉 군사력 건설에서의 자율성은 무기체계의 선정, 연구개발과 직구매를 결정하는 권한을 한국이 완전하게 행사할 수 있을 때에 생긴다. 한국의 군사력 건설의 역사를 보면 무기 품목의 선택과 획득 방안 결정에서 자율성이 증대되고 구입처 다변화 방향으로 움직이는 것은 사실이다. 미국으로부터 구매가 70%를 차지하는 현실을 감안하여 이를 개선하기 위한 노력과 압박이 동시에 증가되고 있다고 지적할 수 있다.

Ⅵ. 결론: 자주국방과 한미동맹의 전망

1953년 휴전 이후 한국은 국가의 생존과 번영을 위한 국가안보전략의 일환으로 한미동맹을 결성하고 유지·발전시켜 왔다. 그러나 한미동맹의 출범 때부터 냉전종식 시기까지 한미관계에서 형성된 한국의 미국에 대한 심한 의존도 및 한미관계의 불평등성 때문에 한국 내의 극단적인 반(反) 동맹론자나 북한의 대남선전 당국은 "남한은 자주성이 없는 나라, 혹은 한국은 주권이 없는 나라"라고 하면서 한미동맹을 마구 비판했다. 그러나 탈냉전 후에 엄청나게 커진 남북한 간의 국력 격차와 남한의 민주화 성공 덕분에 자주성 측면에서의 남한의 대북한 열등감은 근거를 완전히 상실하였다.

이 장에서 설명한 자주국방의 3요소인 자주적 국방정책 결정권, 자주적 군사력 사용권, 자립적 방위산업 육성권 중에서 남한은 자주적 국방정책 결정권과 자립적 방위산업 육성권을 완전하게 행사하고 있다. 나머지 한 요소인 자주적 군사력 사용권에서도 6.25전쟁 직후 유엔군사령관이 행사하던 작전통제권을 1978년에 한미 양국 장성이 동수로 구성된 한미연합지휘체계 하에서 미군 4성 장군이 맡게 되었으며, 21세기에 세 차례의 한미협의를 거쳐 2020년대에 한국군 4성 장군이 전시작전통제권을 맡게 됨으로써 자주적 군사력 사용권도 한국군이 완전하게 행사하게 된다. 이로써 자주국방은 완전한 형태를 갖추는 것이다. 사실상 한미연합사령부의 창설도 한미 양국의 대통령 간에 합의하여 설치되었고, 양국의 군통수권자의 지시를 받고 있으므로 법률상으로는 한국군이 자주적 군사력 사용의 반을 행사해 왔다고 할 것이다.

따라서 자주성과 관련하여 한국 국민은 더이상 근거 없는 열등감에 시달릴 필요가 없다. 북한은 앞으로도 계속 자신의 체제를 보호하고, 대남한 국력 격차 및 북미 적대관계에 대한 변명으로 남한의 대미의존도 및 비자주적 성격을 비판할 것이다. 그래야만 북한의 역사적, 정치적 정통성을 견강부회할 수 있기 때문이다. 그러나 우리를 비롯한 전 세계에서는 남북한 중 어느 체제가 더 보편적이며 민주적이고 자주성과 세계성을 균형 있게 갖추었는지 잘 인식하고 있기 때문에 북한의 이데올로기적인 주장은 발붙일 데가 없다. 특히 국제회의나 토론 자리에서 북한의 고위 인사들이 굳건한 한미동맹을 부러워하는 속내를 나타내는 것을 보면, 북한의 "우리민족끼리 뭉쳐서, 외세(주한미군)를 몰아내자"고 하면서 대외적으로 한국의 대미종속을 선전하는 것은 그들이 가진 속내와 다른 지배이데올로기를 표출하는 것임을 알게 된다. 중국에서도 한국에 대해 "한미동맹은 냉전시대의 산물이므로, 한미동맹을 지지하는 것은 냉전적 사고방식"이라고 대외적으로 비판하면서 선전하는 것을 보는데, 중국이 진정으로 노리는 것이 무엇인가를 생각하면 그들의 말을 액면 그대로 받아들일 필요가 없다.

국제정치에서 동맹이란 동맹에 소속한 국가들이 국가이익을 추구하기 위해 정책적 결단으로 결성하고, 유지 및 발전시키는 것이기 때문에 설사 동맹이 냉전기에 형성되었을지라도 탈냉전 이후에 동맹이라는 전략적 자산과 가치를 더욱더 활용함으로써 국익을 증진시켜 나아가면 되는 것이다. 남의 이목이나 근거 없는 비판이 두려워 우리가 가진 한미동맹이라는 귀중한 전략적 자산을 포기한다면 역사적으로나 안보외교적으로 큰 어리석음을 범하는 것이다.

그러면 한국은 한미 동맹으로부터 어떤 국익을 얻었는가? 크게 보아 네 가지로 정리할 수 있다.

첫째, 한미동맹의 목적이 북한의 재침략을 억제함으로써 한반도에 평화와 안보를 유지하며, 한국이 독자적으로 북한을 방어하는 데 부족한 군사력을 미국으로부터 지원받는 것이었는데, 한미동맹은 지난 70년간 이러한 목적을 잘 달성했다고 볼 수 있다. 예를 들면 1975년 베트남의 공산화 시기에 북한의 김일성은 중국의 지원을 받아 남한을 재침략하려는 생각을 가졌으나, 미국의 튼튼한 대한반도 안보공약이 지속되고, 미중 관계 개선으로 인해 중국이 북한을 만류한 결과 북한은 그 생각을 접었다고 알려졌다. 특히 1990년대 이후 지금까지 북한이 핵무기를 비롯한 대량살상무기를 증강시켜 왔는데, 핵무기가 없는 한국으로서는 미국의 핵무기, 첨단재래식무기, 미사일방어체계 등 미국의 확장억제력을 제공받아 한반도의 평화와 안정을 달성할 수 있었다.

둘째, 한국의 국방이 선진국 수준으로 발전하는데 미국과의 군사동맹이 제일 큰 역할을 하였다. 한국은 제2차 세계대전 이후 세계 제일의 군사강대국이자 선진국인 미국의 국방정책과 국방제도를 벤치마킹함으로써 세계 어느 중진국가도 갖추지 못한 선진 일류 국방제도와 국방체제를 갖추게 되었다. 이는 2011년 UAE가 한국으로부터 원자력발전소 플랜트를 수입할 때에 미국 혹은 프랑스군이 아닌 한국군을 군사협력자문단으로 요청한 데에서 드러나며, 그 이후 UAE의 국방선진화를 위해서 한국의 국방제도와 정책분야에서도 자문 역할을 확대해 줄 것을 요청하고 있는 데서도 드러난다. 세계의 유수한 국방협력회의에서 한국이 국방정책과 개혁 방향을 소개하면 많은 나라들이 벤치마킹 내지 배우려는 자세로 임하는 것을 본다. 이것은 한국의 국방체제가 미국을 벤치마킹하여 잘 토착화한 결과라고 보아도 무방하다.

셋째, 한미동맹을 통해 미국이 한국에게 필요한 대북 억제력과 방위력을 제공함에 따라, 한국은 정해진 국방비 내에서 중국과 일본 등 주변국 위협에 대비한 방위력을 확충할 수 있었다. 한국이 독자적으로 북한을 억제하고 방어하기에도 국방비가 부족한 형편인데, 미국의 대한국 방위력 제공 덕분에 한국은 주변국 대비 방위력 증강을 위해서도 투자할 수 있었다. 또한 한미동맹을 통한 미국의 군사원조와 지원은 한국이 1970년대와 1980년대에 경제발전에 전념할 기회를 제공하였음은 두말할 필요가 없다.

넷째, 미국이 주한미군 철수 등 주한미군 정책을 변화시키면 한국은 미국에 대한 안보의존에서 벗어나 자주국방하려는 노력을 하게 되었다. 한국의 국력 성장과 함께 미국은 한국에 대한 안보지원과 제공을 줄이고, 한국은 한국대로 대미 의존에서 벗어나 스스로 국방하려는 노력을 기울이게 되었다. 이것은 미국의 대한반도 정책의 변화를 적극적으로 수용하고 자주국방하려는 계기로 활용하게 된 것을 의미한다.

한미동맹이 한국에게 항상 이로운 것만은 아니었다. 때로는 기회비용과 손실이 발생했는데, 이는 네 가지로 요약될 수 있다.

첫째, 미국의 대한반도 전략과 정책이 급속하게 변화함으로써 한국 정부와 국민은 충격을 받게 되고, 안보가 불안해지는 현상이 발생했다. 이것을 '동맹의 방기 딜레마'라고 부른다. 미국이 일방적으로 주한미군을 철수하겠다고 선언했을 때에 혹시 미국이 한국을 포기할까 봐 우려한 것이다. 1970년대 초 닉슨 행정부의 일방적인 주한미군 철수 발표, 1977년 카터 행정부의 주한미군 철수 추진, 2003년도 미국의 이라크 침공에 따른 주한미군 감축 가능성 등은 한국 내에 안보 우려 유발과 함께 미국에 대한 불신을 초래하였다. 이것은 또한 남남갈등을 일으키는 원인이 되기도 했다. 그러나 탈냉전 이후 미국의 이러한 일방적인 태도는 많이 사라지고 있다.

둘째, 한국의 미국에 대한 안보의존이 단기적 현상을 넘어 장기적으로 체질화됨에 따라 혹자가 지적하는 '종속(dependency)' 현상을 초래함으로써 한국 국방의 자주적 정체성 확립에 장애요인이 되었다. 이것은 전작권 분야에서 두드러진다. 전작권이 미군 사령관에게 있음으로써 진보적인 지식인과 정치인이 한미 동맹의 불평등성을 비판하고, 나아가 "한국은 군사주권이 없는 '식민지 군대'와 마찬가지"라는 비합리적인 비난까지도 듣게 되는 원인이 되었다. 이제 한미 간에 몇 차례의 전작권 전환 합의를 거쳐서 2020년대 초반에는 전작권이 환수될 상황에 있으므로 이 비판은 과거의 일로 사라질 것이다.

셋째, 반미 감정의 구조화로 어떤 주한미군 관련 사건이 발생할 경우 반미 감정의 폭발로 한미 동맹이 크게 손상될 가능성이 있다. 예를 들면 2002년 6월 미군 장갑차에 의한 두 여중생 사망사건 발생 후에 반미 촛불시위가 전국으로 번지고, 한미 양국의 국내에서 서로를 겨냥한 불신이 증가하였다. 또한 주한미군 범죄와 환경오염, 부대 인근 주민에 대한 미군의 민폐 등의 빈발로 인해 한미관계가 악화되었던 때도 있다. 이를 극복하기 위해 주한미군은 '굿 네이버(Good Neighbor) 프로그램' 및 한미 합동 주민 봉사 등을 활성화하기도 했다.

넷째, 한국이 한미동맹 때문에 미중관계 및 미일관계 등의 강대국 정치에서 미국의 입장을 따르다가 연루되어 희생물이 될 가능성이 있다. 이것을 동맹딜레마 중에서 '연루의 딜레마'라고 부른다. 미중 패권경쟁 시대에 중국이 싫어하는 미국의 무기체계를 한국에 배치하고자 할 경우에 중국은 미국보다는 한국을 희생양으로 삼을 가능성이 있다. 미국의 대중정책에 연루되어 한국이 중국으로부터 손해를 입는 경우이다. 최근의 사드(THAAD)체계 배치 때에 중국은 한국에 대해 여러 가지 제재를 가한 바 있다. 가능성은 매우 적기는 하지만 한미 관계가 안 좋고 미일 관계가 좋을 때에 한국의 어깨너머로 미일이 한국을 희생시킬 수도 있다. 또한 미중 관계에서 북한 문제를 강대국 정치의 희생양으로 삼을 가능성도 있다.

그러면 한미동맹관계를 포괄적 전략동맹이자 동맹동반자로 계속 발전시켜 가면서 한국이 국가이익을 최대한 확보하는 방법은 무엇인가? 이것은 동맹의 중장기 발전전략이기도 한데, 다음 세 가지를 대표적인 정책방향으로 제시할 수 있다.

첫째, 동북아의 전략적 대전환기를 맞아 불확실성 속에서 한미 동맹 발전전략을 구상하고, 한미 양국 간 상호 중층적 협의채널을 풀가동하여, 양국의 국익을 최대화하는 방향으로 한미동맹을 운영할 필요가 있다. 한미정상회담의 정례화, 2+2채널(외교+국방장관 회의) 연례화, SCM과 MCM의 활성화, 외교, 군사, 원자력, FTA, 경제 등에 관한 전략대화를 지속하며, 전략적으로 중요한 이슈를 모두 포괄적으로 다루는 협의체를 정기적으로 가동해야 한다.

한미 간의 고위 전략적 대화가 필요한 이유는 지금까지 동맹의 이슈는 북한의 위협문제에 국한되었으나, 21세기 들어 한미 동맹이 다루어야 할 지역 차원의 안보문제가 많이 대두었으며, 특히 초국가적 안보위협에 공동으로 대처해야 할 필요가 있기 때문이다. 이를 위해서 매년 연례적으로 한미 양국 간의 정상회담을 개최하는 것이 필요하며, 정상회담에서는 북한 문제뿐만 아니라 중국과 일본, 러시아를 어떻게 다루는 것이 양국의 국가 이익에 부합하는지와 초국가적 안보위협에 대한 전략적 대화를 통해 공감대 형성과 함께 공동 전략을 만들 수 있도록 해야 한다.

둘째, 한미 양국은 각국의 국내에서 한미 동맹에 대한 대중적 지지를 확보하기 위해 양국 간 신뢰증진 프로그램을 만들고, 공공외교, 교육, 다층적 교류협력 채널을 발전시켜야 할 것이다. 특히 양국의 젊은 세대 간의 다각적인 교류 협력 채널을 제도화해야 한다. 양국 간의 오해는 불식하고 한미 간에 상호 긍정적인 인식을 고양하도록 한미 양국은 정부, 사회, 교육 차원에서 신뢰증진 프로그램을 만들어 갈 필요가 있다.

한미 양국 간의 신뢰증진 프로그램은 다양한 형태가 있을 수 있으나 군사 차원에서 보면 한국 정부가 주관하여 주한미군 당국과 공동 협의 채널을 만들고, 외교 및 국방백서에 한미 동맹의 필요성을 강조하고, 한미 양국 간의 구체적인 신뢰증진 계획을 발표하고, 재원을 투자해서 신뢰를 구축하는 것을 말한다. 일본은 방위청에서 매년 발간하는 방위백서에 미일 동맹의 필요성을 홍보하고 미일 양국 간에 신뢰를 향상하기 위한 시책을 싣고 있다. 또한 일본은 주일미군의 74%가 오키나와에 집중되어 있는 점을 감안해서 오키나와 주민의 불편과 불만을 해소하기 위해 방위시설국을 두고 매년 약 10-15억 달러를 사용하면서 주민불편에 따른 반미감정을 불식하는 노력을 기울이고 있다. 한편 미국 정부와 주한미군은 미군의 범죄와 사고를 근절하고 한국사회에서 주한미군의 긍정적 이미지 배양을 위해 체계적인 노력을 기울여 나아갈 필요가 있다.

뿐만 아니라 한미 양국의 경제계, 문화계, 교육계 인사는 다양한 소통 채널을 가동하여 상호 이해를 증진하는 프로그램을 운영해야 할 것이다. 그리고 한미 동맹이 양국의 과거, 현재, 미래에 이익이 되는 점을 양국의 여론지도층 인사들은 국민을 설득해 나아가야 한다. 이를 위해 한미 양국 사회의 지도층은 상대국에 대한 선입견과 이해 부족을 소통을 통해 해결해야 할 것이다. 특히 부상하는 새로운 지도층과 기존 지도층 간의 대화가 필요하다. 그리고 양국은 신뢰의 증진을 위해서 양국 간에 존재하는 정책상의 차이를 상호 협의하기 이전에 언론에 너무 급하게 일방적으로 발표하는 일은 자제하는 것이 필요하다.

셋째, 한미 양국은 공동의 가치를 증진하기 위한 공동의 어젠더를 개발해야 하며, 경제적 유대를 강화해야 할 것이다. 한미 양국이 공동으로 지향하는 가치는 자유민주주의, 인권, 법치주의, 시장경제, 범죄·마약·테러 등 초국가적 안보위협으로부터의 자유 등이다. 이를 한미 양국의 외교관계와 문화에 정착시키고, 이러한 가치를 북한과 중국, 러시아에 확장할 수 있도록 양국은 공동의 정책을 구사해야 할 것이다. 특히 양국 간의 무역과 투자, 금융협력이 양국의 번영과 복지를 향상시킬 수 있도록 자유무역협정을 통한 경제협력을 더욱 활성화해야 한다.

마지막으로 한국은 한층 더 현명하고 강력한 대미 협상력을 발휘할 수 있도록 해야 한다. 한국은 미국의 세계적 차원의 군사변환에 대처하여 주한미군의 감축 규모와 시기를 지연하고자 하는 기술적 차원의 문제뿐만 아니라 한미 동맹이 앞으로 북한 비핵화와 한반도 평화체제 구축을 위한 임무와 비용 분담, 한미 동맹과 미일 동맹의 상호관련성, 한미 동맹과 중국 및 러시아와의 관계 정립 등에 관한 전략적 의제를 활발하게 토론하고 협의하며, 이런 과정에서 한국의 안보적·경제적 이익을 더 확보할 수 있도록 협상력을 제고해야 할 것이다.

토론주제

■ 다음의 주제에 대해서 토론해 보자.

1. 자주국방과 한미 동맹은 양립 가능한가? 양립 불가능한가?
2. 한미 동맹의 변천 역사를 보면서, 한미 동맹이 한국의 국가이익에 미친 이익과 손해를 비교해 보자.

CHAPTER 07

한반도 위기사태 유형과 효과적 위기관리

CHAPTER 07

한반도 위기사태 유형과 효과적 위기관리

Ⅰ. 서론

한반도에 위기가 발생할 것인가? 위기가 발생한다면 어떤 형태로 발생하며, 그 결과는 어떻게 될 것인가? 위기는 어떻게 관리할 것인가? 김정일 시대에 북한의 경제난과 국제적 고립이 악화되면서 북한이 총체적인 체제위기에 도달하고 있음을 보고 북한체제가 붕괴될 것이란 예측이 많이 나왔으며, 그중에서도 북한이 붕괴한다면 가만히 앉아서 붕괴를 맞지는 않을 것이란 불안 섞인 예측이 유행한 적이 있다. 더욱이 2010년 3월 26일 천안함 폭침과 동년 11월 23일 연평도 포격 사건으로 인한 남북 간 긴장은 최고조에 달하고 주변 강대국이 위기관리에 이견을 보이면서 한반도는 동북아시아의 핵심 불안 요인이 되었다. 그리고 김정은 정권의 연이은 핵실험과 미사일 시험 발사로 한반도에서 긴장이 고조되었으며, 2017년 트럼프 행정부의 대북한 최대 압박과 관여정책의 구사에 이은 코피작전 같은 대북한 군사공격 시사로 한반도는 핵 전쟁위기에 도달한 바도 있다.

이러한 전쟁시나리오와 함께 북한의 붕괴와 내부 폭발, 외부 폭발, 연착륙 등 각종 위기 시나리오가 있다. 전쟁과 위기를 혼동해서 쓰는 경우가 많지만 이 두 개념은 확연하게 구분된다. 두말할 나위 없이 위기란 '국가 간에 어떤 중대한 사태가 발생하여 원만하게 해결하지 못하면 전쟁으로 확전되거나 아니면 원만한 타협을 거쳐 평시로 돌아가느냐 하는 분기점에 놓여 있는 상황'을 가리킨다. 다시 말하면 위기 상황에서는 관련 국가의 국가이익에 중대한 위협이 발생하며, 그 위협에 대해 반응을 취하는 시간이 매우 제한되어 있으며, 정책결정자들이 평소에 예기치 못하던 사태가 발생했으므로 차분하고 합리적인 의사결정을 할 수 없는 상황이 발생한다고 볼 수 있다.

한반도에서는 어떠한 위기가 발생할 수 있는가? 전통적으로 한반도에서 최악의 위기는 북한에 의한 기습 남침으로 인한 통제할 수 없는 상황이 발생하는 것을 일컬어 왔다. 최근에는 북한이 전략적 계산의 결과 전쟁에 이길 수 있다는 판단 아래 전면적인 남침 가능성이 크게 줄었다고 보는 견해도 있으나, 북한이 핵, 화학무기, 생물무기, 미사일 등 대량살상무기를 초전에 대량 사용함으로써 개전 초기선을 제압할 뿐 아니라, 한반도를 단시간에 석권한다는 새로운 계획을 갖고 있을 수 있으며, 그럴 경우 전쟁의 결과는 북한이 이기는 방향으로 판가름 날 가능성이 있다는 우려 섞인 경고도 나오고 있다.

그런데 북한의 지도부가 전략적 계산에 근거하여 일으키는 전면적인 전쟁의 도발은 학자나 전문가가 부르는 위기는 아니다. 이것은 전쟁이다. 위기란 어떤 급박한 사태가 발생하지만 관련국 간에 원만하게 해결하면 평화를 회복할 수 있으며, 원만하게 해결하지 못하면 전쟁으로 확전되는 상황을 의미하므로 명백한 전면전쟁의 개시는 위기가 아니라 전쟁이라고 할 수 있다. 그러나 한반도에 전쟁이 발발할 경우 직접 당사자가 아닌 중국이나 미국은 그 전쟁을 위기라고 부를 수는 있다. 6.25전쟁을 연구한 많은 미국학자들이 6.25전쟁 발발 직후 미국의 참전 결정 직전까지를 위기라고 분류하였으며, 또한 중공의 한국전 참전 직후 미국의 대응과정을 위기라고 분류하기도 했다. 그러나 한국의 입장에서 볼 때는 위기가 아니라 전쟁인 것이 분명하다.

남북한 간 현격한 국력 격차, 한미동맹의 공고성, 북한과 러시아 간 동맹관계 중단, 북중 간 동맹의 성격 변화, 탈냉전 등의 이유로 한반도에서 재래식 전면전의 가능성은 감소된 것이 사실이다. 하지만 북한의 내부위기로 말미암아 북한이 외부도발로 상황을 반전시키고자 할 때 전면전이 일어날 가능성도 있다. 아울러 지금까지 예상하지 못하던 전쟁 이외의 여러 가지 위기상황이 발생할 가능성이 증대하고 있다. 종래의 전면전 시나리오로서는 예측할 수 없는 많은 사태가 발생할 수 있다. 따라서 이러한 사태에 대책을 제대로 세워놓지 못할 경우 뜻하지 않은 결과를 가져올 수도 있다. 따라서 전쟁 시나리오와 위기 시나리오를 구분하여 설명하고 대응책을 모색해 본다.

흔히 위기는 위험과 기회를 동시에 내포한다고 한다. 위기를 예상하고 대응책을 미리 세워놓으면 실제 위기상황에서 기회를 포착하고 충분히 활용할 수 있다. 그러나 전혀 예상하지 못한 위기가 발생했을 때 현명하게 대처하지 못하면 위기를 일으킨 쪽에 주도권과 이익을 빼앗기고 그 후의 남북 간 상호관계에서 북한에 계속 끌려갈 가능성이 존재한다. 이러한 측면에서 한국의 과거 위기관리 행태를 다시 한 번 총체적으로 분석하는 것도 의미 있는 일이다. 따라서 이 장에서는 다음과 같은 네 가지 질문을 설정하고 대답하고자 한다.

첫째, 위기·위기관리의 정의와 개념, 그리고 위기관리 전략에는 어떤 것이 있는가?

둘째, 한반도에 발생 가능한 전쟁과 위기 유형은 어떤 것이 있는가?

셋째, 한국의 과거 위기관리 행태의 특성은 무엇이며, 문제점은 어떤 것이 있는가?

넷째, 앞으로 적시성과 효율성 있는 위기관리를 하기 위해서는 어떻게 해야 할 것인가?

Ⅱ. 위기관리의 이론적 고찰

1. 위기의 정의와 개념

위기란 무엇인가? 웹스터 사전은 위기란 'ᄀ리스어의 Krinein, 즉 분리한다는 뜻에 어원을 둔 의학적 용어로서 환자의 상태가 좋아지거나 악화되는 전환점(the turning point for better or worse)을 의미한다고 정의하고 있다. 한편 미국의 헤리티지 영어사전은 위기를 ① 어떤 사건의 과정에서의 중요한 시점 또는 상황, ② 어떤 전환점, ③ 어떤 불안정한 조건, ④ 돌발적인 변화, ⑤ 대립의 긴장상태라고 정의하고 있다.

국제정치학에서 위기 개념은 대개 두 가지 관점에서 다루어진다. 첫째, 국가 간의 상호작용 측면에서 위기는 국제관계에서 한 국가에 가해지는 위협이 상대방 국가의 불안을 야기하고 결국 상호 폭력적 충돌이 일어날 것 같은 상황으로 정의된다. 둘째, 개인 행위자 측면에서는 위기 시 지도자의 배경, 동기, 위협의 인식 및 제한된 시간에서 오는 반응에 초점을 두고 분석한다. 본문에서는 두 가지 관점을 모두 다루고자 한다.[1)]

찰스 허만(Charles F. Hermann)은 국가 간의 상호작용 차원에서 위기를 정의하였다. 위기의 세 가지 속성은 ① 의사결정 단위의 최우선 목표가 위협을 받고 있고(High Threat), ② 반응을 취하는 데 소요되는 시간이 제한되어 있으며(Short Time), ③ 정책결정자들이 전혀 예기치 못한 상황(Surprise)이라고 정의하고 있다.[2)] 예를 들면 1962년 10월 22일 쿠바 미사일 위기 때 케네디 대통령의 연설 내용에 위기의 세 가지 속성이 모두 포함되어 있다. “쿠바를 중요한 전략기지로 전환시키려는 이 긴급한 사태는 분명 모든 미국인의 평화와 안보에 대한 확실한 위협이 되고 있습니다. 미사일 위기에 대한 대응은 짧은 시간 내에 이루어져야 하며, 만일 즉각적 반응이 이루어지지 않으면 미국은 소련의 핵 기지를 기정사실화하게 된다는 것을 의미합니다. 소련의 비밀 핵 기지 건설은 미국에게 큰 충격(surprise)이었습니다.”

상기의 위기에 대한 개념 정의를 종합해 볼 때 위기는 다음과 같은 속성을 지님을 알 수 있다. 첫째, 적대행위의 가능성이 현저하게 증가되는, 즉 전쟁의 위험가능성이 상당히 높은 상황이나 사태, 둘째 예기치 못한 돌발 사태로 반응할 시간이 짧은 가운데 대응방안을 모색하기가 어려워 스트레스, 긴장, 공포, 경악 등을 유발하는 상황이나 사태, 셋째 중대한 목표나 가치가 위협을 받고 있다는 인지를 정책결정자의 마음속에 불러일으키는 국제적 혹은 국내적 환경의 변화, 넷째 고도의 불확실성으로 사태에 대한 전개상황을 예측할 수 없으며, 대안이 확실하지 않

---

1) 이용필·전인영 외, 『위기관리론: 이론과 실제』(서울: 인간사랑, 1992) 참조.

2) Charles F. Hermann, *Crisis in foreign Policy* (New York: McMillan Publishing Company, 1969), pp. 21-36.

을 뿐만 아니라 정책결정의 결과 예측도 전혀 할 수 없는 상황이나 사태라고 할 수 있다. 또한 위기는 '기습', '고도의 불확실성', '충돌의 확대 가능성'의 세 가지 특성을 가지고 있다고 볼 수 있다.

2. 위기의 진행 과정[3)]

위기가 발발해서 종결될 때까지의 과정과 단계는 어떠한가? 국가 간의 관계에는 이익의 갈등(conflict of interest)이 존재하며 이러한 갈등에서부터 위기는 시작된다. 그러나 갈등 자체만으로는 위기를 유발하는 데 충분하지 않으며, 어느 한 쪽이 갈등을 표면화하는 자극적인 행위(precipitant)가 있어야 한다. 자극적 행위란 '현재의 이익의 갈등을 자기에게 유리하게 바꾸기 위한 현상타파의 행위'를 말하는데, 상대국은 이에 강하게 도전(challenge)하게 되고 처음에 자극을 가했던 국가는 이에 다시 저항(resistance)함으로써 긴장의 강도는 위기의 문턱(crisis threshold)을 넘어서게 되어 위기가 시작된다.

그림 7-1 위기의 진행 과정

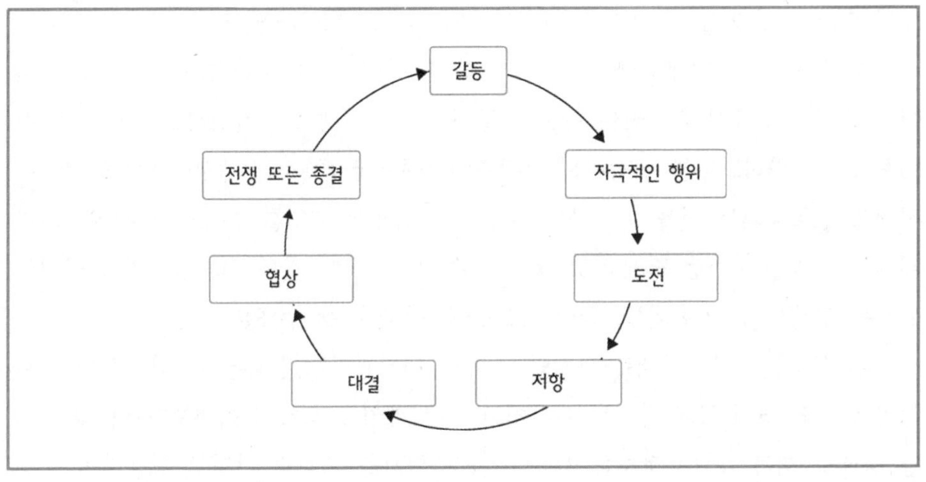

3) Glenn H. Snyder and Paul Diesing, *Conflict Among Nations* (Princeton, NJ: Princeton University Press, 1977), pp. 6-21.

이와 같이 긴장의 정도가 위기의 문턱을 넘어서면 쌍방 간에는 밀고 당기는 한판의 대결(confrontation)이 지속되며, 전쟁을 회피하면서 상대방으로부터 어떻게 최대의 이익을 얻어내거나 혹은 손실을 최소화할 것인가에 주안을 두고 위기 협상(crisis bargaining)이 진행된다. 대결 결과 협상이 실패하면 전쟁(war)으로 돌입하게 되며, 반대로 협상이 성공하면 위기가 종결(resolution)되는 것이다. 그런데 여기서 위기를 도발한 국가에 대해서 피해국이 강력한 도전을 하지 않으면 위기는 종료하게 된다. 즉 도발은 위기의 문턱을 넘어섬이 없이 피해국이 손해를 감수하면서 쉽게 종결되는 것을 의미한다.

3. 위기관리

위기관리(crisis management)란 무엇인가? 환자가 호전될 것이냐 아니면 악화될 것이냐의 전환점에서 의사 및 간호사가 환자에 대해 수술 또는 처방을 효과적으로 하여 환자의 병세 악화를 방지하고 건강이 호전되도록 하는 행위를 총칭하여 의학적인 위기관리라고 말할 수 있다. 여기서 분명 병의 원인과 병균에 대한 강력한 도전과 병 치료 과정이 내포되어 있다. 이러한 의학적인 위기관리의 궁극적인 목표는 환자의 건강 악화 방지와 건강회복에 있다고 할 수 있다.

이것을 국가단위에 적용하면 위기관리란 '양국 간 또는 다국가 간의 국가이익이 상충되는 곳에서 발생하는 갈등과 분쟁상태가 전쟁으로 돌입하느냐 아니면 평화회복으로 향하느냐를 결정하는 분수령이 되는 급박한 시점에서, 분쟁 당사국이 전쟁으로 확대되는 것을 방지하고 해소하기 위해서 위기를 통제하고 진정시키기 위해 노력하는 시스템 전체'라고 정의할 수 있다. 국가 간의 위기관리의 궁극적인 목표는 전쟁방지, 평화회복, 국익확보 등에 있다고 할 수 있다.

위기관리는 적극적 위기관리와 소극적 위기관리로 분류된다. 적극적 위기관리란 환자의 병세 악화 방지는 기본이고 이를 계기로 오히려 이전보다 더 좋은 건강 상태로 회복시키는 것처럼 어떤 국가가 위기를 오히려 기회로 활용하여 전쟁방지는 물론이고 국가가 추구하는 국익을 달성하며, 상대국가가 위기 도발을 못하게 제도적 장치까지 마련할 뿐 아니라 양국 간의 관계가 더 가까워질 수 있도록 조치한다는 개념이다.

반면 소극적 위기관리는 단순하게 환자의 병세 약화방지에 목표를 두는 것처럼 위기에 직면한 한 국가가 단순히 위기를 잘 흡수 대응하는 데 중점을 두며, 궁극적으로는 위기가 전쟁으로 확전되는 것을 막는 데 목표를 두는 개념이다.

위기관리라고 하기 위해서는 도발과 도발에 대한 도전, 도전에 대한 저항이 발생하여 위기의 문턱을 넘어서야 위기가 발생하며, 고도의 긴장상황에서 위기 당사국은 대결을 벌이게 되는데 대결상태를 해소하기 위해 관련국은 각각 위기 의사결정 과정을 거쳐 대안을 선택하며 관련국은 상호 위기협상을 전개하고, 비겁자게임 같은 게임 상태가 계속되는 과정이 있어야 한다. 상호 협상의 결과 위기가 해소되면 위기는 종결되고 평화를 회복하지만, 위기협상이 결렬되고 무력충돌이 벌어지면 전쟁으로 확대되는 것이다.

4. 위기관리 전략

위기관리 전략이란 '위기관리 시 정책딜레마를 해결하기 위한 방책'이라고 개념 정의되고 있다. 위기관리 전략은 네 가지 특징을 나타낸다. 첫째, 위기관리 전략은 한 국가의 외교 및 군사적 측면을 모두 고려하여 개발되고 채택된다. 둘째, 위기상황에서 무력위협과 군사적 기동은 외교의 대체 수단으로서가 아니라 외교의 도구로 채택된다는 점이다. 셋째, 위기관리 전략은 고도로 상황 의존적이라는 것이다. 이는 모든 위기를 다룸에서 보편적인 위기관리 전략은 존재하지 않음을 의미한다. 넷째, 위기관리 전략은 위기확대로의 위험성을 내포하고 있다.

조지(Alexander L. George)는 위기관리 전략을 공세적 위기관리 전략과 방어적 위기관리 전략으로 구분하고 있다.[4)]

가. 공세적 위기관리 전략

• 공갈: 방어국이 제기하는 요구를 수용하지 않을 경우, 도발국은 막대한 응

4) Alexander L. George, *Avoiding War: Problems of Crisis Management* (Boulder, San Francisco, and Oxford: Westview Press, 1991), pp. 377-394.

징 및 손상을 입게 될 것이라는 협박을 통하여 도발국으로 하여금 행위를 포기하게 하는 전략이다.

- 제한된 범위 내의 사태 역전 시도(limited probe): 위기가 확대되는 것을 회피하면서 현재의 상태를 자국에 유리한 측면으로 전환하기 위하여 상대국의 의도를 탐색하는 적극적 행위를 통해 위기를 역전시키고자 하는 전략이다. 이의 예로서 1973년 이스라엘의 대이집트 공격을 들 수 있다.
- 통제된 압력: 방어국이 현 상황을 유지하려고 노력하는 사실을 알면서도 공격자는 방어국의 노력을 잠식하거나 우회하는 저수준의 방안을 채택하여 현 상황을 변경하고자 하는 것이다.
- 기정사실화: 상대방이 현 위치를 고수하려고 노력하지 않는다고 확신을 할 때 현 상황을 변경시키기 위하여 신속하고 결정적인 행위를 하는 전략을 말한다.
- 소모전략: 기정사실화 전략을 시도할 능력이 부족하거나 상기의 네 가지 전략에 대한 시도가 부적합하다고 판단할 경우 사용하는 전략으로 강력한 동기를 가졌으나 상대적으로 약한 행위자가 강력한 행위자에 대해 사용하는 전략이다. 예를 들어 게릴라, 테러 등이 이에 해당된다.

나. 방어적 위기관리 전략

- 강압외교: 적이 침략행위를 취소하거나 중지하도록 설득하기 위하여 무력시위, 제한적인 무력증강 등을 채택하는 전략으로 무력의 사용보다는 설득을 강조하는 외교전략이다.
- 제한적 확대: 위기 시 유리한 협상조건을 만들기 위해 제한적, 선택적 위기를 확대하는 전략으로 1973년 아랍-이스라엘의 10월 전쟁에서 이스라엘의 이집트 도시 지역에 대한 종심 깊은 공격 사례가 이에 해당한다.
- 능력시험: 공격자의 도발을 받아들여, 장기적으로 비겁자 게임을 함으로써 공격자가 부담을 느껴 물러나도록 하는 전략으로 베를린 위기(1948), 대만해협위기(1958) 등이 이에 해당된다.
- 맞대응전략(tit-for-tat): 공격자와 동일한 수준의 보복을 실행하는 전략이다.

• 한계설정: 어떤 경우 공격자에게 강력하게 대응하겠다고 한계선을 설정해 줌으로써 미리 부주의에 의한 전쟁을 방지하고자 하는 전략이다.
• 공약과 결의 전달: 적이 어떤 도전을 시도할 징후가 있다고 판단될 때 적의 오판을 사전에 방지하기 위해서 적의 도발에 강력히 대응할 것이라는 방어국의 명확한 공약과 결의를 전달하는 전략이다.
• 시간벌기전략: 협상 타결을 타진하기 위한 시간벌기 전략이다.

다. 위기관리 전략과 남북한

상기 위기관리 전략을 남북한에 적용하면 대체로 북한은 위기를 도발해 왔으며, 위기를 관리하는 시점에서도 공세 위주의 위기관리 전략을 구사했음을 알 수 있다. 북한은 소위 '벼랑 끝 외교(Brinkmanship)'에 바탕을 두고, 도발 후 "불바다", "백배 천배 보복" 발언, "단추 하나만 누르면 남조선을 박살 낼 수 있다"는 공갈 협박을 일삼았다. 이러한 북한의 공갈 협박성 발언은 북한이 남한보다 우위에 있다고 판단한 1970년대에는 하지 않았으나 1980년대 이후 북한이 남한보다 뒤처진다고 생각하면서 증가되었다고 지적되고 있다.[5] 따라서 북한은 한국과 국력차가 커질수록 공갈전략을 통한 의도적인 위기를 조성하여 남북한 관계나 대외정책에서 유리한 고지를 점하려고 시도하였다.

또한 북한은 1999년 제1연평해전, 2002년 제2연평해전, 2009년 서해교전, 2010년 연평도 포격 등과 같이 서해5도에 대한 제한된 시험도발을 감행하고 있다. 아울러 한미 관계가 불안하고 한국 국내의 정치·경제·사회·안보불안이 고조될 경우 서해5도를 공격해서 점령을 시도하는 형태로 기정사실화하는 전략을 병행하여 구사할 수 있다. 1960년대의 울진 삼척 무장공비 침투사건, 청와대 기습사건, 1970년대 판문점 도끼만행 사건, 1980년대 미얀마 양곤 암살사건 등은 북한의 의도적인 소모 전략에 해당한다. 1996년 강릉해안 간첩침투 사건도 유사한 예라고 할 수 있다.

반면 한국은 순전히 방어적 위기관리로 일관했다. 방어적 위기관리 전략 중 가장 강력한 강압외교를 시행한 적이 거의 없으며, 제한적 확대나 능력시험 전략

5) 「조선일보」, 1996년 11월 2일.

도 구사한 적이 없었다. 있었다면 2010년 11월 북한의 연평도 포격 직후 맞대응 전략을 구사한 것이 거의 유일하며, 그 밖의 대응은 한계설정이나 미국에 대한 방위공약과 우리의 결연한 결의 전달, 시간벌기전략밖에 없었는데, 그 결과 북한의 공세적 위기도발이 계속되었다고 볼 수 있다. 앞으로 수세적 위기관리 전략 중에서도 강도가 높은 전략대안의 선택이 요구된다고 하겠다.

Ⅲ. 한반도 전쟁 시나리오

위에서 언급한 바와 같이 전쟁 시나리오는 위기 시나리오는 아니다. 다만 북한이 체제붕괴 위기에 처했을 때, 위기를 탈출하기 위한 최후 수단으로 계산된 전면 전쟁을 도발할 가능성이 있는바, 그 전쟁 시나리오와 대응책을 다루고자 한다.

한반도 전쟁 시나리오는 대개 두 가지로 구분한다. 첫째는 재래식 전면전이고, 둘째는 핵무기를 사용한 전쟁이다. 지금까지 한미 연합군은 첫 번째 전쟁 시나리오인 재래식 전면전을 방지하고 전쟁 발생의 경우 이를 성공적으로 격퇴하는 방법을 기획하고 대비해 왔다. 그러나 두 번째 시나리오인 핵전쟁의 가능성이 최근 주목을 받고 있다. 김영춘 북한 인민무력부장은 2010년 12월 23일 "핵 억제력에 기초한 성전을 개시할 준비를 갖추고 있다."고 공언했다. 12월 23일 「로동신문」 논평에서 한국군의 서해훈련에 대해 "조선반도에 핵전쟁의 불구름을 몰아오는 망동"이라고 협박했다.[6] 북한이 여섯 차례 핵실험을 함으로써 핵능력이 현실화된 지금 핵전쟁에 대해서도 생각해 보아야 한다. 따라서 재래식 전쟁 시나리오와 핵무기를 사용한 전쟁 시나리오를 구분하여 설명하고자 한다.

1. 재래식 전쟁 시나리오

북한은 6.25전쟁 이후 지금까지 한반도를 무력으로 공산화 통일한다는 무력

6) 「로동신문」, 2010년 12월 23일.

적화전략을 견지해 왔으며, 이를 힘으로 뒷받침하기 위해 민간 부문을 희생하여 군사력 건설에 주력해 왔다. 북한의 군사우선정책은 식량난과 경제난이 극심한 시기에도 변하지 않았다.

북한의 군사전략은 초전 기습공격으로 전쟁의 주도권을 장악하고, 기계화 및 자주화된 기동부대로 전과를 확대하여 속전속결을 기도하는 한편, 정규전 및 비정규전을 배합함으로써 한반도를 동시 전장화하여 미국의 증원군 도착 이전에 남한 전역을 석권하는 '단기 속전속결전략'을 유지하고 있다.

만약 북한의 체제 불안정이 가속화되어 북한의 지도부가 도저히 체제를 회생시킬 가능성이 없다고 판단한다면, 가만히 앉아서 한국에 흡수당하기보다는 한국과의 경쟁에서 우위를 차지하고 있는 군사력과 무기가 더 녹슬기 전에 무력으로 통일하겠다는 생각을 굳힐지도 모르며, 특히 북한의 지도부가 북한체제에 종말이 온다고 생각할 때 전쟁을 일으킴으로써 국내 단결을 도모할 뿐 아니라, 북한체제와 지도부의 안전을 확보하기 위해 군사도발을 감행할 가능성은 높아진다. 특히 북한 지도부는 현 상태 고수로는 도저히 가망이 없고, 전쟁을 하게 되더라도 밑질 것이 없다는 심리에서 전쟁을 도발할 가능성이 있다. 이 경우에는 전쟁 억제력이 아무리 막강해도 북한의 공격 가능성을 막을 수 없다는 취약성이 존재한다.

이 시나리오에 의하면 북한은 문산과 철원 축선에 대규모 기계화사단을 집중시켜 전격 기습전을 감행함과 동시에 휴전선에서 가까운 서울에 장거리 화력을 집중시켜 포격을 가함으로써 불바다를 만들고 패닉현상 때문에 방어를 제대로 하지 못한 한국의 전방부대를 돌파함으로써 서울을 조기에 점령하는 작전을 전개할 것이다. 특수전 부대를 전후방 중요한 군사기지와 보급선에 동시에 침투시켜 후방을 교란하고 한국군의 전후방 연계와 군수보급을 차단함으로써 북한군의 전후방 전선을 조기에 연결하여 주한 미군과 한국군을 궤멸한다는 전략을 구사할 가능성이 있다. 물론 이러한 군사전략이 액면 그대로 적용되어 효과를 거둘지는 미지수이다. 하지만 이러한 전쟁 시나리오에서는 개전 후 30일 간 사상자와 피해액이 천문학적 숫자에 달할 것으로 예상된다.

이러한 북한의 도발 시나리오의 가능성을 부정하는 견해도 있다. 그 견해의 대부분은 북한의 무기체계가 낡아 있으며, 전쟁수행능력이 취약하고, 병사의 사기 또한 낮을 수밖에 없다는 것이다.[7] 결국 승리의 가능성이 희박한데 전쟁을 먼저 일으키겠는가 하는 것인데, 그러나 여기서 문제는 북한의 승산과는 상관없이 전쟁을 감행할 가능성 자체이다.

한국으로 귀순해 온 탈북 군인과 북한노동당의 고위층 인사들은 대부분 전쟁이 발발할 가능성이 높다고 보고 있으며, 북한이 기습전격전을 일으킬 경우 한반도를 짧은 시간 내에 석권할 수 있다고 보고 있다. 북한군은 한국군의 독자적인 전쟁수행능력을 과소평가하고 있다. 북한군대는 '미군이 없어진다면 한국군은 허수아비에 불과하기 때문에, 제대로 전쟁을 수행할 수 없는 군대'라고 교조적으로 교육과 훈련을 받아왔으므로 한국군에 대한 잘못된 인식을 갖고 있다. 따라서 김정은이 명령만 한다면 북한 군대는 죽기를 각오하고 싸울 것이며 결과는 북한이 이긴다고 판단하고 있다.

북한이 전면 남침을 할 경우 이에 대한 대응책을 놓고 한미 양국은 이미 계획된 군사작전을 전개할 것이다. 북한군을 전방에서 저지하는 것은 한국군과 주한미군의 책임이며, 주로 한국군이 북한군을 저지하는 동안 미국은 증원을 계속하여 반격태세를 갖추어 반격한다는 것이다. 그러나 여기서 휴전선 이북으로 반격을 개시하는 시기와 방법을 놓고 한미 간에 이견이 생길 수 있다. 와인버거 전 미국 국방장관을 비롯한 미국의 군사 전문가는 미군의 증원군이 다 도착하고 난 후 중국의 대응을 보면서 조심스럽게 반격해야 한다고 보고 있다. 그러나 한국군은 북한이 전면 남침을 개시하면 이제야말로 통일의 기회가 왔다고 판단하고 최대한 빠른 시간 내에 북한군을 격멸하면서 한중 국경까지 단숨에 진격해야 한다고 주장할 수 있다. 미국이 한국과 똑같은 입장을 견지할지 아니면 중국과 충돌을 두려워하여 한중 국경까지는 진격하지 않고 어느 선에서 진군을 멈출지는 북한 침략의 반 국제법성, UN의 대처방식, 한미의 똑같은 대응 여부, 중국의 대응 여부 등 복합적 요인에 달려 있다. 중국 또한 6.25전쟁과 같은 전쟁을 원하지는 않고 있으나 만약 북한이 전격적인 남침을 개시하고 결국 패색이 짙어 휴전선 이북으로 후퇴하고 한미연합군에 완전 패전할 가능성이 농후해질 때에도 북한군을 지원하지 않고 가만

7) 곽동운, "과연 북한군은 위협적인 존재인가?" 「인물과 사상」 Vol. 5(2002), pp. 194-203.

히 있겠는가 하는 것은 주목의 대상이다. 따라서 휴전선 이북으로 반격 시 미국의 정치군사적 목표 중 특히 정치적 목표가 군사적 목표를 압도하게 될 경우 한국전쟁 결과보다는 낫지만 통일은 되지 않은 채 전쟁이 종결될 가능성도 배제할 수 없다. 그럴 경우 한미 양국의 정치적 목표가 상충될 가능성이 상존한다.

한반도에서의 전면적인 전쟁은 동북아의 질서에 큰 영향을 미칠 것이다. 남북한은 회복할 수 없는 파괴를 당하고 또 분단 상태로 남거나, 아니면 통일되더라도 잿더미 위에서 다시 출발하는 상황이 초래될 가능성이 있다. 만약 전쟁 동안에 미국과 중국 간에 국가이익의 충돌과 갈등이 초래되었다면 전후에 동북아에는 새로운 냉전질서가 형성될 것이다. 만약 러시아가 북한과 중국의 편을 든다면 6.25 전쟁 직후 상황과 유사한 상황도 벌어질 수 있다. 그러나 전면전의 결과 많은 희생을 치르고도 통일을 이루지 못하고 전쟁이 종결된다면 한국은 다시 한 번 쓰라린 경험을 할 것이다.

2. 핵무기를 사용한 전쟁 시나리오

북한은 2017년 11월 말에 핵 무력을 완성했다고 선언했다. 북한은 2017년 핵무장국가가 된 이후 북미 핵 대결 시대를 선포했다. 핵무기 사용 작전 계획을 수차례 공개하면서 한·미 양국을 협박한 바 있다. 그렇다면 북한이 전시에 핵무기 사용을 통해서 얻고자 하는 것은 무엇인가? 전시에 북한은 핵무기의 사용 혹은 사용 위협을 통해서 미국과 일본과 같은 주변국의 개입을 억제하고 가능한 한 빠른 시간 안에 남한을 무력으로 통일하는 것을 목표로 하고 있다고 볼 수 있다. 제5장에서 살펴본 바와 같이 북한의 핵무기 사용 또는 사용 위협 시나리오는 가능성이 있으며 종합적인 대책을 필요로 한다. 특히 한반도 위기 발생 시 북한이 전략적 우위를 선점하기 위한 수단으로 활용할 가능성은 더욱 분명하다.

Ⅳ. 장차 한반도 위기 유형

장차 한반도에서 남북한 간에 발생할 수 있는 위기는 북한의 붕괴와 내부폭발과 같은 급변사태, 북한의 국지도발 및 테러행위 등으로 구분된다. 사실상 북한의 점진적인 쇠퇴와 자연사는 장기간에 걸쳐서 일어나는 경우를 상정하고 있으므로 위기라고는 볼 수 없다. 갑작스런 붕괴와 내부폭발과 같은 급변사태의 경우는 정치, 경제, 사회적인 변화가 단기간에 진행되며, 한국과 주변국 또는 국제사회의 정치, 경제, 군사적인 대응을 적시에 할 필요가 있고, 만약 잘못 관리했을 경우 대량 난민 발생, 북한의 남침 등으로 연결될 가능성이 있으므로 위기라고 분류할 수 있다.

1. 급변사태 시나리오

북한의 급변사태는 다양한 원인에 의해서 발생 가능성이 제시된 바 있다. 내부적인 원인으로는 정치적 원인(김정은 체제 내부의 갈등 등), 경제적인 원인(식량난, 외화난, 에너지난 등), 북한 주민의 체제에 대한 불만(주민 폭동, 대량난민 발생 등)과 같은 사회적인 원인을 들 수 있다. 외부적 원인으로는 UN안보리 제재로 인한 경제적 원인, 북한의 핵 프로그램에 대한 국제사회의 대북한 봉쇄를 포함한 군사적 원인을 들 수 있다.[8)]

북한의 급변사태 유형을 대략 여섯 가지 정도로 상정할 수 있다. 첫째, 핵과 미사일, 생화학무기 등 대량살상무기가 유출되는 경우이다. 북한의 대량살상무기가 미국과 한국을 적대적으로 대하는 국가나 테러 집단에 유출되는 시나리오로 한국과 미국에게 직접적인 위협으로 작용하는 것을 차단해야 한다. 둘째, 북한의 정권교체가 발생하는 경우이다. 김정은이 정치적, 군사적 경험과 업적이 빈약한 가운데 북한 주민에게 과시할 성과가 없다는 측면에서 정권 안정화 과정이 급변사태로 확산될 가능성이 있다고 볼 수 있다. 셋째, 쿠데타 등에 의한 내전상황이다. 넷

8) 김열수·김연수, 『북한 급변사태와 안정화 작전: 개입 형태별 작전의 가능성과 작전 개념 정립』(서울: 국방대학교 안보문제연구소, 2009), pp. 15-16.

째, 대규모 주민 탈북 사태이다. 대규모 북한 주민이 북한 내부의 특정한 상황 변화로 인해 지상 혹은 해안으로 월경하는 경우를 상정할 수 있다. 특히 북한의 다수 주민이 큰 위험을 무릅 쓰고 휴전선을 넘어 남쪽으로 탈출하는 경우 이를 저지하는 과정에서 유혈사태나 소요사태가 일어날 수 있다. 다섯째, 대규모 자연재해이다. 북한에 홍수, 가뭄, 지진, 화산폭발 등과 같은 대규모 자연재해가 발생하면 급변사태가 발생할 수도 있다. 북한이 스스로 해결할 수 없을 정도로 큰 규모의 자연재해가 발생할 때, 국제사회의 지원에 많은 시간이 걸리는 경우로 대규모 탈북사태와 같은 급변사태가 발생할 수 있다. 여섯째, 북한 당국이 북한에 체류하는 한국인 및 외국인을 인질로 삼는 경우이다.

하지만 북한의 급변사태 시나리오는 하나의 원인에 의해서 야기된다기보다는 다양한 원인이 상호작용하여 급변사태로 발전할 가능성이 높다. 북한의 경제난이 극심해져 주민들이 독자적으로 자구책을 마련하는 독자적 행동단계에 들어간다. 이 단계에서 탈북자와 유랑민이 많이 생기고, 범죄가 횡행하기도 하고 중앙정부에 불만을 표시하는 수도 있어 중앙정부는 질서 확립과 체제 안정을 위해서 공권력과 군부를 동원하여 억압하는 단계에 진입한다. 억압이 심해질 경우 내부에서 대규모 저항이 예상되며, 저항이 광범위화됨에 따라 권력층이 억압 범위와 방법을 놓고 논쟁하다가 권력층 내 권력 갈등이 분출하여 군부 쿠데타가 발생하고 결국 권력 재편단계를 겪게 되며 이는 곧 북한의 정권 붕괴로 이어질 것이며, 체제 자체도 연이어 붕괴할 것이란 것이다.

이러한 급변사태는 북한이 붕괴하고 대량난민이 발생하는 결과를 가져올 것이다. 그러나 한국을 비롯한 주변국이 난민 수용과 북한 붕괴위기를 둘러싸고 만족할 만한 효과적인 공동 대응책 마련에 실패하면 사태는 걷잡을 수 없는 상황으로 치달을 가능성이 있다. 김정은 일파가 외국으로 망명하거나, 북한 내에 있더라도 북한을 효과적으로 통제할 형편이 아닐 경우 북한 내부에는 극도의 혼란이 조성될 것이다. 북한 내에 어느 정치 세력이 한국과 중국 중 어느 한 국가의 개입을 요청했을 경우에 누가 들어가는 것이 옳은지를 놓고 한국과 중국 간에 논란이 일어날 가능성을 배제할 수 없다.

이럴 경우 북한의 장래는 불투명한데, 사태가 외부적 도발로 이어지지 않고 평화적으로 해결되도록 하는 방안이 모색되어져야 할 것이다. 아울러 북한 내부의 불안이 극에 달했을 때, 북한의 오해와 오인(misperception)으로 인한 남침으로 연결될 수 있는 가능성을 가장 경계해야 할 것이다.

한국과 미국, 중국, 일본과 러시아가 공동으로 원만하게 사태를 해결할 수 있다면 한반도 통일이 달성될 수 있을 것이고, 통일 후에도 통일 한국은 동북아시아의 평화와 안정지대로서의 위상을 유지하고, 역할을 감당할 수 있을 것이다. 그러나 북한의 급변사태를 제대로 관리하지 못한다면 통일이 이루어질 가능성도 작지만, 통일되더라도 동북아 질서는 당분간 안정되기 힘들 것이다.

북한의 급변사태를 누가 주도적으로 해결할지를 놓고 전문가들은 대개 세 가지 방향을 제시해왔다. 첫째, UN의 평화유지 기능을 이용한 평화유지군 중심의 북한 사태 수습방안이다. 이 경우는 UN안보리 차원에서 합의가 도출될 경우 평화유지군이 북한에 개입 가능하다. 또는 특정 국가를 중심으로 다국적군이 구성되어 개입할 가능성도 있다. 이 경우 한국은 북한의 급변사태에 대한 우리의 주도권을 확보하기 어려울 수도 있다. 둘째는 한미 양국과 중국, 일본, 러시아 등 다자적인 차원의 접근방법이다. 북한의 급변사태로 인한 대량난민이나 대량살상무기의 확산 등에 대하여 동북아시아 지역에서 시도된 바 있는 6자회담 협의체를 활용하는 것이다. 이러한 경우 각국의 이해관계가 모두 다르기 때문에 합의된 대응방법을 모색하기는 어려울 것이다. 이러한 맥락에서 한국은 한국 주도의 한반도 통일이 장기적으로 주변국의 이익에 반하지 않을 것임을 설득할 논리를 개발하고, 능력을 준비해야 할 것이다. 셋째는 한국 주도의 대응방안이다. 이 경우 한국은 독자적인 대량 탈북사태 해결방안이나 범정부적인 차원에서 북한 안정화 작전[9]을 준비해야 한다. 이상의 세 가지 접근방법은 각각 장단점이 있다. 분명한 것은 어떠한 접근방법을 적용하든지 한국 주도로 문제를 해결하지 못할 경우 후유증이 더 심각할 것이라는 점이다.

---

9) 합동참모본부, 『합동안정화작전』(서울: 합동참모본부, 2010), p. 7; 안정화 작전은 전시 자유화 지역에서 국가의 안전을 저해하는 일체의 군사적, 비군사적 위협에 대응하여 치안질서를 회복하고 유지하며, 정부의 통치 질서를 확립할 때까지 수행하는 군, 정부 및 민간분야의 제반 작전활동이다.

2. 국지도발 및 테러 시나리오

북한은 평시 국지도발과 테러를 통해서 달성하고자 하는 다양한 목표를 가지고 있다. 첫째, 대내적인 목표로 북한의 체제유지와 체제의 정당성을 제고하기 위함이다.[10] 북한의 남한에 대한 위협적 태도는 김씨 왕조 체제의 확고한 구축에 초점을 두고 있다. 실제로 대북매체인 '열린북한방송'은 군부 내에서 2010년 11월 23일 연평도 포격을 김정은이 처음부터 끝까지 지휘통솔하고 있다고 선전하고 있는 것 같다고 전했다.[11] 둘째, 대외적인 목표로 한반도 상황의 주도권을 확보하기 위함이다. 북한은 국지도발과 테러를 통해서 긴장을 조성하고 남남갈등을 부추기면서 한반도 상황을 주도하고자 하는 것이다. 이렇게 확보한 주도권을 바탕으로 국제사회에서의 고립을 모면하고 국내의 경제적인 어려움을 극복하기 위해서 한국과 국제사회의 지원을 받아내려고 협박한 적도 있다. 북한은 이러한 목표를 달성하기 위해서 국지도발이나 테러를 지속할 수 있다.

먼저 다양한 대칭·비대칭 군사적 수단을 활용한 국지도발 시나리오를 상정해 볼 수 있다. 북한의 지상군은 전차, 포병, 미사일 부문에 수적 우위를 점유하고 있다. 국지도발 측면에서 보았을 때는 포병, 미사일 등을 사용한 도발과 특히 특수전 병력을 이용한 일부 지역 장악을 시도할 것으로 예상된다. 북한의 해군은 정찰 및 연안 전투함과 상륙함, 전술 잠수함의 숫자가 우세하다. 국지도발 차원에서 보았을 때 연안 전투함이나 잠수함을 사용한 소규모 도발이 가장 유력하며, 상륙함을 사용한 특수전 부대의 침투나 전술 잠수함을 활용한 해상권의 장악을 시도할 수도 있다. 공군의 경우 An-2기를 활용한 특수전 부대의 침투를 예상할 수 있다.

특히 북한의 서해 5도 침공 가능성은 꾸준하게 제기되어 왔다. 북한이 서해 5도 중 일부를 점령하려고 공격해 올 경우 한국은 서해 5도 지역을 탈환하기 위해 국지전을 수행할 것이냐, 북한의 일부분을 공격하여 점령한 영토와 서해 5도를 맞

---

10) 국가안보전략연구소, 『최근 북한의 위협과 우리 정부의 대응책』(서울: 국가안보전략 연구소, 2009), pp. 995-1009.

11) 「조선일보」, 2010년 12월 28일.

바꾸는 협상을 할 것이냐, 북한의 수뇌부를 공격함으로써 북한의 도발을 저지할 것이냐 등 다양한 선택의 기로에 서게 된다. 한국이 대규모 군사력을 사용하여 북한의 전후방 지역의 일부를 공격한다면 북한은 이를 빌미로 한반도 전역에 대한 전쟁 확대를 시도할 수 있다. 북한의 서해 5도 일부 점령기도에 대해서 효과적인 대응을 못할 경우 북한이 한반도의 주도권을 장악하게 되고 북한은 필요에 따라서 또 다른 큰 도발을 야기할 가능성도 있다. 미국, 중국, 일본 등 주변국과의 외교적·군사적 갈등이 고조되고 북한은 이러한 갈등을 활용해서 정치적·경제적 이익을 얻기 위한 전략을 추구할 수도 있다.

북한이 특정한 정치적인 목표를 달성하고자 할 경우 국지도발이 아닌 다양한 수단을 활용한 테러가 발생하는 시나리오를 상정할 수 있다. 북한의 테러 수단은 진화하는 모습을 보여주고 있다. 냉전기간 동안 1968년 청와대 무장공비 침투사건이나 1987년 KAL858기 폭파사건이 전통적인 테러 방법이었다면, 2010년 3월 북한의 천안함 폭침, 북한의 소행으로 추정되는 2009년 7월 7일과 2011년 3월 4일 디도스 공격, 2011년 4월 12일 발생한 농협 사이버테러, 그 이후 다양한 사이버공격 등은 북한의 테러수단이 진화하고 있음을 보여준다. 특히 말레이시아의 쿠알라룸푸르 공항에서 화학작용제 공격을 당한 김정남의 경우를 포함하여 북한은 다양한 테러수단을 통해서 여러 수준에서의 정치적인 목표를 달성하려고 시도할 것으로 분석된다. 북한 내부적으로는 체제불안으로 인한 위로부터의 급변사태 가능성 방지, 남북관계에서는 남남갈등과 사회불안 조장, 동북아지역에서는 미국과 중국과의 갈등을 이용한 전략적인 이익 추구 등의 목표를 달성할 수 있다.

대남테러가 발생할 경우 미국은 더 큰 전쟁의 가능성을 우려하면서 남북한의 동시 자제를 요구할지도 모르며, 그 경우 북한이 남남갈등, 한미갈등을 선동함으로써 한국의 정치적인 혼란을 조성할 가능성이 높다. 또한 국내적으로도 북한의 도발에 대해서 응징 여부, 인도적 대북 지원의 지속 여부, 북한의 주도 여부 등에 대한 주장이 맞부딪쳐서 국내 또는 주변국과의 갈등이 일어날 가능성이 매우 높다. 실제로 서울대 통일평화연구소(IPUS)가 발표한 '2010 통일의식 설문조사' 결과에 따르면 천안함 사건에 대한 정부 발표에 대해서 국민의 여론은 신뢰함이 32.5%, 신뢰하지 않음이 35.7%, 반신반의함이 31.7%로 북한의 테러에 의한 한국

내부의 갈등 조장은 매우 현실적인 문제로 나타난 바 있다.[12)]

이처럼 북한의 국지도발이나 테러가 발생하면 그 대응 과정에서 물리적 손실은 물론 정치적인 손실이 매우 크고 불가피하기 때문에 이에 대응하는 것도 중요하지만 사전에 일어나지 않도록 방지하는 것이 더욱 중요하다.

하지만 지금까지 사례를 살펴보면 북한의 국지도발과 테러에 대한 한국의 억제는 효율적이지 못했음을 알 수 있다.

그 이유는 무엇인가? 첫째, 남한이 북한에 대한 효과적인 대응전략을 수립하고 있지 못하기 때문이다. 북한의 국지도발과 테러의 수단은 진화하는 반면 한국의 대응전략은 이를 따라가지 못하고 있다. 둘째, 전략을 실행하는 데 필요한 억제능력과 의도 그리고 남한의 위기전략에 대한 북한의 신뢰성이 부족했기 때문이다. 북한은 남한에 대한 도발과 테러가 가능한 능력과 비대칭전략을 기반으로 지속적으로 도발하고 있는 반면, 남한은 북한의 도발에 대한 거부능력, 보복 의지의 선언, 보복의 경험 등을 가지고 있지 못하다. 셋째, 북한이 전략의 주도권을 가지고 있기 때문이다. 북한은 한반도의 긴장 조성과 화해분위기 조성을 선제적으로 주도함으로써 지속적으로 여러 가지 이익을 얻고 있다. 즉 한국이 평시 북한을 억제하기 위해서는 억제전략을 수립하고 이를 수행하기 위한 억제력(능력, 의지, 신뢰성)을 확보하는 것이 필요하지만, 억제 능력을 확보한다고 해도 북한이 국지적인 긴장 조성을 통해서 얻을 이익을 완전하게 제거하지 못한다면, 북한의 도발을 완전하게 억제할 수 없다. 최적의 억제는 북한과의 관계에서 전략의 주도권을 장악함으로써 북한이 수용할 수 없을 정도의 비용을 북한에게 선제적으로 강요할 수 있는 구조를 만드는 것이다.[13)]

---

12) 「조선일보」, 2010년 9월 8일.

13) Bruce W. Bennett, “Mutual Cooperation Among South Korea, The United States and China to Deal with North Korean Crises,” *The Korean Journal of Security Affairs*, Vol. 12, No. 1(2007), pp. 49-81.

V. 한국의 위기관리 행태의 특성과 문제점

과거 한국은 위기상황을 어떻게 관리해 왔는가? 몇몇 학자들의 저술과 논문은 한국의 위기관리 행태에 대해서 많은 문제점을 지적하고 있다.[14] 여기에서는 위 내용을 중심으로 위기의 인지와 분석과정, 위기 시 정책결정과정과 대안 모색, 위기대응 및 종결과정 그리고 국가위기관리체제로 나누어 한국의 위기관리 형태의 특성과 문제점을 분석한다.

1. 위기의 인지와 분석 과정

앞에서 지적한 바와 같이 위기는 상대방의 도발에서 시작되며, 북한의 도발은 주로 군사적 도발이었다. 따라서 북한 군사 도발에 대한 인지와 그 의도에 대한 분석은 주로 국방부에서 시작된다고 볼 수 있다. 그런데 국방부의 정보 분석은 적의 군사적 도발 규모와 실태에 대한 분석에 국한된다는 특징을 보인다. 즉 군사적 측면에 국한된 분석이 지배적이라는 것이다. 국방부는 도발현상을 중심으로 군사정보 분석에 치중하다 보니 관련 정부부처 간의 정보 분석 협조가 부족한 실정이다. 도발 초기 군, 경찰, 국정원의 행태를 보면 그것이 입증된다.

더욱 큰 문제는 북한 지도부의 도발에 대한 정치적 동기 분석이 철저하게 이루어지지 못한다는 것이다. 군사정보 중심의 분석과 국방부 대책이 바로 대통령에게 보고되며, 대통령은 보고 청취 후 국방부 대책을 참고하여 바로 대응을 지시하는 경향을 보이고 있다. 여기서 부족한 것은 북한 지도부의 정책 의도, 차후의 움직임 등에 관한 정보이다. 상대방 국가의 지도부에 대한 정보 분석 부재는 위기 시 대응을 아주 좁고 지엽적인 방향으로 이끄는 주원인이 된다.

구체적인 예로서 1994년 7월 8일 오전 2시 김일성 사망 후 만 34시간 동안 우리는 그 사실을 정확하게 알지 못했던 것으로 알려져 있다. 김일성 사망 후 초기 대응에서 조문문제로 비화되자 서둘러 러시아에서 입수한 전쟁기록을 공개하

14) 이용필·전인영·백종천, 『위기관리이론과 사례』(서울: 인간사랑, 1993); 조영갑, 『한국위기관리론』(서울: 팔복원, 1995); 나갑수, "위기관리와 C3I," 「국방연구」, Vol. 26, No. 2. (1983).

고 김일성이 전범이었던 문제를 제기하였는데, 이 과정에서 북한에서 무엇이 일어나고 있는지, 북한의 지도부가 다음 행동을 어떻게 취할지, 핵협상 중이던 미국이 어떻게 나올 것인지에 대한 정보 판단 부재를 노정한 바 있다.

그리고 핵 위기 해결을 위해 방북한 지미 카터가 어떤 협의를 했는지 그 시각 미국 국가안보회의에서는 무엇이 논의되었는지 북한이 핵협상에서 무엇을 원하는지 무엇을 대가로 내놓으려고 하는지에 대한 정보 부재도 상대방 국가의 지도부에 대한 정보 분석이 결여된 증거다. 1996년 9월 잠수함 남침사건 때 북한 지도부에 대한 정보 분석은 물론 우방국인 미국의 지도부가 어떻게 나올지에 대한 정확한 정보 분석 없이, 도발지역에 대한 군사정보분석에 위기파악 노력을 국한했던 적이 있다.

정보 분석의 문제뿐 아니라 대통령 비서실 수준에서 정보에 대한 종합분석 및 평가능력이 없다는 것 또한 문제이다. 2010년 3월 26일 천안함이 침몰한 이후 청와대 관계자들은 사고 당일인 26일 즉각 "(이번 사건에) 북한이 연계되지는 않았다"고 했으며, 28일에도 "북한이 연루된 단서는 없다"고 같은 입장을 반복했다. 하지만 정부는 동년 5월 20일 국제합동조사단의 조사 결과에 근거하여 "천안함은 북한 잠수함정의 어뢰 공격에 의해 피격됐다"는 공식적인 입장을 밝혔다. 이렇듯 북한의 도발 시 청와대 수준에서 북한 지도부에 대한 정보수집과 종합적 분석능력이 부족하기 때문에 위기의 종합적 인지와 분석에 결함을 보이는 것이다.

2. 위기의 정책결정 과정과 대안 모색

북한의 도발이 발생하면 즉시 국가안전보장회의 또는 안보관계 장관회의 등과 같은 회의가 소집되는 경향을 보여 왔다. 그런데 이러한 회의는 도발의 배경, 의도, 차후 전개과정, 위기관리에 대한 종합적 검토 및 토의가 이루어지는 것이 아니고 도발의 발견 및 사태 주무부처의 파악내용 보고 및 대응책 보고가 이루어지고 그것에 대해 대통령이 대응책을 지시하는 식으로 이루어졌다. 1993년 3월 북한의 NPT탈퇴 선언 시 개최된 안보관계 장관회의도 마찬가지였던 것으로 알려졌다. 1994년 5월 북한 핵위기 때 백악관 국가안보회의에서 북한에 대한 3단계

군사제재 방안이 논의될 당시에도 한국에서 국가안전보장회의가 개최되었다는 기록은 없다. 여기서 국가안보회의가 토의식으로 진행되지 않음으로 인해 집단사고 증후군을 낳을 가능성이 존재한다.

또한 위기관리 전략이 없다는 특징을 보인다. 다만 있는 것은 위기에 대한 대응밖에 없다는 것이다. 소위 수세적 위기대응밖에 없다는 것이다. 청와대 습격 사건이나 아웅산 테러 같은 국가 차원의 도발 때에도 위기의 확전을 과다하게 의식한 나머지 국내 범위 내에서 대응을 국한하였다. 2010년 11월 북한의 연평도 포격에 대응하는 과정에서도 초기에 확전자제 논란이 불거진 바 있다. 이러한 안전제일주의 처방은 도발자로 하여금 더 대담한 도발을 하게 만드는 치명적인 약점을 보여 왔다. 그리고 도발자는 상대방이 항상 회피하는 반응만 할 경우 결국 더욱 큰 규모의 도발과 함께 전쟁으로의 확전을 협박하는 경향이 있다.

한국의 수세적인 위기대응과 전쟁으로의 확전을 방지하려는 지나친 수세적 태도는 북한으로 하여금 항상 도발을 하게 만드는 공격적 태도를 배양시켰으며, 전쟁협박과 전쟁옵션을 유지하게 만드는 역할을 해 왔다고 해도 과언이 아니다. 특히 위기 대응 시 미국이 한국 정부로 하여금 무력을 사용한 대응을 처음부터 배제하게 만든 결과 북한은 도발에 대한 보복과 공포를 전혀 고려하지 않고 항상 도발한 나쁜 습관에 길들여져 왔다고 할 수 있다. 이것은 남북한 경제 규모가 40배나 벌어지는 등 국력경쟁에서 훨씬 차이가 난 지금도 변함이 없다.

3. 위기대응 및 종결 과정

한국의 위기대응 및 종결 과정의 가장 큰 문제점은 위기 발생 시 초기 정부의 대응방향과 대응과정에서 나타나는 정부의 실제 행동이 일관성을 유지하지 못함으로써 결과적으로 북한의 목표달성에 영향을 주지 못하고 위기가 종결된다는 점이다.

예를 들어 2009년 북한의 장거리 로켓 발사와 2차 핵실험 시 한국 정부는 대량살상무기 확산방지구상(PSI: Proliferation Security Initiative)에 참여를 발표했다. 북한 장거리 로켓 발사 직후 이명박 정부는 PSI 전면 참여를 적극적으로 검토한다고 했고 4월 14일에는 외교안보정책조정회의를 통해 PSI 전면 참여를 최종결정하는 것으로 입장을 정리했다. 하지만 발표는 계속 미루어졌고 북한이 남한의 PSI 참여는 전쟁선포로 간주하고 강력대응을 시사하면서 압박하자 PSI 참여를 유보했다. 그 결과 북한은 도발의 목적을 달성할 수 있었다. 또한 2010년 3월 26일 천안함이 폭침된 이후 정부는 5월 24일 대북심리전 재개, UN안보리 회부 등 대북 강경조치를 발표했다. 하지만 대북심리전은 11월 23일 연평도 포격이 있을 때까지 재개되지 않았다. UN안보리 회부 문제는 처음 대북 제재안이 발표되었을 때는 안보리에서 우선 대북결의안을 채택하는 것이 1차적 목표라고 설명했지만, 6월 2일 천영우 외교통상부 제2차관은 "북한의 천안함 격침에 대한 안보리의 추가적인 대북제재 결의는 실익이 없고, 안보리 조치는 기본적으로 정치적, 상징적, 도덕적 메시지가 될 것"이라고 했다. UN안보보장이사회는 7월 9일 전체회의를 열고 의장 성명을 발표했으나, 6항에 중국과 러시아의 입장을 반영하여 "이번 사건과 관련이 없다고 하는 북한의 반응, 그리고 여타 관련 국가의 반응에 유의한다."고 언급함으로써, 한국정부가 의도한 대북제재 결의안이 아닌 북한의 주장도 동시에 반영되는 결과를 가져왔다.

북한 도발에 대한 정부의 초기 대응과 대응 과정에서 나타나는 실제 행동과의 불일치는 북한의 또 다른 도발을 억제하는 데 필수적인 한국정부의 신뢰성에 큰 타격을 주었다. 북한의 도발을 억제하기 위해서는 한국의 대응이 확실하게 실행될 것이라는 믿음을 북한이 가지도록 만드는 것이 필요하다. 다시 말해 도발자가 금지된 행동을 했을 경우 대가를 반드시 지불하게 될 것이라는 점을 예상할 수 있도록 즉각, 강력하고, 단호하게 대응하는 것이 필요하다. 하지만 앞의 사례에서 살펴보았듯이 한국은 지금까지 북한에 의해서 야기된 위기에 대응하는 과정에서 초기 대응 방향 발표와 실제 행동에 일관성을 유지하지 못함으로써 국론은 분열되고, 북한에 대해서는 단호한 조치도 취하지 못하고, 미국을 비롯한 주변국과 외교적인 마찰이 발생하는 등 북한의 도발 의도를 차단하지 못하고 위기가 종결되는 결과를 가져왔다.

4. 위기관리 체제

한국의 국가비상대비 위기관리 조직은 평시 재해·재난을 포함한 국가급 위기에 대한 위기관리 체제와 전시·사변 등 이에 준하는 전시대비 체제로 구분할 수 있다. 평시 위기관리는 민방위체제와 재난관리체제를 중심으로 행정안전부에서 업무를 담당하고 있다. 전시대비 체제는 군사분야와 비군사분야로 나뉘고 군사 분야는 한미연합방위체제를 중심으로 국방부에서, 비군사분야는 국가동원체제를 중심으로 비상기획위원회에서 주요업무를 담당하여 왔다. 한국의 국가위기관리 체제는 대통령으로부터 각 부 장관에 이르는 정부 행정조직과 국가안전보장회의(NSC), 비상기획위원회, 예하 지방행정기구 그리고 군사조직인 국방부, 합동참모본부, 한미 연합군사령부 및 예하부대와 관련되어 있다.[15)]

비상기획위원회는 전신인 '국가동원체제연구위원회'가 1968년 1월 1.21사태를 겪으면서 국가안전보장회의 소속으로 창설되었고 산하에 '충무계획반'을 설치하여 '충무계획'을 작성하고 '태극훈련(을지연습)'을 실시하였다. 그 이후 전시대비계획이 커짐에 따라 '국가동원체제연구위원회'를 모체로 비상기획위원회를 출범시켰으며, 1984년 국무총리실 소속으로 이관되었다. 2008년 비상기획위원회가 폐지되고 행정안전부 재난안전실장 예하에 비상대비기획국으로 편입되었다. 2014년 6월 세월호 참사 이후 모든 재난, 안전, 비상대비 분야의 업무가 새롭게 창설된 국민안전처에 이관되었다가, 2017년에는 행정안전부 산하의 재난안전관리본부에서 재난, 안전, 비상대비정책이 다루어지게 되었다.

국가안전보장회의는 1962년 국가안보에 관한 대통령 자문기관으로 설치되었으나, 그 이후 정권에 따라서 변모하였다. 각 정부마다 국가안전보장회의에서 공통적으로 설치되었던 기구를 살펴보면, 전략, 정책, 정보, 통일, 위기관리를 담당하는 기구를 비롯하여, 전체적인 협조와 조정을 담당하는 상황실, 정세평가, 실무조정을 담당하는 기구로 구성되어 있다. 국가안보회의는 위기관리뿐만 아니라 전쟁지도와 관련된 정책 및 전략적인 수준의 모든 내용과 정보를 통합, 조정하는 역

---

15) 김열수, 『21세기 국가위기관리체제론: 한국 및 외국의 사례 비교연구』(서울: 오름, 2005), p. 51.

할을 해왔다. 특히 김대중 정부에서는 제1·2차 연평해전 때에 국가안전보장회의를 본격적으로 활용했다. 1999년 6월 초부터 북한이 북방한계선(NLL: Northern Limit Line)을 자주 침범하여 남북한 간에 긴장이 고조되자 김대중 정부는 6월 10일 NSC 상임위원회를 열어 ① 북방한계선을 지상의 분계선과 같이 확고히 지키고, ② 서해 해당 지역에 해군 함정을 증강 투입하며, ③ 북한의 모든 함정을 NLL 북방으로 철수시킬 것을 촉구하고, 철수하지 않을 시 야기되는 사태에 대해서는 북한에 책임이 있다는 점 등을 확고하게 결의했다. 그리고 우리 해군에게 발포한 북한 해군에 대해 대응사격을 지시했고 제1차 연평해전은 우리 측의 승리로 끝났다. 2002년 6월 29일 발생한 제2차 연평해전은 북한이 우리 해군을 기습 공격하여 우리 해군이 엄청난 피해를 입었다. 노무현 정부에서 NSC 사무처가 국가안보문제에 전권을 행사하여 한미동맹보다 대북정책을 우선시하는 경향을 보였다.

이에 대한 비판의 결과로써 이명박 정부는 국가안전보장회의 사무처와 상임위원회를 폐지하는 대신에 외교안보정책 조정위원회의를 개최했으며, 청와대 행정관이 책임지는 위기관리 센터를 운영함으로써 국가안전보장회의와 위기사태를 통합, 조정, 관리할 수 있는 중심적인 조직이 없어졌다. 이명박 정부 기간 몇 차례의 위기상황을 겪으면서 국가위기관리체계의 보강을 시도했다. 2008년 7월 금강산 관광객 총격 사망 사건의 늑장보고에 논란이 발생한 이후 위기관리센터를 국가위기상황센터로 격상하고 비서관이 팀장을 맡았다. 2010년 3월 북한이 우리 해군의 천안함을 폭침시킨 사태가 발생한 직후 청와대에서 수석회의와 외교안보관계장관회의를 개최하여 폐지된 국가안전보장회의의 기능을 대행하는 과정에서 위기관리에 대한 일관된 모습을 국민에게 보여주지 못했다. 그 이후 청와대는 대통령실에 안보특별보좌관을 신설하고, 국가위기상황센터를 국가위기관리센터로 바꾸어서 안보기능을 강화했다. 2010년 11월 북한의 연평도 포격 도발 시 정부의 대응 과정에 또다시 문제점이 지적되면서 청와대는 추가적인 국가위기관리체계를 개선하기 위해 국가안전보장회의 운영 등에 관한 규정과 대통령령 및 대통령실 훈령을 개정하기로 했다.[16] 이에 따라 청와대는 국가위기관리센터를 국가위기관리실로

16) 청와대, "청와대, 수석급 국가위기관리실장 신설," 2010년 12월 21일, http://www.president.go.kr/kr/policy/policy_view.php?uno=9507(검색일: 2012년 1월 27일).

격상시켜서 수석비서관급 실장을 임명하고 정보분석 비서관실, 위기관리 비서관실, 상황팀을 편성함으로써 국가위기관리실이 위기관리 업무를 총괄할 수 있게 되었다. 박근혜 정부에서는 국가안보실을 설치하고 그 밑에 위기관리센터를 두어 국가안보위기를 전담하도록 하고 재난 및 비상대비업무는 행정자치부로 이관하였다. 그러나 세월호 침몰 사건 이후 국민안전처를 신설하였으나, 국가안보의 통합업무는 안보실장이 관할하였다. 문재인 정부에서는 또다시 국가안보실의 기능을 강화하고, 국가위기관리센터를 안보실 직속으로 두었다. 모든 종류의 위기를 청와대가 담당하기로 한 것이다.

탈냉전 이후 북한의 도발과 대형 재난·재해가 빈번하게 발생함에 따라 신속하고 효과적으로 대응하기 위해 위기통합관리체제 구축이 필요하게 되었다. 특히 연평도 포격 도발과 같은 북한의 비대칭 도발이 빈번하게 발생함에 따라 피해는 군인뿐만 아니라 민간인의 피해, 경제사회적 손실, 지정학적 리스크의 증대 등 복합적이고 광범위한 위기결과를 초래한다. 따라서 특정 기관의 역량만으로 복합적인 위기상황에 효과적으로 대응하는 것이 불가능하다. 이러한 위기상황을 미리 내다보고 정부는 위기통합관리체제를 강화할 필요가 있다.

Ⅵ. 결론

탈냉전 이후 세계적으로 전통적인 위협이 약화되고 테러, WMD확산 등 새로운 위협의 비중이 증가하고 있다. 2011년 6월 실시한 한반도 상황에 대한 여론조사 결과 성인 76.1%, 청소년 78.7%가 '한반도에서 전쟁 가능성은 낮지만 연평도 포격과 같은 무력 도발 가능성은 높다'고 응답했다.[17] 그러나 21세기 한반도에는 북한의 전통적인 위협이 여전히 존재하고 있음은 물론, 새로운 위협이 야기할 다양한 위기상황에 동시에 대응해야 하는 어려움에 직면해 있다. 한반도에서 안보위협의 복합성과 불확실성이 증가함에 따라 위기관리의 중요성이 증대되는 것이다.

---

17) 「연합뉴스」, 2011년 6월 24일.

북한은 1999년 제1차 연평해전, 1·2차 핵실험, 2010년 천안함 폭침과 연평도 포격, 3·4·5·6차 핵실험과 수백 차례의 미사일 시험 등을 통해 한반도에서 지속적으로 위기상황을 조성해 왔다. 하지만 앞에서 살펴본 것과 같이 한국정부의 위기관리는 여러 가지 문제점을 노출해 왔다. 위기의 인지와 분석 과정에서 국지적인 문제에 치중한 나머지 북한의 의도와 주변국의 대응을 분석하는 데 소홀했다. 위기의 정책결정 과정과 대안 모색 과정에서는 전략적인 접근이 이루어지지 못하고 지나치게 수세적인 대응으로 일관해서 위기의 재발을 방지하지 못했다. 위기대응 및 종결 과정에서 정부는 행동의 일관성을 보여주지 못해서 도발국은 목표를 달성한 반면, 한국정부는 유리한 입장에서 위기를 종결시키지 못했다. 위기관리체제 측면에서는 조직과 기능을 빈번하게 바꿈으로써 위기에 대한 신속하고 효과적인 대응을 하지 못하는 결과를 초래했다. 무엇보다도 큰 문제는 도발을 일삼는 북한에 대하여 신속하고 단호하게 위기 대응함으로써 북한에게 다시는 도발을 해서는 안 되겠다는 교훈을 심어주지 못한 것이라고 지적할 수 있다.

한 국가의 위기관리체제는 위기관리의 적시성과 효율성을 극대화하기 위해 최적의 조직과 기능을 갖추어야 한다. 위기 시에는 위기상황을 잘못 파악하거나 인식하지 못하는 경우, 위기상황은 파악하였으나 대응을 하지 않기로 결정하는 경우, 문제를 파악하고 이를 해결할 수단이 있으나 이를 실행하지 않기로 결정하는 등 합리적이고 체계적인 결정을 하지 못하는 경우가 허다하게 발생한다.

미국이 9.11테러 이후 국토방위부를 신설하고 국내위기에 대해서 통합적인 관리 기구를 조직한 것을 비롯해서 선진 각국에서는 국가급 통합위기관리체제를 갖추고 있다. 한국은 21세기 북한의 위협뿐만 아니라 새로운 위협 양상에 적시에 즉각, 효과적으로 대응하기 위해 국가의 정책과 전략, 가용 자산을 원활하게 동원, 조정, 사용할 통합적 위기관리체제를 갖추고 정권에 상관없이 위기관리에서 일관성을 유지해야 할 것이다.

토론주제

■ 다음의 주제에 대해서 토론해 보자.

1. 위기관리에서 공세적 위기관리전략과 수세적 위기관리전략을 비교·설명해 보자.
2. 과거 위기사태(예: 천안함 폭침사태)의 예를 하나 들고, 위기관리가 실제로 어떻게 진행되었는가와 위기관리의 개선책을 토의해 보자.

CHAPTER 08

전략기획과 전력기획

Ⅰ. 서론

Ⅱ. 군사전략기획과 전력기획의 개념 정의

Ⅲ. 전략기획과 전력기획의 분석틀

Ⅳ. 전략기획의 내용과 종류

Ⅴ. 전력기획의 내용과 종류

Ⅵ. 결론: 한국의 전략 및 전력기획과 관련된 현안 이슈

CHAPTER 08

전략기획과 전력기획

Ⅰ. 서론

군사전략을 바로 세우고 그 군사전략을 집행하기 위해 필요한 군사력을 건설하는 것은 한 국가의 국방정책에서 핵심이라고 할 수 있다. 제1장에서 국가의 안보전략이 어떻게 수립되며, 한국의 안보전략이 어떤 방향으로 발전해야 하는가를 다루었는데, 국가의 안보전략을 국방 분야에서 달성하기 위해 갖추어야 할 필수 요소가 국가 군사전략이다. 국가 군사전략은 국방목표를 달성하기 위해 군사적 수단을 어떻게 사용해야 하는가에 대한 방법을 보여준다.

이렇듯 군사전략은 국가안보전략-국방목표-군사전략으로 이어지는 하향식 논리구조를 갖고 있다. 그런데 한국에서는 국가와 군사 차원에서 전략적 사고와 기획능력이 부족함을 실감하고 있다.[1] 그것은 한미군사동맹체제에서 미국이 주로 군사전략이란 큰 그림을 맡아왔고, 한국은 작전분야라는 상세한 계획을 맡는 임무분담을 해온 탓이 크다.

작전통제권 환수를 몇 년 앞둔 현재 한국에게 독자적인 군사전략을 수립하는 것은 정치군사적으로나 역사적으로 매우 긴요한 일이며, 그 군사전략을 뒷받침할 군사력 건설을 단독으로 기획하는 작업도 매우 시의적절한 일이다. 제4장에서 설

1) 황병무, 『국가안보의 영역, 쟁점, 정책』(서울: 봉명, 2004), p. 110.

명한 바와 같이 올바른 군사전략을 세우기 위해서는 현재와 미래에 발생할 수 있는 군사적 위협과 도전에 대해 철저하고도 체계적인 분석을 해야 하고, 그 위협과 도전에 효과적으로 대응할 방법인 군사전략을 강구해야 한다.

한국의 헌법은 "대한민국은 국제평화의 유지에 노력하고 침략적 전쟁을 부인한다."고 함으로써 국가 군사전략의 범위를 방어 중심으로 제한하고 있다. 또한 한미동맹의 한쪽인 미국에 의하여 한국의 군사전략은 억제와 방어 분야에 제한되고 있다. 즉 한국이 택할 수 있는 군사전략은 방어 중심의 억제전략이다. 북한은 남한의 이러한 전략적 한계를 간파하고 6.25전쟁 때에는 기습 남침을 감행했고 그 후에도 끊임없이 도발했다. 21세기에도 수차례 있은 북한의 비대칭적인 군사도발에 대하여 남한이 종래의 억제와 방어 중심의 군사전략을 수정해야 한다는 담론이 제기되기도 하였다.

따라서 북한의 위협에 다각적이고 적극적으로 대응할 뿐만 아니라 미래의 잠재적 위협에 효과적으로 대응하기 위해서는 피아의 군사에 대해 과학적이고 체계적인 분석을 토대로, 창의적이고 실효성 있는 군사전략의 수립이 요구되고 있다. 또한 새로운 군사전략을 달성할 군사력의 건설방법과 정치권과 국민으로부터 지지를 받을 전략과 전력기획에 대한 설득력 있는 논리의 개발이 중요하다.

현재 한국에서는 어떻게 군사전략과 전력기획을 과학적, 체계적, 논리적으로 수행할 수 있는가에 대한 기본적인 입문서조차도 부족한 실정이다. 그러므로 이 장에서는 군사전략과 전력기획의 개념을 정의하고, 두 개념 간의 상호관계를 알아보며, 두 개념에 대한 그동안의 학문적 논의를 소개한다. 아울러 전략기획과 전력기획의 다양한 방법을 설명하고, 한국의 군사전략과 전력기획과 관련된 현안 이슈를 검토한 뒤 전략과 전력기획의 기법을 적용하여 우리에게 필요한 시사점을 도출하고자 한다.

Ⅱ. 군사전략기획과 전력기획의 개념 정의

1. 군사전략기획의 개념

제1장에서 설명한 바와 같이 국가안보전략이란 국가목표를 달성하기 위해 국가의 자원을 동원·조직·조정·통제·사용하는 방법이다. 군사전략(military strategy)이란 전쟁목표를 달성하기 위해 군사적 수단을 사용하는 방법이며, 국방목표를 달성하기 위해 군사적 수단을 효과적으로 준비하고 계획하며 운용하는 방책이다. 따라서 국가안보전략에서는 군사적 수단 외의 다른 요소를 포함하지만, 군사전략에서는 군사적 수단에 한정한다. 국가 군사전략은 오늘날 대개 합참에서 작성된다. 국가 군사목표를 설정하고, 이 목표를 달성하기 위한 군사전략을 만든다. 그 전략을 집행하기 위해 필요한 목표 군사능력을 규정하고, 합동기획문서를 발간한다.

기획(planning)은 계획보다 장기적이고 광범위한 개념으로서 미래의 목표 달성을 위한 일련의 행동 또는 과정을 의미한다. 계획(plan, programming)은 정책과 거의 같은 뜻으로 사용(정책: 미래의 행동계획)되는데, 문서화된 활동 목표의 달성을 위해 무엇을 할 것인가에 대한 행동 방향을 설명한다. 정책은 기획의 하위개념이며 기획보다 단기적인 개념으로 볼 수 있다.

그러므로 군사 전략기획은 국방목표를 달성하기 위해 전쟁에 대비하거나 전쟁 수행에 필요한 군사적 수단을 사용하는 방법을 장기적인 관점에서 설계하는 행위를 말한다. 다른 말로 표현하면 "국가안보 및 국방목표를 구현하기 위해 전략환경을 평가하고 군사전략 목표를 설정하며 이를 달성하기 위한 군사력을 운용하는 방책을 정립하는 과정"이라고 정의할 수 있다. 결국 우리가 바라는 국가목표를 군사적 측면에서 '어떻게 달성할 수 있는가' 하는 길과 방법을 보여주는 것이다.

그러므로 군사전략이 없으면 사태에 수동적으로 대응할 수밖에 없다. 군사전략이 없으면 국가이익에 영향을 미치는 중대한 사태를 준비가 안 된 상태로 맞이할 수밖에 없으며 환경을 우리의 국익에 맞게 조성할 수도 없다. 만약 전략개념과 전략적 선택을 지도하는 체계적인 개념 틀이 없으면 각종 비판 여론에 국방이 휘둘리게 된다. 또한 전략이 없으면 미래의 행동을 인도하는 지침이 없기 때문에 위기를 만날 때마다 우왕좌왕하게 되고, 일관성 없는 행동을 하게 될 것이다.

2. 전력기획(Force Planning)의 개념

전략기획은 6-20년 앞을 내다보는 기획으로 상당히 장기적이고 추상적이며 불확실성이 상존하는 기획이지만, 전력기획은 이러한 전략을 실행하기 위해 필요한 군사력을 건설하기 위한 계획이다. 전력(force)이란 전략을 달성하기 위한 군사적 수단을 말하며, 구체적으로 군사력(military power)을 의미한다. 군사력은 상비군사력, 동원군사력, 동맹군사력이 포함된다. 바틀렛(Henry C. Bartlett)은 군사적 능력(military capability)이란 군대 전체의 전쟁수행능력을 말하는 것으로서, 여기에는 군 구조, 현대화, 준비 태세, 전쟁 지속 능력이 포함된다고 한다.[2)]

하파(Robert P. Haffa)는 전력기획이란 "국방정책의 하위개념으로서 국가안보정책과 대외정책을 보조하는 수단"이라고 정의하고 있다. 한편 레이건 행정부의 국방장관이었던 와인버거(Casper. W. Weinberger)는 전력기획은 "국가의 목표와 위협, 그리고 전략을 고려해야 하며, 국가안보이익과 공약을 인식하고 안보이익에 대한 위협을 평가하여 전력요소를 도출하며 이를 바탕으로 국방정책과 군사전략을 뒷받침해야 한다."라고 주장했다. 니츠(Paul Nitze)는 "국방정책을 선언정책과 배치정책으로 구분하고 두 정책을 연관시킬 때 부족 부분을 개발하는 정책"이 전력기획이라고 정의했다. 따라서 국방정책과 군사전략을 수행하기 위한 전력을 선택하는 과정을 전력기획이라고 한다.

전력기획은 구체적이고 중기적이며 행동지향적인 정책이다. 전력기획의 범위는 거시적 관점에서는 '전력=군사력' 즉 전력 구조, 현대화, 준비태세, 지속능력이 포함되며, 미시적 관점에서는 소요에 따른 무기체계의 획득에 초점을 두는 경향이 있다.

---

2) Henry C. Bartlett, G. Paul Holman, Jr., and Timothy E. Somes, "The Art of Strategy and Force Planning," in *Strategy and Force Planning* (New Port: Naval War College Press, 2004).

3. 전략기획, 전력기획, 작전계획의 상호관계

그러면 전략가와 계획가(전력기획가)와 작전가의 상호관계는 어떠한지 살펴보자. 전략가는 실제 시나리오와 실제 전략을 고려하지 않는다. 어떤 경우에는 전쟁을 하지 않고 승리하는 방법도 연구한다. 6-20년 미래를 고려하기 때문에 현재의 실제 시나리오를 고려하지 않는다는 뜻이다. 실전은 작전 내용이 중요하기 때문에 작전가의 영역이다. 왜냐하면 작전은 주어진 전력을 가지고 빠른 시간 내에 상대를 얼마나 많이 파괴할 수 있는가에 집중한다. 계획가는 어떤 형태의 군 능력이 다른 형태의 군 능력보다 나은지, 또 어떤 형태의 군 조합이 다른 조합보다 효과적인지 제시할 수 있어야 한다. 육·해·공군의 효과적인 무기체계의 혼합에 대해서 이해하고 있어야 한다. 그러나 계획가를 존중하지 않는 국방 풍토에서는 작전 및 일선 지휘관의 중요성에만 집중하고 있어 개선될 필요가 있다.

또한 국방에 종사하는 모든 사람들은 기획, 계획, 작전계획 등 공통된 용어를 사용해야 하며, 이슈에 대해 공통의 이해를 가질 필요가 있다. 또한 더욱 실질적인 정책결정을 위해 처음부터 모든 수단을 총체적으로 활용하려고 노력해야 한다. 예를 들어 해당 군에 대한 편협한 이해와 요구를 상위의 국방정책 수단에서 무조건 적용하려고 해서는 안 된다는 말이다.

〈그림 8-1〉은 랜드 연구소의 폴 데이비스(Paul K. Davis)가 만든 표인데 가로축은 시간(year)을 의미하고 세로축은 미래에 대한 행동계획의 종류를 의미한다. 6-20년의 미래에 대한 불확실성에 대한 부분은 연구개발을 통해 추진되어야 한다. 따라서 연구개발(R&D)이 중요한 것이다. 미국 국방부는 국방비의 15%를 연구개발에 투자하나, 우리나라는 6% 내외이다.

3-5년의 중기는 어떻게 할 것인가? 이것은 중기계획 혹은 전력기획이라고 한다. 이 기간에는 중기계획, 기획 관리예산제도(PPBS)를 추진한다. 제9장에서 설명하는 바와 같이 PPBS는 전략을 계획으로 옮기는 과정이므로 매우 중요하다. 그리고 현재부터 3년 사이는 과거에 구매해 놓은 무기, 장비와 물자 등 현존 군사력으로 위기에 대응하는 작전 계획을 수립한다.

구체적으로 전략기획과 전력기획(사업계획)과 작전계획에 대해 살펴보자. 전략

그림 8-1 전략기획, 전력기획, 작전계획의 시간별 분류

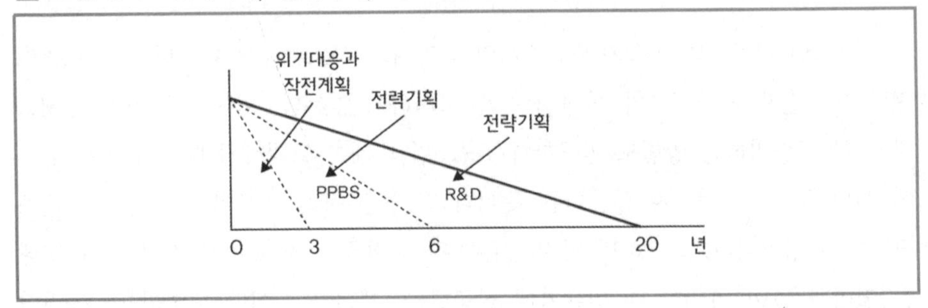

출처: Paul K. Davis and Lou Finch, Defense Planning for the Post-Cold War Era (Santa Monica, CA: RAND, 1993), p. 6.

기획이란 6-20년 후의 미래의 환경과 사건에 대해 예상하고, 필요한 행동을 준비하기 위한 연구/개발로서 국가목표, 선언적 정책, 기획 시나리오에 대한 설명을 제시한다. 예를 들어 노무현 정부에서 '동북아 균형자론', '자주국방태세 확립' 등을 내세웠는데 이는 전략기획이다. 즉 동북아 균형자는 10-20년 후의 동북아 상황을 고려해서 추진되어야 하며, 자주국방도 10-20년 미래를 내다보고 추진되었다. 하지만 미래에 발생이 거의 불가능한 상황, 즉 한반도에서 중국과 일본 간의 세력다툼이 발생할 것을 감안해서 '동북아 균형자'를 제안했는데 이것은 큰 전략구도를 놓친 부분 최적화(sub-optimization)를 시도한 전략구상이라 할 수 있다.

전력기획, 즉 사업기획은 3-5년 앞을 내다보는 전력 기획 사업계획, 기획예산제도(PPBS) 등을 가리킨다. 전략기획에 국방예산을 고려한 국방재정 지침과 획득지침을 적용하여 그 범위 내에서 사업을 계획하게 된다. 이를 바탕으로 구체적으로 전구(theater)에 어떤 군사력을 배치할지에 대한 지침을 마련한다. 예를 들어 장차전은 지상전 중심일 것인가? 해상전 중심일 것인가? 공중전 중심일 것인가 아니면 육해공을 합동시킨 통합전력 중심이 될 것인가를 판단하고, 국방부 수준에서 각 군의 중기사업계획을 통합한 국방중기계획을 마련한다. 즉 사업계획은 중기에 필요한 군사능력을 제공한다. 따라서 전략기획은 추상적이지만 전력기획은 구체적인 계획이다.

작전계획은 1년 이내의 위기 시 대응과 2-3년 이내의 작전에 대한 계획으로 매우 현실적이다. 이것은 현존 군사력으로 평시와 위기 시에 대해 대응하는 방법으로 위기상황에서 정치·군사목표와 제약조건이 제시되고 현존능력을 어떻게 사용하는지에 대한 방법을 제시한다. 작전계획을 할 때에는 현 보유 능력을 감안하고, 적의 질적인 약점을 활용하면서 아군의 약점을 보완해야 한다.

결론적으로 국방정책에는 전략기획, 전력기획(사업계획), 작전계획 등이 시간별로, 단계별로 존재하는데 국방정책에서는 이와 관련되는 전문 인력이 이들 사이의 상호관계를 잘 이해하고, 적절한 전문가가 적재적소에 배치되어 관련 임무를 수행할 때 국가전략이나 군사전략이 제대로 수행될 수 있다.

Ⅲ. 전략기획과 전력기획의 분석틀

리오타(P. H. Liotta)와 로이드(Richmond M. Lloyd)는 〈그림 8-2〉와 같이 전략기획과 전력기획의 상호관계에 관한 분석틀을 제시하였다.[3] 그림에서 보면 전략의 선택 과정은 그림의 상단부에 있고 전력의 선택 과정은 그림의 하단부에 있다. 군사전략의 기획 과정은 국가안보전략에서부터 출발한다. 제1장에서 국가안보전략의 수립 과정을 설명한 바 있으므로 이 장에서는 국가안보전략을 군사 분야에서 달성하기 위한 국가 군사전략의 기획 과정만 다룬다.

국가 군사전략의 기획은 그림 왼쪽에 있는 안보환경 분석, 그림의 오른쪽에 있는 전략의 수단과 영향력 요소분석, 그림의 중앙에 있는 국내 요소에 대한 분석을 바탕으로 이루어진다. 안보환경 분석은 위협, 도전, 취약성, 기회의 측면을 분석한다. 머레이(Douglas J. Murray)와 비오티(Paul R. Viotti)도 군사전략을 수립하기 위하여 전략 환경평가가 중요하다고 하면서 안보정세 평가, 위협분석, 장차전의 양상에 대한 분석이 필요하다고 역설하였다.[4] 제4장에서 설명한 군사력 균형 분석

3) P. H. Liotta and Richmond M. Lloyd, “The Strategy and Force Planning Framework,” in *Stratagy and Force Planning* (New Port: Naval War College Press, 2004).

4) Douglas J. Murray, Paul R. Viotti, The Defense Policies of Nations: *A Comparative Study*

그림 8-2 전략 및 전력기획의 분석틀

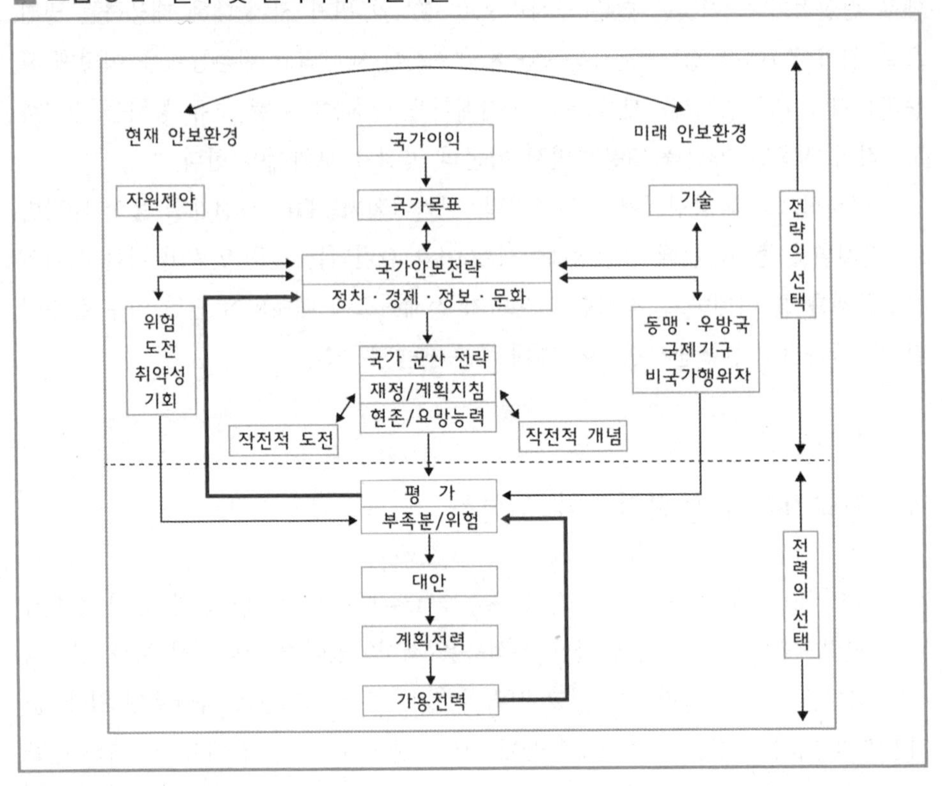

출처: Liotta and Lloyd, p. 4.

에서 적국의 위협에 대한 평가는 적국의 능력과 의도, 환경과 취약성에 대해 행해지는데 이를 바탕으로 우리의 군사전략의 목표와 방법을 설정하는 데 참고자료가 된다.

다음으로 전략의 수단과 영향력 분석이 이루어지는데 동맹국과 우방국의 지원과 역할, 국제기구가 우리에게 부여하는 비용과 기회, 비국가행위자의 존재와 영향력 등에 대한 분석 결과는 우리의 군사전략에 대한 국제적 지원 여부 판단에 도움을 준다.

(Baltimore and London: The Johns Hopkins University Press, 1989), pp. 5-8.

마지막으로 국내적 요소 분석은 과학기술, 가용 예산, 국내 정치구조, 여론 등을 분석하게 된다. 이들 국내요소는 전략과 전력에 대한 제약요소로 작용하는데, 특히 군사전략은 이러한 제약조건에서 국방목표를 달성할 가장 효과적인 방법을 보여주는 것이다.

국가 군사전략이 결정되고 나면 이러한 군사전략을 달성할 수단 확보를 위해 전력의 선택영역으로 진입하게 된다. 전력의 건설을 위해서는 우선 현존 가용능력과 요망되는 능력을 식별해야 한다. 요망되는 능력을 식별하기 위해서는 작전 도전요소 분석과 그 도전을 극복할 작전 개념이 필요하다. 신 작전개념을 적용하여 현존능력을 최대한 사용하였을 때 작전적 도전요소를 극복하기에 부족하다면 그 부족분을 메우기 위해 요망되는 능력이 도출될 수 있다.

전력기획은 가용한 현존전력의 평가, 전력부족분의 파악, 아군 전력의 장점과 취약성에 대한 평가, 군사전략을 성공적으로 수행하기 위해 필요한 전력 소요의 산정, 전력건설의 대안 제시, 대안 선택과 전력계획, 가용전력(현재+미래)의 산출, 환류의 순환과정을 밟게 된다. 즉 전력은 한번 결정되면 끝이 아니라, 전력기획의 과정은 끊임없는 평가와 순환과정을 거치면서 안보환경, 목표, 전략, 전력, 자원, 위험 등이 수시로 변화하기 때문에 전략과 전력기획이 적응성(adaptability)과 강건성(robustness)을 갖도록 항상 유의하여야 된다. 여기서 적응성은 환경과 국가안보전략의 변화에 맞추어 군사전략과 전력을 적기에 신축성 있게 바꿀 수 있는 능력을 말한다.

결론적으로 여기서 강조되어야 할 사항은 군사전략기획과 전력기획은 고정되거나 순차적인 과정이 아니며, 상호 연계되고 반복적인 심사숙고 과정과 순환과정을 거친다는 것이다. 오늘날 한정된 국가예산을 놓고 복지, 교육, 경제, 군사 분야가 격렬한 경쟁을 벌이는 상황에서 최선의 군사전략과 전력을 선정한다는 것은 매우 힘든 작업이기 때문에 최고의 전문성과 정책적 수완이 요구된다. 또한 상황이 급변하는 현실 세계에서 전략과 전력의 불균형이 발생하지 않도록 수시로 전략가와 전력기획가 사이에 지속적인 소통과 대화가 필요한 것이다.

Ⅳ. 전략기획의 내용과 종류

1. 개념적인 전략기획

전략기획은 6-20년 미래의 안보환경과 우리의 능력을 예측해서 기획해야 한다. 따라서 전략기획은 비용이 많이 필요하고, 긴 시간이 소요되며, 비생산적이지만 통찰력을 제공할 수 있다.

냉전시대에는 미·소 진영 간 대결에서 위협이 확실했기 때문에 안보환경의 불확실성이 거의 없었다. 그러나 탈냉전 이후에는 위협이 불확실하고 다양해졌다. 탈냉전 이후에는 예측하지 못한 충격이 발생하고 기본적인 시나리오가 없는 것이 특징이다. 9.11테러와 같은 예측할 수 없는 상황과 충격이 발생하기 때문에 불확실성에 대비한 기획이 중요해졌다. 그래서 탈냉전 이후 전략기획방법으로 불확실성에 민감한 기획기법이 개발되었다. 불확실성에 민감한 전략기획은 미래의 도전과 가능한 전략을 매우 새로운 시각으로 보게 하고, 대전략이나 고위수준의 국방기획과 같은 이슈를 고려하게 된다.

2. 냉전시대 전략기획의 종류

(1) 위협에 기초한 기획(Threat-based planning)

위협에 기초한 기획은 시나리오에 기초한 기획이라고도 하며, 냉전시대 위협이 명확했을 때 사용되었다. 적의 군사력과 의도에 대한 위협 분석결과와 자국의 군사력을 비교해서 취약점을 도출하여 최적의 대응방안을 강구하고 대응 군사전략을 수립해서, 자원을 확보함으로써 군사력을 건설하는 기획이다. 위협 기초기획을 사용할 때의 전력기획은 위협 대비 부족 전력을 메우는 식의 따라잡기 식(building block) 군사력 건설이었다고 할 수 있다.

(2) 추세에 기초한 기획(Trend-based planning)

추세에 기초한 기획은 발생 가능성이 가장 높은 미래(most likely future)를 상정한 기획방법이다. 여기서는 미래는 현재의 연속이라고 가정하고 추세와 관련된 지식과 정보를 수집하고 추세에 영향을 주는 주요변수의 변화 추세를 발견하여 몇 가지 대표적인 추세를 적용하여 미래를 예측한다. 이 몇 가지 추세를 바탕으로 장기 전략기획을 시도한다.

(3) 시나리오에 기초한 기획

한 국가의 외부 환경과 내부 환경의 변화에서 초래되는 몇 가지의 대안적 미래를 설정하며, 어떤 과정을 거쳐서 그 대안적 미래에 도달하게 되는가를 설명하는 시나리오를 개발하여 시나리오별 대응 군사전략을 기획하는 방법이다. 시나리오에 기초한 기획은 냉전시기 위협이 확실했을 때나 탈냉전기 불확실성이 증가했을 때, 두 가지 경우에 다 활용 가능한 가장 활용도가 높은 기획방법이 되고 있다.

3. 불확실성에 민감한 전략기획의 종류

(1) 불확실성에 기초한 기획(Uncertainty-sensitive planning)의 기본 모델

탈냉전 이후에는 불확실성에 민감한 전략기획을 하게 됐다. 불확실성에 민감한 기획은 어떻게 하는가? 〈그림 8-3〉에서 보는 바와 같이 핵심환경, 즉 충격 없는 미래를 먼저 설정(no surprise)하고, 지류(branches)와 충격(shocks)을 구별한다. 충격 없는 미래에 대한 전략개발의 예를 들면 북한의 군사적 위협인 핵, 미사일, 비대칭 위협 등이 점진적으로 증가하는 것에 대해 대응하는 전략을 전구 수준에서 수립하는 것이다.

우발사태에 대비한 부수적인 전략개발은 이미 예상하는 발생 가능한 사태에 대비할 능력 개발을 의미한다. 충격은 대체로 사람들에 의해 무시되는 기껏해야 생각 속에서 가능한 사건으로, 이러한 사건에 대비되지 않았으나 발생하면 혼란이 매우 큰 사건이다. 1973년 오일쇼크의 예에서 볼 수 있듯이 예측하지 못한 충격은 대 혼란으로 이어질 수 있다. 이러한 충격에는 전략의 포트폴리오(portfolio)를 구성하여 위협을 분산하도록 한다.

그림 8-3 불확실성에 기초한 기획의 기본 모델

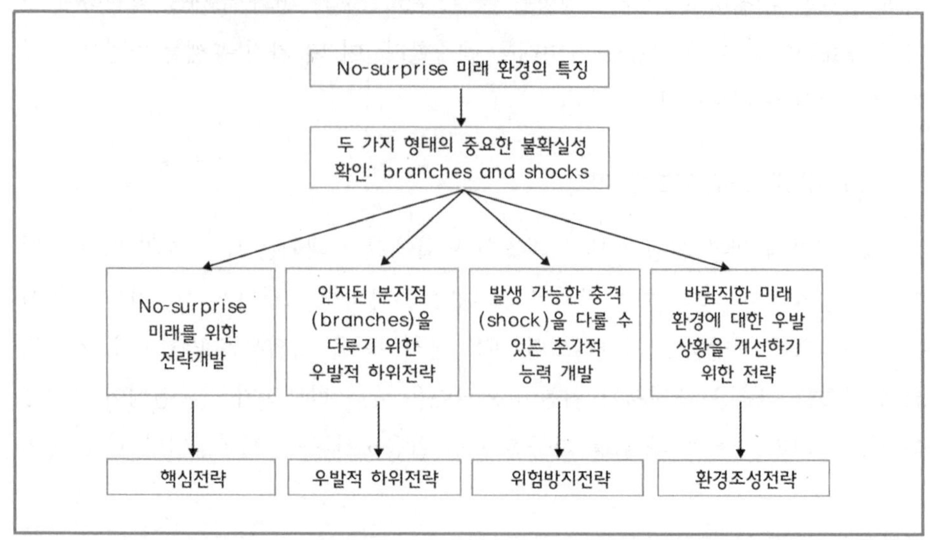

출처: Paul K. Davis and Zalmay M. Khalizad, *A Composite Approach to Air Force Planning* (Santa Monica, CA: RAND, 1996). p.18.

바람직한 미래의 환경을 조성하는 전략은 미래의 환경을 우리에게 유리하도록 조성하는 전략이다. 현재 한국이 부족한 분야는 이 부분이다. 이는 군사력 건설과 관련된 것으로서 군사력 건설은 억제력과 방어력이 기본전제가 되어야 한다. 즉 최소한 부정적인 환경이 조성되는 것을 막을 수 있어야 한다.

(2) 전략적 포트폴리오 경영기획

전략적 포트폴리오는 1997년 미국의 4개년 국방계획검토보고서(QDR)에서 등장한 개념으로 다양한 우발사태에 대비한 능력에 기초한 기획을 권장하기 위해 나왔다. QDR에서는 환경조성과 전략적 적응성이 전쟁수행과 똑같은 정도의 중요성을 지녔다고 강조하고 그 가시성을 높이기 위해 필요하다고 주장하였다. 또한 미래의 적응성을 부여하는 분산 능력이 필요한데 포트폴리오 구성요소 사이에 잠재적인 시너지 효과를 달성하고 미래의 다양한 갈등을 성공적으로 다루기 위해 필요하다. 국방투자의 전략적 포트폴리오는 다양한 우발사태, 즉 주요 전구와 소규모

분쟁, 군사 이외의 작전에 대한 적응 능력을 육성함을 목표로 한다.

(3) 능력기반기획(Capabilities-Based Planning)

능력기반기획이란 광범위한 미래의 도전과 환경에 적합한 능력을 제공할 목적으로 불확실한 상황에서 기획하는 행위를 지칭한다. 혹자가 말했듯이 한 국가의 경제능력에 걸맞은 군사력 건설을 의미하는 것은 아니다. 능력이란 불확실한 미래에 전방위로 대비할 수 있는 능력을 말하는 것이다. 즉 공인된 전쟁 시나리오와 모델을 포함하는 '위협에 근거한 기획'과 반대되는 개념이다. 위협에 근거한 기획은 군 변혁 개념을 적용하기에 부적절하다. 즉 능력기반 군사력 건설은 현재의 위협이 아닌 미래의 도전에 대비하여 신축성 있고 적응성 있게 고려되어야 한다는 것이다.

능력기반기획의 특징으로는, 첫째 각각 다른 목적과 조건에 유용한 능력을 제공함으로써 미래의 불확실성을 취급한다. 둘째, 규격화된 능력과 조합능력을 갖춰야 한다. 셋째, 최적화보다는 신축성, 적응성, 강건성의 목표를 추구한다. 넷째, 복수의 효과성 측정 방법이다. 다섯째, 판단과 질적 측정의 분명한 역할이다. 여섯째, 선택의 경제학이다. 마지막으로 능력에 근거한 기획은 올바른 능력을 신속하게 조합할 수 있게 한다.

미군의 신속대응군인 스트라이커 부대는 이러한 능력에 기초한 기획에 근거한다. 또한 지리적으로 원거리거나 각종 라벨이 붙은 패키지로 오는 자원을 신속하게 조합할 수 있다. 그리고 효과적인 지휘통제, 미사일 방어, 방어마비, 정찰타격, 포 배치, 지상군 기동 등이 가능함을 가정하고, 육·해·공·해병대를 신속하게 조합할 수 있고 또한 동맹국이나 비정부단체와 활동을 조정할 필요가 있을 때에 현대적인 정보기술을 활용함으로써 이를 조정할 수 있어야 함을 의미한다.

(4) 가정에 기초한 기획(ABP: Assumption-Based Planning)

환경이 급속하게 변할 때에 추세분석은 부적절하다. 그 대안으로 가정에 기초한 계획이 개발되었다. ABP는 탈냉전시대의 불확실한 안보환경에서 발생할 수 있는 우발상황을 예상하여 그에 대비할 전략을 기획하는 방법이다. ABP는 미래의 우발상황을 감소시키고 기획의 강건성과 적응성을 향상하기 위해 미국의 랜드 연구소에서 개발하였다.

가정에 기초한 기획에서 말하는 가정은 미래 상황에 대한 가정을 의미하는 것이 아니고, 한 국가의 전략에 내재된 가정(assumptions)을 말한다는 점에 유의해야 한다. 가정에 기초한 계획은 5단계로 이루어진다. ① 1단계: 가정의 식별, ② 2단계: 부담을 갖게 하거나(load-bearing), 취약한(vulnerable) 가정의 식별, ③ 3단계: 가정이 실패하거나, 가정의 취약성이 변하고 있다는 지표의 식별, ④ 4단계: 가정의 실패를 방지하기 위해 취할 수 있는 조성행위(shaping action), ⑤ 5단계: 위험방지(hedging) 행위의 개발이 그것이다.

예를 들면 한국의 군사전략은 '한미 연합전력에 의한 적극적 방위전략'인데, 이 전략이 갖고 있는(내재된) 몇 가지 가정 중에서 '굳건한 한미동맹과 한미 연합방위체제는 계속 유지될 것'이라는 가정을 식별할 수 있다. 그리고 이 가정은 상황 변화에 따라 한국의 방위에 부담을 갖게 하고, 취약해질 가정이 될 수 있다. 3단계에서 이 가정이 실패하거나 가정의 취약성이 커질 수 있는데, 그 이유는 한국에서 반미감정이 심화되거나 또는 미국과 북한의 협상에 의해 북한의 위협이 일부 감소하고 미국의 한반도 방위 공약이 변경되는 경우가 있을 수 있기 때문이다.

4단계에서는 한미 연합방위체제 약화를 방지하기 위하여 한미동맹을 더욱 공고하게 만드는 정책적 행위를 취할 수 있을 것이다. 예를 들면 노무현 정부 때에 약해진 한미동맹을 이명박 정부 때에 신뢰동맹, 가치동맹, 평화구축동맹으로 발전시켜서 궁극적으로는 전략동맹으로 격상시켰는데 이것을 조성행위라고 부를 수 있다. 또한 반미감정을 해소하기 위해 한미동맹의 올바른 가치와 유용성에 대한 공공외교를 강화하기 위한 조치를 할 수 있을 것이다.

5단계에서는 한미 연합방위체제가 약화될 경우 발생할 위험을 방지하기 위해 몇 가지 위험방지대책을 개발할 수 있다. 첫째, 한국의 독자적 방위역량을 제고하고, 둘째 북한의 위협과 도발을 감소시키기 위해 남북한 관계를 개선하고 북미관계를 개선하며, 셋째 중국이 대북한 지원을 감소하도록 대중외교를 활성화할 수 있다. 이러한 불확실성 속의 가정 파악과 가정에 영향을 미치는 주요 변수를 관리하는 전략기획을 가정에 기초한 기획이라고 하며, 탈냉전 시 전략기획방법으로 널리 사용되게 되었다.

4. 냉전 시와 탈냉전 시의 전략기획의 비교

안보문제는 신중하고 중요한 문제이다. 어떤 국가는 미래를 내다보고 생존을 위한 환경을 조성하기 위해 기획하지만, 그렇지 못한 국가는 현실을 따라가기에 분주하다. 이들 간의 차이는 너무나 분명하다.

여기서 냉전기 전략기획과 탈냉전기 전략기획을 비교해 보자. 냉전기 미국과 소련은 각각 전략기획을 실시했으나, 소련은 미국처럼 광범위하게 준비하지 못했다. 냉전기에 강대국 간의 전쟁억제는 매우 중요한 이슈였다. 핵과 재래식 무기의 전략균형을 달성하는 것은 냉전 시에 미·소 양국의 사활적 이익이 걸린 주제였고, 핵 위기 때 안정성이나 강대국 간 군비경쟁의 안정성도 중요한 이슈였다. 동맹의 결속력은 매우 중요했으며, 초강대국 간의 군비통제, 지역의 안정성 등이 중요한 이슈였다.

반면 탈냉전 이후는 핵확산과 확산대응, 탄도미사일·화학무기 그리고 생물무기 확산 방지, 지역강국 간 전쟁억제, 지역적인 군사안정성과 관련된 환경조성, 지역 군비통제 등이 중요하게 부각된 이슈이다. 또한 새로운 군사강국의 부상 견제 및 다국적군 형태의 연합전력의 중요성이 증대되었으며, 위기관리와 신속한 의사결정, 테러와 대량살상무기를 가진 제3국에 대한 확산대응 내지 선제공격, 신속한 연합 구성능력, 현실적인 전쟁목표와 부상자에 대한 관심 등이 중요한 이슈가 되었다. 또한 행동 이전의 국가적 합의 달성에 관심이 증대되고, 제한된 예산이 중요한 이슈이다. 이러한 것이 전략기획에 중요한 쟁점이 되고 있다.

표 8-1 냉전기 전략기획과 탈냉전기 전략기획의 쟁점 비교

주제	냉전기간	탈냉전기간
강대국의 전쟁억지	●●●	●
전략균형(핵과 재래식)	●●●	●
핵 위기 시 안정성	●●	●
강대국 간 군비경쟁의 안정성	●●●	
동맹의 결속력	●●●	●●
초강대국 간 군비통제	●●●	●
지역 안정성	●●●	●●
핵 확산과 확산대응	●	●●●
탄도 미사일, 화학무기 그리고 생물무기 확산	●	●●●
지역강국 간 전쟁억지	●	●●●
지역적인 군사 안정성과 관련된 환경조성	●	●●●
지역 군비통제		●●
새로운 군사강국의 부상 견제와 관련된 환경조성		●●
신세계질서 개념을 지원하기 위한 연합군 개입		●●●
위기관리와 신속한 의사결정	●●	●●●
테러와 대량파괴무기를 가진 제3국에 대한 확산대응 내지 선제공격	●	●●●
임시연합을 신속하게 구성하고, 작전할 수 있는 능력	●	●●●
현실적인 전쟁목표	●	●●●
전쟁피해에 대한 관심	●	●●●
행동 이전 국가적인 합의 달성에 관한 관심도	●	●●●
예산제한	●●	●●●

출처: Paul K. Davis, *Defense Planning for the Post-Cold War Era*, p. 39.

V. 전력기획의 내용과 종류

1. 개념적인 전력기획

군사전략이 결정되면 그 군사전략을 실행할 군사력을 결정하는 절차를 밟는

다. 군사력을 결정할 때는 크게 보아 세 가지 요소를 고려한다. 우리의 가용한 전력이 얼마인가? 적과 비교해서 부족한 전력은 얼마이며, 분쟁 시 우리가 감수해야 하는 위험은 어느 정도인가? 부족한 전력을 보충하고 위험을 최소화하기 위해서 우리는 어떤 종류의, 어떤 크기의 전력을 어떻게 혼합하여 대안적 군사력을 기획해야 하는가?

전력을 기획할 때 가장 중요한 것은 전략기획과 논리적인 일관성이 있어야 하며 상호연관성이 있어야 한다는 것이다. 즉 국방목표 달성에 가장 효율적인 전력의 대안을 찾아야 한다. 제4장에서 설명한 군사력 균형 분석을 토대로 우리의 가용전력과 적의 위협을 비교 분석한다.

분쟁 시 현존전력과 가용한 동맹국의 지원전력을 가지고, 적을 어떤 군사전략으로 제압할 것인가를 결정하고 난 후, 우리에게 부족한 전력을 어떤 식으로 건설할지에 대해 논리적으로 기획 절차를 진행하게 된다. 그런데 위의 세 가지 고려 요소는 전력기획 과정에서 계속 반복해서 검토될 필요가 있다. 아래에서는 각종 전력기획 방법과 장단점을 설명한다.

2. 전력기획의 종류

전력기획에는 하향식, 상향식, 시나리오, 위협 및 취약성 중심, 능력중심, 핵심역량과 임무중심, 위험방지, 기술 중심, 재정중심기획 등 9가지가 있다.

(1) 하향식(top-down) 기획

국가안보전략에서 국방목표를 도출하고 국방목표로부터 군사전략을 선정하여, 군사전략을 뒷받침하기 위한 전력을 검토하는 위계적인 논리절차를 따라 전력을 기획하는 방법이다.

(2) 상향식(bottom-up) 기획

현존능력을 기준점으로 간주하고 이를 개선하는 데 중점을 두는 전력기획방법이다. 현존능력을 어떻게 사용할지에 중점을 두는 작전계획과 유사한 점이 많다.

(3) 시나리오기획

미래의 상황이 어떻게 전개될지에 대해 몇 가지 시나리오를 정하고, 각 시나리오에 대비하기 위한 전력을 기획하는 방법이다.

(4) 위협 및 취약성 중심 기획

상대방의 위협을 분석하여 우리의 능력과 비교함으로써 부족분을 식별하고, 부족분을 메우기 위한 전력기획방법이다. 취약성 분석은 우리 능력의 취약점을 발견하여 그것을 교정하기 위한 전력기획방법이다.

(5) 능력중심 기획

이 기획방법은 전략기획 방법에서 설명한 능력기반 기획과 다르다. 우리의 능력을 저하시킬 적의 도전요소를 발견하여 제거함으로써 우리의 능력을 제대로 발휘할 수 있도록 만드는 기획방법이다.

(6) 핵심역량과 임무중심 기획

우리의 핵심역량을 파악하고, 주요 임무를 식별하여 여기에 필요한 전력을 기획하는 방법이다.

(7) 위험방지(hedging) 기획

발생 가능한 모든 경우에 대비하여 군사력의 개발을 도모하는 기획방법이다.

(8) 기술중심 기획

적군보다 뛰어난 기술의 개발에 중점을 둔 전략기획방법이다.

(9) 재정중심기획

가용한 예산의 범위 내에서만 전력을 기획하는 방법이다.

표 8-2 각종 전력기획의 종류와 장단점

접근법	주요 고려요소	장점	약점
하향식 (Top-Down) 기획	• 이익 • 목표 • 전략	• 모든 참여 조직이 최종목표에 집중 • 거시적 관점에서 전력소요를 검토 • 모든 국력요소의 통합 사용 • 전략달성 방법에 대한 설명서 (descriptor) 제공	• 기획의 후반부에 제한사항 검토 • 상위 결정을 무조건 수용하는 경직성 • 폐쇄적인 결정 과정
상향식 (Bottom-Up) 기획	• 현존능력	• 실질적이고 현재적 • 현존능력의 최대화에 중점	• 현재 위주, 미래를 간과 • 장기적 전체적 안목 결여 • 통합된 전략적 사고 부족
시나리오기획	• 특정상황	• 실제적, 구체적 가정 • 우선순위 부여 • 역동적 위협에 시차별 대응	• 실제와 시나리오는 다름 • 자기순환적 논리의 오류 (기획자의 의도 삽입) • 과거와 유사한 시나리오 개발 가능성 • 장기간에 대한 통찰력 부족
위협 및 취약성 중심기획	• 위험 • 경쟁국 • 아군의 취약점	• 잠재적 적국에 초점 • 거시적, 미시적 관찰에 모두 유용 • 능력을 강조	• 위협과 취약성의 객관적 식별 곤란 • 주도적이기보다 수동적 • 양적인 데이터에 너무 집착(질적인 평가에 소홀)
능력기반기획	• 적군의 작전적 도전요소	• 군사문제에 특별히 집중 • 도전 극복 위한 작전개념과 합동능력의 발휘에 집중	• 특정 도전 요소를 과대평가할 경향 • 군의 수준과 통합능력 간의 갭에 대한 주목 필요
핵심역량과 임무중심 기획	• 역량, 임무, 기능	• 핵심임무와 우선순위 정립 • 아군의 강점 극대화 • 상대국의 약점을 이용할 핵심역량 구축	• 핵심역량과 임무가 시대에 낙후되었는지 여부 판단 곤란 • 상위목표 무시하고 하위목표에 올인할 가능성 • 조직의 이익이 국가군사목표를 앞지를 가능성
위험방지 (Hedging) 기획	• 위험최소화	• 미래의 불확실성에 대처 가능 • 모든 경우에 균형과 융통성 있는 대처	• 아군 능력을 과소평가할 경향 • 상대국을 과대평가 • 고비용
기술중심기획	• 기술 우위의 무기체계	• 지식과 창의성 활용 • 적군 대비 아군의 질적 우위 유지	• 고비용 저효율 • 인적 요소 과소평가 • 전략구조의 불균형 초래
재정중심기획	• 예산	• 민주적 절차에 따라 국방운영 • 경제와 국방을 연계함 • 우선순위 설정 요구 • 재정절약 원칙 준수	• 전략환경 변화와 국가와 군의 목표에 무감각 • 국방비 계속 삭감 가능성 • 국방소요와 예산 간의 갭 상존 • 국가와 군의 목표보다는 예산의 공평 분배에 만족할 가능성

출처: Bartlett, Henry C. and G. Paul Holman, Jr., and Timothy E. Somes, "The Art of Strategy and Force Planning," in Strategy and Force Planning (New Port: Naval War College Press, 2004), p. 31.

위에서 참고한 각종 전력기획의 주요 고려요소, 장점과 단점을 상세하게 설명하면 〈표 8-2〉와 같다.

3. 전력기획방법의 사용

전력기획가나 정책결정자가 위에서 설명한 각종 전력기획방법을 실제로 사용할 때 유의할 점은 어느 한 가지만 사용해서는 안 된다는 점이다. 각종 기획방법이 지닌 장점과 약점을 잘 이해하고 현실의 군사문제의 분석과 전력건설 대안의 개발에 유용한 몇 가지 기획방법을 동시에 사용해야 한다.

또한 전력건설 대안을 개발할 때에 전략기획 과정과 전력기획 과정이 동시에 병렬적으로 진행되거나 상호순환(feedback) 검토가 이루어지도록 하는 것이 중요하다. 미국 국방부의 경우 전략 및 자원담당 차관보실이 조직되어 오랫동안 전략과 전력을 연계하는 양방향의 소통과 협의 활동을 지속적으로 전개하였는데 우리 국방부에서도 참고할 필요가 있다.

그리고 전략과 전력기획 활동은 상호 의존적이며, 군사적 미래에 대한 해답과 길을 제시하고자 하는 목적이 있기 때문에 과학(science)일 뿐만 아니라 술(art)이라는 것을 명심할 필요가 있다. 그러므로 바람직한 전략과 전력기획을 위해서는 한 국가의 전략가와 전력전문가뿐만 아니라 국민 중에서 지혜 있는 인사가 참여하여 활발한 토론 과정을 거칠수록 더 나은 전략과 전력기획이 될 수 있다.

Ⅵ. 결론: 한국의 전략 및 전력기획과 관련된 현안 이슈

위에서 언급한 전략기획과 전력기획의 모델을 한국의 전략 및 전력기획에 적용하면 여러 시사점을 발견할 수 있다. 지금까지 한국은 한미 연합방위체제에서 북한의 위협에 대한 억제와 대응에 중점을 둔 전략과 전력기획을 수행해 왔는데, 전략기획은 대개 미군이 수행해 왔고 전력기획은 한국군이 주도하고 미군이 지원하는 분업체계였다. 그러나 한미 양국 간에 전시 작전통제권 환수 일정이 합의되고 한국이 주도하는 군사전략의 수립이 필수적인 과제로 대두됨에 따라 한국은 전략기획과 전력기획을 독자적으로 수행하기에 이르렀다. 한편 북한의 핵과 대량살상무기 위협이 현실화되고, 북한의 비대칭 능력의 우위를 이용한 도발이 자주 발생함에 따라 종래의 방어 중심의 억제전략을 적극적 억제전략으로 바꾸어야 한다는 담론도 등장하였다. 따라서 한국의 전략과 전력기획과 관련된 주요 현안 이슈를 살펴보면서 한국의 전략과 전력기획이 지향해야 할 방향과 과제를 요약해 본다.

첫째, 한국이 군사전략기획을 주도적으로 진행해야 한다는 담론이 전개되고 있다. 전략기획이 국가 안보전략과 국방목표를 달성하기 위해 다양한 기획 방법을 적용하여 대안적 미래를 확실하게 설정하고 미래의 국가 및 국방목표를 달성하기 위한 방법을 설계하는 과정이라고 정의한 것과 같이, 한국은 전쟁억제와 전쟁승리를 확실하게 달성할 군사전략을 만들어야 한다. 지금까지 한국에서는 북한의 현실적인 위협과 미래의 불확실한 주변 환경의 위협을 분석하는 위협에 기초한 기획방법을 주로 사용하여 군사전략을 기획했다. 어떤 때에는 북한의 위협이 증가한다고 가정하고 위협과 추세에 근거한 전략기획을 하기도 했고, 다른 때에는 북한의 위협이 감소할 것이라고 가정하고 위협과 추세에 근거한 전략기획을 하기도 했다. 그리고 주변 환경으로부터 오는 불확실한 위협에 대해서는 전략기획을 제대로 하지 못한 것이 사실이다.

세계의 기대나 예측과는 달리 북한은 탈냉전 이후에도 선군정치에 근거하여 핵 및 WMD위협을 더 확대하는 전략을 구사했으며, 중국의 부상과 더불어 미중관계와 중일관계에서는 협력보다는 갈등이 증가하기 때문에 한반도와 주변 전략 환경은 불확실성이 더욱 증가하고 있다. 따라서 북한에게는 위협에 기초한 전략기획방법을 사용할 뿐만 아니라 불확실성에 민감한 기획방법을 함께 사용하여 한반도의 미래 전장 환경에 대한 복합적인 예측을 수행함과 동시에 불확실성이 높아지는 주변의 전략 환경에 대해서도 불확실성에 민감한 기획방법을 사용하여 미래에 발생할 몇 가지 시나리오를 개발하고, 한국이 혼자 혹은 한미동맹이 효과적으로 대응할 수 있는 군사전략을 자체적으로 개발하는 것이 필요하다.

특히 한국은 전시작전통제권의 전환에 부응하여 독자적으로 군사전략을 수립해야 하기 때문에 위에서 설명한 군사전략기획과 전력기획의 개념 틀과 기획방법을 다양하게 적용하여 군사전략을 창의적으로 기획하고 그것을 뒷받침할 군사력을 기획하여야 한다. 물론 군사전략의 기획 과정에서 미국의 선진 군사전략을 벤치마킹하고, 동맹국인 미국과 많은 협의를 거치겠지만, 한국이 전략 수립의 주체가 되어 미국의 대한반도 군사전략과 현존하는 주한미군 전력과 미래에 한반도로 증원 가능한 미군의 전력을 한국의 국가목표와 국방목표에 맞게 어떻게 활용할지를 주도적으로 결정해야 한다. 아울러 북한의 위협과 주변의 잠재적 위협에 대응하는 전략 수립과 함께 미래의 전략 환경을 한국의 국익에 유리하게 조성하는 전략을 구상하고 수행해야 한다. 가정에 근거한 기획방법에서 제시한 바와 같이 한국의 강점이 취약점으로 변화될 수 있는 지표를 미리 식별하고, 한국의 국익의 추구에 유리한 안보환경을 조성하는 적극적 전략을 수립하고 아울러 미래의 안보 위험 방지 대책을 강구할 필요가 있다. 전략기획의 중요성은 아무리 강조해도 지나치지 않는다. 전략은 각종 전력을 결합하는 지침이자 논리이다. 이 논리는 힘이기도 하다. 대국민, 대국회대국 설득력이자 각종 비판에 견디게 하는 힘이기도 하다. 전략이 잘 수립되지 못하고 각종 전력만 존재한다면 그 논리와 결합력이 있을 수 없다.

둘째, 합동전 전략의 전면적 실행 가능성이다. 20세기 말엽부터 미국에서는 합동전 전략이 화두로 등장했으며, 아프가니스탄에서 대테러전이나 이라크전쟁에서 효과중심 작전과 네트워크 중심전의 개념 아래 지해공군의 전력을 통합적으로 사용하는 합동전을 수행하였다. 한국에서는 2005년부터 국방개혁의 중점이 합동전 체제를 갖추는 것이었으며, 이를 현실화하기 위해 2011년부터 합동전을 제대로 수행하기 위한 상부구조의 개선을 추진함으로써 마침내 2019년도에 육군 제1군과 제3군을 통합한 지상작전사령부가 형성되었다.

합동전을 수행하기 위해서는 상부 지휘구조도 개선되어야 하지만, 합동전을 뒷받침하기 위한 전략과 전력기획도 병행 추진되어야 한다. 이와 관련하여 미국의 합동전 전력기획 사례를 보면 2000년 육군, 해군, 공군의 전력 증강에 각각 29%, 36%, 35%를 투자했으나 비용 대비 효과를 합동전의 관점에서는 기대에 미치지 못했다고 평가되었다. 2000년 이후 미국은 군사변환을 거쳐 합동전 임무 중심으로 군사비를 투자한 결과 비용 대비 효과 면에서 이전의 경우보다 적은 비용으로

고효율 합동전 효과를 달성할 수 있었다는 분석을 내놓은 바 있다.[5)]

한국은 합동전을 수행하기 위한 전력기획을 함에 있어서 각 군별로 개별 장비에 대한 투자보다는 합동 정보감시정찰 기능, 합동 군수지원 기능, 합동 입체기동전 기능 등 여러 가지 합동기능별로 각 군의 전력을 재편성하고 혼합하여 합동차원에서 각 군의 전력이 시너지 효과를 최대로 발휘할 수 있도록 합동전력 건설을 위한 기획을 수행해야 한다.

셋째, 선제적 억제 개념의 도입 여부에 논란이 많았다. 북한이 핵무기를 보유하고 전쟁에서 사용할 가능성이 농후하다고 판단될 경우에 이를 억제하기 위해서 핵무기와 핵시설을 선제 타격해야 한다는 주장이 대두하기도 하였다. 그러나 선제공격과 예방공격의 필요성은 제5장에서 설명한 바와 같이 미국 같은 강대국에게서조차 엄청난 논란이 제기되었음을 볼 때, 한국적 상황에서는 선제적 억제 개념을 도입하기 더 어렵다. 그렇지만 북한의 핵을 억제하는 능력을 갖추기 위해서 전략과 전력기획이 필요한데, 제5장에서 설명한 바와 같이 한미 공동으로 한미확장억제위원회에서 검토될 미국의 확장억제전략을 구체화하는 과정에서 전략과 전력기획이 필요할 것이다. 미국은 핵무기로 하는 핵 억제력 이외에 재래식 핵 억제력을 강화하겠다는 방침을 발표한 바 있다. 즉 첨단정밀유도무기와 C_4I, 미사일방어체제 등을 입체적으로 활용한 재래식 억제력을 강화한다는 것이다. 한국은 한미동맹체제에서 미군의 재래식 핵 억제력의 지원을 받을 뿐만 아니라 한국 자체의 C_4I 체제와 정밀유도무기 등을 강화할 전력기획을 병행해야 한다.

넷째, '적극적 억제전략'이란 개념의 도입 여부이다. 이 개념은 2010년 5월 24일 이명박 대통령이 북한의 천안함 폭침사태에 대해 연설할 때, 남한이 북한의 도발에 적극적으로 대응할 필요성을 강조하면서 소개되었다. 그 의미는 "북한이 도발할 경우 과거에는 유엔군 사령부가 정한 교전규칙에 따라 소극적으로 대응했으나, 앞으로는 북한의 도발원점과 그 주변의 지원세력까지 격파한다."는 것이다.

---

5) Mark P. Pitzgerald, "Challenge and Opportunities of Navy's in the 21st Century: Middle Power Navy's Opportunity," A paper presented for the ROK Navy's 15th 'On board Symposium', June 15, 2012. 피츠제럴드 제독은 각 군별로 전력투자를 했을 경우 투자 $1당 $0.78의 합동 작전효과를 거두었으나, 합동전력에 투자를 한 경우 $0.82를 투자하여 $1.19의 합동작전효과를 거두었다고 설명하였다.

그러나 억제라는 개념은 제5장에서 설명한 바와 같이 적으로 하여금 군사행동을 하지 못하도록 사전에 방지한다는 것이기 때문에 적이 도발했을 경우 적극적으로 대응함으로써 차기 도발을 못하도록 막는 것은 엄밀히 말해서 억제가 아니라 위기 시 적극 대응전략이라고 하는 것이 더 정확한 표현이다. 굳이 군사전략과 결부시켜 보면 북한의 도발과 거의 동시에 북한에 대응하는 전략이라고 할 수는 있으나, 적이 도발했을 경우 보복공격의 수위와 범위, 강도를 높이겠다고 선언함으로써 확전을 방지하고 차기 도발을 막는다는 것은 위기관리전략 중 강압전략이라고 할 수 있다.

그러면 북한의 국지도발 같은 것을 단호하고 강력하게 응징할 전력을 갖추는 것이 중요한데, 이것은 전력기획의 내용이 될 수 있다. 또한 이 전력기획은 국가의 강압전략을 뒷받침할 요망 군사능력과 현존 군사능력의 차이를 메우기 위해 이루어져야 한다. 북한의 천안함 폭침과 연평도 포격 같은 비대칭 도발은 즉각, 단호하고, 강력하게 응징할 필요가 있기 때문에 이러한 군사능력을 미리 설계하고 건설해야 위기 시 지도자가 사용할 수 있다. 여기서 작전적 도전요소를 식별하는 것이 중요한데 북한의 비대칭위협이 잠수함, 포병전력, 기습도발, 사이버공격 등이라면 이를 극복하기 위한 작전개념을 북한의 도발 시도를 사전에 탐지하여 무력화하거나 도발 직후 도발원점과 지원세력을 최단시간에 정밀타격을 가하여 무력화할 전력 구비가 필요하다. 결국 북한의 도발 방지와 도발 시 즉각 대응을 위해서 필요한 전력은 정보감시정찰능력과 정밀타격능력이 될 것이며, 이들 전력을 증강하는 것이 전력기획의 내용에 포함되어야 한다.

다섯째, 방어적 공세전략의 선택 여부이다. 1980년대와 1990년대의 한미 연합전략은 북한이 도발할 경우 전선에서 북한군을 저지하고 미군을 증원해 한미 연합군이 반격하는 순서를 밟는다고 생각했으나, 혹자는 북한의 침략에 수동적인 모습을 보이기보다 북한지역으로 즉각 진격하여 통일을 추구하는 적극적 전략이 필요한 시점이라고 주장하고 있다. 그렇게 하지 않으면 북한의 침략으로 인해 천문학적인 피해가 발생할 것이며, 피해를 입고 난 후 미국의 증원군이 한반도에 도착하는 것을 기다려 반격을 하면 북한의 핵과 대량살상무기의 위협이 큰 변수로 작용하여 반격 여부와 반격의 목적이 이루어질지 불확실하다. 또한 중국의 개입 여부도 복잡한 변수로 작용할 가능성이 있다.

21세기 대두된 미국의 신속결전이란 전쟁수행 전략과 합동전력을 활용하고 한국의 합동전 전략과 합동전력을 최대한 활용하여, 전쟁 발발과 동시에 평양의 지휘부를 마비시키는 전략의 유용성은 두말할 필요가 없다. 전쟁의 피해를 줄일 뿐만 아니라, 전쟁을 사전에 억제할 수 있다는 관점에서도 마비전략을 중심으로 한 방어적 공세전략의 중요성은 더 커졌다고 볼 수 있다. 또한 이 방어적 공세전략을 뒷받침하기 위한 적절한 전력의 기획도 요구되고 있다.

결론적으로 우리는 전략기획과 전력기획의 상호관계와 여러 가지 방법을 숙지하고, 국가목표와 국방목표를 달성하기 위해 전략과 전력기획방법을 동시에 활용함으로써 미래의 불확실한 전략 환경에서 국가의 안보와 번영을 달성해야 한다는 사명감을 가져야 한다. 전략기획이 잘못되면 우발사태를 맞아 국가와 국민이 우왕좌왕하게 되고 국가와 동맹국의 자원을 허비하게 되며, 전력기획이 없을 경우 군사전략을 합리적으로 뒷받침할 전력이 부족하게 되고 우발사태에 제대로 사용할 전력이 없어서 국가안보는 위태롭게 될 것이다. 따라서 국가가 평화롭고, 국민이 안전하도록 전략과 전력기획에 종사하는 사람은 미래 예측능력을 기르고, 저비용 고효율의 전략과 전력기획을 할 능력을 배양하는 것이 매우 중요하다.

토론주제

■ 다음의 주제에 대해서 토론해 보자.

1. 각종 전략기획과 전력기획 방법을 비교해 보고, 한국에 가장 알맞은 전략 및 전력기획 방법이 무엇인지 토론해 보자.
2. 북한 핵과 미사일 위협이 지속될 경우, 합동전력 차원에서 우리에게 필요한 중기(5년) 전력기획을 만들고, 각 군(육, 해, 공군)의 전력기획 방법을 각자 분담하여 토의해 보자.

CHAPTER 09

국방기획관리제도

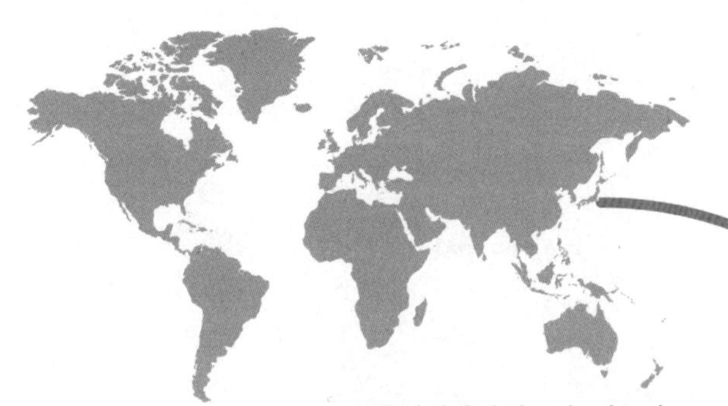

Ⅰ. 국방기획관리제도의 필요성

Ⅱ. 한국의 국방기획관리제도

Ⅲ. 한국 국방기획관리제도의 문제점

Ⅳ. 결론: 기획관리제도의 혁신 방안

CHAPTER
09

국방기획관리제도

I. 국방기획관리제도의 필요성

한국에 국방기획관리제도, 즉 PPBS(Planning Programming Budgeting System)가 도입된 지 30년이 지났다. PPBS는 기획예산제도라고도 하는데, 이의 시초는 1962년 존 F. 케네디 행정부 때 로버트 맥나마라 국방장관이 도입한 미국의 국방예산제도에서 출발했다. 기획예산제도는 미국이 당시 매년 GNP의 9-10%에 달하는 거대한 군사비를 어떻게 하면 효과적으로 사용할까 하는 문제를 해결하기 위해 국방경영관리 혁신 방안의 하나로 채택한 제도였다. 그 후 미국에서는 몇몇 부처와 주정부가 이 기획예산제도를 채택하였고, 현재 세계에서 36개국의 국방부가 이 제도를 채택하여 운영하고 있다.

한국도 박정희 정부 시절에 자주국방을 조속히 달성한다는 목표로 국방자원을 효율적으로 관리하기 위해 기획관리제도의 도입을 검토하였으며, 1980년 1월부터 시행하게 되었다. 한국에서는 계획에 더 중점을 두어 계획예산제도라고 하기도 했으며, 국방정책을 기획, 계획, 예산, 집행, 평가 분야로 나누어 이 제도를 운영하고 있다.

한국 기획관리제도의 모체가 되는 미국의 기획관리제도는 몇 가지 큰 변화를 거쳤다. 미국은 초강대국으로서 연간 약 6,000억 달러에 달하는 세계 최대의 국방예산을 보유하고, 첨단무기의 연구개발과 생산·수출을 주도하기 때문에, 국가전략 기획의 시간단위가 6-20년 앞을 내다보고, 연구개발은 10년, 국방계획은 5-6년 앞을 내다보고 수립하고 있다. 이러한 미래지향적 관점에서 펜타곤은 부단한 경영혁신을 해온 것으로 유명하다.

특히 탈냉전 후에는 글로벌화와 정보화에 발맞추어 국방예산의 계획과 집행을 모두 공개하면서 기획관리제도의 원래 목적에 맞는 기획-계획-예산-집행-평가-기획으로의 유기적 환류를 제대로 달성하고 있다. 모든 비용의 흐름을 부대 단위로 추적하고 집계할 수 있으며, 국방부와 각 군 수준에서는 기획관리의 순환과정을 효과적으로 평가하고 제도개선을 하도록 외부인사의 활용(outsourcing)을 통하여 전문적으로 경영관리를 하고 있다.

이에 비해 한국에서는 아직도 북한과 냉전 대결구도의 지속, 기획능력의 부족, 기획-계획-예산-집행-평가의 각 부분 간의 유기적 연계 부족, 환류의 부재, 경제 및 체계분석 전문가 부족 등으로 기획관리제도가 제대로 운영되는 데 어려움을 겪는 실정이다.

따라서 이 장에서는 한국의 국방비를 중장기적인 관점에서 효율적으로 사용할 방안을 보장하는 기획관리제도의 혁신방법을 모색하기로 한다. 먼저 국방기획관리제도의 원래의 취지와 목적을 상기하면서 한국의 국방기획관리제도의 실태를 살펴보고, 한국 국방기획관리제도의 문제점을 분석한 후 혁신방안을 모색한다.

Ⅱ. 한국의 국방기획관리제도

한국의 국방기획 관리업무는 기획(planning), 계획(programming), 예산(budgeting), 집행(execution), 평가분석(evaluation)의 5단계로 구분된다. 국방백서에 따르면 "국방부는 국방목표를 설계하고 군사력 건설 방향을 모색하며 국방자원을 효율적으로 사용하기 위하여 국방기획관리제도에 따라 업무를 기획-계획-예산-집행-평가 단계로 나누어 유기적인 연계성을 가지고 수행하고 있다."고 하고 있다. 국방부의 국방부 훈령 제1054호(2009. 5. 8.)에 의하면 국방기획관리제도란 '국방목표를 설계하고 설계된 국방목표를 달성할 수 있도록 최선의 방법을 선택하여 더욱 합리적으로 자원을 배분·운영함으로써 국방의 기능을 극대화하는 관리활동'이라고 규정하고 있다. 여기서는 한국의 기획관리제도의 변천과정과 특징을 살펴봄으로써 개선책 도출에 도움을 얻고자 한다.

(참고) 미국의 PPBS제도

미국 기획관리제도의 목적은 국방장관이 제시한 국방목표를 달성하기 위해 가용한 재원 내에서 최선의 전력, 장비, 지원의 혼합을 모색하는 것이다. 기획예산제도는 국방부나 군 지도부로 하여금 기획관리제도의 목적을 이해하고 그 목적을 달성하는 대안적 방법을 평가하고 선택을 가능하도록 해준다. 미국에서 1960년대 초반 PPBS제도를 도입한 것은 거대한 국방부가 장기적인 국방목표와 관계없이 일관성이 결여된 채 매년 각 군 위주로 1년짜리 예산을 경쟁적으로 신청하고, 힘 있는 군 위주로 국방비를 확보하여 사용하고 있는 현실적 문제점을 해소하기 위해서였다.

국방부와 각 군은 국가와 국방에 대한 위협을 평가하고, 대통령과 국방장관이 정한 정책목표를 성취 가능한 계획이나 사업으로 전환하고, 그 계획이나 사업을 달성하는 데 필요한 자원을 제대로 파악하기 위해 노력했다. 이러한 군사적 판단이 계획의 성패를 결정짓는 관건이 되었다. 각 군은 작전적 소요와 미래의 재정, 인력, 물질적 자원을 통합하여 고려하며, 단기적 준비태세와 지속능력, 군 구조와 소요, 현재와 미래의 분쟁에 알맞은 합동전 전쟁수행능력을 보장하기 위한 정책선택을 장기적 차원에서 생각하도록 요구되었다.

이 모든 과정은 철저한 분석을 토대로 한다. 철저한 분석을 해야, 5년 동안의 프로그램을 제대로 짤 수 있고, 국방부, 합참, 각 군의 소요를 총체적으로 고려한 프로그램을 만들 수 있다. 기획관리제도의 전 과정은 정태적이지 않고 동태적이다. 왜냐하면 안보환경과 국방시스템이 자꾸 바뀌기 때문에 이를 반영해야 하기 때문이다. 국방시스템의 각 부분들은 항상 변화의 요구에 직면하게 되고, 이에 부응하여 체제를 변화시켜 나가야 한다.

예를 들면, 2001년 9월 11일 미국에 대해 발생한 테러 공격은 미국의 전략기획을 대폭 바꾸어 놓았다. 지금까지 해외전진 주둔에 근거하여 유라시아 대륙에서 오는 위협을 그 주변지역이나 해안에서 저지함으로써 미국 본토를 안전하게 한다는 개념에 큰 도전을 받았다. 따라서 미국은 2001년 9월 30일 발표한 4개년 국방검토보고서(Quadrennial Defense Review)에서 본토 방위의 중요성을 최우선 순위에 놓고, 종래의 전진 억제를 아울러 강조하는 전략기획을 시작했다. 이 목표를 달성하기 위한 전력계획, 예산계획의 변화가 뒤따랐다. 이를 군사변혁(Military Transformation)이라고 불렀다.

PPBS 주기

미국의 PPBS 순환주기를 살펴보면, 〈그림 9-1〉과 같다. 먼저 대통령의 국가안전보장전략 수립에서부터 출발하여, 국방장관의 국방정책지침 지시와 합참의 국가군사전략 기획을 거쳐, 연간기획계획지침서가 나오는 과정을 기획과정이라 한다. 계획과정은 국방 5개년계획 또는 미래연도계획(FYDP: Future Years Defense Plan)을 만드는데 이것은 국방부장관이 승인한 사업을 요약한 문서이다. 이 5개년계획에는 11가지 주요 전력계획이 포함되어 있다. 이것에는 전투력(전략군, 일반목적군, C_4I 및 우주, 공중·해상수송, 수비 및 예비대, 특수작전부대) 분야와 비전투적 지원(연구개발, 중앙지원 및 유지, 훈련·의료·기타 인적자원, 행정관련행위, 타 국가에 대한 지원) 분야로 구분되어 있다. 매년 국방부와 각 군은 이 국방5개년계획에 근거하여 연례기획계획지침을 만든다. 연간기획계획지침에 근거하여 사업목표서와 사업결정서가 결정되는데 이 과정을 계획과정이라 한다. 마지막으로 사업결정서에 근거하여 예산 추계 제출과 사업예산 확정, 국방부에서 예산 집계가 이루어지고 마지막으로 이는 대통령 직속 예산실에 반영되는데, 이를 예산과정이라고 부른다. 대통령은 국방예산의 집행 결과와 국가안보전략을 비교 평가한 결과를 다음 번 국가안보전략에 반영한다. 그리고 각 군과 국방부에서는 예산 집행 이후 모든 사업에 대해 비용지출과 사업성과를 평가하여, 다음 번 국방정책지침과 전략기획에 반영한다.

[그림 9-1] 미국의 PPBS 순환주기

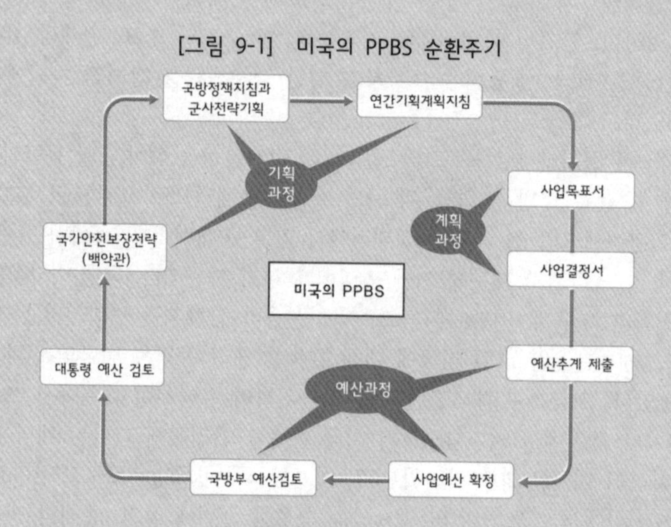

출처: US DoD, The Planning, Programming, and Budgeting System: Primer, January 1999.

1. 한국 국방기획관리제도의 변천 과정

1960년대 초반까지 한국군은 미국의 군사원조(군원)에 의존하였기 때문에 기획과 계획기능 모두 미군 주도로 실시되었고 한국군은 부분적인 국방관리 기능만 수행하였다. 1970년대 미국의 군원 중단과 주한 미군의 철수 문제로 한국 주도의 자주국방이 제기되면서 국방예산에 대한 과학적 관리기법 도입의 필요성을 느끼게 되었다. 따라서 1974년에는 국방부의 관리차관보실과 각 군의 관리참모부에 PPBS실을 설치하도록 하고, 'PPBS 도입준비 5개년 계획'을 수립하여, 1976-1979년에 준비단계를 거쳐 국방기획제도를 확립하였다. 1978년에는 국방대학원에 '국방기획관리제도 연구위원회'가 설치되어 연구를 하였으며, 1979년 국방부장관의 훈령(253호)을 제정하고 1980년부터 '국방기획제도'를 시행하게 되었다.

그 이후 1차 제도정비기인 1983년에 기존의 PPBS에 집행 및 평가단계를 도입하여 PPBEES로 체계적인 정착을 하였으며, 국방부 계획평가관실로부터 평가관리관실을 독립하여 분석의 기능을 강화하였다. 또 기획, 계획, 예산 및 집행 단계를 환류하는 체계를 정립하고 이때부터 '국방중기계획'을 작성하기 시작하였다. 2차 제도정비기는 1989년에 이루어졌는데 각종 문서의 발간 주기를 조정하고 중·장기 문서를 통합하여 간소화하였다. 1991년에 있었던 3차 제도정비기에서는 '818계획'에 의한 군 지휘체계 및 구조의 변화를 수용하기 위해서 국방기획관리제도를 재정비하였다. 이에 따라 3군의 통합작전 개념을 구현하기 위한 합참의 기능이 보강되면서 군사력 소요제기의 주체가 각 군에서 합참으로 이관되었으며, '국방중기부대계획서'와 '국방 중·장기획득개발계획서'를 작성하기 시작하였다.

김영삼 정부 시기에는 조직개편과 율곡사업 관련 감사결과를 반영하여 전력증강 예산에 대한 투명성을 증대하기 위해 국방부에 '제도개선위원회'를 편성하였고, 1996년 군사력 소요제기의 주체를 합참에서 각 군으로 다시 이관하였다. 1997년에는 방위력개선사업 제도개선 연구결과를 반영하여 9단계로 세분화된 무기체계 획득업무 단계를 6단계로 간소화하고, 국방기획관리문서 중 중복되는 불필요한 문서를 통폐합하였다.

1999년에 김대중 정부는 김영삼 정부에서 폐지했던 합동군사전략목표기획서

(JSOP)를 환원 조치하면서 합동군사전략기획서(JSP)와 별도로 발간하였으며, 합동군사전략기획서(JSP)를 합동군사전략서(JMS)로 개칭하였다. 그리고 국방예산을 경상운영비와 전력투자비로 구분하여 경상운영비는 기획관리실로, 전력투자비는 획득실로 이원화하였다. 2000년에는 사업관리관실과 분석평가관실을 신설하였는데 이는 국방기획문서의 체계 정립과 국방부 직제 개편 내용을 반영한 것이다. 2002년에는 무기체계 획득방법을 연구개발 위주의 정책으로 추진하기 위해 사업관리관실을 폐지하고 연구개발실을 신설하였으며, 분석평가의 독립성을 강화하고자 분석평가관실을 차관 직속으로 조직 개편하였다.

노무현 정부에서는 획득사업의 투명성과 공정성을 보장하기 위해 의사결정체계를 결재 방식에서 회의체 방식으로 변경했고, 2006년에는 획득업무의 효율성, 투명성, 전문성, 경쟁력 강화를 위하여 방위사업법을 신규로 제정하고, 획득조직을 국방부 내부조직에서 분리하여 방위사업청으로 확대 개편하였다. 이에 따라 방위사업청이 방위력개선사업에 대한 국방기획을 제외한 계획, 예산, 집행/평가단계를 전담하게 되었다. 따라서 국방부의 전력투자 담당부서는 획득정책국에서 전력정책과로 축소되었다.

2008년 이명박 정부 출범 이후 방위력 개선비와 경상운영비의 분리 편성·집행에 의한 예산 낭비, 국방연구개발과 방산수출의 통합적 관리기능 미비, 각 기관 간의 갈등, 계획·예산·집행·평가 기능의 이원화 등 방위사업청 개청 이후 제기된 문제점을 보완하기 위해, 국방부 차관 직속으로 국방부, 합참, 육·해·공군 및 방위사업청, 각종 연구소 등에서 추천된 획득관련 전문 인력으로 구성된 '국방획득체계개선단'을 2008년 3월 24일부터 운영하여 국방획득체계 개선안을 연구했다.

2010년 6월 24일 발표된 국방획득체계 개선안 중 국방기획관리제도와 관련된 주요 내용은 다음과 같다. 첫째, 국방중기계획 및 예산편성은 국방부에서 담당하여 방위력 개선 분야와 경상운영 분야를 함께 조정·검토함으로써 국방경영의 경제성 및 효율성을 제고한다. 둘째, 무기체계 시험평가는 합참으로 이관해 합동성 제고 등 사용자 관점에서 최종 점검이 이뤄질 수 있도록 개선하고, 국방과학연구소와 국방기술품질원의 감독권을 국방부로 전환하여 무기·비무기·소요·획득·운영유지 등 국방 모든 분야를 지원할 체계를 구축한다. 셋째, 방사청은 방산육성과 연구개발관리, 구매관리, 계약관리 등 방위사업 진행업무 일체와 국방조달업무 등을 담당하는 국방획득 전문기관으로 발전시킨다. 이로써 지금까지 누적되어 온 국방기획관리제도상 문제점을 해소하고자 노력하는 실정이나 성과는 아직 종합되지 않고 있다.

한편 2016년 한민구 국방장관은 국방기획관리제도에 필요한 각종 기획문서들이 너무 많고, 실무자들이 기획문서의 체계성과 일관성을 잘 인식하지 못하고 있다는 판단하에, 불필요한 문서를 최대한 줄이고, 꼭 필요한 문서를 작성하여 공유하도록 지시하였다.[1] 이에 따라 국방부에서는 2017년에 〈그림 9-2〉에서 보는 바와 같이 기획단계에서 7가지 문서, 계획단계에서 2가지 문서로 줄이고, 모든 관련 부서에서 공유하여 활용하도록 조치하였다.[2]

2. 5단계 국방기획관리제도

한국의 국방기획관리제도는 〈그림 9-2〉와 같이 기획, 계획, 예산, 집행, 분석평가의 총 5단계로 구분되어 있다.

(1) 기획단계(Planning Stage)

국방기획관리의 출발점이자 장기적인 국방관리의 방향을 제시하는 단계로서 외부의 위협분석을 바탕으로 국방 목표를 설정하고, 이를 효과적으로 달성할 국방정책과 군사전략을 수립하여 이것을 구체적으로 실현하기 위해 군사력 소요를 제기한다.

이 단계에서의 기획문서는 국방정보판단서, 국방기본정책서, 국방개혁기본계획, 국방기획지침, 합동군사전략서, 합동군사전략목표기획서, 합동군사전략능력기획서 일곱 가지가 있다. 미국은 국가안전보장에 대한 기준과 지침을 제공하기 위해 국가안보전략서(NSS)를 발간하고, 국방부는 여기에 근거하여 국방지침을 만들

1) 전제국, "국방기획체계의 발전 방향: 문서별 적실성과 연계성을 중심으로," 『국방정책연구』 제32권, 제2호(2016, 여름).

2) 국방부, 「국방기획관리 기본 훈령」(2017. 6. 29).

그림 9-2 한국의 국방기획관리제도

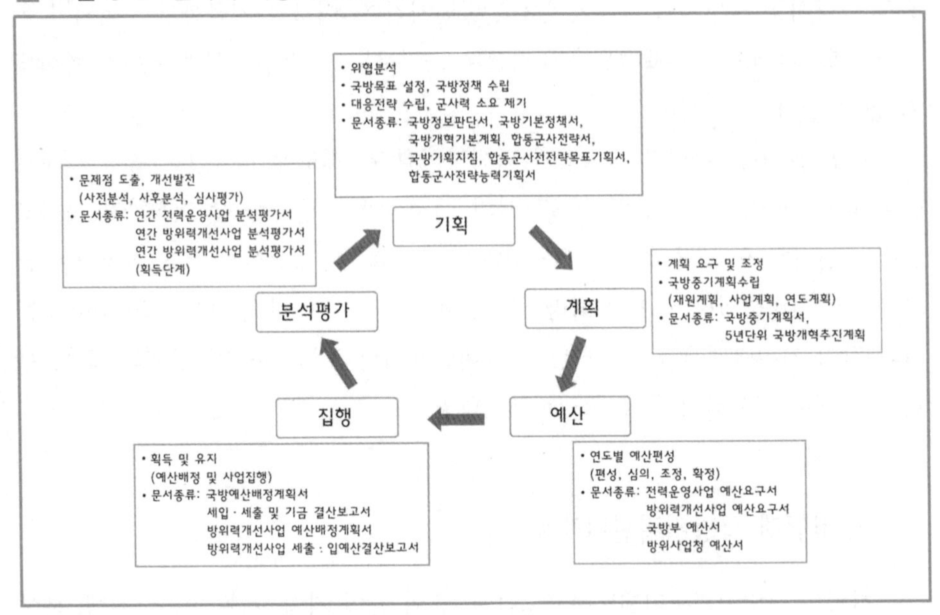

고 있다. 하지만 한국은 기획의 출발점인 국가안보전략서가 없었기에 대통령의 안보전략과 국방부의 장기 국방정책을 연결 짓는 국가 차원의 지침이나 연결고리가 없었다. 그나마 다행인 것은 미국의 NSS에 비해 외교·안보·국방 등을 유기적으로 연계 짓는 명확한 지침과 의지가 미흡하지만, 2004년 노무현 정부의 안보정책구상과 2009년 이명박 정부의 외교·안보 정책서인 '성숙한 세계국가', 2014년 박근혜 정부의 '국가안보전략', 2018년 문재인 정부의 '국가안보전략서'가 발간되어 국가안전보장에 대한 기준과 지침을 제공하게 된 것은 바람직한 일이다.

기획이 이루어지는 과정을 살펴보면, 국방정보판단서는 국제 및 주변정세와 북한의 정세 및 정책을 판단한 문서로서 국방정책 및 군사전략 수립과 군사력 건설 소요를 제기하는 데 필요한 기초자료를 제공하며, 합참에서 5년 주기로 해당 연도의 2월 말까지 발간하고 있다. 국방부 정책기획관실은 국가안보전략서에서 제시한 지침과 국방정보판단서를 참고하여 5년 주기로 해당 연도의 10월 말까지 국방기본정책서(NDP)를 통해 국방정책의 기본방향을 제시한다. 합참의 전략기획본부에서는 이 문서들을 기초로 중·장기 군사전략 목표 및 개념, 군사력 건설방향을 제시한 합동군사전략서(JMS)를 작성하여 5년 주기로 해당 연도의 11월 말까지 발간한다. 또한 군사력 건설소요의 우선순위를 제기하고 국방중기계획서 작성의 근거를 제공하기 위해 국방정보판단서, 국방기본정책서, 합동군사전략서 및 합동개념을 기초로 하여 합동군사전략목표기획서 작성지침을 매년 11월 말까지 각 군·기관과 방위사업청에 통보하면, 각 군·기관과 방위사업청은 작성지침에 따라 전력소요서를 작성하여 매년 8월 말까지 합참에 제출하고, 합참에서 심의를 통해 매년 12월 말까지 합동군사전략목표기획서(JSOP)를 발간하게 된다. 이후 구비된 군사능력에 기초하여 부여된 전략적 과업을 완수하기 위하여 각 군 총장 및 각 사령관에게 자원의 할당을 포함한 전략지침을 제시함으로써 관련 필요한 지침과 자료를 제공하는 합동군사전략능력기획서(JSCP)는 매년 12월 말까지 발간한다. 마지막으로 국방부 자원관리본부는 국가과학기술기본계획과 위 기획문서들을 기초로 하여 국방과학기술진흥정책서(DSTPP)를 작성하여 5년 주기로 6월 말까지 발간한다.

(2) 계획단계(Programming Stage)

계획단계는 기획체계에서 설정된 국방 목표를 달성하기 위하여 수립된 중·장기 정책을 실현하기 위해 소요재원 및 획득 가능한 재원을 예측·판단하고 연도별, 사업별로 추진계획을 구체적으로 수립하는 과정을 말한다.

이 단계에서 작성되는 문서는 국방중기계획서가 가장 대표적이다. 국방중기계획서는 기획문서들을 토대로 F+2년부터~F+6년까지 5년간의 군사력 건설 및 유지소요를 가용 국방재원 범위 내에서 구체적으로 재원을 배분할 계획을 담는데, 연도별 예산편성의 근거를 제공하고, 제기된 군 지휘구조와 부대의 창설·해체·개편소요를 검토 및 조정하여 5년간의 부대계획을 수립함으로써 연도별 부대계획, 정원계획 및 인력계획, 복지계획 수립에 기초자료를 제공한다. 국방부 계획예산관실에서는 경상운영분야의 국방중기계획, 국방중기부대계획 및 국방복지중기계획의 작성지침을 합참과 각 군·기관에 시달하고, 방위사업청에서는 방위력개선 사업 분야 국방중기계획의 작성지침을 2월 말까지 시달한다. 합참과 각 군 기관은 작성지침에 따라 국방중기계획요구서를 작성하여 정책회의를 거치고, 방위사업청에서는 전력화 소요를 작성하여 방위사업추진위원회를 거쳐 국방부 계획예산관실에 제출한다. 국방부 계획예산관실은 모든 계획서(안)를 종합하여 국방중기계획서(안)를 작성하여 장관의 결재와 대통령의 재가를 받아 국방중기계획서(F+2~F+6)를 매년 12월 말까지 발간한다.

(3) 예산단계(Budgeting Stage)

예산단계는 회계연도에 소요되는 재원을 국회로부터 승인받기 위한 절차로서 체계적이며 객관적인 검토·조정과정을 통하여 국방중기계획서의 기준연도사업과 예산 소요를 구체화하는 과정을 말한다.

예산계획의 절차는 국방부 계획예산관실에서 연도국방예산 편성지침을 수립하여 매년 2월 말까지 합참과 각 군·기관 그리고 방위사업청에 통보한다. 합참과 각 군·기관은 지침을 근거로 경상운영사업예산요구서를 작성하여 장관의 결재를 득한 후 5월 말까지 기획재정부에 제출하고, 방위사업청은 방위력 개선사업예산요구서를 작성하여 장관에게 보고 후 기획재정부에 5월 말까지 제출한다. 이후 대통령의 재가와 국회의 심의를 거쳐 국방예산서가 만들어진다. 확정된 국방예산서는 국방부 계획예산관실을 거쳐 관련 기관에 12월까지 통보한다. 여기에서 주목할 사실은 앞서 계획단계와 마찬가지로 경상운영분야와 방위력개선분야의 예산요구서가 별도로 작성된다는 사실이다. 특히 방위력개선분야의 예산요구서는 장관의 '결재'가 아닌 '보고'라는 형식을 취하는 점이 특이한 현상이다.

(4) 집행단계(Execution Stage)

집행단계는 당해 연도에 계획된 사업목표를 효율적으로 달성하기 위해 제반 조치를 시행하는 과정으로 집행문서로는 국방예산배정계획서, 국방예산운영지침서, 월별재정보고서, 세입·세출예산결산보고서가 있으며 국방부 계획예산관실에서 작성하며 국방부 계획예산관실에서는 다음 연도 예산배정 계획서를 전년도 12월에 각 기관에 통보한다. 방위사업청에서는 방위력개선사업 예산배정계획서를 관할 기관에 통보한다.

(5) 분석평가 단계(Evaluation Stage)

분석평가단계는 최초 기획단계로부터 집행 및 운용에 이르기까지 전 단계에 걸쳐 각종 의사결정을 지원하기 위하여 실시하는 분석지원 과정으로서 경상운영 사업에 대한 분석평가는 계획단계 분석평가, 예산편성단계 분석평가, 집행단계 분석평가로 구분하고, 국방부에서 분석평가를 주관한다. 그리고 방위력 개선사업에 대한 분석평가는 소요기획단계 분석평가, 획득단계(계획·예산·편성·집행) 분석평가, 운영유지단계(전력화평가·전력운영분석) 분석평가로 구분한다. 방위력 개선사업관련 분석평가 임무의 각 기관별 주관부서를 살펴보면 국방부(합참, 각 군 기관 포함)는 소요기획단계와 운영유지 분야의 분석평가 임무를 담당하고, 방위사업청은 획득단계에서의 분석평가를 담당하고 있다.

Ⅲ. 한국 국방기획관리제도의 문제점

전반적으로 보면 한국의 기획관리제도는 단계별로 구분은 명확하게 되어 있으나, 미국에 비해 단계 간에 유기적 관련성이 작고, 환류가 제대로 일어나지 않는다. 특히 다음 단계로 진전될 때, 단계 간의 상호 관련성을 제대로 평가할 기능과 전문성이 부족하다. 왜냐하면 체계분석가, 경제분석가, 비용예측 모델, 원가산출 정보 등이 부족하기 때문이다.

1. 국방기획관리제도의 취지 이해 미흡

국방부의 전직 고위 관리는 “국방기획관리제도를 제대로 이해하면 국방부 업무의 80% 이상을 아는 것이 된다.”라고 하였다. 국방기획관리제도는 막대한 규모의 예산을 운영함에 효율성을 극대화하고, 기획과 예산을 연결하여 방대한 국방자원을 통합적으로 관리하기 위한 취지로 도입된 것이다. 궁극적으로 국방기획관리제도의 최종 목적은 제한된 국가자원을 고려하여 국가이익과 국방목표를 달성하는 데 국가자원을 최적으로 활용하기 위한 체계라 할 수 있다.

따라서 국방기획관리제도는 '기획-계획-예산'의 전 단계에 걸쳐 논리적 연계성을 확보하고, 이러한 유기적인 논리 체계를 국방부 장관과 국방정책 결정 참여자가 명확히 인식할 때 비로소 정부와 국회 등 정책행위자와 국민을 납득시킬 체계로서 기능할 수 있다.

미국은 1960년대 PPBS를 처음 도입했을 때 PPBS의 근본적인 원칙과 이념을 국가이익과 국방목표에 기초한 국방계획결정, 소요(needs)와 비용(costs)의 동시 고려, 전략·전력·비용이 통합된 방책 발전, 장관 직속의 독립적인 총괄 및 감독 기능설치, 전력·사업·비용을 미래연도로 통합하는 다년도 전력 및 국방재정계획 발전, 개방적이고 명확한 분석평가활동 등 여섯 가지로 규정하여 국방기획 관리제도의 원형과 기본개념을 제시하였다.

국방기획관리제도가 성공하려면 국방기획관리에 종사하는 모든 구성원이 이 여섯 가지 원칙을 숙지하고 행동해야 한다. 그런데 우리나라는 국방의 전 구성원이 국방기획관리제도의 취지를 제대로 숙지하지 못하는 형편이다.

2. 단계별 유기적 연계성 및 분석평가 기능 미흡

현행 국방관리제도의 문제점은 국방기획지침이 불명확해서 단계별로 작성되는 문서 간의 연계성이 부족하다는 점이다. 현재 국방기본정책서가 전략적 기획지침을 제시하고는 있으나 추상적이고 개념적으로 기술되어 안보정책의 변화에 따른 군사전략 수립 및 전략소요 산출의 구체적인 지침을 제시하지 못하며 계획단계로 전환할 기준과 잣대로서 불충분하다. 따라서 기존 연도의 내용을 의례적으로 답습하는 절차를 반복함으로써 중기계획 수립의 방향 설정이 불명확할 수밖에 없다. 명확한 지침 수립 없이 진행된 기획단계는 계획예산과정에 그대로 투영되어 단계별로 생산되는 문서가 단절되어 작성되고 기획·계획 단계에서 수립된 중장기 정책방향 및 군사전략이 예산으로 구현되지 못하고 있다.

2017년 국방부 훈령이 일부 개정되면서 군사력건설 소요기획, 국방중기계획 수립, 예산편성에 대한 필요한 지침을 제공하는 '국방기획지침'이 제시되어 국방기본정책서의 추상적 지침을 구체화하려는 노력이 있었으나 실무자의 업무에 실제로 반영되지 못하며, 심지어 국방부 내부에서도 '국방기획지침'의 실효성에 의문을 갖는 사람도 많다.

둘째, 대내외의 참여가 없이 국방부 자체만으로 이루어지는 전력소요 검토로 말미암아 대내외에 국방부가 분명하게 제시할 논리 개발이 약하다. 북한의 군사위협 평가가 객관적이고 다양한 동태적 분석 모델을 통해 수행되지 않으며, 국방정보판단서와 합동군사전략서 등에 나타난 상위개념을 군사력 건설 방향에 대한 지침으로 전환시킬 분석기능이 미흡하다. 따라서 청와대와 재정 당국은 국방부 자체에서 작성한 국방예산 요구에 대해 충분한 신뢰를 보이지 않는다.

셋째, 기획 및 계획이 재원배분으로 구현되는 것이 기획관리제도의 본래 취지인 데 반해 예산과 직접 관련 없는 분야별 문건이 과다하게 생산되어 문서체계가 복잡하고, 문서의 실효성과 연계성 미흡으로 행정 낭비가 발생한다. 관련 문서가 너무 추상적·개념적으로 작성되고, 구체적이고 실질적인 내용은 부록서에 기술하려는 경향이 있다. 또한 부서별로 업무성과를 과시하기 위해 경쟁적으로 부록서를 생산하고 있다. 이러한 무분별한 문서의 생산으로 인해 문서체계의 복잡성이 가중되고, 행정절차가 증대되는 등 현재의 국방기획관리제도는 그야말로 문서생산 절차에 불과하다는 인식을 준다. 더욱 심각한 것은 각 부서가 개별적으로 문서생산에 치중하다 보니 수평적 협조와 연계가 부족하다는 점이다.

넷째, 기획관리제도의 논리적 연계성 확보를 위해 중요한 것은 '기획-계획-예산-집행'의 전 단계에 걸쳐 지속적인 분석평가와 환류를 통해 단계마다 대두되는 장애요소를 식별하여 전체적인 관점, 즉 국방장관의 관점에서 총괄조정·통제하는 역할이다.[3] 국방기획관리제도는 국방부, 합참, 각 군 본부, 방사청, 작전사, 각 군 교육사 등 군의 거의 모든 조직이 관련된 재원배분제도이므로 조직 간에 이해갈등을 조정 통제할 조직과 기능이 제대로 구축되어야 한다. 그러나 한국적 현실에서는 이러한 조직 간의 이해갈등을 해결하는 기능이 미약하다. 또한 국방기획관리제도의 운영측면에서 국방기획관리제도의 전체 운영 절차에 대한 전문가가 부족하

3) 최수동 외, 『국방 중기계획·예산·재원배분구조의 발전방향: 국방정책·군사임무와 중기계획·예산의 연계를 중심으로』(서울: 한국국방연구원), pp. 51-82.

고 이를 뒷받침하는 예산도 부족하다. 분석평가 기능은 현재 계획예산관실에서 기능을 수행하도록 되어 있으나, 실제 계획예산관실은 중기계획과 관련된 과다한 업무수행으로 인해 실질적인 분석평가활동을 수행할 인력과 능력을 구비하지 못하고 있다.

3. 국방중기계획의 한계

국방중기계획이 당면한 가장 큰 문제점은 2004년부터 기획재정부에 의해 도입된 국가재정운용계획과 일치하지 않는다는 것이다. 국방중기계획은 국방정책과 군사전략을 구현하기 위하여 부대계획, 방위력 개선, 경상운영 사업을 포괄하여 작성된 군사력 건설 및 유지 소요에 대한 5년(F+2~F+6) 재원배분 계획으로써, 단년도 예산편성의 근거가 되며 국가재정운용계획을 위한 사전 검토과정으로서 국방재원 획득의 기초가 되는 문건이다. 반면에 국가재정운용계획은 정부의 재정운용 효율성과 건전화를 달성하기 위해 2004년부터 도입된 중·장기 재정운용계획으로 5년(F~F+4년)간의 재정운용의 기본방향과 목표, 중장기 재정전망, 재정규모 증가율, 그리고 분야별 재원배분계획 및 투자방향을 제시하는 문서이다.

바로 이러한 두 계획의 상이한 기간개념, 운용구조 및 절차로 인해 국방중기계획의 운용에 문제점이 나타나고 있다. 우선 두 계획의 대상기간과 작성순기의 차이로 인해 두 계획의 연계가 곤란하며 합리적인 예산편성이 어렵다. 단적으로 국방중기계획의 대상 기간 중 F+5~F+6년의 계획은 정부재정운용계획의 대상기간에 포함되지 않아서 그 기간에 해당하는 새로운 정부재정운용계획이 제시되면 국방중기계획을 전면 수정해야 한다. 또한 국가재정운용계획 대상기간과 맞추기 위해 국방중기계획을 F~F+4로 변경하려는 의견이 표출된 바 있으나, 아직 현실화되지 않고 있다. 따라서 국방중기계획과 국가재정운용계획과의 관계 설정이 미흡하여 국방중기계획의 실효성이 약화되고 대통령의 결재를 얻기 힘든 형편이다.

청와대와 재정 당국은 국방중기계획을 국가재정운용계획의 하위개념으로 인식하여 국방중기계획의 재원 규모를 국가재정운용계획상 국방비의 지출한도에 부합되도록 작성할 것을 지속적으로 요구하고 있다. 그 결과 정부예산안을 확정하는 과정에서 삭감과 반영을 둘러싼 갈등이 반복된다. 따라서 국가 차원의 재정운용계획이 매년 작성되는 상황에서 이와 연계되지 않은 국방중기계획의 실효성과 신뢰성에 의문이 제기되고 있다. 그리고 국방예산의 증가폭이 제한되어 중기계획에 반영된 신규 사업이 대부분 지연되고 있어 군사력 건설에 지장이 발생된다. 육·해·공군의 실무담당자 역시 각 군 본부의 우선순위가 국방부, 국회 등의 우선순위와 상이하다 보니 중기계획 예산요구서 작성에 난감을 표시한다.

또한 2003년 이후 국방중기계획의 작성이 연내에 이루어지지 못하는 등 중기계획 본래의 역할에 한계가 나타나고 있다. 그 근본원인은 정권 교체에 따른 외부요인으로 인해 대통령 임기 내에 재가 획득이 어렵기 때문이다. 이러한 이유로 중기계획서는 국방부의 내부에서만 통용되는 국방기획관리기본훈령에 존재할 뿐 대외적으로 인정받는 법규로 발전하지 못하고 있다.

아울러 현행 국방중기계획은 연동방식(rolling program)으로 작성되고 있어 매년 변동 폭이 크고, 신규 사업에 대한 심도 있는 분석이 되지 않고 중장기 국가안보지침을 반영하기 곤란하다는 문제점이 있다. 즉 매년 계획의 변동에 대한 수정·보완 작업에 매달리다 보면 중장기적인 안보지침을 구현하기 위한 사업별 타당성 분석평가에 소홀할 가능성이 크다. 또한 규모 면에서 다년도 예산을 연결하는 중추로서 중기계획의 역할 수행이 제한되기 때문에 연동작성방식에 대한 근본적인 제도개선이 필요하다.

4. 방위력 개선사업의 기형적인 획득관리제도

획득관리제도는 원래 국방기획관리제도의 틀의 하위구조로서 국방목표 달성을 위한 최선의 무기체계 획득 대안을 제시하고 획득하는 과정으로서의 본질적인 의미를 가진다. 그러나 2006년 신설된 방위사업청은 '기획-계획-예산-집행-평가분석'의 단계별 유기적인 관계가 환류구조를 기본개념으로 하는 국방기획관리제도의 근본 틀을 기형적으로 변화시켰다. 방위사업청은 방위력 개선 사업에 관한 한 집행단계뿐만 아니라 계획과 예산 배정, 평가 기능까지 독점함으로써 국방부의 기획관리제도와 독립적으로 이루어지고 있다.

방위사업청의 설치 목표와 철학을 이루는 '투명성'의 문제는 사실 국방기획관리제도가 국방 목표 달성을 위해 목표지향적 구조로 확립되어 논리적 일관성을 갖추게 될 때 파생될 수 있는 산물이다. 현재 방위력개선사업의 획득 과정은 방위사업청이라는 획득기관이 국방기획관리제도로부터 독립되어 있기 때문에, 각 군의 소요제기 능력의 약화, 국방부 장관의 관리감독 기능 약화, 방위사업청 자체의 분석평가 기능에 대한 대외적 신뢰성 약화 등과 같은 여러 문제점을 초래하고 있다.

이러한 주장에 일각에서는 방사청이 국방부 소속이므로 장관의 지휘통제가 가능하다고 주장하고 있다. 그러나 우리나라의 행정체계상 방사청은 독립된 중앙행정기관이므로 독립적 업무수행이 법률로 보장되어 있어 방사청 소관 사무를 국방부가 통제하는 것은 제한될 수밖에 없다.

Ⅳ. 결론: 기획관리제도의 혁신 방안

한국의 국방기획관리제도의 개선책을 국방기획관리의 단계별로 제시하기로 한다.

첫째, 기획단계의 출발점인 대통령의 국가안보전략서를 더욱 구체화할 필요가 있다. 대통령의 안보전략과 국방부의 장기 국방전략을 연결 짓는 국가 차원의 지침이나 연결고리가 있어야 한다. 국가안보전략과 국방부의 국방기획지침이 추상적이라면 국방기획과의 논리적 연계성을 확보하기가 어렵기 때문이다.

둘째, 기획의 전 단계에서 가장 긴요한 것은 위협을 어떻게 평가하는가인데, 위협 평가를 함에 있어서 컴퓨터를 이용한 동태적 군사력 균형평가 방식을 다양하게 활용하도록 해야 한다.

군사력의 동태적 분석 방법은 현재와 미래의 군사력 보유 수준이 전쟁 결과에 어떤 영향을 미치는지 계산이 가능하고, 주어진 자원의 범위 내에서 어떤 조합의 군사력, 혹은 어떤 무기체계의 조합이 다른 무기체계의 조합이나 군 간의 무기체계의 조합보다 총체적인 전투력 증가에 더 큰 효과를 미치는지 계산이 가능함으로써 위협에 대한 대처와 효과적인 대응전력의 선택에 도움을 주기 때문이다.

셋째, 국방기획관리제도의 각 과정, 즉 기획-계획-예산-집행-평가 등의 과정이 체계적으로 통합되어 연결되도록 해야 하고, 국방장관의 임기를 적어도 2년 반 보장함으로써 기획관리제도의 지속성이 보장되도록 해야 한다.

특히 미국은 1960년대 이후 국방장관의 평균임기가 4년을 넘고, 6년 이상 재임한 국방장관도 많이 있기 때문에, 국방 4개년 계획에 대한 국방정책 지침을 주고, 그 지침이 일관성 있게 추진되어 기획관리제도의 목적을 달성할 수 있었다. 그러나 우리나라는 국방장관의 임기가 1980년대 이후 1년 반 정도에 불과해, 5년의 순기를 지닌 국방중기계획을 비롯한 기획관리제도와 사실상 맞지 않다. 장관의 빈번한 교체는 국방정책 지침의 잦은 변경을 가져와 문제점으로 지적되고 있다. 또한 합참의장과 각 군 총장의 임기가 2년으로 각 군의 기획관리제도도 일관성과 전문성을 확보하기 곤란하다. 각 군과 합참에서 PPBS와 관련된 인원이 자주 교체되어 5년간 일관성과 계속성을 유지하기 곤란하다는 점이 문제다. 따라서 대통령 임기가 5년인 한국에서는 국방장관의 임기를 적어도 2년 반 이상은 보장해야 국방기획관리제도의 목적이 달성될 수 있다.

넷째, 국내에서 장기간 연구 개발하는 무기체계에게는 5년에 걸친 중기계획이 핵심인 PPBS에 잘 맞지만, 해외무기를 획득 결정하고 도입해야 하는 상황에서는 조기결정이 필요한 경우가 대부분이기 때문에 획득 결정을 신속하게 하기 위해서 국방중기계획에 융통성을 보장해야 한다.

다섯째, 전략과 기획목표에 맞는 계획문서가 제대로 작성되었는지 평가할 체계를 보완해야 한다. 미국에서는 150여 명의 체계분석가, 비용분석가가 모인 계획분석평가실(PA&E: Program Analysis and Evaluation)이 PPBS의 전 과정을 국방장관의 관점에서 객관적으로 통제하고 분석평가를 관리한다. 기획문서에 반영되지 않은 사업은 승인되지 못한다. 예산지침을 각 군에 보낼 때, 그것이 기획목표 및 계획과 일치하는지 살펴볼 지침이 제대로 개발되는지도 살펴보아야 한다. 예산 지출 이후에 부대별, 군별로 총계되는 비용 데이터의 신빙성 또한 문제가 되고 있다. 편성된 예산이 각 세부 항목에 맞추어 지출되었는지 감사 차원에서 문제점만 없으면 된다는 사고가 팽배해 기획예산제도의 관건인 부대별, 군별, 무기체계별 총비용 산출이 곤란하다. 따라서 상위 문서를 주관하는 부서의 본래의 정책의도가 하위 문서에 반영되었는지를 확인 점검하고 왜곡, 변형, 굴절된 사례가 있다면 바로잡는 과정과 절차를 신설할 필요성이 있다.

여섯째, 중기(5개년) 계획을 법적 제도화하도록 해야 한다. 국방기획관리제도의 핵심은 중장기 기획과 당해 연도 예산을 연결하는 계획단계로서 국방중기계획은 연도별 예산편성의 출발점이자, 국가재정운용계획의 선행문서로 국방재원 획득의 기초가 된다. 따라서 국방중기계획의 고유한 특성인 연동작성방식, 대통령 재가 여부, 국가재정운용계획과의 관계와 밀접한 연관성을 고려하여, 국방중기계획법을 만드는 방향으로 발전시켜 나아갈 필요가 있다.

일곱째, 국방중기계획의 재원 규모를 국가재정운용계획상의 작성순기와 지출한도 등과 일치시켜 대통령 재가를 획득하는 방안을 고려할 필요가 있다.

여덟째, 국방부의 분석평가 조직과 기능을 대폭 강화해야 할 필요성이 있다. 모든 사업에 대하여 기획단계부터 계획단계, 집행단계에 걸쳐 전반적으로 사전 평가, 사후 평가가 병행되어야 국방기획관리제도의 취지를 살릴 수 있다는 점에서 그러하다.

마지막으로 방위사업청으로 획득기능이 통합된 이후 상대적으로 약화된 각 군의 소요제기의 타당성에 대한 논란을 불식하고 획득관리제도의 정상화를 위해서는, 합참의 조직기능을 보강하여 하향식(top-down) 전력소요 기획체계를 확립하고 합참 주도로 각 군간 상호 운용성 등에 대한 평가와 조정을 할 능력을 구비해야 한다.

기획관리제도의 최종 목적은 가용한 재원 내에서 최선의 전력혼합, 장비 지원을 가능하도록 하는 것이고, 대통령의 국가안보전략과 국방장관의 정책지침을 달성하는 가장 효율적 방안을 모색하는 것이기 때문에 이 목적을 제대로 달성하도록 제도를 운영하는 것이 가장 중요하다. 특히 글로벌화·정보화된 21세기에 선진국의 국방기획관리제도의 취지와 논리를 이해하여 이를 실천할 각 분야의 전문 인력을 양성해야 한다. 그리고 정보화, 아웃소싱의 극대화를 통해 국방자원의 효율적 관리뿐 아니라 국방경영의 혁신을 부단히 시행해야 한다.

토론주제

■ **다음의 주제에 대해서 토론해 보자.**

1. 한국 국방기획관리제도(PPBS)의 취지는 무엇이며, 어떤 제도로 나타나고 있는가?
2. 국방부, 합참, 각 군 본부와 방위사업청에서 근무하는 정책 실무자는 국방기획관리제도를 각자 어떻게 이해하고 활용할 것인가?

CHAPTER 10

국방인력제도

CHAPTER 10

국방인력제도

Ⅰ. 국방인력제도의 의의와 종류

1. 병역제도의 의의

병역제도는 군에 필요한 인력을 어떻게 조성하고, 유지하며, 관리하느냐에 관한 국가의 제도이다. 한 국가에서 가장 큰 조직은 군 조직이다. 역사적으로는 나폴레옹 전쟁 이후 근대국가가 출범하고 나서 각 국가는 상비군을 보유하게 되었다. 국가가 상비군을 어떻게 유지하고 관리할 것인가는 국방정책에서 매우 중요한 문제로 대두되었다.

상비군과 함께 예비군을 어떻게 조직할 것인가도 중요한 이슈이다. 보통 상비군의 규모가 큰 국가는 예비군의 규모가 작고, 예비군의 규모가 큰 국가는 상비군의 규모가 작다. 병역제도에 대한 국민적 지지를 어떻게 확보할지도 매우 중요한 정책 이슈이다. 특히 징병제를 유지하는 국가는 국민적인 지지, 특히 젊은 층의 지지 획득이 필수적이며 병역제도에 대한 의무와 책임을 어떻게 홍보할지도 매우 중요한 과제이다.

'노블레스 오블리주(noblesse oblige)'라는 말은 사회 지도층의 자제부터 병역의무를 다하여야 일반 국민이 그 모범을 보고 따라함을 의미한다. 박정희 정부에서는 사회 지도층의 자제를 특별 관리하여 전방지역으로 우선 배치하였고 3년 이상 장교로 복무한 사람은 병사로 복무한 사람보다 사회에서 더 우대한 적도 있다. 이러한 '노블레스 오블리주'라는 풍토가 한동안 지속되다가 최근 들어 많이 흔들린 적이 있다. 1997년과 2002년 대통령선거에서 후보자 혹은 후보자의 자제가 병역의무를 제대로 이행했는지 여부가 선거의 큰 쟁점으로 등장했다. 이와 같이 병역제도를 국민의 신뢰와 공감 속에서 조직하고 유지 관리하는 것은 국방 분야의 가장 중요한 정책과제이다.

2. 다른 국가들의 병역제도

다른 국가들은 어떤 병역제도를 채택하고 있을까? 미국은 세계 유일의 초강대국으로서 미국의 병역제도가 다른 국가에 미친 영향이 매우 컸다. 미국은 베트남 전쟁이 끝난 이후 1973년에 징병제에서 지원제(AVF: All Volunteer Force)로 병역제도를 전환하였다. 지원제 유지에 필요한 국가의 재정 부담이 가능할지에 우려가 있었는데도 미국의 병역제도는 군대의 질을 향상시키는 데 기여하였다고 평가받고 있다. 미국은 징병제에서 지원제로 전환하면서 국민적인 대토론이 있었고 의회에서도 찬반양론이 격렬하게 전개된 후 병역제도를 지원제로 바꾸기로 하였으며 지원제에 소요되는 국방예산을 대폭 증액한 바 있다. 1973년부터 10년이 지난 1983년에 미국 내의 저명한 학자들이 참석하여 '지원제 채택 10년 후'라는 주제로 이 제도가 어떻게 진행되어 왔는지 범국민적인 토론을 하였다.[1] 토론의 결과 지원제도가 징병제도보다 훨씬 낫다고 하였다.

중국은 1980년도 중반에 병역제도를 지원제로 전환하였다. 1970년대까지 중국은 징병제를 채택하고 있었다. 그러나 개혁개방 후 징병제를 지원제와 혼합한 형태로 전환하고 군의 규모를 350만 명에서 2018년 현재 218만 명으로까지 감축하였다.

일본은 100% 지원제를 채택하고 있다. 일본은 평화헌법에서 군대를 군대라고 부를 수 없어 자위대라고 한다. 일본 자위대는 간부 위주로 구성되었으며 약

1) William Bowman, Roger Little and G. Thomas Sicillia, *The All-Volunteer Force After a Decade: Retrospect and Prospect* (Washington, D.C.: Pergamore-Brasseys, 1984).

표 10-1 세계 각국의 병역제도

지역	징병제	모병제
유럽	그리스, 노르웨이, 덴마크, 몰도바, 스위스, 키프로스, 터키, 핀란드, 조지아, 라트비아, 리투아니아, 마케도니아, 벨로루시, 아르메니아, 아제르바이잔, 에스토니아, 오스트리아, 우크라이나, 유고슬라비아	네덜란드, 독일(2011), 러시아(2020), 루마니아, 룩셈부르크, 몰타, 벨기에, 불가리아, 세르비아, 스페인, 슬로바키아, 슬로베니아, 아일랜드, 알바니아, 영국, 캐나다, 프랑스, 이탈리아, 스웨덴, 체코, 크로아티아, 포르투갈, 폴란드, 헝가리, 조지아
카리브해/아메리카	멕시코, 버뮤다, 베네수엘라, 볼리비아, 브라질, 에콰도르, 쿠바, 콜롬비아, 파라과이, 칠레	미국, 과테말라, 케나다, 니카라과, 도미니카, 바베이도스, 바하마, 벨리즈, 수리남, 아르헨티나, 우루과이, 온두라스, 자메이카, 트리니다드토바고, 페루
아시아	한국, 라오스, 몽골, 미얀마, 북한, 베트남, 싱가포르, 인도네시아, 태국, 아제르바이잔, 아르메니아, 우즈베키스탄, 키르기스스탄, 타지크스탄, 투르크메니스탄	타이완(2018), 뉴질랜드, 레바논, 말레이시아, 브루나이, 일본, 아프가니스탄, 오스트레일리아, 중국, 카자흐스탄, 피지, 파푸아뉴기니아, 필리핀, 네팔, 방글라데시, 스리랑카, 인도, 파키스탄
중동/북아프리카	모리타니, 시리아, 아랍에미리트, 알제리, 예맨, 이란, 이스라엘, 이집트, 카타르, 튀니지	바레인, 사우디아라비아, 이라크, 오만, 요르단, 쿠웨이트
사하라 이남 아프리카	기니, 기니비사우, 니제르, 리비아, 마다가스카르, 말리, 모잠비크, 베냉, 세네갈, 소말리아, 수단, 앙골라, 에리트레아, 중앙아프리카, 차드, 코트디부아르, 토고, 카보베르데, 남수단	가나, 가봉, 나미비아, 나이지리아, 남아공화국, 모로코, 르완다, 레소토, 말라위, 보츠와나, 부룬디, 부르키나파소, 서아프리카공화국, 시에라리온, 스와질란드, 에티오피아, 우간다, 잠비아, 적도기니, 지부티, 카메룬, 콩고, 콩고인민공화국, 케냐, 탄자니아

출처: IISS, The Military Balance 2017 (London: Oxford Univ. Press, 2017).

23만 명 규모이다.

러시아는 냉전시대에 미국과의 대결을 위해 500만 명의 병력을 유지하였다. 그러나 탈냉전 이후에 러시아는 군대를 조정하였다. 러시아는 2018년 현재 징병제와 12개월 복무제를 채택하고 있으며, 90여만 명의 군대를 유지하고 있다. 2020년까지 90% 이상을 모병제로 전환하고자 한다.

북한은 공식적으로 징병제를 채택하고 있다. 그러나 북한의 고위 정책결정자 중 군경험이 없는 자가 있는 것은 당이 군보다 상위에 있기 때문에 군대 대신 당원으로 소속되면 군에 가지 않아도 되기 때문이다.

이처럼 국가마다 다양한 형태의 병역제도를 채택하는데 가장 큰 영향을 미치는 요인은 무엇인가? 몇 가지 요인이 있지만 그중에서도 각국이 당면한 군사적 위협이 가장 중요한 요인이다. 즉 군사적 위협이 큰 국가는 대부분 징병제를 채택하는 것이다. 타이완과 이스라엘이 대표적인 예이다. 타이완은 중국과의 긴장관계 때문에 엄격한 징집제를 유지하다가 2018년에 모병제로 전환하였고, 규모는 21만 5천 명이다. 이스라엘은 징병제도를 갖춤으로써 728만 명의 적은 인구로 18만여 명에 달하는 상비군에 필요한 인력을 충원하고 있다. 세계 여러 국가의 병역제도를 살펴보면 〈표 10-1〉과 같다. 〈표 10-1〉에서 보면 21세기 탈냉전의 상황을 반영하듯이 162개국 중 징병제는 72개국, 모병제는 90개국이 채택하고 있다.

그렇다면 한국은 어떤 병역제도를 유지하고 있으며, 현재의 병역제도는 한국의 상황에 적합한가? 이 장에서는 병역제도의 분석 틀을 기준으로 징병제와 모병제를 비교하고 이를 바탕으로 한국 병역제도의 방향과 이와 관련된 정책 이슈들을 검토한다.

3. 한국의 병역제도

한국의 병역제도는 전반적으로 징병제를 채택하고 있다. 헌법 39조 ①항과 병역법에 대한민국 국민인 남자는 병역의무를 성실히 이행하여야 한다고 규정되어 있다. 여자는 지원에 의해서만 현역으로 복무할 수 있다. 대한민국 국민인 남성은 18세부터 제1국민역에 편입되는 징병제를 채택하고 있으나, 장교와 부사관은 자기의 의사에 의해 군에 지원하는 모병제이다. 병사 중에서도 해군, 해병, 공군, 기술병, 의무병 등은 징병제 안에서 모병제를 적용하고 있다. 육군에서도 주한미군을 지원하는 카투사(KATUSA)가 있는데, 카투사는 엄격한 공개경쟁을 통하여 모병제로 병사를 선발하고 있다. 카투사는 1999년부터 공개모집을 통하여 해마다 2,000여 명을 선발하고 있다. 북한의 위협이 사라진다면 징병제가 다른 병역제도로 전환될 가능성은 있으나, 현재의 남북한 분단 상황에서 징병제가 변화될 가능성은 희박하다.

4. 병역제도의 종류

병역제도는 의무병역제도(compulsory military service system)와 지원병역제도(voluntary military service system)가 있다. 의무병역제도는 징병제(conscription)와 동원제(mobilization)로 구분되고, 전자는 다시 전면 징집제(universal military service)와 부분 징집제(selective service drift), 국가 봉사제(universal national service)로, 후자는 민병제(conscription militia), 소집제(conscription call-up), 군사훈련제(universal military training)로 세분된다.

징병제 중 전면 징집제는 병역대상자 전원을 현역으로 징집하는 데 비해 부분 징집제는 정책에 따라 적격대상자만을 선별적으로 현역에 복무하게 한다. 국가 봉사제는 일정한 연령에 도달한 전원이 병역과 사회봉사 중 어느 하나를 수행하는

표 10-2 병역제도의 분류

구분	세부 분류		주요 내용
의무병역제도	징병제	전면 징집제	병영 대상자 전원을 현역으로 징집
		부분 징집제	적격한 대상자만을 선별적으로 현역에 복무시킴
		국가 봉사제	대상자 전원이 병역과 사회봉사 중 하나를 의무적으로 수행
	동원제	민병제	병역 의무자 전원이 단기 훈련 후 생업에 종사하다가 유사시 소집
		소집제	대상자 전원이 단기간 현역복무 후 부대 동원 형태의 보수훈련을 각각 다르게 받게 하는 제도
		군사 훈련제	병역대상자 전원이 단기간의 기본훈련을 받고 대기 병력으로 남아 있다가 유사시 순차적으로 동원하는 제도
지원병역제도	모병제		본인의 자유의사에 따라 국가와의 계약에 의해 병역에 복무하는 제도
	의용군제		자유와 자발성에 기초하여 병역복무를 자발적으로 선택하게 하는 제도
	용병제		일정한 급여와 복무연한을 계약하고 주로 금전 획득을 목적으로 응모, 일반 국민 외에 외국인 중에서도 모집
	직업군인제		군인을 직업으로 선택하게 하여 국가가 이들의 생활보장을 위한 보수를 지급하는 제도

출처: 권희면, 정주성, 『병역제도 개선 방향 연구: 국방의무의 개념 재정립 및 징집 잉여인력의 효율화를 중심으로』(서울: 한국국방연구원, 1993), p. 28.

제도로 프랑스가 이 제도를 채택한 바 있다.

동원제 중 민병제는 병역 의무자 전원이 단기 훈련 후 생업에 종사하다가 유사시에 소집되는 제도이며, 소집제는 대상자 전원이 단기간 현역 복무 후 병과 및 특기에 따라 부대 동원 형태의 보수훈련을 각각 다르게 받는 제도이고, 군사 훈련제는 병역 대상자 전원이 단기간의 기본훈련을 받고 대기 병력으로 남아 있다가 유사시 순차적으로 동원되어 전투에 임하는 제도이다.

지원제는 모병제와 의용군제, 용병제, 직업 군인제가 있다. 모병제는 본인의 자유의사에 따라 국가와의 계약에 따라 병역에 복무하는 제도이고, 의용군제는 민주주의 기본 이념인 자유보장과 자발성에 기초하여 병역복무를 자발적으로 선택하는 제도이며, 용병제는 일정한 급여와 복무연한을 계약하고 금전 획득을 목적으로 고용되는 것이며, 일반 국민 외에 외국인 중에서도 모집하는 제도로, 특히 네팔의 구르카(Gurkha) 용병은 세계적으로 매우 용감한 것으로 정평이 나서 영국 특수부대의 용병으로 활용된 사례도 있다. 직업 군인제는 군인을 직업으로 선택하게 하여 국가가 이들의 생활보장을 위한 보수를 지급하고, 군복무가 생활의 수단이 되게 하는 제도이다.

한국의 경우 장교와 부사관은 지원제이고, 병사는 의무병역제도로 징모 혼합형 제도로 볼 수 있으며, 여군은 병역의 의무가 있는 것이 아니기 때문에 지원제로 볼 수 있다.

5. 병역제도의 분석 모델

병역제도는 〈그림 10-1〉에서 보는 것처럼 군사적인 요인뿐만 아니라, 경제적, 정치적, 사회적인 요인 등 다양한 환경요인의 영향을 받아서 결정되며, 그 제도의 결과가 다시 병역제도의 결정에 영향을 미치는 순환적인 구조이다.

어떤 병역제도를 선택해야 하는가는 한 국가의 정책결정의 문제이다. 징병제가 좋은지 아니면 모병제가 좋은지를 분석할 경우에, 자원의 문제와 환경적인 요인을 모두 고려하게 된다. 징병제는 자원의 측면에서 징병대상 인구의 변화를 인구학적으로 분석하고, 모병제는 다른 사회조직, 기업과 경쟁해야 하므로 젊은 층

그림 10-1 병역제도의 개념적 모델

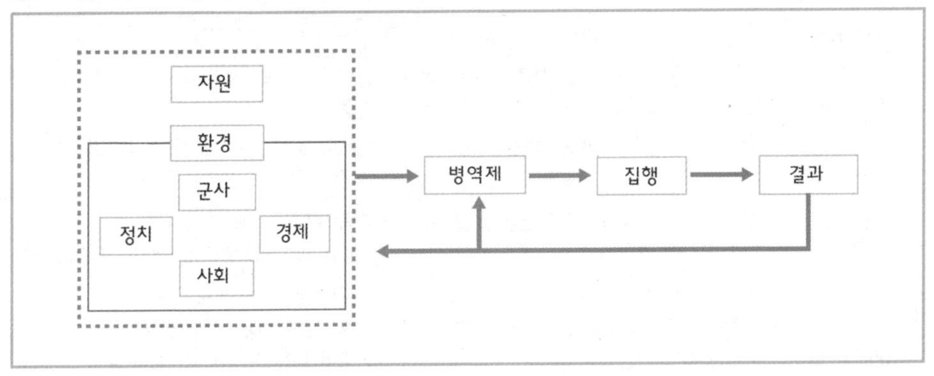

출처: 다음 문헌을 참고로 구성했음. Nadler, David A. and Tushman, Michael, "A Congruence Model for Diagnosing Organizational Behavior," in David A. Kolb, Irwin M. Rubin and Joyce S. Osland, *The Organizational Behavior Reader* (England Cliff, New Jersy: Prentice-Hall, 1991), p. 527; 김두성, 『한국병역제도론』(대전: 제일사, 2003), p. 67.

의 직업선택 동기에 영향을 미치는 여러 가지 요인, 즉 경제적, 사회적, 교육학적, 경영학적 연구를 망라한 학제간 연구가 필요하다. 정치적인 측면에서 민주주의는 자발적인 참여, 개인의 선호도 등을 반영하고, 경제적 측면에서 자본주의는 직업에 알맞은 보수를 주어야 하기 때문에 다른 직업에 비해 군이 경쟁성이 있어야 하므로 모병제는 민주주의와 자본주의에 적합한 병역제도라고 할 수 있다. 군사, 정치, 경제, 사회 측면에서 징병제와 모병제를 보다 자세하게 비교하고 이를 바탕으로 한국의 병역제도에 대해 논의한다.

Ⅱ. 징병제와 모병제의 비교

한국에서 징병제를 고수할지 아니면 모병제로 전환할지에 대한 국민적인 관심과 토론이 있었으나 아직까지는 징병제를 유지하고 있다. 징병제는 국민의 참정권과 국가안보에 대한 공동선에 기초한 소명의식과 정신적 가치를 반영한 제도이다. 모병제는 개인의 자발적 참여와 동기유발을 극대화함으로써 군의 직업성과 금

표 10-3 전투력 측면에서의 징병제와 모병제 비교

비교 요소	징병제	모병제
위협 대비능력	• 많은 상비군 유지와 예비전력 확보로 동원 보장과 전투력 유지	• 상비군 유지와 예비전력 확보 미흡으로 전투력 유지 곤란
전시 동원능력	• 많은 예비전력으로 신속한 동원 가능	• 예비대 소집, 신병 훈련, 장비 교육에 많은 시간 소요되고, 신속한 동원 불가
군사력 크기	• 적은 임금을 지급하므로 인원증강 및 무기체계 증강에 용이	• 병력의 양적 소요 충족 제한 • 고임금으로 신규 인원 및 무기체계 증강 곤란
군대의 질	• 병력의 질적 소요 충족 • 충분한 병력 충원으로 장교 및 현역병의 우수자원 확보 가능 • 핵심요원에 대한 대체요원 충분 • 상황에 대한 신속한 적응능력	• 대규모 우수자원 확보 곤란 • 핵심요원에 대한 대체요원 부족 • 상황에 대한 신속한 적응능력 부족 • 전문성 측면에서 개인별 전투능력 향상
복무 개월	• 단기 복무 시 전투기량 숙달 한계	• 복무 개월 영향 적음

전적 보상계약의 이행 형태로 군을 유지하는 것이다. 징병제와 모병제를 군사적(전투적)측면, 경제적 측면, 사회적 측면, 정치외교적 측면에서 비교해 보자.

1. 전투력 측면의 비교

〈표 10-3〉과 같이 전투력 측면에서 징병제와 모병제를 비교해 본다. 첫째, 위협 대비 능력 면에서 징병제는 많은 상비군을 유지할 수 있고, 많은 예비전력을 확보하여 유사시 동원을 보장할 수 있으며, 높은 전투력을 유지할 수 있다. 모병제는 상비군 유지와 예비전력의 확보가 곤란하여 높은 전투력의 유지가 곤란하다.[2)]

둘째, 전시 동원능력 측면에서 징병제는 많은 예비전력이 정기적으로 배출되어 예비전력의 신속한 동원이 가능하고 동원율의 급속한 변화에 적시에 대처할 수 있다. 모병제는 신속한 동원이 어렵고 예비대의 소집, 신병의 훈련, 장비에 대한 교육에 시간이 많이 소요된다.

2) 김두성, 『한국병제도론』(대전: 제일사, 2007), pp. 21-22.

셋째, 군사력 크기 측면에서 징병제는 병력의 양적 소요를 충족시킴으로써 비교적 큰 규모의 상비군 및 예비전력의 구축이 용이하다. 모병제는 고정된 국방예산에 비해 인건비에 고임금을 지급하므로 신규 인원의 증강 및 무기체계 증강·개선 사업에 예산사용이 제한되고 병력의 양적소요를 충족시키지 못함으로써 비교적 작은 규모의 상비군 및 예비전력을 구축할 수 있다.

넷째, 군대의 질적 측면에서 징병제는 많은 사람이 군대에 입대하기 때문에 병력의 질적인 요소를 충족할 수 있고, 장교 및 현역병에 우수자원 확보가 가능하며, 핵심요원에 대한 대체요원이 충분해서 상황에 대한 신속한 적응능력을 가지고 있다. 모병제는 인력 충원에 소요되는 국방예산이 제한되기 때문에 대규모 우수자원의 확보가 곤란하고 핵심요원에 대한 대체요원이 부족해서 상황에 대한 신속한 적응능력이 부족하나, 전문성 측면에서 보면 개인별 전투능력이 높다.

다섯째, 복무 개월의 측면에서 징병제는 단기 복무 시에 전투기량 숙달에 한계가 있다. 복무연한이 2년 이하인 경우 전투기량을 숙지하고 활용하는 데 제한을 받는다. 모병제는 직업 군인으로 비교적 장기간 지원하기 때문에 군대의 질에 대한 영향이 적다.

2. 경제적인 측면의 비교

〈표 10-4〉는 바와 같이 경제적인 측면에서 징병제와 모병제를 비교해 본다.

첫째, 경제적 손실(비효율성이라고 하기도 한다.) 측면에서 징병제는 젊은 노동인력의 민간부문에의 활용을 제한함으로써 기회비용이 막대하다. 그러나 군의 재사회화 과정을 통한 실업해소 및 가치 창출이 가능하다. 모병제는 산업사회의 분업원칙과 일치하며 인력 활용의 효용성이 증대된다는 장점이 있다.

표 10-4 경제적 측면에서의 징병제와 모병제 비교

비교 요소	징병제	모병제
경제적 손실 (비효율성)	• 젊은 노동인력 활용 기회비용 과다 • 군의 재사회화 과정 ⇨ 경제 불황 시 실업 해소 및 가치 창출	• 인력 활용의 효율성 증대 • 산업사회의 분업원칙과 일치
경제적 비용	• 방위비 부담 경감 • 낮은 임금으로 방위비 절감 효과 ⇨ 국가의 타 분야에 투자 가능	• 방위비 부담 과중 • 높은 임금, 지원동기 유발을 위한 학자금 지원 및 복지 향상 비용 과중

둘째, 경제적 비용 측면에서 징병제는 방위비 부담을 경감할 수 있고 낮은 임금을 통한 방위비 비용절감 효과로 국가의 타 분야에 투자가 가능하며 비용을 효과적으로 사용해야 한다는 원칙을 충족할 수 있다. 모병제는 국방예산 중에서 인력의 확보 및 유지에 들어가는 비용이 증대되어 방위비 부담이 과중되고, 지원 동기의 유발을 위한 학자금 지원 및 복지향상 등에 많은 비용이 소요된다.

특히 징병제는 고급인력까지도 모두 징집하여 군대에 입대시킴으로써 국민경제에 기여할 수 있는 기회를 상실하여 군 인력의 기회비용이 너무 많다는 주장과 모병제는 군을 원하는 사람이나 군에 소질 있는 사람이 입대함으로써 사회적 효율성을 증대시키므로 무조건 바람직하다는 주장이 있다.

여기에서는 징병제와 모병제에 대하여 수요곡선과 공급곡선을 이용한 경제학적인 검토를 한다.[3] 〈그림 10-2〉에서 S곡선은 시장에서의 인력공급곡선, D곡선은 인력수요곡선을 의미한다. S곡선은 인력자원의 사회적 비용을 나타내고, D곡선은 인력자원의 가치를 나타낸다.

W_0가 자유경쟁시장에서 수요와 공급이 일치하는 인력의 임금이다. 징병제에서는 민간시장보다 낮은 임금인 W_1을 지불하고 L_1의 크기만큼 병력을 징병한다. 이 경우 사회적 복지손실은 그림에서 ΔOab만큼 발생한다. 징병제에서는 확실히 군대에서 과잉고용을 하는 것이다. 그러나 징병제를 폐지하고 모병제를 채택하면 공급곡선은 $S \rightarrow S'$만큼 증가한다. 모병제에서는 임금을 높여야 군대에 지원해오

3) Richard V. L. Cooper, *A Note on Social Welfare Losses With and Without the Draft* (Santa Monica, CA: RAND, 1975).

그림 10-2 징병제와 모병제 하에서의 사회적 복지손실 비교

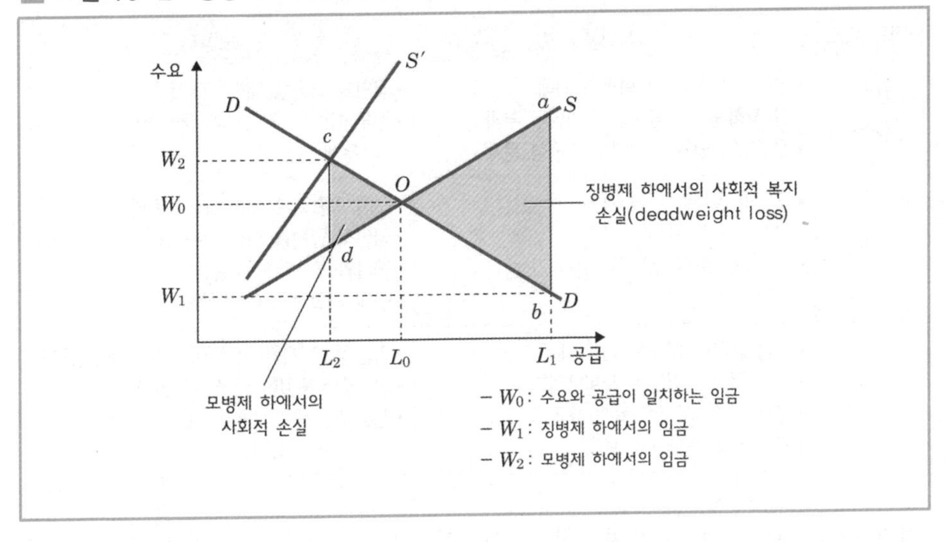

기 때문에 민간시장보다 높은 임금인 W_2만큼 임금을 지급하게 된다. W_2의 임금을 지불할 경우 ΔOcd만큼 사회적 복지손실이 발생한다. 그래서 이 두 삼각형 중 어느 삼각형이 큰가에 따라 징병제와 모병제의 사회적 손실이 다르게 나타난다.

경제가 불경기일 경우 젊은 인력은 남아돌기 때문에 징병제의 유지는 실업을 구제하는 효과가 있다. 불경기의 경우 사회공급곡선이 더욱 수평으로 될 것이므로 ΔOab의 크기는 작아진다. 따라서 사회적 복지손실은 더 작게 나타난다. 그러나 경제가 호황일 경우 젊은 인력은 사회·경제 분야에 고임금을 받고 근무하기를 원하기 때문에 징병제를 유지하면 사회적 복지손실이 크다. 호경기일 경우 노동의 공급곡선은 한계비용이 증가하므로 S'곡선이 되며, 모병제에서의 사회적 손실은 ΔOcd가 되어 징병제의 경우보다 복지손실이 훨씬 증가한다.

3. 사회적 측면의 비교

사회적 측면에서 징병제와 모병제를 세 관점에서 비교한다. 첫째, 사회적 형평성 측면에서 징병제는 특정 사회계층이 국방의무를 기피할 수 없다는 장점이 있

표 10-5 사회적 측면에서의 징병제와 모병제 비교

비교 요소	징병제	모병제
사회적 형평성	• 징집인력 초과 시 형평성 저해 • 전 사회계층에 공정한 국방임무 부과 • 전투부대 인원 배치에서 형평성 문제	• 국민을 골고루 대표하지 못함 • 전투부대 및 격오지에 대한 배치문제의 공평성 문제
애국심	• 국민의 일체감 형성 가능 • 국가 총력전 개념에 부합 • 안보의식 형성으로 국민지지 가능	• 군의 직업화로 국방공감대 퇴색 • 국민적 일체감 형성 곤란 • 국가안보에 대한 무관심 초래 • 군의 사회적 대표성 약화
기 타	• 여성에 대한 차별화 현상 대두 • 병역 기피자 대두로 사회문제화 • 군사경험의 사회 교육적 효과 • 군의 사회적 대표성 보장	• 여성의 군 지원 현상으로 군의 양성평등화 • 전·평시 동일한 임금지급 곤란 • 전투부대 배치 인원에 대한 공평성

지만, 징집인력 초과 시 형평성이 저해되고 군의 보직 숫자 제한으로 모든 징병대상자를 복무시킬 수 없기 때문에 이에 대한 보편성이 결여되며 전투부대에 누구를 배치할지에 대해 형평성 문제가 대두될 수 있다. 모병제는 국민을 골고루 대표하지 못한다는 단점이 있다. 즉 경제적·사회적으로 하층 계층이나 소수민족이 대부분 지원하는 경향이 나타난다. 또한 군에 지원하는 사람 모두 자발적으로 복무하지만 전투부대 및 격오지 배치 문제에서 공평성 문제가 대두될 수 있다.

둘째, 애국심 측면에서 징병제는 국민의 일체감 형성이 가능하고 현대전에서는 모든 국민이 총동원되어 싸우는 개념이기 때문에 국가 총력전 개념에 부합되며 국민의 국가안보 의식 형성으로 국민 계도와 국민 통합이 가능하다. 모병제는 군의 직업화로 일부 계층이 군에 입대하기 때문에 전 국민의 안보의식이나 국방공감대가 약화될 수 있으며 일부 계층의 군 경험으로 인한 차별화 현상으로 말미암아 국민적 일체감 형성이 곤란하고 군에 안 가는 국민은 국가안보에 무관심해질 수 있다.

셋째, 징병제 국가에서는 이스라엘에서 보듯이 여성도 남성과 마찬가지로 복무하고 있으나 한국의 경우에는 여성에게 징병제를 적용하지 않기 때문에 여성 차별화 현상이 대두될 수 있다. 또한 종교나 이기주의 등에 의한 병역 기피자의 대두로 사회문제가 될 수 있다. 반면 건전한 국민정신과 기술교육이 가능함으로써

표 10-6 정치외교적 측면에서의 징병제와 모병제 비교

비교 요소	징병제	모병제
국내 정치	• 고위층 자제의 병역기피 및 배치의 불공정성 시 정치적 부담 초래 • 국민여론과 국가안보 사이의 갈등관계에서 국민여론 무시 곤란	• 특별한 국내 정치문제는 없음
국제 정치	• 동맹국과의 일체감 형성에 기여	• 국제적으로 평화 이미지 고양

군사경험의 사회 교육적인 효과를 거둘 수 있고 모든 계층이 군대에 입대하기 때문에 사회적 대표성이 보장된다. 모병제는 여성이 군대에 많이 지원하면 그렇지 않은 경우와 비교하여 군대의 양성평등화가 이루어지나, 예상하지 못한 이슈가 발생할 가능성도 있다. 전·평시 동일한 임금지급이 곤란하며, 전투부대 배치 인원에 공평성이 제한될 수 있고, 일부 계층만이 군에 입대함으로써 군의 사회적 대표성이 약화된다.

4. 정치외교적 측면의 비교

〈표 10-6〉에서와 같이 정치외교적 측면에서 징병제와 모병제를 비교하면, 징병제를 채택한 동맹 국가의 국민이 모두 국방에 관심을 가지고 총력전 개념으로 전시에 임할 수 있기 때문에 동맹국과 일체감 형성에 기여할 수 있다. 그러나 동맹국은 징병제이고 자국은 모병제이면 동맹국은 지원에 주저할 수 있다. 사회의 고위층 자제의 병역기피 및 배치의 불공정 문제로 인해 국내정치에 부담이 초래될 수 있으며, 국민 여론이 징병제를 선호하지 않는다면 국민여론과 국가안보 사이의 갈등관계가 조성될 뿐만 아니라 국내정치에 부담이 된다. 모병제는 개인의 자발적인 의사에 따라 군대에 지원하기 때문에 특별한 국내 정치문제는 없으며 국제적으로 작은 규모의 군대를 유지하고 병력도 자발적으로 군대에 지원하기 때문에 평화를 지향한다는 선언적인 의미를 나타낼 수 있다.

또한 병역제도의 정치적 측면을 국내정치와 국제정치 차원으로 구분해서 살

펴볼 수도 있다.

첫째, 국내정치 측면에서 모병제보다는 징병제가 정치적 이슈가 되어 왔다. 정치인이나 고위 공직자의 자격 요건을 판단하는 과정에서 병역면제 사항은 항상 정치적 이슈가 되었다. 분단국가에서 병역의 의무를 준수했는지 여부는 개인의 준법성뿐만 아니라 국가관과 도덕성까지도 판단하는 기준으로 받아들여지기 때문에 매우 중요한 기준이다. 또한 군복무가산점제, 복무기간 등 징병제와 관련된 정책적 입장에 따라서 특정 정당이나 선거 후보에 대한 국민의 지지도에 변화가 나타나기도 한다.

둘째, 국제정치 측면에서 병역제도는 국가의 군사력, 이미지 등과 관련되어 있다. 징병제를 채택한 국가는 국민 모두가 전쟁에 참여하는 총력전 수행이 가능하다. 동맹을 형성하고 유지하는 데서도 징병제는 다른 동맹국과 일체감을 형성하는 데 기여할 수 있다. 반면 국제사회에서 징병제 국가보다는 모병제 국가가 평화를 지향하는 이미지를 가지고 있다. 국가의 지정학적 위치나 국가전략에 따라서 국제정치 측면에서 징병제와 모병제의 의미가 다를 수 있다.

Ⅲ. 한국 병역제도의 문제점과 개선책

1. 현행 병역제도에 대한 국민들의 평가

여기에서는 먼저 현재의 병역제도에 대한 일반국민의 지지도 여부를 살펴본다. 한국의 징병제(국민개병제)에 대한 생각을 묻는 질문에 징병제를 유지해야 한다는 응답이 61.9%, 지원병제로 전환해야 한다는 응답이 38.2%로 나왔다. 여전히 많은 국민은 징병제가 우리 한국의 현실에 맞는다고 지지하는 측이 그렇지 않은 측보다 1.6배 정도 많은 것으로 나타났다. 하지만 징병제에 대한 지지가 지원병제 전환보다 3배 정도 많았던 2012년과 비교하면 징병제에 대한 국민의 지지도가 점차 줄어드는 경향이다. 국방 당국에서는 이러한 추세를 눈여겨볼 필요가 있다. 또한 현재의 병력 숫자에 대한 국민의 인식은 '많다'는 응답이 28.3%, '보통이다'가

그림 10-3 병역제도에 대한 지지도

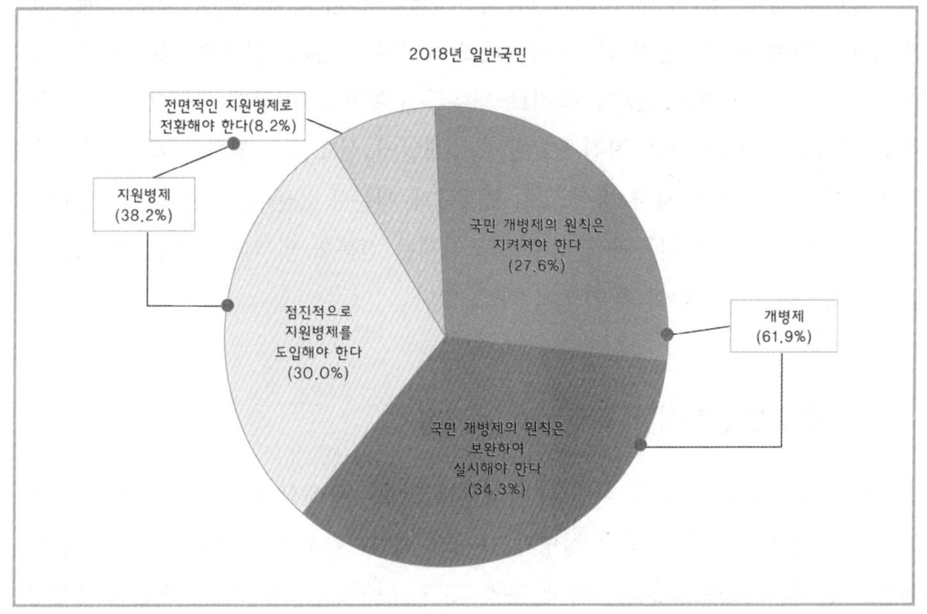

출처: 국방대학교 안보문제연구소, 『범국민 안보의식 여론조사』(서울: 국방대학교 안보문제연구소, 2018)

58.6%, '부족하다'가 13.1%로 나타나, 장기적으로는 축소형을 원하는 것이다.

위와 같이 2018년 「범국민 안보의식 여론조사」에 따르면, 과거와 비교하여 병무 부조리 정도를 묻는 질문에서는 '줄어들었다'는 의견이 46.8%, '많아졌다'는 의견이 8.3%로 응답자의 절반 이상이 병무 부조리가 줄었다고 답변했다. 현재의 병역제도를 신뢰하고 그 중요성을 인식하고 있다고 볼 수 있으며, 병무 부조리도 전년에 대비하여 줄어든다고 인식하고 있다. 한국군의 국제평화유지 활동에 대하여 응답자의 69.7%가 국가의 위상 증진을 위해 필요하다고 인식하고, 반대는 6%에 불과해서 대다수의 국민이 세계 10위권인 국력에 걸맞게 한국군이 국제적 책임을 다해야 한다고 느끼고 있다.

한국의 국방부는 징집제도에서도 병역의무의 자율성을 향상하는 조치를 시행하는 것으로 알려져 있다. 강제적으로 군대에 입대하기보다는 자율적으로 입영일자를 선택하게 하고, 훈련부대를 본인이 인터넷으로 선택할 수 있도록 개선하였으며, 연간 50% 정도로 특기병을 모집하고 있다.

육군의 경우 병무청에서 특기병을 전자전산, 통신, 기계, 화학, 항공, 의무, 요리, 군악, 건축, 토목, 전기 등 14개 적성으로 분류해 놓고 있으며 병사의 군사특기를 25병과 63개 직종, 230개 특기로 재분류해 놓았다. 이렇게 자신에게 맞는 특기에 지원하게 하는 것은 징집제도에서도 개인의 선호를 반영하기 위한 것이다. 해군, 공군, 해병대는 지원 방식으로 선발하기 때문에 자율성이 반영되고 있다.

장교와 부사관의 획득과 양성제도도 이제는 전문화 및 자율화하는 제도를 도입하여 우수 기술 인력이 들어오게 하고 있다.

2. 구조적 문제점과 운영상의 문제점

앞에서 보았듯이 우리 국민은 현재 한국안보상황에서는 징병제 유지가 적절하다고 평가하고 있다. 그러나 징병제 유지가 적절하다고 할지라도 병역제도상 문제점은 존재한다. 여기에서는 한국 병역제도의 문제점을 구조적인 측면과 운영상의 측면으로 구분하여 알아본다.

먼저 구조적인 문제점으로 한국군은 간부의 비율이 너무 낮다. 한국은 병사의 규모가 약 40만 명이고 간부(장교 및 부사관 포함)가 약 15만 명인 데 비하여 일본은 지원병 제도이지만 간부의 비율이 90% 이상이고 나머지가 병사로 구성되어 간부의 비율이 매우 높다. 또한 고도의 지식과 능력을 필요로 하는 핵심 임무수행에 필요한 간부가 매우 적고 병사의 복무기간이 2년 이하가 됨에 따라 전문성이 떨어져 첨단과학·기술 중심의 미래전에 대비한 우수인력 확보가 곤란하다.

운영상의 문제점은 한국군의 짧은 의무복무 기간으로 인하여 병력 순환율이 너무 높다는 점이다. 한국군은 1년마다 전체 병력의 약 36%인 25만 명이 순환하고 있어 병력 충원과 교육에 인적·물적 자원이 낭비되고, 전문성 확보가 곤란하다. 따라서 한국군은 구조적으로 전문성, 운영상 숙련성을 확보하기 곤란하다.

그래서 군 인력이나 조직을 연구하는 사람은 대안으로 병사의 징병제를 축소하고 간부의 모집 확대 방안을 제시하고 있으나 북한의 위협이 실재하는 한 아무리 무기체계의 질이 우수하더라도 '질'이 '양'의 문제를 완전히 극복할 수 없으므로 징병제 축소는 바람직하지 않다. 그러나 장기적으로는 병사의 징병제를 상당히 축소하고, 간부의 모병제를 확대하는 것을 고려해 볼 수 있다.

3. 병사 징병제 축소, 간부 모병제 확대방안 검토

병사의 징병제 축소 및 간부의 모병제 확대방안의 장·단점을 세 가지 측면에서 살펴본다.

첫째, 정치·사회적인 측면에서 장점으로는 국민이 병역을 의무보다는 권리로 받아들이고 자기가 원하는 것을 선택하고 그에 상응한 보수를 받는다는 의미에서 민주주의의 이상에 부합하는 것으로 인식하게 된다.

둘째, 경제적인 측면에서 장점으로는 전면적인 모병제보다는 일정 부분 병사의 징병제를 유지함으로써 경제적으로 군을 운영할 수 있고 간부의 모병제를 확대함에 따라 인원을 장기 복무시킬 수 있으므로 신규교육과 관련된 비용을 절약할 수 있으며, 전면적인 모병제보다는 인건비를 절약할 수 있다. 군이 전문 직업화되고 기술의 숙련도가 높아져서 이들의 군대에서의 전문적 직업기회가 확대됨에 따라 사회의 실업 해소에 기여할 수 있다. 단점으로는 현 제도보다 인건비가 증가하고 국방비의 절대 규모가 증가한다는 점이다.

셋째, 군사적인 측면에서 장점으로는 미래전에 대비한 우수인력 및 숙련병의 확보가 용이하고 남북한의 군축합의에 따른 병력 감축 시 효과적으로 신축적인 대처가 가능하며, 통일 후에 전면 모병제를 실시하는 것보다 병사 징병제를 축소하고 간부 모병제를 확대하는 것이 북한 출신 청년의 군대 진출에 대비한 융통성을 확보할 수 있다.

병사의 징병제 축소와 간부의 모병제 확대 방안을 한국의 병역제도 대안으로 고려할 때 어느 정도까지 '축소하고 확대할 것인가?'와 '그 시기는 언제가 좋을까?' 등에 대한 구체적인 분석이 필요하다. 그러나 어떤 제도든지 장점과 단점이 모두 있기 때문에 현실적으로 모병제든 징병제든 문제점을 완전히 해소할 수는 없다.

4. '양심적 병역 거부자' 문제와 대체 병역제도의 도입

우리나라의 경우 현역에 복무하는 제도 이외에 현역병 입영대상자가 의무경찰, 의무해양경찰 또는 의무소방원으로 신분을 전환하여 복무하는 전환복무 제도를 유지하여 왔다. 또한 군복무를 대신하여 일정기간 민간인 신분으로 공중보건의사 등과 같이 공공 목적의 업무를 수행하게 하거나 산업기능요원 등과 같이 병무청에서 지정한 기업 등에 근무하게 하는 대체복무제도를 유지하여 왔다. 이 전환복무와 대체복무는 2020년대 초반 이후에 저출산으로 인한 병역자원이 급감함에 따라 단계적으로 감축 또는 폐지될 것으로 전망된다.[4)]

하지만 징병제에서 병역형평성의 문제로 오랫동안 금기시되던 '양심적 병역거부자' 이슈가 민주화와 인권신장, UN인권위원회의 점증하는 권고에 따라 공공의 어젠다로 대두되었다. 양심적 병역거부자의 정의는 "종교적, 또는 비종교적 이유로 병역이나 집총을 거부하는 자"이다. 우리나라의 양심적 병역거부자의 현황과 사법적 처리 상황을 살펴보고, 2019년에 정부와 국회에서 새로운 조치를 취하는 이유를 분석해 보기로 하자.

(1) 양심적 병역거부자 현황과 사법적 처리 상황

〈표 10-7〉에 보면 2004년부터 2017년 7월까지 한국에서 발생한 양심적 병역거부자의 수는 8,308명에 달한다.

표 10-7 양심적 병역거부자 발생 현황(2004-2017. 7. 31.)

계	'04	'05	'06	'07	'08	'09	'10	'11	'12	'13	'14	'15	'16	'17.7월
8,308	755	828	781	571	375	728	721	633	598	623	565	493	556	81

출처: 국회입법조사처, 『국회입법조사처보』, 통권 38호(2018 가을).

4) 국방부, 『2018 국방백서』(용산: 국방부, 2019). p. 192.

표 10-8 양심적 병역거부자 법적 처리 현황(2004-2017. 7. 31.)

계	징역	집행유예	기소유예 등	무혐의 등	재판계류
8,308	7,310	32	6	9	951

이 8,308명 중 징역 7,310명, 집행유예 32명, 기소유예 등 6명, 무혐의 등 9명, 재판계류 951명이 있다.

한편 양심적 병역거부자들은 국군 창설 이후 2018년까지 무조건 병역의무 기피죄로 형벌을 부과 받아왔다. 엠네스티 인터내셔널에 따르면 1950년부터 2016년 11월까지 한국에서 양심적 병역거부로 처벌을 받은 인원은 18,800여 명이다.

(2) 대체복무제도를 설립하려는 움직임

한국의 민주화와 더불어 양심상 병역거부를 주장한 개인에게 형사처벌을 가하는 것이 합리적이냐에 대한 논란이 일었다. UN인권위원회는 1987년부터 2017년까지 한국에 대해 대체복무제 실시를 여러 차례 권고하였다. 국내에서는 2005년에 국가인권위원회에서 종교적 병역거부를 인정하고 국회와 정부에 대체복무제 도입을 권고하기도 했으나, 국가 차원에서는 병역기피죄를 적용하여 처벌해 왔다.

그러나 2018년에 이르러 일대 변화가 발생하였다. 2018년 6월 28일 헌법재판소는 병역기피죄(병역법 제88조 1항)를 합헌으로 규정하면서도 병역 종류에 관한 규정(제5조)에 "대체복무제를 규정하지 아니한 것은 입법 부작위에 해당한다"고 하면서 2019년 말까지 양심적 병역거부자의 대체복무를 수용하는 방향으로 병역법을 개정할 것을 입법부에 요구하였다. 또한 2018년 11월 2일 대법원은 "병역의무 이행을 일률적으로 강제하고 이행하지 않으면 형사처벌로 제재하는 것은 소수자에 대한 관용과 포용이라는 자유민주주의 정신에 위배된다"고 하면서 양심적 병역거부자에 대하여 무죄판결을 내렸다.

이와 비슷한 시기에 국회에서는 양심적 병역거부자에 대한 대체복무제도 관련 병역법 일부개정안을 국방위에 제출하고, 국방부에서는 양심적 병역거부자의 대체복무제도를 연구 검토하여 국회에 양심적 병역거부자에 대해서 36개월의 교도소 합숙근무제도를 발의하였다. 아울러 2019년 1월에 국방부는 '양심적 병역거부자'라는 용어 대신에 '종교적 신앙 등에 따른 병역거부'로 바꾸어서 사용하겠다는 방침을 밝혔다. 이것은 양심적 병역거부자(conscientious objector)라는 영어 용어의 직역이 "마치 군대에 가는 사람이 비양심적으로 보이고, 병역을 거부하는 사람이 양심적인 것처럼 오해를 불러일으키는 것을 방지하기 위한 것이다." 그러나 양심적 병역거부자라는 용어를 '종교적 신앙 등에 따른 병역거부'라고 할 때에, 종교적인 신앙(주로 '여호와의 증인')이나 비종교적인 개인의 신념에 의한 병역거부를 포함하고 있어 '~등'이라고 표현하는데, 이 개념 정의가 사회적으로 통용되려면 (종교적이든 비종교적이든) '신념상의 병역거부'라고 표현하는 것이 더 포괄적이라고 생각된다.

사법부가 입법부와 행정부에 영향을 미치는 판결로 양심적 병역거부자가 무죄임을 밝혔기 때문에, 2019년에는 양심적 병역거부자에 대한 대체복무제도의 근간이 마련될 것으로 보인다. 국방 당국에서는 양심적 병역거부자의 폭증 가능성을 우려하고 있다. 한편 병역의무를 이행하는 현역 및 예비역의 사기 저하도 발생할 수 있다.

따라서 국방 당국에서는 신념상 병역거부자를 심사할 기구의 독립성을 유지하고, 신념상 병역거부자를 현역복무보다는 근무기간이 더 길게, 현역복무보다 어려움이 작지 않게 제도장치를 할 필요성이 제기되고 있다. 하지만 국제기구의 권고와 외국의 사례를 참고하여, 대체복무제도가 징벌적 성격을 갖지 않도록 하는 것도 중요한 고려요소이다. 그리고 차후 병역거부자의 증가 가능성에 대한 예방책과 대비책 마련도 필요하다. 이왕 대체복무제도를 마련하는 계기에 공청회와 대국민보고대회 등을 자주 개최하여 국민의 공감대 속에서 단계적으로 대체복무제의 내용을 확충하는 것을 지향해야 할 것이다.

5. 징병제를 모병제로 전환할 경우 정책적 이슈

독일도 통일 후 10년이 지나서야 모병제로 전환했다. 또한 동독군 간부는 퇴역시키고 병사는 흡수하여 통일국가가 직면할 도전요인을 제거한 바 있다. 한국의 경우 통일 이후에 바로 모병제를 실시하면 남한 사람의 군 입대 저조와 북한 사람의 군 입대 증가로 군대가 북한 인력에게 장악될 우려가 있음을 고려할 필요가 있다. 통일 독일의 경우를 참고하여 한국군에 적용 가능한 것과 적용 불가능한 것을 가려내는 것도 중요하다.

통일 후에 징병제를 유지할지 혹은 모병제로 급히 전환할지는 통일 후에 국경을 사이에 둔 중국의 대한반도 군사정책과도 무관하지 않다. 일본의 대한반도 정책도 살펴보아야 한다. 통일 한국이 안정되고, 통일 한국 국민이 국가안보의 새로운 모델에 충분한 공감대를 형성했을 때에 병역제도를 변경할 수 있을 것이다. 일부 시민단체는 지금이라도 징병제에서 모병제로 전환해야 한다고 주장하지만, 국방을 책임진 정부, 군, 국회 등은 병역제도 전환 시 수많은 가정을 잘 고려하여 최선의 정책이 나올 수 있도록 노력해야 한다.

Ⅳ. 결론

한국의 병역제도는 기본적으로 징병제를 유지하고 있다. 그러나 간부가 매우 적고 병사의 의무 복무기간이 짧아서 첨단과학·기술 중심의 미래 전장환경이 요구하는 기술집약형 인력 확보가 곤란하다는 문제점을 안고 있다.

국방부는 2005년 9월 이러한 병력구조의 문제점에 대한 개편 내용을 포함한 국방개혁 2020을 발표했다. 이에 따라 68만 명 규모의 군대를 2020년 50만 명으로 유지하고 기술 집약형 군 구조를 만들기 위해 장교 및 부사관 비율을 40%까지 높이기 위한 계획을 포함시켰다. 첫째, 현역병의 복무기간을 18개월로 단축하였다. 둘째, 유급지원병제도를 도입하기로 하였다. 셋째, 기존의 대체복무제도를 폐지하고 사회복무제도를 도입하였다. 그러나 사회복무제도의 도입은 연기되었다.

하지만 국방개혁 2020의 추진과정에서 문제점을 발견하고 국방부는 2009년 6월 국방개혁 계획을 수정하여 발표했다. 2020년 군 규모를 51.7만 명으로 상향 조정하고, 병의 복무기간을 21개월로 결정했다. 2017년에 등장한 문재인 정부는 국방개혁 2.0을 마련하고, '인구절벽' 현상을 감안하여 2022년까지 병력규모를 50

만 명으로 감축하고, 병 복무기간을 18개월로 단축하는 조치를 취했으며, 전투병력 손실을 막기 위해 비전투분야 인원을 민간 인력으로 대체하겠다고 발표했다.

이와 같이 국가가 어떤 병역제도를 선택하는가와 함께 선택한 병역제도를 어떻게 운영할 것인가는 매우 중요하면서도 어려운 문제이다. 그러나 국내에서는 5년마다 있는 대통령 선거에서 승리하기 위해 정치권은 젊은 층의 표를 얻는 방법으로 복무기간 단축, 병 봉급 인상, 복무가산점제의 부활 등을 선별적으로 선거공약으로 내세우기도 했다. 병역제도의 존재 의의가 외부의 군사적 위협으로부터 국가안보를 보장하고 국민의 생명과 재산을 보호하는 것이므로 정치적인 목적으로 병역제도에 손을 대는 것은 여러 가지 요소를 고려해야 할 복잡한 문제임을 인식해야 한다. 여야 간에 병역 문제에 관한 한 초당적 합의를 평소에 이룸으로써 선거기간에 선거공약으로 병역제도의 안정성을 해치지 않도록 해야 할 것이다. 또한 군의 전문직업화를 위해서 환경의 변화와 국민 여론의 동향을 주시하면서 병역제도를 부단히 개선해 나아가야 한다.

토론주제

■ 다음의 주제에 대해서 토론해 보자.

1. 징병제의 장단점은 무엇이며, 어떻게 단점을 개선할 수 있나?
2. 대체 복무제도가 필요한가?(예: 양심적 병역거부자의 대체복무제도는 어떤 것이 바람직한가?)

CHAPTER 11

국방과 국민경제

CHAPTER
11

국방과 국민경제

Ⅰ. 서론

국방비가 국민경제에 긍정적(+) 영향을 주는지 혹은 부정적(-) 영향을 주는지는 정부를 비롯한 모든 국민의 관심사가 되어 왔다. 국방 분야와 민간경제 분야의 상관관계는 흔히 총(국방)과 버터(민간경제)의 논쟁 같은 상호 대체재적인 성격을 지닌 것으로 알려져 있다. 경제학적으로 분석하더라도 국방 분야의 투자와 지출은 국민경제에 긍정적 영향을 준다는 긍정론자와 국민경제에 부정적 영향을 준다는 부정론자, 긍정적인 영향도 부정적인 영향도 아닌 무영향론자까지 매우 다양한 연구결과가 나와 있다.

부정론자는 국방 분야와 민간경제 분야는 상호 대체재이며, 국방에 몇 백억 원을 투자하면 민간경제 분야에 투자 가능한 몇 백억 원이 축출되는 부정적 영향을 미친다고 주장한다. 이를 근거로 민간경제 주체나 시민단체에서는 "국방비는 비효율적이고 낭비적인 지출이며, 국민경제의 성장에 마이너스 효과를 미친다"면서 국방비의 삭감 혹은 군축의 필요성을 제기하기도 했다.

그러나 국가의 영토와 주권을 보장하고 국민의 생명과 재산을 지키는 국방이 없으면 국민경제의 바탕이 흔들리며 나아가 국가도 존재할 수 없다는 냉엄한 현실에 부딪힌다. 또한 국방은 민간경제에 맡겨 놓으면 아무도 자발적으로 담당하려고 하지 않기 때문에 시장의 실패에 도달한다. 그래서 국가가 국방을 맡을 수밖에 없으며 국방 분야에서 생산한 국방서비스와 방위산업의 생산품은 국민경제를 안전하게 운영할 기반을 제공하므로 공공재(public goods)라고 한다.

공공재는 사용자가 비용을 부담하지 않는다고 해서 사용을 배제할 수 없다는 측면에서 비배제성(non-exclusiveness)이 있으며, 그것을 획득하기 위해서 누구와도 경쟁하지 않는 비경합성(non-rivalry)이 있다. 국방재는 납세의 의무와 병역의무를 완수하지 않았다고 해서 국방의 혜택을 배제할 수 없으며, 국방의 서비스를 받기 위해 누구와 경쟁하지 않아도 국방서비스가 제공되기 때문에 비경합성이 있다. 이런 측면에서 국방재(defense goods)는 공공재라고 할 수 있다.

특히 군대라는 조직은 전쟁에 대비하여 존재하기 때문에 평시에는 군대의 양성과 유지 자체가 낭비라고 보일 수도 있다. 청나라 건륭 황제가 "군대는 천일 동안 양성하여 하루를 사용한다(千日養兵一日用兵)"라고 한 말을 인용하지 않더라도, 평시에 위협에 대비하여 군대를 훈련하고 양성하지 않으면 전쟁에서 국가 자체가 소멸될 수 있다. 그러므로 군대의 효용가치는 전쟁 시와 평화 시를 통틀어 평가되어야 한다.

이 장에서는 국방에 대한 투자와 지출이 국민경제에 어떠한 영향을 주는지에 대해 지금까지 전개되어 온 광범위한 토론을 요약해서 보여준다. 아울러 방위산업에 대한 국방비 투자가 국민경제에 어떠한 연관효과를 만들어내는지에 대한 기존 연구를 제시한다. 결론에서는 국방비의 경제적 측면과 안보적 측면에서의 논의를 바탕으로 적정 국방비의 기준을 제시하고자 한다.

Ⅱ. 민간경제와 국방경제의 상호비교

민간경제는 시장경제를 가정한다. 다수의 수요자와 다수의 공급자가 자유롭게 경쟁하여, 수요곡선과 공급공선이 교차하는 점에서 균형을 이루고, 균형점에서 가격과 거래량이 결정된다. 그리고 공급자인 기업은 시장 진입과 탈퇴에 아무런 장벽이 없으며 자유롭다. 기업은 이윤극대화를 위해 행동하며 가격은 한계효용과 한계비용이 일치하는 점에서 결정된다. 수요가 감소하면 가격을 인하하여 고객을 유인하고, 비용이 증가하면 가격을 인상하고 생산량을 줄여 공급한다.

민간경제 분야의 상품은 국방 분야와 비교하여 상대적으로 가격이 저렴하며 다량으로 생산·공급된다. 민간경제는 자본과 노동력의 이동이 자유롭고, 이익이 있는 곳으로 자본과 노동력이 이동한다. 그리고 수요자든 공급자든 완전한 지식과 정보를 가지고 있다고 가정한다. 정부를 포함한 제3자의 개입이 없으며 수요자와 공급자의 선택과 행동은 오로지 가격에 따라 좌우된다. 상품은 같은 가격에서는 소비자가 평가하는 만족도가 똑같으며 기업은 시장점유율을 높이는 것을 목표로 경쟁한다. 기술수준은 같은 산업에서는 같다고 가정되며, 기술수준에 차이가 있는 경우에는 경쟁에서 탈락한다. 구매의 이익은 소비자에게 돌아가고 소비자는 지금 구매할지 미래에 구매하기 위해 저축할지를 합리적으로 선택한다고 가정한다.

반면에 국방 분야의 시장에서는 수요자, 즉 소비자는 정부(군) 하나밖에 없다. 공급자는 소수의 방위사업체이며 대부분의 품목이 비싸고 구매는 소량으로 이루어진다. 가격은 자유경쟁시장에서 결정되는 것이 아니고 독점 혹은 과점에 의해서 소수의 공급자가 가격결정권을 갖는다. 구매자는 국방예산이 가용해야 구매하게 된다. 투자규모가 거대하고, 연구개발 성공 여부에 대한 리스크가 크며, 비밀성도 높기 때문에 국방시장의 진입장벽이 높고 탈퇴도 자유롭지 못하다.

국방상품, 즉 군수품의 가격은 한계비용과 한계효용이 일치하는 점에서 결정되는 것이 아니라 생산에 들어간 총비용에 따라 결정된다. 그래서 공급자의 원가계산이 가격결정에 중요한 역할을 한다. 만약 수요자인 정부가 꼭 필요하다고 생각하면 가격이 아무리 높더라도 구매하기로 결정할 수 있다. 수요가 감소해도 가격이 내려가지 않고, 공급자의 수가 줄어들 경우 가격은 상승한다.

국내 수요가 제한되므로 방위산업이 국내 수요를 충족하고 난 후 수출하지 못하거나 국내의 추가 수요가 없으면 가동할 수 없으므로 과잉 생산력이 존재하게 된다. 국방수요가 작기 때문에 규모의 경제를 이루기 힘들다.

국방 분야는 자본과 노동력의 이동이 제한되고 신무기 개발에 오랜 연구개발 기간을 거치게 되므로 지속적인 투자가 필요하다. 그러나 자유민주주의 국가에서는 국방예산이 매년 변하므로 국방 분야 시장의 안정성을 보장하기 힘들다. 거대한 장비와 자본이 방위산업에 오랫동안 묶여야 하기 때문에 정부가 자본제공자로서 규제역할을 할 수밖에 없으며, 은행과 감사의 역할을 겸하게 된다.

최종 구매는 약속한 성능이 달성되었는지를 확인한 후에 이루어진다. 구매의 결정은 한계효용이나 가격보다는 최종 성능에 달려 있다. 그리고 국방 분야의 기업은 국방부에서 요구하는 작전적 성능을 충족해야 하고, 이익극대화를 위해 생산하지 않고 수익은 총비용의 몇 퍼센트 이내로 제한된다. 무기나 장비가 고가이기 때문에 구매자인 정부가 구매약속을 해야 생산에 들어간다. 즉 판매계약이 이루어지고 난 후 생산한다고 보아야 한다. 시장의 크기는 제3자인 의회의 예산심의에 의해 결정된다. 국방수요는 가격에 민감하지 않고 위협에 민감하다.

이렇듯 민간경제의 시장과 국방 분야의 시장은 근본적으로 차이가 있다. 따라서 민간경제의 시장에서 적용되는 경제적 효율성을 국방 분야의 시장에 그대로 적용할 수 없기 때문에 국방경제학자나 국방체계분석가는 국방 분야에 알맞은 비용 대비 효과모델이나 원가관리모델, 체계분석 기법, 효과성 제고모델 등을 개발하여 효율성과 효과성을 높이기 위해 노력하고 있다.

Ⅲ. 국방비와 국민경제의 긍정적 상호관계 이론

국방비 지출이 국민경제의 성장에 기여한다는 주장은 다음과 같이 요약할 수 있다.[1)]

1. 규모의 경제

민간분야 시장에서는 생산량이 증가함에 따라 생산단가가 낮아지는 경향을 보인다. 이렇게 생산규모가 증가함에 따라서 단위당 비용이 감소하는 현상을 규모의 경제(economies of scale)라고 한다.

---

1) C. R. Neu, *Defense Spending and the Civilian Economy* (Santa Monica, CA: RAND, 1990), N-3083-PCT.

국방 분야에서 지출을 증가시키면 국민경제 전체의 수요가 증가하고, 민간시장에서도 생산량을 증가시켜 결국 민수품도 더 낮은 생간단가로 생산 가능하게 된다. 특히 가격에 덜 민감한 군수품 시장은 초기에 많은 투자를 하므로 가격 변동에 민감한 민간시장이 생산 결정을 하지 못하는 상황에서도 수요를 창출하게 되어 민간시장에서 낮은 가격으로 생산할 수 있도록 생산 활동을 촉진한다. 예를 들어 군용기 생산을 위한 지출로 민간 항공기 시장의 수요를 증가시켜 민간 항공기의 생산단가가 하락하고, 생산량이 늘어나는 현상이다. 따라서 국방비 지출은 민간시장에서 규모의 경제를 가능하게 하여 국가의 경제성장을 촉진하게 된다.

〈그림 11-1〉에서 보는 바와 같이 국방수요($D-D$) 증가는 민간시장과 군수시장의 합계인 국민경제의 총수요($T-T$)를 증가시켜 시장을 확대시키고 생산량 증가에 따라 생산단가를 감소시킨다. 자세하게 보면 국방수요가 없을 경우 민간시장에서는 민간수요($C-C$)와 민간공급($S-S$)이 일치하는 P_c 가격에서 Q_c만큼 소비하게 된다. 그러나 국방수요가 추가될 경우 P_1 가격에서 Q_t만큼 소비하게 된다. 국방수요는 P_t 가격에서 Q_d, 민간수요는 P_t 가격에서 $Q_t - Q_d(Q_t - Q_d > Q_c)$, 즉

그림 11-1 민간경제에 대한 국방경제의 긍정적 효과

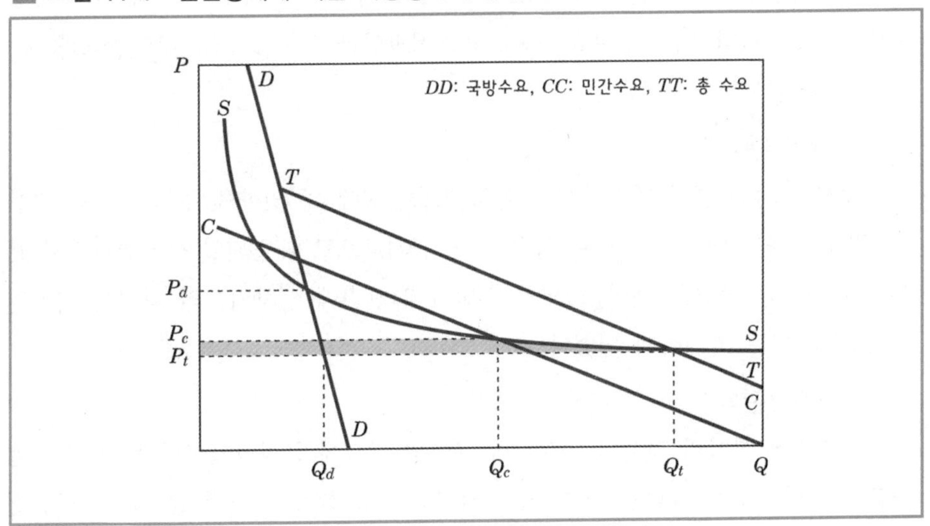

출처: C. R. Neu, *Defense Spending and the Civilian Economy*(Santa Monica, CA: RAND, 1990), N-3083-PCT, p. 8.

국방비 지출 결과 시장의 가격은 하락하고 민간시장에서 공급량은 증가한다. 민간 수요가 없을 때 국방구매자는 P_d 가격으로 구매하게 되지만 민간수요로 인해 Q_d의 양을 P_t의 가격으로 구매하게 되어 국방 분야에서도 이익이다. 국방비 지출로 인한 민간경제에서의 이익은 민간시장에서 잉여 공급량으로 측정할 수 있다.

2. 국방기술의 민간분야에 대한 파급효과(spin-off)

국방 분야의 연구개발을 통해 얻은 과학기술이 민간분야에 유용하게 활용되는 경우를 말한다. 대표적인 예는 제트기, 레이더, 인터넷, 컴퓨터, GPS, 드론 등이다. 이들은 원래 군용으로 연구개발 되었으나 오늘날 민간항공산업과 정보기술산업, 인공지능(AI: artificial interlligence)에 널리 사용되고 있다. 경제학 용어로 기술 파급효과는 긍정적 외부효과(positive externality)라고 한다. 외부효과는 어느 경제주체의 경제활동이 의도하지 않았는데도 다른 경제주체의 후생에 영향을 주는 것을 말한다. 군사과학기술의 연구개발이 원래 국방 분야의 목적으로 시작되었으나 민간분야에 이로운 영향을 준 것이다.

군사과학기술과 민간기술의 상호관계와 관련하여 학계에서는 세 가지 개념 구분을 하고 있다. 후방연관효과(spin-off), 전방연관효과(spin-on), 무연관효과(spin-away)로 나눈다.

가. 후방연관효과

군사 분야 기술이 민간경제 분야의 기술발전에 큰 영향을 주는 현상을 말한다. 컴퓨터, 인터넷, GPS, 드론 등은 원래 군사용으로 개발되었으나 민간경제 분야에 긍정적인 영향을 주어 20세기 후반과 21세기에 정보기술의 혁명을 가져와 지식정보사회로 발전하게 되었다.

나. 전방연관효과

민간경제 분야의 기술이 군사과학 분야의 기술에 긍정적인 영향을 미치는 현상을 말한다. 화약, 망원경, 비행기, 전자산업 등의 기술이 군사 분야의 기술발전에 엄청난 영향을 미치게 되었는데 이런 현상을 spin-on이라고 한다.

다. 무연관효과

군사 분야 기술이 민간경제 분야에 아무런 파급효과를 미치지 않는 현상을 말한다. 때로는 부정적인 영향을 미치기도 한다. 이런 현상에서는 대개 네 가지 요인이 있다고 지적된다. 첫째, 첨단군사기술은 국가안보에 관련된 비밀사항으로서 정부가 고의적으로 민간경제 분야에의 파급을 차단한다. 둘째, 군사 분야 기술의 연구개발 투자는 본질적으로 민간분야에 대한 투자보다 비효율적이다. 셋째, 군 규격화의 문제이다. 군사 분야의 과학기술은 전쟁에서 필요한 임무에 국한하여 무기나 장비를 만들기 때문에 민간 분야에 사용하기 쉽지 않거나 민수용으로 바꾸려면 추가비용이 많이 든다. 군사 분야의 연구는 대부분 무기시스템 연구이므로 민간분야에서 광범위하게 이용되는 기초연구가 아니다. 넷째, 군사 분야를 과도하게 연구하면 기술의 발전방향을 편협하게 만들고, 오도하게 된다.

3. 민군겸용기술을 통한 민간경제에의 파급효과

민수시장과 군수시장이 각각 존재하고, 국민총공급곡선이 민수와 군수의 수요곡선과 만나지 않을 경우 민수와 군수시장 어느 곳에서도 생산을 하지 않게 된다. 그러나 정부의 개입으로 민수와 군수 분야에 공동으로 사용될 기술과 제품을 생각하면 민수시장과 군수시장 두 곳에 다 유익한 영향을 미칠 수 있게 된다.

4. 부수적 효과(leftovers)

국방지출의 결과 대규모 군수공장이 건설되었을 때에 투자된 자본과 장비가 후일에 민간업체에게 판매되어 민간업체가 싼 값으로 사용할 수 있게 된다. 그러나 가장 중요한 부수효과는 인간자본(human capital)이다. 민간사회와 다른 어려운 여건에서 단련되고 훈련된 군 인력은 민간시장에서 양질의 전문 인력으로 공급될 수 있다. 특히 공군 조종사와 해군 항해사, 육군 특전사, 해병대 등은 온갖 악조건에서 오랜 동안 고도의 전문성을 갖도록 훈련되었기 때문에 민간시장에서 숙련된 양질의 노동력을 제공할 수 있다. 또한 한국의 어느 민간조직보다도 군대에서는 애국심, 법질서 존중과 조직에 대한 충성도가 높도록 교육 훈련되었기 때문에 군 복무를 마친 병사는 사회에 더욱 필요한 인간자본이 되는 것이다.

5. 정보의 공유

민간경제 분야에서는 연구 결과 얻은 정보를 완전히 사유화할 수 없다고 생각되는 경우 필요한 정보를 덜 생산하려는 경향이 있다. 국방 분야에서 연구개발을 통해 얻은 지식과 정보는 군사보안상 필요한 부분을 제외하고는 국가와 사회 전체가 이용 가능하도록 할 수 있다.

정보는 한번 생산되면 공공재적 성격을 지니는데, 국방 분야에서 생산된 지식과 정보를 민간사회가 활용하도록 함으로써 국방은 민간경제에 기여하는 것이다. 특히 국방 분야의 연구소에서 국가의 안보와 미래 군사과학기술을 발전시키기 위한 각종 연구를 많이 하는데 이들이 연구하고 개발한 전략기법, 분석기법, 정보와 기술 등이 민간분야에서 유용하게 활용되고 있다.

6. 위험부담

새로운 기술을 개발할 때에 경제행위 주체가 인지하는 위험이 있을 수 있다. 민간기업은 새로운 기술을 개발할 때에 위험부담이 크면 개발을 기피하게 된다. 국가 전체의 시각에서 볼 때 군사과학기술의 연구개발은 투자비가 너무 많이 소요되고 연구개발 성공 가능성도 크지 않아 민간기업은 투자를 기피하게 될 것이다. 따라서 국방 분야에서 국가 전체의 시각에서 필요한 연구개발에 따르는 개인적, 사회적 위험을 부담함으로써 연구를 가능하게 한다. 또한 국방부가 연구소와 방위산업에 보조금을 지급함으로써 개인과 사회가 부담해야 하는 위험을 대신 지게 된다.

7. 국제적 독점 이익

앞에서 설명한 바와 같이 정부가 군수품 생산에 필요한 비용을 지출함으로써 국민경제 전반에 걸쳐 규모의 경제가 실현될 수 있다. 이 논리를 국제무역에 적용하면 한 국가가 군수품 생산에 투자하면 국제군수시장에서 자국의 군수품이 가격과 품질 면에서 타국의 군수품보다 경쟁력이 커진다. 특히 미국의 보잉사, 맥도널드 더글러스사 등은 국방 분야 투자를 받아 가격과 품질 면에서 국제항공기 시장에서 제일 높은 경쟁력을 보이게 되었고, 국제무역에서 독점적 이익을 누리고 있다.

한국의 고등훈련기, 고속정, 기동용 헬기, K-9 자주포 등은 국제 무기시장에서 비교우위에 있는 품목인데, 이것이 가능하게 된 이유가 바로 초기 투자비용이 많이 드는 방위산업에 정부가 집중 투자한 결과이다.

8. 자본시장의 실패 보완

어떤 기업은 자본 조달이 어려워서 시장에 진출하지 못할 수 있다. 특히 군수산업은 초기에 거대한 자본이 필요하고, 연구개발의 성공에 따르는 위험도가 크기 때문에 민간기업의 진출이 어렵다. 따라서 군수산업은 국가가 연구개발을 지원하고, 투자를 보조하며 구매계약을 보증함으로써 민간자본시장이 할 수 없거나 착수하려고 하지 않는 것을 가능하게 한다. 이로써 민간자본시장의 실패를 국방 분야가 시정하고 보완한다.

Ⅳ. 국방비와 국민경제의 부정적 상호관계 이론

국방비의 지출이 국민경제에 부정적인 영향을 미친다는 이론도 많다. 여기서는 국방비의 어떤 측면이 국민경제에 부정적인 영향을 미치는지 보기로 한다.

1. 민간경제의 저축, 투자, 수출을 구축하는 효과

데거(S. Deger)와 스미스(R. P. Smith)는 후진국, 중진국, OECD국가의 국방비 지출과 경제성장 간의 상관관계를 분석하였는데, 국방 분야의 지출은 민간경제에 가용한 저축과 투자, 수출에 부정적인 영향을 미쳐 결국 경제성장에 마이너스(-) 결과를 가져온다고 하였다.[2] 국가 전체적으로 보아 가용한 경제자원의 배분을 놓고 민간분야에 가용한 자원을 국방 분야가 빼어간다는 논리이다. 옛 소련이나 북한에서 군사비를 과도하게 지출한 결과 민간경제가 실패한 사례는 극단적인 예라고 할 수 있다. 그러나 이를 일반화할 수는 없다.

〈그림 11-2〉를 보면 국방수요($D-D$)가 없을 경우 민간시장에서는 민간수요($C-C$)와 민간공급($S-S$)이 만나는 지점인 P_C 가격에서 Q_C만큼 소비하게 된다. 그러나 국방수요가 추가되면 생산가격은 상승하고 국민은 P_t 가격에서 Q_t만큼

그림 11-2 민간경제에 대한 국방경제의 부정적 효과

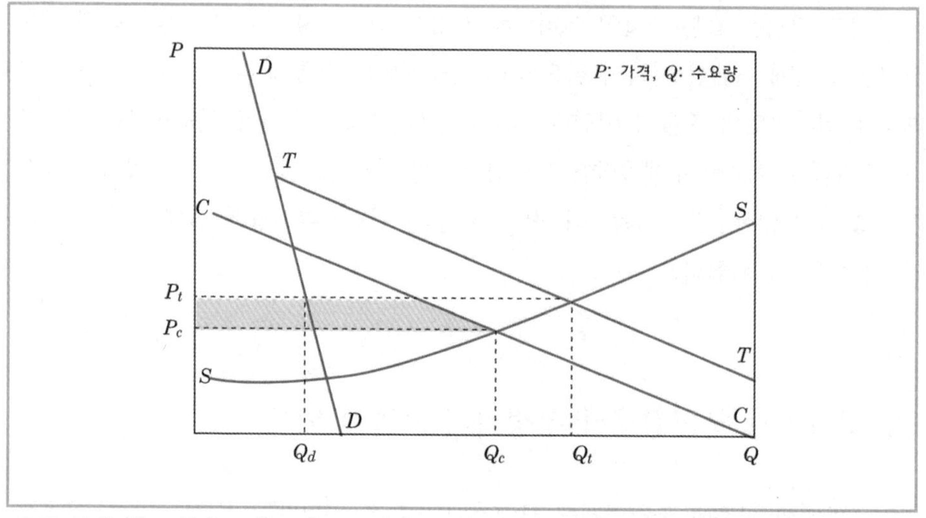

출처: C. R. Neu, *Defense Spending and the Civilian Economy*(Santa Monica, CA: RAND, 1990), N-3083-PCT, p. 5.

---

2) S. Deger and R. Smith, "Military Expenditure and Growth in Less Development Countries," *Journal of Conflict Resolution* (27, 1983), pp. 335-353.

소비하게 된다. 이 경우 국방 분야에서는 P_t 가격에서 Q_d만큼 소비하고, 민간시장에서는 P_t 가격에서 $Q_t - Q_d$만큼 소비하게 되는데 결국 국방수요는 생겼지만 민간수요는 국방수요가 없을 경우보다 감소하는 결과($Q_t - Q_d < Q_C$)가 초래된다. 즉 국방비 지출로 인해 민간수요가 줄어든 것이다. 이 경우를 〈그림 11-1〉과 비교하면 〈그림 11-2〉에서는 국민경제 전체의 총생산비용이 증가하는 것을 보여준다.

2. 기술진보의 방향을 오도

군수산업에서는 군사 목적으로만 사용 가능하도록 군 규격을 엄격하게 정해 놓기 때문에 고가 장비와 무기는 민수시장에서 활용 불가능하다. 군의 특수한 임무 수행에 적합하도록 군수품을 연구·개발·생산한 결과 군의 수요에는 부합하지만 민간시장에서 호환사용이 불가능하다. 나아가 고가의 군 규격용품 생산은 민간경제에서 사용 가능한 재원을 구축하는(crowd-out) 효과가 있으며, 기술발달의 방향을 왜곡하는 결과도 초래할 수 있다.

민간경제에 활용될 수 있는 고급인력을 군사 분야에 붙들어 둠으로써 국가 전체의 입장에서 볼 때 기회비용을 증가시키고, 민간기업의 기술혁신을 지체시키는 손해를 초래하게 된다는 주장이 여기에 해당된다.

3. 군수산업의 부패

연구개발을 거쳐 생산된 군수품의 최종가격이 자유경쟁 시장에서 결정되지 않고 군수업체가 요구하고 정부가 승인한 비용자료에 근거하여 결정되기 때문에 부패가 개입할 여지가 크다. 국방부가 몇몇 군수업체 혹은 연구소와 독점적인 계약을 체결하고 군수품을 생산하기 때문에 군수업체는 민간시장의 논리와 맞지 않는 경영방식과 행동방식을 선호하고 그것이 습관이 되면 부패가 체질화되기 쉽다. 또한 이러한 행동방식에 익숙한 국방 분야 종사자는 민간분야에 맞지 않게 된다. 그러나 이것은 단편적인 현상으로서 오늘날 모든 원가비용과 생산실적이 투명하게 공개되고 정부의 감사, 의회의 국정감사, 시민의 감시를 받는 현실에서는 있을 수 없다는 반론도 가능하다.

4. 시장의 유동성 증가

비국방 분야의 정부예산과 민간기업에서는 예산이 지속적으로 증가하지만, 국방예산은 전쟁 시와 평화 시에 큰 변동 폭을 보인다. 또한 탈냉전기에 전 세계적으로 국방비가 대폭 감소하다가 9.11테러 이후 미국에서 증가하는 현상을 보였으나 극심한 재정적자 문제로 국방비를 감축하기에 이르렀다.

국방비의 변동 폭이 클수록 군수산업과 국방 분야에 종사하는 연구·개발·획득 인력은 큰 타격을 받고, 이들이 해고될 경우 민간노동시장과 자본시장에 유동성을 증가시킴으로써 전체 국가경제의 불안정성을 초래한다.

5. 인플레이션 유발 가능성

국방비가 과다하게 지출될 경우 국가경제 전반에 걸쳐 물가의 상승을 초래할 수 있다. 특히 국민경제가 호황일 때 국방비의 증가는 인플레이션을 유발할 가능성이 크다. 호황기에 국민경제는 완전고용 상태에서 생산활동을 하게 되고 국방비의 지출 증가는 더이상 국민총생산에 기여하지 못하고 물가만 상승시킨다.

6. 정보전파의 제한

국방 분야에서 연구·개발된 지식과 정보는 민간 분야와 달리 비밀로 분류되는 경향이 크고 민간사회에 잘 보급되지 않는다. 그래서 국방 분야의 지식과 정보가 민간경제 분야에 스핀오프 되는 경우가 제한된다. 그러나 이는 민간 분야에서도 부가가치가 높은 지식과 정보는 영업상 대외 비밀로 분류되고 유지되므로 국방 분야에만 국한된 현상으로만 볼 수 없다는 측면도 있다. 일반적으로 보아 군사 분야가 민간 분야보다 지식과 정보의 전파에 제약이 크지만, 이것이 군사 분야와 민간 분야의 상호 부정적인 관계에 결정적인 요인은 될 수 없다.

Ⅴ. 국방비의 산업연관효과 분석

한 국가의 산업은 생산활동을 하기 위하여 재화 및 서비스를 상호 구입·판매하며, 경제적으로 상호 관련되어 있다. 이러한 산업 간 관계를 보통 1년 단위로 일정한 원칙에 따라 기록한 행렬형태의 통계표를 산업연관표라고 한다. 산업연관표를 바탕으로 각 산업의 상호연관관계를 수량적으로 분석하는 방법을 산업연관분석(inter-industry analysis) 또는 투입산출분석(Input-output analysis)이라 한다.

산업연관분석의 이론적인 토대는 왈라스(L. Walras)의 일반균형론(General Equilibrium)에 두고 있다. 왈라스의 일반균형이론은 시장경제에서 모든 경제부문이 상호연관관계를 맺고 있기 때문에 이들 부문의 수요와 공급에 대한 균형이 동시에 이루어진다고 보고 가격과 수급량의 결정을 설명하는 이론이다. 하버드 대학교 레온티에프(Wassily W. Leontief) 교수는 추상적인 이론모형에 머물러 있던 왈라스의 일반균형이론을 현실 경제에 적용해서 1941년 미국경제를 대상으로 한 산업연관표를 작성하여 『미국의 경제구조(The Structure of American Economy)』라는 책을 발표했는데, 이것이 오늘날 산업연관분석의 원전으로 널리 이용되고 있다.[3)]

일반적으로 국민경제는 두 가지 순환과정, 즉 소득순환과정과 산업 간 생산물 순환과정으로 분석될 수 있다. 후자인 산업 간의 생산물 순환과정을 분석하여 국민경제를 분석하는 것을 산업연관분석이라고 한다. 국방산업연관분석은 산업연관표를 바탕으로 방위산업과 다른 산업분야 간의 상호연관관계를 수량적으로 분석한다. 우리나라의 산업연관표가 체계적인 형식과 내용을 갖추게 된 것은 한국은행이 1960년 산업연관표를 작성하면서부터이다.

산업연관표는 두 가지 방향으로 분석할 수 있는데, 세로(열, column) 방향은 각 산업부문이 재화와 용역을 생산하기 위하여 지출한 생산비용의 구성, 즉 투입구조

3) 한국은행, 『산업연관분석해설』(서울: 한국은행, 1987), p. 9에서 재인용.

를 나타낸다. 투입구조는 중간재 투입을 나타내는 중간투입부문과 임금, 이윤, 간접세 등 본원적 생산요소의 구입비용을 나타내는 부가가치부문으로 구분되며, 그 합계를 총투입액이라고 한다. 산업연관표를 가로(행, row) 방향으로 보면 각 산업부문의 생산물이 어떤 부문에 중간수요 또는 최종수요의 형태로 얼마나 사용되었는지를 알 수 있는데, 이를 배분구조라고 한다. 배분구조는 다른 부문의 생산을 위하여 직접 투입되는 중간수요부문과 소비재, 자본재 수출 등의 최종재로 사용되는 최종수요부문으로 구분된다. 중간수요부문에서 사용된 금액을 중간수요액이라 하고, 최종수요부문에서 사용된 금액을 최종수요액이라 하며, 중간수요액과 최종수요액의 합계를 총수요액이라고 한다. 한편 재화와 서비스의 산업부문 상호간의 거래인 중간수요와 중간투입을 기록하는 부문을 내생부문이라 하고, 최종수요와 부가가치를 기록하는 부문을 외생부문이라고 한다.

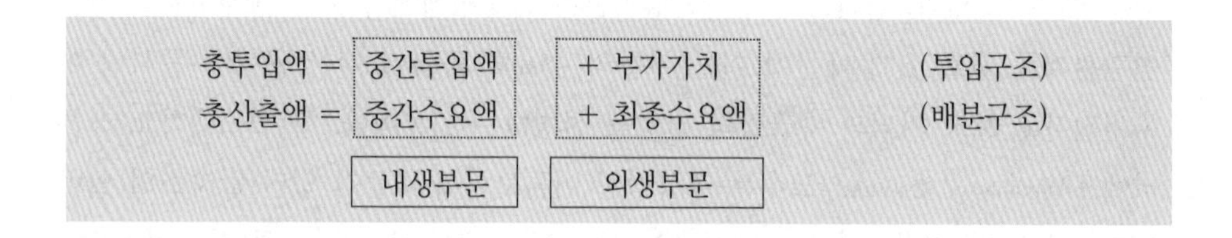

이러한 산업연관표를 활용하여 한국의 방위산업의 산업연관효과를 분석할 결과를 보면 〈표 11-1〉과 같다.

표 11-1 전 산업과 방위산업의 산업연관효과 비교

구분	생산유발계수	부가가치유발계수	수입유발계수	취업유발계수
전 산업 ①	1.937	0.666	0.334	10.4
방위산업 ②	2.1211	0.6674	0.4	12.0

출처: ① 한국은행, 『2008년 산업연관표 작성결과』(서울: 한국은행, 2010), pp. 84-119.
② 신성제, 「방산수출의 경제적 효과분석 연구」, 국방대석사학위논문 2010, pp. 20-33.

〈표 11-1〉을 보면 2008년도 전 산업의 산업연관효과는 생산유발계수 1.937, 부가가치유발계수 0.666, 수입유발계수 0.334, 취업유발계수는 10억 원의 투자당

10.4명의 고용을 유발하는 것으로 나타났다. 한편 방위산업의 산업연관효과는 생산유발계수 2.1211, 부가가치유발계수 0.6674, 수입유발계수 0.4, 취업유발계수는 10억 원의 투자당 12명의 고용이 유발되는 것으로 나타났다.

전 산업과 방위산업이 산업연관효과를 비교하면, 생산유발계수 측면에서 10억 원을 투자하면 전 산업 평균 생산유발은 19억 3,700만 원의 효과가 나타나고, 방위산업의 생산유발은 21억 2,110만 원의 효과가 나타난다. 따라서 방위산업분야의 생산유발효과가 더 높은 것을 알 수 있다. 마찬가지로 부가가치 유발효과를 비교하면, 전 산업 평균은 0.666이고 방위산업은 0.6674로서 방위산업분야가 전 산업 평균보다 약간 높은 부가가치를 창출한다. 또한 수입유발계수를 비교하면 전 산업 평균은 0.334, 방위산업은 0.4로서 방위산업의 수입유발효과가 조금 높다. 그 이유는 방위산업이 금속, 전자, 전기, 정밀기기 등 기술집약적 산업이면서 동시에 수많은 사업이 관련되기 때문이다. 그러면 방위산업 전체의 산업연관효과가 각 군의 무기체계 생산에서는 어떻게 나타날 것인가? 방위산업이 지상군전력이냐, 함정전력이냐, 항공전력이냐에 따라 산업연관효과가 달라진다는 사실은 다음의 연구에서 발견되었다.

2009년 국방대 이필중 교수팀이 행한 '기동전력 방위력개선사업의 경제적 효과' 분석의 결과를 보면 생산유발계수 2.0118, 부가가치유발계수 0.7220, 수입유발계수 0.289, 취업유발계수는 10억 원당 9.54명으로 나타났다.[4] 이것은 일반 산업의 생산유발계수와 부가가치유발계수보다 높고, 수입유발계수는 낮다. 생산유발계수와 부가가치유발계수가 높게 나타난 원인은 K-9 자주포나 K1A1 전차의 부품이 대부분 국산화되어 있기 때문이다. 국산이 중간투입의 95%를 차지하고, 그 결과 기동전력 분야 방위력개선사업은 투자의 형태를 띠게 되었으며, 경제적 효과 창출이 비교적 높았다.

그런데 2010년 국방대 한용섭 교수 연구팀이 행한 '함정·항공전력 방위력 개선사업의 경제적 효과 분석'에 의하면 〈표 11-2〉에서 보는 바와 같이 항공분야의 생산유발계수는 2.0764로서 기동전력보다 높았으며, 취업유발계수는 항공분야가

4) 이필중 외, 『기동전력 방위력개선사업의 경제적 효과』(서울: 방위사업청, 2009).

표 11-2 국방비지출의 산업연관분석 비교표

구분	생산유발계수	부가가치유발계수	수입유발계수	취업유발계수
국방	2.1211	0.6674	0.4	12.0
기동전력①	2.0118	0.7220	0.289	9.5
함정전력②	1.4115	0.4002	0.5998	6.4
항공전력③	2.0764	0.5534	0.4466	12.3

출처: 한국은행, 『2008년 산업연관표 작성결과』(서울: 한국은행, 2010), pp. 84-119; ① 이필중 외, 『기동전력 방위력개선사업의 경제적 효과』(서울: 방위사업청, 2009); ② 한용섭, 송영일, 구영완, 정순목, 『함정·항공전력 방위력개선사업의 경제적효과 분석』(서울: 국방대, 2010).

투자비 10억 원당 12.3명의 고용이 창출됨으로써 기동분야의 9.5명보다 높다.[5] 이것은 항공산업이 고부가가치 산업으로써 관련 업체가 많고, KT-1(기본훈련기), T-50(고등훈련기) 등에서와 같이 국산화율이 높으며, KT-1은 고액의 수출을 달성함으로써 생산유발계수와 취업유발계수가 높게 나타난 것이다.

반면에 함정분야 방위력 개선사업의 경제적 효과는 항공분야와 기동분야에 비해 비교적 낮게 나타나는 것이 발견되었다. 함정분야의 생산유발계수는 1.4115, 부가가치유발계수는 0.5998로서 항공분야와 기동분야보다 낮다. 함정분야 수입유발계수가 높은 것은 대형 함정의 개발을 시작한 이후, 그 함정에 탑재하는 고가의 장비와 무기를 대부분 수입에 의존하기 때문이다.

따라서 기동, 함정, 항공 세 분야의 방위력개선사업이 여타 산업에 미치는 연관효과를 비교 분석하면, 항공분야가 생산유발과 취업유발 면에서 가장 높은 효과를 나타내고, 부가가치 면에서는 기동분야가 최고다. 기동분야의 높은 국산화율로 인해 수입유발계수가 가장 낮다고 할 수 있다.

그러나 산업연관효과의 비교만으로 무기가 산업연관효과가 높기 때문에 방위력개선사업의 투자결정에서 우선순위를 차지해야 된다고 할 수는 없다. 왜냐하면 현대전은 합동전이며 지·해·공 모두 없어서는 안 될 무기체계이기 때문이다. 따

5) 한용섭·송영일·구영완·정순목, 『함정·항공전력 방위력개선사업의 경제적 효과 분석』(서울: 국방대, 2010). 본 보고서는 방위사업청 2010년 연구과제 결과 보고서이다.

라서 산업연관효과 분석의 결과를 사용하여 지·해·공의 방위력 개선사업의 투자 우선순위를 매길 수는 없다.

그래서 산업연관효과의 결점을 보완하기 위해서 각 분야의 방위력 개선사업을 비용 대 효과 면에서 분석하여 투자의 효율성을 제고하는 보완적인 방법을 찾아낼 필요가 있다. 따라서 2010년 국방대 한용섭 교수 연구팀은 함정분야와 항공분야에 대해 총비용 대 총효과 분석을 아울러 실시하였다. 방위산업의 경제적 효과 분석에 산업연관효과분석 외에 정성적 분석이 있을 수는 있으나, 기존의 정성적 분석은 효과를 계량화하여 측정하지 못하는 한계점을 노출하고 있음을 감안하여 비용 대 효과분석을 실시하였다.

비용 대 효과분석의 결과를 보면 함정분야와 항공분야 공히 각 무기체계가 지닌 고유한 성능효과가 크다는 것을 알 수 있다. 다른 말로 표현하면 무기체계가 달성하려는 적의 위협에 대비하는 고유한 안보효과가 있다는 것이다. 또한 해외도입보다는 국내 연구개발 생산의 경우에 운영유지비 절감 효과가 상당했으며, 관련 방위산업 기술뿐만 아니라 민간산업분야에 미치는 spin-off효과가 컸다. 이외에도 방산인프라 육성효과도 있다.

그런데 비용 대 효과 면에서 효율성이 가장 높은 분야는 항공분야의 방위력 개선사업으로 판명되었다. T-50과 KF-16 사업은 각각 효과 측면에서 5조 원이 넘는 사업임이 드러났다. 특히 KF-16 사업은 성능효과 면에서 선진국의 항공기에 맞먹는 기술을 가진 항공기를 기술도입 생산함으로써 가능해졌다. 또한 T-50은 높은 생산원가로 말미암아 수출에 어려움을 겪기도 했지만 고도의 기술로 인해 성능효과가 높다.

함정전력 분야에서 비용 대 효과가 가장 높은 분야는 KDX-Ⅲ와 장보고-Ⅱ임이 판명되었다. 그 성능효과가 대단하며, 운영유지비 절감효과도 높다. 다만 KDX-Ⅲ와 장보고-Ⅱ 사업은 성능효과는 높지만 첨단 탑재장비의 수입 의존으로 인한 수입 비중이 높아서 생산유발계수와 부가가치유발계수가 낮다는 점이 결점이다.

이외에도 국내 연구개발 사업의 경제적 효과를 측정하기 위해 국방연구개발비와 방위산업 생산과의 상관관계를 분석하는 총요소생산성 분석이 있다. 총요소생산성 분석은 2007년과 2010년에 발간된 국방과학기술조사서를 활용하여 각 사업별 3년간(2007-2009) 370억 원의 연구개발 예산이 잠수함 사업과 관련하여 투입되었으며, 기술수준은 60%에서 76%로 상승되어 향후 장보고-Ⅲ 사업 추진 시 약 4,200억 원의 생산성 증대(사업관리비 절감) 효과를 가져오는 것으로 분석되었다.

방위산업의 산업연관효과 분석을 실시한 결과, 각 사업 분야별로 투자의 효율을 증대시킬 구체적인 정책제안이 도출되었다.

첫째, 함정사업 분야에서는 국내 연구개발을 활성화하고 국산화율을 제고하는 것이 필요하다. 탑재장비의 획득체계를 효율화하고 기본설계 이전에 탑재장비를 개발 착수하는 것이 바람직하다. 탐색개발과 체계개발이라는 두 단계를 거치는 방안을 검토해야 하며, 획득물량을 통합해서 계약하는 것이 바람직하다. 탑재장비 생산에 국내수요가 한정되어 있으므로 해외와의 협력을 확대해야 하며, 방산업체간 연구개발 경쟁을 활성화하는 것이 필요하다.

둘째, 항공사업 분야에서는 생산에 참여하는 국내업체를 확대해야 하며, 수출 촉진을 위해 연구개발 시기부터 단가를 낮추는 방안을 강구해야 한다. 항공산업에 대한 사전분석과 사후분석을 강화해야 하며, 개발기술을 적극적으로 활용하고 다른 사업에 스핀오프를 미칠 수 있도록 기술을 이전하는 방안을 강구해야 한다. 또한 EVMS(사업성과관리체계) 등을 활용함으로써 사업관리의 과학화를 도모해야 한다.

결론적으로 방위력개선사업은 산업연관효과와 비용 대 효과가 효율적임을 입증할 수 있다. 방위력개선사업은 몇 가지 분야만 제외하고는 다른 산업분야와 산업연관효과가 비슷하며, 특히 항공분야의 산업연관효과는 제조업보다 조금 높았다. 또한 항공분야 사업은 수출효과도 있으므로 방위력개선사업이 신성장 동력의 유망한 분야로도 적합하다. 따라서 방위력개선사업에 참여하는 다양한 행위자는 국가안보에 기여할 뿐만 아니라 국가경제에 공헌한다는 자부심을 갖고, 지속적으로 투자사업의 효율성 제고를 위해 부단히 노력할 필요가 있다.

방위력개선산업의 산업연관효과를 다각적으로 분석하고자 한 이유는 방위력개선사업비가 낭비적인 요소가 아니고 비용 대비 효과적이며, 국민경제에 도움을 주는 요소임을 과학적으로 증명하기 위한 것이다. 특히 일반 사회에서 국방비가 국민경제에 부담이 되며, 비효율적으로 사용된다는 근거 없는 믿음이 광범위하게 유포되어 있는데, 이러한 불신이 비과학적이며 비논리적임은 학문적 연구로 증명될 수 있다.

방위력개선사업의 산업연관효과에 대한 연구 결과는 일부 국민이 갖고 있는 국방투자비에 대한 잘못된 인식을 교정할 뿐 아니라, 국방비의 안정적인 확보를 위한 논리로 널리 활용될 수 있다. 이러한 논리는 국민과 국회, 정부의 다른 부처와 언론 등에 방위력개선사업비의 경제성과 정당성에 대한 설명 자료로도 널리 활용될 수 있다. 또한 거시적인 측면에서 국가경제의 지속적인 성장과 발전을 위해 방위력개선사업비가 어떻게 효율적으로 사용될지에 대한 정책제안으로도 활용될 수 있다.

산업연관표를 활용한 국방부문의 산업연관분석결과를 종합하면, 방위산업의 종류와 산업연관분석의 지표에 따라서 민간산업에 비해서 높게 나타나기도 하고 낮게 나타나기도 함을 알 수 있다. 일반적으로 국방비가 국민경제에 미치는 긍정적인 요인 중에서 후방연관효과가 실제로 높게 나타난다는 것을 보여준다. 반면 취업유발계수가 일반산업보다 낮은 것은 수입중간재 사용률이 높은 한국 방위산업의 특징을 보여준다. 따라서 한국의 방위산업이 국민경제에 미치는 긍정적인 효과를 더욱 높이려면 방위산업 기술과 전투체계의 해외수입 의존도를 낮추기 위한 국내연구개발 노력이 뒷받침되어야 한다.

Ⅵ. 결론

국방비를 경제적인 측면에서 분석한 결과 국민경제에 긍정적인 영향뿐만 아니라 부정적인 영향도 미친다는 것을 알 수 있다. 국방비의 산업연관분석결과는 민간산업에 비해서 국민경제에 더 높은 효과를 내는 분야가 있는 반면, 그렇지 않은 분야도 있음을 보여준다. 따라서 국방비와 국민경제의 상호관계에서 일관된 원칙을 발견하기는 어렵다. 이러한 결과가 나타나는 것은 국방비가 국민경제에 미치는 영향이 경제적인 측면뿐만 아니라 국가, 정부의 유형 등에 따라서도 달라지기 때문이다. 따라서 국방비와 국민경제의 관계가 긍정적 또는 부정적 영향인지도 중요하지만, 국가별로 적정 국방비의 규모가 얼마인가를 결정하는 문제도 정치적·

경제적으로 중요한 문제이다.

적정 국방비의 논쟁은 국방비의 경제적인 측면과 국가안보적 측면에 대한 상이한 의견에 기반을 두고 있다. 안보적 측면의 연구는 경제적 측면의 연구에서 다루지 않은 동맹이나 위협과 같은 수요 측면의 변수를 다루고 있다. 코헤인(Robert O. Keohane)은 동맹관계가 국방비에 미치는 영향을 설명한 바 있다. 그는 강대국과 약소국의 관계, 특히 동맹관계에서 강대국이 약소국의 국방비 결정에 영향을 미칠 수 있다고 보았다. 리처드슨(Lewis F. Richardson)은 국방비의 결정요인으로서 상대국가의 위협(국방비)을 가장 중요한 변수로 보았다. 그는 이러한 가정을 바탕으로 한 국가의 국방비가 상대국의 국방비와 작용-반작용 이라는 경쟁적 방식으로 결정된다고 설명하였다.

현재 한국의 국방비는 세계 평균보다 약간 낮은 수준이다. 한국군은 독자적인 작전 지휘수행능력을 확보하기 위한 전력증강계획을 국방개혁의 틀 속에서 추진하고 있다. 하지만 방위력개선예산이 부족하다는 분석에서 알 수 있듯이 군이 현재의 국방비 규모로 전력증강을 추진하는 데 많은 어려움을 겪고 있다.

한국이 당면한 위협 수준을 감안할 때 현재의 국방비 규모가 부적절하다는 것은 더욱 명확해진다. 세계 주요 분쟁국 및 군사적 대치국은 GDP 대비 평균 5% 이상의 국방비를 지출하는 반면에 〈표 11-3〉에서처럼 안보위협이 높은 한국은 국방비가 GDP의 2.3% 수준으로 매우 낮다. 동북아시아 주변 국가의 국방비 규모와 비교해도 한국의 국방비가 매우 낮음을 알 수 있다. 동북아시아 국가의 국방비는 중국 2,280억 달러, 일본 454억 달러, 러시아 663억 달러로 한국의 392억 달러를 크게 상회하고 있다.

표 11-3 주요 분쟁 및 대치국의 GDP 대비 국방비 부담률(2017)[6]

국가	한국	이스라엘	요르단	이라크	미국
GDP 대비 국방비	2.3	5.3	4.0	10	3.5

6) IISS, 『The Military Balance 2018』(London: Routledge, 2018).

표 11-4 국방비 증가 추이

	2010	2011	2012	2013	2014	2015	2016	2017	2018
국방비의 연평균 증가율	3.6	6.2	5.0	4.8	3.6	5.0	3.6	4.0	7.0
정부 재정 대비 국방비 비율	14.7	15.0	14.7	14.2	14.3	14.4	14.5	14.7	14.3
GDP 대비 국방비	2.62	2.53	2.38	2.4	2.38	2.33	2.37	2.33	2.38

출처: 대한민국 국방부, http://www.mnd.go.kr/mbshome/mbs/mnd/subview.jsp?id=mnd_010401010000

북한의 핵무기를 비롯한 비대칭 위협이 날로 증가하는 현실을 볼 때, 한국 국방의 수요가 매년 증가하는데도 GDP 대비 국방비는 1990년 3.6%, 1995년 2.8%, 2000년 2.5%, 2005년 2.6%, 2010년 2.62%, 2015년 2.33%로 지속적으로 하락했다. 2018년에 2.38%로 약간 증가되었다. 이러한 추세는 〈표 11-4〉에서처럼 최근에도 지속되며, 국방비 증가 추이와 재정에서 차지하는 비율을 확인해도 현상유지 또는 감소추세를 유지하고 있다.

이러한 현상이 나타나는 것은 적정 국방비가 안보적 측면뿐만 아니라 국방비의 경제적 효과에 대한 의견이 상이한 정부기관, 정치가 그리고 국민 간의 토론과 합의에 의해서 결정되기 때문이다. 그렇다면 경제 측면과 안보 측면이 적절하게 고려된 적정 국방비의 속성은 무엇인가? 〈그림 11-3〉같이 국방비는 안정성, 균형성, 비례성을 유지해야 한다.

첫째, 국방비의 안정성을 확보하는 것이다. 국방비의 안정성은 경제적 측면과 안보적 측면에서 모두 중요하다. 앞에서 설명한 것과 같이 국방예산이 큰 폭으로 변동하는 것은 민간 노동시장과 자본시장에 유동성을 증가시킴으로써 전체 국가경제의 불안정성을 초래한다. 안보적인 측면에서도 장기간이 소요되는 전략증강사업의 특성으로 인해서 국방예산이 안정적으로 확보되는 것은 매우 중요하다. 프랑스의 '국방개혁법 1997-2002'의 경우 매년 370억 달러의 국방비를 6년 동안 동결한 것을 규정함으로써 계획대로 2002년 국방개혁에 성공하였다. 한국의 경우 국방중기계획의 사업들이 예산 부족으로 지연되거나 포기되어서 전략증강에 차질

그림 11-3 적정 국방비의 속성

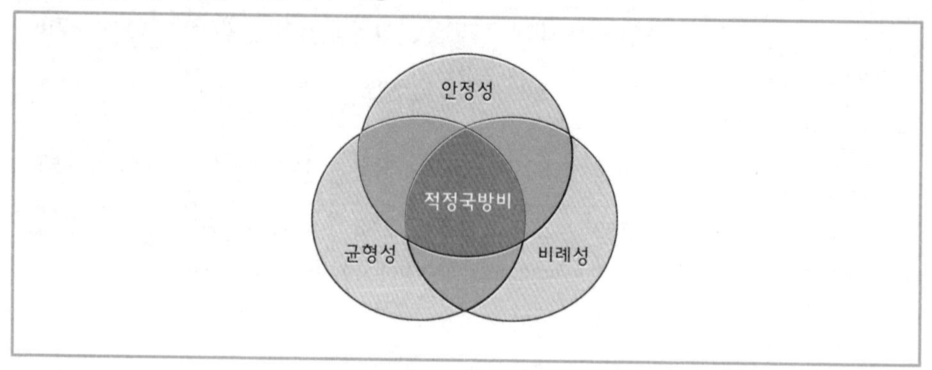

출처: 다음의 자료들을 참고해서 재작성함. Daniel Hewitt, “Military Expenditures Worldwide: Determinants and Trends, 1972-1988,” Journal of Public Policy, Vol. 12, No. 2, (1992). Pil-Jung Lee, “The ROK's Defense Budgeting Decisions,” KJSA, Vol. 3(1998), pp. 258-260; 한국국방연구원, 『참여정부의 국방비전과 적정국방비』(서울: 한국국방연구원, 2003), p. 46.

이 발생하고 있다.

둘째, 국가의 예산 편성에서 국방비와 다른 분야 예산의 균형을 맞추는 것이다. 물론 국방에 과도하게 예산이 편성될 경우 옛 소련과 북한처럼 국가경제가 파탄에 이르는 부정적인 결과를 얻을 수 있다. 하지만 안보위협에 비해 국방예산이 상대적으로 작은 규모로 편성될 경우 안보역량이 약화되고 국민이 안보불감증을 가질 수 있다.

마지막으로 국력과 국방비의 정비례 관계를 유지하는 것이다. 국가의 경제규모를 초과하는 국방비의 지출은 국가경제 전반에 걸쳐 물가의 상승을 초래하여 불황을 초래할 수 있다. 국력이 증가함에 따라 국익의 보호와 확장을 위한 군사적 능력과 역할의 증대가 요구된다. 한국의 경제적 지평이 확대되면서 해상교통로와 항공수송로의 안전을 확보하기 위한 군사적인 능력이 더 요구된다. 아울러 21세기 북한의 핵 위협뿐만 아니라 중국·일본 등 주변국 위협에도 대비해야 되는 새로운 수요가 발생하고 있다. 또한 아랍에미리트(UAE)에 한국의 원전을 수출하면서 특전사의 교육지원을 제공했듯이, 국제사회에서는 한국의 경제·기술력과 함께 군사적 지원도 함께 요구되고 있다.

결론적으로 국방비와 국민경제의 관계에서 중요한 것은 국방비의 경제적인 측면뿐만 아니라 안보적인 측면을 고려해서 국방비의 안정성을 확보하고, 국가의 다른 분야에 대한 지출과 균형을 유지하며, 국력에 상응하는 국방비를 확보하기 위한 구체적인 방법을 찾기 위해서 지속적으로 노력할 필요가 있다.

토론주제

■ 다음의 주제에 대해서 토론해 보자.

1. 국방비 지출이 국민경제에 미치는 영향은 긍정적인가? 부정적인가?
2. 북한의 변화하는 핵 위협에 비추어볼 때, 우리나라의 적정 국방비는 얼마 정도인가?

CHAPTER 12

무기체계의 획득정책

Ⅰ. 서론

Ⅱ. 획득의 정의와 프로세스

Ⅲ. 한국 획득체계의 변화 과정

Ⅳ. 한국 획득체계의 문제점

Ⅴ. 결론: 한국 획득체계의 발전 방향

CHAPTER 12

무기체계의 획득정책

Ⅰ. 서론

전쟁에서 승리하기 위해서 국가는 상대방보다 성능이 더 좋은 무기를 보유해야 한다. 상대방보다 무기가 정확하고 빠르며 사거리가 길면 전쟁에 승리할 가능성이 높아진다. 물론 최종 승리의 관건은 사람에 달려 있지만 전쟁사에서 보듯이 무기의 질이 상대방보다 뛰어나지 않으면 승리를 기대하기 힘들다.

양질의 무기를 값싸게 획득하는 것이야말로 고금을 통틀어 국방획득정책이 지향하고 있는 바이다. 국민의 세금으로 조성된 국방비를 저비용·고효율의 무기체계를 생산하고 구매하는 데 잘 사용해야 하는 것이다. 특히 21세기의 전장은 첨단정보기술과 정밀유도무기, 인공지능무기를 요구하고 있다. 그러나 첨단무기체계의 연구개발 혹은 구입에는 많은 예산이 필요하다. 따라서 무기체계의 획득에는 경제적, 체계적, 과학적 접근방법이 요구된다.

무기체계를 잘 선정하기 위해서는 변화하는 전쟁 양상 분석과 예측이 매우 중요하다. 예측이 잘못된 경우 개발이 완료된 무기체계의 기술이 쓸모없거나, 활용도가 낮아질 수 있다. 무기체계의 획득과 관련하여 우리는 불확실한 미래의 안보환경에 경제적이고 합리적으로 대응하기 위해서 체계적인 무기체계 획득 절차를 거치게 된다.

무기체계를 생산하는 방위산업은 국가안보의 핵심요소이며, 경제적으로도 고부가가치 산업으로서 국가전략의 중요한 부분을 차지하고 있다. 이 장에서는 무기체계 획득에 대한 이론과 한국 방위산업의 발전 과정을 살펴보면서 미래 전쟁 양상의 불확실성에 대응하기 위해서 한국이 지향해야 할 무기체계 획득정책의 바람직한 방향을 모색해 본다.

Ⅱ. 획득의 정의와 프로세스

1. 무기체계 획득의 정의

미국 국방부는 획득(acquisition)을 "군사적 임무를 만족시키기 위한 서비스(건축물 포함), 군수품, 무기와 그 외 체계들을 개념화, 설계, 개발, 시험, 계약, 생산, 배치하며 군수지원을 하거나 개량하고 폐기처분하는 것까지를 포함하는 것"으로 정의하고 있다. 미국 국방부의 2006년 1월 「국방획득 평가보고서」에서 광의의 획득은 "소요결정, 예산 및 획득프로세스를 모두 포함하는 개념"이고, 협의의 획득은 "어떻게 구매할 것인가(how to buy)"를 알려주는 획득과정으로서 소요결정과 예산을 포함하지 않은 단순한 구매를 의미한다.

우리나라의 방위사업법 제3조(정의)에 "획득은 군수품을 구매하여 조달하거나 연구개발·생산하여 조달하는 것"을 말한다고 명시되어 있다. 위와 같은 정의를 종합했을 때, 획득은 '사용자(군)를 위하여 무기체계 및 장비를 연구개발, 생산 또는 구매하여 공급하는 제반 활동'이라 정의할 수 있다.

최근에는 획득의 의미가 '방위사업'이라는 단어로 사용되고 있다. 우리나라의 방위사업법에 따르면 '방위사업'은 방위력 개선, 방위산업 육성 및 군수품 조달까지를 포함하는 개념으로 소요단계부터 폐기단계까지이며, 협의의 개념으로는 소요결정 이후부터 배치까지를 의미하는 것으로 미국의 'acquisition'과 유사한 개념으로 사용되고 있다.

2. 무기체계 획득 방법과 프로세스

무기체계를 획득하는 방법에는 연구개발을 통한 생산과 무기시장에서의 구매가 있다. 연구개발은 국내에서 행해지는 무기체계 획득을 말하며 구매는 주로 해외에서 사들여오는 무기체계 획득을 말한다.

〈그림 12-1〉에서 보듯이 무기체계 획득 절차는 각 군에서 어떤 무기가 필요하다고 소요제기를 하고 합참에서 군사전략과 합동개념에 근거하여 합동성, 통합성, 완전성이 보장되도록 소요를 결정한다. 이어서 그 무기를 연구개발을 할지 또는 해외구매를 할지를 국방부 혹은 방위사업청에서 정책결정을 한다. 연구개발을 하기로 결정하면 오른쪽의 결정절차를 따르고, 해외구매를 결정하면 왼쪽의 절차

그림 12-1 무기체계 획득 절차

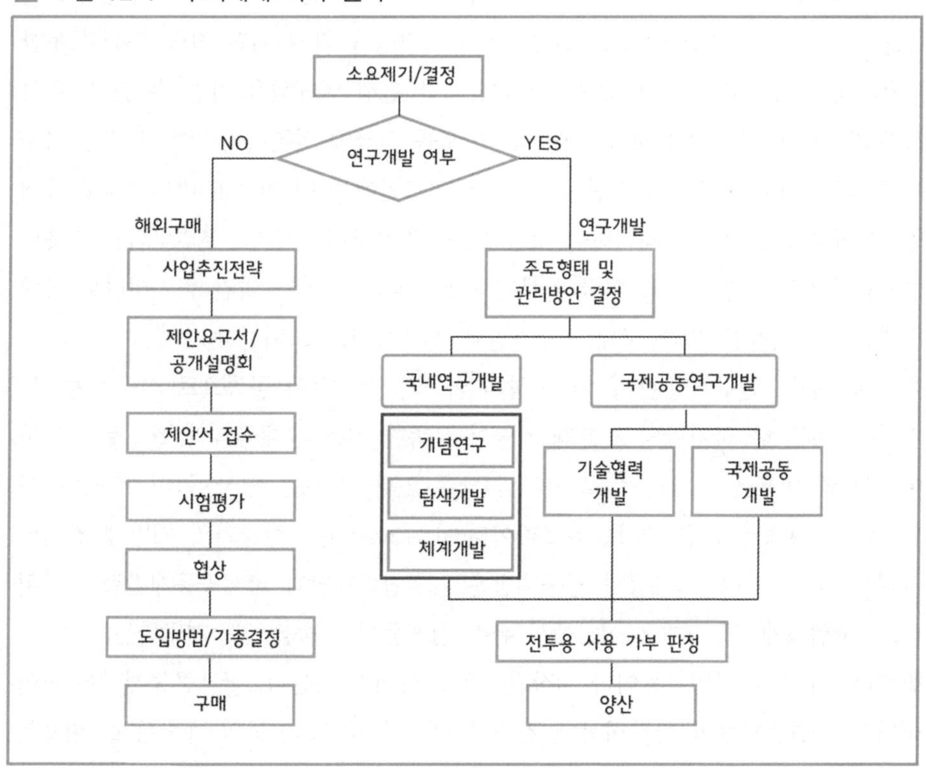

를 따라간다.

(1) 연구개발

국방 연구개발은 비용 부담의 형태에 따라 국내자본 및 국내의 연구개발 기관이 수행하는 '국내 연구개발 사업'과 외국자본(외국정부 및 외국 방산업체 자본 포함)과의 공동투자에 의한 '국제공동 연구개발 사업'으로 구분한다. 국내 연구개발의 개발비용을 누가 부담하는가에 따라 구분하면, 정부가 개발비 전액을 부담하는 '정부투자 연구개발 사업'과 정부와 국내 방산업체가 공동으로 투자하는 '공동투자 연구개발 사업', 방산업체가 전액을 투자하는 '방산업체투자 연구개발 사업'으로 구분할 수 있다.

국내 연구개발은 국내의 자체 기술에 의한 개발을 통해 군사적인 독립성을 확보하고 획득비용을 절감하며, 전력의 상대적인 우위를 달성하기 위하여 첨단기술을 개발하는 것이 목적이다. 무기체계의 독립성을 갖게 되면 적국이 갖지 못한 무기체계를 자국이 보유함으로써 적국에 대한 전쟁 억제력을 가질 수 있고, 유사시 독자적인 대처를 가능하게 하여 국가안보를 외국에 의존하지 않아도 되는 기능을 한다. 이러한 이유에서 방산선진국은 국외도입에 비해 비용이 비싸더라도 국내 연구개발을 의도적으로 채택하여 핵심기술을 축적하려고 한다. 우리나라를 비롯한 방산중진국도 마찬가지다. 외국의 무기보다 자국의 무기가 약간 비싸더라도 국내 방위산업의 육성을 위해 국내 연구개발을 선택하려고 노력한다.

국제공동 연구개발은 두 개 이상의 국가가 참여하여 공동으로 연구개발하는 것이다. 이는 한 국가만의 자본과 기술이 부족한 것을 상대국과의 협조로 보충하며 시간과 비용을 절감하는 효과를 얻을 수 있다. 예로는 영국·독일·스페인·이탈리아 등 4개국이 공동으로 유로파이터(Eurofighter)라는 항공기의 개발에 참여한 사례를 들 수 있다. 국제공동 연구개발은 기술협력개발과 국제공동개발로 구분된다. 기술협력개발은 2개국 이상에서 관련 업체들이 기술을 연구개발하는 것에 국한된다. 이 경우 상업활동이나 제작활동은 포함되지 않는다. 국제공동개발은 참여국가의 관련업체들이 합작회사나 컨소시엄을 설립하고 공동의 개발목표, 비용분담, 위험분담으로 연구개발하여 생산단계에서 사업분담, 시장분할에 대한 사전협의가 있게 된다.

국내 연구개발 절차는 소요(requirement)되는 무기체계의 생산에서 배치, 운용에 이르는 전반적인 사이클을 말한다. '임무소요 결정' 단계에서는 먼저 '소요'에 대해 인식해야 한다. 소요를 제기하는 데 고려요소는 ① 임무분야 분석, ② 정책 변화, ③ 비용절감, ④ 기술진보의 활용 등 네 가지 요소이다. 여기에서 임무분야 분석은 현재 군사력으로 대응할 수 없는 위협 식별을 의미한다. 다음으로 전력화 시기·개략적 소요량·작전운용성능·기술수준 및 개발방법·개발계획·예산·종합 군수지원 등을 고려하여 국산화에 대한 연구개발을 결정한다.

국내 연구개발을 통한 무기체계의 국산화가 결정되면, 개념을 연구하게 된다. 개념연구에서는 목표무기체계·시제업체 추천·국내외 기술현황·다른 연구기관의 이용계획·세부연구계획·기대효과·탐색개발계획을 작성하게 된다. 다음으로 탐색개발을 하는데 이는 본격적인 체계발전 이전에 이루어지는 것으로 연구개발 계획·무기체계 기술 분석·개발방법·기간·소요예산·핵심기술 부품 개발계획·주 계약 및 협력업체 선정을 한다. 다음으로 체계가 개발되고, 시험평가를 거쳐 양산 및 배치가 이루어진다. 양산 단계에서는 안정된 생산율의 확보가 관건이다. 이 단계에서 미리 계획되지 않은 사업으로 변경을 하면 과대한 비용의 발생과 배치의 지연을 초래한다. 마지막으로 운용 및 유지 단계에서는 무기체계의 질과 안전문제를 보완하고, 체계가 위협에 타당한지 여부를 판단하고 결함을 식별한다. 결함은 개발된 체계가 위협에 대응하지 못할 경우, 정책의 변화가 있을 경우, 운영비용이 과다할 경우, 기술이 낙후되었을 경우 발생한다. 이때 무기체계를 다시 검토하여 주요 수정요소를 도출한다. 개발된 무기체계가 전투용으로 가능하다고 판정되면 양산 단계에 들어간다.

국내 연구개발은 여러 가지 파급효과가 있는데, 첫째 자국의 실정에 맞는 무기체계를 얻을 수 있다. 즉 자국의 지리적 특성에 적합하고 자국인의 신체조건에 알맞은 무기체계를 보유할 수 있게 되어 국방의 자주성 및 주체성이 확보된다. 둘째, 산업의 생산능력(기계, 시설 및 설비)을 향상시키고 이윤을 증대시키며 기업이 성장할 기회를 제공한다. 셋째, 자체 생산함으로써 국내의 고용인구가 증대되고 기업의 재투자 기회를 증진하여 국민경제에 긍정적인 파급효과를 유발한다. 넷째, 기술 축적의 기회를 제공하고 획득된 국방과학기술을 민간부문에 파급시켜 민수제품의 품질을 향상시키고 국제경쟁력 향상에 기여한다. 다섯째, 자체 생산된 무기체계로 무장된 군대는 사기가 높고, 일반적으로 민간 사회의 주인의식과 안보의식을 고조시키는 중요한 이점이 있다.

한편 국내 연구개발의 대표적인 예로 한국형다목적헬기(KMH: Korea Multi-role Helicopter)사업을 들 수 있다. 한국형 기동헬기사업은 다음과 같은 단계를 거쳐 양산단계로 진입하였다.

1) 소요결정 단계

한국에서는 1965년부터 2000년까지 35년간 UH-1H, 500MD 헬기를 700여대 수입하여 운용하고 있었으나 2004년부터 운용수명을 초과하는 헬기가 발생하기 시작함에 따라 노후기종 대체 문제가 대두되었다. 2001년 4월에 육·해·공군에서 소요를 제기함에 따라서 2001년 6월에 합참에서 공격헬기와 수송헬기 총 477대를 국내에서 연구개발하기로 결정하고 개념연구와 탐색개발은 정부 주도로, 체계개발은 군 관리업체가 주도하기로 결정한다.

이에 따라 2002년 12월부터 2003년 6월까지 한국개발연구원(KDI)에서 사업의 타당성 평가를 수행했다. 그 연구결과는 국내 연구개발이 경제적이고, 민군겸용기술의 개발이 민간산업에 연관효과를 가져오며, 국제방산시장의 틈새시장으로 진출할 수 있다고 판단하고 국내연구개발을 정책 건의하였다. 그러나 노무현 정부 출범 이후 국회와 시민단체에서 KDI의 연구결과에 의문을 제기함에 따라 감사원 감사가 있었고 2004년 9월 대통령이 직접 사업타당성, 예산, 소요, 개발가능성 등에 대한 종합 재검토를 요구했으며, 2004년 9월부터 2005년 1월까지 정부종합점검팀이 KMH사업을 점검했다. 그 결과 국방부는 KMH사업을 KHP(Korea Helicopter Program) 사업으로 명칭을 변경하여 청와대 자문회의의 심의를 받아 수송용 기동헬기 250대를 생산하기로 결정하고, 공격헬기는 포기하였다. 사업규모는 당초 2조 4000억 원에서 1조 3000억 원으로 축소 조정되었고, KHP사업의 추진 주체는 국방부와 지식경제부가 역할과 예산을 분담하여 국책사업으로 추진하기로 하였다.

2) 개념연구단계

KHP사업이 확정됨에 따라서 개발에 관한 세부 계획들이 작성되었다. 2005년 3월 11일 국방부는 확대 획득·개발심의회에서 KHP의 구성품, 개발주관기관 역할 분담, 사업추진체계 등에 관한 KHP사업추진체계를 의결했다. 이에 따라 2005년 4월 15일 한국항공우주산업(KAI) 주관으로 국외체계업체 사업설명회를, 4월 20-21일에는 국방과학연구소(ADD), 한국항공우주연구원(KARI), KAI가 국내외 협력업체에 대한 사업설명회를 실시하였다. 2005년 5월 27일에는 국방부훈령 제779호와 산자부훈령 제83호로 KHP공동규정이 제정되었으며 2005년 6월 22일에는 KHP개발계획(안) 공개설명회가 개최되었다.

3) 탐색개발단계

KHP사업의 소요예산, 주계약 및 협력업체 선정 등이 이루어졌다. 2005년 4월부터 5월까지 한국산업개발연구원(KID)이 주관이 되어 '한국형 헬기개발사업(KHP)의 경제성 분석' 연구를 수행했다. 이를 근거로 2005년 7월에 개발계획이 승인되었고, 2005년 7월에 국내 협력업체가 확정되었으며 2005년 10월에 국외체계업체가 확정되었다. 국내업체로는 민간기업인 한국항공우주산업(KAI)을 주축으로 총 18개 회사가 참여하게 되었다. 2006년 4월에 방위사업추진위원회에서 1조 2,960억 원의 예산으로 73개월에 걸쳐 개발하는 체계개발계획서를 승인하고, 2006년 6월 7일 체계종합업체와 계약이 체결됨으로써 KHP사업이 착수되었다.

4) 체계개발단계

KHP 시제기와 시험비행이 이루어졌다. 2006년 9월 체계요구 성능검토와 12월 체계설계검토를 거쳐 2007년 6월 기본설계검토가 이루어졌다. 그 결과 기본설계에서 제시된 외부형상을 확정하였고 각 분야 전문가의 의견을 수렴하여 상세설계를 시작한 후 2009년 1월 기체의 조립에 착수하여 2009년 7월 시제 1호기가 출고되었으며 '수리온'이라는 별칭이 정해졌다. 2009년 7월부터 지상시험 평가를 실시하였으며, 시험비행 조종사를 양성하고, 소요군, 사업단, KAI로 구성된 통합시험센터를 운영하였다. 2010년 3월 10일에는 공군 제3훈련비행단에서 초도비행에 성공했고 6월 7일까지 진행한 초기 단계 비행시험을 성공적으로 마쳐 비행 안전성을 평가받았다.

5) 양산단계

수리온은 2012년 1월 19일에 초도 양산 1호기 최종 조립에 착수했으며 2012년에 개발을 완료하여 약 20여 년에 걸쳐 양산·배치될 계획이었다. 마침내 2010년 3월에 초도비행이 성공하였으며, 이후 대량생산에 돌입하였다. 방위사업청과 지식경제부는 2025년까지 전 세계 기동헬기 시장의 30%인 300대 정도를 수출한다는 목표를 가지고 있다. 2009년 기준으로 KAI 측이 제시한 수리온의 양산단계 대당 가격은 180억 원으로 UH-60 면허생산 대당 가격인 320억 원에 비해서 140억 원의 예산 절감효과가 있는 것으로 추정되고 있다.

(2) 구매

구매에는 국내구매, 국외구매, 임차가 있으나, 여기서 구매는 주로 국외도입을 의미한다. 국외도입의 체계도 각 군 혹은 기관에서 소요요청이 이루어지면 합참과 국방부에서 소요제기와 결정이 이루어진다. 해외직구매가 결정되면 통합사업팀과 협상기관을 구성하고 사업추진전략을 결정하게 된다. 다음으로 제안요구서를 작성하고 공개설명회를 개최한다. 이어서 제안서 접수/평가를 통해서 경쟁 대상 장비를 선정하고 각국의 현지에서 시험평가와 협상을 진행한다. 마지막으로 경쟁 대상 장비에 대한 시험평가와 협상 결과를 바탕으로 최종기종과 도입 방법을 결정한 후 계약을 하여 구매한다.

국외도입 여부를 결정할 때 고려요소는 '비용'과 '시간'이다. 국내에서 연구개발을 할 경우, 비용과 시간이 너무 많이 소요되어 군사적으로 사용이 불가능할 때에 국외도입이 대안적 성격으로 선택되며, 국가 간 교류 활성화 및 작전적 상호운용성 보장 차원에서 정책적으로 결정되기도 한다. 방산물자의 국외도입은 시간과 비용 측면에서 효율적이나, 국내 방위산업의 산업기반을 축소시키고 기술개발 가능성을 감소시켜 장기적으로는 방위산업의 약화를 초래할 수 있다는 단점이 있다.

(참고) 상호운용성(interoperability)이란?

서로 다른 국가와 군대 간에 무기체계, 정보, 데이터를 막힘없이 공유, 교환, 운용할 수 있는 능력을 뜻한다. 동맹국 간에 무기체계의 상호운용성이 보장되면 의사소통의 원활, 연합군의 교리와 전술 적용 가능, 동맹군 간의 충돌 방지, 군수지원의 용이, 전장에서 시너지 효과 창출, 전쟁 시 일시적 수요증가 대응 용이, 연합작전 공동 수행의 성공 보장 등의 장점이 있다. 단점으로는 동맹선진국의 무기 공급 독점, 동맹파트너 국가의 국내연구개발에 지장 초래, 동맹파트너국가 내에서의 획득절차의 공정성과 투명성에 대한 불신제기 등이 있다.

해외구매의 대표적인 사례를 들면 2002년에 결정하여 구매하기 시작한 F-15K 사업이 있다. F-15K의 획득결정 절차를 알아보면,

첫째 한국공군이 차기 전투기의 소요를 제기했고, 합참에서 그 필요성을 검토했다. 공군의 소요제기의 배경은 한국 공군이 1960년대 F-5A/B 50여 대, 1960-70년대 초 F-4D 50여 대를 도입하였으며, 1990년대 중반에 KF-16 120여 대를 포함 그때까지 총 500여 대를 도입하였으나, 2000년부터 노후화된 전투기 100여 대를 도태시키기 시작함에 따라 신규 전투기 확보가 시급한 실정이었다. 이에 2005-2008년까지 전력화될 차기 전투기 40대의 필요성을 제기하였다.

둘째, 이에 따른 사업추진 방법을 결정하는 단계에서, 획득방법은 ① 국내연구개발을 할 경우 투자비용 대 효과 분석과 국내기술로 개발 가능성을 분석하고, ② 해외구매를 할 경우 해외 직구매의 비용 대 효과 분석과 기술도입정도를 비교분석한 결과 해외구매를 결정하였다.

셋째, 사업추진팀을 〈그림 12-2〉와 같이 구성했다.

넷째, 경쟁대상 장비를 선정했다. 항공기의 성능, 종합군수지원, 계약조건, 절충교역 등이 포함된 제안요구서를 작성하고, 이를 대상회사에 배부하여, 제안서를 접수했다. 차기전투기 사업의 제안서는 유로사의 EF-T, 보잉사의 F-15K, 다소사의 라팔, 로스아바론사의 Su-35 등 4개사에서 접수했다. 기종에 대한 시험평가를 위해 현지에서 비행평가, 시범 및 실습 자료평가, 견학 및 시찰이 이루어졌다. 아

그림 12-2 F-15K 사업추진팀[1)]

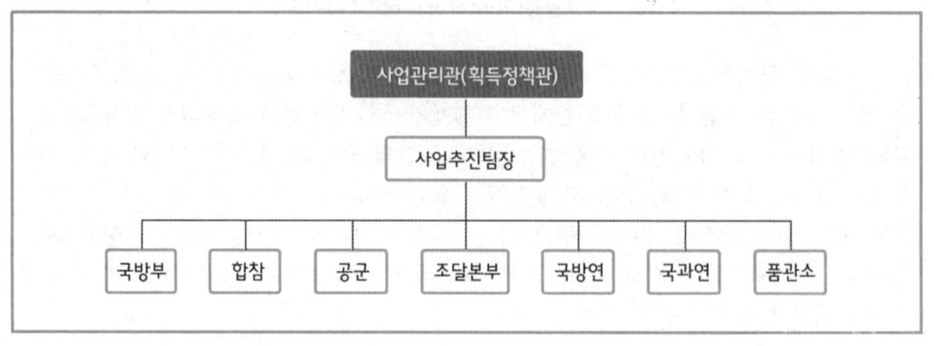

울러 시험평가 결과를 분석하여 그 결과 보고서를 국방부 사업추진팀에 제출했다. 이때 해외구매를 위한 대상 장비에 대한 전투기 성능평가를 위해 시험평가기관을 선정하고, 협상기관을 선정했다. 협상기관은 협상팀장을 조달본부 외자부장으로 하여 ① 조건 및 가격 협상반, ② 목표가격 산정반, ③ 절충교역 협상반, ④ 기술 협상반으로 구성하고, 자문위원을 두어 정책/법률에 대한 자문을 구하기도 했다.

다섯째, 협상전략을 수립하고 협상했는데, 차기 전투기의 경우 2단계 협상을 실시하였다. 1단계 협상에서 1위와 2위의 평가점수가 3점 이내에 있는 두 기종을 선정하고 2단계에서 정책적 상황을 고려하여 최종 기종을 F-15K로 결정했다. 2단계 협상의 결과 전투기 개발을 위한 기술확보 및 국내 항공산업 발전을 위한 절충교역 목표를 30%에서 70%로 상향 조정했다.

여섯째, 기종 결정 단계에서 평가방법을 결정하는 주체와 평가수행 주체를 달리하여 공정성과 투명성을 높일 수 있도록 했다. 즉, 국방연구원이 F-X평가방법을 결정하는 주체가 되고, F-X평가를 수행하는 주체는 다음과 같이 다양화했다. 그리고 항목마다 다음의 ( ) 속에 표시된 %와 같이 비중을 달리했다. F-X평가를 수행하는 주체는 1단계 평가에서 수명주기 비용(35.33%)에 대해서는 KIDA에서, 임무수행능력(34.55%)은 KIDA와 공군에서, 군 운용면(18.13%)에서는 공군이, 기술이전/계약조건(11.99%)은 ADD에서 평가를 수행했다.

1) 국방부, 『F-X 사업관련 자료집』(서울: 국방부, 2008), p. 11.

마지막으로 최종기종 결정이 이루어졌다. 1단계 평가에서 선정된 미국의 F-15K와 프랑스의 라팔에 대한 2단계 평가를 최종 종합하여, 계약서를 작성했다. 그 후 2005년 11월부터 도입을 시작, 2008년에 완료되었다.

Ⅲ. 한국 획득체계의 변화 과정

국가는 위기 시 무기수급의 안정성 확보, 국가의 자율성 확보, 방산수출을 통한 경제적 이익 증대 등을 고려하면서 방위사업을 시작한다. 하지만 국가의 기술 수준, 경제적 능력 등의 요인에 의해서 독립적인 방위사업 능력을 확보하기까지는 많은 시간이 필요하다.

그린(Michael J. Green)은 방위산업의 변화 과정을 8단계로 구분하여 제시하고 있다.[2] 첫째, 해외에서 도입한 무기체계의 정비단계, 둘째 해외에서 도입한 무기체계의 분해수리단계, 셋째 해외에서 생산된 부품의 조립단계, 넷째 일부 국내에서 생산된 부품의 조립 혹은 면허생산부품을 판매하는 제한된 면허생산(limited licensed production)단계, 다섯째 핵심부품을 수입하여 생산하는 일부 독자적인 면허생산(independent licensed production)단계, 여섯째 첨단무기를 제외한 면허생산단계로 개선에 관한 연구개발 단계, 일곱째 첨단무기에 대한 제한적인 연구개발과 다른 무기의 연구개발과 생산이 가능한 단계, 여덟째 첨단 무기를 포함한 모든 무기의 독자적 연구개발과 생산이 가능한 단계이다.

그렇다면 한국 방위산업은 어떠한 변화 과정을 거쳤으며, 현재 어떤 단계에 있는가? 그린의 방위산업 변화 8단계에 따라서 한국 방위산업의 변화과정을 〈표 12-1〉에서처럼 기반조성기(1968-1980), 정체기(1981-1988), 발전기(1989-1998), 혁신기(1999-현재)로 구분하여 살펴보고자 한다.

---

2) Michael J Green, *Arming Japan* (New York: Colombia University Press, 1995). p. 14.

표 12-1 한국 방위사업 전개과정

구분	기반조성기	정체기	발전기	혁신기
시기	1968-1980	1981-1988	1989-1998	1999-현재
주요 내용	• 모방개발 생산 • 국내연구개발 시작	• 해외구매 증가 • 연구개발비 감소	• 산학연 역할 분담 재정립 • 핵심기술/부품 개발	• 군사기술혁신 준비 • 선진경영기법 활용 연구개발경영
주요 정책	• 군수조달에 관한 특별조치법 • 국방과학연구소 발족 • 방위세 신설	• 해외무기도입 위주로 전환 • 미국 기술자료 제공 감소 • 미국의 무기수출 규제법	• 818 군구조 개편 • 연구개발 기본정책방향 • 무기체계 획득관리규정	• 방위사업청 신설 • 국방개혁법 입법 • 전문화·계열화 폐지
주요 방산 물자	• M-16소총, 수류탄, 지뢰 • M-48전차, M-113 전차 • 105mm 곡사포 • H500MD헬기 • 초계함, 호위함, 잠수정	• K-2한국형 소총 • K-200장갑차 • K-1전차 • KF-5E • 2,000톤급 호위함, 잠수정	• K-55, K-9자주포 • KDX-I/II • UH-60헬기 • KF-16 • KSS-I잠수함	• K1A1, K-2전차 • K-21장갑차 • KDX-III • KSS-II잠수함 • KJCCS

1. 기반조성기(1968-1980)

한국의 방위산업은 1968년에 박정희 대통령이 자주국방의 중요성을 언급하면서 시작되었다. 박 대통령은 자주국방을 달성하기 위해 1970년 4월에 '민수사업을 최대한 활용하는 방위산업 육성' 구상을 밝히고, 8월에는 국방과학연구소(ADD)를 창설했다. 1971년 주한미군에 의존하지 않는 독자적 대북한 방위력을 완비하기 위해 청와대에 중화학공업 및 방위산업을 담당하는 경제 제2비서실을 신설하고 독자적인 국방연구개발을 지시했다.

박 대통령은 1973년 4월 19일, 합동참모본부에 자주적 군사력 건설을 위한 지시를 내렸다. 첫째, 자주국방을 위한 군사전략 수립과 군사력 건설 착수, 둘째 작전지휘권 인수에 대비한 장기군사전략의 수립, 셋째 중화학공업 발전에 따라 고

성능 전투기와 미사일 등을 제외한 무기 장비 국산화, 넷째 장차 1980년대에는 미군이 한 사람도 없다고 가정하고 독자적인 군사전략, 전력증강 계획을 발전시킬 것 등이다. 이 지시에 근거하여 합동참모본부는 국방 7개년 계획 투자비 사업 계획위원회를 설치하고 각 군에서 건의된 군장비 현대화 계획을 조정 보완하여 대통령에게 건의안을 만들었다. 국방부는 이를 토대로 제1차 전력 증강 계획(일명 율곡계획)을 수립하여 1974년 2월 대통령의 재가를 얻어 확정했다. 당초 이 계획은 1974년부터 1980년까지 7개년 계획이었으나, 1981년까지 1년 연장했다.

국산 방위산업을 육성하기 위해 1973년 12월부터 벌인 방위성금 모금운동이 범국민적으로 확산되어 마감일인 1974년 10월 1일, 총 64억 4,957만 원을 모았으며, 1975년 월남이 패망하자 정부는 즉각 방위세를 신설하여 방위산업 육성에 더욱 박차를 가하였다. 제1차 율곡계획은 8년 동안 총 가용액 3조 6,076억 원(국고 2조 7,702억 원과 미국으로부터 FMS차관 8,374억 원)에서 차관원리금 상환액 4,674억 원을 제외한 실 투자비 3조 1,402억 원이 소요되었다. 이는 동기간 국방비 총액 대비 31.2%에 달하는 금액이었다.

제1차 율곡사업의 결과 〈표 12-2〉와 같이 국제적으로 공인된 군사력을 가지게 되었다. 제1차 율곡사업의 추진으로 각 군은 양적·질적으로 괄목할 만한 전력증강을 이루기는 하였으나 북한군의 증강 속도에는 미치지 못하여, 국방부는 1981년 말 한국군의 전력이 북한군 전력의 54.2% 수준밖에 되지 못하는 것으로 평가하였다.

이 시기의 특징은 대통령 주도로 자주국방의 철학을 가지고 방위산업의 육성을 국가의 우선순위로 설정하고 범정부적, 범국민적으로 추진했다는 점이다.[3] 대통령의 열성적인 대미외교 덕분에 미국이 기술지원을 적극적으로 하게 되었다. 기술자료의 제공은 물론 미국기술지원단이 ADD에 상주하면서 현장에서 기술지도를 했으며 우리 기술요원의 미국연수를 돕기도 했다.

---

3) 조영길, 『자주국방의 길』, (서울: 플래닛미디어, 2019).

표 12-2 제1차 율곡계획 이전과 이후의 남한의 군사력 비교

		1972	1981
지상 무기 체계	전차	M-4, M-48, M-24	M-60(60), M-47/48(800)
	장갑차	M-8, M-113	M-113/577(500), Fiat6614APC(70)
	야포	175mm	105mm, 155mm, 203mm(총 2,000문)
	자주포	-	M-109(76), M-107(12), M-110(16)
	박격포	-	81mm, 107mm(총 5,300문)
	대전차무기	M-10, M-36	M-18(80), M-36(100)
	방공포	-	20mm(60), 40mm(40)
	미사일	지대지, 지대공	호크(80), 나이키(45), 어네스트존(수량 미상)
	관측기/헬기	-	O-2A(14), UH-1B(20), OH-6A(44), KH-44(5)
해상 무기 체계	구축함	6(호위함 3대 포함)	10
	프리깃트함	4	7
	코르벳함	-	6
	초계함	-	10
	소해함	10	8
	상륙함	20	21
	경비정	12	28
	유도탄함	-	8
	CPIC	-	5
	헬기	-	8
공중 무기 체계	F-4D/E 전폭기	18	60
	F-86F 전폭기	110	50
	F-5 전투기	77	220
	수송기	35	34
	다목적 헬기	6	74(구조헬기 13대 포함)
	정찰기	RF-86F(10)	RF-5(12)
	S-2해상 초계기	-	20
	훈련기	-	103

출처: IISS, *Military Balance* 1972년과 1981년의 비교.

2. 정체기(1981-1988)

1981년 출범한 전두환 정부는 정권의 정치적 정통성의 부족을 메우기 위해 레이건 행정부의 지지를 얻고자 노력했다. 따라서 전두환 정부는 한미관계를 더욱 강화하면서 박정희 대통령 때 강조했던 무기의 국산화 대신 미국의 무기를 구입하는 방향으로 정책 전환을 했다. 표면적 이유는 북한의 위협과 비교하여 전력 열세가 분명하므로 조기에 이를 만회하기 위해서는 미국의 첨단무기가 필요하다는 것이었다. 이에 따라 정부는 국가목표의 중점을 '국가안보'에서 '경제안정화'와 '사회복지'로 변화시키면서 정부예산 대비 국방비의 비중이 1980년 35.9%에서 1989년에는 31.3%로 감소했다. 국방비 대비 연구개발비는 1970년대 약 3.5%에서 1980년대에는 약 1.5%로 낮아졌다. 1970년대에 미국이 제공하였던 기술 자료도 1981년부터 급격히 축소되어 1980년 144건에서 1985년에는 7건에 불과했다.

1980년대 한국의 방위산업은 그린(Green)이 말한 방위산업발전의 6단계에 정체되었다. 1970년대 연구개발이 집중되었던 ADD에 대한 예산 삭감과 인원 감축이 대대적으로 이루어졌다. 1980년대 방위산업이 정체기에 머무른 것은 해외무기구입 우선으로 정책을 전환함과 더불어 연구개발 예산을 감축한 결과이기도 하지만, 1970년대에 국방과학기술의 주요 재원이었던 방위세, 방위성금, 각종 방위산업에 대한 특혜지원 법률들이 폐지된 데에도 원인이 있다.

연구개발비의 감소에도 불구하고, 1980년대 방산수출은 1981년 1억 2,480만 달러에서 1983년 3억 130만 달러로 증가했다. 또한 많은 무기체계가 생산·배치되었다. 지상무기체계로는 K-200장갑차, K-1전차 등, 공군무기체계로는 KF-5E, 해군무기체계로는 2,000톤급 호위함 등이 생산되었다. 하지만 이러한 성과는 1970년대 연구개발 투자의 성과였으며, 공군의 전투기와 훈련기 그리고 전투기에 필요한 미사일 등도 모두 미국에서 직접 도입했다.

3. 발전기(1989-1998)

1988년 취임한 노태우 대통령은 '국방의 자주화', '군대의 선진화', '군사의 과학화'를 국방 지표로 선정하고 방위사업정책의 변화를 추진하였다. 정부는 국내 연구개발의 활성화를 위해 1991년 2월 '연구개발 기본정책 방향'과 '무기체계 획득관리규정'을 제정함으로써 핵심기술과 부품을 개발할 여건을 마련했을 뿐만 아니라, 해외구매 및 기술도입 생산 시에도 주로 핵심기술을 이전받기 위해 절충교역을 추진하고 기술도입처의 다변화를 시도했다. 김영삼 정부에서는 율곡사업의 각종 비리가 터져 방위산업육성에 타격을 받았다. 율곡사업의 명칭을 변경하여 1992년에는 '전력정비사업'으로 바꾸었고, 1996년 12월부터는 '방위력개선사업'이라고 불렀다. 그러나 국방과학기술의 현대화를 목표로 설정하고 앞으로 소요되는 무기체계는 가급적 해외 도입을 지양하고 국산무기를 사용한다는 원칙을 정립하였다. 이를 뒷받침하기 위해 1993년부터 산·학·연 협력체계를 구축하였으며, 당시 국방비의 3%인 연구개발비를 1998년까지 5%로 증액하는 것을 목표로 설정했다. 국방연구개발비의 비율은 1989년 1.2%에서 1998년에는 3.47%까지 증가하였다.

이러한 방위산업육성 정책에도 불구하고 방산수출은 감소했다. 1980년대 평균 1억 2천만 달러이던 수출이 1996년 4,538만 달러까지 감소했다. 1990년대 방산수출 감소의 원인은 1980년대 연구개발에 투자를 하지 않은 결과였다. 1990년대에는 1991년 걸프전을 계기로 첨단무기가 유행하는 시기가 되었다. 하지만 한국은 지난 10년 동안 방위산업의 연구개발을 지속하지 않았기 때문에 새로운 전쟁 양상에 부합하는 첨단 무기체계를 요구하는 세계 무기시장의 변화에 대응할 수 없었던 것이다.

1990년대에는 방산수출은 감소했지만 KF-16과 같은 첨단 전투기와 KSS-1 잠수함을 기술 도입으로 생산하였으며, K-9 자주포를 국내에서 연구개발했다. 한국의 방위사업이 첨단무기에 대한 제한적인 연구개발과 다른 무기의 연구개발과 생산이 가능한 방위산업 발전의 7단계에 도달하게 된 것이다. 1995년부터 추진된 국방 현대화에 따라 '필요로 하는 무기는 우리 스스로 만들어 쓴다.'는 원칙 아래 국내개발이 요구되는 과제를 선정하고 연구개발체계와 관련제도를 꾸준하게 개선한 결과였다.[4)]

4) 김철환, 『방위산업의 이론과 실제』(서울: 국방대학교, 2005).

4. 혁신기(1999-현재)

김대중 정부 시기에는 외환위기라는 국가 부도사태를 겪고 경제 전반에 걸쳐 구조조정을 하면서 방위산업 분야도 구조조정과 함께 대부분의 신규 해외무기도입 사업을 축소 조정하였다. 1998년 4월 '민·군 겸용기술사업 촉진법'을 제정하여 민군겸용 기술개발을 위한 기반을 마련했다. 1999년 국방백서에는 국산무기 우선 사용원칙에 입각하여 국내 연구개발을 추진하고 국내 방위산업의 기술개발 능력과 경쟁력을 강화하기 위해 방산업체의 구조조정 및 지원제도를 발전시키는 등 국방획득 5대 정책방향을 제시하고 있다. 노무현 정부에서는 국방연구개발체계를 발전시키기 위해 '03-'07 국가과학기술 기본계획에 연계하여 국방과학기술 발전 중장기계획을 마련하여 발표하였다. 2006년에는 방위사업청을 통해 획득업무의 투명성과 신뢰성을 제고했다. 이와 함께 2007년 8월에 국방부에 전력정책관실을 설치하여 방사청 획득업무와 국방장관 간의 업무 조정과 협조를 총괄하게 했다.

방산물자 수출도 〈표 12-3〉에서 보는 것과 같이 2006년 이후 급격히 증가해서 2008년에는 10억 달러를 초과하였다. 또한 '자주적 전쟁 억제 능력'의 확보와 잠재적 군사위협에 대응 가능한 '방위 충분성 전력'을 구비하는 것을 목표로 군사력을 건설한 결과 T-50, 합동지휘통제시스템(KJCCS: Korea Joint Command and Control System), KDX-Ⅱ, KDX-Ⅲ AEGIS 등 첨단무기체계들이 생산되었다.

2000년대 방위사업은 1990년대 이후 지속된 연구개발과 방위산업 육성 정책 그리고 획득체계의 개선을 통해서 첨단무기를 포함한 모든 무기의 독자적인 연구개발과 생산이 가능한 방위산업발전의 8단계에 도달하기 위한 혁신적인 변화가 나타난 시기였다. 이러한 결과는 1990년대 이후 정부가 지속적으로 연구개발에 투자했으며, 2008-2012년까지 이명박 정부가 방위산업을 100대 국정과제 중 하나로 선정하고 신경제성장 동력으로 육성한 결과라고 할 수 있다. 박근혜 정부에서는 다시 방산수출에 전력을 경주하였다. 그 결과 2014년까지 방산수출은 매년 증가하였으나, 2015년 이후 주춤세를 보이고 있다.

표 12-3 방산물자 수출 현황 (단위: 백만 달러)

구분	11년	12년	13년	14년	15년	16년	17년
탄약/총포	12	428	779	1,017	1,789	1,278	810
기동/화력	72	337	175	634	578	287	1,470
함정	1,082	752	837	1,239	68	636	50
통신전자	63	140	6	8	20	36	150
항공	850	653	1,591	687	1,044	278	480
기타	30	43	28	27	42	43	160
총계	✓2,382	2,353	✓3,416	3,612	3,541	2,558	3,120

출처: 방위사업청, 「2018 방위사업 통계연보」(서울: 방위사업청, 2018), p. 216.

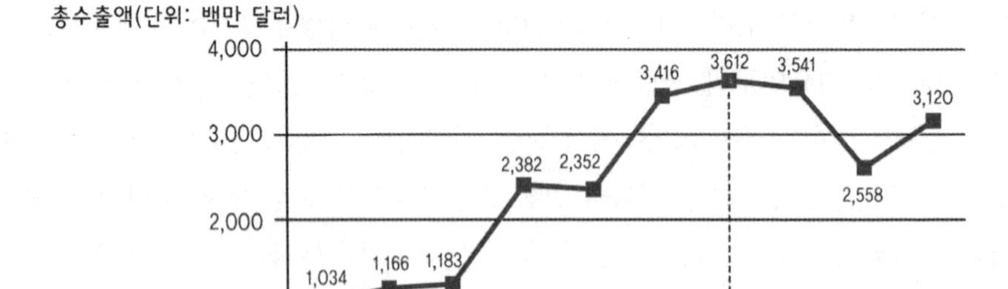

한국 방위산업의 변천 과정은 방위산업의 발전을 위해서는 정부의 지속적인 투자는 물론 민간의 기술개발과 투자를 유도하기 위한 정책이 병행되어야 함을 보여준다. 현재 한국의 방위산업은 방위산업 변화의 마지막 단계인 8단계를 향한 혁신의 과정을 겪고 있다. 하지만 한국의 국방과학기술이 선진국 대비 68% 수준에 머물고 있는 등 해결해야 할 많은 과제도 있다. 아래에서는 한국의 방위산업이 선진방산국가 수준에 도달하기 위해서 해결해야 할 획득체계의 문제점과 발전방향을 논의해 보고자 한다.

Ⅳ. 한국 획득체계의 문제점

1. 국외도입 위주의 획득정책

한국 획득정책의 가장 큰 문제는 국외도입을 중시하는 경향이다. 이러한 현상의 첫 번째 이유는 1980년대의 국방획득 정책이 국내 연구개발보다는 국외도입 위주로 전환되었기 때문이다. 이에 따라 국내 국방과학 기술력의 성장이 지체되고 연구개발 의욕이 저하되었다. 그나마 국내 방위산업기반을 유지·발전시키기 위하여 추진된 기술도입 생산방식도 핵심기술과 부품의 국내생산능력 확보에까지 미치지 못하고 체계조립 위주로 전락함으로써, 미래의 유사장비 획득에서도 국외도입에 의존하는 악순환이 발생되었다. 두 번째 이유는 방산업체 자체의 연구개발 기술수준이 낮기 때문이다. 이에 대해서는 이 절의 네 번째 항에서 자세히 설명한다.

그 결과 고부가가치 사업인 무기의 교역에 역조현상이 아직도 심하다. 한국군은 정책적으로 연구개발비가 해외구입비보다 비싸더라도 국내 연구개발을 우선하고 있으나 스톡홀름 국제평화연구소의 발표에 따르면 한국은 2007-2011년 사이 전 세계 재래식 무기거래시장에서 세계의 무기 거래량의 6%를 수입함으로써 인도에 이어 무기수입 규모 제2위를 기록했다. 그러나 이러한 경향은 2012-2017년 사이에 상당히 완화된다. 동 기간 중 한국은 무기 수출에서 세계 13위로 수출시장 점유율 1.0%를 차지했고, 무기 수입에서도 세계 13위로 세계 수입시장 점유율 2.0%를 차지하였다. 앞으로 한국군의 무기체계인 정찰위성, 공중조기경보기, 전자전기, 공중급유기, 차세대 전투기 등 고가의 장비가 대부분 국외도입으로 계획된 것을 보면 수입의존도는 더 증가할 것으로 보여진다.

2. 수출의 한계

한국의 방위산업은 수요 측면에서 내수 의존도가 매우 높다. 그 결과 군의 전력건설계획의 변동에 따라서 업체의 방산부문 경영성과가 크게 좌우된다. 한국의 방산제품 수출국가가 74개국에 달하며, 방산수출 실적이 앞의 〈표 12-3〉에서 보듯이, 2014년도에 36억 1천만 달러를 기록하는 등 방산 수출이 확대되는 추세를 보였으나, 그 이후에는 주춤하고 있다.

국방획득관리 규정에서는 미화 1,000만 달러 이상의 국외도입 및 연구·개발사업 등에 대하여 외화지불금액의 30% 이상을 기술이전 및 부품 역수출 등 일정한 반대급부를 요구하는 절충교역에 할당할 것을 규정하고 있다. 이를 통해 다양한 핵심기술을 습득·축적하여 해외무기시장에서 한국의 제품경쟁력을 제고하려고 한다. 그러나 절충교역에 의한 수출은 한계가 있다. 또한 ADD와 방산업체 간 연구개발 협력이 미흡하고, 방산 수출업체는 일부에 국한되는 등 방위산업을 신성장동력으로 육성하는 데 여러 가지 문제점이 있다.

3. 획득 주체의 혼선

국방부, 방위사업청, 국방과학연구소가 서로 획득의 주체가 되어야 한다고 주장한다. 군사력 건설은 국방부의 본질적 기능이므로 국방부는 획득정책에서 주도적 역할을 원한다. 그러나 2006년 방위사업청이 개청된 이래 국내 연구개발 위주의 획득과 방산수출, 무기체계 획득의 투명성 측면에서 과거 국방부가 획득을 주관할 때보다 성과가 월등함을 내세움으로써 방위사업청이 획득을 주도해야 한다고 주장하고 있다. 이명박 정부는 방위사업청의 획득기능을 인정하고 '특정사안'에 대한 국방부의 감사기능을 인정했으나, 아직도 획득 주체 논란은 수그러들지 않고 있다. 문재인 정부는 방위사업청의 주도적 역할을 회복시켰다.

예산편성 면에서도 문제점은 나타나고 있다. 국방기획관리제도의 측면에서 보면 예산편성은 국방부에서 수행하고, 집행은 방위사업청에서 수행하는 것이 바람직하다. 그러나 현행 방위사업법 제14조 2항에서는 방위력 개선 사업분야의 예산편성권한이 방위사업청장에게 있기 때문에 국방부가 권한을 요구하려면 국가재정법을 바꾸어야 한다. 국방부에서 방위사업의 예산편성을 하게 되면 방위사업의 주관부서가 국방부로 바뀐다. 이럴 경우 방위사업청은 과거의 조달본부로 전락한다.

문제는 또 있다. 현재 군사력 건설예산, 즉 방위력 개선분야 예산은 방위사업청에서 편성한다. 군사력 유지예산, 즉 전력운영분야 예산은 국방부에서 각각 편성하고 있다. 이와 같이 국방예산 소관부처가 이원화되어 있을 경우 무기체계의 총수명주기간 예산의 흐름과 인력을 효율적으로 연계하고 획득·운영 유지비의 지출성과에 대한 통합분석과 환류가 어렵다. 이러한 분리현상을 극복하지 않고서는 과학적이고 체계적인 국방획득 정책의 운영이 곤란해진다는 근본적인 문제점이 있다.

4. 국내 연구개발 여건의 미흡

21세기 전장은 첨단무기체계를 요구하는데 국내 국방과학기술은 낮은 수준에 머물고 있다. 한국은 아직까지도 연구개발은 국방과학연구소가, 생산은 방산업체가, 정비는 군이 담당하는 분업체제가 유지되고 있다. 이로 인해 방산업체는 생산업무에 치중할 뿐 연구개발을 소홀히 하고 있다. 이렇게 된 이유는 군의 첨단 무기체계 수요에 비하여 국내 연구개발 수준이 미흡해서 최첨단 무기체계의 상당 부분을 해외에서 구매하기 때문이다. 2016년의 방산업체의 자기자본 수익률은 3.4%로 제조업 평균 6.0%의 1/2 수준에 불과하다. 그리고 2016년 기준으로 방산부문의 종업원 1인당 매출액은 4.6억 원으로 회사전체 기준 1인당 매출액 9.5억 원의 절반에도 못 미치므로 방산부문이 회사 전체의 경영실적을 잠식하는 결과를 낳고 있다.

방산업체의 연구개발에 대한 회의적 성향은 미국과 대조적인데, 미국은 냉전시대에는 정부가 연구개발비의 약 2/3를 투자했으나 오늘날에는 민간기업이 전체 연구개발비의 2/3 정도를 투자하고 있다. 미국과 달리 방산업체의 경제적 효용성에 회의를 가지게 하는 근본적인 원인은 그동안 국가 차원에서 국내 방위산업을 지속적으로 활용하지 않아 방위산업의 기술수준이 낮다는 데에 있다.

또 다른 문제점은 업체 자체적으로 연구개발을 할 경우 연구 실패의 위험성이 존재하는데도 이에 대한 정부의 보상이 너무 미약하다는 점이다. 즉 개발비용과 개발성능 확보에 대한 위험부담을 업체가 부담함에도 개발비용 보상은 투입비

표 12-4 한국의 국방비 대비 연구개발비 비율 현황

구분	12년	13년	14년	15년	16년	17년	18년
비율	7.0%	7.1%	6.5%	6.5%	6.6%	6.9%	6.7%

출처: 방위사업청, 「2018 방위사업 통계연보」(서울: 방위사업청, 2018), p. 69.

용 위주로 엄격한 원가계산을 실시하며, 사업승인 전에 투입된 개발비용에는 이를 인정하지 않는데, 이는 업체의 자체 연구개발 의욕을 저하시키는 요인으로 작용한다.

방산업체가 연구개발에 소극적인 것보다 더 큰 문제는 국가 전체적으로도 연구개발투자가 미흡하다는 것이다. 특히 방산 선진국의 국방비 대비 연구개발비가 7-13%에 달하나 한국은 〈표 12-4〉에서 보는 바와 같이 7%에도 못 미쳐 차이가 크다. 따라서 앞으로 선진국과 한국간 의 기술격차와 경쟁력의 문제는 계속될 것이다.

Ⅴ. 결론: 한국 획득체계의 발전 방향

앞에서 언급한 한국의 획득정책의 문제점을 해결하기 위해서 무엇을 해야 할 것인가? 결론에서는 한국의 무기획득 정책의 발전 방향을 모색해 본다.

1. 소요-획득-운영유지의 통합관리체계 구축

소요-획득-운영유지는 셔츠에 단추를 끼우는 원리와 동일하다. 첫 단계인 소요부터 잘못 끼우면 처음부터 다시 해야 한다. 콜먼(Richard L. Coleman) 등은 좋은 소요결정은 나중에 특별한 수고와 비용 상승, 기술적 결함 등을 현저하게 감소시키는 요인으로 작용한다고 본다.[5] 잘 준비된 소요제기는 획득관리를 용이하게

5) Richard L. Coleman, Hessical R. Summeville, and Megan E. Damenon "The Relationship

하고 시행착오를 줄이며 결과적으로 성능이 우수한 무기체계를 전력화해서 운영·유지할 길잡이 역할을 한다.

좋은 소요를 창출하기 위해서는 다음과 같은 네 가지 과제에 대한 해결이 필수적이다.

첫째, 변화하는 안보환경에 효과적으로 대응하기 위해서 상향식 전력기획방법과 하향식 전력기획방법을 스마트하게 혼용해서 사용해야 한다. 상부에서 전력소요를 고려하면서 동시에 각 군에서 제기한 전력소요를 스마트하게 조정·관리하는 자세를 보여야 한다.

둘째, 소요의 요청·제기·결정에 꼭 필요한 전문인력을 확충하고, 소요의 합리성과 현실성을 제고하기 위해 과학적 분석 방법을 숙지하고 소요제기를 전담할 부서의 설치가 필요하다. 현재 소요를 제기하는 데에 각 군의 능력은 국방부, 합참보다 뛰어나다고 해도 과언이 아니다. 그러나 각 군의 분석가는 자신들이 축적한 소요 데이터와 모델을 활용하는 분석능력은 뛰어나지만, 합동분석능력이 부족하다. 따라서 합참 차원에서 각 군이 독자적으로 제기한 소요를 전략적·작전적 수준에서 통합할 합동분석능력이 절대 필요하다.[6] 이와 관련한 합동분석 인력 양성이 필요하며 궁극적으로 '합동분석체계'를 제도화하는 방향으로 노력해야 한다.

셋째, 전투실험과 기술시범을 소요제기 절차에 도입해 제도적으로 정착시켜야 한다. 무기체계의 소요제기·결정을 적용하는 새로운 체계는 전투실험과 기술시범을 포함해야 한다. 전투실험은 신체계·신조직·신교리의 대안을 체계적·과학적으로 분석하는 절차로서 기능하고 기술시범은 가용한 기술·부품을 활용하여 새로운 체계를 구현한 후 군사적 효용성을 증명하는 절차로서 기능하게 해야 한다.

넷째, 소요제기·결정·지원조직이 본래의 임무와 기능에 맞는 역할과 지원을 할 수 있도록 제도적 정비가 필요하다. 이를 위해 ADD의 소요요구 능력 및 지원체계를 강화하여 군과 기관의 기술검토 요구를 적시에 지원할 수 있게 ADD의 '모의기반 설계(Simulation Based Design)' 기능을 강화해야 한다. 그리고 KIDA를 중·장기 전력소요서의 사전분석과 검토에 필수 참여기관으로 지명하고 국방모의센터를

Between Cost growth and Schedule growth," *Acquisition Review Quarterly* (Spring, 2003).

6) 김종하, 『국방획득과 방위산업: 이론과 실제』(서울: 북코리아, 2015), pp. 77-86.

확대 개편할 필요가 있다. 또한 모델 및 DB정보공유 활성화를 위한 군·산·학·연의 연계도 좋은 방법이 될 수 있다. 국민적 검증을 위해 미국의 '합동소요감독위원회(Joint Requirement Oversight Committee)'와 같이 기획재정부, 국회, ADD, KIDA, 획득관련 민간기관 요원들로 구성된 합동감독위원회가 소요제기 된 무기체계의 필요성, 검증가능성, 실행가능성을 총체적으로 검토하는 역할을 수행하는 것도 좋은 방안이다. 이러한 검증위원회를 운영함으로써 합동전략 및 기술발전 중심의 소요접근을 강화할 수 있다.

2. 획득 주체의 역할 정립

획득 주체의 혼선을 방지하고 현명한 정책결정을 도모하기 위해 방위력 개선비와 경상운영비를 통합해서 조정·통제하는 것이 필요하다. 이를 위해 단일 회의체계(국방정책회의, 군무회의)에서 통합하여 심의·조정하게 하는 것이 바람직하다. 국방부, 방위사업청, 각 군 조직이 유기적으로 협조하여 운영되도록 국방부 장관의 통제 아래 최적 국방비가 편성, 운용되게 통합 운영하는 것이 바람직하다. 중기계획-예산편성 단계에서 총소요와 운영유지비를 고려하여 군사력 건설 방향이 바르게 조정될 수 있도록 제도를 개선해야 한다.

3. 획득전문인력 확충

방위사업청 내 사업관리 업무를 수행하는 현역군인의 경우 야전부대와의 보직순환으로 인해 전문성에 항상 의문이 제기된다. 그러나 방위사업청 내 현역군인을 활용하는 이유가 이들의 경험과 작전소요를 잘 반영해야 한다는 이유이기 때문에 현역군인이 무조건 오래 근무하는 것이 반드시 이롭다고는 볼 수 없다. 계급에 맞는 전문군사교육(PME: Professional Military Education) 과정을 반드시 이수하게 하고, 이를 바탕으로 야전부대와 순환보직을 할 수 있게 해야 한다. 야전에서 어떤 무기체계가 필요한지 어떻게 운용되는지, 어떤 문제점이 있는지를 경험한 인력이 획득관련 업무를 맡을 경우 더 나은 무기체계의 획득에 도움이 되기 때문이다.

그리고 획득 인력의 전문성 강화를 위해 인력관리법을 제정하고 체계적이고 전문화된 교육체계를 구축해야 한다. 소요·획득인력의 전문성을 강화하는 데에 교육체계가 가장 중요함에도 불구하고, 아직까지 전문인력 양성과 획득업무의 질을 향상시키기 위한 교육체계가 구축되지 못하고 있다. 미국의 경우 1990년 11월 '국방획득인력개선법(DAWIA: Defense Acquisition Workforce Improvement Act)'을 제정하여 무기체계 획득업무 전문분야를 11개로 설정하고, 이 분야의 전문요원은 교육, 훈련 및 경력기준을 통해 3개 그룹으로 구분하여 체계적으로 관리하고 있다.[7] 또한 국방부 예하 획득 훈련과정을 교육하는 각 학교들을 컨소시엄 형태로 구성하여 '국방획득대학교(DAU: Defense Acquisition University)'를 설치하여 운용하고 있다.

따라서 우리 국방대학교 산하에 미국 및 유럽 선진국에서 운영하는 것과 유사한 형태의 국방획득대학교를 설치함으로써 획득관련 인력을 체계적이고 전문적으로 교육해야 한다. 그리고 기존 민간분야에서 획득관련 전문인력을 통한 획득의 아웃소싱(outsourcing)도 적극적으로 검토해야 한다.

4. 국내 연구개발 촉진을 위한 여건 개선

국내 연구개발을 촉진하기 위해 연구개발에 참여하는 행위자들에게 경제적 이익을 보장해야 한다. 첫째, 방산전문 중소기업의 육성이 필요하다. 2017년 국내 방산업체의 선진국 대비 기술수준은 85-90%인 데 비해 기술혁신형 중소기업의 선진국 대비 기술수준은 78-79%로서 상대적으로 저조하다. 따라서 기술혁신형 중소기업이 방위사업에로 진입이 용이하도록 국방연구개발 사업의 문호를 개방할 필요가 있다. 이를 위해 세계적 기술력을 갖춘 기술혁신형 중소기업이 '방산전문 중소기업'으로 성장할 여건을 조성할 필요가 있다.

한국이 세계에 자랑할 수 있는 첨단의 정보통신(IT)기술을 보유했음을 감안할 때 지휘·통제·통신·컴퓨터와 감시정찰(C_4ISR)과 정밀타격(PGM), 무인화체계 등과

7) Owen C. Gadeken, "Top Performing Project Manager," Defense Acquisition (Defense AT&L (Acquisition, Technology and Logistics), November/December 2015, Vol. 44. No. 6, DAU247), pp. 10-16. http://apps.dtic.mil/dtic/tr/fulltext/u2/1015998.pdf.

이를 운용하기 위한 네트워크중심전(NCW)에 관련된 제품은 한국의 독자적 연구개발의 가능성이 높은 분야라고 할 수 있다. 이 분야에 특화된 중소기업을 육성하는 것이 필요한 이유이다.

둘째, 민·군 겸용 국방과학기술의 개발전략이 필요하다. 민·군 겸용 기술의 목적은 군수 및 민수분야의 연구개발을 총체적으로 활용하여 국가안보 역량과 산업경쟁력을 동시에 제고할 방안이다. 현재 한국은 민·군 겸용 기술사업 촉진법에 따라 군사부문과 비군사부문 간의 기술이전을 확대하며 규격을 통일함으로써 산업경쟁력과 국방력을 강화하도록 추진 중이다. 그러나 정부 차원에서 민군 겸용성을 미리 검토하여 추진할 제도적 장치가 미비하다. 따라서 민군 겸용 기술개발 촉진을 위한 종합적인 추진 대책이 강구될 필요가 있다.

셋째, 정부가 '국산무기의 사용'에 대한 강력한 의지를 표명하고 정권 교체와 관계없이 지속적으로 추진할 국가전략이 마련되어야 한다. 민수산업과 달리 국가가 단일 구매자인 방위산업이 성장하기 위해서는 정부의 역할이 무엇보다 중요하기 때문에, 정부가 연구개발을 지속적으로 촉진하려는 의지와 노력이 제일 중요하다.

5. 대기업과 중소기업의 동반 성장

국내 방위산업의 국산화율을 높이기 위해서는 대기업과 중소기업의 동반 성장이 필요하다. 무기체계의 복잡성이 증대하면서 대기업 혼자 모든 부품을 생산하는 것은 불가능하기 때문에 대기업과 중소기업의 기술협력이 요구된다. 기술협력을 통해서 중소기업은 대기업의 지원을 받을 수 있으며, 개발될 기술을 구매할 대기업이 존재하기 때문에 사업의 불확실성을 줄일 수 있다. 기술협력은 대기업에게도 이익이다. 부품에 대한 신기술 개발에 필요한 시설과 인력에 대한 투자를 줄일 수 있기 때문이다.

2009년 1월 1일 부로 방위산업의 전문화·계열화 제도가 폐지되었다. 그동안 일부 대기업과 관련 업체만이 참여할 수 있었던 방위산업분야에 많은 중소기업이 참여할 수 있게 됨으로써 방산기술의 발전과 국산화율을 높일 계기가 마련되었다.

표 12-5 최근 5년간 국산화율 추이

구분	2012년	2013년	2014년	2015년	2016년
비율	63.1%	65.1%	65.7%	66.1%	66.3%

출처: 방위사업청, 「2018 방위사업 통계연보」(서울: 방위사업청, 2018), p. 230.

하지만 방산수출은 2006년 이후 꾸준하게 증가하는 반면, 무기체계의 국산화율은 2006년 72.4%에서 2012년 63.1%, 2016년 66.3%로 제자리걸음이다. 아직까지 중소기업과 대기업의 기술협력에 의한 부품의 국산화가 이루어지지 않는 것이다. 정부는 중소기업뿐만 아니라 대기업도 기술협력을 통한 동반 성장에 적극 참여할 제도적 장치를 마련하기 위해서 노력해야 할 것이다.

6. 방산비리의 과학적 해소 노력

방위사업청의 개청과 운영에도 불구하고 방산비리가 쉽게 근절되지 않아 정치권과 범국민적 지탄의 대상이 되고 있다. 방산비리는 크게 세 가지다. 첫째, 방산업체가 직접 개입하여 방산물자의 개발, 생산 등의 납품활동과 관련하여 고의적으로 저지른 비리이다. 주요 비리사례로는 방산물자의 원가 비리, 방산물자 관련 시험성적서 등 위조와 변조, 고의적인 성능 미달 품목의 개발 또는 생산 등이다. 둘째, 방위사업 비리로서 무기체계의 수요자인 정부와 군 또는 공급자인 방산업체 및 무역 대리점 등이 무기체계의 소요 기획, 구매, 개발, 운영유지 등 관련업무 전반에 대한 활동 과정에서 의도적으로 저지른 비리이다. 여기에는 앞에서 말한 방산업체가 직접 개입한 비리가 포함된다. 셋째, 군납비리로서 수요자인 정부와 군 및 국내외 공급자(군납업체 등)가 군수품의 구매 과정에서 저지른 비리이다. 여기에는 방위사업 비리가 포함되고, 부실하거나 성능이 미달된 군수품을 고의로 납품하는 경우 또는 특정 군납업체와 군의 유착 또는 뇌물 및 편의제공 등이 해당된다.

2009-2016년까지 8년간 발생한 비리 사례를 보면, 2009년도 예비역 소장이 국외 무기업체에게 군사기밀을 유출한 사건, 2010년 해군 수상함의 위성 통신 장

비 납품 비리, 2011년 전 공군 참모총장의 군사기밀 유출 사건, 2012년 해상작전 헬기 도입 비리 사건, 2013년 군수품 시험성적서 위조 및 변조 사건, 2014년 군 피복류 납품 비리 사건, 2015년 통영함, 소해함 납품 비리 사건, 2016년 성능미달 마일즈 장비 도입 비리 사건 등이다.[8] 이를 횡단적으로 분류하면 납품 과정에서 시험분석 성적서 위조, 무기체계 선정 과정에서 업체로부터 금품을 수수하고 그 업체에 유리하게 무기를 선정한 경우, 평가서류를 조작한 후 성능 미달 장비를 합격 판정한 후 도입하는 사례, 소요 무기체계 결정 과정에 유리한 정보를 제공하기 위해 군사기밀을 유출한 경우, 무기의 주요 부품의 납품 과정에서 부품 단가를 조작하고 부당이득을 취하는 경우, 방위사업청의 예규를 변조하여 특정 업체에게 특혜를 준 경우, 제안요청서를 변조하여 특정 회사에게 혜택을 주고 금품을 수수한 경우 등이다.

이러한 방산비리의 근절을 위해서 대개 세 가지 방법이 거론된다.

첫째, 방위사업청에 대한 투명성 강화를 위한 제도적 접근이다. 이를 위해 방사청 자체 감사기관 설치, 정책실명제 운영, 정보공개 확대, 청렴서약제 운영, 옴부즈만 제도 운영, 투명성 평가위원회의 설치, 신고시스템 구축, 내외부 부패방지 및 통제체제 구축, 방위사업 민원서비스 헌장 제정 등이다. 이는 제도적 접근으로 볼 수 있다.

둘째, 방산과 관련된 클린 문화 정착을 위한 문화적 접근방안이다. 사실 법적 제도적 접근만으로는 방산에 종사하는 행정문화가 바뀌지 않으면 장기적으로 비리가 발을 못 붙이게 할 수 없다. 법적 제도적 구속 장치가 아무리 강하더라도 개인의 사고방식과 생활양식을 바꾸는 데 제약이 있기 때문이다. 방산에 종사하는 관료와 방산업체 간의 유착, 혹은 군대 선후배 간의 개인적 유대를 악용한 방산비리의 발생 등은 문화적 접근 없이는 근절이 어렵다.

셋째, 기존의 비리 적발 목적을 벗어나 방산정책결정 과정을 개선하기 위해 양방향의 감사제도를 정착시키는 일이다. 그리고 감사 종사 인원의 전문성을 획기적으로 개선해야 한다. 방산비리 관련 국민적 의혹을 무리하게 증폭시키거나 정치

---

8) 이용민, 「방위산업 선진화의 길: 방산비리 척결」(서울: 민주연구원, 2017).

권에서 경쟁적으로 정치적 문제로 부각시킨 결과, 검찰의 방산비리합동수사단이 무분별한 구속기소를 남발한 결과, 2011년부터 2017년까지 주요 방산비리사건으로 구속기소된 36명 가운데 16명이 2심에서 무죄판결을 받았다. 구속 후 무죄율이 44.4%에 달해서 일반 형사재판의 무죄율인 2-4%에 비하면 너무 높다. 이것은 감사원이나 검찰에서 방산에 대한 감사의 전문성을 높여야 할 필요성을 보여주는 것이다. 비리금액 발표도 당사자가 뇌물을 10억 원 받았다면 그 사업 전체를 비리액수로 몰아 '천문학적 비리' 혹은 '이적행위'라고 매도함으로써 여론재판을 하는 식으로 되어, 선의의 피해자가 많이 발생하고 있다. 따라서 감사자와 피감사자 간의 토론식, 양방향의 소통을 강화함으로써 감사결과 모든 관련자가 정책적으로 혁신되는 결과가 나올 수 있게 하는 것도 중요하다.

6. 획기적인 방산진흥법 제정과 방산수출 진흥책 마련

이와 관련하여 전제국 전 방위사업청장은 2018년 9월에 세계 방산 시장과 방위산업은 꾸준히 성장하는 데 반해서 한국의 방위산업은 국민과 정치권의 불신과 소요 군의 불만, 방위산업의 침체, 방위산업 종사자의 위축이라는 사면초가의 위기에 처했다고 하였다.[9]

따라서 방위산업의 성장에 중점을 둔 방위산업법의 제정이 시급하다. 현재의 방위사업법은 방위산업의 투명성·전문성·효율성 증진에 초점이 있다. 군의 소요와 무기체계를 제대로 이해하고 경험한 인력을 엄격하게 선별적으로 재취업을 권장하는 제도를 만들어야 한다. 방산비리 척결이라는 전제 아래 방산업체에서 필요로 하는 군 예비인력을 전면적으로 거부하는 현상은 지양될 필요가 있다. 무기체계의 특성상 군과 산업과 학교 및 연구소가 긴밀한 협력네트워크를 조직하고, 방산업무에 근무한 장교를 엄선하여 예비역이 된 후에도 재활용하는 제도를 만들어야 한다.

세계의 방산시장은 날로 확장되고 있고, 아시아에서도 중국, 인도, 인도네시

9) 전제국, "방위사업 혁신과 방위산업 진흥방," 한국방산학회-한국국방안보포럼 공동 주최 방산정책조찬포럼강연, 2018. 1. 10.

아, 캄보디아 등의 국방비가 대폭 증가하고 있는 실정이다. 무기수요가 증가하는 데 비해 한국의 방산수출은 오히려 주춤하고 있다. 예를 들면 2018년 11월에 중국국제항공우주박람회(주하이 에어쇼)가 개최되었는데, 여기에서 43개 국가 및 지역 차원의 770여 개 업체와 200개의 군수 무역 대표단이 참가하여 212억 달러 규모 569개 프로젝트의 계약이 성사되었다. 세계 각지에서 개최되는 유수한 방산박람회에 우리 방산업체가 최대한 진출할 수 있도록 해외수출 활성화 및 해외시장 점유율 제고를 위한 정부와 업체 간의 다방면의 협조와 공동 진출 모색이 필요하다.

토론주제

■ 다음의 주제에 대해서 토론해 보자.

1. 한국의 방위산업의 대외경쟁력의 현 실태를 조사하고 대외경쟁력을 향상시키는 방안에 대해서 토의해 보자.
2. 현재 한국의 국방획득체계를 평가하고, 국방획득체계를 혁신하는 방안에 대해서 토의해 보자.

CHAPTER 13

남북한 재래식 군비통제

CHAPTER 13

남북한 재래식 군비통제

Ⅰ. 서론

한반도에서 군사적 긴장을 완화하고 신뢰를 구축하는 방안은 무엇일까? 21세기 초반 김대중 정부의 대북한 햇볕정책 추진에도 불구하고 북한은 핵무기 개발을 계속해 온 것으로 드러났다. 북한은 경제난과 외교적 고립에도 불구하고 김정일 정권의 체제 안전을 위해 선군정치 노선을 추구하면서 핵무기 개발에 올인해 온 것이다. 노무현 정부의 대북한 평화번영 정책의 추진에도 불구하고 김정일 정권은 제1차 핵무기 실험을 비롯한 대포동 미사일 시험 발사 등 대량살상무기 건설에 매진했다. 이명박 정부와 박근혜 정부에서도 북한의 김정은 정권은 미국과의 핵 대결을 부르짖으며 제2차, 제3차, 제4차, 제5차 핵실험과 대륙간탄도탄 실험을 계속했다.

정도의 차이는 있으나 한국은 진보정권이든 보수정권이든 남북한 간에 신뢰구축과 비핵화 정책을 추진해 왔다. 반면에 북한은 탈냉전 이후 동유럽 공산권과 소련이 붕괴되는 상황에서 체제의 안전을 최우선 순위에 두고, 핵무기 개발로 미국을 비롯한 외부의 위협을 억제하고, 김씨 왕조의 안전을 위해 북한 내부의 충성과 단결을 도모하기 위해 외부세계와의 핵대결을 계속해 왔다.

특히 북한이 6회에 걸쳐 핵실험을 감행하고 핵보유 국가임을 공표한 후, 서울과 워싱턴에 대해 핵 공갈을 가하면서 미국의 탈한반도를 강요하고, 남한에 대한 군사적 강압 내지 강제 목적으로 수차례 무력도발을 감행하였다. 앞으로도 제한된 범위이기는 하지만 북한의 재래식 군사도발 가능성이 상존하고 있다. 이러한 상황에도 불구하고 우리는 한반도에 군사적 긴장을 완화하고 신뢰를 구축하기 위한 작업을 멈추어서는 곤란하다.

따라서 이 장에서는 남북한 간에 대화를 통해서 군사적 긴장을 완화하고, 정치적·군사적 신뢰를 구축하며, 한반도의 평화를 정착시키기 위해서 1991년 이래 전개되어 온 남북한 간 군비통제 노력을 분석하고, 2018년 분단 역사상 처음으로 이루어진 남북한 간의 운용적 군비통제에 관한 9.19군사합의서의 내용을 분석해 보기로 한다. 먼저 남북한 간의 군비통제의 선험적 모델이 된 유럽의 재래식 군비통제의 개념과 이론, 사례에 대해 설명하고, 유럽의 재래식 군비통제를 한반도에 적용하려는 노력의 일환으로 남북한 간에 전개된 군비통제의 역사를 개관하면서, 2018년의 남북한 간 재래식 운용적 군비통제 합의의 의미와 추후 더욱 보완·발전시켜야 할 사항들을 검토해 보기로 한다.

Ⅱ. 유럽에서의 군사적 신뢰 구축과 군축의 이론과 사례

1. 국방과 군비통제: 병행추진 가능성 여부

제2장에서 설명한 바와 같이 냉전시기 공산진영과 자유진영이 군사적으로 대치하던 때의 안보개념은 절대안보가 지배적이었다. 즉 상대방을 희생시키지 않으면 우리 측의 안보가 확보될 수 없다는 생각에서 상대방보다 더 치명적이고, 더 많은 무기를 가짐으로써 상대방의 침략을 억제해야 한다는 억제논리에 근거를 둔 군비경쟁이 전개되었다. 그 결과 양측 모두 안보가 더 불안해지고, 군비경쟁의 악순환이 벌어지게 되었다. 다시 말해서 안보딜레마현상이 발생했던 것이다.

따라서 군비경쟁의 악순환과 절대안보의 폐해를 방지하기 위한 자각과 노력이 동서 양 진영에서 일어나게 되었다. 평화공존과 공동번영을 가능하게 만드는 안보개념이 개발되었는데, 공동안보와 협력안보가 그것이다. 공동안보와 협력안보에 기반을 두고 적대 국가 혹은 적대 세력 상호간에 협의를 통한 위협 감소가 가능하다는 인식에 이르게 되었다. 안보 및 군사 대화를 통한 상호 위협 감소 노력을 군비통제라고 부른다.

그러므로 적의 위협에 대응하여 우리의 군사력을 증강시키는 국방정책과 상호 협의를 통해서 위협을 감소시키고자 하는 군비통제정책은 적의 위협이라는 공통의 매개변수가 있기 때문에, 항상 모순되는 것이 아니고 상호보완적이거나 병행 추진 가능한 국가안보전략이 될 수 있다. 국방정책과 군비통제정책은 우리의 안보를 증진시키기 위한 상호보완적인 정책수단이 되는 것이다. 다음 절에서는 군비통제의 내용이 되는 군사적 신뢰 구축과 제한조치, 군축조치의 개념과 이론에 대해 살펴보기로 한다.

2. 군사적 신뢰 구축과 군축의 개념과 이론

군비통제가 국제정치나 국가 간의 군사관계에서 현실로 등장하고, 국가들 간에 합의를 거쳐 군비통제가 이행되게 된 것은 1970년대 유럽에서부터라고 할 수 있다. 군비통제는 군비경쟁과는 대조적인 개념으로, "군비통제는 평시에 양자 간 혹은 다자간에 상호 협의를 통해서 군사적 위협을 감소시키거나 약화시킴으로써 상호간에 안보를 달성하는 행위"라고 할 수 있다.[1] 유럽에서는 첨예한 동서 양 진영 간의 군사적 대결과 대립을 해소하기 위해서 운용적 군비통제(operational arms control)와 구조적 군비통제(structural arms control)라는 두 가지 개념을 가지고 군비통제를 추구하였다.

운용적 군비통제란 "군사력의 규모, 구조, 무기체계를 그대로 두고, 군사력의 운용, 즉 훈련, 기동, 가용성, 작전, 행위, 특정지역에의 배치 등을 통제하는 것"을 의미한다. 군비통제 전문가들은 운용적 군비통제를 다시 두 가지로 구분하여 군사적 신뢰구축(CBM: confidence building measures)과 제한조치(constraint measures)로 나누

1) 한용섭, 『한반도 평화와 군비통제, 전정판』(서울: 박영사, 2015), p. 80.

기도 한다.

CBM이란 군사력에 대한 정보를 공개하고, 투명성을 높이고, 예측 가능성을 증진함으로써 국가 간의 군사관계에서 신뢰를 증진하는 것이다. 유럽에서는 1975년 핀란드의 수도 헬싱키에서 개최된 유럽안보협력회의에서 군사적 신뢰 구축 조치가 최초로 합의되고 추진되었다. 이를 최초 CBM이라는 의미에서 제1세대 CBM이라고 부른다. 1986년에 스웨덴의 스톡홀름에서 개최된 유럽안보협력회의에서 제1세대 CBM을 군사안보적으로 더욱 강화해서 신뢰안보구축조치(CSBM: Confidence and Security Building Measures)로 명명하고 동서 양 진영은 CSBM에 대해서 합의하고 이행했다. 이 신뢰안보구축조치를 제2세대 CBM으로 부르기도 한다. 이것을 탈냉전 이후에 비엔나회의에서 더 강화해서 제3세대 CBM이라고도 한다.

또한 군사적 제한조치는 재래식 군사력의 운용(operation)에 제약을 가한다는 의미에서 신뢰 구축 조치보다 더 직접적인 조치이다. 즉 군사력을 감축하지 않으면서 군사력이 사용되는 방법에 제약을 가하는 조치이다. 만약 일정 수준 이상의 군사훈련이 문제라면 그 훈련을 중지시키며, 만약 어떤 지역에 전투 대비 태세가 너무 높다면 그것을 감소시키고자 하며, 기동이나 사격이 문제라면 그것을 제한하기를 원한다. 만약 어떤 지역 내에 너무 많은 군사력이 배치되어 전쟁과 충돌의 가능성이 높다면, 그 지역 내의 군사력 배치에 제한을 가하는 것이다. 그런데 유럽에서는 운용적 군비통제 중에서 제한조치는 훈련규모 제한 혹은 훈련 중단조치 이외에는 논의되지도 채택되지도 않았다. 왜냐하면 탈냉전이 임박함과 함께 공격용 무기의 폐기를 포함한 재래식 군축이 먼저 채택되었기 때문이다.

구조적 군비통제는 다른 말로 군축(arms reduction)이라고도 하는데, 이것은 군사력의 규모와 부대, 무기 보유수 등을 감축하거나 폐기하는 것이다. 군축을 시도하는 이유는 신뢰 구축 조치를 합의하고 이행하더라도 군사적 의도는 단시간에 바뀔 가능성이 있기 때문에, 이를 방지하고 평화공존과 공영의 조건을 만들기 위한 것이다. 어떤 정치지도자가 군사력을 많이 보유하고 있으면 위장 평화 내지 위장 신뢰를 조성하고, 기회를 엿보아 그 군사력을 사용하여 전쟁을 일으킬 수도 있기 때문이다.

3. 유럽의 군비통제 사례

가. 군사적 신뢰구축(CBM)

유럽의 군사적 신뢰 구축은 국가들이 상호 군사안보관계에서 불신을 초래할 수 있는 오해(misunderstanding)와 오인(misconception), 두려움(fear)을 시정하기 위해 취하는 조치에 국한된다. 왜냐하면 국가들 간에 군사정보를 교환하고 군사행동, 즉 훈련이나 기동을 통보하고 확인하게 되면 군사력을 사용해서 침략할 의도가 없는 것으로 간주되기 때문이다.

신뢰 구축 조치의 목적은 군사행동에서 불확실성을 감소시키고 군사행동을 통해 압력을 행사하는 기회를 제한함으로써 국가들 간에 안심하게 한다는 것이다.[2] 상대방의 의도를 정확하게 알기 위해서는 정보수집이 필요하다. 군사정보기술이 현저하게 발달된 현대에서는 상대방 국가의 의도를 통보받지 않고도 일방적 정보수집을 통해 의도를 비교적 정확하게 파악할 수 있다. 하지만 일방적인 정보수집의 결과 상대방의 의도를 잘못 판단할 수 있다. 특히 적대관계가 구조화되어 있는 국가 간에서는 더욱 그렇다. 따라서 군사 정보교환과 군사훈련에 대한 상호 통보와 참관은 상호 신뢰할 수 있는 조건을 만들어 냄을 부인할 수 없다. 또한 신뢰 구축이란 기습공격의 공포와 같은 군사적 우려를 취급한다. 이것은 동서 양 진영 간 군사충돌 가능성이 높았던 중부 유럽에서 신뢰 구축 조치가 출발했던 이유이기도 하다. 신뢰 구축은 잠재적 적국이 상대방의 정당하고 비공격적 군사 활동의 의도를 오해하거나 오인하지 않도록 군사 의도를 투명하게 만드는 데도 초점을 맞춘다.

그러나 신뢰 구축은 군사 의도(intentions)만 중시한 나머지 군사 능력(capabilities)을 다루지 않는다는 점에서 군비통제가 아니라고 주장하는 사람들이 많다. 좀 더 엄밀하게 정의하자면 군사적 신뢰 구축은 특정 군사위협이나 활동으로부터 생길 수 있는 오해나 오인을 감소시키거나 제거하기 위해서, 한 국가가 일방적으로 취하거나 두 개 이상의 국가가 합의에 의해 취하는 각종 통제 조치를 의미한다. 결

2) Johan Jorgen Holst and Karen Allette Melander, "European Security and Confidence-Building Measures," *Survival*. No. 19, 4, (July/August, 1977), pp. 147-148.

국 신뢰 구축의 궁극적인 종착역은 국가들이 군사적 신뢰 구축에 합의하고 그것을 이행하는 국가들은 군사력을 사용하여 상대방을 공격할 의도가 전혀 없어야 한다는 것이다. 만약 상대방 국가가 군사력을 사용할 것이란 의심을 다른 국가가 계속 가지고 있거나, 한 국가가 군사력을 사용할 의도를 실제로 갖고 있다면 신뢰 구축 체제는 불완전하고 깨어질 수밖에 없다.

유럽에서는 군사적 신뢰 구축의 원칙으로서 세 가지를 꼽았다. 투명성(transparency), 공개성(openness), 예측가능성(predictability)이 그것이다. 사실 한 국가가 국가안보에 가장 중요한 군사적 요소를 숨기면서 상대방 국가에게 믿어 달라고 일방적으로 요구할 수는 있으나, 다른 나라가 그것을 믿고 국방정책을 바꿀 수는 없다. 군사적 신뢰성의 정도는 군사정보에 대한 투명성과 공개성 여부에 달려 있기 때문이다. 서구에서는 투명성과 공개성이란 용어를 동의어로 취급했다.

예측가능성은 한 국가의 군사행동에 대해 적어도 몇 년간 예측할 수 있게 만든다는 뜻이다. 대규모 군사훈련을 갑자기 한다든지, 대규모 기동을 한다면 불확실한 상황 하에서 위기로 발전할 수 있고, 과잉반응을 유도할 수도 있으므로 이러한 행동에 대해 예측 가능하게 하는 것은 군사적 신뢰 구축을 조성하기 위해 필수적이라고 보았다.

그러면 유럽의 신뢰구축조치의 예를 들어보자. 〈표 13-1〉에서 보는 바와 같이, 1975년 헬싱키 최종 선언에 담긴 신뢰 구축 조치는 병력 25,000명 이상이 참가하는 군사훈련을 21일 전에 통보하는 것이었으며, 군사훈련 참관단 초청은 회원국의 자발적 의사에 맡겨 놓았다. 따라서 법적인 구속성이 전혀 없었다고 할 수 있다. 군사적으로는 아무런 의미가 없다는 비판을 면키 어려웠다. 소련과 동구 국가들은 미국과 서방 국가들을 초청하지도 않았고, 군사훈련 통보 횟수도 매우 적었다.

이렇게 해서는 안 되겠다고 하는 반성의 결과, 1986년 스톡홀름 유럽안보협력회의에서 서방측의 주도로 신뢰안보구축조치가 합의되었다. 즉 군사적으로 의미 있고, 구속력 있는 신뢰 구축 조치들이 합의되었다. 이를 1975년 신뢰구축조치와 구별하여 1986년 신뢰안보구축조치(CSBM)라고 부른다. 이때는 13,000명 이상의 병력과 300대 이상의 전차가 동원되는 군사훈련을 42일 전에 통보할 것을 의무화하였으며, 통보 국가는 매년 세 차례의 현장 사찰단을 초청하도록 의무화하였다. 7만 명 이상의 병력이 참여하는 대규모 훈련은 2년 전에 통보하지 않으면 중지할 뿐 아니라 4만 명 이상의 훈련도 1년 전에 통보할 것을 의무화했다.

아울러 1986년 스톡홀름협약에서 한 단계 더 진전된 신뢰구축 조치가 1990년 비엔나협약에서 합의되었다. 〈표 13-1〉에서 보는 바와 같이 훈련제한 조치가 강화되었다. 4만 명 이상이 참가하는 훈련은 2년 전에 통보하지 않을 경우 훈련 자체를 실시하지 못하게 했으며 4만 명 이상의 훈련은 2년에 1회로 제한했다.

이러한 다자간의 신뢰 구축의 결과 유럽에서는 탈냉전이 되었다. 탈냉전 이후 유럽안보협력회의는 1995년에 유럽안보협력기구(OSCE: Organization for Security and Cooperation in Europe)로 발전했으며, 유럽에서 성공한 각종 군사적 신뢰 구축 조치를 다른 지역에 적용하기 위해 노력해 왔다.

학자들은 유럽의 군사적 신뢰 구축의 성공 원인으로서 대개 세 가지를 꼽고 있다. 첫째, 양대 진영 간 그리고 유럽의 모든 나라들이 참여하는 안보대화를 제도화한 데서 찾는다. 이를 다른 다자안보체제와 구별하여 CSCE 안보레짐이라고도 한다.[3] 그리고 이러한 안보 레짐에 의한 신뢰 구축을 실제 합의된 신뢰 구축 조치들과 구분하여 신뢰구축과정(confidence building process)이라고도 한다.[4]

유럽에서는 국가의 안보가 확보되려면 군사적 안보, 경제협력, 인권의 세 가지 축이 제대로 균형 있게 발전해야 된다는 강력한 믿음에 근거하여 CSCE를 탄생시켰고, 헬싱키선언과 스톡홀름협약에 그것이 반영되었다. 매년 35개 회원국 간에 정상회담, 외상회담, 안보 및 군사담당 관료 및 전문가들이 정기적인 회담을 개최하여 그 이행 성과를 평가하고 토론하고 합의하였다. 이것은 미소 간의 관계가 순탄하거나 악화되거나 관계없이 정기적으로 개최되었다. 이러한 정기적 안보대화 채널이 있었기 때문에 1975년 헬싱키 최종선언 이후 별로 진전이 없었던 군사적 신뢰 구축 분야에 1986년 획기적 진전을 만들어 낼 수 있었다고 보는 이도 있다.

---

3) Ki-Joon Hong, *The CSCE Security Regime Formation: An Asian Perspective* (New York: St. Martin's Press Inc., 1997).

4) James Macintosh, *Confidence Building in the Arms Control Process: A Transformation View* (Canada: Department of Foreign Affairs and International Trade, 1996), pp. 31-61.

표 13-1 1, 2, 3 단계 CBM 비교[5)]

구분	헬싱키협약(1975)	스톡홀름협약(1986)	비엔나협약(1990)
적용지역	유럽, 구소련 일부 (우랄산맥 서쪽)	전 유럽지역 (인접해상, 공중지역 포함)	전 유럽지역 (인접해상, 공중지역 포함)
구속력	자발적 준수	정치적 구속	제도화, 의무화
규제대상	군사이동/기동 (병력 25,000명 이상)	상호 합의된 훈련/기동 (병력 13,000명 이상, 전차 300대, 항공기 200쏘티 (헬기 제외), 3,000명 이상 상륙군/공수부대 및 적용지역 밖에서 안으로의 이동	상호 합의된 훈련/기동 (병력 13,000명 이상, 전차 300대, 항공기 200쏘티 (헬기 제외), 3,000명 이상 상륙군/공수부대 및 적용지역 밖에서 안으로의 이동
통보기한	25,000명 이상이 참가하는 훈련의 경우 가능하면 21일 전 통보	42일 전 통보	42일 전 통보
참관초청	각자 자유재량	의무화	의무화
제한조치	·	40,000명 이상이 참가하는 훈련은 1년 전에, 75,000명 이상이 참가하는 훈련은 2년 전에 통보, 미 통보 시 훈련 못함	40,000명 이상이 참가하는 훈련은 2년 전에 통보, 미 통보 시 훈련 못함. 통보할 경우에도 2년에 1회만 실시 가능.
참관초청 기준	·	지상군 17,000명 이상의 훈련이나 5,000명 이상의 상륙군/공수부대 훈련에는 참관인 초청 의무화	지상군 17,000명 이상의 훈련이나 5,000명 이상의 상륙군/공수부대 훈련에는 참관인 초청 의무화

출처: 한용섭, 『한반도 평화와 군비통제, 전정판』(서울: 박영사, 2015), p. 91.

둘째, 유럽에서 신뢰 구축 조치가 성공하게 된 이유 중의 하나는 12개 중립국과 비동맹국들이 CSCE에 참가하여 양 진영 간의 대립을 약화시키고, 입장 차이를 중재하여 결국 타협으로 이끌게 한 공헌도 무시할 수 없다고 할 것이다.[6)]

5) Yong-Sup Han, *Designing and Evaluating Conventional Arms Control Measures: The Case of the Korean Peninsula* (Santa Monica, CA: RAND, 1993), p. 97.

6) James E. Goodby, "The Stockholm Conference: Negotiating a Cooperative Security System for

셋째, 유럽의 군사적 신뢰 구축이 성공한 이유로 회원국들이 검증을 성실히 이행한 사실을 들 수 있다. 유럽 국가들은 상대방이 선의를 갖고 있다는 믿음만으로는 안보에 영향을 미치는 군사합의의 기반이 될 수 없음을 자각하고, 합의에 서명한 국가들이 그 의무를 성실하게 이행하는지를 검증하는 제도를 만들었다. 1975년 헬싱키 최종선언에서는 검증을 자발적으로 수용하도록 촉구했으나, 1986년 스톡홀름협약에서는 검증을 의무화하였다. 1990년 CFE 협약에서는 검증의 강도도 높아졌다. 이보다 앞선 1987년에 미국과 소련 간의 중거리 핵무기폐기협정(INF)에서는 사상 최초로 침투성이 높은 사찰제도를 반영했다.

검증은 당사국 간 안보관계에서 신뢰 증진에 도움이 된다. 그것은 앞으로도 합의를 이행할 것이라는 신뢰를 보증하는 행위가 되기 때문이다. 그러나 검증 자체가 목적이 될 수는 없다. 검증은 군사적 신뢰구축이나 군축의 목적에 맞게 고안되어야 한다. 또한 당사국 간의 정치적 관계를 고려해야 한다.

나. 제한조치(Constraint Measures)

1970년대와 1980년대에 유럽에서 고려된 제한조치에는 훈련제한, 작전제한, 배치제한 등이 있다. 훈련제한 조치에는 1986년 스톡홀름선언에서 합의된 40,000명 이상의 훈련은 1년 전에 통보해야 하고, 75,000명 이상의 훈련은 2년 전에 통보하지 않으면 훈련을 못하도록 했다. 1990년 비엔나협약에서는 40,000명 이상 또는 900대 이상의 전차가 참가하는 훈련을 2년에 1회 이상 할 수 없도록 금지하고 사전 통보를 의무화하였다. 또한 13,000명 이상 또는 300대 이상의 전차를 하한선으로 하고 병력 40,000명, 900대 이상의 전차를 상한선으로 하는 규모의 훈련은 1년에 6회 이상 할 수 없도록 하며 사전 통보를 의무화하였다. 또한 최소 9,000명 이상의 병력과 250대 이상의 전차가 참가하는 훈련 및 군사행위는 42일 전에 문서로 통보할 것을 의무화하고, 13,000명 이상의 훈련은 반드시 참관자를 초청해야 한다고 의무화하였다. 이 조치는 현재의 군사력을 줄이지 않고 군사력의 운용에 제한을 가함으로써 그것들이 100% 힘을 발휘하지 못하도록 하기 위해 고

Europe," in Alexander L. George, et. al., *US-Soviet Security Cooperation: Achievements, Failures, Lessons* (New York, Oxford: Oxford University Press, 1988), pp. 166-167.

안된 것이다. 따라서 이러한 제한조치는 바르샤바조약기구의 군사 능력에 더 많은 제한을 가함으로써 기습공격의 가능성을 줄이기 위한 방법으로 개발되었다. 이 조치는 나토 측의 전략적·전술적인 조기 경보 능력을 상대적으로 높이기 위하여 고안된바, 상대측의 전쟁준비를 더욱 쉽게 발견하기 위하여 어떤 보급로나 보급품의 집결지를 제한하며, 전방으로의 이동거리를 더 멀리함으로써 전방으로 움직이는 부대들이 쉽게 관찰되도록 한다든지, 대규모 훈련을 중지시키거나 일정 기간 이전에 통보할 것을 의무화한다든지, 훈련에 대한 정보교환 내지 사찰을 통하여 기습공격의 준비가 어렵도록 만드는 데에 주안점이 주어졌다. 재래식 군사력에서 우위인 소련을 비롯한 바르샤바조약기구 국가들이 그들의 전격 기습공격 전략으로 서독 및 서구 국가를 기습할 가능성이 상존하기 때문에 이러한 조치가 고안된 것이다. 그리고 병력의 배치에 대한 제한조치는 CFE 회담에서 제안되었다. 나토는 병력 감축 조치와 함께 제한조치를 바르샤바조약기구와 합의하기 위해 정보교환, 안정화 조치, 검증조치 등과 함께 제안하였던 것이다.

그러나 유럽에서는 배치 제한 조치가 CFE 회담에서 제안되기는 하였지만 감축 조치가 먼저 미·소와 양 진영 국가들 간에 합의되었으므로 이 조치가 실제로 채택되지는 못하였다. 그 이유는 각국이 이미 군사력 감축에 합의했으므로 적은 군사력을 효율적으로 운용하기 위해서는 작전적 측면에서 타국의 간섭을 받기를 원하지 않았기 때문이다.

다. 유럽의 재래식 군축조치(Arms Reduction Measures)

유럽에서 재래식 군축 조치의 최대 목적은 유럽의 안정과 안보를 강화하기 위하여 군사력의 불균형을 시정한다는 것이었다. 1989년 비엔나회담의 최종 합의문은 CFE 회담의 목적이 유럽 대륙에서 안정성과 안보를 강화하는 데 있으며 이 목적 달성을 위하여 세 가지 중간 목적이 있음을 밝혔다. 첫째, 낮은 군사력의 수준에서 안정적이고 안전한 균형을 달성하며, 둘째 군사력의 비대칭성을 제거하며, 셋째 큰 규모로 기습공격과 공격작전을 감행할 수 있는 가능성을 방지한다는 것이었다. 군사적 불안정의 근본적인 원인은 무엇보다도 한 편이 상대편에 대하여 기습공격을 할 능력과 가능성이 있다는 것이다. 침략의 가능성은 결국 지도자의 뜻대로 이용 가능한 군사력이 있는지 혹은 없는지에 달려 있다. 따라서 군사력을 많이 가진 쪽이 감축하지 않는다면 군비경쟁을 계속하는 양측은 위협을 서로 느끼게 된다.

그래서 재래식 군축 조치가 해결하고자 한 최대 안보문제는 나토에게 불리하고 바르샤바조약기구의 우세한 재래식 군사력이었다. 나토 국가들은 재래식 무기 감축협상의 결과 양측이 동의할 만한 안정적인 수준의 군사력은 어느 정도인가를 연구하였고 이 연구 결과를 바탕으로 재래식 군축협상의 가이드라인으로 삼았다.[7)]

전방 배치한 병력의 불균형뿐만 아니라 소련의 우랄 산맥 서쪽으로부터 독일의 군사분계선에 이르는 거리가 미국으로부터 서유럽에 이르는 거리보다 훨씬 가까운 점을 이용하여 보다 짧은 시간 내에 소련의 군대가 증원되는 점까지도 해결하지 않으면 안 되었다. 왜냐하면 소련군의 조기 동원 및 전개 능력은 훨씬 강했기 때문이었다. 소련의 동원능력과 기습공격 능력은 나토에게 제일 중대한 위협이었고 이 문제를 해결하기 위한 방법으로 우랄 산맥 서쪽의 모든 소련군은 감축 협상의 대상이 되어야 했다. 실제로 군축협상의 많은 시간이 군축의 대상이 되는 지역의 범위 설정에 소요되었던 사실은 이 문제의 중요성을 보여준다.

이러한 재래식 군축 조치는 원래 미국이 대소련 협상에서 진정한 의미의 군비통제 조치라고 간주하던 것이다. 군축 조치는 나토와 바르샤바조약기구 양 진영 간의 회담에서 배타적으로 다루어져 왔으며 철저하게 미소 양국의 안보이익에 종속되었다. 1973년부터 시작된 MBFR 회담에서 재래식 병력의 감축 문제가 논의되었으며, 1989년부터는 CFE 회담에서 공격용 무기의 감축문제가 논의되었다. CFE 회담은 스톡홀름회담의 신뢰 구축 조치가 성공하고 난 뒤에 시작되었다.

소련의 지도자들은 국내 경제적 이유 때문에 병력을 감축하기를 원하였다. 이 기회를 완전하게 장악하고자 부시(George H. W. Bush) 대통령은 이전까지 병력감축에 소극적이던 나토 국가들의 지지를 동원하였으며 그때까지 협상의 진전을 가로막던 소련의 나토국가에 대한 전술공군기의 감축 제안도 상호주의의 원칙에 의거하여 받아들이기로 결단을 내렸다.

---

7) James A. Thomson, *An Unfavorable Situation: NATO and the Conventional Balance* (Santa Monica, CA: The RAND Corporation, N-2842: November 1988).

1988년 12월 고르바초프는 CFE를 성공적으로 이끌기 위해서 동유럽으로부터 소련군의 일방적 철수를 발표하였으며 1989년 1월 동서 양 진영의 군축협상 참가자들은 서방측의 제안에 근거한 새로운 협상 틀의 조건에 합의했다. 바르샤바조약기구는 전술핵무기의 감축과 같은 어려운 문제는 다른 형태의 회담에 맡기기로 합의하였고 동일한 시기에 자기 측의 재래식 무기의 수적 우위를 사상 최초로 인정한 군사자료를 서방측에 제시했다. 1989년 3월 셰바르드나제 소련 외무장관은 서방측의 보유수준보다 더 낮은 수준으로 양측의 공격용 무기를 제한하자는 서방측의 개념적 제안에 동의했다.

그는 제한 대상의 무기로서 전차, 야포, 장갑차를 포함시켰으며, 전술공군기 및 무장헬기도 포함되어야 한다고 주장해서 서방측의 논란을 불러일으켰지만 1989년 5월 조지 H. W. 부시 대통령이 공산측의 제안을 파격적으로 수용하여 결국 CFE는 성공의 길을 걷게 되었다. 이러한 급속도의 진전은 구조적 군축의 성공을 촉진했으며 그 결과 나토의 최대 군사적 위협이 되어 왔던 소련의 기습공격 가능성은 제거되었다.

〈표 13-2〉를 보면 CFE 협상의 결과 유럽에서 나토와 바르샤바조약기구 간에 공격용무기 5종, 즉 전차, 장갑차, 야포, 전투기, 공격용 헬기의 당시 보유수와 삭감 규모, 합의된 보유 상한선 등이 나타난다. 자세히 보면 나토는 전차를 22,757대 보유하고 있었고, 소련을 비롯한 바르샤바조약기구 들은 33,191대를 가

표 13-2 유럽에서 CFE 재래식 무기 감축 협정 합의 내용

	구분	전차	장갑차	야포	전투기	공격용 헬기
NATO	보유상한선	20,000	30,000	20,000	6,800	1,800
	현보유	22,757	28,197	18,400	5,531	1,685
	삭감규모	2,757	0	0	0	0
WTO	보유상한선	20,000	30,000	20,000	6,800	1,800
	현보유	33,191	42,900	26,900	8,371	1,602
	삭감규모	13,191	12,900	6,900	1,571	0

출처: *Arms Control Today*, Vol. 21. No. 1., January/February 1991. p. 29.

지고 있었다. 각각 전차 20,000대를 최고 보유 상한선으로 합의함에 따라 나토는 2,757대를 폐기해야 했고, 바르샤바조약기구국가들은 13,191대를 폐기해야 했다. 비대칭 군축이 이루어진 것이다. 나토는 장갑차, 야포, 전투기, 공격용 헬기 모든 부분에서 합의된 보유상한선보다 적은 무기 숫자 때문에 감축할 것이 없었으나, 바르샤바조약기구 국가들은 장갑차 12,900대, 야포 6,900문, 전투기 1,571대를 감축 및 폐기해야 했다.

CFE 진전의 또 하나의 이유는 급속하게 변화하는 유럽의 정세에서 미소 양국이 예측 내지 통제할 수 있는 방향으로 그들의 동맹국을 유지해야 한다는 현실적 필요성에서 견해의 일치를 보았기 때문이다. 협상을 통한 질서 있는 변화의 유도가 어느 한편의 일방적인 감축으로 야기될 혼란보다도 훨씬 자국의 이익에 도움이 된다는 미소 양국의 전략적 판단은 결국 군축회담의 진도를 가속화하였다고 볼 수 있다.

Ⅲ. 과거 남북한 간 군사적 신뢰 구축과 군비통제 회담

1. 1990-2017년까지의 남북한 군비통제

남북한 간의 군사대결 상황은 6.25전쟁 이후 계속되어 왔으나 1990년대 세계적 차원의 탈냉전과 더불어 새로운 전기를 맞았음에는 틀림이 없다.

탈냉전 후 한국 정부는 한반도에서 긴장을 완화하고, 군사적 신뢰를 구축하기 위한 노력을 지속적으로 전개해 왔다. 군사적 신뢰 구축은 남북한 간의 군사관계에서 투명성, 공개성, 예측가능성을 높임으로써 군사적 긴장을 완화하고, 오해와 오인, 오산을 통한 전쟁 발발 가능성을 줄이며, 국가 목적을 달성하기 위해 군사력을 사용하려는 정치적 의도를 약화시키거나 제거한다는 생각을 가지고 추진되었다.[8]

노태우 정부는 북한과 1992년 2월 "남북 사이의 화해, 불가침, 교류협력에 관

8) 한용섭, 『한반도 평화와 군비통제』(서울: 박영사, 2005), pp. 367-372.

한 합의서(일명 기본합의서)"와 9월의 기본합의서의 부속합의서에서 무력사용 금지와 우발적 충돌 방지, 그리고 5대 불가침 이행 보장조치, 즉 대규모 부대 이동과 군사연습의 통보 및 통제문제, DMZ의 평화적 이용, 군 인사 교류 및 정보교환, 대량살상무기와 공격능력의 제거를 비롯한 단계적 군축 조치, 검증 등 긴장완화와 신뢰 구축 관련 항목의 제목에는 합의했다. 그러나 상호 이행을 위한 구체적인 논의에 들어가지 못하고, 북한의 핵개발 문제가 심각해지고 한미 양국 정부가 핵문제 우선 해결방침으로 돌아섬에 따라 재래식 신뢰 구축과 군비통제 논의는 중단되었다.[9]

김영삼 정부에서는 취임 초기에 "민족은 동맹보다 우선한다"는 방침을 가지고 남북한 관계 개선을 모토로 내걸었으나, 곧이어 북한의 핵개발을 둘러싸고 북한이 국제핵확산금지조약(NPT: Nuclear Nonproliferation Treaty)을 탈퇴선언 하는 등 제1차 핵 위기가 발생함에 따라 핵무기를 만드는 북한과 대화할 수 없다는 입장을 견지하였다. 또한 북핵문제가 북미 제네바회담으로 넘어감에 따라 남북한 간에 군비통제 회담이나 각종 남북회담이 열리지 않았다.

김대중 정부는 북핵문제는 북미 간에 다루고, 남북한 간에는 주로 경제교류협력을 위해 햇볕정책을 추진하였다. 2000년 6월 사상 최초의 남북한 정상회담을 통해 남북한 관계사에서 일대 전환점이 마련되는 듯 했다. 남북한 간에는 장관급회담, 국방장관 회담, 이산가족 상봉, 장기수 송환, 경제지원 등 화해와 교류협력이 활성화되었으나 북한은 남한과 경제교류 협력만 추구하고, 핵문제 등 군사안보문제는 한국을 배제하고 미국과 대화하려고 했다. 국내의 어떤 북한전문가는 북한이 한국의 경제 지원이라는 이익만 취하고, 그 대가로 아무것도 내놓지 않았다고 평가하기도 했다.[10] 한편 북한은 핵과 미사일 문제를 미국과 대화하려고 추구함으로써 소위 북한의 '통미봉남'이 계속되었다.

노무현 정부는 「국가안보전략서」에서 한반도의 군사적 신뢰 구축과 군비통제의 여건을 조성한다는 전략 과제를 제시하고, 우선 다양한 교류협력과 함께 군사

9) 백영철 외, 『한반도 평화 프로세스』(서울: 건국대 출판부, 2005). pp. 187-216.

10) 김근식, "김정은 시대 북한의 대외전략 변화와 대남정책: '선택적 병행'전략을 중심으로," 『북한연구학회보』 29권 1호(2013), pp. 193-224.

분야의 초보적 신뢰 구축 조치를 시행하며, 나아가 다양한 군사적 신뢰 구축 조치를 본격적으로 시행할 제도적 장치를 마련하고, 마지막 단계로서 군사력의 운용통제 및 상호검증을 추진함으로써 구조적 군비통제를 위한 토대를 마련한다고 제시했다.[11]

이에 따라 2004년 남북 장성급 회의를 개최하고, "서해 우발적 충돌방지 및 선전활동 중지"라는 합의를 하였다. 그러나 개성공단 건설을 포함한 남북교류의 군사적 보장 조치의 실현에는 어느 정도 성공했으나, 군사 분야의 전반적인 신뢰 구축에는 이르지 못하였다. 2007년 10.4선언과 11월 남북국방장관회담에서 군사 분야 신뢰 구축과 긴장 완화를 위한 선언적 합의는 이루어졌다. 그러다가 2007년 제2차 남북정상회담에서 북한 핵문제는 미국을 위시한 6자회담에서 다루고, 재래식 군사문제는 NLL 문제를 포함하여 남북한 간에 국방장관회담을 가지기도 했으나 이 또한 선언적 합의에 그쳤다.

이명박 정부는 '비핵-개방-3000'이라는 정책을 제시하고 북핵문제의 해결에 집중했으나, 북한은 핵을 포기하기는커녕 핵능력을 오히려 증강시켰고, 남한에 대한 무력도발로 군사적 긴장을 더 고조시킨 바 있다. 박근혜 정부 초기에는 남북한 간에 정치적·군사적 신뢰 구축을 목표로 한반도신뢰프로세스를 제안했으나, 북한의 핵실험과 도발로 인해 진전되지 못했다. 박근혜 정부에서는 북한이 제3차, 제4차, 제5차 핵실험과 미사일 시험 발사를 지속함으로써 남북관계가 냉각되었다. 박근혜 정부는 북한 핵에 대한 억제전략을 강화하는 한편, 북한에 대해 한반도 신뢰프로세스를 제안함으로써 남북한 관계 개선을 시도하였으나, 북한은 동문서답 식으로 오히려 군사도발로 응답했다. 그러자 박근혜 정부는 북핵을 비롯한 모든 북한문제는 통일되면 해결된다는 "통일대박"으로 대북정책을 북한체제전환방식으로 바꾸었으며, 그 결과 한반도의 군사적 긴장은 높아졌다. 이처럼 북한의 대남 군사정책은 남한의 대북정책에 관계없이 그들의 시간표대로 진행된다는 아이러니한 현상이 전개됨으로써 남북한 간에 군사적 신뢰 구축과 긴장 완화는 이루어질 수 없었다.

---

11) 국가안전보장회의, 『참여정부의 안보정책구상: 평화번영과 국가안보』(서울: 국가안전보장회의 사무처, 2004), pp. 32-37.

2. 남북한 군사적 신뢰 구축의 부진 이유

문재인 정부 이전까지의 한국의 군사적 신뢰 구축과 군비통제에 대한 접근 방법의 특징을 보면, 남한은 군사적 신뢰 구축부터 출발하여 군비제한을 거쳐 종국에는 군축으로 가는 3단계 군비통제전략을 취한 반면에, 북한은 "선 군축-후 신뢰구축"을 주장하여 입장 차이가 너무 컸다. 남한은 한반도에서 군사적 긴장이 높은 이유는 남북한 간에 신뢰의 부족 때문이라고 분석하고, 군사 분야에서 투명성, 공개성, 예측가능성을 높이는 신뢰 구축을 자주 제의하였다.

반면 북한은 남한의 "선 신뢰구축-후 군축 제안"에 대해서 반대하는 입장을 내놓고, 한반도에서는 주한미군의 철수를 비롯한 군축이 선행되어야 하며, 신뢰구축은 군축이 달성되면 자연히 달성될 수 있다고 주장해 왔다.[12] 아울러 북한은 1990년대 후반부터 2000년대에 걸쳐 선군정치노선을 내걸고 핵과 미사일 개발에 올인 함으로써 국제사회로부터 고립되었으며, 김정일·김정은 정권은 대를 이어서 한반도에서 긴장을 고조시켜 왔다.

북한이 군사적 신뢰 구축에 반대한 근본적인 이유는 김정일 개인의 시각에서 비롯되었다. 김정일은 소련이 붕괴된 이유가 1975년 헬싱키 최종선언에서 서방측이 요구한 신뢰 구축을 받아들임으로써 소련 속으로 서구의 영향력이 스며들어 군부의 정신을 무장해제했기 때문이라고 보았다.[13] 이 논리를 따라서 북한은 남한이 신뢰 구축을 제안하는 이유를 북한 속에 남한과 서방세계의 영향력을 불어넣어 북한체제를 붕괴시키거나 전복하려는 것으로 의심하고, 남한의 대북한 신뢰 구축 제의를 줄곧 거부했다. 대신에 김정일 체제의 수호를 위해 북한군에 대한 외부의 영향력을 틀어막고, 북한 인민군이 수령을 옹호하는 총폭탄이 되어야 한다는 '선군정치'를 추진해 온 것이다.

이것은 2000년 9월 제주도에서 개최되었던 제1차 남북 국방장관회담에서 남

---

12) 황진환, 『협력안보 시대에 한국의 안보와 군비통제』(서울: 도서출판 봉명, 1998).

13) Yong-Sup Han, "An Arms Control Approach to Building a Peace Regime on the Korean Peninsula: Evaluation and Prospects," edited by Tae-Hwan Kwak and Seung-Ho Joo, *Peace Regime Building on the Korean Peninsula and Northeast Asian Security Cooperation* (Surrey, UK: Ashgate, 2010). pp. 45-61.

한 측이 남북한 간 군사적 신뢰 구축을 제의했을 때, 북한 측이 "정전협정을 평화협정으로 바꾸어 북미 간에 교전상태를 해결하는 것이 급선무이며, UN군의 모자를 쓴 미국이 남북한 간의 신뢰 구축을 어기면 언제든지 백지장이 되어버릴 수 있다"고 말함으로써 남한의 신뢰구축제의를 일언지하에 거절한 사례에서 드러난다.[14] 또한 스웨덴의 스톡홀름국제평화연구소(SIPRI)에서는 북한이 신뢰 구축에 거부감이 있으므로, 북한에 대해서 신뢰 구축을 수용하도록 하기 위해서는 경제 지원 등 비군사 분야의 신뢰강화조치(Confidence Enhancing Measures)를 병행 추진할 필요가 있다고 주장한 바 있다.[15]

남북한의 신뢰 구축에 대한 입장의 차이는 "누가 신뢰 구축의 주체 혹은 당사자이냐?"라는 점에서 분명하다. 한국은 북한을 정당한 대화 상대자로 간주하고 남북한 간 대화를 통해서 신뢰를 구축할 수 있다고 보는 반면, 북한은 한반도에서 군사적 신뢰 구축의 주체는 남북한이 아니고 북한과 미국이라고 주장해 왔다. 북한이 남한을 군사적 신뢰 구축의 대화 당사자로 인정하지 않은 것은 1993년 7월부터 개최된 북미 제네바협상 때부터 현실로 드러났다. 북한은 핵과 미사일을 비롯한 한반도 군사문제는 전적으로 북미 간의 문제이지 남한이 개입할 성질이 못된다고 하면서 완강한 태도를 보였다. 그 후 2000년 6.15공동선언에서 남북한 군사문제가 전혀 다루어지지 않았고, 햇볕정책을 추진한 김대중 정부는 남북한 간에 "선 경제교류협력, 후 군사문제논의" 방식을 채택하였기 때문에 북한에 대한 경제지원이 남북한 간 군사적 긴장 완화와 신뢰 구축 및 군축으로 이어지지 못하였다. 2000년 10월에 북한 인민군 조명록 차수가 워싱턴을 방문하여 클린턴 대통령과 면담한 이후 나온 북미 공동성명에서 "양국은 적대의사가 없으며, 한반도 평화체제를 구축하기 위해 4자회담 등 여러 가지 방법을 강구한다"고 합의하였는데, 북

14) 1990년대 말 유엔군축연구소에서는 북한의 평화군축연구소 인원을 초청하여 신뢰구축과 군비통제에 대한 한글 용어사전을 편찬하는 작업에 참가시키면서, 북한이 군사적 신뢰라는 용어에 대해 회의감과 강한 의심을 갖고 있다는 점을 감안하여 "신뢰구축" 대신 "안보협력"이라고 에둘러 표현하기도 하였다고 한다. 필자의 유엔군축연구소 연구원과의 인터뷰, 2005. 10.

15) Zdzislaw Lachowski, Martin Sjogren, Alyson J. K. Bailes, John Hart, and Shannon N. Kile, *Tools for Building Confidence on the Korean Peninsula* (Solna, Sweden SIPRI, 2007), pp. 7-14.

한은 미국의 대북 적대시정책의 제거가 북미 간 신뢰 구축의 출발점이라고 인식한 것으로 볼 수 있다. 그러나 북미 간의 신뢰구축문제는 2001년 미국의 조지 W. 부시 행정부 등장 이후 북한의 지속적인 핵개발 사실이 알려지고, 북미관계가 악화되면서 북핵문제의 시급성과 우선순위에 밀려 사라지고 말았다.

남북한 간의 군사적 신뢰구축에 관한 건널 수 없는 입장 차이에도 불구하고 1992년 2월의 남북기본합의서와 2007년 11월의 제2차 남북국방장관회담 합의서에서 선언적 합의이지만 군사적 신뢰 구축과 관련된 합의사항이 있었던 점은 주목할 만하다. 남북기본합의서의 남북불가침 조항을 보면, 남북한은 다섯 가지 신뢰구축과 군비통제 관련 조치를 합의하였는데, 그 내용을 보면 신뢰 구축에는 대규모 부대 이동과 군사연습의 통보 및 통제 문제, 비무장지대의 평화적 이용, 군 인사 교류 및 정보교환을 추진하기로 합의했다. 군축분야에서는 대량살상무기와 공격능력 제거를 비롯한 단계적 군축의 실현 문제와 검증 문제 등을 협의하기로 했으나 그 이후 후속 협상과 합의는 없었다.

그리고 2007년 10월 개최된 제2차 남북정상회담의 10.4공동선언에서 남북한 정상은 "남과 북은 군사적 적대관계를 종식시키고 한반도에서 긴장 완화와 평화를 보장하기 위해 긴밀히 협력하기로 하였다. 남과 북은 서로 적대시하지 않고, 군사적 긴장을 완화하며 분쟁문제를 대화와 협상을 통하여 해결하기로 하였다. 남과 북은 한반도에서 어떤 전쟁도 반대하며, 불가침 의무를 확고히 준수하기로 하였다. 남과 북은 서해에서의 우발적 충돌방지를 위해 공동 어로수역을 지정하고 이 수역을 평화수역으로 만들기 위한 방안과 각종 협력 사업에 대한 군사적 보장조치 문제 등 군사적 신뢰구축조치를 협의하기 위해 남측 국방장관과 북측 인민무력부장 간 회담을 2007년 11월 중에 평양에서 개최하기로 하였다."라고 합의했다.

제2차 남북정상회담의 후속조치로 11월 말 평양에서 남북국방장관회담이 개최되었고, 여기서 군사적 신뢰 구축과 군비통제에 관련된 합의가 이루어졌다. 그 내용을 보면 신뢰 구축 분야에 선언적 조치인 지상과 해상과 공중에서 모든 적대적 행위 금지, 불가침 경계선과 구역의 준수, 무력 불사용과 분쟁의 평화적 해결원칙 재확인, 서해상의 충돌 방지 대책 논의, 정전체제의 종식 및 평화체제 구축 노력, 남북 교류 사업에 대한 군사적 보장조치 대책 강구 및 군사공동위원회 등 후속 회담의 개최 약속 등이 있다.[16] 그 이후 이에 대한 이행과 후속 회담은 없었고 검증조치는 합의되지 않았다. 또한 노무현 정부의 임기 말에 주요 합의가 이루어짐으로써 구체적 이행이 담보될 수도 없었다.

이상에서 볼 때 남북한 군사관계에서 신뢰 구축을 위한 회담이 몇 차례 개최되기는 했으나 소제목만 합의한 상태이며, 실천은 제대로 되지 못했고 합의의 이행 여부를 확인하는 검증은 한 번도 논의조차 되지 못했던 데서 남북한 간의 군사적 신뢰 구축에 대한 큰 입장 차이를 발견할 수 있다.

3. 남북한 군사적 긴장완화와 신뢰 구축의 쟁점과 해결 방안

위에서 본 바와 같이 2018년 9.19 군사합의 이전에는 남북한 간에 군사적 신뢰 구축은 소제목만 합의했을 뿐, 북한이 재래식 군사 분야에서 한국을 신뢰할 만한 대화 당사자로 간주하지 않는다는 근본적인 문제가 있었다. 북핵문제와 관련해서도 남북한 간, 북미 간, 북한과 국제사회 간에 신뢰 구축이 되지 못하였고, 국제사회의 북한에 대한 불신은 점점 더 악화되었다. 이러한 악순환의 고리를 끊고 남북한 간에 군사 분야의 신뢰를 구축하기 위해서는 다음과 같은 문제가 해결되어야만 하였다.

첫째, 남북한 간에 군사적 신뢰가 구축되기 위해서는 제일 먼저 북한이 남한을 긴장 완화와 신뢰 구축의 당사자로 간주해야 한다. 북한이 한반도 군사문제의 대화 당사자로서 미국만을 고집하는 경우 대화를 통한 남북한 간 신뢰 구축에는 본질적으로 장애요인이 존재한다. 1973년에 시작된 유럽의 헬싱키 프로세스를 보면 미국을 중심으로 한 자유진영과 옛 소련을 중심으로 한 공산진영 간에 불신이 존재했고 군사적으로 대치했지만, 헬싱키 프로세스는 각 진영의 정치·군사적, 경제적, 인도적 및 사회문화적 교류협력 면에서 이익의 비대칭성을 활용하여 이해를 타협하는 방식으로 신뢰 구축을 합의하고 실천했기 때문에 성공했다고 볼 수 있

16) 국방부, 『2008국방백서』(서울: 국방부, 2008), pp. 274-276.

다.[17] 따라서 군사 분야의 신뢰를 구축하기 위해서는 남북한, 미국이 반드시 당사자로 참가하는 대화가 개최되고, 각국이 확보해야 할 이익을 의제로 제출하고 상호 타협을 거쳐 합의를 만들고 그 합의의 검증 가능한 이행을 보장함으로써 신뢰를 만들어갈 수 있다고 보는 것이 타당하다.

둘째, 남한은 북한의 핵과 재래식 전력을 합한 전체 전력을 위협으로 생각하는 반면, 북한은 남한의 군사력뿐만 아니라 주한미군과 한반도 유사시에 증원될 미국의 모든 군사력을 위협요소로 생각하고 있다. 즉 위협의 비대칭성이 있기 때문에 대화를 통한 긴장 완화와 위협의 감소를 목표로 하는 군사적 신뢰 구축에 대해서 남한, 북한, 미국의 입장이 판이하게 다르다는 점을 인식하고, 이를 현실적으로 감안한 포괄적인 신뢰 구축 대화 채널을 구상할 필요가 있다는 것이다.[18] 즉 한반도에서 평화체제를 구축하기 위해서 남한, 북한, 미국이 간주하는 위협이 전체적으로 논의되어야 하며, 필수적으로 미국이 참가해야 하는 것이다. 여기서 남북미 간의 3자회담의 필요성이 제기된다.

셋째, 지금까지 남북한 간에 문서상으로 합의되었으나 북한의 이행 여부가 보장이 되지 않은 군사적 신뢰 구축과 군비통제에 대한 몇 가지 합의사항이 있는데, 군사적 신뢰 구축이 제대로 되기 위해서는 합의 당사자들이 합의의 이행 여부를 확인함으로써 신뢰가 더욱 강화될 수 있다는 인식을 가지고, 기존의 합의를 이행하려는 진정성 있는 의지를 재천명하고,[19]이러한 합의의 이행 여부를 확인하는 검증 체제를 반드시 마련할 필요가 있다.[20] 즉 재래식 군사 분야의 신뢰 구축을 위해서는 합의문과 검증 절차를 마련하는 것이 필요하다.

넷째, 핵분야와 재래식 군사 분야를 구분하여 핵문제의 해결 노력과 병행하여 재래식 긴장 완화 및 신뢰 구축을 추진할 필요가 있다. 북한의 핵문제가 심각

---

17) James Macintosh, Confidence Building in the Arms Control Process: A Transformational View (Canada: Department of Foreign Affairs and Trade, 1996), pp. 31-61

18) 현인택·최강, "한반도 군비통제에의 새로운 접근," 「전략연구」, 제9권 2호. 2002. pp. 6-46, 백승주, "한반도 평화협정의 쟁점: 주체, 절차, 내용, 평화관리방안," 「한국과 국제정치」, 제21권1호, 2006년(봄)통권 52호, pp. 257-287.

19) 박영호, "박근혜 정부의 대북정책: 한반도 신뢰프로세스와 정책 추진 방향," 「통일정책연구」, 제22권 1호 2013, pp. 1-26.

20) 전성훈, 『북한 핵사찰과 군비통제검증』(서울: 한국군사사회연구소, 1994), pp. 22-24.

해지면서 재래식 군사대결 문제는 뒤로 미루어지고, 핵문제 우선 해결에만 집중하게 된 경향이 있다. 한편, 북한은 핵 보유를 기정사실화하면서 핵개발과 핵실험을 계속하고, 핵과 미사일로 미국과 남한을 위협하면서, 핵문제를 해결하려고 하면 조건 없는 북미 핵 회담의 재개와 북미평화협정을 병행해서 추진해야 한다고 주장해 왔다. 이에 맞서 남한은 북핵문제는 6자 회담 혹은 북미회담에서 해결하고자 하는 한편, 평화체제에 관한 협상은 별도의 채널, 즉 4자회담에서 핵문제의 해결 이후 개최하는 것으로 입장을 정리한 바 있다. 그러나 한반도에서 군사적 긴장이 최고조에 도달하고, 남북한 간 군비경쟁이 치열하게 전개되고 있으며, 한반도에서 전쟁위험이 증대하는 상황을 타개하기 위해서 핵분야의 협상과 재래식 군사 분야의 협상이 병행 추진될 필요가 있다는 점은 부인할 수 없다.[21]

한편, 북한이 핵을 보유한 상황에서 남한에 대해 재래식 무력을 사용한 강압외교와 무력도발, 전쟁협박을 구사할 가능성이 있으므로 이를 방지할 필요가 있다. 만약 남북한 간에 군사대화 없이 북한의 핵능력과 재래식 능력이 날로 증가한다면 한반도에서 전쟁 발발 가능성과 전쟁 발발 시 피해가 엄청나게 증가할 것으로 예상된다. 이러한 전쟁 가능성과 우발 충돌 가능성을 억제하기 위해 핵 분야의 북미회담의 추진상황을 감안하여, 북한으로 하여금 재래식 분야의 신뢰 구축과 군비통제에 나오도록 유도하는 정책을 동시에 구사할 필요가 있는 것이다.

재래식 군비통제회담에서 양측이 해야 할 일을 결정하고 각각 실천할 수 있는 군비통제조치를 제시하면 〈표 13-3〉과 같다. 가장 이상적인 것은 남북 양측이 군비통제 회담을 통해 합의서를 만들고 실제적 효과가 큰 조치들을 차근차근 이행하는 것이다.

이와 관련하여 한 가지 상기할 것은 21세기 초반에 김대중 정부가 북한에 대해서 "선 경제-후 군사" 접근방식을 취했던 결과, 군사적 신뢰 구축과 군비통제가 한 발짝도 나아가지 못했던 과거를 되풀이해서는 안 된다는 것이다. 앞으로 남북한 간, 혹은 남북한과 미국 간의 신뢰 구축과 군비통제 회담에서 우리가 가진 경제협력 카드를 북한의 실질적 군사위협 감소와 연계하는 시도가 일관성 있게 추진

21) 조성렬, "한반도 비핵화와 평화체제 구축의 로드맵: 6자회담 공동성명 이후의 과제," 통일연구원 KINU 정책연구시리즈, 2005-05.

표 13-3 정책목표별 재래식 군비통제 조치

	평화, 관계정상화, 평화통일	전쟁 억지	군비경쟁 완화	위기 방지	장기적·지역적 안정성 강화
신뢰 구축	• 비난, 파괴활동 금지 정부·민간교류 • 양측의 안보우려 토의와 해소를 위한 공식적·비공식적 안보 포럼 개최 및 정례화	• 대규모 군사훈련 상호 참관 • 한국·미국의 대북한 무력불사용 선언 및 북한의 한미에 대한 무력불사용 선언 • 핵무기/장거리 미사일 모라토리엄 및 폐기 선언과 검증	• 군사현대화 문제에 대한 상호토의 • 경제건설 위한 군 인력 전용 사용	• 대규모 군사훈련의 1년 전 통보 • 직통전화의 설치 • 일정규모 이상의 군사 훈련 중단	• 지역안보대화에서 미래 남북한 군대의 역할 토론 • 6자회담(남북한, 미·러·중·일)에서 지역적 신뢰 구축 방안 토의
제한 조치	• 대규모 훈련 잠정 중지 • 한미 군사력의 급속한 증강 금지	• 기습공격 방지 위한 군사력 재배치 • 기습공격 방지 위한 선긋기(red lines)	• 현재의 훈련강도와 준비태세의 감소	• 비대칭적 후방배치 (북한이 남한보다 더 후방으로 배치) • 후방 이동한 지역에 선긋기(red lines)	• 남북한 신뢰 구축 및 공격 제한 조치 이후 주한미군의 지상군 점진적 감축 및 해·공군으로 전환
군축 조치	• 주한미군 문제협상 의제 수용 및 군사비 현재 수준에서 동결	• 똑같이 낮은 수준으로 군 감축	• 똑같이 낮은 수준으로 군 감축 • 군사현대화 속도와 정도에 관한 상한선 설정	• 신속공격 가능한 군사현대화 금지	• 미래 한국의 독립과 안전 보장할 군사력 수준 확보

출처: Paul Davis, Richard Darilek and Yong-Sup Han, "Time for Conventional Arms Control on the Korean Peninsula," *Arms Control Today*, December 2000.

되어야만 진정한 군사적 신뢰 구축이 시작될 수 있을 것이다. 2000년에 한반도의 재래식 군비통제의 필요성을 인식하고 필자는 미국 랜드연구소와 공동연구를 시행하여, 그해 말에 Arms Control Today에 표지 논문으로 게재하였다. 2001년에 출범한 부시 행정부는 이 한미공동연구를 바탕으로 주한미군-유엔사-한국국방부 3자간에 공동연구를 거쳐 "한반도 군사적 신뢰구축 보고서"를 출판한 바 있다.

〈표 13-3〉에서 보는 바와 같이 한반도 평화와 남북관계 정상화 그리고 궁극적 평화통일을 달성하기 위해서는 남북 양측이 신뢰 구축 차원에서 상호 비난 파

괴활동과 전복활동의 금지, 무력도발의 금지, 정상회담, 국방장관회담, 군사공동위 회담의 정기적 개최, 정부와 민간 인적교류의 활성화, 군사훈련에 대한 상호 통보 및 참관, 제한조치 차원에서 대규모 훈련 잠정중지 및 군사훈련의 횟수와 규모의 제한, 전방배치 공격 전력의 후방배치, 군축 차원에서 주한미군 협상의제 수용, 군사비동결 등을 조치해야 한다.

둘째, 전쟁억지와 기습공격 방지를 위해서 남북한 및 미국은 신뢰 구축 차원에서 대규모 군사훈련 통보 및 참관, 북한에 대한 한미 양국의 무력 불사용 선언, 북한의 한미 양국에 대한 무력 불사용 선언, 제한조치로 기습공격을 방지하기 위한 군사력 후방배치, 후방배치 후 전방과 사이에 군사진입 금지선(red lines) 설정 등을 해야 하며, 군축 조치로서 남북한과 미군이 현재의 남한과 미국이 갖고 있는 수준보다 낮은 수준으로 북한과 한미 양국이 동시에 장비와 인력을 감축하는 조치를 취해야 한다.

남북한 군비경쟁 완화 및 종식을 위해서 신뢰 군축 조치로서 군사 현대화 문제에 대한 상호 토의를 하고, 경제건설을 위한 군 인력 전용 사용을 제도화하며, 제한조치로서 현재의 훈련 강도와 빈도 수, 준비태세와 전투력을 감소시키며, 군축으로서 북한·남한·미군이 현재 남한보다 낮은 수준으로 장비와 인력을 동시에 감축해야 한다.

위기 방지와 위기 안정성 제고를 위해서 신뢰 구축 조치로서 대규모 군사훈련을 하게 되면 1년 전에 상호 통보하고, 직통전화를 설치하며, 제한조치로서 상호 후진배치를 하되, 북한 군사력을 남한보다 더 후방으로 배치해야 하며(서울의 휴전선 근접을 이유로), 후방으로 이동한 병력에 대해서는 전방 진출을 금하는 진입금지선(red lines)을 그어 그것을 이행토록 한다. 군축조치로서는 신속 공격이 가능한 분야의 군사 현대화를 금지한다. 장기적 지역적 안정을 제고하고 한반도의 위상을 유지하기 위해서는 신뢰 구축 차원에서 지역안보대화를 적극 활성화하여 미래 남북한 군대의 위상과 역할에 대해 주변국의 컨센서스를 도출하며, 제한조치로서는 주한 미 지상군을 점진적으로 해·공군 위주로 전환하며, 군축 차원에서는 미래 한국의 독립과 안전을 보장하기 위해 적정군사력을 정해 그 수준으로 전력을 조정하면서 미 지상군은 본토로 귀환시킨다. 21세기 초에 필자를 비롯한 학계에서는 북한의 핵무기 개발 상황에서도 북한이 진정한 의지만 있다면, 가능한 재래식 군비통제조치를 해야 한다고 생각하여, 한미 간 공동연구를 통해 위와 같이 발표하기도 했다.

Ⅳ. 문재인 정부 시대의 남북한 간 군사적 신뢰 구축과 군비통제

1. 배경

2013년부터 김정은 정권이 북한의 핵보유를 자신의 최대 업적으로 북한 헌법에 기술하고 과시함으로써 외부세계에 대해서 북한의 핵보유를 기정사실로 받아들일 것을 강요해 왔다. 북한 당국은 "미국과의 관계정상화 없이는 살아갈 수 있어도 핵 억제력 없이는 살아갈 수 없다. 미국의 대조선 적대시정책과 핵위협의 근본적인 청산 없이는 100년이 가도 우리 핵무기 먼저 내놓은 일은 없을 것이다. 조미관계 정상화를 핵 포기의 대가로 생각한다면 큰 오산이다."[22]라고 하며, 핵보유를 정당화함은 물론 핵협상의 문을 닫아버렸다. 또한 핵을 경제적 혜택과 맞바꾸는 흥정은 절대 하지 않을 것이라며 협상으로 핵문제를 풀 수 있을 것이라고 기대하는 국제사회에 대해 쐐기를 박기도 했다.[23]

2017년 한 해 동안에 북한의 제6차 핵(수소탄)실험, 화성 14호 및 15호 대륙간 탄도탄 실험 등으로 북한은 핵 무력 완성을 선언했다. 북미 간에 핵전쟁 공갈과 협박이 오간 후에 한반도는 전쟁위기에 다다랐다. 하지만 2018년 평창올림픽을 계기로 남북한 간 정상회담과 북미 정상회담, 북중 정상회담이 개최되어 한반도는 국면의 대전환이 시작되었고, 6월 12일 싱가포르 북미정상회담에서 "북미관계 개선, 한반도 평화체제 구축, 한반도의 완전한 비핵화, 미군 유해 송환" 등이 합의되었다. 아울러 2018년 4.27 판문점 선언에서 남북 간 군사적 긴장 완화 및 신뢰 구

---

22) 북한 외무성 대변인 성명, "미국과의 관계 정상화와 핵문제는 별개문제," 연합뉴스, 2009. 1. 17.

23) 북한 외무성 성명, "핵보유 경제적 흥정물 아니다," 연합뉴스, 2013. 3. 16.

축을 위한 실질적 추진 방향이 제시되었고, 2018년 6월과 7월에 남북 장성급 군사회담이 개최되어 9월 19일 남북 정상회담에서 평양공동선언과 '판문점선언 이행을 위한 군사분야 합의서'가 체결되었다. 이로써 남북한 간에 운용적 군비통제조치가 합의되어 그 이행을 눈앞에 두게 되었다. 9.19 운용적 군비통제합의의 의의가 큰 것은 북한이 처음으로 남한을 재래식군비통제의 당사자로 인정하고 나왔고, 실질적으로 긴장을 완화하고 신뢰를 구축할 수 있는 계기를 만들었기 때문이다.

2. 9.19군사합의서에서의 운용적 군비통제조치

북한 핵에 대해서 북미 간에 정상회담 채널을 이용하여 비핵화하려는 노력이 가동되는 것과 시기를 같이하여, 2018년 9월 19일 남북한 간에 군사적 긴장 완화 및 신뢰 구축을 위한 실제조치를 포괄적으로 이행하려는 9.19군사분야합의서가 체결되었다.[24] 이를 신뢰구축조치와 제한조치로 구분해서 다음과 같이 설명할 수 있다. 이 절에서는 9.19 운용적 군비통제 조치의 의의와 내용, 보완대책 등을 설명하기로 한다.

운용적 군비통제 중에서 남북한 군사적 신뢰구축조치

다음과 같이 원칙적인 군사적 신뢰구축조치가 합의되었다. 하지만 후속 장성급 군사회담과 남북 군사공동위를 개최하여 이행방안을 구체적으로 협의하고 합의해 나아가야 한다. 과거보다는 세부적으로 합의했지만 여전히 원칙적인 합의사항이지, 구체적인 이행이 담보된 것은 아니다.

- 모든 군사적 문제의 평화적 해결 원칙 선언
- 남북 군사공동위원회를 구성 및 운영하기로 합의
- 남북한 군사당국자 간 직통전화(hot line) 설치 합의
- 남북 군사합의의 이행상태의 정기적 점검 및 평가실시 합의

24) 국방부, 「'9.19군사합의' 관련 설명 자료」, 2019. 2. 15.

운용적 군비통제 중에서 남북한 군비제한조치

남북한 군비제한 조치는 과거보다 훨씬 상세하게 합의되었으며, 일부는 벌써 이행에 들어간 조항도 있다.

〈그림 13-1〉에서 보는 바와 같이 특정 지역 내에 군사력의 배치나 훈련, 작전을 금지하는 것은 운용적 군비통제 중에서 제한조치라고 한다. 2018년 9.19 남북정상회담의 군사합의서는 대부분 군비제한조치라고 보아도 무방하다. 예를 들면 지상과 해상, 공중에서 적대행위를 중지하자고 한 것, 비무장지대의 평화지대화 및 판문점 공동경비구역을 비무장화하기로 한 것, 서해북방한계선(NLL: Northern Limit Line) 일대를 평화수역으로 만들어서 그 수역 내에서 사격 및 군사훈련을 금지한 것, 군사분계선을 사이에 두고 일정 지역에 비행금지구역을 설정한 것 등은 모두 현재의 군사력을 그대로 두고 배치와 운용, 훈련 등을 금지한 것이기에 운용적 군비통제 중에서 제한조치라고 할 수 있다. 이런 제한조치를 합의하고 이행하는 목적은 남북한 사이에 접경지역에서 군사적 충돌과 긴장고조를 방지함으로써 남북한관계를 평화공존 관계로 만들기 위함이다. 이 각종 제한조치를 세부적으로 설명하면 다음과 같다.

비무장지대의 평화지대화

- 감시초소(GP: Guard Post)를 시범적으로 남북한 각각 11개씩 폐쇄하고 철수하기로 합의하고 2018년 11월 30일 작업을 완료하였다. 시범조치는 원활하게 이행되었다. 앞으로 비무장지대 전체 내에 남아 있는 북한의 150여 개 GP, 남한의 50여 개 GP를 폐쇄하고 철수하는 문제로 나아가야 할 것이다.
- 판문점 공동 경비구역을 비무장화하고, 관광객의 자유 왕래가 가능하도록 한다.
- 비무장지대의 특정지역에 있는 6.25전쟁 때의 유해를 공동 발굴 작업을 한다.
- 비무장지대 내에 있는 역사유적을 공동조사하고 발굴할 수 있도록 군사적인 보장조치를 취한다.

지상 완충구역의 설정

군사분계선의 남북으로 각각 5km 이내에 지상 완충구역을 설정하고, 이 지역 내에서 모든 포병사격 훈련과 연대급 이상의 야외기동훈련을 전면 중지한다고 합의했다. 이것은 중동 평화협정의 병력분리협정이나 병력배치제한협정에서 본 바와 같이 비무장지대를 확대하고, 그 지역 내에서 군사훈련과 사격을 중지함으로써 우발적 충돌 혹은 계획적 충돌을 막기 위한 것이다.

서해 북방한계선 일대의 평화수역화

9.19군사합의에서는 서해북방한계선(NLL)을 비롯한 서해와 동해에서 남북한 해군 간에 무력충돌을 방지하고, 어민들의 안전한 어로활동을 보장하기 위해 평화수역을 설정하기로 합의하였다. 우리 국방부의 설명에 의하면, "과거에 남북한 간에 서해 해상에서 무력충돌이 수차례 발생하였던 것을 감안하여, NLL의 형태와 서해의 지형적 특성을 고려하여 우리의 바다와 북한의 바다와 황해도 육지 일부를 포함하여 남북한 간에 거의 같은 면적의 완충구역을 설정했다"고 한다.

〈그림 13-1〉을 보면 해상 완충구역 내에서 북한은 육지에서 해상으로의 포사격이 금지되고, 각종 해안포와 함포의 포구와 포신에 덮개를 설치해야 하고 포문을 폐쇄 조치해야 하며, 해상에서 기동훈련이 중지된다. 남한은 해상에서 포사격 및 해상기동훈련을 중지하고, 각종 해안포와 함포의 포구와 포신에 덮개를 설치하고, 포문을 폐쇄 조치해야 한다.

비행금지구역의 설정

〈그림 13-1〉에서 보는 바와 같이 남북한은 군사분계선 동·서부 지역의 상공에 설정된 비행금지구역 내에서 고정익항공기의 공대지 유도사격무기 등 실탄사격을 동반한 전술훈련을 금지하기로 하였다. 고정익항공기는 동부지역은 군사분계선에서 40km, 서부지역은 군사분계선에서 20km 내에서 비행이 금지된다. 회전익항공기는 동부지역은 군사분계선에서 10km, 서부지역은 군사분계선에서 10km 내에서 비행이 금지된다. 무인기는 동부지역은 군사분계선에서 15km, 서부지역은

그림 13-1 9.19 군사합의서의 남북한 지상, 해상, 공중 완충구역

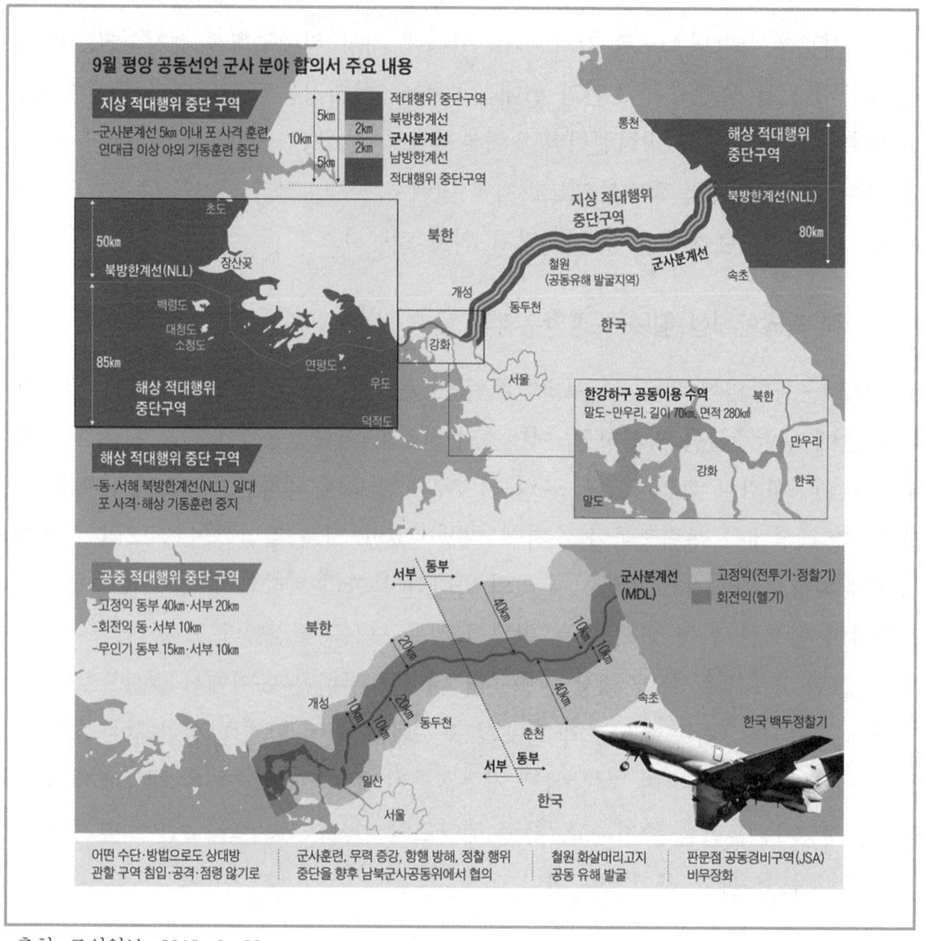

출처: 조선일보, 2018. 9. 20.

군사분계선에서 10km 내에서 비행이 금지된다. 기구는 동·서부 지역의 군사분계선에서 25km 내에서 비행이 금지된다.

3. 평가 및 소결

전체적으로 보아 북한 비핵화 문제가 북미 정상회담 채널을 통해 다시 전쟁 위기로 확전되지 않고 상호 협의를 통한 해결 방향으로 나아가는 한, 9.19군사합의는 남북한 간에 재래식 군사 긴장 완화와 신뢰 구축의 기회를 제공한다고 볼 수 있다. 군비제한조치가 대치하고 있는 적대적인 군대를 일정 거리 이격하거나 제한 지역에서 훈련과 기동, 사격과 비행 혹은 항해를 금지함으로써 상호 충돌 기회를 방지한다는 차원에서 긴장 완화와 평화 구축의 기본 조건은 될 수 있다. 군사분계선 1km 이내에 있는 GP의 폐쇄와 철수는 분단 역사상 처음이다. JSA 지역을 비무장화하는 데에 남북한 및 유엔군이 공동으로 이행하였다. 이것은 정전협정 위반 상태를 시정하여 정전협정 준수상태로 되돌린다는 취지이며, 이미 체결된 협정을 준수한다는 것을 보여줌으로써 남북한이 신뢰 구축의 기본을 준수하겠다는 결의의 증표가 된다. 또한 GP 폐쇄 이후에 남북한 장성급이 상호 방문, 검증함으로써 상호 신뢰의 출발이 되었다는 점이 중요하다.

9.19군사합의에 앞서 2018년 6월 12일 트럼프-김정은 북미 싱가포르 정상회담에서 트럼프 대통령은 북한의 군사위협 인식을 수용하여 키리졸브 한미 연합훈련을 포함한 일체의 한미연합군사훈련을 중단하겠다고 약속하였고, 그 이후 각종 한미연합군사훈련은 중단되었다. 이것은 군비통제 중에서 제한조치에 해당된다. 즉 이것은 합의문에는 없으나 일종의 정치적·군사적 신뢰 구축의 일환으로 미국이 북한의 핵 및 미사일 모라토리엄을 긍정적으로 인식하여 한미연합군사훈련을 중지한 것이다.

하지만 군사제한조치 중심의 9.19군사합의에는 문제점도 있다. 유럽의 군사적 신뢰 구축은 군사회담의 정례화와 제도화, 상호 의사소통과 확인을 위한 직통전화의 개설, 훈련과 기동에 대한 상호 초청과 참관 및 대화와 접촉을 통한 신뢰 구축을 추진하였는데, 남북한 사이에는 아무런 상호 소통과 대화와 접촉이 없고, 상호 검증과 확인 장치 없이 그냥 남북한 군대를 격리하거나 제한조치의 이행을 일방의 의지에만 맡겨 놓았기 때문에, 소극적인 신뢰조성은 될지 모르나 적극적인 신뢰구축은 되기 어렵다. 2000년 6.15 공동선언 후에 남북한 지뢰제거 합의가 있었지만, 각자 지뢰제거를 했기 때문에 남북한 군대 간에 상호 신뢰가 조성되거나 제도화되지 않았다. 그 뒤 접경지역에서 남북한 군대는 상호 충돌하였고, 때로는 북한의 일방적인 군사도발이 자행되기도 하였다. 과거의 신뢰 구축 실패사례를 참고하여 남북 군대 상호간에 신뢰 구축은 상호 방문, 상호 소통, 상호 검증을 통해 대화와 접촉을 늘려감으로써 실질적으로 구축될 수 있으므로, 상호 방문 및 소통, 검증 조치가 따라서 진행되어야 할 것이다.

따라서 앞으로 남북한 간에 군사공동위를 구성·출범시키고, 9.19군사합의를 이행하기 위해 정기적으로 회의를 개최하도록 해야 한다. 과거의 역사를 보면 1992년부터 몇 차례에 걸쳐 남북한 간에 군사공동위를 구성하자고 합의하였으나, 남북한은 아직까지 군사공동위를 구성하지 못하고 있다. 남한 측은 군사공동위를 구성할 의지가 있었으나, 북한 측은 합의만 해놓고 실제로는 전혀 움직임을 보이지 않았다. 9.19군사합의서에도 군사공동위를 구성하여 합의서의 이행을 보장하겠다고 합의되었으나, 아직 군사공동위는 출범조차 되지 않고 있다.

그러므로 이번에는 반드시 군사공동위를 출범시켜서 이를 공식화 내지 정례화하지 않으면 더이상의 군사합의의 이행을 보장하기 어렵다는 점을 인식해야 할 것이다. 또한 국방장관 간 또는 합참의장급 간에 직통전화를 상설화해야 한다. 신뢰 구축이 제도화되지 않으면 한 번의 충돌로 모든 것이 무효화될 가능성을 배제하기 어렵다. 또한 9.19군사합의의 이행에 대한 검증을 실시할 남북공동검증위원회를 출범시켜야 한다. 남북공동검증위에는 유엔사를 포함하는 문제도 협의해야 할 것이다. 왜냐하면 정전협정이 평화협정으로 대체될 때까지는 유엔사가 정전협정의 이행과 감시를 책임지기 때문이다. 9.19합의에 대한 위반사항이 발생할 경우 남북군사공동위원회를 개최하여 위반사항에 대한 공동조사 및 시정방안을 마련해야 한다.

또한 남북한 공히 군비통제 자문단을 만들어 군사공동위의 개최와 아울러 1.5트랙의 전문가 자문회의를 정기적으로 개최하여 신뢰 구축과 군비제한에 대한 견해 차이를 극복함은 물론, 9.19군사합의의 성공적 이행을 위한 광범위한 아이디어를 수집하고 활용하도록 해야 한다.

또한 남북한 군비통제자문단은 제1단계 운용적 군비통제의 실적을 평가하고,

보완사항을 식별하여 군사공동위에 자문하고, 제2단계 운용적 군비통제 조치를 확대·발전시키는 문제를 각각 연구하고, 남북군사공동위에 건의하는 체제를 만들어 가야 할 것이다. 또한 주한미군과 유엔군사령부의 전문 인력을 남북군비통제자문단에 동참시키는 방안도 고려해 볼 만하다.

V. 결론

북한 핵 시대에 남북한 간의 재래식 군사 긴장 완화와 신뢰 구축은 더 지난한 과제임에 틀림없다. 그러나 북핵문제에 대해 북미대화가 지속되는 동안에 재래식 군사적 대치와 긴장 문제를 그냥 두는 것은 북한이 재래식 기습 전쟁과 핵무기 사용을 연계할 가능성을 열어두고 있다는 점을 간과하는 것이 될 수 있다.

또한 유사시 북한의 전쟁 개시로 인한 피해가 더 커질 수도 있고, 군비경쟁에 소요되는 비용도 천문학적으로 증가한다는 점도 고려해야 한다. 따라서 북핵문제의 해결 노력과 병행하여 한반도에서 남북한 간에 군사적 신뢰 구축과 긴장 완화 노력이 계속될 필요가 있다.

북한의 지도부가 핵무기 보유의 결과 미국과의 대결상태를 어느 정도 통제 내지 안정시킬 수 있다고 보거나 부분적 비핵화를 조건으로 경제제재 해제 및 경제지원을 받아 경제발전을 시도할 수도 있고, 비핵화의 더딘 진전 속에서도 북한이 경제발전을 위해 남한과 재래식 군비통제와 군축을 시도할 의사도 있을 수 있는데, 이러한 의사를 활용하기 위해서라도 재래식 군사 분야에서 신뢰 구축과 긴장 완화를 위한 노력은 시도될 필요가 있다.

한편 북핵문제가 북미회담을 통해 어느 정도 해결되더라도 남북한 간에 재래식 군사신뢰구축과 제한조치, 군축이 이루어지지 않으면 재래식 군사대결 가능성은 여전히 남아 있게 된다. 이것은 인도와 파키스탄 간에 상호 핵전력 균형은 이루고 있지만 재래식 군사 충돌 및 소규모 전쟁이 끊이지 않고 발생하는 데서 증명된다. 그러므로 남한의 안보에 덜 손해 가고 북한의 재래식 군사안보에 더 많은 제한을 가할 신뢰 구축과 제한조치가 있다면 남북대화를 통해 계속 시도해 볼 가치가 있다.

9.19군사합의에 이어서 북한의 장사정포의 후방배치 및 북한의 단·중거리 미사일 개발 중지를 비롯한 남북한 운용적 군비통제를 더 확대할 수 있다면, 재래식 군사 분야의 군비통제 논의는 더욱 활기를 띨 수 있을 것이다. 더 나아가서 한국은 군비통제 정책목표인 한반도 평화, 남북 관계 정상화, 평화통일, 한반도에서 전쟁억지 및 북한의 기습공격 가능성 제거, 남북한 간 군비경쟁 완화, 한반도에서 위기방지 및 위기안정성 제고, 지역적 안정성 제고 등을 달성할 포괄적 군비통제 조치를 제안하고 관철할 필요가 있다.

분단 70년 동안 쌓여 온 남북 사이의 적대감과 한반도 내의 모든 군사력을 하루에 대폭 감소할 수 있다고 생각한다면 큰 오산이다. 그래서 우리가 처한 군사대치 현실을 철저하게 연구하고, 위협을 점진적으로 해소할 수 있는 종합적인 방책을 마련하는 것이 한반도에서 실질적으로 군사적 긴장을 완화하고 신뢰를 구축하며 평화를 건설해 나아가는 길이다.

사실상 제3의 한반도 신뢰 구축과 군비통제 시대가 개막되었다. 한반도를 냉전에서 벗어나 남북한이 상호 신뢰 속에서 공존하는 평화체제로 만들기 위해서는 신뢰 구축과 군비통제를 더욱 실천해야 할 때가 된 것이다. 북한이 경제개발을 진정으로 원한다면, 남한이 평화통일을 진정으로 원한다면, 남북한 군사대결과 군비경쟁 구조를 바꾸어 나아가야 할 것이다. 남북한 간에 2018년 9.19군사분야합의서를 계기로 삼아 핵무기를 포함한 비대칭적인 남북한 군사력 균형을 감안하여 북한에게 상대적으로 많은 군사적 양보를 요구하고, 대신에 북한에 대한 경제적 반대급부를 제공하면서, 포괄적이고 실질적인 신뢰 구축과 군비통제를 지속해 나아가야 할 것이다. 그래야만 남한의 군사안보에 도움이 되며, 전쟁을 억제하고 남북한 평화공존을 바탕으로 평화통일에 이르는 지름길을 발견할 수 있을 것이다.

토론주제

■ 다음의 주제에 대해서 토론해 보자.

1. 북한의 핵 시대에 남북한 간 재래식 군비통제는 어떤 의미가 있는가?
2. 한반도에서 군사적 신뢰 구축과 제한조치가 성공하기 위해서 한국의 대북한 협상전략과 군비통제 전략은 어떻게 해야 하는가?

CHAPTER 14

국방개혁과 군사혁신

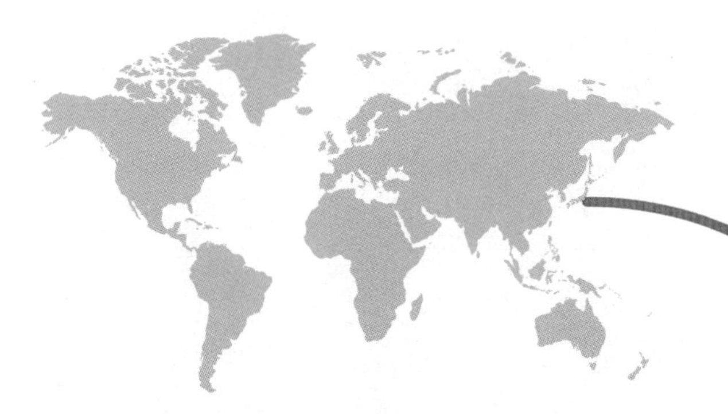

CHAPTER 14

국방개혁과 군사혁신

Ⅰ. 서론

현대는 혁신의 시대이다. 20세기 중반부터 가속화된 선진국들의 경제발전은 기업의 혁신이 그 중추적 역할을 해왔으며, 후발공업국들은 정부가 경제발전의 견인차 역할을 해왔다. 20세기 후반에 시작된 세계화의 물결은 세계 구석구석에 퍼져서 선진국의 발전과 혁신 사례를 배우고 적용하기 위한 노력을 불러오고 있다. 이제 정부와 기업은 물론이고 모든 개인들에 이르기까지 혁신의 요구를 거스를 수 없다.

20세기 후반과 21세기 전반이 혁신의 시대가 된 것은 정보기술 혁명에 기인한 바가 크다. 정보기술 혁명은 넓게 보아 민간 분야에서 시작된 것이기도 하지만, 미국을 비롯한 선진국들에서는 군사 분야의 정보기술 혁명이 민간 분야의 정보기술 혁명을 선도하거나 민간 분야와 거의 동시에 정보기술 혁명이 발생했다고 볼 수 있다.

현대의 국가들은 정보기술 혁명을 국방과 군사 분야에 효과적으로 적용하기 위해 격렬한 경쟁을 벌이고 있다. 탈냉전 이후 미국을 비롯한 유럽의 선진국들은 군사기술의 혁명 또는 혁신이란 기치 아래 군사기술뿐만 아니라 국방과 군사 구조를 개혁하였다. 21세기 미국은 이를 군사변환(military transformation)이라는 용어로 정의했고, 영국·프랑스·일본·러시아·중국 등 강국들은 잇달아 국방개혁 내지 군사변혁을 도입하여 제도화하고 있다. 20세기 후반에는 '경제적이고 효율적인 군 만들기'가 화두였으나, 21세기 들어서는 '정보지식사회에 걸맞은 국방개혁, 군사변환, 군사혁신'이 화두가 된 바 있다. 2010년대 후반에는 제4차 산업혁명의 도래와 함께 사회가 인공지능, 빅 데이터, 사물인터넷, 스마트 ICT, 클라우딩, 모바일 등의 기반기술을 토대로 초연결성, 초지능성, 초예측성으로 변화함에 따라[1] 국방 분야에서도 민간 분야의 기반기술을 응용하여 초연결성, 초지능성, 초예측성 강화를 통해 궁극적으로 첨단과학 국방으로 나아가고자 하고 있다.

한국도 예외가 아니다. 1990년대 초반 세계의 탈냉전 추세에 발맞추어 통합군 만들기를 중심으로 출발했던 국방개혁이 21세기 들어 매우 포괄적 성격을 띤 국방개혁, 군사변환, 군사혁신으로 바뀌고 있다. 첨단 군사과학기술과 정보기술을 접목해서 군사 분야에 적용하고자 하는 패러다임의 변화를 시도하고 있다. 또한 2010년대 후반에 시작된 제4차 산업혁명의 성과를 국방부와 합참, 각 군에 접목하려는 시도를 매우 광범위하게 진행하고 있다.

따라서 본 장에서는 국방개혁, 군사혁신의 용어를 정의하고, 국방개혁의 성공에 필요한 전략적 방향과 대책을 살펴보면서, 1990년대 이후 각 정부마다 국방개혁을 수행해 온 역사와 성과 및 미흡 요소를 비교·검토하고 국방개혁에 대한 시사점을 도출하고자 한다.

Ⅱ. 국방개혁과 군사혁신의 용어 정의

1. 개혁, 혁신, 혁명과 유사한 개념들의 정의

방송이나 언론, 기업과 정부에서 변화와 혁신, 개혁이라는 말을 많이 하고 있다. 21세기는 정보지식 사회로서 변화의 속도가 엄청나게 빠르다. 이 변화에 뒤처지지 않고 변화를 선도하기 위해서는 혁신이 필요하다. 여기서는 개혁, 혁신, 혁명

---

1) 권기현, 『정책학 강의 개정판』(서울: 박영사, 2018), pp. 642-650.

등의 개념을 구분하고, 국방개혁과 군사혁신에 대해서 알아본다.

개혁(reform)이란 무엇인가? 개혁은 새로운 환경변화에 대응하여 보다 나은 성과를 거두기 위해 의식적이고 지속적이며 포괄적으로 변화시키려는 노력이나 행위이다. 정보화시대의 시장에서는 전자상거래(e-business)가 유행하며, 사회에서는 활자화된 신문보다 인터넷 신문이나 인터넷 뉴스, SNS(Social Network Service)가 유행하고 있다. 이러한 추세에 사람들이 적응할 뿐 아니라 추세를 앞서가기 위해서는 정보기술을 효과적으로 활용할 뿐만 아니라 정보기술을 사용하여 발전을 선도해 나아갈 필요가 있다.

만약 그렇지 못하면 시대에 뒤떨어진다. 정부는 시대에 앞서가는 정책을 만들 수 없고, 정책을 잘 홍보할 수도 없고, 바라던 정책의 결과를 만들어 내기 힘들게 된다. 따라서 새로운 환경변화에 대응해서 보다 나은 성과를 거두기 위해서 변화를 의식적이고 계획적으로 시도해야 하는데, 이것이 개혁이다. 그리고 개혁은 한 가지만을 변화시키는 것이 아니라 그 요소가 포함된 포괄적인 환경과 상호 관련 있는 몇 가지 요소를 종합적으로 변화시키는 것이 되어야 한다. 이 과정에서 기존 생각과 이론, 접근방식을 완전히 바꾸는 것이 필요한데, 이를 패러다임의 변화라고 한다.

유훈은 행정개혁을 "국가발전의 적극적인 목적을 향해 행정체계를 개선하고자 하는 명백한 의도를 가지고 새로운 아이디어나 그 아이디어의 결합을 행정체계에다 적용해 보려는 노력"[2]이라고 정의했다. 넓게 말하면 개혁이란 새로운 아이디어나 새로운 아이디어의 결합을 사회에 적용하려는 노력을 말한다. 존 F. 케네디 대통령은 "사람은 죽으나 아이디어는 살아남아 세계를 변화시킨다."[3]라고 하였다. 개혁은 아이디어에서 출발하지만, 기존 사고방식과 이론·제도를 바꾸는 것도 포함한다. 또한 개혁은 정치체제나 사회제도 등을 합법적·점진적으로 새롭게 고쳐 나아가는 것을 말한다. 개혁은 변화의 크기나 질 면에서 혁명보다 덜하기 때문에 기존 법을 따라서 합법적으로 해 나아가는 것을 가리키는 경향이 크다. 그래

---

2) 이한빈, 『국가발전의 전략과 이론』(서울: 박영사, 1969), p. 74; 유훈, 『행정학원론』, 제6전정판(서울: 법문사, 1991), p. 945에서 재인용.

3) John F. Kennedy Library in Boston, Massachusetts, U.S.A.

서 개혁은 급진적이라기보다 점진적인 방식을 택하는 것이 대부분이다. 민주주의를 '선거를 통한 혁명'이라고 부르는 사람들이 있으나, 사실 민주주의는 선거를 통한 개혁이라고 부르는 편이 더 적절하다.

쇄신(innovation)은 '가치를 창조하는 새로운 아이디어의 실현, 새로운 아이디어, 방법, 장치의 도입'이라고 할 수 있다. 쇄신은 혁신으로 번역하기도 한다. 혁신(reform, renovation)의 의미는 개혁과 동의어로서 제도나 방법, 조직이나 풍습 따위를 고치거나 버리고 새롭게 하는 것을 의미한다. 정치에서 흔히 혁신세력(reformist)과 보수세력(conservatives)을 구분하고 있다. 보수는 현재의 중요한 가치를 지키는 것을 의미한다고 볼 수 있다. 혁신세력은 진보세력이라고도 불리는데, 제도나 방법, 조직과 풍습을 고치는 것을 선호하는 집단이다.

혁명(revolution)이라는 개념은 사회과학적 용어이며 정치학적 용어이다. 혁명이 개혁과 다른 점은 '한 사회의 지배층을 일시에 바꾸어 버리는 것'이라고 한다. 또한 '지배 이데올로기가 급진적인 방법에 의해 교체되는 것'을 의미한다. 우리나라의 4.19혁명은 이승만 정권을 완전히 바꾸었고, 5.16쿠데타가 혁명적인 성격을 지니는 것은 민간정권을 군사정권으로 완전히 바꾸었다는 데에 있다. 그리고 지배 이데올로기도 많이 바뀌었다. 물론 자유민주주의 체제라는 측면에서는 같지만 경제나 사회 분야에서 지배적인 사고방식이 완전히 바뀌었다고 볼 수 있다. 혁명은 프랑스 혁명에서 보는 바와 같이 구체제(ancient regime)의 몰락과 사회적·경제적 지배계층의 교체, 사회제도의 근본적인 변화가 일어나는 현상을 말한다.[4)]

혁명은 코페르니쿠스적 전환처럼 사고방식에서 근본적인 변화가 발생하는 것을 말한다. 산업혁명의 경우 산업혁명 이전에 존재하던 생산방법과 생산구조가 없어지고 증기기관과 산업노동자가 등장함으로써 새로운 생산방법과 생산구조가 등장하게 된 것을 의미한다. 21세기에 이르러 기술의 급진적인 변화로 말미암아 새로운 생산방법과 생산구조가 나타났다. 예를 들어 정보통신 기술이 아날로그 방식에서 디지털 방식으로 변화함에 따라 컴퓨터 혁명, 디지털 혁명, 네트워크 혁명 같은 용어가 등장했다. 4차 산업혁명은 3차 산업혁명을 기반으로 사람과 사람, 사

---

4) 토크빌 저, 이용재 역, 『앙시앙 레짐과 프랑스 혁명』(서울: 박영률출판사, 2006), pp. 31-33에서 재인용; Alexis de Tocqueville, *L'Ancien Régime et la Révolution* (1856).

람과 사물, 사물과 사물의 경계가 없어지고, 모든 영역에서 초연결 현상이 일어나며 융합되는 기술혁명이 일어나서 새로운 문명사적 혁명을 경험하게 될 것이다.

진화(evolution) 또는 진보는 일정한 방향으로 점진적으로 변화해 가는 것을 말하며, 발전(development)은 성장을 촉진하는 행위로써 상업적으로 활용가능하게 만들고, 더욱 활용 가능하게 만들기 위해 새로운 기회를 제공하는 것을 의미한다.

한편, 개선(improvement)은 가치나 질이 더 나아지는 것을 말한다. 현재 사용되는 것을 유용하게 고치거나 현재 상태에서 더 나은 무엇을 첨가하는 것이다. 개선을 개혁이라고 하는 사람이 있듯이 개선과 개혁은 서로 분간하기 힘든 경우가 있다. 그러나 변화의 정도가 미미한 단계를 개선이라고 하고 개혁은 개선의 강도가 큰 것을 의미하기도 한다. 예를 들어 출근을 09 : 00에서 08 : 40로 바꾼다든지 사무실 조명의 밝기를 올려서 사무실 분위기를 명랑하게 만드는 것 따위를 개선이라 부를 수 있다. 어떤 물건이나 부동산을 더욱 유용하게 만듦으로써 가치를 높이고 바람직한 방향으로 발전시키는 것도 개선이라고 한다.

결론적으로 〈그림 14-1〉에서 보는 것처럼, 진보, 발전, 개선 같은 용어는 사실상 같은 용어로 본다. 그래서 이런 용어를 많이 혼용한다. 개혁도 마찬가지다. 개혁, 혁신, 진보, 발전, 개선 같은 것은 정도의 차이는 있지만 점진적인 변화를 추구한다는 점에서 공통점이 많다. 반면에 혁명은 워낙 급진적인 변화를 추구하므로 혁명이 일어나서 잘 될 수도 있고, 더 못하게 될 수도 있다.

그림 14-1 변화의 크기 및 강도에 따른 개념

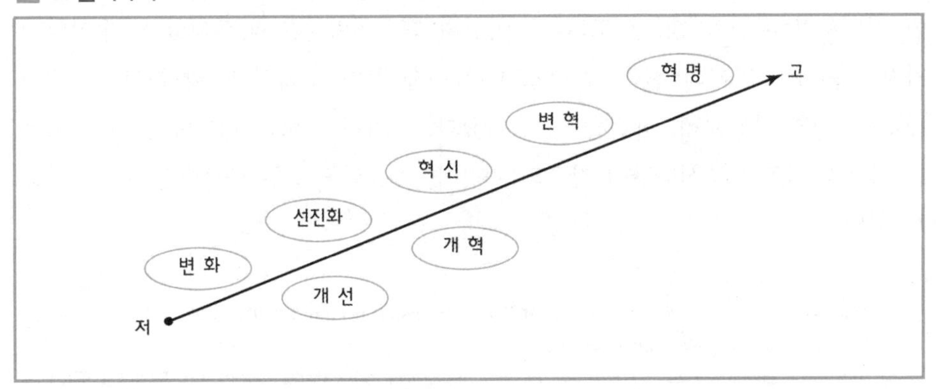

2. 군사혁신과 국방개혁의 개념 정의

군사혁신과 국방개혁의 개념은 무엇인가? 1990년대 말부터 신문지상이나 뉴스에서 군사혁신이란 말을 많이 써 왔다. 군사혁명(Revolution in Military Affairs: 군사혁명보다는 군사혁신으로 번역하는 편이 낫다.)의 의미는 "새롭게 발전하고 있는 군사기술을 이용해서 새로운 군사조직을 만들고 그에 상응한 작전운용 개념을 발전시켜, 군사조직의 혁신을 도모함으로써 전투력을 극적으로 증가시키는 것"[5]을 의미한다. 또한 맥컨드리(Tom McKendree)는 "군사혁신이란 지휘, 통제, 의사소통과 정보, 감시, 정밀폭탄, 정보전을 포함한 신작전 개념으로서 지속적이고 신속한 합동작전, 모든 전장통제 방법을 연결하는 군사기술에서 혁명"이라고 정의하고 있다.

랜드연구소의 리처드 헌들리(Richard O. Hundley)는 군사혁신이란 "현재 지배적인 행위자가 가진 하나 또는 그 이상의 핵심역량을 낙후시키거나 부적합하게 만들고, 새로운 전장에 맞게 하나 또는 그 이상의 새로운 핵심역량을 창조해내는 것"[6]이라고 정의했다. 아울러 정보전에서의 군사혁신이란 "국가목표를 달성하는 하나의 무기로써 정보기술을 군사 활동에 응용시킨 것"이라고 하였다. 예를 들면 제2차 세계대전 직전에 미국 해군에서 항공모함 개념을 개발했는데, 항공모함은 가히 군사기술혁명 또는 군사혁신이었다고 할 수 있다. 항공모함이 개발되기 이전에는 수상함 위주로 전쟁을 치렀는데 그때에는 수상함이 핵심역량이었고, 항공모함 개발 이후에는 항공모함이 핵심역량이 되었다. 항공모함이 개발됨으로써 오늘날 미국 해군의 주력함대는 항공모함이 되었다. 항공모함이 개발된 이후 과거 지배적인 행위자인 해군의 한 개 또는 그 이상의 핵심역량들은 낙후되었다. 수상함만 가지고 싸웠던 과거의 전략, 작전교리, 작전술 등이 도태되고, 항공모함 시대의 새로운 전략, 작전교리, 작전술 등이 나왔다. 이처럼 새로운 시대에는 하나 또는 그 이상의 새로운 핵심역량이 창조되는 것이다. 이것을 모두 군사혁신 현상이라고 부른다.

---

5) Tom McKendree, *The Revolution in Military Affairs*, Paper presented at 64th MORS Conference, Fort Leavenworth, Kansas (June 1996).

6) Richard O. Hundley, *Past Revolutions, Future Transformations* (Santa Monica, CA: RAND, 1999), p. 9.

왜 군대를 변화시키는가? 현재 주어진 목표를 달성할 수 있고 작전을 할 수 있는데도 바꾸는가? 아니다. 현재의 군사역량과 구조, 작전으로는 새로운 환경에 대응할 수 없기 때문에 바꾼다. 왜냐하면 환경이 변하고 새로운 군사기술이 등장하며, 적대 국가도 변하고 동맹국의 군사능력과 정책이 바뀌기 때문에 현재 우리가 가진 능력과 작전으로는 이러한 변화에 대응할 수 없기 때문이다. 군사 분야 혁신의 목적은 전투력과 전력을 극대화하기 위해서 새로운 군사기술과 군사체계를 도입하고 작전운용을 원활하게 하며, 나아가 전투력을 극대화하기 위한 것이다. 작전운용과 관련 없는 자랑거리로 신무기체계나 기술을 보유하기 위함이 아니다. 결국 새로운 기술을 도입하고 새로운 군사체계를 만들며, 작전운용 개념을 변화시킴으로써 전투력을 괄목할 만하게 증가시키는 현상을 군사혁신이라고 한다. 따라서 군사혁신의 결과를 평가할 때, 전투력을 얼마나 향상시켰는가 하는 것을 가지고 평가해야 하고 새로운 무기를 제대로 도입했는가를 가지고 군사혁신을 평가해서는 안 된다.

21세기 군사혁신에서는 비약적으로 발전하는 정보통신 기술을 이용하여 전장의 가시화 능력, 전장정보의 공유 능력, 장거리 정밀폭격 능력을 시스템 차원에서 상호 연계하여 이들 능력을 획기적으로 향상시킴과 아울러 디지털 전장에서의 싸우는 방법과 네트워크형 조직을 혁신적으로 발전시키는 데 중점을 둔다. 예를 들어 2003년 3월 이라크 전쟁에서 보인 가장 큰 특징은 디지털 전쟁으로서, 육·해·공군·해병대가 동시에 컴퓨터 화면을 통해서 적의 전장에 대한 상세한 정보를 공유하고, 작전 명령을 받아서 동시에 합동전을 수행하였다. 이처럼 컴퓨터가 상호 연결된 조직을 네트워크형 조직이라 하며, 이것을 어떻게 작전에 활용하느냐와 작전에 활용할 수 있는 조직을 만드느냐가 군사혁신의 핵심이다.

미국에서는 군사혁신을 군사변환(Military Transformation)이라고도 부른 바 있다.[7] 미국에서는 도널드 럼스펠드가 6년 간 국방장관 직을 수행하면서 군사변환의 전도사로서 군의 변혁을 지속적으로 추진한 바 있다. 군사변환이란 장기적인

---

7) The U.S. Department of Defense, *Transformation Planning Guidance*, April 2003; Douglas J. Feith, Transforming the U.S. Global Defense Posture, December 3, 2003. http://www.defenselink.mil/speeches/2003/sp20031203-0722.html.

관점에서 전쟁 수행의 수단과 방식을 혁신적으로 변화시키고, 군사력을 운용하는 방식도 바꾸는 것이다. 군사혁신의 결과 미국은 지상군이 경량화 및 신속기동화하고 C_4ISR로 첨단화하며, 육·해·공군이 합동전을 수행하게 되었다. 군사변환은 군사혁신보다 더 포괄적인 개념이다. 점진적인 변화보다 불연속적인 변화를 강조하며 미래 비전, 전력구조, 국방투자, 소요결정 시스템, 국방제도 등을 새롭게 개발 설계하고 기존 국방정책을 새로운 관점에서 전환시키는 것도 포함하고 있다. 미국에서는 군사혁신이란 용어가 너무 기술적인 의미를 풍기며, 혁명이라는 단어가 현재 기술로는 전혀 달성 불가능할 정도로 너무 많은 연구개발과 군사비 부담을 의미할 뿐만 아니라 혁명이 마치 한순간에 가능한 것처럼 환상을 불러일으키기 쉽다는 점을 감안하여 군사혁신 대신 군사변환이란 용어를 사용하기로 결정하였다고 한다.

경영분야혁명(RBA: Revolution in Business Affairs)이라는 용어가 있는데, 군사혁신(RMA)이란 용어는 RBA에서 나온 것이다. 오늘날과 달리 1960-70년대는 군이 민간의 발전을 선도했지만, 현대에서는 민간의 발전이 정부와 군의 발전을 선도하고 있다. 따라서 민간 경영 분야의 혁명을 군사 분야에 도입한 것이 군사혁신이라고 한다. 사실 민간 분야에서는 RBA라는 용어를 잘 사용하지 않는다. 그런데 미국 국방부에서 1997년에 4개년 국방검토보고서(QDR)에서 민간 분야의 우수경영 혁신 사례를 국방 분야에 적용하기 위해서 RBA라는 용어를 사용하기 시작했다.[8]

군사혁신을 이행한 결과, 군사 분야에 어떤 현상이 발생했는지를 알아본다. 군사혁신의 결과 ① 정보문명 시대의 전쟁에서 전쟁공간이 확대되고, 비접적 비선형 전투가 가능해졌다. 과거에는 휴전선을 경계로 가까이서 군사력을 집중해서 피아가 상호 대치하고, 접적 전투하는 개념이었다. 즉 적을 육안으로 관찰하고 근접해서 전투를 수행하는 방식이었다면, 지금은 정보통신의 발달로 전장공간이 확대되었고, 먼 곳에서도 적을 보게 되었기 때문에 원거리 정밀타격이 가능해졌다. 과거에는 선형 전투였다면 이제는 비선형 전투가 가능하게 되었다. ② 전략적 종심을 동시 병렬적으로 타격하여 마비시킬 수 있게 되었다. 적의 전략적 종심을 이곳

8) The U.S. Department of Defense, *Quadrennial Defense Review*, May 1997. http://www.defenselink.mil.

에서도 공격할 수 있고, 저곳에서도 공격할 수 있으며 지상군·해군·공군이 동시에 공격할 수 있게 되었다. ③ 최소의 희생으로 짧은 시간 내에 전쟁 승리가 가능하게 되었다. 2003년 5월 14일 노무현 대통령이 미국을 방문했을 때, 부시 대통령은 이라크 전쟁 종결 이후 상황에서 이와 같은 언급을 했다. "이제 미국은 최소한의 시간으로 짧은 시간 내에 전쟁 승리가 가능해졌다. 그래서 전 세계에 있는 미군을 재배치한다." 군사혁신의 결과 단기에 승리가 가능해졌다는 것이다. ④ 그에 따라 기존의 전쟁원칙이 수정되고 새로운 전쟁원칙이 만들어졌다. ⑤ 소프트킬(softkill)의 위력을 전략적 차원에서 활용 가능하게 되었다. 소프트킬은 하드킬(hardkill)의 반대용어이다. 하드킬은 무자비한 백병전으로 적을 살상하는 것이라면, 소프트킬은 우리 군은 다치지 않고 적군의 목표만 골라가면서 은밀하게 공격할 수 있게 된 것을 말한다. 과거에는 적정에 대한 자세한 정보가 없었기 때문에 인간정보나 신호정보만 갖고 전쟁을 수행했었다. 그러나 지금은 정보통신 기술이 발달하여 전장을 실시간에 자세하게 인식할 수 있다.

정춘일은 그의 저서에서 군사혁신의 범위를 〈그림 14-2〉와 같이 정의했다. 군사혁신의 범위는 전장운영 개념(군사전략, 군사교리), 전력체계(전투시스템), 군사기술(연구

그림 14-2 군사혁신의 범위

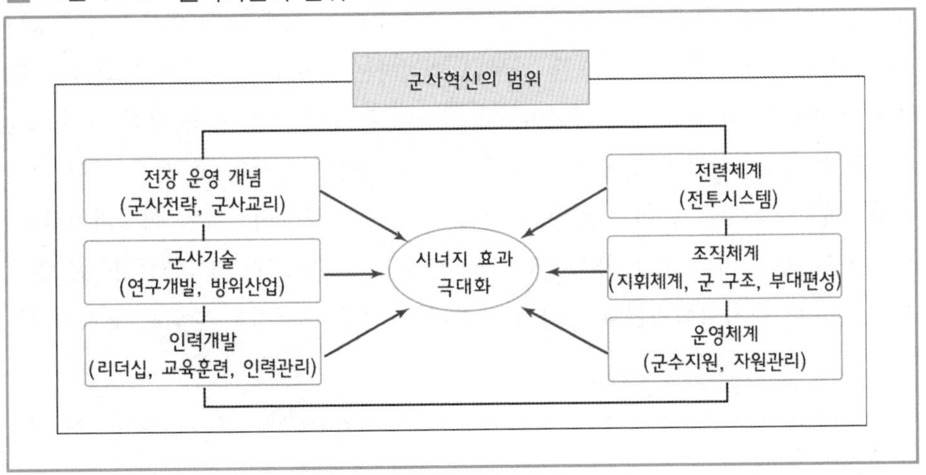

출처: 정춘일, "미래 전장양상과 한국국방," 21세기 국가경영전략세미나 발표 논문, 2001. 10. 16.

개발, 방위산업), 조직체계(지휘체계, 군 구조, 부대편성), 인력개발(리더십, 교육훈련, 인력관리), 운영체계(군수지원, 자원관리) 등을 상호 연계하여 시너지 효과를 극대화함으로써 결국 전투력을 극대화하는 것에 중점을 두고 있다.

국방개혁은 무엇인가? 국방개혁은 군사혁신보다 더 광범위한 개념이다. 일부 전문가들은 국방개혁과 군사혁신을 혼용하기도 한다. 그러나 국방개혁은 군사혁신을 포함한 국방의 전 분야에서 새로운 패러다임을 도입함으로써 국방을 바꾸어 나아가는 것을 의미한다. 클린턴 행정부 시절 코헨(William Sebastian Cohen) 국방장관은 "국방개혁이란 국방부의 조직구조와 업무수행 체계를 효율화하고 합리적으로 만들기 위한 것"[9]이라고 한 바 있다.

민진은 "국방개혁은 국가사회에서 한 체제로서의 국방부문을 대폭적으로 변화시키는 것"[10]이라고 정의하고 있다. 국방개혁은 국방부가 환경의 변화에 대응하면서 국방활동의 성과를 더 높이기 위해 국방활동 전체 혹은 특정 부문에 대하여 의식적, 지속적, 포괄적으로 쇄신하고 변화시키는 행위나 노력을 말한다고 덧붙이고 있다. 연이어서 국방개혁을 하기 위해서는 다섯 가지 접근방법이 있다고 설명하고 있다. 국방조직을 바꾸는 구조적 접근방법으로서, 이에는 민군관계, 3군 균형 발전, 군 구조 개편, 지휘체계 개편, 군대 규모의 축소 등이 포함된다. 기술적 접근방법은 조직개혁의 대상이 수행하는 업무절차나 기술과 관련되어 있으며, 국방정보화, C_4I, 국방운영 혁신, 민원제도 개선 등이 포함된다. 업무적 접근방법은 국방 분야에서 수행하는 모든 업무를 개혁하는 것으로서 규제의 강화나 완화, 지원의 확대와 축소 등이 포함되며, 구체적으로는 군사시설 규제 완화, 아웃소싱을 들 수 있다. 인간적 접근은 개혁의 대상이 조직의 구성원들로서 그들이 가진 능력, 가치관, 행태, 문화를 바꾸는 것을 포함하며, 구체적으로는 혁신가치관 부여, 민군관계의 의식 전환, 병영문화의 개선 등을 들 수 있다. 교리적 접근은 안보환경 변화나 군사과학기술의 변화에 따라 전쟁 혹은 전투하는 방법을 변화시키는

9) The U.S. Department of Defense, *Defense Reform Initiative*, http://www.defenselink.mil/releases/no.117-99.

10) 민진, "국방개혁입법 연구," 『국방개혁과 국방관리체제의 혁신』, 안보연구시리즈, 제6집 1호(서울: 국방대학교 안보문제연구소, 2005), pp. 5-9.

것으로서 군사교리를 변경시키는 것을 포함한다.

필자는 "국방개혁이란 국방의 영역인 군사동맹, 국방부와 군 조직, 인적·물적 자원, 국방정책 운영, 군사력 건설과 운용 전반에 걸쳐 새로운 패러다임을 도입함으로써 국방의 효율성과 환경에 대한 신속한 적응성(adaptability)을 증대시켜 나아가는 활동"이라고 정의하고자 한다. 여기서 신속한 적응성을 특히 덧붙인 이유는 정보지식 사회에서 국방의 신속한 대응을 강조하기 위함이다.

따라서 국방개혁의 범위는 다섯 가지 영역으로 구분할 수 있다. 첫째, 동맹의 유지와 관리 분야이다. 동맹의 변환 필요성에 직면하여 동맹을 현대화함으로써 동맹의 변화에 따르는 국민과 동맹국의 불안을 해소하면서 국가안보를 증진하는 활동을 포함한다. 둘째, 국방과 군 조직에 대한 분야이다. 민주화 시대에 걸맞은 군에 대한 문민통제 원칙을 살리면서 국방조직을 민주화, 전문화하는 것을 포함한다. 여기에는 국방정책 결정 과정의 민주화, 국방부의 문민화, 국방정책의 계속성 보장 등이 포함되고, 군 조직 분야에는 합동군제의 조직, 3군 간 균형잡힌 군 구조의 편성, 군의 지휘체계 개편 등이 포함된다. 셋째, 적정규모의 군과 무기체계의 유지 및 관리 분야가 있다. 여기에서는 병역제도의 현대화, 병영생활의 민주화, 무기와 장비의 효율적인 연구개발과 획득, 군의 간부화 추진 등을 추구하게 된다. 넷째, 국방운영의 효율화는 국방정책을 다루는 모든 업무영역에서 저비용 고효율을 달성하는 것으로서 전반적인 업무혁신 활동을 전개하는 것을 의미한다. 다섯째, 군사력의 건설과 운용에는 위에서 말한 군사혁신이 모두 포함된다고 할 수 있다. 이렇게 볼 때 국방개혁은 군사혁신보다 훨씬 광범위한 개념임을 알 수 있다.

Ⅲ. 국방개혁의 이유, 범위, 비전

1. 국방개혁의 이유

국방은 외부 위협으로부터 국가와 국민을 지키는 것으로서 안보환경이 급속하게 변할 때 제대로 적응하지 않으면 도태되고 만다. 오늘날 세계 안보환경은 급변하고 있다. 탈냉전 이후 세계는 군비증강이 급속하게 완화될 것으로 예상했었지만, 주변국의 군비증강이 계속되고 있다.

동아시아 지역의 안보정세 변화 중 가장 큰 요소는 중국이 지역강국으로 부상하는 현상이다. 중국의 경제가 빠르게 성장하면서 1990년 이래 2018년까지 매년 평균 15% 이상 군사비를 증가시키고 있다. 중국이 경제대국이자 지역 군사강국으로 등장하는 것이다. 일본의 경우 탈냉전 이후 미·일 동맹을 중심축으로 하면서 아태지역에서 지도적 역할을 하겠다고 공언하고 있다. 일본은 아시아 제일의 해·공군과 정보력을 보유하고 있으며, 방위비를 450억 달러 지출하고 있고, 일본이 방위비를 계속 증액한다면 한·일 간의 군사 격차는 계속해서 벌어질 것이다. 미국 등 선진국들은 군사혁신의 결과 군사능력이 계속 발전하고 있다. 미국이 능력 중심의 국방기획을 채택함에 따라 군사능력이 엄청나게 발전하면서 한국과의 격차가 계속 벌어지게 된다. 한국이 이를 따라가지 않으면 연합작전도 제대로 할 수 없고, 세계 각지에서 미국과의 작전협력을 하는 데 문제가 생기게 된다. 미국은 군사변혁도 하고 RBA를 도입해서 군사혁신을 추진하고 있다. 새로운 교리나 작전 방법 등이 미국에서 나오고 있는데, 우리는 이것을 빨리 배우고 적용할 수밖에 없다.

북한의 비대칭 위협과 북한 체제의 불확실성이 커가고 있다. 1990년대 중반에는 21세기에 가면 북한이 붕괴되거나 핵무기 개발계획도 포기할 것으로 생각했던 사람이 많았으나, 북한은 오히려 비대칭 위협을 증가시키기 위해 핵무기, 화생방무기, 미사일, 특수전 부대 등을 계속 증가시키고 있다. 게다가 북한체제의 불안 때문에 불확실성이 증대되고 있다. 이것을 어떻게 처리할 수 있을까? 북한이 호전적인 태도를 완전히 포기하고 개혁개방으로 나와서 중국을 따라가면 좋으나, 현실은 그렇지 못하다.

한미동맹이 안보환경과 각국의 국내적인 요인 때문에 불확실성이 높아지고 있다. 한미 양국 정부가 2020년대 초반에 전시작전통제권을 한국군에 전환하기로 합의함에 따라 한미 연합방위태세에 기본적인 변화가 나타나고 있다. 또한 한국의 미국에 대한 자주성 요구와 미국 국민들의 전통적인 한미관계에 변화 요구 등이 한미동맹의 불확실 요소로 작용한 바 있다.

21세기에 이르러 민간 분야와 비교해 볼 때, 국방과 군사 분야는 상대적으로 발전 속도가 더디고 경쟁력이 상대적으로 약화되는 것이 사실이다. 국방정책과 군사전략 분야는 민간 분야, 정보지식사회, 제4차 산업혁명의 급속한 변화를 따라잡기도 힘들고 변화를 선도하기에는 구조와 관행의 문제점이 있는 것이 사실이다. 이렇게 국방과 군사 분야의 경쟁력이 사회보다 약화되는 사실을 고려해야 한다.

국민복지의 증진 요구가 폭발적으로 증가됨에 따라 국방예산을 안정적으로 확보하기 힘든 정치 환경이 되었다. 청년인구의 감소로 병력을 충원할 징병인구가 감소하고 있다. 이에 따라 국방예산과 병역자원에 대한 정치권과 국민의 지지가 약화되고 있는 것이 현실이다. 또한 참여 민주주의가 확대됨에 따라 국방에 대한 민주·개방성 요구가 증대되고 있다. 국내 정치적 요소로서 시민사회와 NGO단체들이 국방획득에서부터 부대 주변 환경, 군 내부 인사, 문민화까지 모든 분야에서 목소리를 높이고 있다. 국방의 민주개방성을 요구하는 것이다. 국방 분야에서는 국방의 근본적인 개혁과 변화를 통해 국민의 요구에 부응해야 하는 것이다.

2. 국방개혁의 범위

일반적으로 국방개혁의 범위는 개혁의 정도에 따라 유형 1과 유형 2로 구분할 수 있다.[11] 사고방식, 이론, 관념, 작전방식, 무기체계, 조직구조 등을 패러다임이라고 부를 수 있는데, 이러한 패러다임의 변화 범위를 작게 할 것인가, 크게 할 것인가에 따라 유형 1과 유형 2로 구분할 수 있다. 유형 1은 현존 패러다임을 고치지 않고 개선하는 것에 해당된다면, 유형 2는 현존 모든 패러다임을 바꾸는 것을 의미한다. 조직의 관리자는 패러다임 변화를 어느 정도 원하는지에 대한 결단이 있어야 한다.

또한 여러 가지 새로운 무기체계를 포함한 하드웨어의 도입 정도, 전산화와 정보화, 자동화의 정도, 새로운 소프트웨어의 도입정도 등을 결정해야 한다. 개혁

11) Paul K. Davis, "Transforming the Armed Forces: An Agenda for Change," Richard L. Kugler and Ellen L. Frost, eds., *The Global Century: Globalization and National Security* (Washington D.C.: Institute for National Strategic Studies, The U.S. National Defense University, 2001), pp. 423-442.

그림 14-3 국방개혁의 범위

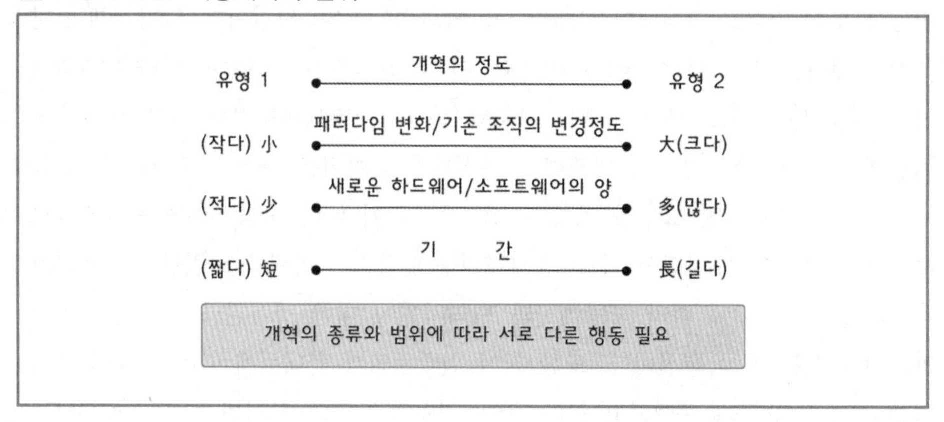

하기 위해 소프트웨어와 하드웨어를 어느 정도 도입하거나 동원할지를 결정해야 한다. 현재의 소프트웨어와 하드웨어를 가지고 개혁할지, 현재의 하드웨어는 그대로 두고 소프트웨어만 고칠지, 현재의 소프트웨어는 그대로 두고 하드웨어만 바꿀지, 아니면 하드웨어와 소프트웨어를 다 고칠지 하는 문제를 결정해야 한다.

개혁기간은 짧은 시간 안에 개혁할지 아니면 긴 시간에 걸쳐 개혁할지로 구분되는데, 사실 국방개혁은 패러다임의 변화를 요구하기 때문에 긴 시간을 필요로 한다. 개혁의 기간을 짧게 하고 규모를 작게 하면 쉽게 행동으로 옮길 수 있고, 개혁의 범위가 크고 근본적이라면 장기간을 준비해야 한다. 존 스튜어트 밀은 “내일 세계가 망한다고 하더라도, 오늘 한 그루의 나무를 심겠다.”고 했다. 정원에 나무를 심는다고 가정해 보자. 나무가 뿌리를 내리고 자라는 데 수십 년은 족히 걸린다. 아무리 개혁 속도를 가속화하더라도 개혁이 완성되는 데 몇 년은 족히 걸릴 것이다. 나무를 심어놓고 짧은 순간에 몇 미터 자라라고 강요할 수 없는 것처럼, 국방개혁은 적어도 5년은 걸리는 것이다. 미국의 국방개혁이나 프랑스의 국방개혁은 적어도 5년을 한 개의 주기(cycle)로 삼았다.

개혁의 종류와 범위, 기간에 따른 국방개혁의 유형에 따라서 서로 다른 접근이 필요하다는 것을 인식할 필요가 있다. 개혁의 범위를 고려하지 않은 개혁은 효과를 기대할 수 없음을 인식할 필요가 있다.

3. 새로운 국방비전

국방개혁을 위해서는 새로운 국방비전이 필요하다. 개혁을 하의상달(bottom up) 식으로 하거나, 개혁의 아이디어를 산발적으로 수집하여 개혁의 모습을 그리는 것은 금물이다. 모든 요소를 통합할 수 있는 개혁 비전 설정이 중요하다. 그 비전 내에서 모든 구성요소를 하나의 논리로 체계화할 수 있어야 한다.

한국의 국방이 당면한 문제를 살펴보면 병력은 적지만 싸울 수 있는 능력, 즉 전투력을 크게 만드는 방향으로 가야 한다. 이것을 작지만 강한 군대 건설이라고 표현할 수 있다. '국방개혁 2030'은 작지만 강한 군대를 만드는데, 15년간에 걸쳐 병력을 65만 명에서 50만 명으로 축소하면서도 전투력 면에서는 더 강한 군대로 만들기로 결정했다. 소병력과 대전력을 지향하는 것이다. 선진국들은 탈냉전 직후부터 이러한 방향으로 노력하고 있다. 첨단화·정보화·기동화·경량화를 지향하는데 이는 병력 숫자를 축소하고 전력은 확대함을 의미한다.

국방비전을 말할 때 저비용·고효율을 많이 이야기한다. 이는 제한된 국방예산을 사용할 때 비용은 적게 쓰고 효율을 높이라는 것이다. 비용은 적게 쓰고 효율이 제일 많이 나오는 분야가 기업이다. 중국의 경제가 급성장하는 이유는 중국 노동자의 임금이 낮기 때문이다. 한국 노동자의 임금은 중국의 몇 배이므로 한국에서는 노동자를 많이 필요로 하는 산업은 경쟁력이 없다. 국방 분야에서도 저비용 고효율을 달성해야 한다. 저비용을 위해서는 인건비를 비롯한 고정비용을 줄일 수밖에 없다. 군대는 적정규모를 유지해야 하므로 인건비 절약에는 한계가 있다. 따라서 국방에서 저비용 고효율은 국방운영 혁신을 통해 대부분 달성할 수밖에 없다. 그래서 국방 분야의 아웃소싱, 책임기관운영제, 전문화 등이 논의되는 것이다.

세계화 시대의 국방 추세를 볼 때 국방은 다른 국가들과의 협력이 필요하다. 북한에 대해서는 독자적으로 방어할 능력을 갖추어야 하지만, 한국의 국방은 북한만을 상대로 하지 않는다. 한반도를 둘러싼 주변 강대국과 협력해야 하고, 다른 국가가 한국을 넘보지 못하도록 해야 하며, 무시할 수 없는 국방력을 갖춤으로써 지역적으로 안정을 도모해야 한다. 여기서 '나 홀로 국방'이 있을 수 없다. 더군다나 세계화·국제화되는 시대에 한국이 독자적으로 국가방위를 한다면 비용이 엄청나게 많이 들 뿐만 아니라, 동맹국인 미국을 비롯한 주변국들이 우려를 나타낼 수 있다. 즉 주변국과 협력하지 않으면 생존 번영할 수 없다. 그래서 다자안보협력이 중요하다는 것이다.

Ⅳ. 한국의 수준별 국방개혁의 내용

국방개혁의 수준은 세 가지 차원으로 구분할 수 있다. ① 국방정책 차원, ② 군사전략 차원, ③ 작전술 및 작전 차원이다. 국방개혁의 수준별 개혁 이슈는 아래에서 설명한다.

1. 국방정책 차원의 국방개혁

국방정책 차원의 개혁은 어떻게 할 것인가? 4대 목표를 설정해 보면, ① 저비용 고효율 달성과 같은 효율화, 즉 적은 인원과 비용으로 많은 일을 효과적으로 수행할 수 있도록 만드는 것을 말한다. 이것은 국민이 오늘날 정부에 요구하는 일반적인 사항이다. ② 국방부의 전문화 및 모든 국방인력의 전문화, 즉 국방부를 전문정책집단으로 전문화할 뿐만 아니라 모든 국방인력을 전문화하는 것을 말한다. ③ 정보화와 과학화, 초지능화 및 초연결하는 것을 말한다. 즉 정보통신기술(information and communication technology) 시대와 제4차 산업혁명의 시대의 요구에 부응하여 국방 분야를 첨단 과학화, 정보화, 초지능화 및 초연결해야 함을 의미한다. ④ 참여 민주주의 시대와 국민의 눈높이에 맞추어 국방을 민주화하는 것이다. 모든 국민은 국방에 대한 민주화·공개·투명화·소통 등을 요구하고 있다. 이러한 네 가지 분야를 생각해 보면서 국방정책 차원의 개혁에 대해 알아보고자 한다.

(1) 국방의 효율화

국방의 효율화 문제를 살펴보면, 무엇을 효율화해야 할 것인가 하는 의문이 떠오른다. 국방의 효율화는 국방부와 군의 슬림화, 즉 국방부와 군의 크기를 줄이는 문제를 내포한다. 국방에 종사하는 인력이 많기 때문에 인건비가 많이 들어가는 것은 불가피하다. 따라서 비용절감은 인력 감축을 의미할 수 있다.

우리나라의 병력 규모가 68만 명이던 시대에서 청년층의 인구절벽 현상으로 50만 명 시대로 불가피하게 진입하고 있다. 정부에서 국방부의 규모를 줄이라고 하면 1990년대 국방부에서는 민간 인력을 줄이면서 군인을 쓰는 경향을 보인 적이 있다. 반대로 국방부에서 민간 인력을 늘리려고 하면 국방부의 군인들은 합참이나 각 군으로 갈 수밖에 없다. 따라서 병력 규모가 고정된 가운데 슬림화하면 결국 전체 인원은 마찬가지가 된다. 한편 조직을 슬림화하면 전문화되지 않고, 전문화하려고 하면 슬림화만으로는 되지 않는다. 여기에 딜레마가 존재하는 것이다.

지금까지 전력 건설과 운영 유지를 통합 관리하는 문제에 당면해 왔다. 무기체계를 연구개발, 획득에 드는 비용, 무기체계를 운영·유지하는 비용 및 인건비를 분리해서 생각했다. 운영유지비는 소규모로 매년 들어가고, 무기구입비는 대규모로 한꺼번에 들어가므로 이를 분리해서 생각하면 효율적으로 예산을 사용할 수가 없다.

예를 들어, 전투기 사업의 경우 F-15K 40대를 구입하는 데 50억 달러가 든다면, 50억 달러가 한몫에 들어가는 것이다. 그러나 F-15K를 운영하는 부대와 부대원의 인건비, 운영유지비는 무기체계가 도태할 때까지 계속 들어간다. 이것을 고려하지 않고 구입비용만 생각하여 예산을 장기적인 관점에서 관리하지 못하면 결국 비효율성이 증가한다. F-15K 비행단을 창설해서 20-30년간 들어가는 운영유지 비용을 포함한 총 비용을 생각해야 한다. 그래야 이 사업이 전체적으로 효율적인지 아닌지를 알 수 있다. 이 총비용을 알아야 전투력을 극대화하는 데 F-15K 비행단 한 개를 창설하는 것이 더 효율적인지 아니면 육군 기갑사단을 하나 창설해서 새 전차나 장갑차를 도입하고, 거기다가 C_4I 시스템을 갖춰서 20-30년을 운용하는 것이 효율적인가에 대해 전체적인 전투력의 비용 대 효과를 제대로 분석해 볼 수 있을 것이다.

한편 30-40년 전에 구입한 구형 장비가 너무 많다. 따라서 이것이 운영유지비의 상당한 부분을 차지하고 있다. 2001년 기준으로 인력운영비에 비해서 전력유지비가 급격하게 증가하는 것을 볼 수 있다. 2010년 기존 운영유지비의 비율이 69.2%, 방위력개선비의 비율이 30.8%로 운영유지 비용이 너무 많은 것도 국방비의 구조가 매우 취약함을 반영한다고 볼 수 있다. 2018년 국방비의 구성을 보면 운영유지비의 비율이 68.7%, 방위력개선비의 비율이 31.3%로서 운영유지비의 비율이 별로 큰 변화를 보이지 않고 있다.

국방의 효율화, 분석평가와 관리 기능의 제도화 및 사전분석 평가는 필수적이다. 국방에 투자하면서 무기체계를 살 때 비용 대 효과 면에서 어느 것이 좋은지 안 좋은지 사전에 분석해야 한다. 그러나 이러한 사전분석을 할 수 있는 전문인력이 부족하다.

획득군수 과정의 품질과 속도를 관리해야 한다. 민간기업의 전자상거래의 장점을 활용해서 속도관리를 해야 한다. 미국에서 캘리포니아의 어떤 부대에서 부품이 필요해서 워싱턴에 있는 펜타곤에 보내달라고 요청했다고 가정해 보자. 과거에는 모든 부대의 신청을 받아 국방부에서 군수통합관리를 하여 소요부대에 보내줄 때까지 50-60일이 걸렸다. 이런 군수조달체계를 가지고는 전쟁을 제대로 수행할 수 없다. 일반 기업체에서는 물품이 필요해서 주문을 신청하면 퀵서비스든 24시간 배달서비스든 신속 배달이 된다. 빨리 필요한 것은 비행기로 배달하기도 한다. 속도를 생명으로 하는 군대에서 군수조달이 신속하게 되지 않자 미국 국방부는 속도관리를 해야 한다고 생각하게 되었다. 소요 부품의 신청을 받자마자 민간우편을 활용해서 24시간 안에 보내주는 방법인 오버나이트 서비스(Overnight Service)를 도입했다. 또한 민간기업의 전자상거래 장점을 활용하고 있다. 군수의 효율화란 퀵서비스, 비용의 절감, 같은 비용으로 효과적인 전투력의 향상 등을 의미하게 되었다. 결론적으로 국방의 효율화란 많은 이슈에 대해 각기 다른 방법으로 효율적으로 대처할 것을 요구하고 있다.

(2) 국방의 전문화

국방의 전문화는 국방 분야에 종사하는 사람들이 해당 분야에 전문가가 되어야 함을 의미한다. 그래야 개혁이 제대로 추진될 수 있다. 국방의 전문화는 첫째로 우리가 본질적으로 다루는 북한의 군사위협 분석을 과학적인 방법으로 수행해야 달성할 수 있다. 각종 한반도 군사력 균형분석 모델에서 볼 수 있듯이, 북한 군사에 대한 분석을 전문화하기 위해서는 발달된 컴퓨터 게임을 활용한 다양한 전쟁모델을 구축하여 과학적으로 위협분석을 해야 한다. 전쟁을 실제상황에 가깝게 예측할 수 있는 모델을 많이 사용해서 전문화해야 한다. 이 모델에서 분석한 결과들을 필요한 부서에 배포하여 정책수립의 기반이 되게 해야 한다.

또한 한미동맹을 관리할 전문 인력이 필요하다. 이 분야에 근무하는 장교가 많은데, 이들은 주기적으로 일선에 배치되어야 하기 때문에 전문화되기 힘들다. 뿐만 아니라 군사외교 인력도 전문화되어야 한다. 군사외교 인력이 전문화되지 못하면 군사외교를 장기적인 관점에서 제대로 전개할 수 없다. 무관인력의 사전 교육, 사후 활용도를 높이는 것이 필요하다.

국방부와 각종 교육 및 연구기관의 직위를 문민화 및 아웃소싱할 필요가 있다. 미국 펜타곤, 일본 방위성의 경우 국방문민화가 일찍이 이루어져 민간공무원의 비율이 80% 이상이다. 프랑스의 경우 77%를 차지한다. 이런 전문 인력들이 20-30년 이상 국방부에서 근무한다. 예를 들어 미국 펜타곤의 한국 과장은 15-20년을 근무하는데, 한국 국방부는 미주과장이 2-3년 정도 근무하기 때문에 전문화 정도에서 차이가 너무 크다. 국방관료의 문민화가 절대적으로 필요하다. 한국의 '국방개혁 2020'을 완수하기 위해 2006년 12월에 국회를 통과하여 공포된 '국방개혁에 관한 법률'에서는 국방부의 문민기반 확대를 목표로 삼고, 2009년까지 국방부 전 직위의 71%를 문민으로 하는 것을 목표로 제시한 바 있으나,[12] 그 후 국방개혁 2011-2030에서는 이를 다시 하향 조정한 바 있다. 국방부의 문민화는 국방부의 전문화를 위해 반드시 필요하다. 문재인 정부에서는 다시 문민화를 모토로

12) 국방부, 『국방개혁 2020: 이렇게 추진합니다』(서울: 국방부, 2006), p. 23.

내걸고 국방부 실장, 국장, 과장을 민간 공무원으로 대폭 바꾸고 있다. 문민화의 실질적인 진전을 위해서는 보다 넓은 국방전문가 공동체에서 많은 민간인 전문가를 채용해서 쓰는 개방직 제도를 대폭 늘려야 한다. 공무원은 군인 중심의 상명하복의 국방부 문화 속에서 오랫동안 길들여졌을 가능성이 있기 때문이다. 또한 합참과 각 군 군무원의 전문능력을 향상해야 한다. 국방부와 합참, 각 군에 근무하는 민간 인력의 선발시험에서 국방전문성을 높이기 위해서 국방정책학, 군사전략학, 국가안보학 등을 필수 시험과목으로 설정할 필요가 있다.

중·장기 정책기획 능력을 향상해야 한다. 국방부가 다른 정부부처와 다른 점은 중·장기적 정책기획 능력이 있어야 한다는 점이다. 국방부에는 있으나 다른 정부 부처에는 없는 국방중기계획, 중장기전략기획 등이 있다. 국방 연구개발에는 적어도 5-10년이 걸린다. 이런 것을 기획할 능력을 향상시켜야 한다.

과감한 아웃소싱을 해야 한다. 국방과 유사한 임무와 기능을 가진 사회의 제 분야에는 뛰어난 인력이 많은데 이들을 아웃소싱함으로써 국방경영을 전문화해야 한다. 또한 전문 인력을 장기적으로 활용하도록 해야 한다. 우리나라 병력구조도 사병 중심에서 장교·부사관 중심의 군 구조로 가야 한다. 장교 및 부사관의 교육에도 국방정책과 군사정책을 필수과목으로 설정할 필요가 있다.

(3) 국방의 민주화

국방의 민주화는 무엇인가? 국방의 민주화를 위해서는 국방부의 문민통제 기능을 제도화하는 것이 필요하다 국방의 민주화는 국방의 문민화와 다른 개념이다. 문민통제 기능은 군인이 현역을 면한 후 일정 기간이 지나야 장차관·실국장을 임명 가능하게 하는 것이다. 미국은 1986년에 '골드워터·니콜스 법'을 통과시키면서 국방의 문민통제 기능을 제도화했다. 군인은 현역을 필한 지 10년이 경과하지 않고서는 국방장관에 임명되지 못하도록 했다. 한국의 국방개혁 2020 토론 과정 중에 원래는 국방장관과 차관 직에 현역을 면하고 5년 정도 지난 이후 임명될 수 있도록 하자는 제안이 있었으나 법제화되지 못했다. 국방장관에 '군을 면한 지 몇 년 이후'라고 일정기간을 두는 이유는 국방부는 군보다 위에 있는 조직이기 때문이다. 국방장관과 차관은 군의 이익을 대표하는 것이 아니라, 국방과 국회 및 국민과의 관계, 대외 군사관계를 맡고, 국방 정책을 책임지며, 정부 차원에서 무기획득과 예산집행의 총괄책임을 맡기 때문이다.

국방의 민주화 역사는 1990년대 문민정부의 출범과 함께 시작되었다. 군사정부 시절에는 군인 출신 대통령이 집권하였으므로 군은 정권안보를 위해 존재했다고 해도 과언이 아니다. 당시 주요 국방정책은 대통령이 직접 지시하고, 육군 장성이 주도하는 국방부에서 맡았으므로 국방부는 육군 다음으로 정책의 우선순위가 낮았다. 따라서 국방정책이 군사정책의 일부로서만 다루어졌지, 군사정책의 상위에 존재할 수 없었다. 1993년 문민정부가 탄생한 이래 국방의 민주화, 군의 민주화가 화두로 등장했다. 1987년 헌법의 정신과 제6공화국 시대에는 민주화를 억압한 군부가 물러가고 국민이 주인이 되는 민-관-군의 시대로 변화되었다. 문민 정치인들은 국방과 군에 대한 전문성을 배우고 익힐 기회가 없었으므로 실제로 민-관-군을 이끌어갈 철학과 경륜이 충분하지 않았다. 국방개혁의 핵심 사안이 국방의 민주화인 데 비해, 미국을 비롯한 선진국에서는 민간 정치인이 정치를 하고 정치권이 군대의 전문성을 인정하여 군에 대해서 간섭하지 않는 것이 전통이지만, 한국은 민주화 과정에서 정치군인을 청산해야 할 역사적 과제가 있었으므로 문민정부 이후 국방개혁의 화두 중에서 가장 중요한 것이 문민통제이고, 국방정책 분야에서도 군을 민간인으로 갈아치우는 것이 민주화의 중요한 관건이었다. 이제는 군정과 군령 중에서 군정을 의미하는 국방정책 분야는 민간 인력과 전문가가 오랜 기간 맡는 것이 국방의 발전을 위해서나 민주화를 위해서 바람직하고 효과적이라는 인식이 널리 퍼져 있다. 올바른 민군관계를 위해서도 국방정책을 맡은 민간전문가들이 민군 사이의 소통을 원활하게 하고, 민군 사이의 직접 충돌을 예방하면서 국방에 대한 국민과 시민사회의 참여를 반영하는 길이 국방발전 방향이다.

국방의 민주화를 위해서는 정책결정 참여자 간에 서로 다른 조직문화에 대한 이해가 필수적이다. 이를 위해서는 군과 민간엘리트의 상호협력, 시민사회의 정책 수립과정 참여, 국방부와 시민사회 그룹 간 빈번한 접촉, 민군 간의 협력 등이 필요하다. 육·해·공군·해병대·민간인 간에 문화가 서로 다르다. 국방정책 결정 과정에 각 군이 참여했을 경우에 서로 다른 문화를 이해하는 것이 필수적이다. 다른 군이 쓰는 용어도 알아야 하고, 전략과 무기체계를 알아야 국방정책을 올바로 수립하고 집행할 수 있다.

위에서 말한 바와 같이 문민통제 확립 기간 중에 민간정치인은 군에 대한 불신이 강하고, 특히 육군 주도의 군부에 대한 불신이 크므로, 진보적 정치세력은 국방부와 합참에서 육군 장군의 수를 줄일 뿐만 아니라, 국방장관과 합참의장을 해·공군 출신 혹은 비육사 출신으로 보임해 왔다. 물리적으로 육군을 해·공군으로 대체한다고 해서 국방의 전문화나 민주화가 바로 이루어지는 것은 아니다. 군은 전투형 군대로서 작전 전문이고 의사결정은 지시와 복종이라는 상명하복의 문화가 있다. 따라서 상관이 지시하면 정책이 되고 부하는 무조건 이를 따른다고 생각해서 참여 및 토론식 정책결정이 이루어지기 힘들고, 군 이기주의를 해소하기는 더욱 어렵다. 국방의 민주화와 협치형 정책결정과 집행이 되기 위해서는 국방부에 민간전문가가 있어야 하며, 군인은 민간전문가들의 정책결정 과정에 군에 대한 전문적 지식과 경험을 자문하는 역할에 한정되어야 한다. 이 경우에 민간전문가들은 공무원을 포함한 광범위한 국방전문가 공동체를 의미한다. 군인도 현역을 면하고 난 후 민간사회에서 자기의 과거 군 경력을 보편성 있게 10년 이상 발전시킨 인력은 국방전문가 공동체에 속할 수 있다고 보아야 한다.

민주화는 군대 내에서 인권존중을 필수요소로 삼아야 한다. 민주화 이전의 군대에서는 군인, 특히 병사와 군속은 군대의 관품(국가 보급품) 정도로 여긴 것이 사실이다. 특히 한국 군대 내에서 '군속'이라고 불리는 민간인이 상당수 존재했는데, 그 명칭이 일본군대에서 유래된 것으로, 군인보다는 하위에서 군대에 속한 물품 정도로 간주되어 온 것이 사실이다. 1993년 문민정부 출범 직후 정부의 공무원에 상응하는 군대의 '군속'을 '군무원'으로 명칭을 변경하였을 뿐만 아니라 이들의 인권을 보장하기 위해 각종 조치를 취하고 있다. 그런데 군무원의 승진과 인사관리에서는 민간공무원이 상위직에 있더라도 군인이 군무원 인사위원회의 위원장이므로, 상위직에 있는 공무원이 군무원의 인사관리에 간섭하거나 참여할 수 없다. 따라서 군무원 인사관리법이 수정될 필요가 있다.

병의 계급은 이병, 일병, 상병, 병장인데, 계급 호칭의 기원을 아는 사람이 별로 없어서 SNS에서는 병의 계급을 희화화하는 리플이 수만 개 달려 있음을 볼 수 있다. 장교의 계급 호칭과 차이에 대해서는 장교 교육기간에 교육을 철저히 실시하나, 병사의 계급에 대해서는 아무도 신경을 쓰지 않을 뿐 아니라 훈련소에서 교육하지 않았다. 최근에는 병영생활 민주화의 일환으로 병사의 계급을 통칭하여 '용사'라고 부르고 있어 큰 혼란을 겪고 있다. 예를 들어 이병은 이등병(영어로 private second), 일병은 일등병(private first)을 줄인 호칭인데, 왜 작대기 한 개가 이병이며 작대기 두 개가 일병인지 잘 모르는 것이 현실이다. 군대 창설 70주년이 넘었는데도 왜 병들의 계급 호칭이 한국화되지 않고 영어를 줄여서 부르는지에 관심을 기울일 때다. 사병의 봉급체계 또한 너무 소홀히 여겨왔다. 징병제도 하에서 사병은 조국에 헌신해야 한다는 의무감 때문에 외출외박 제한과 함께 2001년까지 병장 봉급이 1만9,600원으로 묶였었다. 21세기 되어서야 민주화를 반영하여 병의 봉급체계에 관심을 기울이기 시작하였다. 2011년에 10만3,800원으로 인상되고 2018년에야 40만6,700원으로 획기적으로 인상되었다. 사병의 복무연한도 2001년까지는 24개월, 2008년 18개월, 2011년 21개월, 2018년 다시 18개월로 조정되었다. 병사의 봉급과 복무연한 조정과 함께 인권을 보장하고 신장하는 여러 가지 제도를 갖추는 것이 민주화에 중요한 부분을 차지한다.

병사의 인권신장과 함께 장교의 인권보장이 제도화될 필요가 있다. 과거에 고위 장교들이 불법 및 비리에 연관되었을 때 '비판 여론의 소나기를 피하고 보자'는 식의 구속 수사를 원칙으로 수사하다가 비판 여론이 수그러들면 출소시키는 관행이 있었다. 이것은 오늘날도 마찬가지다. 사회에서는 불구속 수사를 원칙으로 하지만 군대는 여전히 구속수사의 관행이 남아 있다. 장군이 군대의 모범을 보여야 하는 것은 맞지만, 장군이 누명을 쓰고 대법원에서 무죄 판결을 받으면 그동안의 불명예와 인신구속 피해 보상을 해야 하는데, 장군들은 포기하는 경향이 있어 적지 않은 피해사례가 발생했다. 따라서 계급의 상하를 막론하고 불구속 수사를 원칙으로 해야 하며 인권이 보장되어야 민주화가 될 수 있다.

군대 내에서 양성평등을 보장하고, 여성 인력을 군대에 적극 활용하는 제도를 만들 필요가 있다. 지식정보사회와 제4차 산업혁명을 국방에 적용함에 있어서 여성 인력은 상대적으로 유리한 점이 있다. 여성 인력의 장교, 부사관 비율을 더 증대시킬 필요가 있다.

국내안보환경과 국민여론, 국제안보환경이 변하는데 그것을 미리 분석하고,

예상되는 문제점을 파악하며 사전 대처할 능력을 향상시켜야 한다. 국민과 시민사회의 여론 변화에 민감해야 한다는 말이다. 예를 들어 기존 국방정책에 반대하는 NGO가 엄청나게 증가했다. 국방의 민주화를 제대로 이루기 위해서는 시민사회의 국방에 대한 요구와 참여, 지지를 확보해야 한다.

하지만 국방의 민주화가 국방의 우민화로 가서는 안 된다. 민주주의가 타락할 경우 어리석은 민중의 정치로 전락한다고 지적했듯이, 국방의 우민화가 초래되지 않도록 민주사회의 요구와 참여를 분별력 있게 수용할 수 있어야 한다. 한편 시민사회의 국방 비판을 포용하고 토론을 통해 접합점을 찾아가야 하며, 국방의 이모저모를 설득함으로써 합의에 이룰 수 있도록 지속적인 양방향의 소통과 홍보 노력이 필요하다. 국가안보는 당파, 계층, 나이를 초월하고 국가존망의 최고이익이 걸린 문제이기 때문에 여당과 야당의 안보가 다를 수 없다. 방법상의 차이는 있을 수 있으나 목표는 똑같기 때문에 국방과 군사에서는 초당적이고 국민적인 합의와 지지를 만들 수 있도록 국방부가 노력의 주체가 되어야 한다. 이것을 달성할 수 있도록 국방안보 쪽에서는 대국민 안보·국방 포럼을 지원해야 하고, 국민여론의 모니터링을 제도화해서 국방의 민주화를 달성할 수 있어야 한다. 이것이 민주화 시대의 국방개혁이다.

(4) 국방의 정보화와 첨단화

정보지식기반사회에서 국방개혁을 완수하려면 제일 중요한 것이 무엇인가? 국방의 정보화다. 국방의 눈, 귀, 두뇌가 완전히 정보화되어야 한다는 것이다. 과거의 사회는 산업사회로서 특히 2차 산업인 공업에 기반한 사회였다. 21세기는 지식정보기반사회로 바뀌었다.

정보화시대의 새로운 전쟁 패러다임은 보다 포괄적이고 신속한 국방개혁을 요구하고 있다.[13] 전장 양상은 화력이나 기동 중심에서 정보지식 중심으로 변화되었다. 과거에는 쌍안경으로 보는 화력기동 중심 전장이었는데, 지금 지식정보전장으로 바뀌고 있다. 그렇다고 해서 화력기동의 중요성이 없어졌다는 의미가 아니

---

13) 박휘락, 『정보화시대 국방개혁의 이론과 실제』(파주: 법문사, 2008), pp. 26-29.

다. 그것을 네트워크로 연결한 것이 지식정보전장이라는 것이다. 정보기술의 발전 속도에 맞추어 개혁의 적시성을 유지하기 위한 전문성이 요구되고 있다.

정보지식 중심 전쟁을 수행하는 현대에 국방의 정보화는 무엇을 의미하는가?[14] 국방의 정보화는 ① 국방통합 지식·정보 시스템을 구축하는 것을 말한다. 누구나 갖고 있는 정보를 연결해 하나의 체계로 만드는 것이다. ② C_4ISR 능력을 향상시켜 동일한 전장상황 인식이 가능하게 하는 것이다. 육·해·공군이 동일한 전장상황을 인식할 수 있는 체계를 만드는 것이다. ③ 적의 C_4I를 마비시킬 능력을 구축하는 것이다. 지식정보기반사회에서는 적의 지식정보 기반을 무너뜨리는 것이 아군의 지식정보 능력을 더 잘 구사하게 만든다. 그렇게 하기 위해서는 대정보전 능력을 갖춰야 한다. ④ 국방 차원의 자원·정보 통합데이터베이스를 구축하는 것이다.

네 번째의 국방 차원의 자원·정보 데이터베이스(DB: database) 구축 문제와 관련하여 외국 군사정보에 대한 DB가 구축되어 외국군과 접촉하거나 외국을 방문하거나 외국인사가 방문하게 되면 그것에 대한 정보를 구축해서 몇 십 년 활용할 수 있어야 한다. 담당자가 바뀔 때마다 정보 DB를 새롭게 만들어서는 곤란하다 북한에 대한 정보 DB도 역사적으로 축적되어 있어야 한다. 그뿐만 아니라 기획·예산관리, 군수관리, 인사관리, 의무관리, 동원관리 분야에서 모든 자원정보 DB가 구축되어야 할 것이다. 미국 같으면 모든 군사자원과 비용에 관한 DB는 컴퓨터에 수록되어 있어서 국방 분야에 종사하는 모든 직원, 즉 밑에서부터 장관까지 동시에 컴퓨터를 통해 다 볼 수 있게 되어 있다. 정보 DB가 구축되어 있어야 자료를 활용해서 현명한 정책을 만들 수 있다. 또한 국방전자행정체계(문서 관리·사무의 자동화 등)를 갖추어야 한다. 각 연구소가 특화된 전문분야를 갖도록 하고 통합적으로 DB를 만들어 국방통합 DB에 연결되도록 유도해야 한다.

정보문제 해결사를 두어야 한다. 핫라인(hot-line)이 있어야 한다. 직장에서 컴퓨터가 고장 났다면 두뇌가 멈춘 것이나 마찬가지다. 그렇다면 핫라인으로 긴급 구조요청을 할 수 있어야 한다. 즉 정보긴급구조대가 있어야 한다. 미국의 유명

14) 장기덕과 홍석진, 『국방경영 진단 및 당면과제』, 국방발전 모노그래프 10(서울: 국방연구원, 2004).

연구소, 특히 랜드연구소에는 제일 좋은 전화번호인 1000번이나 6000번 같은 번호가 정보 핫라인에 배정되어 있다. 컴퓨터가 제대로 작동하지 않거나 프로그램 운행 중에 막혔을 때 이 번호로 전화하면 원스톱 서비스를 하기 위해 긴급정보해결사가 바로 찾아온다. 긴급정보해결사가 있어야 정보지식사회의 운용이 가능하다. 또한 정보의 서비스 문제를 해결할 고급 인력이 있어야 한다. 따라서 모든 조직 내에 정보문제 해결을 위한 핫라인을 설치하여, 원스톱 서비스 체계를 완비해야 할 것이다.

마지막으로, 국방부는 4차 산업혁명의 기술을 국방 분야에 적용함에 있어 각 군이 경쟁적으로 4차 산업혁명의 기술을 도입하고 전력체계를 갖추려는 노력에 대해서 국방부 차원에서 통합관리하고, 방향성을 설정해줄 전문성을 갖추어야 할 것이다. 국방부는 2018년 국방백서에서 "4차 산업혁명의 인공지능, 빅 데이터 기술을 국방 분야에 적용하여, 무기체계를 지능화함은 물론 위성과 정찰에 무인기를 활용함으로써 지능형 감시정찰 시스템을 갖추며, 가상현실체계를 활용하여 실전적인 훈련체계를 발전시키며, 사물인터넷을 활용하여 스마트한 병영 환경 조성을 도모하고, 초연결 초지능시대에 맞게 국방광대역 통합망을 갖춘다"[15]고 하였다. 4차 산업혁명의 기술을 국방에 활용하는 것은 기존 군사전략이나 핵심 역량을 변경하는 개혁이나 혁명이 아니라, 정보화 시대의 전투력을 더욱더 스마트한 관리체계로 변화시키는 것을 의미한다는 데에 주목할 필요가 있다.

2. 합참 차원의 개혁

합참 차원에서는 뭘 개혁해야 하는가? 합참 차원에서 하는 것과 국방부 차원에서 하는 것이 똑같아서는 안 된다. 합참 차원에서는 합동전을 수행할 수 있도록 현재의 합동군제 하에서 합동성 강화가 핵심 이슈이다. 국방개혁에 관한 법률에는 "합동성은 첨단 과학기술이 동원되는 미래전쟁의 양상에 따라 총체적인 전투력의 상승효과를 극대화하기 위해 육군·해군·공군의 전력을 효과적으로 통합·발전시

15) 국방부, 『국방백서 2018』(서울: 국방부, 2018), pp. 106-109.

키는 것"을 말한다고 정의하고 있다. 한국의 '국방개혁 2020'에서는 미국과 프랑스의 예를 참고하여 합동참모본부를 강화하는 조치를 취했다. 합참의장이 각 군 전투부대를 직접 작전 지휘하는 체제를 갖추고, 합참은 전·평시 전쟁기획 및 전쟁수행체제를 갖추는 것이었다.

합참을 통합군제로 만들 것인가 아니면 합동군제로 만들 것인가에 대해서 역사적으로 몇 차례나 대토론을 거쳤다. 1990년 7월에 통과된 합동군제 합동참모본부 창설은 통합군제가 실패하고 합동군제가 채택된 결과였다. 2005년도에 다시 국방개혁을 둘러싸고 합참의 통합군제냐 합동군제냐라는 논란이 전개되었다. 이번에도 역시 합동군제 지지가 대다수를 차지했다. 결국 국방개혁에 관한 법률에는 합동군제 강화로 결론지었다.

합동성 강화를 위해 합참의장의 권한 강화가 필수이다. '국방개혁 2020'에서는 합참의장의 권한을 강화하면서 합참의장의 국회 인사청문회를 거칠 것을 의무화하였고, 합참의장의 인사권도 강화했다. 합참의장은 합동작전지침, 이와 관련된 합동군사교육체계 등을 개발·발전시키고, 합동작전지원 분야에서 각 군 총장과 원활한 협의체계를 수립할 뿐만 아니라 합참에 근무하는 장교의 합동직위를 만들어 합동성에 맞는 전문성을 가진 장교들이 보직되게 하였다. 이것은 미국의 골드워터-니콜스 법을 벤치마킹한 것으로 실제로 합참에서 합동성을 보장하고, 합참 근무 장교의 승진을 보장하기 위해 채택된 정책이었다. 미국에서 장군으로 진급하는 경우에 합참에서 3년 이상 근무한 인원을 50% 이상 장군으로 진급시키는 제도를 갖고 있는바, 그것은 현대전이 합동전이므로 합동작전을 할 수 있는 비전과 경험, 작전술과 능력을 갖춘 인사를 장군에 임명한다는 것이다. 각 군에만 근무하다가 장군이 되면 전쟁을 각 군의 눈으로 볼 수밖에 없고, 자기 군이 최고라는 생각을 갖기 때문이라는 것이다. 그런데 합참에서 각 군 전문 직위가 너무 많으면 합동능력의 배양과 권장에 장애가 된다. 합참에 합동성 공통 직위가 1/2 이상은 되어야 한다. 특히 전시작전통제권 전환을 앞둔 시점에서 합참에 근무하는 장군들의 합동능력 향상은 필수적이다. 이들의 합동성 향상을 위한 5개년 계획이 필요하다.

국방 차원에서 C_4ISR 능력을 갖추려면 합참 차원에서는 각 군이 공동으로 활용할 체제를 구비할 필요가 있다. 타격목표 탐지, C_4ISR, 타격 등의 체제가 연동될 수 있도록 합참의 작전체계를 구축해야 한다. 한국군이 독자적인 전시작전통제권을 가질 것에 대비하여 독자적인 작전지휘능력을 길러야 한다. 따라서 이것을 위한 5개년계획을 수립해야 한다. 한미연합군사령부가 존속할 동안에 한국군은 합참의장의 지휘권 행사를 연습해야 할 뿐만 아니라, 주요 연합연습 시 합참의 간부요원은 연합사에서 직무실습을 하고 전환기 동안에 연합사에 근무하는 한국 장교의 조직을 보강할 필요도 있다.

또한 합참의 인사제도가 합동성 강화에 실질적인 영향을 미치지 못함에 따라 2006 국방개혁법에서는 합참에 근무하는 각 군 인력을 균형 있게 구성하고 순환보직을 할 수 있도록 하였다. 합참의 육·해·공군 공통직위는 육군·해군·공군의 비율을 2 : 1 : 1로 하도록 규정하였다. 이것이 그대로 지켜지지 않고 2008년부터 2016년까지 공통직위는 줄고 각 군의 전문 직위, 특히 육군의 전문 직위가 많이 늘어났다. 이것으로는 합동성을 증진시킬 수 없다는 평가에 따라 2018년에는 1 : 1 : 1로 운영하도록 규정하였다. 합동부대 지휘관도 육·해·공 순환보직을 필수로 했다. 이러한 비율이 실행 가능하도록 하기 위해서는 해·공군 장교의 수를 늘려야 한다.

이제는 한국군이 독자적 대북억제 능력을 갖추어야 하기 때문에 한국군이 주도하는 연합연습과 합동훈련을 해야 하며 합동소요기획도 해야 한다. 합동소요기획 능력을 향상시키기 위한 특단의 조치가 필요하다. 각 군에서 제기되는 소요를 합동성 차원에서 군사전략과 연계하여 비용 대 효과를 판단할 능력을 가진 장교들이 중장기간 배치될 수 있도록 해야 한다. 국방부와 합참의 중복업무 및 합참 내의 각국 또는 각 과 간의 중복업무를 과감히 탈피해야 한다. 아울러 새로운 무기체계(미국 등 선진국에서 가능한) 활용 시뮬레이션 센터를 가동해야 한다. 이 시뮬레이션 센터를 가동함으로써 기존 무기와 합동해서 작전을 수행할 때 혹은 새로운 무기를 사용하여 어떤 작전이 가능하며 또한 그 효과가 어떻게 나오는지 예측할 수 있도록 조치하는 것이 필요하다.

3. 작전(각 군) 차원의 개혁

각 군 차원에서는 어떻게 해야 하는가? 각 군 차원에서는 ① 현존 무기체계로 새로운 작전시도가 가능한지 평가해야 한다. 새로운 무기체계를 해마다 살 수는 없다. 현존 무기체계로 새로운 작전시도가 가능한지, 현존 무기체계로 무엇이 가능하고 무엇이 불가능한지를 평가해야 한다. ② 평가를 거치고 난 뒤에 꼭 필요한 새로운 무기를 도입하는 것이 필요하다.

신무기를 도입했을 때 신작전개념을 더 확충하고 조직도 그렇게 바꿔야 한다. 지식정보사회에서 네트워크 중심 작전이 대단히 중요한데, 네트워크 중심 작전을 위해 새로운 소프트웨어, 새로운 하드웨어를 도입해서 네트워크를 갖추어야 한다. 어느 한 부대나 한 군이 독자적으로 전쟁을 수행하는 것은 거의 불가능하고 효율성도 없다고 증명되었다. 각 군은 네트워크 중심 작전을 할 수 있는 조직으로 거듭나야 한다. 그리고 C_4ISR 개념을 도입하여 신작전개념을 수립할 수 있도록 하는 것이 필요하다.

각 군에서 제4차 산업혁명의 기술을 도입하여 새로운 전력기획을 도모하고 있다. 육군은 제4차 산업혁명의 기술을 육군에 접목해서 차세대 게임체인저를 구비하며, 초연결·초지능 기반체계를 갖춤으로써 첨단과학기술군을 구현한다는 생각이다.[16] 정찰 및 타격 능력을 갖춘 '드론봇'(drone과 robot 기능을 갖춘 합성 무기체계) 전투체계를 갖출 뿐만 아니라 화생방 오염지역 및 지뢰지대 등 인간이 접근할 수 없는 지역에서 작전수행 능력을 갖춘 드론봇 전투체계를 갖추어 유·무인 복합전투조직을 갖출 계획이다. 사물인터넷을 활용한 최첨단 전투복, 방탄 헬멧, 전투 장비를 갖춘 워리어 플랫폼을 통해 전투의 효율성을 증가시킬 예정이다.

해군에서는 4차 산업혁명에 부응하여 함정 분야에서 인공지능 기반의 자율항해가 가능할 것으로 예상하고, 무인함정을 유인함정과 병행 사용하는 방법을 강구하고 있다.[17] 또한 해군의 지능형 데이터 융합체계를 구축하고자 하는데, 해군에서 생산되는 데이터를 종합적으로 수집·관리하고, 체계적으로 분석하고 시각화할

16) 국방일보, "한계 넘어서는 '초일류 육군' 미래 연다," 2019. 3. 6.
17) 한국방위산업진흥회, 『국방과 기술』, 제481호, (2019. 3), pp. 19-21.

빅 데이터 기반 체계를 통해 해군의 작전과 정책 의사결정을 지원할 예정이다.

공군에서는 4차 산업혁명의 기술을 공군에 활용함으로써 공중무인체계를 비롯한 우주기반 감시·정찰체계를 갖추고, 빅 데이터 및 인공지능에 기반을 둔 지능형 지휘결심체계를 갖추도록 노력하며, 인공지능 및 사물인터넷, 빅 데이터를 기반으로 무인 출입통제체계와 항공기 수리부속 수요 예측체계를 마련하며, 사물인터넷에 기반한 원격 기지 환경관리체계를 구축하고자 한다.[18)]

이 모든 것은 육군, 해군, 공군이 제4차 산업혁명에서 가능해진 초지능, 빅 데이터, 사물기반 인터넷을 활용함으로써 전력을 최신화·첨단화하여 전쟁억제와 전쟁 발발 시에 승리하기 위한 군사력의 육성에 도움이 되고자 하는 것이며, 평소 부대관리에서 초지능과 빅 데이터를 활용함으로써 부대 관리의 효율화를 기하기 위함이다. 각 군이 제4차 산업혁명의 기술을 부대에 적용하고 활용하는 것은 좋지만, 국방부와 합참에서는 각 군의 예산과 노력의 중복을 피하고 저비용 고효율의 기준을 맞추고, 합동성을 향상시킬 방향으로 노력을 결집하고 통합관리하는 것이 필요하다.

V. 국방개혁에 따르는 전략적 이슈의 접근 방안

한국에서는 1988년 이후 각 정권마다 국방개혁위원회를 설치하고 국방개혁을 추진하였다. 그런데도 국방개혁은 아직까지 계속되고 있다. 다른 부처는 정권마다 개혁위원회의 구성과 개혁추진을 반복해서 하지는 않는데, 왜 유독 국방 분야만 개혁 강조가 반복될까? 그것은 국방개혁을 단기성·일회성으로 생각하고 중장기적이고 전략적인 접근방법을 생각하지 않았기 때문으로 볼 수 있다. 국방개혁이 예정된 대로 진행되려면 개혁의 전 과정을 전략적으로 접근할 필요가 있다. 국방을 담당한 사람이 때로는 개혁의 주체가 되든지 때로는 개혁의 대상이 되든지 간에 국방개혁을 성공시키기 위해서는 개혁시작 전과 개혁진행 중에 반드시 일곱

18) 연세대 항공전략연구원, 『4차 산업혁명과 항공우주력 발전 패러다임 변화연구』(서울: 연세대 항공전략연구원, 2018). pp. 43-50.

가지 전략적 이슈를 생각해 볼 필요가 있다. 일곱 가지의 전략적 이슈란 개혁 주도세력, 개혁의 아이디어의 원천, 개혁 주도부서, 개혁에 대한 지지확보, 개혁의 속도, 인사정리와 재배치, 개혁 피로증의 관리 등을 말한다.

1. 개혁 주도세력

개혁을 누가 주도할 것인가? 누가 주도하도록 만들 것인가? 하는 이슈는 매우 중요하다. 외부세력이 주도할 것인가 아니면 내부세력이 주도할 것인가? 조직의 위에서 주도할 것인가 아니면 밑에서 주도할 것인가를 결정하는 것이 매우 중요하다. 대통령이나 장관이 지시해서 개혁을 하면 착수는 빠르지만 집행에 시간이 많이 걸린다. 밑에서 필요성을 느껴서 건의하고 그 건의가 채택되어 개혁을 하면 개혁 과정에 대한 조직구성원의 자발적인 참여도와 책임감이 커진다. 그러나 밑으로부터의 개혁이 조직 전체에 영향을 미치는 데에는 시간이 걸린다. 한국의 '국방개혁 2020'은 위로부터의 개혁과 밑으로부터의 개혁이 융합된 것으로 볼 수 있으나, 위로부터의 개혁 성격이 더 짙었다고 할 수 있다.

개혁은 장관 혼자서 하는 것이 아니며 지휘관 혼자 하는 것도 아니다. 우리 정부는 장관의 임기가 길면 2년 짧은 경우 1년 정도밖에 안 되는데, 위에서 개혁을 시도한다면 밑에까지 개혁의 뿌리가 내리기 전에 중단되고 만다. 따라서 조직의 중간레벨에 개혁 주도세력이 없으면 개혁은 실패한다. 장관뿐만 아니라 군의 조직 내에서 개혁에 공감하는 주도세력이 없으면 그 개혁은 실패하고 만다. 개혁을 착수하기 전에 튼튼한 주도세력 형성이 매우 중요하다. 개혁 진행 중에도 누가 개혁을 이끌고 가는 주도세력인지, 그 주도세력이 개혁의 취지를 잘 이해하고 있는지에 대한 모니터링이 필요하다.

2. 개혁 아이디어

외부에 연구 용역을 주어서 개혁 아이디어를 구할 것인가? 아니면 조직의 내부에서 개혁 아이디어를 구할 것인가? 좋은 아이디어, 참신한 아이디어는 공짜로 얻어지지 않는다. 좋은 아이디어를 구하려면 비용을 들여야 한다. 한국사회의 폐단 중 하나는 남으로부터 책이나 아이디어를 공짜로 얻기 원한다는 것이다. 외부에 용역을 줘서 새로운 개혁 아이디어를 구하자면 비용을 지불해야 한다.

내부에서 조직 구성원들로부터 의견 수렴을 통해 개혁의 아이디어를 구할 때에는 어떻게 할 것인가? 조직의 관리자가 개혁 아이디어를 직접 지시할 것인가 아니면 회의를 통해 밑으로부터 아이디어가 올라오도록 할 것인가를 결정해야 한다. 정보지식사회에 걸맞게 현재 각 정부부처의 홈페이지에 장관과의 대화방이 마련되어 있다. 각 부처는 장관과의 대화방 또는 건의함을 활용해서 아이디어를 모을 수 있다. 공무원의 여론조사에서 나타난 현상은 저비용 고효율로의 행정 운영방식을 개선하는 것은 조직 내부의 사람들이 더 잘 알고 있다고 지적한다. 즉 조직의 어디에 고비용 저효율 현상이 나타나는가는 조직 내부의 의견 수렴을 통해서 얻을 수 있다는 것이다. 조직 내부에서 조직의 문제점과 개선방향에 대한 아이디어를 모았을 때, 이것을 어떻게 처리할지를 먼저 생각해야 한다. 의견을 수집하여 의견 제출자에게 공개할지 아니면 처리한 후 그 결과를 공개할지를 결정해야 한다. 또한 유사한 문제 지적과 해결방안을 재분류해서 문제와 해결책을 피라미드형으로 체계화해야 할지를 결정해야 한다.

외부 용역으로 얻을 수 있는 개혁의 아이디어는 국방이 국민의 여망이나 여론, 시장의 변화 추세를 잘 반영하는가에 대한 것이다. 특히 국방정책에 대한 국민과 고객층의 반응을 미리 살펴볼 필요가 있는 분야는 외부 용역에 맡겨서 개혁의 아이디어를 구하는 편이 낫다. 해당 정부 부처의 전반적인 개혁에 관한 사항도 마찬가지다. 어떤 정책이 환경에 어떤 영향을 미치며, 그 영향을 어떻게 관리할지에 대한 평가는 국민, 특히 주민들의 의견을 수렴하면 더 잘 알 수 있다. 따라서 정책의 예상결과를 평가할 때에는 외부의 아이디어 수렴이 더 적합하다. 여기서 주의할 점은 외부의 용역 결과가 조직 상층부의 이해관계에 맞지 않는다고 해서 그 용역 결과를 자의적으로 변경시켜서는 안 된다는 점이다.

3. 개혁 주도부서의 설치

각 정부 부처 혹은 각 군 안에 개혁을 주도하고 담당하는 부서를 국 단위로 만들 것인가 아니면 과 단위로 만들 것인가? 아니면 독립적인 개혁위원회를 만들 것인가? 한시적인 기구를 만들 것인가, 상설적인 기구를 만들 것인가? 등에 대한 결정이 중요하다. 개혁 주도부서 없이 그냥 모든 개혁 아이디어를 모아서 현재의 해당 부서에 넘겨서 처리하라고 하면, 개혁이 일어나지 않을 가능성이 크다. 그래서 개혁 주도부서의 설치가 중요하다. 개혁 주도부서는 기존 조직의 외부에 설치할 것인가 아니면 기존 조직의 내부에 설치할 것인가를 결정해야 한다. 이것을 결정해야 개혁을 지속적으로 할 수 있다. 예를 들어 기존 조직 안에 각 과마다 개혁 담당자를 1명씩 배치한다면 개혁이 되지 않을 것이다. 따라서 개혁 주도부서는 적어도 국 단위 이상의 조직이 되는 편이 낫다.

개혁 주도부서에 근무한 개혁 주도자들의 인사관리는 어떻게 할 것인가? 개혁 주도부서에 근무하는 사람들은 기존 부서의 조직원들로부터 미움을 받기 마련이다. 어제까지 같이 근무했던 사람들이 개혁을 주도한다고 하면 기존 부서로부터 미움과 질시를 받는다. 왜냐하면 개혁 주도자와 개혁 대상자가 갈라지기 때문이다. 이러한 어려움을 무릅쓰고 지속적인 개혁을 이루려면 개혁 주도부서에 근무하는 사람들의 진급을 보장하는 것이 필요하다. 개혁을 열심히 주도했는데 진급을 안 시키고 기존 부서들로부터 따돌림 당한다면 누가 개혁을 주도할 것인가. 따라서 개혁 주도부서에 근무한 사람을 승진시키는 것이 바람직하다.

새로운 아이디어를 가지고 새로운 패러다임을 만든 개혁 인사에게 승진 기회를 주지 않는다면 개혁은 지속될 수 없다. 예를 들어 제2차 세계대전 때 미국은 항공모함 개념을 발전시켰는데, 제2차 세계대전 이후 항공모함이 주력 세력이 되었다. 만약 제2차 세계대전 때에 항공모함을 만들었던 개혁 인력을 승진시키지 않고 기존 조직 구성원들의 질시 속에 제대하게 했다면, 제2차 세계대전 이후 항공모함이 주력세력으로 등장하게 되었을 때 그것을 관리할 사람이 없었을 것이다. 따라서 개혁 주도세력에게 승진 기회를 주어야 한다.

똑똑한 사람이 개혁 주도부서로 가고, 승진해서 기존 조직의 장으로 돌아와야 개혁이 지속된다. 삼성전자 반도체의 황창규 사장이나 진대제 정보통신부 장관은 40대에 기업의 CEO가 되어 새로운 아이디어를 내고 세계적인 기업으로 발전시켰던 사람이다. 민간 분야에서는 개혁 인사를 승진시키고 그 조직의 장이 되도록 하는데, 정부에서도 그렇게 해야 정부 개혁이 달성될 수 있다.

4. 개혁에 대한 지지 확보

오늘날은 정부의 정책 과정에 시민 참여와 국민 지지가 필수적이다. 민주화의 결과이기도 하지만, 민주주의 제도에서 국민의 지지와 선호 없이는 정책을 정당화·합법화하기 힘들다. 과거에는 정부가 경제발전을 주도하고, 정부가 뭐라고 하면 국민이 따르곤 했다. 왜냐하면 민간 분야와 사회의 발전이 상대적으로 낙후되었기 때문에 정부가 개발독재 혹은 개발선도를 하는 것을 따랐다. 그때는 정부가 국민의 지지나 시민사회의 지지에 크게 걱정할 필요가 없었다. 때로는 지지를 확보하기 위해 강압적인 방법도 사용되기도 했다.

민주화된 21세기에는 정부개혁에 정치적 지지, 국회의 지지, 시민사회의 지지, 국민의 지지가 중요해졌다. 언론이나 방송의 지지를 받지 못하면 개혁 홍보도 힘들다. 정책고객층이나 수요자인 국민이 납득할 개혁을 하지 않으면 지지를 얻을 수 없다. 예를 들어 대형 국책사업 중에서 국민과 시민사회, 주민의 지지를 확보하지 못해 실패한 사례가 많다. 부안에 건설하고자 했던 원전폐기물 시설의 건설은 실패했다. 새만금 같은 국책사업은 10년 넘게 지연되었다. 이 모든 것은 국민의 지지를 어떻게 확보할지를 미리 생각하지 않았기 때문이다. 한편 개혁에 대한 내부적 지지도 굉장히 중요하다. 조직의 내부에서도 이웃 부서의 지지를 받지 못하면 적이 내부에도 있게 된다. 해당 부처뿐만 아니라 정부 전체가 개혁에 한목소리를 내고, 국민과 시민사회로부터 지지와 공감대를 확보하는 것이 더 중요하다.

이 책의 제3장 국방정책 결정 과정에서 설명한 바와 같이, 국방정책의 의제 선정 과정부터 결정에 이르기까지 관련 이해상관자의 참여가 필수적이다. 그리고 국민과 정부, 군대가 양방향의 소통을 열심히 하고, 모든 이해상관자가 협치로 정책의 결정과 집행에 참여함으로써 정책에 공동의 관심과 책임을 지도록 해야 한다. 폐쇄된 정책결정을 하고, 결정하고 난 뒤에 대상에 통보하는 식으로 해서는 이미 결정된 것도 번복되거나 중간에 중단된 사례들이 눈에 띈다. 이러한 실패를 극복하고 국방정책 결정과 집행이 순조롭게 되기 위해서는 항상 국민과 시민사회의 참여와 지지를 염두에 두어야 하고, 특정 정책에 대해 공공외교와 홍보 방법과 전략을 수립해서 이행할 필요가 있다.

5. 개혁의 속도

짧은 순간에 급격하게 개혁할 것인가 혹은 점진적으로 장시간에 걸쳐 개혁할 것인가를 결정하는 것은 전략적인 문제이다. 예를 들어 1993년 김영삼 정부 시절 금융실명제를 도입한 적이 있다. 이것은 짧은 순간에 기습적인 방법으로 시행한 개혁이다. 금융실명제를 오랜 기간 동안에 걸쳐 시행하면 돈을 많이 소유한 사람들이 돈을 감출 시간을 주기 때문에 금융실명제의 효과가 나타나지 않을 것이라고 판단했기 때문이다.

개혁이 단기적이고 일시적이냐, 지속적이고 장기적이냐는 매우 중요하다. 개혁 속도의 적절성은 중요한 고려사항이다. 예를 들어 현실을 약간 개선하는 문제는 단기적이고 일시적인 개혁이 알맞다.

한편 전자정부의 확립, 국방의 정보화사업과 같은 과제는 단기간에 끝낼 수 없는 것으로서 이런 것은 장기적으로 추진해야 한다. 이런 개혁과제는 그것을 수행할 인적자원을 교육 훈련하고, 비용이 많이 들어가는 전산정보시스템을 구축해야 하기 때문에 장기간에 걸쳐서 추진해야 한다. 제4차 산업혁명의 기술을 군대에 적용하는 것도 마찬가지다. 장기간에 걸쳐서 꾸준히 해 나아갈 정책과 전략이 필요하다. 따라서 개혁의 속도는 개혁의 대상에 따라 적절하게 조절해야 한다.

6. 인사정리와 재배치

기업의 개혁은 구조조정으로부터 시작된다. 특히 1997년 외환위기 이후 금융

분야에서 구조조정이 많았다. 인사 분야에서 조직의 크기를 축소했다. 개혁 과정에서 해고의 크기와 정리방법은 어떻게 할 것인가.

해고가 제일 어렵다. 큰 정부를 작은 정부로 만드는 경우 인력을 해고해야 가능하다. 정부와 군대를 작게 만들기는 참으로 힘든 일이다. 김영삼 정부 시절 작은 정부를 만든다고 경제기획원과 재무부를 합해 재경부를 만들었다. 그 후 재경부는 그대로 남았고 다시 기획예산처가 생겼다. 기획예산처의 전신은 경제기획원으로서 경제개발 계획과 예산을 다루었다. 그 후 또 기획재정부로 합해졌다. 이것은 정부를 통폐합하기 얼마나 힘든지를 보여준다.

군대는 68만 명으로 정해져 있으나, 이제 병력을 줄여 작은 군대로 만들고자 한다. 한국은 징병제하에서 군 인력의 75%가 병 인력이기 때문에 징집제를 폐지하면 일시에 축소할 수 있다. 북한의 현존 위협과 우리 정부의 재정문제로 인해 징집제를 한순간에 모병제로 바꿀 수 없다. 그래서 점진적인 징집인력 축소, 유급병제도 도입, 사회봉사제 도입 등을 담은 새로운 병역제도가 필요해진 것이다.

기업체에서는 구조조정과 해고, 인사정리가 정부 부문보다 쉽다. 오히려 정부 부문은 개혁과 혁신의 과정에서 정원이 일시적으로 증가하는 현상을 보이고 있다. 정부 부문에서는 정년이 되기 전에 해고하기 힘들기 때문이다. 해고보다는 개혁의 어젠다에 맞게 인력의 재교육과 재배치가 더 바람직할 때가 있다. 새로운 패러다임을 교육받고 새로운 상황에 맞게 근무할 수 있도록 재교육과 재배치를 생각해야 하는 것이다.

7. 개혁 피로증의 관리

개혁하다보면 피로해진다. 개혁 이야기를 자꾸 듣게 되면 피로해지는 것이다. 사람은 어제나 오늘이나 똑같은데 생각이 진정으로 바뀌어야 바뀔 수 있다. 그렇다면 개혁 피로증은 어떻게 관리해야 하는가? 개혁할 것은 신중하게 결심하고 개혁의 추진은 빨리하는 것이다. 율곡 이이 선생이 쓴 경연일기에 "개혁은 조정에서 세 번 정도 깊은 토론이 있어야 한다."고 기록되어 있다. 즉 세 번 정도 논의되고 난 다음에 개혁을 결정하고 집행해야 성공할 수 있다는 의미이다. 그래서 개혁은 심도 깊은 논의를 통해서 신중하게 추진되어야 한다. 개혁이라면 통상 상부에서 공문만 내려 보내서 이런저런 방향으로 개혁하라고 지시하는데, 지시만 한다고 개혁이 되는 것이 아니다. 특히 군대에서는 상관이 지시하면 제대로 다 될 것이라는 생각이 팽배해 있다. 그러나 실제 업무를 담당하는 사람과의 소통을 통해 개혁의 필요성을 공감하고, 실무담당자와 개혁정책의 대상이 되는 국민과 장병이 같이 참여하여 개혁을 이루어가야 성공할 수 있다.

그래서 개혁을 담당하는 사람들의 피로를 생각해야 한다. 인간의 몸과 마음이 한계가 있음을 감안하면 '개혁, 개혁' 말로만 외친다고 다 마음으로 받아들이는 것은 아님을 인식할 필요가 있다. 따라서 개혁은 시작해서 가는 도중에 담당자에게 새로운 에너지를 집어넣고, 영양소도 넣어주며, 칭찬도 하고 격려도 해가면서 하는 것이다. 그래서 개혁의 경영관리 전략이 필요하다는 것이다. 개혁과 쇄신을 구분하여 개혁은 신중하고 조용하게, 쇄신은 신속하고 크게 해야 한다. 개혁 결과의 점검은 분기에 한 번 또는 반기에 한 번 할 것인가 또는 개혁에 대해 책임자가 몇 번 언급할 것인가를 판단하는 것이 중요하다.

Ⅵ. 민주화 시대의 국방개혁의 역사

1. 국방의 과학화와 선진화

위에서 설명한 바와 같이 박정희 정부와 전두환 정부에서는 군인 출신 대통령이 방위세와 방위성금, 국방비를 통치권 차원에서 대폭 제공함으로써 자주국방 능력을 획기적으로 증가시킬 수 있었다. 그 후 민주화 과정에서 군사 분야의 특혜와 비리에 대해 일벌백계를 요구하는 국민의 목소리가 높아졌다.

세계적 차원에서 냉전의 종식과 함께 미국과 유럽에서는 적대관계가 소멸되고 신뢰 구축과 군축을 거쳐 군사비가 대대적으로 감축되는 상황에서 적은 국방비를 효율적으로 사용할 수 있도록 국방개혁과 혁신을 단행해야 한다는 요구가 제기되었다. 후자는 1990년대에 군사기술혁신(RMA: Revolution in Military Affairs), 21세기에 와서는 지식정보화시대의 도래와 함께 군사변환(military transformation)이라고 불리기도 하였는데, 한국도 세계적인 추세인 군사기술혁명과 군사변환에 부응해야 하는 입장에 처하게 되었다.

노태우 정부에서는 탈냉전과 남북 화해협력시대의 개막과 함께 미래전략 환경에 부합하는 전략개념의 정립과 한국군의 공세적 군사력 건설, 한정된 국방자원을 효율적으로 사용하기 위한 군구조의 종합적 검토 필요성을 제기하고, 국방부장관 직속으로 이른바 '8.18계획'위원회(장기국방태세발전방향연구)를 구성·운영하였다. 이 위원회는 1988년 8월 18일부터 1989년 11월까지 연구를 진행하여 최종 연구보고서를 노 대통령에게 11월 16일 보고하였다. 이 건의 사항을 토대로 입법을 추진한 결과 1990년 8월 1일 법률 제4249호가 제정되었으며, 이에 근거하여 합동참모본부가 창설되었다. 이상훈 당시 국방장관은 "합참본부의 새로운 창설로 우리 국군은 미군의 일방적인 통제에서 벗어나 명실상부한 자주국방태세를 확립할 수 있는 전기를 마련하였고, 육·해·공군의 통합작전능력을 향상시킬 수 있도록 되었다"고 말했다.[19]

원래 8.18계획은 육·해·공 3군을 통합하여 통합군사령부를 창설하여 통합사령관을 국방참모총장으로 부르기로 하고 국방참모총장이 국방부장관에 대한 군사보좌와 장관의 명을 받아 각 군의 작전부대를 직접 지휘할 수 있도록 건의했었다. 하지만 국회에서 야당을 중심으로 국방참모총장 1인에게 권력이 집중되면 군의 정치 개입이 우려되고 문민통치에 제한이 가해질 수 있다고 주장하여, 그 명칭을 합동참모본부로 바꾸고 합동참모의장으로 부르기로 하였으며, 통합군의 시도는 포기되고 합동군제를 지향하게 되었다.

2. 민주화와 국방개혁 드라이브

김영삼 정부는 '군정 종식-문민시대'라는 기치에 걸맞게 군사쿠데타의 원인을 발본색원하고자 육군에서는 사조직 '하나회'를 척결했으며, 해·공군에서는 인사비리의 근원을 제거하고자 노력하였다. 역사상 처음으로 각 군 총장 및 각 군의

19) 국방군사연구소, 『국방정책변천사 1945-1994』(국방군사연구소, 1995), p. 320.

요직을 전격적으로 경질하였으며, 특히 해군참모총장에 해군소장을 중장으로 승진시켜 임명하는 초유의 사태가 발생했다. 또한 과거 군사정권에서 진행되었던 율곡사업 비리와 부정에 대한 대대적인 감사와 처벌을 실시하였다. 군의 정치 개입을 막고자 군의 정치적 중립을 제도화하는 선언문을 채택하기도 하였다. 그리고 군을 전문 군사집단으로 변화시키기 위한 각종 의식과 제도를 만들었다.

김영삼 대통령은 회고록에서 군 개혁의 성과를 "군사정권의 보루로 인식됐던 군에 대한 세찬 개혁은 전군의 구석구석에 거센 바람을 불어넣어 우리 군은 재탄생의 과정을 거쳤다. 군의 위상은 현격한 변화의 과정을 겪었을 뿐만 아니라, 군의 대민자세에도 근본적인 변혁이 뒤따랐다. 군사 시설 보호 구역의 완화, 병역 형평성을 높이기 위한 상근 예비역 및 공익근무 요원제의 도입, 예비군 제도의 개선, 군 사법제도의 개선 등 국민 편익과 군 내부의 민주화를 위한 제도가 개선되었다"[20]고 강조하였다.

김대중 정부에서는 국방부장관의 자문기구로 국방개혁위원회를 두어서 국방개혁을 진행하였다. 네 가지 분야, 즉 군 구조 개혁, 방위력 개혁, 인사제도 개혁, 국방관리 개혁 분야에서 국방개혁을 시도하였다. '국민의 정부'라는 명칭에 걸맞게 국방개혁은 국정개혁의 일환으로 추진되었으나 국방개혁위가 국방부장관의 자문기구였기 때문에 통치권의 지지를 받을 수 없었고, 외환위기라는 초유의 국가위기 사태 아래에서 개혁이 진행되었기 때문에 개혁의 시행에 필요한 조직과 예산 지원이 용두사미 격으로 끝나고 말았다. 주요 성과로는 국방대학원 지역의 국방교육기관의 통합, 계룡대 지역의 각 군 본부사령실의 통합근무지원단으로의 통합, 군병원의 통합 등을 들 수 있다. 하지만 육군 1, 3군 사령부를 해체하고 지상군작전사령부로의 통합하는 방안과 국군체육부대와 간호사관학교의 해체 방안 등은 지지를 받지 못해 폐기되고 말았다. 김대중 정부는 김영삼 정부가 하나회 척결 등 군의 정치 개입을 근본적으로 차단했기 때문에 비교적 안정적인 분위기 속에서 군을 통치하고 군의 정치적 지지를 확보할 수 있었다. 외환위기 등 국가경제가 파탄의 위기였기에 경제국난 극복의 대명제 속에서 국방개혁은 우선순위도 낮았고, 정치

20) 김영삼, 『민주주의를 위한 나의 투쟁: 김영삼 대통령 회고록(상)』, 조선일보사, 2001, pp. 116-117.

적 주목도 받지 못했기 때문에 최초 목적하였던 군 상부구조 개편이라든지 불요불급한 각종 군기관의 폐지 등 큰 과제는 달성될 수 없었다.21)

노무현 정부에서는 기존의 국방개혁이 왜 실패했는가에 대한 분석을 거쳐 국방개혁을 성공시키기 위해 대통령 직속으로 국방발전자문위원회를 설치하고 매 2주마다 1회 자문위원회를 소집하여 국방발전 방안을 만들도록 하였다. 이 자문위원회의 활동을 뒷받침하기 위해 국방부장관 산하에 국방개혁위원회를 두었다. 국방개혁의 목표는 네 가지로서 ① 현대전 양상에 부합된 군 구조 및 전력체계 구축, ② 국방의 문민기반 확대와 군의 전투임무 수행에의 전념, ③ 자원절약형 선진 국방운영체제 확립 및 저비용·고효율 국방관리체제 구축, ④ 시대상황에 부응하는 민주적 병영문화 발전 등이었다. 무엇보다 중요한 성과는 '국방개혁 2020안'을 만들어 공표하였고, 이를 법적·제도적으로 뒷받침하기 위해 '국방개혁을 위한 법률'을 제정했다는 것이다. 채택된 제도로는 국방부의 정책 기능을 전문화하고 강화하기 위해 국방부의 민간 공무원 비율을 전체 정원의 70% 이상을 유지하도록 하고, 합참의장의 국회 인사청문회를 의무화했으며, 여군의 비율을 확대하고, 국방부와 합참 및 연합·합동 부대에 근무하는 장교의 각 군 비율을 균형 있게 만들고자 하였다. 출산율 감소를 반영하여 2020년까지 군 인력을 50만 명으로 하향 조정하는 한편, 군 구조를 기술집약형 및 간부중심형 구조로 바꾸기로 하였다. 방위사업청을 국방부로부터 독립시켜 방위사업의 의사결정 과정을 공개하고 방위사업의 전반에 대한 투명성, 효율성, 전문성을 제고함으로써 방위산업의 경쟁력을 확보하고 비리와 비효율을 근절하는 것을 목표로 삼았다. 방위사업청에 근무하는 현역장교를 육·해·공군 간에 균형 있게 편성하였다. 이러한 개혁방안을 법제화하여 중장기적으로 일관성을 갖고 추진될 여건을 만들었다는 장점은 있으나, 그 후 발생된 사건과 비리로 인해서 다시 한 번 방사청 개편 여부가 논란거리가 되었다. 국방개혁이 노무현 정부 후반기에 발동을 걸었고, 군을 근본적으로 불신하는 시각에서 진행되었기 때문에 정치권과 군대 간에 소통이 원활하지 못하여 보다 근본적인 제도개혁에 도달하기 힘들었다. 또한 전시작전통제권의 환수를 둘러싸고 진보

21) 조기형, 『자주국방 지향한 국방개혁 발전을 위한 제언: 지난 10년간 국방개혁 추진 평가』(서울: 국방대학교, 2004).

와 보수 세력 간의 치열한 논쟁에 휘말려 의도하였던 국방개혁 목표를 제대로 달성하지 못했다.

이명박 정부에서는 노무현 정부의 국방개혁이 잘못되었다고 간주하고, 그것을 거꾸로 돌리려는 경향을 보였다. 2009년에 '국방개혁 2020' 수정안을 발표하고, '국방개혁 307계획'이라고 명명했다. 307계획에서는 상부지휘구조의 통합을 내걸었으나 군 내부의 반발과 북한의 도발로 무산되고 말았다. 2010년 3월의 천안함 사태와 이어 11월에 발생한 연평도 포격사태를 겪은 후 대통령 직속으로 국방선진화위원회를 발족시켜 국방개혁을 연구하여 '국방개혁 2012-30 계획'을 발표했다. 이명박 정부는 김대중 정부와 노무현 정부에서 '미래 북한의 위협이 감소할 것'이라고 가정하고 '국방개혁 2020'을 추진하였던 것이 비현실적이었다고 비판하고, 2회에 걸친 북한의 핵실험과 무력도발 등을 감안할 때 북한의 위협은 점차 증가할 것이라고 전제하고 국방 선진화를 시도했다. 노무현 정부가 전작권 환수시기를 2012년 4월로 한미 간에 합의했던 것을 2015년 말로 연기하도록 결정했다. '국방개혁 2012-2030'의 내용은 2020년의 예상 병력규모를 50만 명에서 52만 2,000명으로 상향 조정하고, 병의 의무복무 기간을 18개월에서 21개월로 상향 조정하였다. 한편 북한의 사이버전에 대비하여 사이버사령부 창설 및 서북도서방위사령부 창설, 해군기동전단을 신설했다. '국방개혁 2012-2030'은 정보·지식 중심의 기술집약형 군 구조 개편, 실용적 선진 국방운영체제로의 개선이라는 목표를 달성하기 위해 2030년까지의 다기능·고효율 국방건설을 제시하기도 했다. 이명박 정부의 국방개혁은 국방예산 절감이라는 대전제 아래 노무현 정부가 추진했던 국방문민화 및 3군 균형발전을 못마땅하게 생각하여 과거 군의 핵심세력인 육군 중심으로 되돌리는 작업을 진행하기도 했다. 방위사업청을 신설할 때에 불만을 갖고 있었던 야당이던 한나라당 출신인 이명박 정부는 방위사업청을 폐지하려고 시도하였으나, 2년도 안 된 신설 국방기관을 과거로 환원시킨다는 반대 여론의 존재를 의식하여 그대로 두었다. 또한 북한의 도발에 대한 대응이 정책의 우선순위를 차지함에 따라 국방선진화는 대부분 뒤로 밀리고 말았다.[22]

22) 김태호, "국방개혁 307계획: 지향점과 도전요인," 『한국정치외교사논총』, 제34권 2호, 2013.

박근혜 정부에서는 노무현 정부의 거대 국방개혁 담론을 일축하고, 국방의 내실화와 효율화, 합동연합작전능력강화, 군구조 개편, 군 간부 비율확대 등 현실적인 국방개혁 목표를 설정하고 '국방개혁 기본계획 2014-30'을 발표하였다. 국방에 대한 투자도 당초 예상보다 하향 조정하여 국민경제에 부담을 주지 않도록 하였다. 합참과 각 군의 본부 조직을 개편하여 합동연합작전 지휘 능력을 강화하고, 각 군의 조직을 개편하고 신설할 필요성이 있는 부대는 신설하였다. 육군은 2개 군단, 11개 사단, 7개 여단을 감축하고, 해군의 잠수함사령부와 해병 9여단을 창설했으며, 공군은 전술항공통제단을 창설하였다. 합동 상호운용성 기술 센터 등 18개 군 조직을 군책임운영기관으로 지정함으로써 아웃소싱을 통한 경비절감 및 군의 효율성을 높였다. 부사관을 증원하여 군의 간부화의 허리를 보강하였다. 공군의 공중급유기와 F-35A의 도입 등 필요 한 첨단무기의 도입을 결정하기도 했다. 또한 이명박 정부 때 한 차례 연기하였던 전작권 환수시기를 "조건에 기초한 전작권 전환"이라고 명명하고, 사실상 2020년대 후반으로 연기하기로 결정했다. 한편 군 상부지휘구조의 개편이라는 주제를 가지고 한동안 추진하다가 군의 반발이 거세어지자 포기하고 말았다. 박근혜 정부의 국방개혁은 조용한 가운데 국방의 개선에 필요한 몇 가지 실제적인 사업을 추진하였으며, 크게 보아서 구조적인 국방개혁은 겨냥하지 않았다고 보는 것이 타당하다.

문재인 정부는 이명박 정부와 박근혜 정부에서 과거 노무현 정부가 추진했던 '국방개혁 2020'을 완전 무시하고 거꾸로 갔다는 인식을 가지고, 정권 초기부터 국방개혁의 중점 추진사항을 전광석화같이 빠른 속도로 추진하였다. 노무현 정부의 국방개혁을 '국방개혁 1.0'이라고 부르고, 문재인 정부의 국방개혁을 '국방개혁 2.0'이라고 명명하였으며, 그 목표를 전방위 안보위협 대응, 첨단 과학기술 기반 정예화, 선진화된 국가에 걸맞은 군대 육성 등을 목표로 내걸었다.[23] 깊이 들여다보면 전방위 안보위협에 대응하기 위해 북한 위협에 대한 충분한 억제 및 대응능력을 확보할 뿐만 아니라 주변국의 잠재 위협과 초국가적 안보위협에 대해서도 억제능력을 확보해 나아간다는 것이다. 또한 이전의 보수정권에서 연기했던 전시작

23) 국방부, 『국방백서 2018』(서울: 국방부, 2018).

전통제권을 문재인 정부 임기 내에 환수함으로써 국민에게 책임지는 국방을 구현한다는 것이다. 군사력은 4차 산업혁명의 기술과 소요를 반영하여 첨단과학기술군으로 발전시킨다는 것이다. 선진화된 군대에 걸맞게 국방문민화, 3군 간 병종 간 균형발전, 인권과 복지 구현, 국민과 소통하는 개방형 국방운영 등을 추진할 것을 약속하고 있다.

2017년과 2018년에 문재인 정부는 국방개혁 2.0을 신속하게 추진하여, 이전 정부들이 시도했으나 달성하지 못했던 육군 1, 3군을 통합하여 지상군작전사령부를 창설하였고, 개혁에 필요한 법령의 제정과 개정에 시간이 소요됨을 고려하여, 법령 개정 전이라도 국방부 훈령이나 운영개선 등을 통해 필요한 개혁을 달성하였다. 장군, 대령, 중령의 정원을 대폭 감축하는 작업을 진행하였다. 문재인 정부의 국방개혁의 특징을 보면 청와대 국가안보실의 국방감독 기능을 강화하고, 국방부 장관에 해·공군 대장 출신을 교대로 임명함으로써 육군 중심의 국방부 및 군부를 흔들어 대통령의 국방개혁 방침이 신속하게 수용, 추진되도록 조치했다. 국방부의 주요 간부를 문민화함으로써 정치권과 군대의 완충지대에 민간 공무원을 배치하여 국방정책의 기능을 강화한 것이 특징이다. 또한 방산비리를 정치 이슈화하여 처벌과 제재를 더욱 강화하고, 비리의 원천을 차단하기 위한 제도적인 장치를 마련하고자 하고 있다. 문재인 정부의 국방개혁의 성과를 진단하기에는 아직 이르다. 개혁이 효과를 보려면 몇 년 더 걸리기 때문이다.

결론적으로 〈표 14-1〉에서 보는 바와 같이 탈냉전시대와 중국의 부상, 북한의 핵과 미사일 위협이 증대되는 시대에 대응하고, 지식정보화 시대 및 4차 산업혁명시대의 요구와 민주화 시대의 국민의 요구에 부합하는 국방개혁을 달성하기 위해 노태우, 김영삼, 김대중, 노무현, 이명박, 박근혜, 문재인 정부 들은 나름대로 시대의 안보상황과 미래전쟁 양상을 분석하고 새로운 위협에 대처할 저비용·고효율의 국방체제를 만들기 위해 지속적으로 국방개혁을 시도해 온 점은 높게 평가할 만하다. 또한 민주화 시대에 군대에 대한 국민과 정치권의 신뢰를 회복하기 위해 국민의 눈높이에 맞춘 민주국방 제도를 갖추려고 노력해 온 점은 평가받아야 한다.

그러나 문제점이 없었던 것은 아니다. 국방개혁 또는 국방선진화라는 목표를

표 14-1 정부별 국방개혁의 목표, 주요 성과 및 미흡점 비교

	김영삼 정부	김대중 정부	노무현 정부	이명박 정부	박근혜 정부	문재인 정부
국방개혁 목표	• 군의 정치적 중립 • 방산비리 척결	• 상부지휘 구조 및 군 구조 개편 • 경제적 효율적 군 운영, 군 관리개혁 • 유사 및 불필요 부대 통폐합 • 군 인사제도 개혁	• 국방개혁법 입법 (국방문민기반확대, 합참강화 및 3군 균형발전, 기술집약형 군대, 저비용고효율 국방관리) • 병영생활 민주화 • 방위사업 비리 척결 • 전작권 환수	• 국방예산 절감 • 노무현 정부 국방개혁 재조정(군복무기간 등) • 군사기 진작 프로그램 • 전작권 환수 연기	• 합동연합작전능력 강화 • 군 구조 개편 • 군 간부비율 확대 • 효율적 군 운영	• 국방부의 문민화 • 3군 간 병과 간 균형발전 • 정권초기에 법령 제개정 등 신속한 국방개혁 • 첨단과학기술 기반 정예화 • 전작권 조기 환수
주요 성과	• 하나회 제거 • 인사비리 제거 • 방산비리 처벌	• 군교육기관통폐합 (국방대 재창설) • 각군 기능사령부 창설(항작사, 화생방사, 수송사, 국방부 획득실 등)	• 국방부 민간비율 70% 설정 • 합참에 육해공군 비율 조정 • 여군인력 확대 • 방위사업청 신설	• 국방예산 절감 • 서북도서사령부, 사이버사령부, 합동대, 국방어학원 창설, 유사기능 통폐합 • 군 선진의료지원 체제 확립 • 전작권 환수 연기	• 육군 감축(군단 2개, 사단 11개, 여단 7개) 및 부사관 증원 • 육해공군 필요 부대 창설(육군 상비, 동원사단개편, 해군 잠수함사령부, 해병 9여단, 공군전술항공통제단 등) • 18개 군책임운영 기관 지정 • 군 원격진료체제 도입 • 전작권 환수 연기	• 국방부 및 연구기관장 문민화 • 1, 3군 통합 및 지작사 창설 • 장군, 대령, 중령 수 감축 • 방산비리 문제화 및 척결방안 확충
미흡점	• 용산기지 이전 연기 • 지휘구조 개편 실패	• 국군 상부조직 개편 실패 • 체육부대, 간호사관 학교 폐지 실패	• 국방문제 둘러싼 컨센서스 형성 부족 • 육군병력 감축 실패 • 지작사 연기	• 3군 균형발전 포기 (육군 중심으로 복귀) • 주요 무기 획득 연기 • 방사청 폐지 시도했으나 존치 • 상부지휘 구조 개편 연기	• 상부지휘 구조 개편 연기 • 군에 대한 국민의 신뢰 미 회복 • 방산비리 척결 부족 • 군의 전문성 확립 부족	• 국방에 대한 컨센서스 확립 • 전작권 전환의 실제 시기(미지수)

출처: 김동한, “역대정부의 군구조 개편 계획과 정책적 함의,” 국가전략 제17권 1호(2011. 3). 조기형, “국방개혁 자성, 개혁추진 동력을 다시 살리자,”(서울: 한반도선진화재단, 2014). 국방부, 『국방백서 2002』. 『국방백서 2008』 『국방백서 2016』을 참조하여 작성.

내걸고 국방개혁을 시도했지만, 상부구조의 개혁과 현대화에 중점을 둔 나머지 위협과 전력 간의 논리적인 연결을 시도하려는 전략적 접근 노력이 부족하고, 개혁 아이템이 많으면 좋다는 식의 수량적 접근이 난무하였다. 보이기 식의 성과 및 구조 위주의 개혁을 진행하여 실질적으로 국방 문화나 행동양식이 바뀌었는지 측정하고 평가하며 부족부분을 시정하는 일관성 있는 작업이 부족하였다. 그때그때 발생하는 대형 사고와 나타난 문제점에 대해서 임기응변적 대응을 많이 한 결과 근본적이고 장기적인 개혁이 부족하다는 특징을 보였다. 또한 문민 대통령과 정치권은 육사가 중심이 된 군의 기득권을 불신했으며, 군은 민주주의 시대의 문민통제 하에서도 진급을 우선시하면서 무조건 상명하복하는 태도를 보여 국민을 중심에 둔 쌍방향의 의사소통이 부족하였다. 각 정부마다 국방개혁을 부르짖는 것이 일상화되었다. 이전 정부가 추진하고자 했던 것 중에서 어떤 것은 어떻게 달성되었고, 다른 것은 왜 달성되지 못했나에 대한 근본적인 분석과 판단이 되지 않은 가운데, 개혁이슈가 정치화되고 양극화되어서 전 정부의 개혁 업적을 통째로 무시하고 또 다시 새로운 프레임으로 국방개혁 분야를 정의하고, 개혁 주체세력도 완전히 바꾸어서 개혁에 착수하는 바람에 개혁의 논리성, 계속성, 근거와 실행 가능성과 전략적 접근이 부족하였다. 따라서 국방개혁이 성공하고 국방이 지속적인 국민의 신뢰를 받기 위해서는 국방이 고유한 국방정책의 임무수행을 제대로 해 나아가면서, 국방개혁이 꼭 필요한 분야를 정치권과 국방, 군대가 쌍방향의 의사소통과 폭넓은 토론을 거쳐서 정의하고, 개혁을 결정하며, 개혁의 집행에도 3자가 같이 협치 속에서 책임을 지는 체제를 갖추는 것이 필요하다. 기본적으로는 국방문화와 인간 개인을 바꾸어나가는 작업이 병행되어야 국방개혁이 성공할 수 있다.

Ⅶ. 결론

한국은 세계적인 국방개혁과 군사혁신의 추세에 맞추어 2020년을 목표 시점으로 하는 '국방개혁 2020'을 수립하고, 2006년 12월에 오랜 숙원이던 국방개혁에 관한 법률을 통과시켰다. 이명박 정부는 '국방개혁 2020'의 문제점을 수정 보완해서 '국방개혁 2012-2030'을 발표하고 추진했으며, 박근혜 정부는 '국방개혁 2014-2030'을 결정하고 추진했다. 문재인 정부에서는 노무현 정부에 못 다 이룬 '국방개혁 1.0'에다가 문민화의 완성과 한반도의 평화를 목표로 '국방개혁 2.0'을 추진하고 있다.

국방개혁은 국방부 차원, 합참 차원, 각 군 차원에서 나누어 진행되고 있다. 국방개혁을 성공시키기 위해서는 안정적인 재원 조달도 중요하지만 개혁을 이끌어갈 주도세력의 존재, 끊임없는 아이디어의 조달 문제, 개혁 주도부서의 설치와 개혁 주도세력의 인사관리, 개혁에 대한 정치적·국민적 지지 확보, 개혁의 속도 조절, 인사정리와 재배치, 개혁 피로증의 관리라는 7대 전략과제에 대한 대비책을 세워 개혁을 관리해야 한다.

국방개혁은 다른 정부 부문의 개혁과 공통성이 있으면서도 군사 분야의 특수성을 고려해야 한다. 이 특수성은 국방개혁의 결과가 전투력의 획기적 제고라는 효율성으로 나타나야 한다는 말이다. 적은 비용과 인력으로 잘 싸울 첨단 과학 군대를 만들 것인가 하는 문제와 더불어 더 중요한 것은 국방개혁을 주도하는 국방부의 정책능력의 제고 문제이다. 국방정책 담당자들의 전문적 능력이 향상되고 국방관리가 효율적으로 이루어지기 위해서는 개혁 과정에 대한 끊임없는 모니터링과 의도한 대로 집행을 할 새로운 전략적 접근이 필수적이다. 동시다발적으로 부분적으로 일어나는 개혁 현상을 큰 안목에서 통합적으로 관리하고 국방목표로 투철하게 연결할 네트워크형 관리가 절실하게 요청되고 있다. 평소에 국방부가 본질적으로 추진해야 하는 국방정책 분야와 현존의 국방체제로는 국방 목표를 달성할 수 없을 때에 필요한 획기적인 국방개혁 분야를 구분하여, 국방개혁이 제대로 이루어질 수 있도록 중장기적으로 지속성을 갖고 개혁을 관리하는 인내심이 필요하다.

토론주제

■ **다음의 토론주제에 대해서 자료를 바탕으로 활발한 토론을 해보자.**

1. 1990년대 이후 각 정부별로 국방개혁의 이슈와 접근방법에 대해 토론해 보자.
2. 바람직한 국방개혁의 추진전략과 방법은 무엇인가에 대해 토의해 보자.

CHAPTER 15

우리의 국방: 73년 역사

CHAPTER
15

우리의 국방: 73년 역사[1)]

Ⅰ. 한국 국방의 정의와 특징

한국 국방은 보편성과 특수성을 가지고 있다. 한국 국방의 보편성은 현대국가에서의 국방의 의무와 책임과 일치하는 것으로서 "국방은 외부의 침입으로부터 국가의 주권과 영토의 보존, 국민의 생명과 재산을 보호하기 위해, 전쟁을 억제하고 전쟁이 발발할 경우 승리할 수 있는 군대를 갖추는 것"이다. 한국은 헌법에 규정한 바에 의하여, 독립국가로서 가져야 할 상비군을 갖추고, 국군은 국가의 안전보장과 국토방위의 신성한 의무를 수행하기 위해 노력해 왔다. 또한 한국은 헌법에 근거하여, 침략전쟁을 부인하며 국제평화의 유지에 노력하고 있으며 외부로부터의 침략을 억제하며 침략을 받을 경우 승리할 수 있는 군사능력을 육성하기 위해 노력해 왔다. 돌이켜보면 일제 35년간 식민지 통치에서 해방될 무렵 정부와 군대가 전무한 상태에서 73년이 경과한 2018년 현재 한국은 병력규모 세계 7위, 국방비 규모 세계 10위에 드는 군사강국을 이루게 되었다.

세계의 다른 국가와 차이가 나는 한국 국방의 특수한 조건은 두 가지다. 첫째는 한반도의 지정학적 위치이고, 둘째는 남북이 분단된 상황에서 세계에서 가장

1) 이 장은 남성욱 외, 『한국의 외교, 국방, 통일 70년사』(서울: 한국학중앙연구원, 2015) 가운데 필자가 쓴 "우리의 튼튼한 국방정책"을 한국학중앙연구원의 허락을 얻어 2015-2018년까지의 연구내용을 첨가하여 수정한 것이다.

호전적이고 모험적인 북한 공산정권이 지속적으로 무력도발과 군비경쟁을 감행함으로써 한국의 안보를 위협하고 있다는 점이다.

한반도의 지정학적 위치는 대륙세력과 해양세력이 교차하는 반도지역이므로 역사적으로나 전략적으로 두 세력의 이해가 충돌해 온 지역이다. 중국, 몽골을 비롯한 대륙세력이 해양세력보다 강할 때에 한반도는 침략을 받았고, 일본과 같은 해양세력이 강할 때에도 한반도는 침탈을 당했다. 대륙국가와 해양국가의 사이에 놓인 반도국가로서 한국이 국력과 군대가 약하고 국민이 분열되었을 때에 주변 강국의 침략대상이 되어온 것이다. 따라서 튼튼한 국방을 위해서는 이웃의 어느 한 강국과 동맹을 결성함으로써 다른 강국의 영향력과 침략 위협으로부터 나라를 지켜 올 수밖에 없었다. 1945년 분단 이후의 현대 한국은 자유세계의 초강대국이며 해양세력인 미국과의 동맹관계를 통해서 안전보장을 달성해 왔다.

1945년 해방과 동시에 한반도는 미·소 두 강대국에 의해 분단됨으로써 한국의 국방은 세계 여느 국가와는 다른 특수한 상황을 맞게 되었다. 북한 공산집단의 침략으로 시작된 6.25전쟁은 냉전시대 피해 규모가 가장 크고 강대국들이 개입한 전쟁이었다. 김일성 정권의 호전성과 모험성은 그 이후에도 줄지 않고 날이 갈수록 더해 갔다. 1990년 탈냉전 이후에도 북한은 핵무기와 미사일 등 대량파괴무기를 증강시킴으로써 한국에 대한 군사위협을 계속 증가시키고 있는 실정이다.

따라서 한국은 북한의 침략을 억제하고 북한이 또다시 침략해 올 경우 싸워서 이길 수 있는 힘을 기르는 데에 국방의 중점을 두어 왔다. 분단 이후 1970년까지 미국과의 군사동맹에 의존함으로써 안보와 국방을 달성해 왔다. 하지만 경제발전이 어느 정도 이루어진 1970년대부터는 자주국방의 기치를 내걸고 자위적 방위능력 육성을 위해 방위산업을 건설함으로써 국방력을 증강시키고 선진적인 국방체제를 갖추려고 노력해 왔다.

이 장에서는 한국이 한미동맹을 어떻게 결성하고 발전시켜 왔는지, 어떻게 6.25전쟁의 폐허를 극복하고 자주국방 능력을 건설해 오면서 국제사회에 국군의 위용을 떨쳐 왔는지, 또 선진 첨단과학 및 민주 군대를 이루기 위해 어떠한 국방개혁의 노력을 기울여 왔는지에 대해서 분석하고, 결론적으로 한국 국방 73년(1945-2018)의 성과와 과제를 설명하기로 한다.

Ⅱ. 6.25전쟁과 한미동맹의 결성과 발전

1948년 8월 정부 수립 이후 2년이 지나지 않은 1950년 6월, 북한 김일성 공산집단의 남침으로 인한 6.25전쟁을 맞으면서 초대 이승만 대통령은 한국 혼자의 힘으로는 안보와 국방을 도저히 달성할 수 없다고 인식하고, 자유세계의 지도 국가이던 미국과 동맹을 결성해야 한다고 믿었다.

1945년 8월 15일 해방과 함께 한반도가 미국과 소련에 의해 38도선으로 분단이 된 후, 미국과 소련이 남과 북에 각각 군대를 진주시켰다. 미국은 하지(John R. Hodge) 중장이 이끄는 극동군사령부 소속 제24군단 총병력 7만7,600명의 부대가 1945년 9월 8일 한국에 진주하였다. 한편 미국보다 먼저 소련은 제25군 산하 총병력 15만 명을 8월 13일부터 23일까지 북한으로 진주시켰다. 주한미군은 1949년 6월, 500여 명의 주한군사고문단(KMAG)을 남기고 철수할 때까지 한국 내에 점령군으로 주둔하였다. 1948년 5월 31일 이승만 대통령은 제헌국회에서 행한 연설에서 "주한미군은 한국의 국방군이 조직될 때까지 주둔해야 하며, 미군의 주둔은 한국의 안보적 목적에 의한 것이고, 결코 한국의 자주권의 행사를 방해해서는 안 된다"라고 하면서, "한국 군대가 창설되고 견고해질 때까지 미군이 남아 있어야 한다"고 주장했다. 만약 미국의 군대가 한국에서 철수하게 되면 북한이 침략해 올 것이라고 생각한 이 대통령은 한국의 안보를 위해 미군이 계속하여 남아 있도록 만들기 위해 모든 수단과 방법을 동원하였다.

당시 한국이 미국과 국제연합에 제출한 미군 철수 연기 요청은 다음과 같다. "본관은 한국 정부가 1948년 11월 22일 현재 한국에 있는 미국 군대의 철퇴를 한국이 자체방위를 위해 군사적 준비가 완료될 때까지 연기하기를 요청하는 결의를 채택하였음을 귀하에게 통고하고자 하는 바이다. 또한 본관은 한국 국회도 똑같은 취지의 결의안을 통과하였다는 사실을 지적하는 바이다." 이렇게 이 대통령이 주한미군 철수에 대한 반대 의사를 미국 정부와 국제연합에 제출했음에도 불구하고, 한국 내에서는 국회의 소장파 의원들을 중심으로 주한미군의 철수를 주장하기도 하였다. 또한 미국과 소련의 군대 진주로 인해 남과 북이 분단되었으므로 미군이 철수하게 되면 한국의 분단문제도 해결되지 않겠는가 하는 희망을 갖고 있는 국민들도 있었다. 이렇듯 당시 한국 내 여론은 미군의 지속적인 주둔과 철수에 대해서 통일된 의견을 갖지 못한 채 분열되어 있었다.

1949년 초반부터 미군의 철수가 분명해지자 이 대통령은 미국과 안보협정을 체결하기를 희망했다. 주한미군은 500여 명의 군사고문단만 남기고 1949년 6월에 한국으로부터 완전히 철수했다. 당시 미국 정부는 "한국 지상군 6만5,000명에 대한 소요장비의 제공, 해군에는 약간의 무기와 함정의 제공 및 6개월분의 정비부품 제공, 한국군에 대한 군사원조와 훈련을 담당하기 위해 미국 군사고문단의 설치, 대한 군사원조를 지속적으로 제공하기 위해 미국 의회로부터 승인" 등의 내용을 포함한 원조 약속을 한국정부와 합의했다. 그러나 미국은 한반도의 전략적 가치를 낮게 평가했을 뿐만 아니라 이승만 정부를 불신하고 있었으므로 미국의 대한 군사원조와 일반 원조 액수는 미미했다.

1950년 1월 12일 애치슨(Dean Acheson) 미국 국무장관이 중공문제에 대한 불간섭과 일본열도에 대한 안보 제공을 발표하면서 한국과 대만을 미국의 방어선으로부터 제외한다는 성명을 발표하였다(Acheson Line Declaration). 이 대통령은 한국이 제의한 한·미 양국 간의 안보협정 체결에 대해 미국이 반대한다는 사실을 알게 된 이후 미국을 포함한 아시아·태평양 지역 14개국과 태평양동맹조약을 결성하고자 하였다. 이것은 1949년 3월 18일 미국과 유럽의 16개국이 북대서양조약을 체결하고 북대서양동맹(NATO)을 출범시키는 것과 비슷한 시기에 필리핀의 퀴리노(Elpidio Quirino) 대통령의 특사가 3월 22일 한국을 방문하여 이 대통령과 회담을 갖고 아시아에서도 태평양동맹조약을 맺는 것이 어떠냐고 제의함에 따라 이루어졌다. 이후 이 대통령은 미국이 미군 철수를 완료한 시점인 1949년 7월에 "태평양동맹은 각 후견국이 집단적 안전보장과 정의를 위하여 흔연히 싸울 용의가 있음을 더 한층 강력히 표현하여야 한다"며 태평양동맹에 대한 추진 의지를 강력하게 시사하였다. 이런 상황에서 미국의 애치슨선언이 나왔고, 필리핀 정부는 이 선언에 부응하여 태평양동맹이 결성되더라도 한국과 자유중국이 주장하는 군사동맹이나 반공동맹이 아닌 문화적, 경제적, 정치적 동맹을 창설할 것이라고 하면서 한국과 대만을 초청 대상에서 제외했다.

이러는 와중에 1950년 6월 25일 북한의 남침으로 한반도에서 전쟁이 발발하였다. 북한의 김일성은 1949년 2월부터 소련의 스탈린(Joseph Stalin)과 중공의 마오쩌둥(毛澤東)과 함께 남침 전쟁을 공모하였다. 미국의 주한미군 완전 철수를 본 김일성은 소련의 지원 아래 1950년 6월 25일 새벽 4시에 총 병력 20만1,050명과 전차 242대, 장갑차 54대와 박격포 1,770문 등 한국에 비해 월등히 우세한 병력과 무기를 가지고 기습 공격하였다(당시 한국 병력 10만5,752명, 전차와 장갑차는 전무). 북한은 3일 만에 서울을 함락시키고, 한 달 만에 낙동강 전선만 남기고 한국의 대부분을 점령하였다. 미국의 트루만(Harry S. Truman) 대통령은 6월 30일 맥아더(Douglas MacArthur) 극동군사령관의 건의를 받아들여 미국의 해군과 공군에게 38도선 이북의 적의 공격목표에 대한 공격을 허용하고 지상군의 투입을 명령하였다.

한편 국제연합은 미국 뉴욕 시간으로 1950년 6월 25일, 안전보장이사회를 개최하여 북한의 남침을 국제연합 헌장의 '평화의 파괴'라고 규정하고 38도선 이북으로 북한군이 철수하기를 촉구하는 결의안(S/1501)을 통과시켰다. 이어 이틀 후인 27일 국제연합 총회에서 북한의 남침을 비난하고, 북한의 무력 공격을 격퇴하고 한국에서 안전보장을 확보하는 데 필요한 원조를 제공하도록 권고하는 결의안(S/1511)을 찬성 57, 반대 1, 기권 2표로 통과시켰다. 이 결의에 의거하여 국제연합 회원국 16개국의 군대가 한국을 지원하러 왔다. 그리고 9월 15일 맥아더 국제연합군사령관이 인천상륙작전을 성공적으로 수행함으로써 불리하였던 전세를 뒤집고, 10월 1일 38도선을 돌파하여 북한 공격에 나섰다. 이에 중공은 10월 중순 6.25전쟁을 '항미원조전쟁'이라고 명명하고 중국인민지원군을 보냄으로써 6.25전쟁은 북한·중공·소련 대 한국·국제연합군의 국제전쟁으로 비화되었다.

37개월간에 걸친 6.25전쟁 동안 한국군과 국제연합군 측은 115만 명이 전사, 부상, 실종됐고, 공산군 측은 북한군 80만 명과 중공군 123만 명 등 약 200만 명이 전사, 부상, 실종됐다. 민간인 피해도 막대하여, 한국 99만 명, 북한 200만 명의 손실은 물론 피난 이재민 370만 명과 전쟁고아 10만 명이 발생했다.[2] 6.25전쟁이 승자도 패자도 없이 이러한 천문학적 피해를 낳았기 때문에 한국 국민은 다시는 이 땅에 전쟁이 있어서는 안 된다는 자각을 가졌으며, 이승만 정부는 국가의

2) 국방군사연구소, 『건군 50년사』(국방군사연구소, 1998), p. 143.

안보와 국방목표를 북한의 재침략을 막는 데 두었다.

이승만 대통령은 1948년 정부수립 직후부터 한미동맹을 원했지만, 미국은 한국의 전략적 가치를 낮게 평가해 동맹 결성은 이루어지지 않았다. 이에 이 대통령은 6.25전쟁 동안에 반드시 미국과의 동맹을 체결하기로 마음을 먹었다. 또한 미국이 1951년 9월 샌프란시스코 강화조약과 미·일 안전보장조약을 체결하고, 같은 해 8월말 미국·필리핀 상호방위조약, 같은 해 9월 미국·오스트레일리아·뉴질랜드 간 태평양안전보장조약을 체결하는 것을 참고하여, 이 대통령은 1949년과 1950년에 자신이 가졌던 태평양동맹에 대한 생각을 포기하고 한미 상호방위조약을 체결하기로 결심했다. 한편 1950년 6.25전쟁이 발발하자 미국은 극동전략을 대폭 수정하고 6월 30일 한국에 대한 파병 결정을 신속하게 내렸으며, 국제연합군사령부를 조직하여 미국의 지휘와 책임 아래 6.25전쟁을 치렀다. 이어서 6.25전쟁의 휴전과 함께 이승만 대통령이 줄기차게 요구하여 왔던 한미 상호방위조약을 체결하기로 합의했던 것이다.

한미동맹은 궁극적으로 이승만의 대미외교의 승리의 산물이라고 할 수 있다. 왜냐하면 미국은 극동지역의 약소국이며, 소련·중공·북한과 같은 공산권과 근접해 있는 한국을 동맹의 파트너로 삼기를 회피해 왔기 때문이었다. 오죽했으면 일본과는 안보조약을 맺으면서 한국과는 안보조약을 6.25전쟁 휴전이 되는 막바지까지 지연시켰을까. 이승만 대통령은 미국이 6.25전쟁의 조속한 휴전을 원한다는 것을 감안하여 휴전 반대와 반공포로의 석방, 북진통일과 같은 미국이 원하지 않는 것을 지속적으로 추구하겠다며 미국을 압박하였다. 그리고 결국 미국에게 휴전에 동의해 주는 조건으로 한미 군사동맹 체결에 대한 미국의 양보를 받아냈다.

한미동맹 결성의 주요 원인을 한국 측에서 살펴보면, 첫째 한국은 6.25전쟁 이후 북한의 재남침 위협으로부터 한국의 안보를 보장받기 위해서였다. 둘째, 6.25전쟁으로 인한 피해의 신속한 복구와 경제건설을 위해 미국으로부터 경제 및 군사원조를 받기 위해서였다. 셋째, 미국으로부터 안보를 보장받으면서 군사원조와 자문을 받아 현대적인 한국 군대를 건설하기 위해서였다. 넷째, 미국으로부터 지원을 받는다는 사실 자체는 이승만 정부의 정통성을 보강해주는 역할도 했다. 이승만 대통령이 한미 상호방위조약의 서명식 직후에 한 연설에서 "한국 국민은 자손 대대로 한미동맹의 열매를 향유하게 될 것이다"라고 언급했는데, 이것은 한미동맹이 한국의 국익에 매우 유익한 가치를 가지고 올 것이라고 내다본 것이었다.

미국의 입장에서 동맹 결성의 원인을 찾아보면, 첫째 미국은 동북아에서 공산주의의 팽창을 막고 미국의 대동북아 영향력을 극대화하기 위해서였다. 둘째, 한국에 대한 정치적 통제와 영향력 유지, 이승만 대통령의 무모한 북진통일 노력을 차단할 수 있었다. 셋째 미군을 한반도에 배치함으로써 한반도와 일본에 대한 공산주의의 침략을 억제하고, 한국에 싼 비용으로 미군을 주둔시킴으로써 동북아에서 미국 중심의 안보질서와 우세한 세력 균형을 유지할 수 있었다.

북한이 정전협정을 위반하고 소련으로부터 미그(MiG)기 등 공군기와 신예 무기를 도입하고, 1958년 중공군이 북한으로부터 철수함에 따라 한반도에서 정전협정 이후 군사력 균형에서 큰 변화가 발생했다. 이에 미국은 1958년에 한국안보를 확고히 보장하고 이 대통령에게 약속한 72만 명의 군대 건설에 대한 군사원조를 제공하는 데에 미 정부의 재정적 능력의 한계를 고려하여 전술핵무기를 남한에 배치하기 시작했다. 이때로부터 한국은 미국의 핵 억제력을 제공받게 되었다.

1960년대에 이르러 한미동맹은 1953년의 한미 상호방위조약 체결에 더하여 큰 제도적 장치를 마련하게 된다. 즉 1968년부터 한미 양국의 국방부 수뇌부가 매년 1회씩 국방각료회담을 개최함으로써 국방정책과 군사협력, 북한의 군사동향에 관한 토의를 하게 되었다. 그 이전에는 미국이 대한반도 안보정책과 국방정책을 한국에 일방적으로 통보하는 경향을 보였으나, 1968년부터 상호협의 과정을 거치게 된 것이다.

1960년대 말과 1970년대 초반, 한국에서는 미국이 한국을 방기(abandonment)할지 모른다는 우려가 팽배했다. 1969년 미국의 닉슨(Richard M. Nixon) 대통령이 베트남전쟁의 상황을 반영하여 미국이 아시아에서 미군을 철수한다는 계획에 따라 '아시아의 안보는 아시아인의 손으로'라는 '닉슨독트린'을 괌에서 발표하였다. 이에 따라 한국에서도 주한미군 1개 사단을 철수하기로 함에 따라 한국을 비롯한 일본, 동남아 국가들은 미국의 대아시아 방위 공약에 대한 의문을 제기하기 시작했다. 이러한 상황에서 한국은 자주국방을 추진할 수밖에 없음을 대내외에 천명하고 자주국방을 추진하게 되었다. 하지만 이 전환기를 상호 원만하게 관리하기 위해 1968년부터 연례적으로 개최되어 왔던 국방각료회담을 1971년부터는 한미연례안보협의회의(Annual Security Consultative Meeting)라고 명칭을 바꾸고 이를 매년 개최하게 되었다.

한국이 베트남에 파병했는데도 주한미군 1개 사단의 철수가 추진되자, 박정희 대통령은 한국의 안보는 한국이 보장한다는 자주국방 노선을 추진하는 한편, 1975년 핵무기 개발을 시도했다. 하지만 미국의 강력한 반대에 부딪혀 1976년 1월 박 대통령은 핵무기 개발을 취소한다고 선언하였다. 박 대통령은 핵개발 포기를 미국에 대한 협상카드로 사용하여 미국으로부터 한국군의 현대화에 필요한 지원과 미사일 개발에 대한 지원을 보장받기도 하였다.

1977년 카터(Jimmy Carter) 미국 대통령이 대통령 선거 기간 중에 주한미군의 철수를 공약했다. 대통령 당선 이후 카터 대통령은 주한미군의 철수에 착수하려고 했으나, 한국과 미국의 의회, 미국의 군사전문가들의 격렬한 반대에 부딪혔다. 1978년 7월 한미 양국은 제11차 한미연례안보협의회의와 제1차 한미군사위원회회의를 개최하고, 한미연합군사령부를 구성, 운영하기로 합의하였다. 이에 따라 같은 해 11월 7일 한미연합군사령부를 발족시켰다. 한미연합군사령부의 창설은 한미 군사동맹의 체제를 갖추는 데에 가장 중요한 사건 중의 하나로 분류될 수 있다. 6.25전쟁 때부터 1978년 10월까지 60만 한국군에 대한 작전통제를 미군의 대장인 국제연합군사령관이 해왔으나, 이제부터 한미연합군사령관이 작전통제를 한다는 것이었다. 한미연합군사령관은 서울 방어를 비롯한 한국 방어의 책임을 맡으며 전시와 평시에 연합사령부와 예하 구성군 간의 지휘관계를 명시하고 군수지원은 각각 개별 국가의 책임임을 명시했다. 또한 한미 양국의 군사지도자들이 공동으로 참여하여 군사전략과 작전계획을 수립하고, 한미연합사령부의 운영과 개선책에 대해서 정기적으로 논의할 수 있는 공간이 마련되었다.

한편 1980년대에 이르러 한국의 대미 안보의존도는 변화하게 되었다. 1970년대 한국의 눈부신 경제발전에 따라 미국의 대한 무상 군사원조는 1984년에 종결되었다. 또한 미국의 한국에 대한 무기판매 정책에 대해 1971년도부터 적용해 오던 군사판매차관제도도 1987년에 종결되었다. 1954년부터 1984년까지의 미국의 대한 군사원조는 총 56.4억 달러에 달했다. 이 중 국제군사교육훈련 원조는 예외적으로 1996년까지 계속되어 한국군 장교 연인원 3만8,527명이 1억7,500만 달러의 지원을 받아 미국의 선진 국방제도와 정책, 군사전략과 무기체계, 교리와 전술에 대한 교육을 받을 수 있었다.

1990년 탈냉전을 맞아 미국이 세계 각국과 맺은 몇 개의 동맹이 해체되거나 약화되었던 데 반해 한미동맹은 미일동맹이나 북대서양조약동맹처럼 견고해졌으며, 동맹 내에서의 한국의 책임과 역할이 점점 더 증가하게 되었다. 예를 들면 미국과 필리핀 간의 양자동맹은 1991년 필리핀 주재 미군의 철수와 더불어 군사동맹관계가 약화되었고, 미국과 태국과의 동맹도 변화하게 되었다.

한편 1980년대까지는 한미동맹이 강대국 대 약소국 간의 비대칭 동맹, 미국 일변도의 일방적 동맹, 불평등 동맹 등으로 불렸으나, 1990년 탈냉전 이후 한국이 그동안 성장한 국력에 걸맞게 미국으로부터 대등한 대우를 요구함에 따라, 한미 양국은 협의를 거쳐서 성숙한 동맹 혹은 수평적 동맹으로 변화하게 되었다. 미국은 소련의 위협이 소멸됨에 따라 만성적인 재정적자를 해소하기 위해 국방비를 삭감하여 경제발전으로 전환시켰으며, 한미동맹 관계에도 변화를 도모하였다.

냉전 종식에 따라 해외주둔 미군의 규모를 축소하고 동아시아·태평양 지역 및 한반도에 주둔하는 미군의 지리적 위치, 전력구조와 임무를 재평가하고 한국의 경제력에 걸맞은 한국안보의 책임과 비용 부담을 증가시켜야 한다는 요구가 미국 국내에서 일어나게 되었다. 미국 국방부는 아·태 전략구상을 발표하고, 주한미군의 규모를 3단계로 구분하여 감축하고자 시도하였다.[3] 이에 따라 제1단계(1990-92)인 1992년에 주한미군 7,000명을 감축했으며, 제2단계는 추가 감축을 실시한다는 것이었다. 제3단계인 1996년 이후에는 연합사령관이 보유한 작전통제권을 한국에 이양하고, 미군은 최소 규모로 주둔한다는 것이었다. 클린턴 행정부의 아·태 전략구상의 요지는 한반도 방위에 대해서 한국이 주도적 역할을 하고 한국방위에 따르는 비용도 한국에게 분담시키며, 미군은 지원적 역할로 전환한다는 구상이었다. 하지만 북핵문제의 발생으로 2단계와 3단계 이행계획은 취소되었다. 이에 따

3) US Department of Defense, *A Strategic Framework for the Asia Pacific Rim Looking for the 21st Century,* Washington, D.C.: US DoD, 1990.

표 15-1 연도별 방위비 분담금 현황(1991-2018) (단위: 억 원)

	1991	1995	2000	2005	2010	2015	2018
금액	1,073	2,400	4,646	6,804	7,904	9,302	9,602

라 한미동맹관계는 한국이 군사원조를 받던 데서, 〈표 15-1〉에서 보는 바와 같이 주한미군의 주둔에 필요한 경비를 지원하는 방위비 분담국으로 바뀌게 되었다.

1987년 대통령 선거 당시 노태우 후보가 작전통제권 환수를 선거공약으로 제시하고, 집권 후 작전통제권 환수를 위해 대미 협의를 개시했다. 그 결과 평시 한국군에 대한 작전통제권은 한국군이 환수하였다. 평시 작전통제권은 한국의 합참의장이 행사하고, 전시 작전통제권은 한미연합사령관이 보유한다는 것이었다. 그러나 평시작전통제권 중에서 전시와 관련이 있는 사항은 연합사령관이 그대로 행사한다는 합의를 하는데, 이것을 연합권한위임사항(CODA: Combined Delegated Authority)이라고 부른다. 그 위임사항의 내용은 연합사령관이 한미연합군을 위한 전시연합작전계획의 수립 및 발전, 한미연합 군사훈련의 준비 및 시행, 한미연합군에게 조기경보 제공을 위한 연합 군사정보의 관리, 위기관리 및 정전협정 유지 내용 등의 권한보유였다.

김대중 정부 시기의 한미 안보동맹은 한국이 경제위기를 극복할 수 있도록 미국이 지원함으로써 정치·경제·군사동맹으로 확대되었다. 하지만 김대중 정부의 대북한 햇볕정책의 결과 한국 내에서 북한을 협력대상자로 보는 시각이 군사적 위협으로 보는 시각보다 앞섬에 따라 한미 간에 북한을 보는 입장에서 차이가 발생하게 되었다. 이는 한미동맹에 대한 도전 요인으로 작용하였다.

김대중 정부 말기인 2002년 6월 훈련 중이던 주한미군의 장갑차에 한국 여중생 2명이 치여 사망하는 사고가 발생하였는데, 이에 대한 처리를 둘러싸고 한미 간에 갈등이 표면화되었다. 전국에 걸쳐 벌어진 여중생 추모 촛불시위가 반미시위로 확산되었다. 이에 대한 미국 부시 대통령의 사과 요구와 미국의 늑장 대응, 한국의 대통령 선거기에 반미정서를 확산시킴으로써 정치적 이익을 얻으려는 시도, 자주파와 동맹파 사이의 대립 등이 원인이 되어 한국에서는 박정희 정부 이래 잊혀지던 자주국방이란 구호가 재등장하게 되었으며, 새롭게 출범한 노무현 정부는 군사주권의 회복이란 차원에서 전시작전통제권의 환수를 추구하였다. 한미 국방 당국은 협의를 거쳐 전시작전통제권의 전환 시기를 2012년 4월 17일로 합의하였다.

이명박 정부 시기에는 노무현 정부 때에 형성된 한미 간의 불신을 해소하고, 자주파와 동맹파 간의 갈등을 치유할 뿐만 아니라 한미동맹을 격상시키기 위해 노력했다. 한미동맹을 신뢰동맹, 가치동맹, 평화구축동맹으로 구분하여 각 부문별로 한미동맹을 강화하는 상호 협력을 전개하였으며, 이러한 노력의 결과 한미동맹은 전략동맹으로 격상되었다. 한미 양국은 2009년 6월 16일 미국의 워싱턴에서 한미 정상회담을 갖고, '한미동맹 공동비전'을 채택했다. 이에 따라 양국간 공동의 가치와 신뢰를 기반으로 협력의 틀과 범위를 전략적으로 확충시켜 나아감으로써 상호 이익을 균형 있게 구현해 나아가자고 하는 공감대가 형성되었다. 이들 중에 가장 의미 있는 것은 노무현 정부 때에 약속했던 작전통제권의 전환 시기를 2012년 4월 17일에서 2015년 12월 1일로 연기한 것이었다. 당시 연기의 이유로는 북한의 2차에 걸친 핵실험과 미사일 능력 증강으로 인해 한반도에서 위협의 증가, 한국의 작전통제권 행사 능력 제고에 소요되는 시간 필요, 안보상황 변화에 따른 한국 국민의 우려 해소 등을 들었다.

박근혜 정부에서는 한미동맹을 전략동맹에서 포괄적 전략동맹으로 확대·발전시켰다. 한반도에 국한되어 왔던 한미동맹을 아시아·태평양 지역의 평화와 안정의 핵심 축으로 확대하며, 초국가적 위협의 해결을 위해 한미 양국은 협력의 범위를 글로벌 차원으로 확대해 나아간다는 글로벌 파트너십을 비전으로 제시하였다. 2014년 10월 한미연례안보협의회의에서 한민구 국방장관과 헤이글(Chuck Hagel) 미국 국방장관 간에 전시작전권의 환수시기를 무기한 연기하기로 합의했다. 왜냐하면 북핵 위협을 비롯한 한반도와 주변 안보환경의 변화, 한국과 동맹의 핵심 군사능력 구비 등의 조건에 기초한 안정적인 전시작전통제권 전환을 추진하기로 합의했기 때문이었다.

문재인 정부에서는 미국과 "한미 동맹이 상호 신뢰와 자유, 민주주의, 인권, 법치라는 공동의 가치에 기반한 굳건한 동반자관계(partnership)임을 재확인하고, 한미동맹을 포괄적 전략동맹으로 지속적으로 발전시켜 나아가자"고 합의했다. 한편 '책임 있는 국방' 실현을 위해 임기 중에 전작권을 전환한다는 계획을 발표하고 한미 간에 추진 중이다.

이로써 한미동맹은 강대국 대 약소국 간의 비대칭 동맹, 자주와 안보의 교환 모델에 의한 한국의 대미 의존성으로 특징지어졌던 시대를 벗어나, 1980-90년대에는 성숙하고 대등한 동맹, 2000년대에는 포괄적 협력동맹, 21세기에는 전략동맹 및 포괄적 전략동맹으로 성장해 가고 있다고 평가할 수 있다.

한편으로는 날로 심화되어 가는 북한의 핵과 미사일 위협에 대해 한미 양국이 공동으로 대응하기로 합의하고, 미국의 맞춤형 억제전략과 한국 자체의 킬 체인(Kill Chain)과 한국형 미사일 방어체계(KAMD: Korea Air and Missile Defense)가 한미 간의 긴밀한 협조 속에 구축되고 있다. 북한의 핵위협이 증가할수록 한미동맹은 더욱 견고해지고, 효과적인 북한 핵 억제를 위한 한미 협력은 더욱 심화되고 있다. 아울러 북한의 비핵화를 위한 한·미·중·일·러 6자회담이 개최되어 참가국 간에 어느 정도 성과를 거두었으나, 북한의 계속되는 핵실험과 미사일 실험으로 인한 긴장 고조로 6자회담은 결렬되고 말았다. 이를 타개하기 위해 한반도 비핵화와 평화체제 수립을 위한 북미 정상외교, 남북 정상외교, 한미 정상외교, 북중 정상외교 등이 활발하게 전개되고 있다.

한미동맹의 형성과 발전은 20세기와 21세기 초반 세계에서 가장 호전적이고 모험적인 북한의 위협에 대응하여 한국의 안보를 확고하게 담보할 수 있는 정책과 전략이 되어 왔다. 또한 한미동맹은 세계 제일의 군사 강대국이면서 선진국인 미국의 정책과 전략, 제도를 벤치마킹함으로써 한국이 선진 군사제도와 능력을 갖추는 데 기여했음을 부인할 수 없다. 하지만 중요한 위협에 대응함에 동맹의 파트너인 미국에 의존한 결과, 급속한 안보환경의 변화와 중국의 부상, 북한의 핵과 미사일 능력의 급격한 증가에 수동적으로 대응하는 자세를 보이고 있다는 문제점이 있다. 한국의 국방이 능동적이며 선제적인 정책과 전략을 구사함으로써 우리가 바라는 방향으로 북한을 유도할 수 있는 영향력을 기를 뿐만 아니라 한국의 국익에 유리한 주변 안보환경을 조성할 수 있도록 미국과 협의를 적극적으로 해나가는 자세가 요구되고 있다.

Ⅲ. 자주국방의 시대와 국군의 국제평화에의 기여

1. 자주국방의 역사(1970년대부터 지금까지)

6.25전쟁이 끝나고 이승만 정부는 혼자의 힘으로는 북한 공산주의의 침략을 막을 수 없다고 판단하고, 미국의 군사 지원을 받아 한국의 국방력을 발전시키는 방법을 택했다. 1953년 한미상호방위조약과 1954년 11월 한미군사원조협정을 체결하여 미국으로부터 한국군 현대화에 필요한 군사원조를 받기 시작했다. 휴전 직전 미국이 한국에게 약속한 대로 한국군은 지상군 20개 사단과 해·공군을 발전시킨다는 방침을 갖고 군 건설을 계속했다. 1953년 말에 지상군 18개 사단, 54년 말에 20개 사단으로서 66만1,000명, 해군은 1만5,000명, 공군은 1만6,500명, 해병대는 2만7,500명으로 총 병력규모가 72만 명에 달했다. 그러나 국군의 이러한 증강 노력에 대해 미국 정부는 이승만 정부의 단독 북침 가능성 및 독재적 성향을 견제하기 위해 1958년에 한국군에 대해 지상군 9만3,000명을 감군할 것을 요청해서 1959년의 한국군은 지상군 56만5,000명을 포함 총 63만 명으로 조정되었다. 1954년에서 1960년 사이 미국의 대한 군사원조의 규모는 총 22억9,200만 달러였으며, 주로 미국의 무기 및 장비의 도입과 한국군 장교의 도미 유학(渡美留學)에 사용되었다.

1960년대 박정희 정부는 '잘 살아보세'라는 기치 아래 국가의 총력을 경제개발에 쏟았다. '선 경제건설 후 국방건설'에 매진하는 동안 국가안보를 동맹국인 미국에게 의존하는 방식을 취했다. 하지만 1968년 1월 21일 북한의 제124군 김신조 일당이 청와대를 습격한 사건과 1월 23일 북한이 미국의 정보함 푸에블로(Pueblo)호를 납치한 사건에 대해서 미국이 자국의 해군 함정과 승조원을 구하고자 대북한 직접 협상을 전개하면서도 한국의 청와대 습격 사건에 대해서 우리 정부에게 대응을 자제할 것을 요구하였다. 이때부터 박정희 대통령의 미국에 대한 생각이 달라지기 시작했다. 또한 북한이 1962년에 경제·국방 병진 정책을 선언하고 남침할 수 있는 독자적 군사 능력을 증강하기 위해 4대 군사노선, 즉 전군의 간부화, 전군의 현대화, 전인민의 무장화, 전지역의 요새화를 채택하고 군비증강을 밀어붙인 결과 남북한 간의 군사력 균형이 북한 편으로 기울었고, 이를 바탕으로 울진과 삼척 무장공비 침투사건을 포함한 군사 도발을 해왔기 때문에 박 대통령은 자주국방 정책을 채택하지 않을 수 없었다.

1970년 1월 연두 기자회견을 통해 박 대통령은 "북괴가 단독으로 무력침공을 해왔을 때에는 우리 대한민국 국군이 단독의 힘으로 충분히 이것을 억제하고 분쇄할 수 있을 정도의 힘을 빨리 갖추어야 되겠다"고 강조하면서 자주국방 방침을 역설하였고, 이를 뒷받침하기 위한 우리 자체의 방위력 건설을 추진하기 시작했다. 여기서 주목할 것은 한반도의 군사적 대결 구도는 소련·중국·북한의 북방 삼각구도와 미국·한국·일본의 남방 삼각구도 간의 냉전적 대결 구도였는데, 한국의 자주국방은 한국 대 북한의 일대일 대결 구도에서는 북한의 침략을 한국 자체의 힘으로 막아야 한다는 것에 집중되었다.

박 대통령은 1973년 4월 19일, 합동참모본부에 자주적 군사력 건설을 위한 지시를 내렸는데 그 내용은 크게 네 가지로 나눌 수 있다. 첫째, 자주국방을 위한 군사전략의 수립과 군사력 건설 착수, 둘째 국제연합군 사령관으로부터 한국군이 작전지휘권을 인수할 것에 대비한 장기 군사전략의 수립, 셋째 중화학공업 발전에 따라 고성능 전투기와 미사일 등을 제외한 무기 장비를 국산화, 넷째 장차 1980년대에는 미군이 한 사람도 없다고 가정하고 독자적인 군사전략 및 전력증강계획을 발전시킬 것 등이었다.

1970년 4월에 정부는 '민수산업을 최대한 활용하는 방위산업 육성' 구상을 밝혔고, 8월에 국방과학기술을 발전시키기 위해 국방과학연구소를 창설하였으며, 1974년부터 한국 자체의 방위산업 육성을 목표로 전력증강사업을 개시하였다. 박 대통령은 조선시대 율곡 이이 선생이 임진왜란 발발 10년 전에 왜군의 침입에 대비해서 십만 대군을 양성해 놓아야 한다는 소위 '십만양병설'이라는 선각자적 주장을 했다고 해서 '유비무환'의 구호와 함께 자주적 전력증강계획을 '율곡사업'이라고 명명했다. 율곡계획은 1974년부터 1980년까지 7개년 계획이었으나, 이후 1981년까지 연장되어 수행되었다.

국산방위산업을 육성하기 위해 국방예산으로 부족한 금액을 보충하려고 1973년 12월부터 모든 국민을 대상으로 방위성금 모금 운동이 전개되었다. 1974년 10

월 1일까지 총 모금액은 64억4,957억 원이었다. 1975년 베트남이 패망하자 정부는 국민적인 안보 경각심을 고취하고 부족한 방위력 건설 예산을 보충하고자 방위세를 신설하여 방위산업 육성에 더욱 박차를 가하였다.

제1차 율곡계획은 8년 동안 총 가용액 3조6,076억 원(국고 2조,702억 원과 미국으로부터 대외군사판매 차관 8,374억 원)에서 차관원리금 상환액 4,674억 원을 제외한 실투자비 3조1,402억 원이 소요되었다. 이는 같은 기간의 국방비 총액 대비 31.2%에 해당하는 금액이었다.

제1차 율곡사업의 결과 국제적으로 공인될 수 있을 정도로 자주적인 군사력을 갖게 되었다. 예를 들면 1972년에 M-4, M-48, M-24 미제 전차만 가지고 있던 한국은 율곡사업의 결과 M-60 전차 60대, M-47/48 전차 800대, 105밀리, 155밀리, 203밀리 등 야포 2,000문을 보유하게 되었다. 소총도 카빈(carbine) 소총에서 M-16 소총으로 전군을 무장할 수 있었다. 해군은 이미 퇴역했던 미국제 구축함, 소해함, 상륙함을 지원받아 보유하고 있던 데서 국산 구축함, 국산 상륙함, 고속정을 보유하게 되었다. 공군은 미국으로부터 도입한 F-4D/E, F-5 전투기에 다목적 헬기와 해상초계기도 갖게 되었다. 박정희 대통령 시기에 대통령 주도로 자주국방 철학을 가지고 방위산업을 육성한 결과 미국의 기술지원도 받게 되었고, 범국민적·범정부적 예산지원으로 단기간에 막강한 전력을 갖추게 되었다. 그러나 북한군의 급속한 군사력 증강 속도에 미치지는 못하였다. 국방부는 1981년 한국군의 전력은 북한군 전력의 54.2% 수준밖에 미치지 못하고 있다는 평가를 내렸다.[4)]

전두환 정부에서는 국가목표의 중점을 국가안보에서 경제안정화와 사회복지로 변화시키면서 정부예산 대비 국방비의 비중이 1980년 35.9%에서 1987년에 이르러 29.6%로 감소하고, 국방비 대비 연구개발비는 1970년대 약 3.5%에서 1980년대에는 약 1.5%로 낮아졌다. 전두환 정부는 박정희 정부에서 중점을 두었던 국내방위산업 연구개발 분야에서 비리와 비능률을 초래했다고 판단하고 국방과학연구소의 규모를 축소했으며, 국내생산보다는 해외도입 중심의 획득정책으로 전환을

4) 국방부, 『율곡사업의 어제와 오늘 그리고 내일』(서울: 국방부, 1994), p. 37.

도모하였다.

그런데도 전두환 정부는 적정규모의 군사력 건설은 지속적으로 추진한다고 발표하고, 1981년부터 제2차 율곡계획을 추진하였다. 국방재원을 원활하게 조달하기 위해 1975년 제정했던 방위세법을 5년 시한으로 연장하기로 하였다가 2차로 더 연장하여 1990년 12월 말까지 시행하였다. 제2차 율곡계획 기간 중 총투자규모는 6조3,438억 원으로서 이 가운데 차관원리금 상환액 1조160억 원을 제외하면 실제 누계 투자금액은 5조3,280억 원에 달했다. 이 시기의 특징은 첨단무기는 수입하고, 기존의 방위산업을 보완·발전하는 차원에서 율곡계획을 추진하였다. 이 시기 주요사업은 K-55 자주포, K-1 전차, K-200 장갑차 개발 및 일부 양산, 한국형 초계함 및 호위함 건조, F-5 제공호 조립생산에 치중하였다.

민주화 열망의 표출 결과 등장한 노태우 정부는 다시 국방의 자주화, 군대의 선진화, 군사의 과학화를 국방목표로 선정하고 방위사업 정책의 변화를 도모했다. 정부는 무기의 국내 연구개발의 활성화를 위해 1991년 2월 '연구개발기본정책방향'과 '무기체계획득관리규정'을 제정함으로써 핵심 기술과 부품을 개발할 수 있는 여건을 마련했을 뿐 아니라, 무기를 해외에서 도입할 때에도 핵심 기술을 이전받기 위해 절충교역법을 만들어 절충교역을 시도하고 미국 위주의 기술 도입을 영국, 프랑스, 독일 등으로 다변화를 시도하였다. 이 시기에 방위산업의 향상과 공세전력 기반을 조성한다는 목표를 가지고 K-55 자주포, K-1 전차, K-200 장갑차 양산 및 209형 잠수함 건조 시작, KF-16 전투기, UH-60 헬기 기술도입 생산 및 국산 지대지미사일 '현무'를 생산하기 시작하였다.

김영삼 정부에서는 전두환 정부와 노태우 정부 시기에 있었던 무기체계의 해외 도입 시에 발생한 비리를 조사하고 척결하기 위해 노력하였다. 1974년부터 1991년까지 지속되어 왔던 율곡사업은 그 비리 이미지를 척결하기 위해 1992년에는 전력정비사업, 1996년 12월부터는 방위력개선사업으로 바뀌었다. 그리고 국방과학기술의 현대화를 위해 무기체계는 가급적 해외도입을 자제하고 국산무기를 사용한다는 원칙을 정립하였다.

김영삼 정부 말기부터 김대중 정부에 이르는 1997년부터 2003년까지 한국의 방위사업은 현존 및 미래전력에 대비하고 첨단 핵심전력의 국산화에 목표를 두고 추진되었다.[5] 또한 외환위기라는 국가 부도사태를 겪고 경제 전반에 걸쳐 구조조정을 단행하는 시기에 정부는 방위산업 분야도 구조조정과 함께 신규 해외도입 사업을 축소 조정하고, 1998년 4월 '민군 겸용기술사업 촉진법'을 제정하여 민군겸용기술을 개발하기 위한 기반을 마련했다. 1999년 『국방백서』에서는 국산무기 우선 사용 원칙을 설정하고, 국내 연구개발을 추진하기 위해 국내 방위산업의 기술개발능력과 경쟁력을 강화하기 위해 방위산업체의 구조조정 및 지원제도를 발전시켰다고 설명하고 있다. 이 시기의 총 투자액은 33조9,661억 원이었고, 주요 사업은 K-1A1 전차, K-9 자주포 개발과 양산, 한국형 구축함 건조, KF-16 전투기 기술도입 생산, 국산 휴대용 대공·대함 미사일 개발이 주종을 이루었다.

노무현 정부에서는 협력적 자주국이라는 모토를 내걸고 중장기 국방연구개발 정책을 제정하였는데, 국가의 전반적인 과학기술 기본계획과 연계하여 국방과학기술을 발전시키고자 하였다. 국방연구개발은 중기적으로는 첨단무기 개발 기술이 선진국권에 진입하고, 장기적으로는 첨단무기 독자개발 능력을 확보하고 군의 과학화에 기여하는 것이었다. 개발 중점분야는 지휘통제, 정보전자전, 감시정찰, 정밀타격, 신기술 및 특수분야 등 국가과학기술 기본계획에 명시된 5대 핵심전력체계에 육·해·공 기반전력체계(무인·지능·정밀)를 추가하여 6대 중점분야를 선정하였다. 2006년에는 방위사업청을 독립시켜 국방획득업무의 투명성, 신뢰성, 공정성을 유지하고자 하였다.

이명박 정부에서는 국가 전반의 신경제성장 정책에 부응하여 방위산업 분야를 국가의 신경제성장동력으로 지정하고, 방산품의 해외시장 개척에 주력하였다. 이에 따라 국내수요 충족에만 그쳐왔던 방위산업의 생산 활동이 첨단 과학기술과의 연결고리가 활성화됨에 따라, 국산 방산품의 해외 수출의 길이 열리기 시작하였다. 〈표 15-2〉에서 보는 바와 같이 10년 전에는 방산품 수출액수가 2.5억 달러 정도였으나 2014년에는 36억 달러로 획기적인 증가를 보였으며, 과거에는 수출대상국이 동남아에 국한되었던 반면 최근에는 유럽과 남아메리카 등으로 확대되고 있다. 또한 수출품종도 과거에는 탄약, 소화기류 등이었으나 최근에 이르러 항공

---

5) 국방연구원, 『2004년 국방예산 분석 평가 및 2005전망』(서울: 국방연구원, 2004), p. 64.

표 15-2 한국의 방산물자 수출 현황 (단위: 억 달러)

연도	2005	2006	2007	2008	2009	2010	2011	2012	2013	2014	2015	2016	2017
수출금액	2.5	2.53	8.45	10.31	11.66	11.88	23.8	23.5	34.16	36	35.41	25.58	31.2

기, 잠수함, 군수지원함 등이 주종을 이루고 있다.

이러한 지속적인 자주국방 노력의 결과, 한국은 군사비 지출 규모에서 세계 10위, 병력 규모 세계 5위를 차지하는 군사강국으로 발전하게 되었다. 하지만 우리의 가장 큰 군사 위협인 북한은 강성대국과 선군정치를 기치로 내걸고 민간경제를 희생하여 군비 증강에만 치중해 왔기 때문에 재래식 군사력 면에서는 한국의 질적 우세 및 양적 열세를 감안하면 군사력 균형을 유지하고 있다고 할 수 있으나, 북한이 핵과 화생무기, 미사일, 사이버전, 특수군 및 잠수함 등 비대칭 전력을 증강시킨 결과 남북한 간의 전략적 균형은 북한에 기울어져 있다고 할 수 있다. 북한의 비대칭 위협에 대응하기 위한 전력 증강을 시작하고 있으나 한국은 비핵정책, 비확산정책, 미사일 사거리 제한정책을 견지하고 있어 북한의 군사력을 따라잡는데 근본적인 제한사항이 존재하고 있다. 또한 방어중심의 군사전략과 정책으로 인해 북한의 공세적, 비대칭 위협을 능가하는 한국의 자위적 방위능력 향상에는 한국 혼자의 힘으로는 한계가 있을 수밖에 없다. 때문에 북한의 핵미사일 위협에 대해서는 동맹국인 미국의 확장억제전략과 능력에 의존하고 있으며, 2014년에 이르러 한국의 킬 체인과 한국형미사일방어능력을 발전시키고 있는 실정이다.

2. 한국군의 해외 파병 역사

한국이 자주국방 능력을 현대화하는 동안에 한국군은 북한의 침략위협으로부터 국가를 수호하는 한편, 군의 현대화된 능력과 위상을 가지고 세계의 평화를 위해 국제사회로 나아가 적극적인 역할을 하는 군으로 변모하였다. 한국군의 해외 파병은 세 가지 범주에서 이루어지고 있다. 첫째, 국제연합이 직접 주도하여 회원국에게 평화유지군의 파견을 요청하면 한국 정부가 국제연합 평화유지군의 일원으로 우리 군대를 해외에 파병하는 것이다. 둘째, 다국적군 평화 활동이 있다. 이것은 국제연합 안보리의 결의 또는 복수 국가 간의 결의에 근거하여 다국적군을 구성하여 분쟁 해결, 평화 정착, 재건 등의 활동을 수행하는 데 다국적군의 주도국가가 한국 정부에 요청하고 이에 응하여 우리가 군대를 파견하는 것이다. 셋째, 국방 협력의 일환으로 분쟁상태에 있지 않은 상대국가가 우리 군을 초청하면 한국이 양국간의 군사협력과 대외 자문활동을 통한 우리의 국익 창출을 위하여 군대를 파견하는 것이다.

한국의 파병 역사는 미국의 요청으로 1964년부터 베트남전쟁에 참전한 것이 첫 사례였다. 3개 사단 규모의 전투부대가 참전하였다가 베트남전쟁의 종결에 임박하여 철수하였다. 그 이후 1991년 한국이 국제연합 회원국으로 가입하여 유엔 평화유지 활동에 적극 참여하는 것을 국가정책으로 결정한 이래 1993년 7월 소말리아 평화유지단에 공병부대를 파병한 이후 지금까지 세계 9개국을 대상으로 연인원 4만여 명을 지원하였다. 1994년부터 지금까지 서부사하라, 앙골라, 동티모르 등에 평화유지군을 파병하였다. 이어서 2007년 7월부터 레바논의 평화 유지를 위해 동명부대를 파견하고 있다. 아이티에 2010년 10월부터 지진 피해에 대한 복구 및 재건을 지원하기 위해 단비부대를 보내고 있으며, 남수단에는 2013년 1월부터 내전에서 파괴된 남수단의 재건을 위해 공병부대를 보내고 있다. 또한 인도·파키스탄, 레바논, 남수단, 서부사하라, 아이티 등 주요 분쟁 또는 재해 지역에 설치된 국제연합임무단의 임무를 수행하는 옵서버 및 참모장교를 파견하고 있다.

한국은 다국적군 평화활동에도 참여하고 있는데, 첫 사례는 2001년 9.11테러 이후 '항구적 자유 작전'으로 알려진 아프가니스탄에서 '테러와의 전쟁'에 동참하기 위해 2001년 12월에 공군 수송지원단, 2002년 2월에 국군의료지원단인 동의부대, 2003년 3월에 건설공병지원단인 다산부대를 파견한 적이 있다. 그 이후 2010년 7월에는 아프가니스탄의 안정화와 재건 노력에 동참하기 위해 지방재건팀(PRT: Provincial Reconstruction Team)을 설치하였고, 이의 방호를 위해 오쉬노(Ashena) 부대를 파견하였다.

또한 2003년 3월에 시작된 미·영 연합군의 '이라크자유작전'을 지원하기 위해 2003년 4월에 공병·의료지원단인 서희·제마부대를 파견하였고, 2004년에는 자이툰(Zaytun, 현지어로 평화의 상징인 '올리브') 부대를 파견하였다. 자이툰 부대는 평화재건지원부대로서 2008년 철수할 때까지 이라크의 아르빌(Arbil)에서 평화 재건을 적극 지원함으로써 동맹군들과 이라크 주민들 사이에서 가장 성공적인 민사작전 모델로서 신뢰와 평가를 받았다.

아울러 소말리아 근해에서 해적행위를 근절하고 우리 선박의 안전을 도모하기 위해 2009년 3월부터 우리 해군의 함정을 파견하고 있다(청해부대). 이는 2008년 유엔의 요청에 의한 것이다. 특히 2011년 1월에 소말리아 해적들에게 피랍된 우리 선박 삼호주얼리호와 선원들을 구출하기 위해 '아덴만의 여명작전'을 전개하였는데, 이를 승리로 이끌어 우리 선원 모두를 구출함으로써 우리 선박에 대한 해적행위를 근절하는 효과를 거두었다. 이것은 우리 군이 해외에서 초국가적 위협인 해적들의 위협으로부터 우리 국민을 직접 보호하는 행위로서 새로운 적극적 안보 모델을 보여주고 있다고 평가할 수 있다.

한편 상대국가의 국방협력 요청에 의해 비분쟁지역에 우리의 국익을 확장하고 군사자문 역할을 하기 위해 군대를 파견한 사례로서 2011년 1월부터 아랍에미레이트(UAE)에 군사훈련협력단(아크부대)의 파견을 들 수 있다. 현재 아크부대(Ahk, 현지어로 '형제')는 UAE군 특수전부대에 대한 교육과 연합훈련을 실시하고 있다. 아크부대의 파병을 계기로 UAE의 지도자들이 자국의 국방선진화를 위해 광범위한 분야의 자문 역할까지 요청할 정도로 양국 사이 국방 협력의 범위가 확대되었을 뿐만 아니라 양국의 전반적인 관계 증진에도 긍정적인 영향을 주고 있다.

위에서 설명한 사례들을 볼 때 한국은 세계의 분쟁 지역에서 평화유지군으로서 아주 모범적인 활동을 하고 있다고 볼 수 있다. 특히 다국적군 평화활동에서는 현지 주민과 다른 참가 국가들로부터 매우 성공적인 민사작전 모델로 칭찬받고 있으며, 우리 국가와 군의 위상과 중견국가로서의 국격에 걸맞은 새로운 국방 협력의 모델도 만들어 가고 있다.

Ⅳ. 첨단 선진 과학군을 향한 민주 국방개혁시대의 도래

1. 국방의 과학화와 선진화

위에서 설명한 바와 같이 박정희 정부와 전두환 정부에서는 군인 출신 대통령이 방위세와 방위성금, 그리고 국방비를 통치권 차원에서 대폭 제공함으로써 자주국방 능력을 획기적으로 증가시킬 수 있었다. 그 후 민주화 과정에서 군사 분야의 특혜와 비리에 대해 일벌백계를 요구하는 국민의 목소리가 높아졌다. 또한 세계적 차원에서 냉전의 종식과 함께 미국과 유럽에서는 적대관계가 소멸되고 신뢰구축과 군축을 거쳐 군사비가 대대적으로 감축되는 상황에서 적은 국방비를 효율적으로 사용할 수 있도록 국방개혁과 혁신을 단행해야 한다는 요구가 일어나게 되었다. 후자는 1990년대에 군사기술혁신(RMA: Revolution in Military Affairs), 21세기에는 지식정보화시대의 도래와 함께 군사변환(military transformation)이라고 하는데, 한국도 세계적인 추세인 군사기술혁명과 군사변환에 부응해야 하는 입장에 처하게 되었다.

노태우 정부에서는 탈냉전과 남북 화해협력시대의 개막과 함께 미래 전략 환경에 부합하는 전략개념의 정립과 한국군의 공세적 군사력 건설, 한정된 국방자원을 효율적으로 사용하기 위한 군구조의 종합적 검토 필요성을 제기하고, 국방부장관 지속으로 이른바 '8.18계획'위원회(장기국방태세발전방향연구)를 구성·운영하였다. 이 위원회는 1988년 8월 18일부터 1989년 11월까지 연구를 진행하여 최종 연구보고서를 노 대통령에게 11월 16일 보고하였다. 이 건의 사항을 토대로 입법을 추진한 결과 1990년 8월 1일 법률 제4249호가 제정되었으며, 이에 근거하여 합동참모본부가 창설되었다. 이상훈 국방장관은 "합참본부의 새로운 창설로 우리 국군은 미군의 일방적인 통제에서 벗어나 명실상부한 자주국방 태세를 확립할 수 있는 전기를 마련하였고, 육·해·공군의 통합작전능력을 향상시킬 수 있도록 되었다"고 말했다.[6] 원래 8.18계획은 육·해·공 3군을 통합하여 통합군사령부를 창설하여 통합사령관을 국방참모총장으로 부르기로 하고 국방참모총장이 국방부장관에 대한

6) 국방군사연구소, 『국방정책변천사 1945-1994』(서울: 국방군사연구소, 1995), p. 320.

군사보좌와 장관의 명을 받아 각 군의 작전부대를 직접 지휘할 수 있도록 건의했다. 하지만 국회에서 야당을 중심으로 국방참모총장 1인에게 권력이 집중되면 군의 정치 개입이 우려되고 문민통치에 대한 제한이 가해질 수 있다고 주장하여, 그 명칭을 합동참모본부로 바꾸고 합동참모의장으로 부르기로 하였으며, 통합군의 시도는 포기하고 합동군제를 지향하게 되었다.

2. 민주화와 국방개혁 드라이브

김영삼 정부는 '군정 종식-문민시대'라는 기치에 걸맞게 군사쿠데타의 원인을 발본색원하고자 육군에서는 사조직 '하나회'를 척결했으며, 해·공군에서는 인사 비리의 근원을 제거하고자 노력하였다. 역사상 처음으로 각 군 총장 및 각 군의 요직을 전격적으로 경질하였으며, 특히 해군참모총장으로는 해군소장을 중장으로 승진시켜 임명하는 초유의 사태가 발생했다. 또한 과거 군사정권에서 진행되었던 율곡사업에서의 비리와 부정에 대한 대대적인 감사와 처벌을 실시하였다. 군의 정치 개입을 막고자 군의 정치적 중립을 제도화하는 선언문을 채택하기도 하였다. 그리고 군을 전문 군사집단으로의 변화시키기 위한 각종 의식과 제도를 만들었다.

김영삼 대통령은 회고록에서 군 개혁의 성과를 "군사정권의 보루로 인식됐던 군에 대한 세찬 개혁은 전군의 구석구석에 거센 바람을 불어넣어 우리 군은 재탄생의 과정을 거쳤다. 군의 위상은 현격한 변화의 과정을 겪었을 뿐만 아니라, 군의 대민자세에도 근본적인 변혁이 뒤따랐다. 군사시설 보호구역의 완화, 병역 형평성을 높이기 위한 상근 예비역 및 공익근무 요원제의 도입, 예비군 제도의 개선, 군 사법제도의 개선 등 국민 편익과 군 내부의 민주화를 위한 제도가 개선되었다"[7]고 강조하였다.

김대중 정부에서는 국방부장관의 자문기구로서 국방개혁위원회를 두어서 국방개혁을 진행하였다. 네 가지 분야, 즉 군 구조 개혁, 방위력 개혁, 인사제도 개혁, 국방관리 개혁 분야에서 국방개혁을 시도하였다. '국민의 정부'라는 명칭에 걸

7) 김영삼, 『민주주의를 위한 나의 투쟁: 김영삼 대통령 회고록(상)』, 조선일보사, 2001, pp. 116-117.

맞게 국방개혁은 국정개혁의 일환으로 추진되었으나, 국방개혁위가 국방부장관의 자문기구였기 때문에 통치권의 지지를 받을 수 없었고, 외환위기라는 초유의 국가 위기 사태하에서 개혁이 진행되었기 때문에 개혁의 시행에 필요한 조직과 예산 지원이 시들할 수밖에 없어 용두사미 격으로 끝나고 말았다. 주요 성과로는 국방대학원 지역의 국방교육기관의 통합, 계룡대 지역의 각군 본부사령실의 통합근무지원단으로의 통합, 군병원의 통합 등을 들 수 있다. 하지만 육군 1, 3군 사령부를 해체하고 지상군작전사령부로의 통합하는 방안과 국군체육부대와 간호사관학교의 해체 방안 등은 지지를 받지 못해 폐기되고 말았다. 김대중 정부는 김영삼 정부가 하나회의 척결 등 군의 정치 개입을 근본적으로 차단하였기 때문에 비교적 안정적인 분위기 속에서 군을 통치하고 군의 정치적 지지를 확보할 수 있었다. 또한 외환위기 등 국가경제가 파탄의 위기에 있었기 때문에 경제국난 극복의 대명제 속에서 국방개혁은 우선순위가 낮아서 최초 목적하였던 군 상부구조 개편이라든지 불요불급한 각종 군 기관의 폐지 등 큰 과제는 달성될 수가 없었다.

노무현 정부에서는 기존의 국방개혁이 왜 실패했는지에 대한 분석을 거쳐 국방개혁을 성공시키기 위해 대통령 직속으로 국방발전자문위원회를 설치하고 2주마다 1회 자문위원회를 소집하여 국방 발전 방안을 만들도록 하였다. 이 자문위원회의 활동을 뒷받침하기 위해 국방부장관 산하에 국방개혁위원회를 두었다. 국방개혁의 목표는 네 가지로서 ① 현대전 양상에 부합된 군 구조 및 전력체계 구축, ② 국방의 문민기반 확대와 군의 전투임무 수행에의 전념, ③ 자원절약형 선진 국방 운영체제 확립 및 저비용·고효율 국방 관리체제 구축, ④ 시대상황에 부응하는 민주적 병영문화 발전 등이었다. 무엇보다도 중요한 성과는 '국방개혁 2020안'을 만들어 공표하였고, 이를 법적·제도적으로 뒷받침하기 위해 '국방개혁을 위한 법률'을 제정했다는 것이다. 채택된 제도로는 국방부의 정책기능을 전문화하고 강화하기 위해 국방부의 민간 공무원 비율을 전체 정원의 70% 이상을 유지하도록 하고, 합참의장의 국회 인사청문회를 의무화했으며, 여군의 비율을 확대하고, 국방부와 합참 및 연합·합동 부대에 근무하는 장교의 각 군 비율을 균형 있게 만들고자 하였다. 감소하는 출산율을 반영하여 2020년까지 군 인력을 50만 명으로 하향 조정하는 한편, 군 구조를 기술집약형 및 간부중심형 구조로 바꾸기로 하였다.

방위사업청을 국방부로부터 독립시켜 방위사업의 의사결정 과정을 공개하고 방위사업의 전반에 대한 투명성, 효율성, 전문성 원칙을 철저히 준수함으로써 방위산업의 경쟁력을 확보하고 비리와 비효율을 근절하는 것을 목표로 삼았다. 그리고 방위사업청에 근무하는 현역 장교를 육·해·공군 간에 균형 있게 편성하였다. 이러한 개혁방안을 법제화하여 중장기적으로 일관성을 갖고 추진될 수 있는 여건을 만들었다는 장점은 있으나, 그 후 발생된 사건과 비리로 인해서 다시 한 번 방사청의 개편 여부가 논란거리가 되었다. 국방개혁이 노무현 정부 후반기에 발동을 걸었고, 군을 근본적으로 불신하는 시각에서 진행되었기 때문에 정치권과 군대 간에 소통이 원활하지 못하여 보다 근본적인 제도 개혁과 문화 개혁에 도달하기 힘들었다. 또한 전시작전통제권의 환수를 둘러싸고 진보와 보수 세력 간의 치열한 논쟁에 휘말려 의도하였던 국방개혁 목표를 제대로 달성하기가 어려웠다.

이명박 정부에서는 노무현 정부의 국방개혁이 잘못되었다고 간주하고, 그것을 거꾸로 돌리려는 경향을 보였다. 2009년에 '국방개혁 2020' 수정안을 발표하고, '국방개혁 307계획'이라고 명명했다. 2010년 3월 천안함 사태와 이어 11월에 발생한 연평도 포격사태를 겪은 후 대통령 직속으로 국방선진화위원회를 발족시켜 국방개혁을 연구하여 '국방개혁 2012-30 계획'을 발표했다. 그 내용은 2020년의 예상 병력규모를 50만에서 52만 2천 명으로 상향 조정하고, 병의 의무복무 기간을 18개월에서 21개월로 조정하였다. 노무현 정부가 전작권 환수 시기를 2012년 12월로 한미 간에 합의했던 것을 2015년 말로 연기하도록 결정했다. '국방개혁 2012-2030'은 정보·지식 중심의 기술집약형 군 구조 개편, 실용적 선진 국방 운영체제로의 개선이라는 목표를 달성하기 위해 2030년까지의 다기능·고효율 국방건설을 제시하기도 했다. 이명박 정부의 국방개혁은 국방예산 절감이라는 대전제 아래 노무현 정부가 추진했던 국방문민화 및 3군 균형 발전을 못마땅하게 생각하여 과거 군의 핵심세력인 육군 중심으로 되돌리는 작업을 진행하기도 했다. 또한 북한의 사이버전에 대비하여 사이버사령부의 창설, 서북도서방위사령부의 창설, 해군기동전단을 신설했다. 방위사업청을 폐지하려고 시도하였으나, 반대 여론의 존재를 의식하여 그대로 두었다. 북한의 도발에 대한 대응이 정책의 우선순위를 차지함에 따라 국방선진화는 대부분 뒤로 밀리고 말았다

박근혜 정부에서는 노무현 정부의 거대 국방개혁 담론을 일축하고, 국방의 내실화와 효율화, 합동연합 작전능력 강화, 군 구조 개편, 군 간부 비율확대 등 현실적인 국방개혁 목표를 설정하고 '국방개혁 기본계획 2014-30'을 발표하였다. 국방에 대한 투자도 당초 예상보다 하향 조정하였다. 합참과 각 군의 본부 조직을 개편하여 합동연합작전 지휘 능력을 강화하고, 각 군의 조직을 개편하고 신설할 필요성이 있는 부대는 신설하였다. 육군은 2개 군단, 11개 사단, 7개 여단을 감축하고, 해군의 잠수함사령부와 해병 9여단을 창설했으며, 공군은 전술항공통제단을 창설하였다. 합동상호운용성 기술 센터 등 18개 군 조직을 군책임운영기관으로 지정함으로써 아웃소싱을 통한 경비절감 및 군의 효율성을 높였다. 부사관을 증원하여 군의 허리를 보강하였다. 공군의 공중급유기와 F-35의 도입 등 필요한 첨단무기의 도입을 결정하기도 했다. 또한 이명박 정부 때 한 차례 연기하였던 전작권 환수시기를 '조건에 기초한 전작권 전환'이라고 명명하고, 사실상 2020년대 후반으로 연기하기로 결정했다. 한편 군 상부지휘구조의 개편이라는 주제를 가지고 한동안 추진하다가 군의 반발이 거세어지자 포기하고 말았다. 박근혜 정부의 국방개혁은 조용한 가운데 국방의 개선에 필요한 몇 가지 실제적인 사업을 추진하였으며, 크게 보아서 구조적인 국방개혁은 겨냥하지 않았다고 보는 것이 타당하다.

문재인 정부는 이명박 정부와 박근혜 정부에서 과거 노무현 정부가 추진했던 '국방개혁 2020'을 완전 무시하고 거꾸로 갔다는 인식을 가지고, 정권 초기부터 국방개혁의 중점 추진사항을 전광석화같이 빠른 속도로 추진하였다. 노무현 정부의 국방개혁을 '국방개혁 1.0'이라고 부르고, 문재인 정부의 국방개혁을 '국방개혁 2.0'이라고 명명하였으며, 그 목표를 전방위 안보위협 대응, 첨단 과학기술 기반 정예화, 선진화된 국가에 걸맞은 군대 육성 등을 목표로 내걸었다. 좀 더 깊이 들여다보면, 전방위 안보위협에 대응하기 위해 북한 위협에 대한 충분한 억제 및 대응능력을 확보할 뿐만 아니라 주변국의 잠재 위협과 초국가적 안보위협에 대해서도 억제능력을 확보해 나아간다는 것이다. 또한 이전의 보수정권에서 연기해 왔던 전시작전통제권을 조기 환수함으로써 국민에게 책임지는 국방을 구현한다는 것이다. 군사력은 4차 산업혁명의 기술과 소요를 반영하여 첨단과학기술군으로 발전시킨다는 것이다. 선진화된 군대에 걸맞게 국방문민화, 3군 간 병종 간 균형

발전, 인권과 복지 구현, 국민과 소통하는 개방형 국방운영 등을 추진할 것을 약속하고 있다.

2017년과 2018년에 문재인 정부는 국방개혁 2.0을 신속하게 추진하여, 이전 정부들이 시도했으나 달성하지 못했던 육군 1, 3군을 통합하여 지상군작전사령부를 창설하였다. 또한 법령 개정에 시간이 소요될 것을 감안하며, 국방부 훈령 개정이나 운영 개선을 통해 필요한 개혁을 신속하게 추진하였다. 장군과 대령, 중령의 정원을 대폭 감축하는 작업을 진행하였다. 문재인 정부의 국방개혁의 특징을 보면, 우선 청와대 국가안보실의 국방 감독 기능을 강화하고, 국방장관에 해·공군 대장 출신을 교대로 임명함으로써 육군 중심의 국방부 및 군부를 흔들어 대통령의 국방개혁 방침이 신속하게 수용, 추진되도록 조치했다. 그리고 국방부의 주요 간부를 문민화함으로써 정치권과 군대의 완충지대에 민간 공무원을 배치하여 국방 정책의 기능을 강화한 것이 특징이다. 문재인 정부의 국방개혁 성과를 진단하기에는 아직 이르다. 개혁이 효과를 보려면 시간이 몇 년 더 걸리기 때문이다.

결론적으로 탈냉전시대와 중국의 부상, 북한의 핵과 미사일 위협이 증대되는 시대에 대응하고, 지식정보화시대 및 4차 산업혁명시대의 요구와 민주화 시대의 국민의 요구에 부합하는 국방개혁을 달성하기 위해 노태우, 김영삼, 김대중, 노무현, 이명박, 박근혜, 문재인 정부 들은 나름대로 시대의 안보상황과 미래전쟁 양상을 분석하고 새로운 위협에 대처할 수 있는 저비용·고효율의 국방경영 체제를 만들기 위해 지속적으로 국방개혁을 시도해 온 점은 높게 평가할 만하다.

하지만 문제점이 없었던 것은 아니다. 국방개혁 혹은 국방선진화라는 목표를 내걸고 국방개혁을 시도해 왔지만, 상부구조의 개혁과 무기체계의 현대화에 중점을 둔 나머지 위협 평가와 전력 간의 논리적인 연결을 시도하려는 전략적 접근 노력이 부족하고, 개혁 아이템이 많을수록 정치적 프레임으로 국민과 여론, 군대에 신선한 충격을 주면 줄수록 좋다는 수량적 단기적 접근이 난무하였다는 점이다. 그리고 보이기 식의 성과 위주 개혁을 진행하여 실질적으로 국방문화나 행동양식이 바뀌었는지 측정하고 평가하는 작업이 부족하였다. 또한 그때그때 발생하는 대형 사고와 문제점에 대해서 임기응변적 대응을 노정한 결과 근본적이고 장기적인 개혁이 부족하다는 점도 발견된다.

아울러 문민 대통령과 정치권은 육사가 중심이 된 군의 기득권을 근본적으로 불신해 왔으며, 군은 개혁 요청에 따르면서도 정해진 범위 내에서 자체의 생존에 급급함으로써 국민을 중심에 둔 쌍방향의 의사소통이 부족하였다고 볼 수 있다. 각 정권마다 국방개혁을 부르짖는 것이 일상화되었다. 또한 이전 정부가 추진하고자 했던 것 중에서 어떤 것은 어떻게 달성되었고, 다른 것은 왜 달성되지 못했나에 대한 근원적인 분석과 판단이 되지 않은 가운데 개혁이슈가 정치화되고 양극화되어서 전 정부의 개혁 업적을 통째로 무시하고 또다시 전 분야에 국방개혁을 설정하고, 개혁 주체세력을 완전히 바꾸어서 개혁에 착수하는 바람에 개혁의 논리성, 계속성, 근거와 실행가능성과 전략적 접근이 부족했던 현상도 지적될 수 있다.

앞으로 국방개혁이 제대로 되기 위해서는 정책과 전략을 제대로 수립하고, 개혁사업의 우선순위를 정해서 정권의 변화에 상관없이 지속성과 일관성을 가지고 국방개혁을 추진하는 것이 바람직하다고 하겠다. 아울러 국방정책 분야와 국방개혁 분야를 논리적으로 확실하게 구분하여 국방정책이 제대로 수행되는 가운데에 국방개혁이 이루어지도록 하여야 할 것이다.

Ⅴ. 결론: 국방의 성과와 과제

한국은 분단체제 하에서의 남북한 간 군사력 증강 경쟁과 6.25전쟁 이후 북한의 계속되는 무력도발과 긴장 조성 행위에 대처하여 국가안보를 확고히 함으로써 국가와 국민이 안전하게 발전과 번영에 매진할 수 있도록 국방을 튼튼하게 만들어 왔다. 강대국으로 둘러싸인 지정학적 여건과 세계에서 가장 모험적인 공산정권과 대치하고 있는 현실적 상황에서 생존 전략의 하나로써 자유세계의 리더인 미국과 방위동맹을 체결하고 동맹을 지속적으로 강화시켜 오는 한편, 유사시 미국의 한반도 방위공약 이행 여부에 대한 불안감 속에서 자주국방력을 증강시켜 왔다.

국가의 지속적인 경제적 성장, 지도자들의 한결같은 국방력 강화 의지, 국민개병제로 인한 국민들의 성실한 병역의무 수행이라는 세 가지 요소가 잘 결합되어 한국은 군사비 규모 세계 10위, 병력 규모 세계 7위의 군사강국으로 발전하게 되었다. 국력과 군사력의 성장과 함께 1990년대에 이르러 한국이 국제연합 회원국이 되면서 세계 및 지역의 평화와 재건을 위해 한국군은 해외로도 진출하게 되었다. 세계 도처에서 한국군은 특유의 친화력과 봉사정신, 지역사회의 발전에 대한 기여로 말미암아 진출하는 곳마다 칭송을 받고 한국의 명예와 위상을 높이고 있다.

그러나 한반도와 동북아, 세계의 안보환경이 급속하게 변화하고 있기 때문에 현재까지의 국방 발전에 자만하고 있을 수만 없다. 특히 미국 중심의 동북아 안보 질서는 중국의 급속한 부상과 미·중, 중·일 간의 갈등 고조로 도전받고 있고, 미국의 국방비 감소 추세는 한국의 한반도 및 동북아 안보에 대한 보다 많은 책임과 역할을 요구받고 있다. 또한 테러, 대량살상무기의 확산, 자연재해, 해적, 전염병, 마약, 조직범죄, 인신매매, 지구온난화 등 초국가적 또는 비전통적 안보위협이 증가함에 따라 국가 중심의 국방으로는 이를 다 감당할 수 없을 정도가 되었다. 또한 탈냉전 후 안보의 세계화와 개방화 추세에 역행하는 북한은 핵과 미사일 등 비대칭 전력을 증강시킴으로써 한국에 대해서 한층 더 도발적이고 모험적인 성향을 보여 왔다.

원이 커질수록 외부와 닿은 면적이 더 커지는 것처럼, 한국의 국력과 국방력이 커질수록 한국이 당면할 각종 안보 도전은 더 커지고 있다. 이러한 각종 안보 도전 요소를 예측하고 현명하게 대처함으로써 국민과 국가를 더 안전하게 만들기 위해서는 지금까지 발전시켜 온 한미동맹 관계를 포괄적이고 전략적인 동맹으로 더욱 발전시켜 나아가면서, 주변국인 중국, 일본, 러시아 등과 협력적인 관계를 발전시켜 나아가야 할 것이다. '안보는 미국, 경제는 중국'이라는 이분법적인 사고방식으로는 미중 갈등시대에 대응할 수가 없다. '국방은 북한 억제, 경제는 북한과 교류협력'이란 이분법적 사고로도 국방과 경제의 연계를 잘 활용할 수가 없다. 성장한 국력과 외교력, 국방력을 현명하게 결합하여 국익을 확보할 수 있는 전략적 사고와 전략적 행동이 점점 필요해지고 있다.

또한 국방 분야에서 국민과의 소통, 군대 내의 적극적인 소통을 통해서 문제를 사전에 발견하고 사고를 예방할 수 있도록 해야 할 것이다. 국방개혁 분야에서는 수적으로 많은 과제를 채택할 것이 아니라 개혁의 전략적 효과가 큰 소수의 과제를 선택하여 우선순위를 합리적으로 정하고, 개혁 방법을 과학적이고 체계적,

전략적으로 구상하여 정권을 초월하여 지속적이고 일관성 있게 추진함으로써 역사에 남을 수 있는 개혁을 이루도록 해야 할 것이다. 특히 민주화 시대에 국방이 국민의 국방, 우리 모두의 국방이라는 인식의 공감대가 형성될 수 있도록 국방정책의 결정 과정에 주요 이해상관자들이 참여하여 협치적 의사결정과 집행이 될 수 있도록 해야 할 것이다. 또한 개발도상국들이 국방을 현대화하기 위해 한국을 벤치마킹하는 것을 많이 볼 수 있는데, 한국의 국방은 방산품을 수출할 뿐만 아니라 지금까지의 국방 발전 경험을 프로그램화하여 인력과 콘텐츠도 수출할 수 있도록 노력을 기울여 나아가야 할 것이다.

토론주제

■ **다음의 주제에 대해서 토론해 보자.**

1. 1945년부터 현재까지 우리 국방의 변천사를 평가해 보자.
2. 각 정부별로 국방정책의 성과와 문제점, 개선책을 3개씩 도출하여 발표해 보자.

참고문헌

Ⅰ. 국문

곽동운, "과연 북한군은 위협적인 존재인가?"『인물과 사상』, Vol. 45(2002).

구영록, "한국의 안보전략,"『국가전략』 제1권 1호(1995년 봄).

______,『한국의 국가이익』(서울: 법문사, 1995).

국가안보전략연구소,『최근 북한의 위협과 우리 정부의 대응책』(서울: 국가안보전략 연구소, 2009).

국가안전보장회의,『참여정부의 안보정책구상: 평화번영과 국가안보』(서울: 국가안전보장회의 사무처, 2004).

국방군사연구소,『건군 50년사』(국방군사연구소, 1998).

______,『국방정책변천사 1945-1994』(국방군사연구소, 1995).

국방부,『2008 국방백서』(서울: 국방부, 2008).

______,『2018 국방백서』(용산: 국방부, 2019).

______,『국방개혁 2020: 이렇게 추진합니다』(서울: 국방부, 2006).

______,『율곡사업의 어제와 오늘 그리고 내일』(서울: 국방부, 1994).

______,『F-X 사업관련 자료집』(서울: 국방부, 2008).

국방부 군사편찬연구소,『한미군사관계사 1871-2002』(서울: 신오성기획인쇄사, 2002).

국방연구원,『2004년 국방예산 분석 평가 및 2005전망』(서울: 국방연구원, 2004).

국회정치행정조사실 외교안보팀,『한미 방위비 분담의 현황과 문제점』(서울: 국회입법조사처, 2008).

권기헌,『정책학 강의 개정판』(서울: 박영사, 2018).

김근식, "김정은 시대 북한의 대외전략 변화와 대남정책: '선택적 병행'전략을 중심으로,"『북한연구학회보』 29권1호 (2013).

김덕영, "국가안보의 경제적 쟁점: 경제안보 이론체계의 구상,"『국방연구』 제43권 제1호(2000. 6).

김두성,『한국병제도론』(대전: 제일사, 2007).

김병조, "선진국에 적합한 민군관계 발전 방향 모색: 정치, 군대, 시민사회의 3자 관계를 중심으로,"「전략연구」, 제15권 3호. (2008).

김석용, "국가안보와 정치," 국방대학원, 『안보기초이론』(서울: 국방대학원, 1994).

김열수, 『21세기 국가위기관리체제론: 한국 및 외국의 사례 비교연구』(서울: 오름, 2005).

______, 『국가안보: 위협과 취약성의 딜레마』(서울: 법문사, 2010).

김열수·김연수, 『북한 급변사태와 안정화 작전: 개입 형태별 작전의 가능성과 작전 개념 정립』(서울: 국방대학교 안보문제연구소, 2009).

김영삼, 『민주주의를 위한 나의 투쟁: 김영삼 대통령 회고록』, 조선일보사, 2001.

김종하, 『국방획득과 방위산업: 이론과 실제』(서울: 북코리아, 2015).

김철수, 『헌법학개론』(서울: 박영사, 1982).

김철환, 『방위산업의 이론과 실제』(서울: 국방대학교, 2005).

김태호, "국방개혁 307계획: 지향점과 도전 요인," 『한국정치외교사논총』, 제34권 2호(2013).

나갑수, "위기관리와 C_3I," 『국방연구』, Vol. 26, No. 2. (1983).

남성욱 외, 『한국의 외교, 국방, 통일 70년사』(서울: 한국학중앙연구원, 2015).

리영희, "남북한 전쟁능력 비교연구," 『사회와 사상』 창간호, 1988. 9.

민 진, "국방개혁입법 연구," 『국방개혁과 국방관리체제의 혁신』, 안보연구시리즈, 제6집 1호(서울: 국방대학교 안보문제연구소, 2005).

박영호, "박근혜 정부의 대북정책: 한반도 신뢰프로세스와 정책 추진 방향," 『통일정책연구』, 제22권 1호, 2013.

박휘락, 『정보화시대 국방개혁의 이론과 실제』(파주: 법문사, 2008).

백승주, "한반도 평화협정의 쟁점: 주체, 절차, 내용, 평화관리방안," 『한국과 국제정치』, 제21권1호, 2006년(봄) 통권 52호.

백영철 외, 『한반도 평화 프로세스』(서울: 건국대 출판부, 2005)

부형욱, "군사력 비교평가 방법론 소개," 『국방정책연구』 제45호, 1999, 여름.

알렉시 드 토크빌, 이용재 역, 『앙시앙 레짐과 프랑스 혁명』(서울: 박영률출판사, 2006).

연세대 항공전략연구원, 『4차 산업혁명과 항공우주력 발전 패러다임 변화 연구』(서울: 연세대 항공전략연구원, 2018).

오상준, "국방정책의 갈등요인에 관한 연구: 제주해군기지 추진 사례를 중심으로," 제주대학교 박사학위논문, 2011.

원은상, 『전력평가의 이론과 실제』(서울: 한국국방연구원, 1999).

유 훈, 『행정학원론』, 제6전정판(서울: 법문사, 1991).

윤현근, "동북아 다자안보협력체 구축의 영향요소와 방안 검토," 『21세기 국제안보환경과 협력적 안보레짐 구축』 안보연구시리즈 제3집, 2호(서울: 국방대학교 안보문제연구소, 2002).
이기택, 『국제정치사』(서울: 일신사, 1983).
이상우, 『국제관계이론: 국가 간의 갈등원인과 질서유지』 (서울: 박영사, 1999).
이영호, "북한 군사력의 해부: 위협의 정도와 수준," 『전략연구』 제4권 3호(1997).
이용민, 「방위산업 선진화의 길: 방산비리 척결」(서울: 민주연구원, 2017).
이용필·전인영 외, 『위기관리론: 이론과 실제』 (서울: 인간사랑, 1992).
이용필·전인영·백종천, 『위기관리이론과 사례』(서울: 인간사랑, 1993).
이필중 외, 『기동전력 방위력개선사업의 경제적 효과』(서울: 방위사업청, 2009).
임동원, "한국의 국가전략," 『국가전략』 제1권 1호(1995).
장기덕·홍석진, 『국방경영 진단 및 당면과제』, 국방발전 모노그래프 10(서울: 국방연구원, 2004).
전성훈, 『북한 핵사찰과 군비통제검증』(서울: 한국군사사회연구소, 1994).
전제국, "국방기획체계의 발전 방향: 문서별 적실성과 연계성을 중심으로," 『국방정책연구』 제32권, 제2호, 2016.
______, "방위사업 혁신과 방위산업 진흥방향," 한국방산학회-한국국방안보포럼 공동 주최 방산정책조찬포럼강연, 2018. 1. 10.
정정길 외, 『정책학원론』(서울: 대명출판사, 2010).
정준호, "국가안보개념의 변천에 관한 연구," 『국방연구』 제35권 제2호, 1992. 12.
조기형, 『자주국방 지향한 국방개혁 발전을 위한 제언: 지난 10년간 국방개혁 추진 평가』 (서울: 국방대학교, 2004).
조성렬, "한반도 비핵화와 평화체제 구축의 로드맵: 6자회담 공동성명 이후의 과제," 통일연구원 KINU 정책연구시리즈, 2005-05.
조영갑, 『한국위기관리론』 (서울: 팔복원, 1995).
조영길, 『자주국방의 길』 (서울: 플래닛미디어, 2019).
차영구·서주석, "미국의 해외군사력 주둔정책 전망과 한국안보," 한국국방연구원 연구보고서, 1989.
폴 케네디, 이백수 외(역), 『강대국의 흥망』(서울: 한국경제신문사, 1996).
하정열, 『국가전략론』 (서울: 박영사, 2009).
한국은행, 『산업연관분석해설』(서울: 한국은행, 1987).
한용섭 편, 『자주냐? 동맹이냐?』(서울: 도서출판 오름, 2004).
______, 『한반도 평화와 군비통제, 전정판』(서울: 박영사, 2015).

______, 『한반도 평화와 군비통제』(서울: 박영사, 2005).

______, 『북한 핵의 운명』(서울: 박영사, 2018)

한용섭·송영일·구영완·정순목, 『함정·항공전력 방위력개선사업의 경제적 효과 분석』(서울: 국방대, 2010).

한용섭·이신화·박균열·조홍제, 『마약·조직범죄·해적 등 동남아의 초국가적 위협에 대한 지역적 협력방안』(서울: 대외경제정책 연구원, 2010).

합동참모본부, 『합동안정화작전』(서울: 합동참모본부, 2010).

현인택·최강, "한반도 군비통제에의 새로운 접근," 『전략연구』, 제9권 2호. 2002.

황병무, 『국가안보의 영역, 쟁점, 정책』(서울: 봉명, 2004).

______, 『문민시대의 안보론』(서울: 공보처, 1993).

황진환, 『협력안보시대에 한국의 안보와 군비통제: 남북한, 동북아, 국제군비통제를 중심으로』(서울: 봉명, 1998).

Ⅱ. 영문

Allison, Graham T., *Essence of Decision* (Boston: Little, Brown and Company, 1971).

Art, Robert J., A *Grand strategy for America* (Ithaca, NY: Cornell University Press, 2003).

Bandow, Doug, *Tripwire: Korea and U.S. Foreign Polciy in a Changing Wold* (Washington D.C.: CATO Institute, 1996).

Barre, Raymond, "1987 Alsatia Buckman Memorial Lecture: Foundations for European Security and Cooperation," *Survival*, Vol. 29, No. 4(July/August 1987).

Bennett, Bruce, "Mutual Cooperation Among South Korea, The United States and China to Deal with North Korean Crises," *The Korean Journal of Security Affairs*, Vol. 12, No. 1(2007).

______, "North Korea: A Changing Military Force: A Threat Now and in the Future," A Conference Paper for the Council on U.S. Korean Security Studies, October 27, 2000.

Bowman, William, Little, Roger and Sicillia, G. Thomas, *The All-Volunteer Force After a Decade: Retrospect and Prospect* (Washington, D.C: Pergamore-Brasseys, 1984).

Bracken, Paul, *Strategic Planning for National Security: Lessons from Business Experience* (Santa Monica, CA: RAND, 1990).

Brown, Harold, *Thinking About National Security: Defense and Foreign Policy In a Dangerous World* (Boulder CO: Westview Press, 1983).

Buzan, Barry, "New World Order and Changing Concepts of National Security: Implications for the Security Planning of Middle Powers," A Paper presented in the International Seminar on *Fifty Years of National Independence of Korea* sponsored by the Korean Association of International Studies, June 16-17, 1995.

Cline, Ray S., *The Power of Nations in the 1990s* (Lanham, MD: University Press of America, 1993).

Cohen, Eliot A., "Toward Better Net Assessment: Rethinking the European Conventional Balance," *International Security*, Vol. 13, No. 1(Summer 1988).

Coleman, Richand L., Summeville, Hessical R., Damenon, Megan E., "The Relationship Between Cost growth and Schedule growth," *Acquisition Review Quarterly* (Spring, 2003).

Cooper, Richard V.L., *A Note on Social Welfare Losses With and Without the Draft*(Santa Monica, CA: RAND, 1975).

Davis, Paul K., "Transforming the Armed Forces: An Agenda for Change," Kugler, Richard L. and Frost, Ellen L., eds., *The Global Century: Globalization and National Security* (Washington D.C.: Institute for National Strategic Studies, The U.S. National Defense University, 2001).

Deger, S. and Smith, R., "Military Expenditure and Growth in Less Development Countries," *Journal of Conflict Resolution*(27, 1983).

Gadeken, Owen C., "Top Performing Project Manager," Defense Acquisition (Defense AT&L, November/December 2015, Vol. 44. No. 6, DAU247).

Galvin, John R., "NATO After Zero INF," *Armed Forces Journal International*, Vol. 125, No. 8(March 1988).

George, Alexander L., *Avoiding War: Problems of Crisis Management* (Boulder, San Francisco, and Oxford: Westview Press, 1991).

Goodby, James E., "The Stockholm Conference: Negotiating a Cooperative Security System for Europe," in Alexander L. George, et. al., *US-Soviet Security Cooperation: Achievements, Failures, Lessons* (New York, Oxford: Oxford University Press, 1988).

Green, Michael J., *Arming Japan* (New York: Colombia University Press, 1995).

Ha, Young-Sun, *Nuclear Proliferation, World Order, and Korea* (Seoul: Seoul National University Press, 1983).

Han, Yong-Sup, "An Arms Control Approach to Building a Peace Regime on the Korean Peninsula: Evaluation and Prospects," edited by Kwak, Tae-Hwan and Joo, Seung-Ho, *Peace Regime Building on the Korean Peninsula and Northeast Asian Security Cooperation*(Surrey, UK: Ashgate, 2010).

Han, Yong-Sup, *Designing and Evaluating Conventional Arms Control Measures: The Case of the Korean Peninsula*(Santa Monica, CA: RAND, 1993).

Henry C. Bartlett, Holman, Jr., G. Paul, and Somes, Timothy E., "The Art of Strategy and Force Planning," *in Strategy and Force Planning* (New Port: Naval War College Press, 2004).

Hermann, Charles F., *Crisis in Foreign Policy* (New York: MacMillan Publishing Company, 1969).

Herz, John H., *International Politics in the Atomic Age* (New York: Columbia University Press, 1959).

Holst, Johan Jorgen and Melander, Karen Allette, "European Security and Confidence-Building Measures," *Survival*. No. 19, 4, (July/August, 1977).

Hong, Ki-Joon, *The CSCE Security Regime Formation: An Asian Perspective* (New York: St. Martin's Press Inc., 1997).

Hufbauer, Grat Clyde and Schott, Jeffrey J., *Economic Sanctions in Support of Foreign Policy Goals* (Washington, D.C.: U.S. Institute for International Economics, 1983).

Hundley, Richard O., *Past Revolution, Future Transformations* (Santa Monica, CA: RAND, 1999).

IISS, 『The Military Balance 2018』(London: Routledge, 2018).

Janis, Irving L., *Victims of Groupthink* (Boston: Houghton Mifflin, 1972).

Keohane, Robert. "Multilateralism: An Agenda for Research," *International Journal*, Vol. 14, No. 4(1990).

Kingdon, John W., Agenda, *Alternatives, and Public Policies* 2nd ed.(New York: Longman, 2003).

Lachowski, Zdzislaw, Sjogren, Martin, Bailes, Alyson J.K., Hart, John, and Kile, Shannon N., *Tools for Building Confidence on the Korean Peninsula*(Solna, Sweden: SIPRI, 2007).

Liddel Hart, B. H., *Strategy* (NewYork: Fredrick A. Prager Publishers, 1967).

Liotta, P.H., and Lloyd, Richmond M., "The Strategy and Force Planning Framework," in

Strategy and Force Planning (New Port: Naval War College Press, 2004).

Macintosh, James, *Confidence Building in the Arms Control Process: A Transformation View*(Canada: Department of Foreign Affairs and International Trade, 1996).

Mako, William P., *U.S. Ground Forces and the Defense of Central Europe* (Washington, DC: The Brookings Institution, 1983).

McKendree, Tom, *The Revolution in Military Affairs*, Paper presented at 64th MORS Conference, Fort Leavenworth, Kansas (June 1996).

Mearsheimer, John, "Maneuver, Mobile Defense, and the NATO Central Front," *International Security*, Vol. 6, No. 3 (Winter 1981/82).

______, "Why the Soviets Can't Win Quickly in Central Europe?" *International Security*, Vol. 7, No. 1 (Summer 1982).

Mearsheimer, John, *The Tragedy of Great Power Politics* (New York and London: W.W. Norton and Company, 2001).

Møller, Bjørn, *Common Security and Nonoffensive Defense: A Nonrealist Perspective* (Boulder, Colorado: Lynne Rienner Publishers, Inc., 1992).

Morgenthau, Hans J., *Politics Among Nations: The Struggle for Power and Peace* (New York: Alfred A Knop Inc., 1985).

Morrow, James D., "Alliances and Asymmetry: An Alternative to the Capability Aggregation Model of Alliances," American Journal of Political Science, Vol. 35. No. 4 (November 1991).

Murray, Douglas J. and Viotti, Paul R., *The Defense Policies of Nations: A Comparative Study* (Baltimore and London: The Johns Hopkins University Press, 1989).

Neu, C. R., *Defense Spending and the Civilian Economy* (Santa Monica, CA: RAND, 1990), N-3083-PCT.

Nolan, Joanna E. ed., *Global Engagement: Cooperation and Security in the 21st Century* (Washington DC: The Brookings Institution, 1994).

Nuechterlein, Donald E., "The Concept of "National Interest": A Time For New Approaches," Orbis, Spring 1979.

Page, Lewis and Braithwaite, Rodric, "Should Britain Renew the Trident Nuclear Deterrence?" Prospect (August 2006).

Park, Tong Whan, "The Korean Arms Race: Implications in the International Politics of Northeast Asia," *Asian Survey*, Vol. 20, No.6(June 1990).

Pitzgerald, Mark P., "Challenge and Opportunities of Navy's in the 21st Century: Middle Power Navy's Opportunity," A Paper Presented for the ROK Navy's 15th 'On board Symposium,' June 15, 2012.

Posen, Barry, "Is NATO Decisively Outnumbered?" *International Security*, Vol. 12, No. 4(Spring 1988).

Rohn, Laurinda L., *Conventional Fores in Europe: A New Approach to the Balance, Stability, and Arms Control* (Santa Monica, CA: RAND, 1990).

Sagan, Scott D. and Waltz, Kenneth N., *The Spread of Nuclear Weapons: A Debate* (New York and London: W.W. Norton & Company, 1995).

Smoke, Richard and Kortunov, Andrei eds., *Mutual Security: A New Approach to Soviet-American Relations* (New York: St. Martin's Press, 1991).

Snyder, Glenn H. and Diesing, Paul, *Conflict Among Nations* (Princeton, NJ: Princeton University Press, 1977).

Snyder, Glenn H., *Alliance Politics* (New York: Cornell University Press, 1997).

______, *Deterrence and Defense: Toward a Theory of National Security* (Princeton NJ: Princeton University Press: 1961).

Stoett, Peter J. and Sens, Allen G., *Global Politics: Origins, Currents, Directions* (Toronto: ITP Nelson, 1998).

Sullivan, John D., "International Alliance," in Michael Haas ed., *International Systems* (New York: Chandler Publishing Company, 1974).

The U.S. Department of Defense, *A Strategic Framework for the Asia Pacific Rim Looking for the 21st Century* (Washington, D.C.: US DoD, 1990).

______, *United States Security Strategy for the East Asia-Pacific Region*, February 1995.

______, *Quadrennial Defense Review* 2001.

______, *Transformation Planning Guidance*, April 2003.

The U.S. White House, *National Security Strategy of the United States*, August 1991.

Thomson, James A., *An Unfavorable Situation: NATO and the Conventional Balance* (Santa Monica, CA: The RAND Corporation, N-2842: November 1988).

Walt, Stephen M., *The Origins of Alliances* (Ithaca, NY: Cornell University Press, 1987).

Waltz, Kenneth N., *Theory of International Politics* (Reading, MA: Addison-Wesley, 1979).

Wolfers, Arnold, *Discord and Collaboration: Essays on International Politics* (Baltimore:

Johns Hopkins Press, 1962).

Ⅲ. 기타자료

1. 일간지

「국방일보」, 「로동신문」, 「연합뉴스」, 「조선일보」, 「중앙일보」.

2. 기타

국가안전보장회의(NSC) 상임위원회, 『평화번영과 국가안보: 참여정부의 안보정책구상』, 2004. 3.
국방부, 「'9.19군사합의' 관련 설명 자료」, 2019. 2. 15.
국방부, "정부재정과 국방예산,"
http://www.mnd.go.kr/mbshome/mbs/mnd/subview.jsp?id=mnd_010401010000
노무현 대통령 취임연설. 2003. 2. 25.
북한 외무성 대변인 성명, "미국과의 관계 정상화와 핵문제는 별개문제," 「연합뉴스」, 2009. 1. 17.
북한 외무성 성명, "핵보유 경제적 흥정물 아니다," 「연합뉴스」, 2013. 3. 16.
청와대, "이명박 정부 외교안보의 비전과 전략: 성숙한 세계국가," 2009. 3.
청와대, "청와대, 수석급 국가위기관리실장 신설," 2010. 12. 21,
http://www.president.go.kr/kr/policy/policy_view.php?uno=9507(검색일: 2012. 1. 27.).

찾아보기

ㄴ

ㄷ

ㄹ

ㅁ

ㅂ

ㅇ

ㅊ

ㅋ

ㅍ

ㅍ

저자 약력

한용섭(韓庸燮). Yong-Sup Han

주요 경력

서울대학교 정치학과 학사·석사
제21회 행정고시
미국 하버드대학교 정책학 석사
미국 랜드대학원 정책학 박사(안보국방전공)
국방부장관 정책보좌관
미국 랜드연구소 초빙연구원
중국 외교학원/상하이 푸단대 객원교수
미국 포틀랜드대학/샌디에이고 대학 방문교수
노르웨이 국제문제연구소 객원연구원
미국 몬트레이 비확산연구소 객원연구원
유엔군축연구소 객원연구원
한국평화학회 회장
한국핵정책학회 회장
한국국제정치학회, 한국정치학회 부회장(각각 3회)
한미동맹 미래비전연구위원회 위원장
한중 싱크탱크네트워크 부회장
통일부, 외교부, 국방부, 육·해·공·합참 정책자문위원
국방대 국가안전보장문제연구소장
국방대 부총장
현 국방대 교수

주요 저서

동북아의 핵무기와 핵군축(2001)
한반도 평화와 군비통제(2004)(한국국제정치학회 저술상)
국방정책론(2012)(한국학술원 우수학술도서)
한반도 평화와 군비통제 전정판(2015)
북한 핵의 운명(2018)

공저 및 편저

미·일·중·러의 군사전략 전정판(2017)
한국의 외교, 안보와 통일 70년(2015)
미중경쟁시대의 동북아평화론(2010)
동아시아 공동체의 설립과 평화구축(2010)
마약·조직범죄·해적 등 동남아의 초국가적 위협에 대한 지역적 협력방안(2010)
미·일·중·러의 군사전략(2009)
21세기 한국군의 개혁: 과제와 전망(2006)
자주냐 동맹이냐(2005)
동아시아 안보공동체(2005)
평화 번영 정책의 이론적 기초와 과제(2003)
21세기 평화학(2002)

영문 논저

South Korea's 70-Year Endeavor for Foreign Policy, National Defense, and Unification(2018)
Peace and Arms Control on the Korean Peninsula(2005, Seoul).
Sunshine in Korea(2002, RAND).
North Korea's Nuclear Negotiation Behavior(2000, CNS)
Nuclear Disarmament and Nonproliferation in Northeast Asia(1995, UN).
Conventional Arms Control on the Korean Peninsula (1991, RAND).

국제공동연구

한미동맹 미래 비전 연구(2005)
북한체제의 근대화 방안 연구: 목적, 방법, 적용(2003)
한반도 신뢰구축방안 연구(2001)
한반도 재래식군비통제방안 연구(2000)

우리 국방의 논리

초판발행 2019년 8월 30일
중판발행 2022년 2월 28일

지은이 한용섭
펴낸이 안종만 · 안상준

편 집 이면희
기획/마케팅 정연환
표지디자인 박현정
제 작 고철민 · 조영환

펴낸곳 (주) 박영사
서울특별시 금천구 가산디지털2로 53, 210호(가산동, 한라시그마밸리)
등록 1959. 3. 11. 제300-1959-1호(倫)
전 화 02)733-6771
f a x 02)736-4818
e-mail pys@pybook.co.kr
homepage www.pybook.co.kr
ISBN 979-11-303-0783-1 93390

정 가 29,000원